TECHNISCH-GEWERBLICHE BÜCHER

BAND 6

ROSTSCHUTZ
UND
ROSTSCHUTZANSTRICH

VON

HERMANN SUIDA UND **HEINR. SALVATERRA**

Professor an der Technischen Hochschule Wien

Privatdozent an der Technischen Hochschule Wien

MIT 193 ABBILDUNGEN IM TEXT

WIEN · VERLAG VON JULIUS SPRINGER · 1931

ISBN 978-3-7091-5152-5 ISBN 978-3-7091-5300-0 (eBook)
DOI 10.1007/978-3-7091-5300-0

SOFTCOVER REPRINT OF THE HARDCOVER 1ST EDITION 1931

Vorwort.

Dieses Buch entstand durch eine Anregung aus Baukreisen. Diese empfinden es als drückenden Mangel, daß in Lehr- und Handbüchern des Bauwesens und der Eisenkonstruktionen der spätere Schutz der Eisenbauwerke und Eisenteile keine genügende und sachgemäße Würdigung und Behandlung findet. Die bekannten Monographien über Rostschutz sind zum Teil nicht ihren Bedürfnissen angepaßt, zum Teil setzen sie weitgehende chemische Kenntnisse voraus, welche dem Baufachmann nicht zu eigen sind.

Wir haben uns bemüht, diese Schrift den Bedürfnissen der Bauingenieure und Baufachleute anzupassen, und das Thema des Eisenschutzes durch Anstriche so zu entwickeln, daß auch Nichtchemiker ohne weiteres dem Dargelegten folgen können, und haben deshalb für alle chemischen Vorgänge und Ausdrücke, soweit sie den Rahmen enzyklopädischer Mittelschulkenntnisse überschreiten, voraussetzungslose Erklärungen gegeben.

Ungeachtet dessen haben wir nach bestem Wissen alle Fachgebiete berücksichtigt und in allen Fällen auf die wissenschaftliche und technische Originalliteratur zurückgegriffen, so daß auch dem Wissenschaftler, dem Chemiker und Physiker an Hand der gebotenen umfassenden Literatur die Möglichkeit geboten wird, das Arbeitsgebiet zu übersehen und von hier aus jedes besondere Teilproblem zu verfolgen.

Den Herren Direktor Dr. A. Mittasch (Oppau), Professor Dr. Mark (Ludwigshafen), Professor Dr. J. Scheiber (Leipzig), Dr. M. Ragg (Altona), Dr. Ott (Ürdingen), Dr. W. Droste (Leverkusen) und Dr. Höpke (Merseburg) und allen jenen, welche uns durch Mitteilung von Versuchsergebnissen, Erfahrungen und durch Beistellung von Illustrationen unterstützt haben, sowie der Verlagsbuchhandlung Julius Springer, die sich um die Ausstattung des Werkes bemühte, möchten wir an dieser Stelle unseren besten Dank zum Ausdruck bringen.

Wien, im April 1931.

Hermann Suida. Heinrich Salvaterra.

Inhaltsverzeichnis.

I. Theorie des Rostbildungsvorganges.

Wann zum erstenmal die Erscheinungen des Rostens wissenschaftlich zu deuten versucht wurden, läßt sich nicht genau feststellen. Um das Jahr 1780 erschienen die Arbeiten von Trommsdorf „Über die Oxydation des Eisens", 1782 und 1789 die Abhandlungen von Lavoisier „Über die Verbindungen des Sauerstoffs mit Eisen"; in diese Zeit fallen auch die Beobachtungen von Thénard „Über die Oxydation der Metalle im allgemeinen und insbesondere über die Oxydation des Eisens". Im Jahre 1788 stellte der Phlogistiker W. Austin[1] fest, daß bei der Korrosion des Eisens das Wasser gerne alkalisch wird, eine Beobachtung, die später von A. Chevallier (1828)[2] bestätigt wurde. Beide schrieben diese Erscheinung der Bildung von Ammoniak zu, indem sie annahmen, daß bei der Oxydation des Eisens das Wasser zersetzt werde, wobei der Sauerstoff vom Eisen gebunden würde und der Wasserstoff im Entstehungszustande sich mit dem Stickstoff der Luft zu Ammoniak verbinde. Daß bei der Korrosion von Eisen in neutralen Gewässern der Sauerstoff eine ausschlaggebende Rolle spielt, ist schon vor mehr als 100 Jahren von M. Hall (1819)[3] festgestellt worden. Er fand, daß Eisen in sauerstoffreiem Wasser nicht rostet. Sowohl Hall[3] wie H. Davy[4] scheinen der Kohlensäure beim Rosten eine ausschlaggebende Rolle zugeschrieben zu haben. Um die gleiche Zeit sprach Thénard[5] die Ansicht aus, daß das Rosten ein elektrochemischer Vorgang sei. Im Jahre 1838 brachte R. Mallet[6] eine weitere elektrochemische Erklärung für den Rostvorgang, und auch M. Faraday[7] wies immer wieder auf die Zusammenhänge zwischen chemischen Vorgängen und voltaschen Strömen hin. Im großen ganzen gewinnt man aber bei dem Studium der einschlägigen Abhandlungen den Eindruck, daß die Wissenschaft in der ersten Hälfte des 19. Jahrhunderts den Rostprozeß als einen reinen Oxydationsvorgang auffaßte. In den letzten 60 Jahren sind eine Reihe von Theorien entstanden, die eine Erklärung des Rostens zu bringen suchten, es sind dies die Kohlensäuretheorie, die Wasserstoffsuperoxydtheorie[8], die elektro-

---

[1] Austin, W.: Phil. Trans. Royal Soc. London **78**, 379 (1788).
[2] Chevallier, A.: Poggendorffs Annalen **14**, 147 (1828).
[3] Hall, M.: Journ. Royal Inst. Great Britain **7**, 55 (1819).
[4] Davy, Sir H.: Phil. Trans. Royal. Soc. London **1824**, 153.
[5] Ann. de Chimie et de Physique **11**, 40 (1819).
[6] Mallet, R.: Brit. Assoc. Report **7**, 253 (1838) (8th Meeting).
[7] Faraday, M.: Experimental Researches in Electricity, insbesondere Serie 7 (1834); 17 (1840).
[8] Traube, M.: Ber. **18**, 730 (1906). — Dunstan, W. R., H. A. D. Jowett und E. Goulding: Trans. chem. Soc. **87**, 1548 (1905); C 1905, II, 1777. — Divers,

chemische Theorie[1], die Lokalstromtheorie[2], die Ammonnitrattheorie[3], die biologische Theorie[4] und schließlich die Kolloidtheorie.[5] Um der geschichtlichen Entwicklung zu folgen, soll zuerst die Kohlensäuretheorie erklärt werden, die heute kaum mehr verfochten wird.

Im Jahre 1871 griff F. C. Calvert[6] die schon früher aufgestellte Behauptung auf, daß der Kohlensäure beim Rosten des Eisens eine maßgebende Rolle zukomme. Diese Ansicht wurde von A. Crum Brown[7], G. T. Moody[8] und J. N. Friend geteilt[9], während sie von anderen leidenschaftlich bekämpft wurde; zu diesen gehörten W. R. Dunstan, H. A. Jowett und E. Goulding[10], W. Tilden[11] und E. Heyn und O. Bauer[12]. Friend[13] hat allerdings seine Ansichten später beträchtlich geändert.

Nach der Kohlensäuretheorie stellte man sich den Vorgang des Rostens wie folgt vor: Kohlensäure bildet mit Eisen lösliches Eisenkarbonat (Ferrokarbonat = $FeCO_3$), das sich dann unter der Einwirkung des Luftsauerstoffs oxydiert, wobei Eisenrost entsteht und die an das Eisen gebundene Kohlensäure wieder frei wird. Diese greift das Eisen wieder unter Bildung von Karbonat an usf.; d. h. eine unendlich kleine Menge Kohlensäure würde hinreichen, um beliebige Mengen Eisen in Rost zu verwandeln.

Daß die Kohlensäure, wie jede Säure, die Auflösung von Eisen erleichtert, ist richtig, aber notwendig zur Rostbildung ist sie nicht. In sehr lehrreichen Versuchen wiesen W. R. Dunstan[10] und Mitarbeiter nach, daß Eisen in einer feuchten Atmosphäre, wobei für das ständige Vorhandensein einer Wasserschicht auf dem Eisen Sorge getragen wurde, auch bei Anwesenheit von Kohlensäure nicht rostet, insolange nur jede Spur von Sauerstoff ferngehalten wird. Ähnliche Versuche geben A. S. Cushman und H. A. Gardner[14] an, mit welchen sie nach-

---

E.: Proc. Chem. Soc. **21**, 251—255; C 1906, I, 218. — Dunstan, W. R., u. J. R. Hill: Journ. Chem. Soc. London **99**, 1835—1853 (1911); C 1911, II, 1907. — Haber, F.: Ztschr. f. physik. Ch. **34**, 513 (1906).

[1] Whitney, W. R.: Journ. Amer. Chem. Soc. **25**, 394 (1903).

[2] Siehe Liebreich, E.: „Rost und Rostschutz", Braunschweig 1914, S. 7 ff.

[3] Vaubel: Chem.-Ztg. **37**, 693 (1913).

[4] Schorler, B.: Zbl. Bakter. **12**, II, 681—95 (1904).

[5] Friend, J. N.: Journ. Chem. Soc. London **119**, 932 (1921).

[6] Calvert, F. C.: Chem. News **23**, 98 (1871).

[7] Crum Brown, A.: J. Iron and Steel Inst., London **2**, 129 (1888).

[8] Moody, G. T.: Proc. Chem. Soc. **22**, 101—03; C 1906, I, 1526. **23**, 84—85, C 1907, II/1, 881.

[9] Friend, J. A. N.: J. Iron and Steel Inst., London **77**, II, 5 (1908). — Metallurgie **6**, 690—91; C 1910, I, 86.

[10] Dunstan, W. R., H. A. D. Jowett und E. Goulding: Trans. Chem. Soc. **87**, 1548 (1905). — Dunstan, W. R., und J. R. Hill: Journ. Chem. Soc. London **99**, 1835—53 (1911).

[11] Tilden, W. A.: Journ. Chem. Soc. London **93**, 1356—64; C 1908, II/1, 990.

[12] Heyn, E., u. O. Bauer: Mitt. K. Materialprüfungs-Anst. Groß-Lichterfelde West **26**, 1—104; **28**, 62—137; C 1908, I/2, 2063; C 1910, I, 1653.

[13] Friend, J. N.: Journ. Chem. Soc. London **119**, 932 (1921).

[14] Cushman, A. S., u. H. A. Gardner: The Corrosion and Preservation of Iron and Steel. New York 1910.

wiesen, daß Eisen unter kochendem Wasser solange nicht rostete, als jeder Zutritt von Sauerstoff verhindert wurde; auch Einleiten von Kohlensäure konnte keinen Rost hervorbringen, sofern die Kohlensäure frei von Sauerstoff war.

Unabhängig von der Kohlensäuretheorie entwickelte M. Traube[1] seine Wasserstoffsuperoxydtheorie, derzufolge sich unter der Wechselwirkung von Eisen, Wasser und Sauerstoff Wasserstoffsuperoxyd bilden soll[2], welches dann das zunächst gebildete Eisenoxydul zum Eisenrost weiteroxydiert. Die Entstehung von Wasserstoffsuperoxyd beim Rosten des Eisens konnte bis heute noch nicht einwandfrei nachgewiesen werden[3].

Die Nitrattheorie und die biologische Theorie, welche bedeutungslos blieben, sind nur der Vollständigkeit halber erwähnt.

Um die elektrochemische Theorie[4] erklären zu können, müssen zunächst einige Grundlehren der allgemeinen Chemie erläutert werden.

Wenn man ein Stück Zucker in Wasser wirft, so wird es in kurzer Zeit verschwunden sein, und man sagt, es habe sich aufgelöst. Man erklärt diesen Vorgang damit, daß die Zuckermoleküle, aus denen sich das Stück Zucker aufbaut, das Bestreben haben, sich in dem umgebenden Wasser zu lösen. Die Kraft, die sie ins Wasser treibt, nennt man den Lösungsdruck. Wirft man immer mehr Zuckerstücke in das Wasser, so wird man schließlich einen Zustand erreichen, bei welchem kein Zucker mehr in Lösung geht, solange die Temperatur unverändert bleibt. Es muß also eine Kraft wirksam sein, welche die Zuckermoleküle am weiteren Inlösunggehen hindert, diese Kraft nennt man den osmotischen Druck, welcher dem Lösungsdruck entgegen wirkt. Der osmotische Druck ist meßbar, und er beträgt z. B. für eine 6%ige Zuckerlösung bei 14° C 4,094 Atmosphären.

Der Lösungsdruck erreicht also ganz bedeutende Werte. Wie es Stoffe mit großem Lösungsdruck gibt, so gibt es auch solche mit kleinem Lösungsdruck, z. B. die meisten Metalle. Wenn man Eisen in Wasser legt, haben seine Moleküle ebenfalls das Bestreben, in das Wasser zu wandern, d. h. in Lösung zu gehen; doch hat dieser Lösungsdruck im Vergleich zum Lösungsdruck des Zuckers nur einen sehr kleinen Wert.

Wenn man versucht, durch eine Zuckerlösung einen elektrischen Strom zu schicken, so gelingt das nicht ohneweiters, wohl aber wenn man an Stelle der Zuckerlösung eine Kochsalzlösung nimmt. Man erklärt dies wie folgt: Das Kochsalz ist eine Verbindung (ein Salz) aus dem Metall Natrium und dem Gas Chlor. Wenn man dieses Salz,

[1] Traube, M.: a. a. O. — Haber, F.: Ztschr. f. physik. Ch. **34**, 513 (1906).

[2] $Fe_2 + O_2 + H_2O = FeO + H_2O_2$ $2\,F_2O + H_2O_2 = Fe_2O_3 + H_2O$

[3] Wieland, H., u. W. Franke: Ann. **469**/3, 257—308 (1929).

[4] Whitney, W. R.: Journ. Amer. Chem. Soc. **25**, 394 (1903). — Cushman, A. S.: J. Franklin Inst. **165**, 111—120; C 1908, I/1, 1339. — Walker, W. H., A. M. Cederholm u. L. N. Bent: Journ. Amer. Chem. Soc. **29**, 1251; C 1907, II/2, 1762. — Walker, W. H.: Metallurgie **6**, 338ff.; C 1909, I/1, 387. — Fleming, W. R.: Ind. and Engin. Chem. **4**, 480—86; C 1912, II, 1949. — Lambert, B.: Journ. Chem. Soc. London **101**, 2056—75; C 1913, I, 504. — Tilden, W. A.: a. a. O. — Heyn, E., u. O. Bauer: a. a. O.

das Natriumchlorid, in Wasser wirft, so schwärmen nicht bloß die Kochsalzmoleküle, getrieben vom Lösungsdruck, ins Wasser, sondern es tritt dabei auch eine Spaltung der Moleküle in die mit je einer gegensätzlichen elektrischen Ladung versehenen Atome Natrium und Chlor ein. Das Natrium besitzt eine positive, das Chlor eine gleichgroße aber negative Ladung. Diese elektrisch geladenen Atome bezeichnet man als Ionen, und zwar die positiv geladenen als „Kationen“, die negativ geladenen als „Anionen“. Den Vorgang der Spaltung in elektrisch geladene Atome, in Ionen, bezeichnet man als elektrolytische Dissoziation. Da die Ladungen der bei der elektrolytischen Dissoziation entstehenden Ionen stets gleich groß und entgegengesetzt sind, halten sie sich das Gleichgewicht. Wird ein elektrischer Strom durch eine Kochsalzlösung geschickt, so wandern die „Kationen“ zum negativen Pol (Kathode) des eintretenden Stromes, geben dort ihre positive Ladung ab und schlagen sich entweder auf der Elektrode nieder oder entweichen in Gasform; das gleiche gilt für die „Anionen“, die zum positiven Pol (Anode) wandern; dabei können sich noch komplizierte Nebenreaktionen abspielen.

Die Ionen transportieren die Elektrizität durch die Flüssigkeit. In einer Zuckerlösung sind die Zuckermoleküle nicht elektrolytisch dissoziiert, nicht in Ionen gespalten, daher kann eine solche Lösung den Strom nicht leiten, weil die Träger für die Elektrizität, die Ionen, fehlen. Stoffe, wie Kochsalz, deren Lösung den elektrischen Strom leiten, nennt man Elektrolyte, solche, deren Lösung den elektrischen Strom nicht leiten, wie Zucker, nennt man Nichtelektrolyte. Reines Wasser leitet den elektrischen Strom nur sehr schlecht, daraus geht hervor, daß es nur in geringem Maße elektrolytisch dissoziiert ist. Die Dissoziation eines Moleküls Wasser, das aus zwei Atomen Wasserstoff und einem Atom Sauerstoff besteht, erfolgt derart, daß sich ein (positiv geladenes) Wasserstoffion und ein (negativ geladenes) Hydroxylion bildet. Letzteres besteht aus einem Atom Sauerstoff, an das nur ein Atom Wasserstoff gebunden ist. In den wässerigen Lösungen der Säuren, z. B. Salzsäure, finden sich stets viele Wasserstoffionen, in den Lösungen der Alkalien, wie z. B. Natronlauge, finden sich als charakteristische Ionen Hydroxylionen.

Wenn man eine Zinkplatte und eine Kupferplatte in verdünnte Schwefelsäure taucht und beide Platten außerhalb der Flüssigkeit mit einem Draht verbindet, so kann man mit einem Meßinstrument das Fließen eines elektrischen Stromes im Draht feststellen, welcher vom Kupfer, das den positiven Pol bildet, zum negativen Pol, der vom Zink gebildet wird, strömt. Dabei geht ständig Zink in Lösung, während das Kupfer nicht angegriffen wird. Die Ursache der Entstehung des elektrischen Stroms liegt in dem verschiedenen Lösungsdruck der beiden Metalle. Ganz allgemein kann man sagen: Tauchen zwei Metalle von verschiedenem Lösungsdruck in die wässerige Lösung eines Elektrolyten und werden sie miteinander außerhalb der Lösung leitend verbunden, so fließt ein Strom durch den Verbindungsdraht, der die Richtung vom Metall mit dem geringeren Lösungsdruck zu dem mit dem größeren

Lösungsdruck hat. Dabei wird das Metall mit größerem Lösungsdruck angegriffen, korrodiert, es ist das unedlere von beiden und bildet den negativen Pol. Ordnet man die Metalle nach diesem Verhalten, so erhält man eine sogenannte elektrische Spannungsreihe. Verbindet man zwei Metalle zu einem elektrischen Element (die vorher erwähnte Zusammenstellung von Zink und Kupfer bildet das in der Schwachstromtechnik gebrauchte Daniell-Element), so wird das in der Spannungsreihe voranstehende den größeren Lösungsdruck haben und gelöst bzw. angegriffen werden.

Elektrische Spannungsreihe der wichtigsten Elemente.

Kalium	Zink	Blei	Arsen
Natrium	Kadmium	Zinn	Kupfer
Magnesium	Eisen	Wasserstoff	Silber
Aluminium	Kobalt	Antimon	Gold
Mangan	Nickel	Wismut	Kohlenstoff

Der Vorgang des Rostens wird auf elektrochemischer Grundlage wie folgt erklärt: Ein Stück blankes Eisen, welches von Wasser bedeckt ist, sendet infolge seines Lösungsdruckes Eisenionen in das Wasser. Das Wasser selbst ist, wenn auch nur sehr schwach, dissoziiert. Die positiv geladenen Eisenionen verbinden sich mit den negativ geladenen Hydroxylionen des Wassers unter Bildung von Eisenhydroxydul. Dadurch ist das elektrische Gleichgewicht im Wasser gestört, die überzähligen (positiv geladenen) Wasserstoffionen suchen Anschluß an negative Elektrizität und geben ihre Ladung an das durch die Aussendung der positiv geladenen Eisenionen negativ geladene (ungelöste) Eisen ab. Durch diese Abgabe der elektrischen Ladung sind die Wasserstoffionen als solche nicht mehr existenzfähig und der Wasserstoff schlägt sich als Gas auf der Eisenoberfläche nieder, die sich so mit einer feinen Gashaut überzieht. Dadurch wird das Eisen vom Wasser isoliert, kann keine Ionen mehr aussenden, und der ganze Prozeß kommt zum Stillstand durch „Polarisation", wie man dies bezeichnet[1]. Tritt nun aber Sauerstoff hinzu, so oxydiert dieser einerseits das Eisenoxydul zum Oxyd, das dann als Rost in Erscheinung tritt, andererseits oxydiert er die Wasserstoffgashaut zu Wasser, depolarisiert also das Eisen, der ganze Prozeß kann von neuem beginnen, und eine andauernde Rostbildung tritt ein.

Die Abb. 1 und 2 sollen schematisch den Kreisprozeß andeuten, wie er sich nach der elektrochemischen Rosttheorie abspielt.

Obwohl die elektrochemische Theorie fast in allen Fällen zur Erklärung der Rostungserscheinungen hinreicht, so gaben doch gewisse Schwierigkeiten der Erklärung einzelner Fälle Anlaß zur Entstehung der Kolloidtheorie von J. N. Friend[2].

Im Jahre 1851 untersuchte Graham[3] das Verhalten verschiedener

---

[1] So lange diese Wasserstoffhaut am Eisen verbleibt, rostet das Eisen nicht. Dieser „passive Zustand" (siehe S. 9) verschwindet aber mit der Zerstörung der polarisierend wirkenden Gashaut.

[2] Friend, J. N.: Journ. Chem. Soc. London **119**, 932 (1921). Carnegie Scholarships Memoirs **11** (1922).

[3] Graham, O.: Ann. **1851**, 77.

Stoffe beim Diffundieren durch eine Pergamentmembrane. Er fand z. B., daß, wenn er ein Gefäß durch eine solche Membrane in zwei Teile teilte und in den einen Teil eine Kochsalzlösung und in den anderen reines Wasser füllte, in kurzer Zeit auch im vorher reinen Wasser Kochsalz nachzuweisen war. Wiederholte er den Versuch mit einer Leimlösung an Stelle der Kochsalzlösung, so konnte in der Abteilung, wo sich das reine Wasser befand, auch nach Wochen kein Leim nachgewiesen werden. Er schied daher die Körper je nach ihrem Verhalten in solche, die durch eine halbdurchlässige Membrane hindurchdiffundieren konnten, in „Kristalloide" (weil er glaubte, daß diese Eigenschaft nur kristallisierenden Körpern zukomme) und solche, die dies nicht taten, die er „Kolloide" nannte. Heute weiß man, daß eine Substanz je nach den Reaktionsbedingungen einmal als Kolloid, ein anderes Mal als Kristalloid auftreten kann. Man weiß auch, daß Kolloide nicht

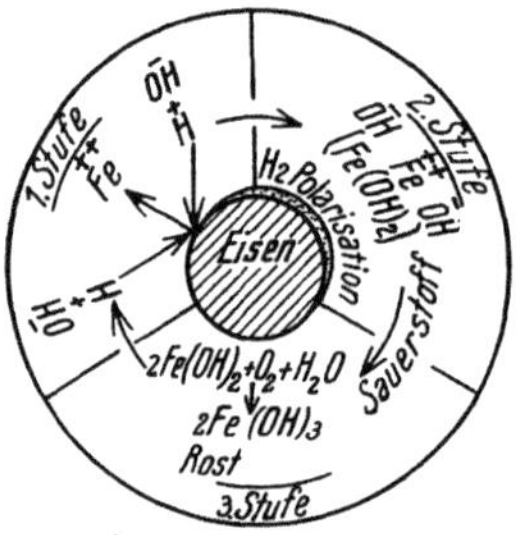

Abb. 1.

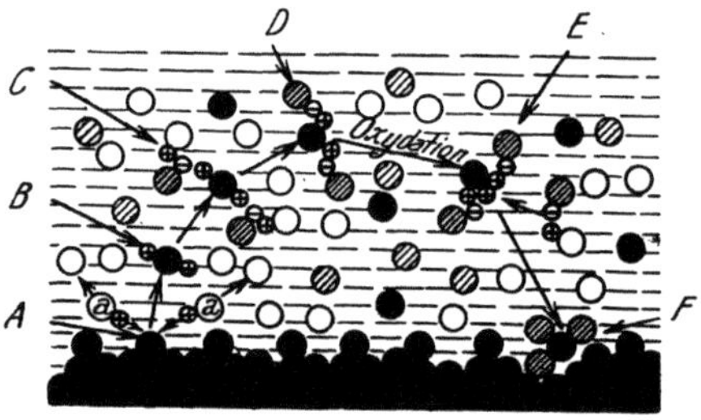

Abb. 2.

Schematische Darstellung des elektrochemischen Rostvorganges (Abb. 2 nach Dr. H. Bestehorn).

Zu Abb. 2.

● Eisenatom (Fe).

◍ Hydroxylgruppe (OH).

○ Wasserstoffatom (H).

⊕ ⊖ positive bzw. negative elektrische Ladung.

= Ion = Atom + elektrische Ladung (z B. Ferro — Ion = Fe^{++})

In der Abbildung sind der Übersichtlichkeit wegen nur die am Prozeß beteiligt gedachten Ionen mit ihren Ladungen gezeichnet, bei den übrigen Ionen sind die Ladungen weggelassen.

Bei A: Ein ungeladenes Eisenatom nimmt die Ladungen zweier benachbarter Wasserstoff-Ionen (a, a) auf und wandert.

Bei B: als Fe^{++} — Ion in den Elektrolyten: $Fe + 2\,H^- = Fe^{++} + H_2$.

Bei C: Das Fe^{++}-Ion verbindet sich mit 2 benachbarten Hydroxyl-Ionen zu.

Bei D: in Lösung verbleibendem Ferrohydroxyd: $Fe^{++} + 2\,(OH^-) = Fe\,(OH)_2$.

Bei E: Durch Oxydation wird das Ferro-Ion Fe^{++} zum Ferri-Ion Fe^{+++} umgewandelt, d. h. es erhält eine weitere positive Ladung, vermöge derer es ein weiteres Hydroxyl-Ion heranzieht und sich

Bei F: als unlöslicher (undissoziierter) Rost abscheidet: $4\,Fe(OH)_2 + 2\,H\,(OH) + O_2 = 4\,Fe(OH)_3$.

etwa eine bestimmte Gruppe chemischer Verbindungen sind, sondern man bezeichnet mit dem Worte „Kolloid" nach heutiger Kenntnis einen physikalischen Zustand, in welchen man sehr viele Stoffe, wie z. B. auch Gold, Silber, Eisenoxyd, bringen kann. Kolloide Lösungen zeichnen sich vor echten, molekularen dadurch aus, daß der gelöste Stoff in größeren Molekülaggregaten in ihnen enthalten ist. Allerdings sind diese Molekülgruppen noch so klein, daß sie in den schärfsten Mikroskopen nicht ohne weiteres wahrgenommen werden können[1].

Eine der Erscheinungen, die Friend zur Aufstellung seiner Theorie bewog, war folgende: Wenn man den Materialverlust durch Korrosion von Eisen in strömendem (sauerstoffhaltigem) Wasser verfolgt, so findet man, daß bis zu einer Wassergeschwindigkeit von etwas unter einer halben Seemeile pro Stunde die Korrosionsgeschwindigkeit ständig zunimmt, dann fällt, bei zwei Seemeilen Wassergeschwindigkeit ein Minimum erreicht und von da ab mit zunehmender Strömungsgeschwindigkeit des Wassers nahezu konstant bleibt.

Friend nimmt an, daß das Eisen zunächst bei Berührung mit Wasser und Sauerstoff zu Eisenhydroxydul [$Fe(OH)_2$] oxydiert wird. Dieses löst sich kolloidal im Wasser und wird durch den Luftsauerstoff bzw. durch den im Wasser gelösten Sauerstoff zu ebenfalls kolloidal bleibendem Eisenhydroxyd [$Fe(OH)_3$] oxydiert. Dieses kolloidale Eisenhydroxyd wirkt katalytisch als Sauerstoffüberträger und beschleunigt die weitere Oxydation von Eisen, indem es dabei zu kolloidalem Eisenhydroxydul reduziert, aber durch den im Wasser gelösten überschüssigen Sauerstoff sofort wieder in kolloidales Eisenhydroxyd rückverwandelt wird. Schließlich flockt ein Teil des so entstandenen kolloidalen Eisenhydroxyds aus und tritt als Rost in Erscheinung.

Friend erklärt demzufolge das Verhalten von Eisen in strömendem Wasser damit, daß bei zunehmender Strömungsgeschwindigkeit das kolloidale Eisenhydroxyd, das als Sauerstoffüberträger den Rostproezß in Gang halten soll, immer rascher weggespült wird und damit auch der Rostbildungsvorgang infolge Entfernung des Sauerstoffüberträgers abnimmt. Der ab etwa 2 Seemeilen konstant bleibende Materialverlust ist nicht auf Rostangriff, sondern auf „Erosion", d. i. mechanische Auswaschung, zurückzuführen.

Wenn auch diese Kolloidtheorie einen etwas unklaren Eindruck macht, so hat sie doch bei ihrer Anwendung auf andere Korrosionsprobleme manche Anregung zu neuer Betrachtung des Rostproblems gegeben.

Schließlich soll noch einiges über die Lokalstromtheorie gesagt werden, die weniger als Erklärung für den primären Rostangriff wichtig ist, sondern mehr die Aufklärung über das Fortschreiten des Rostens bzw. über die Ausbildung besondere Erscheinungen, wie lochartiger Anfressungen usw., gibt. Wie schon gezeigt wurde, ist Anlaß zur Entstehung eines elektrischen Stromes dann gegeben, wenn zwei Metalle von ungleichem Lösungsdruck in eine Elektrolytlösung tauchen.

Kein technisches Eisen ist vollkommen gleichmäßig, es werden sich stets Stellen verschiedener chemischer Zusammensetzung, gegeben durch den wenn auch geringen Gehalt an Kohlenstoff, Silizium, Mangan

[1] Nach neuesten Forschungen (insbesonders H. Staudinger und Mitarbeiter: Sammelreferat in Ztschr. f. angew. Ch. **41**, 37, 67. 77 [1929]). besitzen viele organische Stoffe, besonders Naturstoffe, so große Moleküle, daß diese selbst in echten, molekularen Lösungen als „Kolloid" anzusehen sind, weshalb man diese Stoffe als Molekülkolloide bezeichnet.

usw. vorfinden. Dadurch, wie auch durch die im Werkstück bestehenden Spannungen, oder durch verschieden starke mechanische Beanspruchung werden immer Stellen verschiedenen Lösungsdruckes an ein und demselben Eisenstücke vorhanden sein, zwischen welchen es zur Ausbildung von Strömen kommen kann. Dabei wird das Eisen an Stellen größeren Lösungsdruckes angegriffen. Sehr gut kann man diese Stellen verschiedenen Lösungsdruckes mit dem von A. S. Cushman und H. A. Gardner[1] angegebenen „Ferroxylindikator“ sichtbar machen. An den Stellen, wo Eisen in Lösung geht, tritt Blaufärbung, an den kathodischen Stellen, die durch die alkalische Reaktion gekennzeichnet sind, Rotfärbung ein. Abb. 3 zeigt dies schematisch,

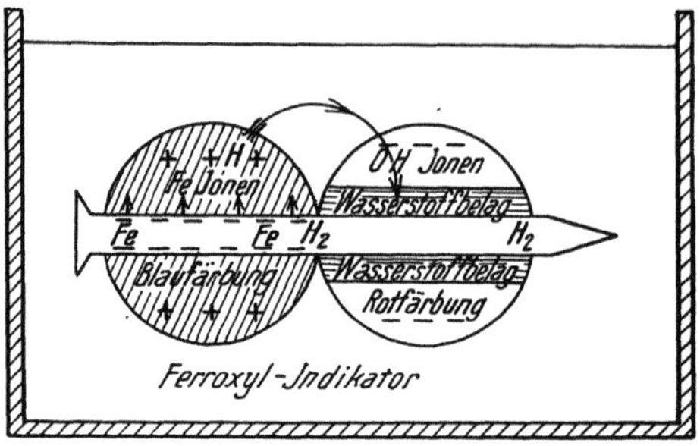

Abb. 3.

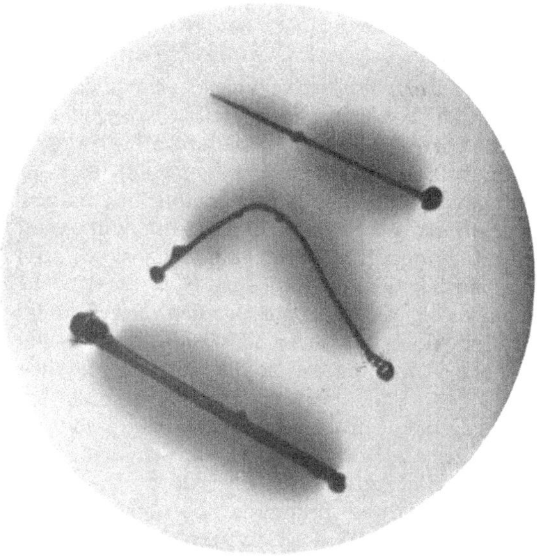

Abb. 4.

Abb. 4 zeigt eine photographische Aufnahme, die aber wegen der Einfärbigkeit die Erscheinung nicht so charakteristisch zum Ausdruck bringt.

[1] Cushman u. Gardner: The Corrosion and Preservation of Iron and Steel. p. 50ff. New York: Mc Graw-Hill Book Co. 1910, Der Ferroxyl-Indikator wird wie folgt hergestellt: Wasser wird mit $1^1/_2$% Agar — Agar 1 Stunde gekocht unter Konstanthalten des Volumens. Dann wird heiß filtriert; auf 100 cm^3 dieser Agar-Agarlösung werden 2 cm^3 einer 1% igen alkoholischen Phenolphthaleinlösung zugesetzt und die Lösung wird genau neutralisiert. Dann fügt man zu 100 cm^3 dieser Lösung 7 cm^3 einer 1% igen Lösung von rotem Blutlaugensalz.

Aber nicht nur Gefügeverschiedenheiten oder Spannungserscheinungen in Metallen können die Ursachen zur Ausbildung elektrischer Ströme sein. Im Jahre 1889 beobachtete Warburg, daß zwischen zwei Platten aus gleichem Metall, die in eine Elektrolytlösung eintauchen, ein Strom fließt, wenn die Elektrolytlösung in der Umgebung der einen Metallplatte lufthaltig ist, während sich rings um die zweite Metallplatte nicht lufthaltige, sonst aber gleichartige Elektrolytlösung befindet, und wenn man die Platten außerhalb der Lösung leitend verbindet. Dabei wird das Metall, welches von der luftfreien Lösung umgeben ist, angegriffen.

Aston[1], der scheinbar die Warburgsche Arbeit nicht kannte, fand, daß mit feuchtem Rost bedecktes Eisen sich unedler verhält als blankes Eisen, also dem Rostangriff anheimfällt. Auch U. R. Evans[2] machte ähnliche Beobachtungen und baute auf ihnen eine neue Rosttheorie auf, in der er besonders die lochförmigen Anfressungen und ähnliche Erscheinungen zu erklären versuchte. Er nimmt an, daß mit Rost bedecktes Eisen von der Belüftung durch Sauerstoff abgeschlossen ist und daher mit blankem belüfteten Eisen ein Element bildet, in dem der unbelüftete Teil angegriffen wird. Evans' Ansichten sind nicht unangegriffen geblieben[3], und wenn seine Theorie auch für die erwähnten Spezialfälle recht einleuchtend ist, so ist sie nicht geeignet, alle Rosterscheinungen erklären zu können.

Wenn man sich darüber Rechenschaft gibt, was eine Rosttheorie zu erklären imstande sein muß, so ist dies, wie Pollit[4] richtig anführt:

1. Daß Eisen in trockener Luft, d. h. in Abwesenheit jeglicher Feuchtigkeit nicht angegriffen wird;

2. daß das Eisen auch in feuchter Luft nicht angegriffen wird, wenn sich kein Wasser in flüssigem Zustande auf seiner Oberfläche niederschlägt;

3. daß das Eisen in vollkommen reinem flüssigen Wasser nicht rostet, wenn jeglicher Luftzutritt ausgeschlossen ist.

Von allen Anschauungen über den Rostprozeß entspricht wohl die elektrochemische Theorie am besten diesen Anforderungen und es ist diese auch die heute vorwiegend anerkannte.

Passivität. So leicht auch Eisen rostet und korrodiert wird, so kann es doch in einen Zustand versetzt werden, in welchem es sich wie ein edles Metall verhält, man nennt es dann „passiv". Der passive Zustand der Metalle, der zum erstenmal von Hittdorf[5] und Ostwald

---

[1] Aston, J.: Trans. Amer. Electr. Soc. **29**, 449 (1916).

[2] Evans, U. R.: Die Korrosion der Metalle. Deutsche Bearbeitung von Honegger. p. 25ff. Zürich: Orell Füßli Verlag, 1926,

[3] Maaß, E.: Vortrag gehalten auf der Jahresversammlung 1929 des Reichsausschuß für Metallschutz E. V.. Berlin, u. Österr. A. f. Metallschutz zu Wien, Korrosion u. Metallschutz 1929, Sonderheft. — Siehe auch: Herzog, E., u. G. Chaudron: Korrosion u. Metallschutz u. M. **6**, 171 (1930). — Maaß, E., u. E. Liebreich: ib. S. 172. — Evans, U. R.: ib. S. 173.

[4] Pollitt, A. A.: Die Ursachen und die Bekämpfung der Korrosion, Braunschweig 1926.

[5] Hittorf, W.: Ztschr. f. physik. Ch. **25**, 729 (1898); **30**, 481 (1899); **34**, 385 (1908).

am Chrom beobachtet wurde, ist schon lange bekannt, aber bis heute gibt es noch keine einheitlich anerkannte Erklärung für diese Erscheinung.

Eisen kann durch die verschiedensten Arten der Behandlung weitgehend passiviert werden, so z. B. durch Eintauchen in starke Säuren, rasches Erhitzen an der Luft, durch Elektrolyse u. a. m. Passives Eisen rostet nicht und ist u. a. in Säuren nicht ohneweiters löslich. Das hat zu vielen Versuchen Anlaß gegeben, den passiven Zustand des Eisens dem Rostschutz dienstbar zu machen. Aber je nach der Erzeugungsart verschwindet die Passivität früher oder später, und es ist bis heute noch nicht gelungen, Eisen dauernd zu passivieren.

Die Oxydhauttheorie[1] nimmt zur Erklärung der Passivität an, daß sich an der Oberfläche des Eisens eine hauchdünne, unsichtbare Oxydschicht bildet, die fest am Eisen aufsitzt und es infolge ihrer schweren Angreifbarkeit schützt. In neuester Zeit haben Freundlich[2] und Mitarbeiter durch Untersuchungen passivierter Eisenspiegel im polarisierten Licht das Vorhandensein einer solchen Schicht als sehr wahrscheinlich hingestellt. Evans[3] ist es gelungen, durch geeignete Behandlung passivierten Eisens das Eisen aufzulösen und nur die Oxydhaut unangegriffen zu erhalten.

Andere wieder erklären, daß der passive Zustand durch eine Gashaut zustande komme, die das Metall umgibt.

Die Metalltheorie, als deren Verfechter Schönbein, Hittorf, W. J. Müller, Smits, Swine u. a. genannt seien, nimmt an, daß sich das Metall unter der Einwirkung der passivierenden Agenzien an der Oberfläche physikalisch oder elektrochemisch verändert.

Insbesondere aus den neueren Arbeiten von W. J. Müller[4] geht hervor, daß auch die Bildung von Salzschichten und andere Reaktionen Ursache der Passivität sein können.

Ein für den technischen Rostschutz praktisch brauchbares Resultat haben alle diese Arbeiten über die Passivität des Eisens bis jetzt nicht gezeitigt, wenn sie auch für die eine oder andere Erscheinung eine Erklärungsmöglichkeit gegeben haben und für die Erkenntnis der Veränderungen von Eisenflächen von wesentlicher Bedeutung werden können.

Beim Studium des elektrochemischen Verhaltens von Eisen gegenüber verschiedenen Elektrolyten fand Kistiakowsky[5], daß unter Umständen eine raschere Polarisation einer Eisenelektrode eintrat, wenn sich diese in Bewegung befand. Diese Erscheinung, bei welcher ein Einfluß des Bewegungszustandes auf die chemische Reaktion eintritt,

---

[1] Förster, F.: Ztschr. f. Elektrochem. **16**, 980 (1910); **22**, 85 (1916). — Ztschr. f. angew. Ch. **28**, 622 (1915). — Haber, F.: Ztschr. f. Elektrochem. **7**, 215 (1900); **12**, 49 (1906); **13**, 309 (1907). — Ztschr. f. physik. Ch. **78**, 228 (1912).

[2] Freundlich, H., G. Patscheke u. H. Zocher: Ztschr. f. physik. Ch. **128**, 321 (1927); **130**, 289.

[3] Evans, U. R.: Journ. Chem. Soc. London **1927**, 1020—40.

[4] Müller, W. J.: Ztschr. f. physik. Ch. **48**, 577 (1904). — Ztschr. f. Elektrochem. **10**, 518 (1904); **15**, 696 (1909); **30**, 401 (1924); **33**, 401 (1927). — Monatshefte f. Chemie **48**, 1. u. 2. H. (1927); **49**, 1. u. 2. H. (1928).

[5] Kistiakowsky, W.: Ztschr. f. Elektrochem. **31**, 625 (1925).

bezeichnet er als motochemische. Er nimmt zur Erklärung der Passivität ebenfalls das Entstehen einer Oxydhaut an, die sich vielleicht bei bewegter Eisenelektrode deshalb rascher ausbildet, weil das Eisen durch die Bewegung stets mit frischer Passivierungsflüssigkeit in Berührung kommt. Außer dem aktiven und passiven Zustand des Eisens unterscheidet Kistiakowsky noch drei Zwischenstufen. Im passiven Zustand bildet die Oxydhaut eine vollkommen lückenlose Schutzschicht. Der Zustand der Subpassivität ist durch das Auftreten kleiner Poren in der Schutzschicht charakterisiert; dadurch ist die Möglichkeit der Ausbildung von Lokalströmen gegeben: Es kann bereits Rosten eintreten; in der Tat beobachtet man an passiviertem Eisen anfänglich punktförmige Rosterscheinungen. Wenn sich diese Poren, die aus irgendwelchen Ursachen in der festhaftenden Oxydhaut entstanden sind, erweitern, so tritt der Zustand der Subaktivität ein. In diesem können die Rosterscheinungen stärker auftreten als beim subpassiven Eisen, reichen aber noch nicht an die des aktiven heran. Schließlich kommt noch der Zustand der Überaktivität in Betracht, in welchem Falle ein Rosten ausgeschlossen ist; das Eisen erreicht ihn, wenn es z. B. bei Elektrolyse in alkalischer Lösung die Kathode bildet und sich dabei mit Wasserstoff sättigt, so daß seine Oberfläche eine Eisen-Wasserstofflegierung bildet[1].

Die Annahme einer Oxydhaut stimmt auch ganz gut mit dem Tempo der Passivierungserscheinungen überein. Der Zustand der Passivität tritt in dem Augenblick plötzlich ein, in welchem sich die letzte Pore schließt. Der Verlust der Passivität geht dagegen verhältnismäßig langsam vor sich, was mit einer allmählichen Porenbildung und deren allmählicher Vergrößerung einfach erklärlich ist.

Es sind auch Versuche gemacht worden, den passiven Zustand des Eisens durch Anstriche herbeizuführen, z. B. bei den Chromolfarben[2] durch Zusätze von oxydierend wirkenden Chromverbindungen. Die Liebreichschen[3] Rostschutzfarben enthalten Substanzen, die beim Zusammentreffen mit Feuchtigkeit Alkali abspalten und so das Eisen in den überaktiven Zustand versetzen und nichtrostend machen sollen.

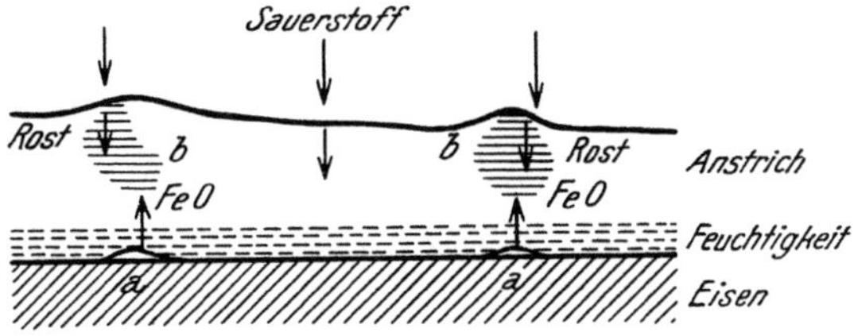

Abb. 5.

Wie verhält sich nun das Eisen unter Schutzanstrichen hinsichtlich des Rostangriffes? Vorstehende Abb. 5 soll ein schematisches Bild der eintretenden Vorgänge geben.

Beim Rosten des Eisens in Gegenwart von Wasser ensteht, wie auf S. 5 (auch Abb. 1) gezeigt wurde, Wasserstoff. Wenn Wasser durch

[1] Wasserstoff kann vom chemischen Standpunkte als Metall betrachtet werden.
[2] D. R. P. 274036, 234657, 277604; Farbe u. Lack **1926**, 326.
[3] D. R. P. 203957 (1907), D. R. P. 226630 (1910).

den Anstrich zum Eisen dringt, so wird auch hier das Rosten beginnen, denn der dazu unbedingt nötige Sauerstoff ist dann gewöhnlich an diesen Stellen auch gegenwärtig (der Anstrich ist von Luft umspült). Einerseits kann er, wenn schon Wasser durch den Anstrichfilm dringen konnte, als Gas sicher auch zum Eisen gelangen, andererseits enthält Wasser auch Sauerstoff gelöst. Der Rostprozeß könnte aber nur solange weitergehen, als keine Polarisation bei Sauerstoffmangel durch den ausgeschiedenen überschüssigen Wasserstoff eintritt. Ragg[1] erklärt die möglichen Vorgänge wie folgt:

„Erstens könnte ein Teil in Gasform durch die Farbhaut in die Atmosphäre diffundieren. Da sich aber für den Wasserstoff genug Gelegenheit ergibt, okkludiert zu werden, braucht diese Annahme nicht weiter in Betracht gezogen zu werden. Hingegen ist es wohl denkbar, daß sich der Wasserstoff sofort beim Entstehen im Elektrolyten löst, der an der Eisenoberfläche und zum Teil in der Farbschicht sitzt (1 l Wasser vermag bei 15° C 19 cm^3 Wasserstoff zu lösen). Weiter wäre es möglich, daß der Wasserstoff in statu nascendi etwa schon gebildeten Rost zu Oxydul reduziert. Das dabei gebildete Wasser könnte nun neuerlich mit dem Eisen reagieren usf. Drittens könnte der Wasserstoff durch Sauerstoff zu Wasser oxydiert werden. Schließlich ist noch in Betracht zu ziehen, daß Eisen ebenso wie alle anderen Metalle beträchtliche Mengen Wasserstoff zu lösen vermag, es hat stets das Betreben, sich mit ihm zu sättigen und eine Lösung oder Legierung zu bilden."

Wenngleich also nach früher Gesagtem die Wasserstoffhaut, welche sich auf blankem Eisen bei Gegenwart von Wasser bildet, durch elektrochemische Polarisation die Korrosion des Eisens behindert, wird gerade dieser Wasserstoff durch sekundäre Veränderung des Eisens (Bildung einer Eisen-Wasserstofflegierung an der Oberfläche) dem darunterliegenden Eisen gegenüber als Rostbildner auftreten können.

Sobald nun aus einer der genannten Ursachen der polarisierend wirkende Wasserstoff entfernt ist, kann der Rostprozeß weiterschreiten. Denn sowohl die Eisen-Wasserstofflegierung als auch der Rost (wie alle Metalloxyde gegenüber dem Metall) sind edler als Eisen. Dies erklärt auch den alten Erfahrungsatz: „Rost erzeugt wieder Rost".

Da zudem Rost ein größeres Volumen einnimmt als das Eisen, aus dem er entstand, so wird durch die Unterrostung der Anstrich auch vom Metall abgehoben und werden weitere Flächen der Korrosion zugänglich gemacht. Schon daraus ist zu ersehen, welche Wichtigkeit der möglichst geringen Gas- und Wasserdurchlässigkeit eines Anstrichs beizumessen ist.

Das für ein unter einem Anstrich befindliches Eisen Gesagte gilt natürlich um so mehr für frei der Luft ausgesetztes Eisen. Feuchtigkeit ist auf Eisen, wie es technisch erzeugt und verwendet wird, stets vorhanden[2], es sind daher auch stets die Bedingungen zur Wasserstoffbildung gegeben. Es ist Grund zur Annahme vorhanden, daß jedes Werkeisen zumindest an seiner Oberfläche eine Eisen-Wasserstoff-

[1] Ragg, M.: Vom Rost und Eisenschutz. Berlin: Union Deutsche Verlagsgesellschaft, 1928.

[2] Jede Oberfläche eines festen Körpers vermag aus der umgebenden Atmosphäre nach allgemeinen physikalischen Gesetzen Dampfmoleküle derart anzuziehen und festzuhalten, daß die Moleküle dieses Dampfes sich dort in viel dichterer Lagerung befinden, als in der umgebenden Atmosphäre.

legierung darstellt[1]. Wenn diese Eisen-Wasserstofflegierung zum Teil schuld an der Korrosion ist, so ist einzusehen, daß oxydierend wirkende Mittel, die den gebundenen Wasserstoff entfernen, das Eisen widerstandsfähiger gegen das Rosten machen werden. Tatsächlich wird ja auch das Eisen durch Behandlung mit solchen Mitteln (Salpetersäure, Chromate usf.) passiv. Lambert und Thomson[2] stellten Eisen von so hoher Reinheit dar, daß es unter Bedingungen, die sonst zur Rostbildung führten, unangegriffen blieb. Die kleinste Verunreinigung des Lambert-Thomsonschen Eisens genügte aber, um es schnell zum Rosten zu bringen. Aber nicht nur chemische Verunreinigungen konnten diese Erscheinung hervorrufen. Wenn man dieses reine Eisen örtlich durch Spannung beanspruchte, so zeigte sich bei der Prüfung mit dem Ferroxylindikator, daß die beanspruchten Gebiete kathodisch, die unbeanspruchten anodisch reagierten (also angegriffen wurden). Auf diese Erscheinung ist schon früher (S. 8) hingewiesen worden. Ob sich die beanspruchten Teile edler oder unedler verhalten, scheint nicht unter allen Umständen vorausbestimmbar zu sein[3]. Jedenfalls geben diese Beobachtungen genügend Grund zur Erklärung, warum z. B. Eisen an Nietlöchern besonders zur Korrosion neigt.

Es ist auch vielfach die Meinung vertreten worden, daß das starke Rosten des Eisens erst eine Erscheinung unserer Zeit ist, bzw. daß wir heute nicht in der Lage sind, ein so gutes Eisen herzustellen wie in früheren Zeiten. Es werden als berühmte Beispiele angeführt die Eisensäule in Delhi (900 v. Chr.?), die Ketten des „Adams Peak" auf Ceylon u. v. a. m. Nach Untersuchungen Rosenhains[4] ist die Korrosionsfestigkeit alten Eisens hauptsächlich in den von der Herstellung enthaltenen Schlackenschichten zu suchen. Andererseits mag sie in dem günstigen Klima zu suchen sein, denn Bruchstücke letzterwähnter Kette rosteten, als man sie nach London brachte, ebenso rasch wie irgendein anderes Eisen. Ein Körnchen Wahrheit steckt vielleicht in der angeführten Behauptung. Die heutigen schnellen Herstellungs- und Bearbeitungsmethoden werden in dem Eisen vielfach innere Spannungen verursachen, die das Rosten begünstigen. Andererseits ist durch die immer weiter fortschreitende Industrialisierung unserer Gegenden die Luft viel reicher an schädlichen Bestandteilen, wie schwefliger Säure, Kohlensäure, Ruß, Flugasche. Denn wenn auch erkannt wurde, daß z. B. Kohlensäure zum Rosten des Eisens nicht notwendig ist, so beschleunigt sie bei Gegenwart von Sauerstoff und Wasser, wie jede Säure, doch den Rostprozeß. Ruß und Ascheteilchen, die auf die Eisenoberfläche gelangen, können sehr unangenehme lochartige Anfressungen veranlassen; da sie edler sind

[1] Ragg, M.: Vom Rost und Eisenschutz. — Liebreich, E.: Rost und Rostschutz. Braunschweig: F. Vieweg & Sohn, 1914.

[2] Lambert, B., u. J. C. Thomson: Trans. Chem. Soc. London **97**, 2426 (1910). — Lambert, B.: Trans. Chem. Soc. London **101**, 2056 (1912); **107**, 218 (1915).

[3] Siehe Pollitt, A.: Die Ursachen und die Bekämpfung der Korrosion. Deutsch von W. H. Creutzfeld. Braunschweig: Vieweg & Sohn 1926. — Maaß, E.: Vortrag auf der Wiener Tagung des Reichsausschusses für Metallschutz E. V. und des Österr. A. f. Metallschutz. Korrosion u. Metallschutz **1929**, Sonderheft Okt.

[4] Rosenhain, W.: Trans. Faraday Soc. **11**, 236 (1916).

als Eisen (Kohlenstoff steht höher in der Spannungsreihe), wird in dem entstehenden Lokalelement das Eisen örtlich angegriffen werden können. Lochartige Anfressungen (pitting) sind weit gefährlicher als ein über die ganze Oberfläche gleichmäßig verbreiteter Rost. So kann es z. B. bei Blechen von Tanks (Behältern) durch lochartige Anfressungen bei ganz geringen Materialverlusten zum Unbrauchbarwerden derselben kommen, während andererseits durch gleichmäßige Abrostungen viel größere Materialverluste ohne besondere Schädigungen eintreten können.

Die meisten bis hierher besprochenen Möglichkeiten des Rostens gehören in die Gruppe von Korrosionserscheinungen, welche man als Selbst- oder Autokorrosion bezeichnet. Von Berührungs- oder Kontaktkorrosion spricht man dann, wenn Eisen in Berührung mit einem edleren (in der Spannungsreihe höher stehenden) Metall in einen Elektrolyten eintaucht. Da auch Regenwasser, wie alle natürlichen Gewässer, Salze gelöst enthält, wenn auch nur in geringer Menge, so tritt dieser Fall z. B. ein, wenn Eisen in Berührung mit Kupfer atmosphärischen Niederschlägen ausgesetzt ist. Es ist dies bei Eisenkonstruktionen zu berücksichtigen; wenn sich die Anwendung edlerer Metalle in Verbindung mit Eisen nicht umgehen läßt, so sind zum Schutz alle erforderlichen Maßnahmen in besonders ausgedehnter Weise anzuwenden (wasserundurchlässige Anstriche). Falls sich aber Eisen in Berührung mit einem unedleren Metall befindet, so wird letzteres angegriffen; dieses schützt das Eisen vor Korrosion (z. B. Zinkprotektoren an Schiffsteilen). Aus dem Vorstehenden ergibt sich, daß metallische Überzüge auf Eisen (Vernickelung, Verchromung, Verzinnen, Verzinkung usf.), wenn der Überzug aus einem edleren Metall besteht (wie Nickel, Zinn usw.) nur solange einen Rostschutz abgeben können, als der Überzug porenfrei und unbeschädigt ist. Wenn aber ein unedleres Metall für diesen Zweck Verwendung findet, so schützt es, wenigstens in beschränktem Maße, auch dann noch das Eisen, wenn der Überzug schon verletzt ist. (Daher die große Verbreitung der Eisenverzinkung.)

Die Korrosion durch Fremderregung wird durch äußere elektrische Ströme hervorgerufen, welche durch das in einer Elektrolytlösung befindliche Metall gehen. Dies tritt z. B. durch vagabundierende Ströme ein bei Stromleitungsmasten, auch bei Gasröhren, die in der Nähe von Schienen der elektrischen Bahnen liegen. Es muß in den erwähnten Fällen nicht immer zu Schädigungen kommen. Korrosion tritt nur dann ein, wenn der Strom so fließt, daß das Metall (die eisernen Träger, die Gasrohre) Anode wird, der elektrische Strom also von ihm in die umgebende Elektrolytlösung, z. B. das feuchte Erdreich fließt. Hat der elektrische Strom die umgekehrte Richtung, fließt er also zum Metall, so wird dieses geschützt, wenn die EMK[1] groß genug ist; darauf beruht u. a. das Cumberland[2]-Verfahren zum Schutz der Dampfkesselbleche.

Daß der Rost nicht immer gleicher Zusammensetzung ist, fällt jedem bald auf, der rostendes Eisen bei verschiedenen Gelegenheiten beobachtet. Schon die Farbe ist nicht immer die gleiche, oft hell gelblich-

[1] = Elektromotorische Kraft.
[2] Cumberland, E.: Trans. Faraday Soc. 11, 277 (1915).

rot, oft rein rotbraun oder dunkelbraun. Manchmal ist der Rost fest, trocken und festhaftend, manchmal auch locker, feucht und leicht abzureiben. Seine physikalischen Eigenschaften hängen von den Bedingungen ab, unter denen er entsteht.

Die chemische Zusammensetzung des Rostes schwankt ebenfalls mit den Verhältnissen, unter denen er sich bildet. Häufig besteht Rost aus einem Eisenhydroxyd (FeOOH), andererseits findet man die Zusammensetzung der Formel $Fe(OH)_3$ entsprechend angegeben[1]. Meist enthält der Rost wechselnde Mengen Eisenoxyduloxyd (Fe_3O_4), die sich durch Reduktion aus dem Eisenhydroxyd bilden. Die Menge von vorhandenem Ferrohydroxyd [Eisenoxydulhydrat, $Fe(OH)_2$] wechselt in weiten Grenzen. Ausschließliche Bildung von Ferrohydroxyd ist beim Rosten unter normalen Bedingungen nicht beobachtet worden; bei der „Spongiose“[2] des Eisens dürfte es auch zur Bildung von Ferrohydroxyd kommen. Jedenfalls besteht Rost aus Eisenoxyden und -hydroxyden verschiedener Oxydationsstufen in wechselnder Zusammensetzung und Mischung.

Daß Rost infolge seines edleren Potentials das Weiterrosten des Eisens beschleunigen kann, ist schon früher erwähnt worden. Aber es hängt auch von der Struktur des Rostbelags ab, welchen Einfluß er auf das Eisen ausübt. Es ist klar, daß ein poröser, schwammiger Rost das Weiterrosten fördern wird, auch wenn man vom elektrochemischen Potential ganz absieht, denn er speichert wie ein Schwamm Feuchtigkeit, die als Tau oder Regen auf ihn gelangte, auf und liefert so günstige Verhältnisse für den Rostprozeß. Andererseits kann festhaftender, unter günstigen Umständen getrockneter Rost einen so dichten Überzug auf Eisen bilden, daß er wie eine Schutzschicht das Weiterrosten verzögert.

Schließlich hängt die Geschwindigkeit des Rostangriffs von manchen anderen Umständen ab. So wird die Oberflächenbeschaffenheit des Metalls eine Rolle spielen. Es ist eine bekannte Erscheinung, daß hochpoliertes Eisen weniger zum Rosten neigt als solches mit rauher Oberfläche. Die einfachste von den dafür gegebenen Erklärungen ist die,

[1] Schikorr, G.: Über die beim Rostvorgang auftretenden Eisenoxyde und -Hydroxyde. Vortrag. Korrosion u. Metallschutz **1929**, Sonderheft, Okt. Daselbst auch eine Zusammenstellung aller bezüglichen Veröffentlichungen.

[2] Spongiose oder Graphitisierung nennt man eine bestimmte Art der Korrosion, die bei Gußeisen auftritt. In der Erde oder im Meerwasser liegende gußeiserne Rohrleitungen bedecken sich u. U. ganz oder nur zum Teil mit einer Graphitschicht und Eisenoxyd füllt als weiche, mit dem Messer schneidbare Masse die Zwischenräume der stehengebliebenen Graphitschuppen aus. Dabei bleibt die Gestalt der Rohre erhalten. Reinere Eisensorten und Stahl werden davon nicht befallen. Man führt die Erscheinung auf elektrochemische Auflösung des Materials durch Salzlösungen (die im Boden aufgesaugt sind) oder Irrströme zurück. Eventuell genügt auch schon der Spannungsunterschied zwischen Graphit und Eisen (die dann ein Element bilden, mit Eisen als dem unedleren Bestandteil). — Siehe auch Kröhnke, O,: Metallurgie **7**, H. 21. — Bauer u. Wetzel: Mitt. K. Techn. Ver.-Anst. Berlin **1916**. — Davies, J. V.: Iron Age **108**, 942/43 (1921). — Stumper, R.: Rev. Techn. Luxembourgeoise **1923**, Nr 6, 7 p. — Shipley, J. W., u. I. R. Mc Haffie: Journ. Ind. and Engin. Chem. **16**, 573—75 (1924). — Stumper, R.: Korrosion u. Metallschutz **3**, 265—68 (1927).

daß durch das Polieren die Porosität der Oberfläche und die Stärke der Gefügeverschiedenheiten ausgeglichen wird. Allerdings, wenn es bei einem polierten Eisenstück an einer Stelle zu Rosterscheinungen gekommen ist, dann schreitet der Rost genau so rasch weiter, als wenn das Eisen nicht poliert gewesen wäre.

Über den Einfluß des Lichtes auf den Rostbildungsvorgang ist man geteilter Meinung. So behauptet z. B. M. Schulz[1], daß es beschleunigend wirkt, während U. R. Evans[2] zu dem Schluß kommt, daß es ohne Einfluß ist, was auch den Tatsachen entsprechen dürfte.

Am Ende dieser Ausführungen sei noch des Einflusses der Temperatur gedacht. Erhöhung der Temperatur beschleunigt im allgemeinen alle chemischen Reaktionen. Für die Rostbildung ist von Bedeutung, daß die Löslichkeit des Eisenhydroxyduls im Wasser und die Dissoziation des Elektrolyten mit steigender Temperatur zunimmt, was also im Sinne einer Beschleunigung des Rostens wirkt. Andererseits geht mit steigender Temperatur die Löslichkeit des Sauerstoffs in Wasser und die EMK der Lokalelemente zurück, was rostverzögernd wirkt. Wenn letztere Momente überwiegen, so kann mit steigender Temperatur eine Verminderung des Rostangriffs erfolgen. Weit wichtiger scheint zu sein, daß sich durch Temperaturdifferenzen in Metallen elektrische Spannungsunterschiede ausbilden können, welche zur Ursache für scheinbar rätselhafte Rosterscheinungen werden. Die klimatischen Verhältnisse spielen daher bei allen Rosterscheinungen eine wesentliche Rolle.

Wie aus den vorstehenden gedrängten Ausführungen zu entnehmen ist, besteht zur Zeit noch keineswegs eine vollständige und sichere Aufklärung über den Rostbildungsvorgang am blanken Eisen. In erster Linie ist dies wohl auch darauf zurückzuführen, daß „Eisen" schlechtweg kein chemisch oder physikalisch scharf definierter Stoff ist. „Eisen" als Werkstoff gelangt in unzähligen chemischen und physikalischen Formen zur Verwendung und ist als ein Gemenge oder eine Legierung von verschiedenen Verbindungen aufzufassen, wenn auch der Gehalt an „Eisenmetall" fast 100% erreicht. Die vielen Versuche der Korrosionsforscher sind keineswegs an gleichartigem Versuchsmaterial erfolgt. Wie man sieht, fehlt es auch nicht an Widersprüchen in dem Obdargelegten, und der Streit der Meinungen ist oft noch ein heftiger.

Jedenfalls aber spielen in erster Linie elektrochemische Vorgänge neben kolloidchemischen und physikalischen Adsorptionsvorgängen bei der Rostbildung die wichtigste Rolle.

II. Möglichkeiten des Rostschutzes.

Im vorigen Kapitel ist das Bekannte über die Ursachen der Rostbildung dargelegt worden. Man stellt zunächst die dringende Frage, welche Möglichkeiten der Praxis offen stehen, um Eisengegenstände, Eisenkonstruktionen und überhaupt Werkeisen gegen Rostbildung zu schützen. Da die wertvollen Eigenschaften des Eisens als zäher, fester,

[1] Schulz, M.: Farben-Ztg. 6, 329 (1927).
[2] Evans, U. R.: Korrosion u. Metallschutz 5, 158 (1925).

elastischer Werkstoff durch Rostbildung beeinträchtigt, unter Umständen vernichtet werden, indem der „Rost das Eisen anfrißt oder auffrißt" und der Rost selbst ein häßliches, brüchiges, schwammiges, in der Werkstofftechnik zunächst unbrauchbares Material darstellt, so sind mit der Fertigstellung eines eisernen Werkstückes die sofortigen Vorkehrungen für seinen Schutz gegen Rostbildung innig verknüpft. Diese werden verschieden sein müssen, je nach Art des Eisens und je nach Art des Werkstückes und seiner Verwendung. Ein Schreibmaschinengestell wird anders zu behandeln sein wie ein Dampfzylinder und sein Kolben und dieser wieder anders wie eine Eisenbahnschiene oder ein Brückenträger oder ein Gasrohr; anders wird zu behandeln sein Eisen, welches Halbfabrikat darstellt, wie Bandeisen, Rundeisen, Bleche, Draht in Rollen, gegenüber geformten, bearbeiteten Maschinenteilen, Gebrauchsgegenständen oder Trägern und Baukonstruktionen.

Zunächst bietet die Eigenart der Fabrikationsprozesse einen vorläufigen Schutz, indem durch alle Bearbeitungen des Eisens in der Hitze (Guß, Schmiedearbeit, Walzarbeit) beim Abkühlen an der Luft (durch den Sauerstoff) an der Oberfläche eine meist sehr festhaftende, dichte, aber sehr dünne und genügend elastische Schicht von Eisenoxyduloxyd (Hammerschlag, Gußhaut, Walzhaut) entsteht, welche in nicht sehr feuchter Atmosphäre recht lange Zeit das Eisen vor Rost bewahren kann. Andererseits bildet sich der Rost bei sehr glatten, fugenlosen fertigen Werkstücken oft sehr gleichmäßig und frißt nicht tief, so daß der dadurch bedingte Materialverlust lange vernachlässigt werden kann (gewalzte Schienen und Träger). Die dann vorgenommene andauernde Benutzung, welche die dünne Rostschicht entfernt, verhindert oft jegliche weitere Rostbildung, „Arbeit schützt also vor Rost." (In Gebrauch befindliche Eisenbahnschienen.) Apparaturen und Maschinen in ständiger Benutzung und Bewegung rosten nicht oder wenig, bei Stillstand tritt rasch vollständige Überrostung ein, falls nicht sofort eigene Schutzmaßnahmen ergriffen werden („Konservieren" einer stillstehenden Anlage, einer Maschine, von Stahltrossen, Drahtseilen).

Die atmosphärischen Stoffe, welche Ursache und Vorbedingung für die Rostbildung sind, lassen sich in der Praxis nicht ohneweiters vom eisernen Werkstoff fernhalten. Es müssen also am Eisen selbst für dauernden Rostschutz Vorkehrungen getroffen werden, welche das Eisen schützen. Diese Vorkehrungen sind zu trennen in solche p r o v i s o r i s c h e n C h a r a k t e r s und in solche, welche einen möglichst a n d a u e r n d e n S c h u t z gewähren. Auch die Dauervorkehrungen werden zeitlich begrenzt sein und müssen in gewissen Zeiträumen wiederholt werden.

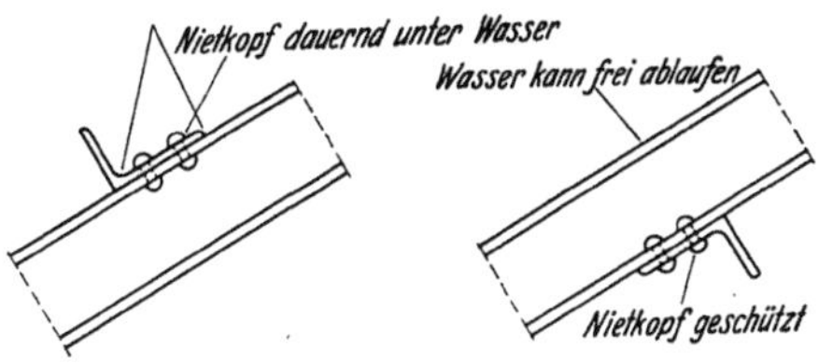

Abb. 6. Falsch. Abb. 7. Richtig.

Nicht zu übersehen ist auch, daß durch zweckmäßige Ausführung der Eisenkonstruktionen die Rostgefahr zurückgedrängt werden kann. Man wird Formen bzw. Konstruktionen vermeiden, die zu Wasseransammlungen Anlaß geben können. Man wird also z. B. Versteifungen bzw. Verbindungen nicht so anbringen wie Abb. 6 zeigt, sondern nach der in Abb. 7 angedeuteten Art. Es läßt sich eine Unzahl solcher Beispiele anführen. Man kann sohin auch von einem Rostschutz durch geeignete Konstruktion sprechen.

A. Provisorische Schutzmaßnahmen.

Zu diesen gehört vor allem das Einfetten lagernder Maschinenteile bzw. stillgelegter Apparate und Maschinen. Die einzufettenden Teile müssen vor dem Auftragen des Fettes trocken sein. Das zu verwendende Fett bzw. Öl darf keine Bestandteile (Säuren) enthalten, die das Metall angreifen. Am besten haben sich gute Vaseline oder Wollfett[1] als solche oder in Form von Lösungen (in Benzin usw.) bewährt. Insbesonders Wollfett wird vielfach empfohlen, da es sehr gut am Metall haftet. Das Einfetten soll einen möglichst guten Abschluß gegen Feuchtigkeit bewirken. Die aufgetragene Fettschicht muß daher lückenlos die zu schützenden Teile umhüllen. Leinöl ist für diesen Zweck ungeeignet. Es trocknet in einigen Tagen zu einer festen Schicht (Linoxyn) ein, die aber ziemlich porös und leicht durchlässig für Wasser und Gase (Sauerstoff) ist. Wenn schon ein durchsichtiger auftrocknender Überzug verwendet werden soll, dann kommen höchstens lackartige Produkte in Frage (Sensenlacke z. B.[2]).

Gegen stärkere Durchnässung (Regen) sind alle diese Überzüge wenig widerstandsfähig. Es sind daher auch eingefettete Eisenteile möglichst trocken zu lagern.

B. Dauerschutzmaßnahmen.

Es stehen hier zwei prinzipiell verschiedene Möglichkeiten offen. Entweder man verwendet überhaupt Eisensorten, die so weit rostbeständig sind, daß dies allein genügt, um eine Korrosion hintanzuhalten, oder man verwendet gewöhnliche Eisen- bzw. Stahlsorten und überzieht deren Oberfläche mit Schutzüberzügen, welche den Zutritt der korrodierend wirkenden Stoffe (Luftsauerstoff und Wasser) weitgehend verhindern. Im Falle eines solchen Oberflächenschutzes kann man entweder Überzüge aus Metall oder Metallverbindungen aufbringen (Galvanisieren, Plattieren usf.), oder man streicht das Eisen mit einer zweckentsprechenden Rostschutzfarbe.

Es sind daher folgende drei Rostschutzmöglichkeiten zu unterscheiden:

1. Verwendung von korrosionsfesten Eisenlegierungen.

2. Überziehen des Eisens mit Metallen oder Metallverbindungen, welche die atmosphärischen Stoffe vom Eisen abhalten.

---

[1] Jakemann, C.: Engg., London **120**, 123 (1925).

[2] Die „Sensenlacke" dienen dazu, um Sensen und ähnliche Schneidewerkzeuge auf Lager vor Rost zu schützen. Es sind dies billige spirituöse Kolophoniumlacke, die meist mit Teerfarbstoffen angefärbt werden. Über den Begriff „Lack" siehe S. 133, Anm. 3.

3. Überziehen des Eisens mit anderen als den unter 2 genannten Schutzschichten, vor allem mit Ölfarbe u. ä. Anstrichmitteln.

1. Verwendung korrosionsfester Eisenlegierungen.

Schon bei Verwendung der verschiedenen üblichen Eisensorten haben sich oft beträchtliche Unterschiede in der Rostbeständigkeit gezeigt. Dies hängt mit dem Kohlenstoffgehalt und der Art, wie sich der Kohlenstoff im Eisen vorfindet, zusammen. So ist z. B. oft ein deutlicher Unterschied zwischen grauem und weißem Gußeisen zu finden. Während in letzterem der Kohlenstoff fein verteilt ist, findet man ihn im grauen Gußeisen in wohlausgebildeten Graphitschuppen.

Tritt der Kohlenstoff in Form von Kristallen oder Adern auf, so können diese Ursache zur Bildung von Lokalelementen werden (siehe S. 7).

Schematisiert kann man sich die Erscheinung wie in Abb. 8[1] vorstellen. Der Kohlenstoff, als der edlere Teil, verursacht die Korrosion des unedleren Eisens. Fällt schließlich das freigelegte Graphitteilchen ab, so hört auch die Korrosion an dieser Stelle auf[2].

Abb. 8.

Chemisch gebundener Kohlenstoff gibt nicht unmittelbaren Anlaß zur Korrosion. Er erscheint als Karbid im Perlit, Troostit, Martensit.

Ob Gußeisen oder Stahl widerstandsfähiger gegen Rostbildung ist, wird umstritten. Die großen Widersprüche in wissenschaftlichen Veröffentlichungen[3] erklären sich einerseits durch die Schwierigkeit des Problems an sich, andererseits auch dadurch, daß bei manchen Versuchen zu wenig Rücksicht auf den „maßgebenden Umstand"[4] genommen wurde.

Seit langer Zeit bemüht man sich, durch geeignete Zusätze dem Eisen die unangenehme Eigenschaft des Rostens zu nehmen. Es ist dies in verhältnismäßig hohem Grade gelungen, und einzelne Eisensorten, wie z. B. der V 2 A-Stahl[5] von Krupp, können als rostfest be-

---

[1] Palmaer: Korrosion u. Metallschutz **2**, 3ff. (1926).

[2] Da im Graphitgehalt des Eisens ein Anlaß zur Rostbildung gegeben ist, wird das an Graphit arme Schmiedeeisen im allgemeinen widerstandsfähiger gegen Rostbildung sein.

[3] Siehe das Literaturverzeichnis am Schlusse des Buches.

[4] Dieser Begriff wurde von U. R. Evans (Die Korrosion der Metalle, deutsche Bearbeitung von E. Honegger, Zürich 1926, S. 191) genauer gekennzeichnet. Bei Korrosionsversuchen läßt man alle Bedingungen bis auf eine konstant. Es wird dann die Korrosionsänderung nur von dieser einen Variablen beeinflußt. Der „maßgebende Umstand" wird durch die physikalische bzw. chemische Bedeutung dieser Größe bestimmt. Wenn man z. B. die Rostgeschwindigkeit von Eisen in einer Atmosphäre untersucht, deren Sauerstoff-, Stickstoffgehalt, relative Feuchtigkeit und Temperatur stets gleich bleiben, die aber einen wechselnden Gehalt an schwefliger Säure (Rauchgase) aufweist, so ist die Konzentration der schwefligen Säure in dieser Atmosphäre der „maßgebende Umstand".

[5] V 2 A-Metall und ähnliche Produkte bestehen meist aus Eisen-Chrom-Nickellegierungen (20—25% Chrom, 5—8% Nickel) mit niederem Kohlenstoffgehalt. Auch Zusätze von Kobalt, Kupfer, Silizium und anderen Stoffen werden benutzt. Bezüglich Literatur siehe Literaturverzeichnis am Schlusse des Buches.

zeichnet werden. In der chemischen Industrie werden solche Materialien schon vielfach für besonders beanspruchte Apparaturen verwendet, aber der Verwendung im Baugewerbe und einer weitergehenden im Maschinenbau stellen sich noch gewisse Hindernisse entgegen[1]. Einerseits stehen diese Stähle sehr hoch im Preis, andererseits erschweren ihre mechanischen Eigenschaften die Bearbeitung.

Auch gekupfertes Eisen kommt zur Zeit, soweit der Preis es zuläßt, als rostbeständiges Material in Betracht. Die Beständigkeit gegen Atmosphärilien wird als gut bezeichnet. Der Gehalt an Kupfer ist sehr gering, meist 0,25—0,50%.

Zusammenfassend kann gesagt werden, daß korrosionsfestes Eisen bzw. Stahl derzeit im Baufach noch nicht allgemeine Verwendung finden[2].

2. Metallische, oxydische und ähnliche Überzüge.

Es ist verständlich, daß man Eisen durch Überziehen mit Schutzschichten vor Rost schützen kann. Erforderlich ist dabei nur, daß der Überzug auf rostfreies trockenes Eisen aufgebracht wird, daß er die Eisenoberfläche dauernd vor jedem Zutritt der Atmosphärilien schützt und einen Angriff der Korrosionserreger auf das Eisen ausschließt.

So einfach diese Bedingung scheint, so schwer ist sie für längere Dauer zu erfüllen. Die rein metallischen Überzüge können entweder aus einem Metall, das ein edleres Potential hat, bestehen oder aus einem Metall, das ein unedleres Potential hat als das Eisen. Von der ersten Gruppe kommen in Betracht Zinn, Nickel oder Chrom, von den letzteren Zink, evtl. Kadmium.

Zinn, Nickel oder Chrom gewähren jedoch nur solange einen Schutz (vgl. S. 14), als ihr Überzug vollkommen lückenlos ist. Denn hat sich an irgendeiner Stelle eine Pore in der Schutzschicht gebildet, so ist Anlaß zur Bildung eines Lokalelementes gegeben, wodurch dann das Eisen als der unedlere Teil angegriffen wird und durch das Überzugsmetall der Angriff des Eisens an dieser Stelle noch verstärkt wird, so daß der Rostprozeß dort raschere Fortschritte macht, als wenn das Eisen ungeschützt wäre. Insbesonders das Chrom zeichnet sich durch seine günstigen mechanischen Eigenschaften aus (Härte), ist aber schwer in porenfreien Überzügen herzustellen, man vernickelt oder verkadminisiert daher vorher das Material und bringt dann den Chromüberzug elektrolytisch auf.

[1] Destillierblasen und Kolonnen, Rohrleitungen, Kühlschlangen, ferner Spezialpumpen und Gebläse für stark korrodierende Flüssigkeiten, Dämpfe und Gase werden vielfach aus säurefestem Eisen hergestellt. Die Preise liegen wesentlich höher als für Werkkupfer. Kleine Gegenstände (Messer, Gabeln, kleine Maschinenteile) lassen sich leichter und billiger herstellen und sind wegen langdauernder Verwendbarkeit wirtschaftlich.

[2] In Amerika wird rostfreier Stahl schon oft in größerem Maßstabe benützt. So werden bei Hochhäusern Außenteile aus Winkeleisen solcher Qualität verwendet; die Kuppel des bekannten 334 m hohen Chrysler-Building in New York besteht zur Gänze aus blankem rostfreiem Stahl. Auch in der Industrie wird in Amerika rostfreier Stahl in sehr viel größerer Menge verwendet als in Europa.

Zinn ist als Rostschutzüberzug auf Eisen durchaus zu verwerfen. Erstens sind die Überzüge kaum jemals porenfrei herzustellen und zweitens wird das Eisen durch das edlere Zinn bei geringster Verletzung der Überzugsschicht in Anwesenheit eines Elektrolyten (Feuchtigkeit) zerstört. Seine Verwendung findet verzinntes Blech (Weißblech) noch zur Erzeugung von Gefäßen, die zur Bereitung und Aufbewahrung von Nahrungsmitteln dienen (Blechgeschirre, Konservenbüchsen), sowie für kleinere Blechwaren.

Das Zink wird in allergrößtem Maßstab zum Eisenschutz verwendet und hat seit einer Reihe von Jahren das Zinn auch bei Blechwaren weitgehend verdrängt. Man kann das Zink nach vier verschiedenen Arten auf das Eisen aufbringen:

1. Durch Eintauchen in ein Bad aus geschmolzenem Zink (Feuerverzinken).
2. Durch Elektrolyse (galvanisiertes Eisen).
3. Durch Sheradisieren (Walzen in einer Zinkstaub-Sandmischung bei erhöhter Temperatur. Nur für kleinere Gegenstände üblich).
4. Nach dem Schoopschen Metallspritzverfahren.

Sowohl feuerverzinktes wie auch elektrolytisch verzinktes Eisen werden heute im größten Maßstab erzeugt und verbraucht. Die Verzinkung durch Elektrolyse ist verhältnismäßig jung, gewinnt aber immer mehr an Bedeutung, weil die so erhaltenen Überzüge besonders rein und dicht sind. Da Zink in der Spannungsreihe tiefer steht als Eisen, so vermag es das Eisen auch bis zu einem gewissen Grade dann noch zu schützen, wenn der Überzug verletzt ist, wird aber dabei selbst angegriffen. Dieser Schutz erstreckt sich natürlich nur auf einen eng begrenzten Umkreis um die verletzte Stelle; wenn sich in der Schutzschicht durch Abnutzung oder Beschädigung größere Löcher ausgebildet haben, kann sich die Schutzwirkung des Zinkes nur an deren Rändern äußern. Ordnungsgemäß verzinktes Eisenblech verhält sich den Atmosphärilien gegenüber außerordentlich günstig. Das Verzinken ist eine der besten Rostschutzmethoden. Einen noch besseren Schutz soll das Kadmium abgeben. Es wird ebenfalls elektrolytisch aufgebracht, läßt sich in praktisch porenfreien Schichten niederschlagen und ist gegen die Einwirkung der Atmosphärilien mindestens ebenso beständig wie Zink. Kadmium ist ein außerordentlich weiches Metall und darf nur dort angewendet werden, wo es vor mechanischer Beanspruchung geschützt ist. Das Kadmium wird auch als Zwischenschicht für eine später aufzubringende Vernicklung oder Verchromung aufgebracht. Infolge seines hohen Preises und seiner geringen Produktion kommt es für den Schutz größerer Flächen, wie Blechbedachungen zur Zeit nicht in Frage. Es kann auch nach dem Spritzverfahren aufgebracht werden. Bei diesem Verfahren wird ein Metalldraht in einer Knallgasflamme geschmolzen und das geschmolzene Metall durch einen starken Luftstrom auf den zu bearbeitenden Gegenstand geschleudert. Das Spritzen geschieht mittels Spritzpistolen, wie eine solche in Abb. 9 gezeigt ist.

Das aus der Pistole austretende Metall ist schon in einer Entfernung von 25 cm so weit abgekühlt, daß man den Metallnebel kurze Zeit auf die Hand leiten kann, ohne sich zu verbrennen. Die feinen Metalltröpfchen werden durch die große, ihnen erteilte Geschwindigkeit beim Auftreffen auf der Oberfläche des zu metallisierenden Körpers tellerförmig abgeplattet und überdecken sich gegenseitig, so daß eine zusammenhängende Schicht entsteht, die aber nicht porenfrei ist und daher nur einen beschränkten Korrosionsschutz gewährt (Siehe Abb. 10). Über die Wirtschaftlichkeit des Verfahrens ist man noch geteilter Meinung. Aus diesem, wie aus dem vorher erwähnten Grunde ist es zur Aufbringung rostschützender Überzüge nur von sehr bedingtem Wert.

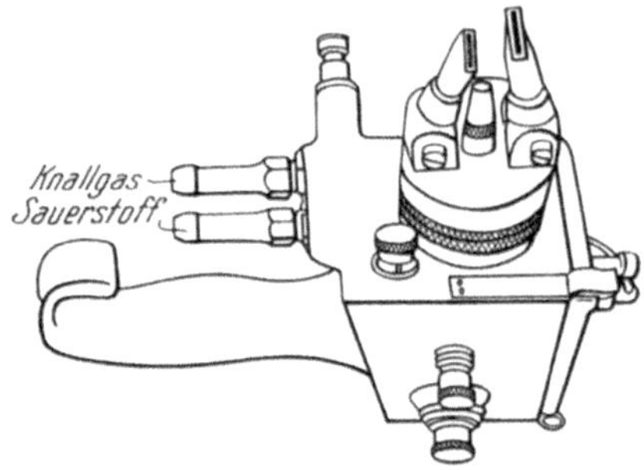

Abb. 9. Schoopsche Spritzpistole.

Schon Lavoisier[1] wies auf die Beständigkeit des Eisenoxyduloxyds hin. Ähnliche spätere Beobachtungen führten dazu, daß man versuchte, Überzüge aus Oxyden des Eisens als Schutzschichten zu verwenden

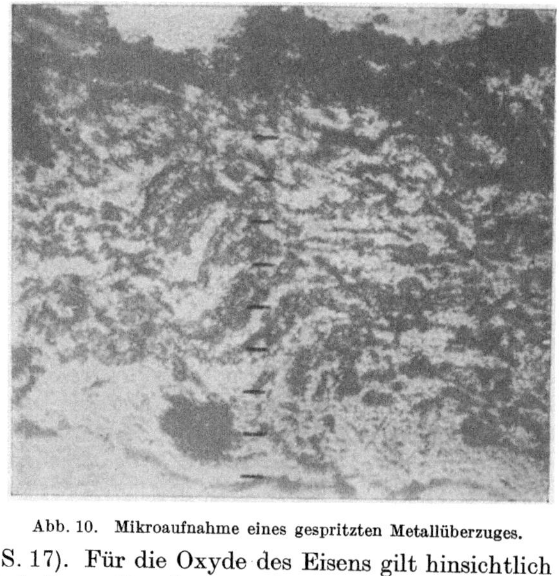
Abb. 10. Mikroaufnahme eines gespritzten Metallüberzuges.

(vgl. auch S. 17). Für die Oxyde des Eisens gilt hinsichtlich ihres elektrischen Verhaltens alles das, was für die edleren Metalle, wie Nickel, Kupfer, Zinn, gesagt wurde, auch sie haben ein edleres Potential als Eisen. Überzüge aus Oxyden können daher nur dann einen Schutz gewähren, wenn sie vollständig lückenlos sind. Die Verfahren zu

[1] Lavoisier, M.: Chemische Annalen (Crell) 1, 260 u. 323 (1789), nach Mémoires de l'académie royale des sciences à Paris (1782).

ihrer Erzeugung bedingten alle mehr oder minder hohe Temperaturen (500—1000°) und konnten im wesentlichen nur für kleinere Gegenstände angewendet werden[1]. Die hohe Erhitzung ist für das Eisen nicht günstig, weshalb man nach Methoden suchte, welche diese hohen Temperaturen vermeiden. Man versuchte die Herstellung schützender Schichten durch die Einwirkung verschiedener Salze (geschmolzen oder in Lösung); von allen diesen bewährten sich die Salze der Phosphorsäure am besten. Wenn man Eisen, dessen Oberfläche selbstverständlich vollkommen rein sein muß (ein gleiches gilt für die Elektrolyse, Feuerverzinkung usf.), in eine mit Eisenphosphaten gesättigte Lösung verdünnter Phosphorsäure taucht, so schlägt sich am Eisen eine Schicht von basischem Eisenphosphat nieder. Die Behandlung geschieht bei Temperaturen um 100°. Die ersten diesbezüglichen Patente wurden von Coslett[2] im Jahre 1907 genommen, und das Verfahren wurde als Coslettieren bezeichnet. Die erhaltenen Überzüge sind grau bis grauschwarz, durch Nachbehandlung mit Ölen, Lacken u. ä. werden sie tiefschwarz. Eine Abänderung des Verfahrens ist der Parker-Rostschutzgesellschaft unter dem Namen „Parkerisieren"[3] patentiert. Die Phosphatbehandlung geschieht hier unter Zusatz von Mangan- und anderen Salzen. Die erhaltenen Überzüge sind tiefschwarz (diese Farbe wird ebenfalls durch eine Nachbehandlung erzielt) und sollen nach den Versuchen von M. J. Cournot[4] eine außerordentlich große Widerstandsfähigkeit gegen atmosphärische Einflüsse besitzen, mindestens gleichwertig anderen Oberflächenschutzverfahren für Eisen. Insbesonders sollen sich nachträglich mit Ölfarbe gestrichene parkerisierte Oberflächen gegenüber nur gestrichenen sehr überlegen gezeigt haben. Das Verfahren wird in der Autoindustrie und Schreibmaschinenindustrie für kleine Maschinenteile angewendet. Ob es für im Baugewerbe verwendete Beschläge u. ä. im Preise konkurrenzfähig ist, kann zur Zeit nicht beurteilt werden[5].

Auch das Emaillieren eiserner Gebrauchsgegenstände und Apparate ist hier anzuführen. Das Email ist ein Glasfluß, mit dem die betreffenden Stücke überzogen werden. Neben einer außerordentlichen Beständigkeit gegen viele korrodierendeAgentien haftet den emailliertenGegenständen der Nachteil der Empfindlichkeit gegen Stoß und Schlag an. Der Preis der Emaillierung ist sehr hoch und die Reparaturmöglichkeit eines einmal verletzten Überzuges gering. Im wesentlichen beschränkt sich die Anwendung des Emails auf Gegenstände des Haushalts (Kochgeschirre) und Apparate für die chemische Industrie.

---

[1] „Das Brünieren" gehört auch hierher. Es dient mehr zur Zier wie zum Rostschutz.

[2] Coslett, T. W.: Engg., London **141**, 340 (1926). — Siehe auch Thornton-Murray, M.: Engg., London **85**, 870 (1908). — Rackwitz, E.: Korrosion u. Metallschutz **1929**, 29, Okt. Sonderheft zur Tagung in Wien.

[3] Parker: Iron Age, New York **8**, 3 (1917).

[4] Cournot, M. J.: La Parkérisation. Vortrag vor der Société des Ingenieurs Civils de France, November 1927.

[5] Die Parkergesellschaft gibt keine Preise für Parkersalz an. (Briefliche Anfrage Salvaterra 1929.)

Vor Abschluß dieses Kapitels sei auch der rostverhindernden Wirkung des Zements und des Betons gedacht. Es ist eine bekannte Tatsache, daß die Eiseneinlagen in Eisenbetonbauten nicht rosten, was zum Teil auf die alkalische Reaktion des Zements zurückzuführen ist, da durch diese das Eisen in den überaktiven Zustand versetzt wird, in welchem es, wie schon früher (S. 11) besprochen wurde, nicht rostet. Bei Eisenbetonbauten kann man nicht mehr gut von einem Eisenschutzverfahren sprechen, da die Ummantelung des Eisens mit einer Betonschicht nicht zu dem Zwecke geschieht, um das Eisen zu schützen. Wohl aber kann unter Umständen auch Zement zum Eisenschutz herangezogen werden, wenn man ihn mit der Torkretspritze[1] aufbringt. Die Gemeinde Wien hat mit torkretierten eisernen Brückenträgern die besten Erfahrungen gemacht. Insbesonders an Stellen, wo infolge von Rauchgaseinwirkungen (Bahnüberführungen) alle Anstriche versagt haben, bewährten sie sich bestens. Auch dort, wo eiserne Konstruktionsteile infolge besonderer Umstände nie so weit trocken werden, daß ein Ölanstrich mit Aussicht auf Erfolg angebracht werden kann, ist das Torkretieren am Platze.

3. Eisenschutz durch Anstriche.

Wenn es sich um den Schutz großer Objekte handelt, ist keines der bisher besprochenen Verfahren praktisch anwendbar, sei es wegen der Kosten, sei es wegen technischer Undurchführbarkeit. Deshalb ist der Eisenschutz durch Anstrich die im Hochbau, Brückenbau, Großmaschinenbau, Schiffbau usf., fast ausschließlich angewendete Methode. Aber auch gewisse Gebrauchsgegenstände aus Eisen werden vorwiegend durch Anstriche vor Rost geschützt. Die in Betracht kommenden Anstrichmittel müssen vielen Ansprüchen gerecht werden, um für Rostschutzanstriche brauchbar zu sein. Sie sollen vor allen Dingen die Eisenoberfläche von der Einwirkung der Atmosphärilien auch unter besonders ungünstigen Bedingungen (Rauchgase, Industriestaub u. a.) so schützen, daß diese vom Eisen sicher abgehalten werden. Sie sollen wenn möglich das Eisen selbst in einen Zustand versetzen (passivieren), der es weniger leicht zum Rosten neigen läßt. Daß die Anstriche daher keine Stoffe enthalten dürfen, welche korrodierend auf das Eisen wirken, ist selbstverständlich.

Ein Rostschutzanstrich wird zunächst eine geschlossene, festhaftende Schicht bilden müssen, deren Elastizität hinreicht, um den durch Temperaturschwankungen hervorgerufenen Bewegungen des Eisengrundes folgen zu können. Ferner sollte die Anstrichhaut wasser- und gasdicht sein, um eine Einwirkung der Atmosphärilien auf das Eisen hintanzuhalten. Gleichzeitig wäre es wünschenswert, daß der Anstrich eine das Rosten verhindernde Wirkung auf das Eisen ausübt (z. B. Passivierung), um auch im Falle einer Verletzung oder Undichtigkeit der Anstrichhaut das Eisen wirksam zu schützen. Um die Möglich-

[1] Erfahrungen mit dem Torkretverfahren. Techn. Mitteilungen u. Nachrichtenblatt der Bergbaulichen Werkstoff- und Seilprüfungsstelle, Berlin **1926**, 22 (März).

keit von Verletzungen zu verringern, wäre eine gewisse Härte der Anstrichschicht erforderlich, die Schutz gegen mechanische Einwirkungen, wie Schlag, Druck, Abscheuern gewährt. Ein Anstrich, der einen idealen Rostschutz bewirkt, müßte, wie sich aus dem eben Gesagten ergibt, Ansprüchen genügen, deren tatsächliche vollkommene Erfüllung bis heute noch nicht gelungen ist. Es wird derjenige Anstrich der zweckmäßigste sein, der diese Forderungen durch eine möglichst lange Zeit am besten erfüllt. Ein Rostschutzanstrich soll daher eine große Lebensdauer haben, eine Forderung, die vor allem aus wirtschaftlichen Gründen entsteht.

Anstriche zeigen ihre günstigsten elastischen Eigenschaften und ihre größte Haftfestigkeit nur bei einer bestimmten günstigsten Schichtdicke. Da andererseits in Hinsicht auf die gute Abdichtung, mechanische Widerstandsfähigkeit und Lebensdauer eine Farbhaut von der Schichtdicke eines einmaligen normalen Anstriches meist zu dünn ist, man aber wegen Verschlechterung der elastischen Eigenschaften die Schichtdicke dieses einmaligen Anstriches nicht beliebig erhöhen kann, so ergibt sich von selbst die Notwendigkeit, mehrere Anstrichschichten übereinanderzulegen.

Die Praxis hat ergeben, daß bei der einen Anstrichfarbe diese, bei der anderen Anstrichfarbe jene Forderung besonders gut erfüllt wird. So zeichnen sich z. B. Mennigeanstriche neben ihrer guten Haftfestigkeit besonders dadurch aus, daß sie das Eisen weitgehend vor dem Rosten schützen; dagegen sind sie nicht besonders wetterbeständig. Andererseits sind z. B. Bleiweißanstriche außerordentlich wetterbeständig, während ihr Rostschutzvermögen gering ist. Es war naheliegend, daß man durch Kombination mehrerer übereinandergelegter Anstrichschichten aus verschiedenen Farben einen besseren Schutz zu erreichen trachtete und auch erreichte als bei einem mehrfachen Anstrich mit ein und derselben Farbe. Man baut daher einen zweckentsprechenden Rostschutzanstrich derart auf, daß man das Eisen mehrmals streicht, wobei man zum ersten Anstrich eine Farbe wählt, die eine Rostbildung weitgehend verhindert, während der zweite und der dritte Anstrich die Aufgabe haben muß, den spezifisch rostfeindlich wirkenden Grundanstrich vor der Einwirkung der Atmosphärilien und von mechanischen Einflüssen zu schützen. Es ist einleuchtend, daß diese Deckanstriche nach anderen Grundsätzen aufzubauen sind wie der als eigentlicher Rostschutzanstrich wirkende Grundanstrich.

Um ein Bild darüber zu gewinnen, inwieweit die zur Zeit verwendeten Anstriche den vorstehend aufgestellten Forderungen gerecht werden, muß man zunächst Einblick in die Struktur der Anstrichhaut nehmen. Jedes Anstrichmittel besteht im wesentlichen aus zwei Bestandteilen, einem mehr oder minder zähflüssigen Bindemittel (z. B. trocknendes Öl) und dem Pigment[1]. Da das Bindemittel in der Regel (wenigstens soweit

[1] Unter Pigment versteht man ein mit Deckkraft ausgestattetes, im Bindemittel unlösliches Produkt. Die Farbe kann alle bekannten Farbtöne umfassen. Die Pigmente besitzen entweder Eigenfarbe (z. B. die Erdfarben) oder sie stellen auf weißem bzw. farblosem Substrat niedergeschlagene künstliche Farben dar

Eisenschutzanstriche in Betracht kommen) eine organische Flüssigkeit (meist mit kolloidalen Eigenschaften) und das Pigment stets ein fein verteilter fester Körper ist, kann man die verwendungsfertigen Anstrichfarben als Suspensionen (Dispersionen bzw. Zerteilungen der Pigmentteilchen [disperse Phase] in der Flüssigkeit, dem Bindemittel [Dispersionsmittel]) bezeichnen. Die zur Zeit am ausgedehntesten verwendeten Eisenschutzfarben sind auf der Grundlage trocknender Öle (als Bindemittel) aufgebaut.

Wie entsteht aus der flüssigen Farbe nach dem Anstreichen der feste Anstrich? Wie schon der Name ausdrückt, zeichnen sich die trocknenden Öle durch die Eigenschaft aus, in dünner Schicht an der Luft zu mehr oder minder harten Schichten einzutrocknen. Die sich hierbei abspielenden sehr verwickelten Prozesse sind teils chemischer, teils physikalischer Natur und sollen im Abschnitt über Bindemittel näher erläutert werden. Die beim Eintrocknen der Ölfarbe zunächst entstehende Farbhaut besteht dann aus einer halbfesten kolloiden (Bindemittelanteil) und einer darin enthaltenen grob- bis kolloiddispersen festen Phase[1]. Die Eigenschaften der Farbhaut werden be-

(z. B. die modernen lichtechten Rotpigmente, wie Autolrot auf Baryt gefällt). Als Farbstoff bezeichnet man einen Körper, der in gewissen Mitteln (Wasser, Sprit usw.) löslich ist und der entweder mit Eigenfarbe ausgestattet ist, oder der erst durch Zusammentritt mit einer anderen Substanz (Beize) einen farbigen Körper gibt. Farbstoffe dienen z. B. zum Anfärben von Textilwaren, von Transparentlacken usw. mehr. Leider wird auch bei Anstrichfarben oft von Farbstoffen statt von Pigmenten gesprochen und z. B. Bleiweiß als Farbstoff bezeichnet, was im Grunde genommen unrichtig ist und sinnverwirrend wirkt.

[1] Anstrichfarben sind typische „Disperse-Systeme". In dem flüssigen oder erstarrten, halbfesten Dispersionsmittel (= Verteilungsmittel, hier Bindemittel, Öl) sind kleinste Teilchen eines festen Körpers (des Pigments) gleichmäßig verteilt (dispergiert), und man nennt diese die disperse (verteilte) Phase. Die Pigmentteilchen sind entweder mit dem Mikroskop in Form und Größe wahrnehmbar, besitzen dann einen mittleren Durchmesser von mehr als $0{,}1\,\mu$ ($1\,\mu = 1$ Mikron $= {}^1/_{1000}$ mm) und werden durch die Schwerkraft auch im Verteilungsmittel beeinflußt (sie setzen sich bei längerem Stehen der Farbe zu Boden); solche Phasen bezeichnet man als „grobdisperse" und das ganze System (Bindemittel + Pigment) als „grobdisperses System" oder als „Suspension"; beim Ruhen setzen sich die Pigmentteilchen in meßbarer Zeit um so rascher und vollständiger als Bodensatz unter dem dann klaren Bindemittel (Verteilungsmittel) ab, je größer die mittleren Durchmesser der Pigmentteilchen sind. Oder aber die Pigmentteilchen haben mittlere Durchmesser, die in den Bereich von 0,1—0,001 μ bzw. 0,1 μ bis 1 $\mu\mu$ ($1\,\mu\mu = 1$ Millimikron = ein millionstel mm) fallen, dann ist die Anziehungskraft der Teilchen untereinander und gegen die Teilchen des Verteilungsmittels so stark, daß sie gegenüber der Schwerkraft überwiegt; solche Systeme bleiben dauernd homogen, ohne Bodensatz — falls nicht durch einen Eingriff oder durch Reaktion der Teilchen mit dem Bindemittel eine Gerinnung (Koagulation, Ausflockung, Teilchenvergrößerung) erfolgt —, man nennt sie „kolloid disperse Systeme" und die Pigmentphase „kolloiddispers". Die Pigmentteilchen können dann auch mit dem stärksten Mikroskop nicht mehr wahrgenommen werden, das System erscheint zunächst optisch homogen und lediglich mit dem „Ultramikroskop" läßt sich das Vorhandensein und die Art der Inhomogenität des Systems erkennen, oder durch das Auftreten des „Tyndallphänomens" (Zerstreuung des Lichtes eines das System durchdringenden scharf umgrenzten Lichtstrahlenbündels; etwa so wie die Sonnenstrahlen, die in ein sonst dunkles Zimmer fallen, an den aufleuchtenden Staubteilchen sichtbar werden). Sind die Teilchen einer dispersen Phase kleiner als 1 $\mu\mu$, so erscheint das disperse System auch im

stimmt durch die Eigenschaften der Phasen für sich und der sich zwischen ihnen auswirkenden Kräfte. Man muß sich vorstellen, daß sich jedes Pigmentteilchen beim Anreiben der Farbe, je nach der an ihm wirkenden Oberflächenenergie mit einer Ölhülle umgibt[1], die auch beim Trocknen des Anstrichs verbleibt (wahrscheinlich beim Trockenprozeß sich auch anders verhält), und daß dieses am Pigmentkorn haftende Öl sich in der Farbhaut anders verhält als das nicht in diese Ölhülle einbezogene übrige Öl. Aber nicht nur solche physikalische Kräfte kommen in der Farbhaut zur Auswirkung, sondern auch chemische Einwirkungen zwischen Pigment und noch flüssigem oder schon eingetrocknetem Öl können auftreten. So bilden insbesonders ausgesprochen basische Pigmente, wie Bleiminium, mit dem Öl Bleiseifen. Auch die Feinstruktur

---

Ultramikroskop* optisch homogen, das Tyndallphänomen verschwindet, die Teilchengröße nähert sich der Molekülgröße, und man bezeichnet solche Systeme als „moleküldisperse" oder als echte Lösungen (im Gegensatz zu den kolloiddispersen Systemen, die man dann als kolloide Lösungen bezeichnet), die den osmotischen Lösungsgesetzen gehorchen (siehe S. 7 Anm. 1 Molekülkolloide). Sie unterscheiden sich von den „kolloiddispersen" dadurch, daß eine Trennung der dispersen Phase von dem Dispersionsmittel durch Dialyse (eine Art Filtration durch Pergament oder andere sogenannte halbdurchlässige Membranen) und überhaupt durch physikalische Trennungsmethoden nicht oder nicht ohneweiters möglich ist, während dies bei kolloiddispersen Systemen gelingt. Wie weiter unten besprochen wird, sind die meisten Pigmente teilweise grobdispers und teilweise mehr oder weniger kolloiddispers. Auch das Dispersionsmittel (Verteilungsmittel, flüssiges Öl oder getrocknete Ölhaut) kann verschiedenen Dispersitätsgrad besitzen; in der Regel wird es selbst kolloiddispers, in einzelnen Fällen oder auch nur teilweise moleküldispers sein. Allgemein verständliche Erklärungen über diese, für die Anstrichtechnik so wichtigen und maßgebenden physikalischen Zustände der Pigmente, Bindemittel und angeriebenen Farben sind in dem für jedermann lesenswerten Büchlein: „Die Welt der vernachlässigten Dimensionen" von Wo. Ostwald. Leipzig, Th. Steinkopff 1927, 10. Aufl., enthalten.

* Das Prinzip des Ultramikroskops ist folgendes: Wenn man ein Tröpfchen einer kolloidalen Lösung durch einen seitlich einfallenden Lichtstrahl beleuchtet, so tritt das Tyndallphänomen auf. Jedes Kolloidteilchen beugt das auftreffende Licht ab. Betrachtet man nun das Tröpfchen von oben durch ein Mikroskop, so sieht man zwar nicht die Kolloidteilchen selbst, aber die von ihnen abgebeugten Lichtstrahlen erscheinen als leuchtende Pünktchen, von denen jedes einem Kolloidteilchen entspricht. Man kann im Ultramikroskop die Größe der Kolloidteilchen nicht direkt messen, wohl aber kann man ihren mittleren Durchmesser errechnen. Verdünnt man die kolloide Lösung so stark, daß sich nur wenige Kolloidteilchen in einem Tropfen (dessen Volumen man messen kann) befinden, so kann man sie nach der Zahl der Lichtpünktchen auszählen. Macht man diese Zählung genügend oft (etwa hundertmal), so bekommt man mit hinreichender Genauigkeit die Zahl der Teilchen, die sich in einem bestimmten Flüssigkeitsvolumen (das Volumen des Tropfens ist ja bekannt) befinden. Andererseits kann man leicht bestimmen, welche Gewichtsmenge an disperser Phase (kolloidaler Substanz) etwa in 100 cm^3 der Lösung enthalten ist. Aus diesen Werten kann man unter Berücksichtigung des spezifischen Gewichts des Kolloids das durchschnittliche Volumen eines Kolloidteilchens und seinen mittleren Durchmesser errechnen.

[1] Vgl. das auf S. 12 über Adsorption Gesagte. Nicht nur Dämpfe, sondern auch flüssige Stoffe werden an Oberflächen fester Stoffe adsorbiert, sind also dort konzentrierter als in größerem Abstand von der Oberfläche des festen Körpers; solche Adsorption erfolgt auch an den Oberflächen grob- oder kolloiddisperser fester Teilchen (vgl. Solvathüllen S. 61).

der Pigmentteilchen ist von großem Einfluß auf die Eigenschaften des Anstrichs. Je nachdem, ob die Pigmentteilchen gleich groß (isodispers) oder ungleich groß (heterodispers) sind, wird die Packung der Teilchen in der Farbhaut eine verschiedene sein und werden sich damit die Eigenschaften des Anstrichs in gewissen Grenzen ändern. Wenn man diese Packungsverhältnisse schematisch aufzeichnet, wobei man der Einfachheit halber die Teilchen in Kugelgestalt wählt[1], so bekommt man Bilder wie die nachstehenden (Abb. 11).

In der Packung der isodispersen Teilchen zeigen sich viel größere Zwischenräume, die durch Öl ausgefüllt werden müssen, als in jener der heterodispersen. Bei ersteren werden die Oberflächen der Pigmentteilchen nicht soviel Öl festhalten können wie im zweiten Fall. Es wird also das Verhältnis Öl der Ölhülle zu dem durch Adsorption nicht gebundenen Öl im ersteren Falle ein ungünstigeres sein wie im zweiten Falle. Damit werden auch die physikalischen Eigenschaften des Anstrichs verschiedene sein. An praktischen Versuchen hat sich gezeigt, daß in vielen Fällen Mischpigmente bessere Eigenschaften haben als jedes der Pigmente für sich. So fand seinerzeit A. S. Cushman[2], daß sich ein Gemenge von Bleiweiß und Zinkweiß bei mehrjährigen Bewitterungsversuchen besser verhielt als Bleiweiß oder Zinkweiß allein. In diesem Sinne gibt es also keine inerten Pigmente, und man darf z. B. einen Zusatz von Schwerspat nicht unter allen Umständen als einen Verschnitt auffassen, da sich dadurch auch eine Verbesserung der Eigenschaften des Anstrichs ergeben kann. Man sieht, daß der Anstrich in seiner Feinstruktur ein kompliziertes Gebilde darstellt, und daß es vieler Forschungsarbeit bedarf, bis man das in ihm wirkende Spiel der Kräfte wird erfassen und beherrschen können. Man darf vor allem nicht in den Fehler verfallen, aus dem Verhalten eines Bestandteils der Anstrichfarbe bindende Rückschlüsse auf das endgültige Verhalten des ganzen Anstrichs zu ziehen, denn eine angeriebene Ölfarbe ist in ihren Eigenschaften etwas ganz anderes als ein bloßes mechanisches Gemisch von Öl und Pigment.

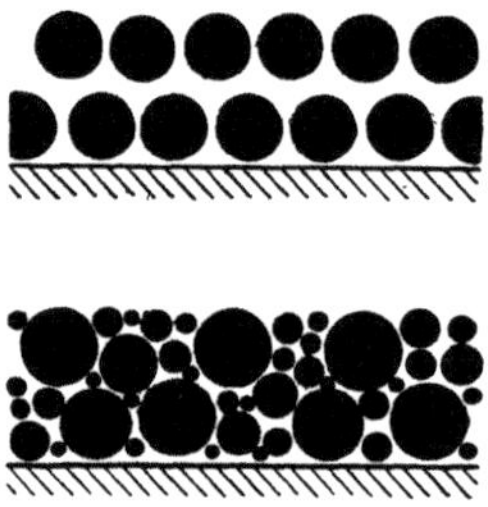

Abb. 11.
Oben: Isodisperses.
Unten: Heterodisperses Pigment.

Leinölfirnisfilme[3] ohne Pigment nehmen außerordentlich leicht Wasser

---

[1] Wie aus den im Kapitel Pigmente wiedergegebenen Mikrophotographien zu ersehen ist, besitzen praktisch alle Pigmente nur Teilchen von recht unregelmäßiger, polygonaler Gestalt.

[2] Cushman, A. S.: Offizieller Bericht des VI. Kongresses der Intern. Assoc. for Testing Materials. New York 1912.

[3] Den auf dem Grunde sitzenden, getrockneten Aufstrich eines trocknenden Öles, einer Ölfarbe, eines Zellulose- oder bituminösen Lackes bezeichnet man als „Anstrich". Die getrocknete, vom Grunde losgelöste, zusammenhängende Farbschicht (Öl- oder Lackschicht) bezeichnet man als „Film" (Farb-, Öl- oder Lackfilm). Siehe auch Anm. 3 auf folgender Seite.

auf, indem sie gleichzeitig quellen[1]. Im gequollenen Zustand gleichen sie einem vollgesogenen Schwamm. Wenn auch durch die Zumischung geeigneter Pigmente die Quellbarkeit bedeutend herabgesetzt werden kann, so ist sie niemals gänzlich zu verhindern[2]. Hier wirken Bleipigmente sehr günstig, weil die entstehenden Bleiseifen (vgl. S. 89) ein viel geringeres Quellungsvermögen haben. Nimmt man an Stelle von Leinölfirnis ein Leinölstandöl (siehe darüber S. 65) zum Anreiben von Ölfarben, so erzielt man gleichfalls Anstriche, welche weniger quellen als solche mit Firnis. Am besten wirkt ein Zusatz von Leinöl-Holzöl-Standöl bzw. Holzöl-Standöl (siehe S. 67). Die Filme des Holzöls neigen wenig zum Quellen und sind daher auch die wasserfestesten, soweit Anstriche, die neben Pigment nur Öle enthalten, in Betracht kommen.

Zellulosefilme[3] oder Anstriche auf bituminöser Grundlage sind praktisch wasserdicht, aber wegen ihrer Lichtempfindlichkeit (erstere sind unter Umständen auch frostempfindlich) nicht überall anwendbar[4].

Das Quellen der Ölanstriche ist ein weitgehend umkehrbarer Vorgang, d. h. der Anstrich ist imstande, das Wasser wieder abzugeben. Die Geschwindigkeit der Austrocknung hängt von der relativen Feuchtigkeit der umgebenden Luft ab. Unter normalen Umständen wird bei Außenanstrichen Quellung nur in den obersten Anstrichsschichten eintreten. Tritt bei der Quellung eine Volumsvermehrung ein, so erfolgt bei der Austrocknung fast immer wieder Rückgang zum ursprünglichen Volumen. Inwieweit dabei eine Verminderung des Glanzes erfolgt, hängt von der Natur der angewendeten Anstrichfarbe ab[5].

---

1. Kolloide, um welche es sich hier handelt, zeigen diese Eigenschaft ganz allgemein. Quellungserscheinungen gehören zu den wichtigsten Vorgängen in der organisierten (lebenden) und organischen Natur. Das Wesen dieser Vorgänge ist noch keineswegs durchschaut und sind diese Vorgänge noch gar nicht solange Gegenstand der exakten Forschung. Hingewiesen sei auf die kürzlich abgehaltenen Vorträge von Katz, J. R.: Cellulosechemie **11**, 18 (1930) und Heß, K.: Cellulosechemie **11** (1930). Eine klare Darstellung von Quellungsvorgängen im allgemeinen und für Zellulose und ihre Abkömmlinge im besonderen gibt J. R. Katz im Werke: Die Chemie der Cellulose und ihrer Begleiter von K. Heß, Leipzig 1928, S. 657ff. Da exakte wissenschaftliche Studien an den hier in erster Linie interessierenden Filmen aus getrockneten Ölen bisher nicht veröffentlicht worden sind, so muß vorläufig von dem für Zellulosefilme bekannten auf die Quellungsvorgänge von Ölfilmen geschlossen werden.

2. Vgl. Blom, V. A.: Korrosion u. Metallschutz **2**, 191 (1926).

3. Unter „Zellulosefilmen" versteht man homogene Häutchen aus Nitrozellulose, Azetylzellulose oder Alkylzellulose, welche aus Lösungsmitteln durch Verdunsten derselben zurückbleiben, während „Ölfilme" im wesentlichen durch chemische und physikalische Veränderungen (Sauerstoffaufnahme, Koagulation) des trocknenden Öls entstehen. Häutchen aus Zellulose selbst (wie Zellophan) sind wesentlich stärker quellbar, als die obbezeichneten „Zellulosefilme".

4. Auch „Zellulosefilme" sind mit Wasser quellbar wenn auch weit weniger wie Ölfilme, bituminöse Häutchen fast gar nicht.

5. Vgl. Katz, J. R.: a. a. O. Eine restlose Umkehrung von Quellungsvorgängen ist praktisch nicht zu erzielen, wenn die Wasseraufnahme eine wesentliche war; stets wird der wiederhergestellte Ausgangszustand von dem ursprünglichen etwas abweichen und auch der Film etwas andere physikalische Eigenschaften zeigen.

Die Gasdurchlässigkeit[1] der Anstriche steht in gewissem Zusammenhang mit der Quellung bzw. Wasserdurchlässigkeit. Selbst wenn der Anstrich im trockenen ungequollenen Zustand vollkommen gasdicht wäre (ein Idealfall, der bei Anstrichen auf Ölbasis nicht erreicht wird. Selbst wenn ein junger Anstrich sich als praktisch gasdicht erweist, so büßt er diese Eigenschaft mit zunehmendem Alter ein), so können doch Gase durch den gequollenen Film bis zum Eisen gelangen, denn alle Gase (daher auch Sauerstoff) lösen sich in mehr oder minder großer Menge in Wasser, wobei Temperatur und Druck eine ausschlaggebende Rolle spielen. Es werden also, falls der Anstrich Wasser bis zum Eisengrund diffundieren läßt, auch die im Wasser gelösten Gase bis an das Eisen herangelangen und dort ihre zerstörende Wirkung äußern können.

Die schützende Wirkung des Anstrichs hängt also im wesentlichen von seinem Verhalten dem Wasser gegenüber ab.

Diese Überlegungen haben dazu geführt, Anstrichmethoden zu versuchen, welche das Eisen gas- und wasserdicht abzuschließen gestatten. Inwieweit ihnen ein Erfolg beschieden ist, soll an späterer Stelle erörtert werden.

Der passive oder überaktive Zustand (vgl. S. 11) der Eisenoberfläche kann durch verschiedene Methoden herbeigeführt werden. So wirkt die Mennige passivierend, wenn es auch noch fraglich erscheint, welcher Bestandteil der Mennige hierfür wertvoll ist[2]. E. Liebreich[3] hat versucht, die korrodierende Wirkung des evtl. durch den Anstrich diffundierenden Wassers dadurch unschädlich zu machen, daß er der Anstrichfarbe Substanzen zusetzt, die unter dem Einfluß von Wasser Alkali abspalten (z. B. Kaliumzyanamid) und so das Eisen in den Zustand der Überaktivität versetzen, in welchem es bekanntlich nicht rostet[4]. Von verschiedenen Seiten wird auch behauptet, daß Zinkstaub bei seiner Verwendung als Pigment in Ölfarben rostverhindernd wirke[5], da er das Eisen in den Zustand der Überaktivität bringe; die günstige Wirkung des Zinkstaubs wird allerdings von anderen Fachleuten bestritten[6]. Die Chromolfarben, deren Bindemittel durch Einwirkung von Chromylverbindungen auf Leinöl hergestellt wird, verlegen die Schutzwirkung in das Bindemittel; sie werden in der Literatur verschieden beurteilt[7], nähere Mitteilungen aus der Praxis waren über dieselben gelegentlich einer Studienreise in Deutschland bei den Großkonsumenten nicht zu erhalten.

---

[1] Über Durchlässigkeit von Filmen trocknender Öle vgl. Bauer, K. H., u. K. Gonser: Chem. Umschau **31**, 197 (1924).

[2] Maaß, E.: Korrosion u. Metallschutz **5**, 5 (1929).

[3] DRP. 203957 (1907), 226630 (1910); vgl. Farbe u. Lack **1922**, 101, 125, 133, 141; **1925**, 163.

[4] van der Werdt, F.: Farbe u. Lack **1925**, 328, 554. Vgl. ungünstige Beurteilung durch Blom, A. V.: Farbe u. Lack **1925**, 374 und Liebreichs Erwiderung, Farbe u. Lack **1925**, 602.

[5] Figg, E.: Journ. of the Oil and Colour Chemists Assoc. **1925**, 314ff. Ref. in Farbe u. Lack **1926**, 64ff.

[6] Ragg, M.: Vom Rost und vom Eisenschutz S. 113. Berlin: Union Deutsche Verlagsgesellschaft 1928.

[7] Eberhard: Chem.-Ztg. **49**, 237—38. — Kuhn: Chem.-Ztg. **48**, 942.

Die Anstriche müssen in ihrer Festigkeit und Dehnbarkeit[1] dem Verwendungszweck angepaßt sein. Die Dehnbarkeit (auch die Elastizität) kann bei dem Grundanstrich am geringsten sein, bei den folgenden Deckanstrichen soll sie größer sein. In der Praxis hat man dem dadurch Rechnung getragen, daß man die Anstriche vom Grundanstrich steigend „fetter" macht, also das Verhältnis Öl zu Pigment vergrößert (siehe Ölbedarf S. 79). Die Festigkeitseigenschaften (Dehnbarkeit, Geschmeidigkeit, Elastizität) nehmen beim Altern[2] der Farbhaut ab, sie versprödet; auch die Einflüsse der Atmosphärilien, welche immer eine allmähliche Zerstörung des Anstrichs verursachen, wirken in diesem Sinne. Die Oberflächenschicht muß also auch eine gewisse Geschmeidigkeitsreserve besitzen, um auf möglichst lange Dauer den Beanspruchungen widerstehen zu können.

Bei Zelluloselackierungen hat man es durch Zusatz der Weichmachungsmittel[3] in der Hand, die Dehnbarkeit und Geschmeidigkeit auf ein gewünschtes Maß einzustellen, wobei die allmähliche Verdunstung des Weichhaltungsmittels, die wieder eine Versprödung bedingt, zu berücksichtigen ist.

---

[1] Festigkeit heißt der Widerstand der Körper gegen mechanische Trennung ihrer Teile (Aufhebung der Kohäsion). Je nach der Art, wie diese Wirkung zu erreichen gesucht wird, spricht man von Zugfestigkeit, Druckfestigkeit, Schubfestigkeit usw. Wenn ein Körper, z. B. ein Farbfilmstreifen, auf Zug beansprucht wird, so erleidet er eine Verlängerung, die man als Dehnung bezeichnet. Verschwindet diese Dehnung nach Aufhören des Zuges wieder, so bezeichnet man die während der Beanspruchung aufgetretene Dehnung als elastische Dehnung, bleibt sie aber auch nach der Beanspruchung bestehen, so spricht man von bleibender Dehnung. Das Ausmaß der Dehnung im Augenblicke des Zerreißens eines auf Zug beanspruchten Körpers (Filmstreifen) bezeichnet man als Bruchdehnung, die gewöhnlich in Prozenten der ursprünglichen Länge angegeben wird. Literatur: Weyrauch, J. v.: In Lueger, Lexikon d. gesamt. Technik, 2. Aufl. VII, 711—712; VIII, 1026. — Schmidt, A.: Ibid. II, 692.

[2] Hochmolekulare organische Stoffe (um solche handelt es sich insbesondere beim getrockneten Leinöl, Holzöl) unterliegen durchweg solchen „Alterungserscheinungen", welche sich äußerlich durch Versprödung, Abnahme der Plastizität kennzeichnen. Sie sind verursacht durch Änderungen ihrer Fein- und Feinststruktur, bei gleichzeitigen chemischen Veränderungen. Denn alle organischen Stoffe unterliegen auch der langsamen Verbrennung durch den Luftsauerstoff bei gewöhnlichen Temperaturen, der Autoxydation, welche von Schönbein (1851) erstmalig eingehend studiert, später von C. Engler und J. Weißberg in einer klassischen Monographie (Kritische Studien über die Vorgänge der Autoxydation. Braunschweig: Fr. Vieweg & Sohn 1904) erstmals kritisch bearbeitet und in neuerer Zeit besonders von H. Wieland (Ber. **46**, 3327) exakt untersucht wurde. Diese Sauerstoffreaktion baut große Moleküle zu immer kleineren Einheiten, schließlich bis zu Kohlendioxyd und Wasser ab, was notwendigerweise eine ständige Abnahme von Plastizität und Elastizität bedingt; denn diese sind spezifische Eigenschaften organischer Stoffe mit sehr großen Molekülen. Die Alterung, insbesonders die Autoxydation wird durch Licht (die blauen und ultravioletten Strahlen sind die wirksamsten) stark befördert („Aktivierung des Sauerstoffes"). Auch „Zellulosefilme" altern. Allgemein bekannt sind: Das Brüchigwerden — „Altern" — von Gummiwaren, Zelluloidwaren, von Kunsthorn u. a. m. beim Lagern.

[3] Über Zelluloselacke und Filme sind in folgenden Werken Angaben enthalten: Wilson, S. P., übersetzt von G. F. Meier u. Dr. F. Bitterich: Pyroxilin-Emaillen und -Lacke. 1927. — Sproxton, F., übersetzt von G. F. Meier: Cellulose-Ester-Lacke. 1927. — Seeligmann-Zieke: Handbuch der Lack-

Ein gewisses Maß von Dehnbarkeit und Geschmeidigkeit ist auch notwendig zur Erzielung einer genügenden Haftfestigkeit. Anstrich und Untergrund sollen gleichsam miteinander verwachsen. Damit dies in praktisch höchst erreichbarem Ausmaße erfolgt, ist vor allem der Vorbereitung des zu streichenden Untergrundes die höchste Sorgfalt zu widmen. Nur dann wird der Anstrich auf dem Eisen gut haften, wenn Ölfarbe und Eisen in innigen Kontakt gebracht werden, was wieder nur dann möglich ist, wenn der Untergrund vollständig rein ist. Dazu gehört nicht nur die Entfernung aller alten Anstrichschichten, Fett- und Schmutzspuren, sondern auch möglichste Entfernung von Oberflächenfeuchtigkeit. Auf die Ausbildung einer guten Haftfläche ist das Pigment nicht ohne Einfluß. Von zwei im übrigen gleich guten Anstrichen wird der Anstrich mit der größeren Haftfestigkeit der bessere sein, weil er dem seitlichen Vordringen von Rost einen größeren Widerstand entgegensetzen wird[1].

In einer gewissen Beziehung zur Dehnbarkeit, Quellbarkeit und Haftfestigkeit steht die Härte einer Anstrichsschicht. Anstriche der trocknenden Öle sind stets mehr oder minder weich (plastisch) und bleiben es auch bis zur schließlichen Versprödung. Durch Einverleibung von Pigmenten wird die Härte des Anstrichs erhöht, was wieder zum Teil auf Kosten der anderen als günstig erkannten Eigenschaften erfolgt. Die erzielte Härte und Widerstandsfähigkeit der Anstrichsschicht gegen äußere Einflüsse stellt stets ein Kompromiß dar, welches man durch geeignete Wahl von Bindemittel und Öl zu einem möglichst günstigen zu gestalten trachten muß. Die Härte ist auch abhängig von dem Grade des Durchtrocknens der Farbhaut und nimmt daher in der Regel mit dem Alter zu. Zelluloselacke nehmen hier eine Ausnahmestellung ein, insofern als sie mit großer Härte eine praktisch minimale Quellbarkeit in Wasser verbinden, wobei man die Geschmeidigkeit in weiten Grenzen frei wählen kann.

Die Lebensdauer von Eisenschutzanstrichen schwankt in sehr weiten Grenzen. Kann unter ungünstigen Umständen ein Anstrich nach zwei Jahren zerstört sein, so kann unter sehr günstigen Bedingungen derselbe Anstrich an anderer Stelle die drei- und mehrfache Zeit halten. Andererseits können zwei Anstriche verschiedener Zu-

und Firnisindustrie, 1930. Alle drei erschienen bei der Union Deutsche Verlagsgesellschaft, Berlin. Besonders klar und übersichtlich in Scheiber-Sändig: „Die Lacke und ihre Rohstoffe", Leipzig 1926. Als einziges ausführliches Werk kommt in Betracht: Bianchi-Weihe, Zelluloseesterlacke, J. Springer, Berlin 1931. Weichhaltungsmittel [vgl. Zusammenstellung Noll: Farben-Ztg. **33**, 1169 (1928)] sind sehr hoch siedende (meist über 300° C) feste oder flüssige organische Stoffe, welche in Filmen aller Art die plastischen und elastischen Eigenschaften, je nach Zusatzmenge, in weiten Grenzen verändern.

[1] Gleich große Aufmerksamkeit, wie dem Haften auf dem Eisen, ist der Verankerung der einzelnen Anstrichschichten untereinander zuzuwenden. Der Grundanstrich muß einen genügenden Grad der Trockenheit erreicht haben*, ehe die weiteren Deckschichten aufgelegt werden. Andererseits soll die Trocknung noch nicht zu weit fortgeschritten sein, damit beim Aufbringen des nächsten Anstriches der darunterliegende in seiner obersten Schicht so weit quillt, daß eine innige Verkittung von Grund- und Deckanstrich erfolgt.

* Über das Naß- auf Naß-Verfahren siehe S. 69.

sammensetzung, die sich an einer Stelle gleich gut bewährten, bei geänderten Verhältnissen große Unterschiede in ihrer Dauerhaftigkeit zeigen. Die Haltbarkeit eines Anstrichs ist somit bedingt von den äußeren Einflüssen, denen er ausgesetzt ist. Auch die klimatischen Verhältnisse spielen eine große Rolle. Es ist einleuchtend, daß in einem ozeanischen Klima die Widerstandsfähigkeit gegen Wasser (das Quellungsvermögen) einen viel größeren Ausschlag in der Lebensdauer geben wird als in einem ausgesprochen kontinentalen Klima, wo die Beanspruchung durch den starken Temperaturwechsel überwiegt.

Der Einfluß des Lichtes auf Anstriche (vgl. Anmerkung 2, S. 31), welcher stets im Sinne einer Beanspruchung zu werten ist, hängt ab von der Glätte der Anstrichfläche und ihrer Sauberkeit, insofern Lichtabsorption, Reflexion, Zerstreuung dadurch beeinflußt werden und insofern Licht nur wirkt, wenn es absorbiert wird. Da die Wirkung der verschiedenen Spektralteile des Lichtes ganz wesentlich verschieden ist, hängt die Beanspruchung durch Licht von dem Grade der Absorption der wirksamen Strahlengattungen ab. In erster Linie ist die organische Substanz des Anstrichs (das Bindemittel) durch das Licht gefährdet. Das diese Substanz in mehr oder minder gleichmäßiger Verteilung bis an die Oberfläche erfüllende Pigment wird also einen grundlegenden Einfluß auf die Beanspruchung des Bindemittels durch das Licht ausüben (siehe auch S. 125). Wenn das Pigment wirksame Lichtstrahlen verschluckt (absorbiert) oder zurückwirft (reflektiert), so wird es einen Schutz auf die organische Filmsubstanz ausüben. Diese Aufgabe des Pigments ist besonders wichtig bei allen Außenanstrichen. Filme aus trocknenden Ölen allein werden durch Luft und Licht verhältnismäßig rasch zerstört, weit weniger die aus Lacken, doch kommen transparente Lacke im Rostschutzanstrich nicht in Betracht. Nicht pigmentierte Zelluloselacke werden unter der Einwirkung des Lichtes durch die Atmosphärilien rasch zerstört, weshalb Zelluloselacke, die für Außenanstriche verwendet werden sollen, stets mit Pigmenten angerieben werden (Zelluloseemaillen).

Asphalt- und Teeranstriche verspröden unter der Einwirkung des Sonnenlichts meist verhältnismäßig rasch, weshalb sie trotz sonstiger guter Eigenschaften zum Rostschutzanstrich von im Freien befindlichen Objekten wenig in Betracht kommen (siehe auch S. 75).

Neben den normalen Witterungseinflüssen, die durch Wechsel der Feuchtigkeit, der Temperatur und der Bestrahlung in weiten Grenzen schwanken, sind Anstriche unter Umständen noch besonderen, durch die Umgebung bedingten atmosphärischen Schädigungen ausgesetzt. In Industriegebieten oder gar innerhalb industrieller Anlagen wirken besonders Rauchgase mit ihrem schädlichsten Bestandteil, dem Schwefeldioxyd (= schweflige Säure = SO_2) zerstörend auf Anstriche und rostbildend auf Eisen. Der Gehalt der Luft an Schwefeldioxyd kann dort bis zu 80 und mehr Gramm je Kubikmeter Bodenfläche im Jahr betragen[1]. Selbstverständlich sind Anstriche in der Umgebung von chemi-

[1] Siehe auch Scheiber, J.: Farbe u. Lack **1924**, 514. — Haehnel, O.: Ztschr. f. angew. Ch. **35**, 618 (1922) und Literaturverzeichnis am Schlusse dieses Buches.

schen Fabriken durch Säuredämpfe aller Art ebenso oder noch stärker gefährdet. Aber nicht nur die in Form von Gasen oder Dämpfen in der Luft verteilten Säuren, sondern auch der bei Industrieanlagen von den Essengasen mitgeführte Flugstaub (Flugasche), welcher Säuredämpfe (schweflige Säure, Schwefelwasserstoff u. a. m.) adsorbiert und der sich an der Anstrichfläche festsetzt, wirkt als Überträger schädlicher Stoffe in konzentrierter Form besonders zerstörend; außerdem übt er eine scheuernde Wirkung (insbesonders bei heftigem Wind) aus und verletzt die Anstrichhaut. Es leiden in großen Werken, wie z. B. im Leuna-Werk der I. G. Farbenindustrie (Stickstoffwerk Merseburg) die Eisenkonstruktionen derart, daß eigene Arbeiterabteilungen ständig mit dem Erneuern und Ausbessern der Außenanstriche beschäftigt sind. Besonders erschwerend ist der Umstand, daß solcherorts das Trocknen der Anstriche in staubgefüllter Atmosphäre erfolgt und an dem noch klebenden frischen Anstrich Staubteilchen festhaften bleiben.

Ebenso ausgesetzt sind Eisenbahnunterführungen unter eisernen Brücken. Es sind hier besondere Vorkehrungen für den Schutz der Brückenkonstruktionen notwendig, weil Dampf und Rauchgase mit Aschen- und Kohlenteilchen so heftig aus dem Rauchfang der Lokomotiven ausgestoßen werden, daß neben einer gesteigerten Einwirkung durch die heißen Rauchgase noch eine heftige Scheuerwirkung erfolgt[1]. Dasselbe gilt für die Eisenkonstruktionen von Bahnhofshallen, für eiserne Waggons, Signalmaste und andere Objekte entlang von Eisenbahnanlagen.

Besonderen Ansprüchen müssen auch die Anstriche der (eisernen) Schiffe, unter und über dem Wasser, gewachsen sein. Wind, Salzwasserstaub und stetige Spannungsänderungen, sowie in der Unterwasserzone noch die Reibung, das Salzwasser als Elektrolytlösung und die Meeresflora und -fauna bedingen dort eine eminent kurze Lebensdauer der Anstriche. Zur Schiffahrt gehört der Farbtopf ebenso als Symbol wie der Anker.

Industrieunternehmungen, Eisenbahnverwaltungen, Brückenbauverwaltungen, Reedereien sind die größten Verbraucher für Rostschutzfarben und sind in erster Linie an der Entwicklung der Rostschutztechnik interessiert.

Abgesehen von allen diesen als schädlich für die Haltbarkeit der Anstriche gekennzeichneten Einwirkungen spielen sich im Leben des Anstrichs auch innere Erscheinungen ab, welche ihm nur eine beschränkte Lebensdauer gewähren. Wie bei anderen Kolloiden treten auch beim Ölfilm Alterungserscheinungen auf, die mit einer ständigen Abnahme der Festigkeit und Dehnbarkeit Hand in Hand gehen (vgl. S. 31, Anmerkung 2). Kann schließlich der Anstrich den durch die Temperaturschwankungen bedingten Bewegungen des Eisens nicht mehr folgen, so kommt es zur Bildung von Rissen und schließlich zum Abplatzen der Farbhaut.

---

[1] Anbringung von Rauchschutztafeln aus Metall. Siehe auch S. 24.

Bei Zelluloseesterfilmen erfolgt eine, wenn auch nur langsame, so aber deutlich nachweisbare Verdunstung des Weichmachungsmittels, was letzten Endes dieselben Erscheinungen auslöst wie beim Ölfilm. Man kann unter normalen Verhältnissen mit einer durchschnittlichen Lebensdauer des Eisenschutzanstrichs von fünf Jahren zufrieden sein, welche Zeit bei sehr ungünstigen Verhältnissen auf zwei Jahre und weniger zurückgehen kann. Über die Haltbarkeit von Zelluloseesterschutzanstrichen, soweit sie für Eisen überhaupt verwendbar erscheinen, kann man heute noch kein Urteil abgeben. Teer- und Asphaltanstriche kommen nur unter besonderen Umständen zur Anwendung und wird an späterer Stelle noch über sie gesprochen werden. Das gleiche gilt für Spezialanstriche, wie rauchgasfeste, säurebeständige und alkalibeständige Anstriche bzw. Lacke, sowie für Unterwasseranstriche.

III. Bindemittel, Zelluloselacke und bituminöse Lacke.

A. Allgemeine Eigenschaften.

Die Bindemittel haben, wie schon der Name andeutet, den Zweck, die Pigmentteilchen untereinander zu verbinden und im Verein mit diesen die Herstellung einer am Eisen festhaftenden Schutzschicht, den Anstrich, zu ermöglichen.

Für Rostschutzanstriche kommen nur wasserfreie Bindemittel in Betracht, vor allem trocknende Öle in verschiedenen Zuständen der Bearbeitung (Firnis, Standöl), in Ausnahmefällen auch in Verbindung mit Harzen als Öllacke (in letzter Zeit hat man von günstigen Erfahrungen mit Lösungen von Kunstprodukten [Glyphtale] in Leinölfirnis gehört). Seit einigen Jahren bemüht man sich auch, Zelluloseesterlacke als Bindemittel für Eisenschutzanstriche zu verwenden.

Alle genannten Produkte zeigen mehr oder minder ausgesprochen kolloide Eigenschaften.

In den vorangehenden Abschnitten wurde schon über den kolloiden Zustand gesprochen. (Siehe S. 7, Anm. 1, S. 26, Anm. 1, S. 29, Anm. 1.) Aus dem über die Teilchengröße der Kolloide Gesagten (S. 26) geht hervor, daß der Übergang einer Substanz von grober Verteilung zu kolloider Verteilung mit einer gewaltigen Vergrößerung ihrer Oberfläche verbunden sein muß, wie nachfolgende Berechnung zeigt. Wenn man einen Würfel von 1 cm Kantenlänge, der eine Oberfläche von 6 cm² besitzt, zerteilt (dispergiert) derart, daß kleinere Würfel von 0,1 mm Kantenlänge entstehen, so beträgt die Summe der Oberflächen der entstandenen (1000000) Würfel bereits 600 cm². Geht man mit der Zerteilung weiter herab bis zu kolloiden Dimensionen, etwa zu Würfeln mit einer Kantenlänge von 0,01 μ (= ein hunderttausendstel Millimeter), so besitzt die so dispergierte Substanz eine Gesamtoberfläche von 6 Quadratmeter. Es müssen daher alle Oberflächenkräfte bei Zerteilung einer Substanz bis zu kolloiden Dimensionen stark anwachsen, wodurch das eigenartige Verhalten der Kolloide erklärt ist.

Ebenso wie man durch Zerteilung einer Substanz (sei es durch chemische Reaktionen, sei es durch mechanische Hilfsmittel [z. B. Kolloidmühle]) zu kolloiden Lösungen bzw. Dispersionen gelangen kann, so ist es auch möglich, durch einen entgegengesetzten Vorgang, d. i. durch Zusammenschweißung mehrerer Kolloidteilchen zu einem größeren Teilchen, ein kolloid disperses System in ein grobdisperses zu verwandeln. In frisch geschlagenem (d. i. gepreßtem) Leinöl sind aus den Samen stammende Schleimsubstanzen kolloid gelöst; erhitzt man ein solches Leinöl auf Temperaturen von etwa 300° C, so scheiden sich die Schleimsubstanzen in Form von Flocken aus (das Leinöl bricht). Solche Erscheinungen, also die Abscheidung einer ursprünglich kolloidal gelösten Substanz in unlöslicher Form, bezeichnet man als Flockung oder Koagulation (= Gerinnung; das Gerinnen des Eiklars ist ebenfalls eine Koagulationserscheinung). Man sagt auch, aus dem „Sol" (z. B. gelöste Schleimstoffe des Leinöls) ist ein „Gel" entstanden (z. B. ausgeschiedene Schleimflocken des gebrochenen Leinöls). Der Leinölschleim kann, wenn er einmal ausgeflockt, also in den Gelzustand übergegangen ist, nicht ohneweiters mehr in Lösung (in Solform) gebracht werden. Einen solchen Koagulationsvorgang, bei dem das ausgeschiedene Gel nicht mehr durch einen einfachen Lösungsvorgang in die Solform zurückverwandelt werden kann, bezeichnet man als irreversibel. Wenn aber das Gel, etwa wie eingetrockneter Tischlerleim (von der griechischen Bezeichnung für Leim stammt das von O. Graham geprägte Wort „Kolloid") in einem Dispersionsmittel leicht wieder gelöst (z. B. durch Übergießen mit warmen Wasser), d. h. in den Solzustand übergeführt werden kann, so spricht man von einer reversiblen Koagulation.

Solche Flockungserscheinungen, wie sie sich auch im angeriebenen Anstrichmittel zeigen können, sind oft eine Folge des merkwürdigen elektrochemischen Verhaltens der Kolloide. Leitet man nämlich durch eine kolloidale Lösung den elektrischen Strom, so dissoziieren nicht etwa die Kolloidteilchen unter Bildung von Ionen, wie dies Elektrolyte in echten Lösungen tun (siehe S. 4), sondern je nach ihrer Natur wandern sie entweder alle zur Anode (+ Pol) oder alle zur Kathode (— Pol). Diese Erscheinung bezeichnet man als „Elektrophorese". Die Kolloidteilchen besitzen elektrische Ladungen, deren Sinn (+ oder —) und Größe aber nicht, wie bei den Ionen, von ihrem chemischen Aufbau bestimmt sind, sondern durch die verschiedensten Ursachen bedingt werden können [siehe darüber besonders Wo. Ostwald, Kolloid-Ztschr. **32**, 1 (1923)]. Fügt man zu einer kolloidalen Lösung, deren Kolloidteilchen positiv geladen sind (wie z. B. Eisenhydroxydsol) einen Elektrolyten (ein Salz), der vorwiegend negativ geladene Ionen aussendet, so tritt bei einer bestimmten Mindestmenge desselben Koagulation (Ausflockung) der ursprünglich kolloid gelösten Substanz ein. Die positiv geladenen Kolloidteilchen werden nämlich durch die negativ geladenen Ionen entladen[1]. Es wirken insbesondere auch Kolloidteilchen entgegengesetzter Ladung flockend aufeinander ein, ein Fall, der in Ölfarben eintreten kann und dann zu unangenehmen Verdickungserscheinungen Anlaß gibt.

Da die Koagulation im wesentlichen auf der Vereinigung mehrerer Kolloidteilchen zu einem größeren Teilchen beruht, so kann man unter Umständen die Koagulation verhindern, wenn man die Vereinigung der Kolloidteilchen zu einem größeren Teilchen hintanhält. In diesem Sinne wirken die sogenannten „Schutzkolloide", das sind kolloide Substanzen, die an der Oberfläche anderer Kolloidteilchen in Form einer dünnsten Haut adsorbiert werden und dadurch eine direkte gegenseitige Berührung, also auch Vereinigung (und Koagulation) dieser Kolloidteilchen verhindern[2]. Durch eine geringe Empfindlichkeit dieser Schutz-

---

[1] Die an den Kolloidteilchen haftende elektrische Ladung verhinderte einen Zusammentritt und damit Koagulation der Teilchen, da sich gleichgerichtete elektrische Ladungen abstoßen und daher die von den Teilchen aufeinander ausgeübten Anziehungskräfte paralysieren.

[2] Schlick, W.: Farben-Ztg. **27**, 1551 (1921), faßt das Leinöl als Schutzkolloid für das Pigment auf, was er durch folgenden Versuch zu beweisen versucht. Zerreibt man Berlinerblau möglichst fein und dispergiert es in Benzin, so erhält man eine wenig stabile Suspension, und das Pigment läßt sich meist durch Filtration durch ein Papierfilter glatt vom Benzin abfiltrieren. Verreibt man aber das Berlinerblau mit wenigen Tropfen Leinöl und dispergiert dann in Benzin, so erhält man eine tiefblau gefärbte Flüssigkeit, die auch blau durch das Filter läuft, was

kolloide gegen die ausflockende Wirkung von Elektrolyten kann auch eine Koagulation kolloider Lösungen bei Elektrolytzusatz hintangehalten werden, da eben das Kolloidteilchen von einer Isolationshülle (aus dem adsorbierten Schutzkolloid) umgeben ist, die eine Entladung durch Ionen verhindert.

Bisher war immer nur von dispersen Systemen die Rede, bei welchen disperse Phase und Dispersionsmittel verschieden waren. Man kann sich aber ebensogut vorstellen, daß sowohl disperse Phase wie Dispersionsmittel gleicher chemischer Natur, aber verschiedenen physikalischen Zustandes sind. (Ein Beispiel wäre eine kolloidale Dispersion von Eis in Wasser.) Solche disperse Systeme bezeichnet man als „Isokolloide". Z. B. werden von manchen die fetten Öle (wie Leinöl, Holzöl usw.) als Isokolloide aufgefaßt.

B. Die einzelnen Bindemittel.

Im nachfolgenden werden die Gewinnung und die Eigenschaften der derzeit für Rostschutzanstriche in Betracht kommenden Bindemittel besprochen. Die chemischen und physikalischen Daten der Bindemittel sind in einer Tabelle im analytischen Teil angeführt (S. 277).

1. Die trocknenden Öle.

a) Allgemeines und Trocknungsvorgang.

Man teilt seit langen Zeiten die fetten Öle ein in trocknende, halbtrocknende und nichttrocknende Öle. Unter „Trocknen" versteht man, daß die Öle in dünner Schicht der Luft ausgesetzt in ein mehr oder weniger festes, durchsichtiges, geschmeidiges Häutchen übergehen (Bildung eines Ölfilms), das aus sogenanntem „Oxyn" besteht[1]. Aber wie nirgends in der Natur, so gibt es auch hier keine scharfen Übergänge, und es zeigt sich, daß man unter bestimmten Bedingungen fast jedes Öl in genügend dünner Schicht zum Trocknen oder zumindest zum Klebendwerden bringen kann. A. Eibner[2] hat daher eine andere Einteilung vorgeschlagen, die den anstrichtechnischen Eigenschaften der Öle besser gerecht wird. Er teilt die Öle ein in:

1. Leinölartig trocknende: Rasch trocknend; nicht wieder erweichend; Filme unschmelzbar; schwer löslich. Vertreter: Holzöle, Leinöle, Perillaöle.

2. Mohnölartig trocknende: Langsam trocknend; Filme spontan wieder erweichend; schmelzbar, löslich. Vertreter: Mohnöle, Nußöle, Sojaöle, Sonnenblumenöle, Hanföle.

3. Olivenölartig trocknende: Nur durch ölfremde Katalyse (und meist sehr unvollkommen) zum Trocknen zu bringen. Vertreter: Olivenöle, Rüböle, Mandelöle, Cottonöle, Erdnußöle.

4. Rizinusölartige fette Öle: Nicht trocknend. Vertreter: Rizinusöl.

---

die Wirkung des Leinöls als Schutzkolloid beweisen soll. Die kolloiden Berlinerblauteilchen konnten sich nicht zu gröberen Partikelchen vereinigen, und da die Kolloidteilchen einen geringeren Durchmesser haben als die Poren normalen Filterpapiers, so können sie durch diese mit dem Benzin durchlaufen.

[1] Fritz, A.: Chem. Umschau a. d. Geb. d. Fette, Öle, Wachse u. Harze **26**, 223 (1919).

[2] Eibner, A.: Ztschr. f. angew. Ch. **40**, 38 (1926). — Scheiber u. Sändig: Die Lacke und ihre Rohstoffe. Leipzig: J. A. Barth 1926.

5. Trane (animalische fette Öle): Nicht ohne Vorbehandlung trocknend und dann anormal. Vertreter: Robbentran, Seehundstran, Menhadentran, Leberöle, Sardinenöle.

Der chemischen Natur nach sind diese Öle durchwegs Verbindungen, die man als Ester bezeichnet. Ein Ester ensteht durch Verbindung eines Alkohols und einer Säure unter Austritt von Wasser, z. B. der Essigester (vielfach als Essigäther bezeichnet) aus Äthylalkohol und Essigsäure, das Amylazetat aus Amylalkohol und Essigsäure und so fort. Bei den fetten Ölen ist der Alkohol immer der gleiche: das Glyzerin. Dieser Alkohol ist ein dreiwertiger, das heißt er verbindet sich mit drei Molekülen einer einwertigen Säure unter Austritt von drei Molekülen Wasser. Gilt für die erstgenannten Ester das Schema

Alkohol - - - Säure,

so gilt für die Ester des Glyzerins

$$\text{Glyzerin} \begin{array}{l} \diagup \\ \leftarrow \\ \diagdown \end{array} \left.\begin{array}{l} \text{Säure} \\ \text{Säure} \\ \text{Säure} \end{array}\right\} = \text{Glyzerinester} = \text{Triglycerid}$$

Die Säuren, die sich in den fetten Ölen vorfinden, sind verschiedene, man bezeichnet sie als Fettsäuren. Man kann also schreiben:

$$\text{Fettes Öl} = \text{Glyzerin} \begin{array}{l} \diagup \\ \leftarrow \\ \diagdown \end{array} \begin{array}{l} \text{Fettsäure} \\ \text{Fettsäure} \\ \text{Fettsäure} \end{array}$$

und bezeichnet einen solchen Ester als Triglyzerid der betreffenden Fettsäure.

Durch Verseifung, das ist Kochen mit Ätzalkalien oder mit Wasser unter Druck, wobei das bei der Esterifizierung abgegebene Wasser wieder aufgenommen wird, kann man die Fette in ihre Bestandteile zerlegen. Dabei wird Glyzerin frei und aus den abgespaltenen Fettsäuren und dem verwendeten Alkali bilden sich Alkalisalze der Fettsäuren, die „Seifen", ein Prozeß, der in der Seifensiederei in größtem Maßstabe durchgeführt wird. Wenn man die Seifenlösung mit einer Mineralsäure z. B. Schwefelsäure, im Überschuß versetzt, so werden die Fettsäuren wieder frei, scheiden sich aus der warmen wäßerigen Lösung ölig ab und können abgetrennt werden. Bei ihrer näheren Untersuchung hat man gefunden, daß in den verschiedenen Ölen auch verschiedene Gruppen von Fettsäuren vorkommen, gesättigte und ungesättigte Fettsäuren. Als ungesättigt bezeichnet der Chemiker Fettsäuren, wenn sie noch Wasserstoff chemisch zu binden vermögen, ein Prozeß, der bei der Fetthärtung großtechnisch durchgeführt wird. Je nach der Anzahl Atome Wasserstoff, die ein Fettsäuremolekül zu binden vermag, unterscheidet man:

solche, die noch zwei Atome Wasserstoff (pro Molekül) zu binden vermögen, die

Einfach ungesättigten Säuren (Ölsäurereihe): Vertreter Ölsäure, Erucasäure,

solche, die 4 Atome Wasserstoff (pro Molekül) zu binden vermögen, die

Zweifach ungesättigten Säuren (Linolsäurereihe): Vertreter Linolsäure, solche, die 6 Atome Wasserstoff (pro Molekül) zu binden vermögen, die

Dreifach ungesättigten Säuren (Linolensäurereihe): Vertreter Linolensäure, Eläostearinsäure.

Vier- und fünffach ungesättigte Säuren sind ebenfalls bekannt.

Diejenigen Fettsäuren, die keinen Wasserstoff mehr zu addieren vermögen, bezeichnet man als

Gesättigte Fettsäuren: Vertreter Stearinsäure, Palmitinsäure (die zusammen das Stearin des Handels bilden), Arachinsäure u. a. m.

Man hat gefunden, daß die Öle, welche in die Klasse der leinölartig trocknenden gehören, fast ausschließlich aus Glyzeriden mehrfach ungesättigter Fettsäuren bestehen (Glyzeride der Eläostearinsäure [Holzöl], Linol- und Linolensäure [Leinöl]), während Ölsäure als Bestandteil nur eine untergeordnete Rolle spielt. In den olivenölartig trocknenden Ölen ist das Triglyzerid der Ölsäure der Hauptbestandteil.

Man hat als Ursache des Trocknens der Öle vom Typus Leinöl den großen Gehalt an gebundenen ungesättigten Fettsäuren geltend gemacht. Dies ist nur in eingeschränktem Maße richtig, wie weiter unten ausgeführt wird, weil sonst Trane, die besonders reich an Triglyzeriden der ungesättigten Fettsäuren sind, ebensogut trocknen müßten, während sie doch bestenfalls mohnölartig trocknen (und dann nur bei entsprechender Vorbehandlung).

Man hat ferner gefunden, daß die drei Moleküle Fettsäure, die an ein Molekül Glyzerin gebunden sind, nicht gleichartig sein müssen, sondern daß chemisch verschiedene Individuen an ein- und dasselbe Glyzerinmolekül gekettet sein können (gemischtsäurige Glyzeride).

Neben den verseifbaren Bestandteilen (Triglyzeriden) enthalten die Öle stets geringe Mengen Unverseifbares (etwa 1%), das bei Pflanzen zum Teil aus Phytostearin, bei tierischen Ölen zum Teil aus Cholesterin besteht[1].

Die Eigenschaft der Filmbildung, des „Trocknens", hat schon frühzeitig zur näheren Untersuchung angeregt. Es ist jedoch bis heute nicht gelungen, eine eindeutige Theorie des Trockenvorganges aufzustellen, wenn auch, insbesonders in den letzten Jahren, wertvolle Erkenntnisse erzielt wurden.

Verhältnismäßig frühzeitig hat man erkannt, daß Leinöl, wenn man es der Luft aussetzt, eintrocknet. Der erste, der diese Erscheinung wissenschaftlich zu klären versuchte, war Cloëz[2]. Er setzte unter anderem auch Leinöl in einer flachen Schale der Lufteinwirkung aus und fand, daß 10 g davon innerhalb 18 Monaten etwa 0,7 g an Gewicht zugenommen hatten. Durch Analyse stellte er fest, daß der Sauerstoffgehalt des erhaltenen Produktes höher, der Kohlenstoff- und Wasserstoffgehalt aber niedriger war als der des ursprünglich verwendeten Leinöls. Er nahm daher an, daß das Öl Sauerstoff aufgenommen habe, während

[1] Da man für Cholesterin und Phytostearin, verwickelt zusammengesetzte Stoffe des tierischen bzw. pflanzlichen Organismus, scharfe mikro-chemische Nachweismethoden besitzt, so kann man die tierische oder pflanzliche Herkunft eines Öles vorweg feststellen.

[2] Cloëz: Bull. Soc. Chim. Paris **1865**, 41.

er die Verluste an Kohlenstoff und Wasserstoff der Abspaltung flüchtiger Oxydationsprodukte zuschrieb. Unter diesen konnte er nur wenig Kohlensäure feststellen und nahm als eigentliche Ursache dieses Verlustes das Entweichen von Akrolein[1] an. Die Arbeiten von Mulder[2], Weger[3], Genthe[4], Fahrion[5] und anderen stellten ebenfalls die Mitwirkung von Sauerstoff bei der Trocknung des Leinöles fest. Man hat bis in die jüngste Zeit die Bildung von Oxydations- bzw. Autoxydations-[6]Produkten als Voraussetzung für die Entstehung eines Ölfilmes angenommen.

Insbesondere Weger verfolgte die Gewichtszunahme beim Trocknen von Leinöl in dünner Schicht an der Luft, indem er es auf gewogene Glasplatten aufstrich, die Menge des aufgestrichenen Öles durch Wägung bestimmte und dann diese Platten in gewissen Zeitabständen wieder wog. Die Resultate trug er in ein Koordinatensystem ein, indem er auf der Abszisse die Tage und auf der Ordinate die Gewichtszunahme in Perzenten (siehe Abb. 12) anordnete. Diese Kurven wurden früher als Sauerstoffkurven angesprochen, indem man ihre Scheitelwerte als Maß für die „Sauerstoffzahl" ansah. Das ist insoferne unrichtig, als die Kurve nur die Gewichtszunahme des trocknenden Ölaufstriches angeben, die sich zusammensetzt aus dem Gewicht des aufgenommenen Sauerstoffes, vermindert um das Gewicht der entwichenen flüchtigen Spaltprodukte. Man bezeichnet sie besser als „Trockenkurven" oder „Wegerkurven". Wiewohl sie also nur einen zahlenmäßigen Ausdruck für die eingetretenen Gewichtsänderungen geben, wobei gewichtsvermehrend neben Sauerstoff nach A. Eibner[7] auch das aufgenommene Wasser wirkt, so geben sie doch einen Einblick in das Verhalten eines Öles beim Trocknen an der Luft. Wenn man die Kurven für Leinöl und Holzöl mit der Kurve für Mohnöl vergleicht, so sieht man, daß bei jenen der Stoffverlust nach Erreichen des Gewichtsmaximums weit geringer ist als bei diesem. Andererseits zeigt sich beim Vergleich der Kurven des Leinöls und des Holzöls, daß die letztere vom Scheitelpunkt an nahezu parallel mit der Abszissenachse verläuft, während sich die Leinölkurve vom Scheitelpunkt ab stetig der Abszissenachse nähert. Dies wurde als ein Beweis für die Überlegenheit des Holzöles gegenüber dem Leinöl gewertet, indem man annahm, daß das Holzöl nach Erreichung des Gewichtsmaximums sich nicht mehr verändere, im Gegensatz zum Leinöl, das einem weiteren stetigen Abbau unterliege. Nach Angaben von J. Scheiber[8] geht aber der Stoffabbau beim Holzöl ebenfalls weiter

[1] Akrolein ist ein Zersetzungsprodukt des Glyzerins, das aus diesem entsteht, wenn man es stark und rasch erhitzt. Sein stechender Geruch ist jedem bekannt, der die Dämpfe einer eben verlöschenden Talgkerze gerochen hat. Es entsteht beim unvollständigen Verbrennen von Fetten (Anbrennen von Fett in der Küche).

[2] Mulder: Die Chemie der austrocknenden Öle. 1867.

[3] Weger: Chem. Revue **4**, 285, 316 (1897).

[4] Genthe, A.: Dissertation. Leipzig 1901.

[5] Fahrion, W.: Die Chemie der trocknenden Öle. Berlin 1911.

[6] Über den Begriff „Autoxydation" siehe S. 31, Anm. 2.

[7] Eibner: Über fette Öle. München 1922.

[8] Scheiber, J.: Farbe u. Lack **1930**, 477. Vgl. dazu Scheifele, B.: Ztschr. f. angew. Ch. **42**, 787 (1929).

und der horizontale Verlauf der Trockenkurve des Holzöles ist nur ein Beweis dafür, daß sich Sauerstoffaufnahme und Gewichtsverlust (durch sich verflüchtigende Abbaustoffe) kompensieren.

Die Trockenkurven werden, je nach den gewählten Versuchsbedingungen verschieden ausfallen. Läßt man die Öle einmal in feuchtigkeitsgesättigter Luft trocknen, ein andermal in vollkommen trockener, so gelangt man zu ganz verschiedenen Kurvenformen. (Abb. 12.)

Von A. Eibner[1] wurde die Ansicht vertreten, daß bei der Filmbildung die chemische Bindung von Wasser eine Rolle spielt. Darauf könnte die sprunghafte Erhöhung der Säurezahlen[2] der trocknenden Öle beim Trocknen, im Gegensatz zum Olivenöl hinweisen. Die Säuren könnten durch Verseifung des Triglyzerids entstehen; ihre Vermehrung beim Trocknen läßt sich jedoch besser durch die sich beim Trockenprozeß bildenden sauren Abbauprodukte erklären[3]. Als solche wurden nachgewiesen: (Kohlensäure) Ameisensäure, Essigsäure, Azelainsäure u. a. Diese Säurezahlen sind wertvoll für die Erklärung des Verhaltens der Öle nach dem Aufstrich, indem sie ein Maß für den vor sich gehenden Abbau geben[4].

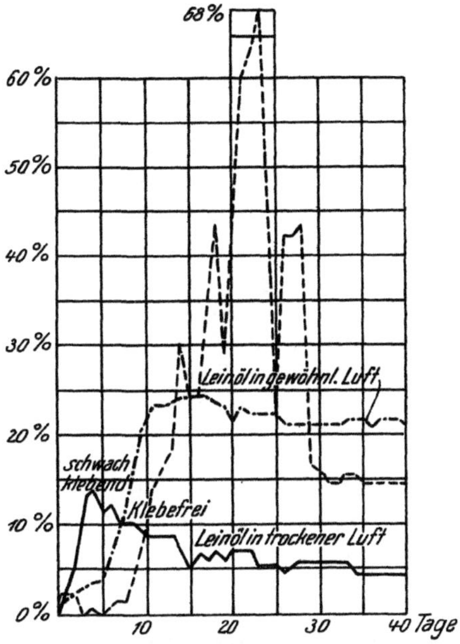

Abb. 12. Wegerkurven von Leinöl in Luft verschiedenen Feuchtigkeitsgehaltes.
——— trockene Luft.
—·—·— Luft normaler Feuchtigkeit.
— — — feuchtigkeitsgesättigte Luft.

Hier zeigt sich deutlich das andersartige Verhalten von Leinölfirnis und Standöl[5] gegenüber naturbelassenem Leinöl.

Aus Untersuchungen J. d'Ans[6] geht etwa folgendes hervor: Die am stärksten durchgetrockenten Leinölfirnisse nahmen etwa 39% Sauerstoff auf. An Spalt- bzw. Oxydationsprodukten wurden abgegeben 10% Kohlensäure, 1% Kohlenoxyd, 10,4% flüchtige Säuren (berechnet

[1] Eibner: Über fette Öle. München 1922.

[2] Als Säurezahl bezeichnet man die Anzahl Milligramme Ätzkali, die zur Neutralisation eines Grammes Fett erforderlich sind (siehe auch S. 274).

[3] Eibner, A.: loc. cit. konnte aber selbst in alten Filmen mit hoher Säurezahl kein Glyzerin nachweisen, das bei eingetretener Verseifung hätte vorhanden sein müssen.

[4] Da neben sauren Abbaustoffen auch neutrale (Ketone, Aldehyde, Wasser) entstehen, geben die Säurezahlen allein kein vollständiges Bild des Abbaues beim Trocknen.

[5] Über die Bedeutung dieser Ausdrücke und die Beschaffenheit dieser aus Leinöl hergestellten Produkte siehe S. 65.

[6] d'Ans, J.: Chem. Umschau a. d. Geb. d. Fette, Öle, Wachse u. Harze **34**, H. 21/22 (1927); Ztschr. f. angew. Ch. **41**, 1193 (1928); **42**, 997 (1929).

Säurezahlen von Aufstrichen fetter Öle auf Glas
(nach A. Eibner[1] und eigenen Versuchen).

Zeit	Holzöl	Leinöl	Standöl	Kobalt-firnis	Bleifirnis	Blei-mangan-firnis
1. Tag	6,59	4,2	31,3	—	—	—
2. „	—	5,1	31,6	72,8	—	50,0
1. Woche	5,41	57,4	38,5	—	51,5	55,0
2. „	6,05	—	47,8	79,4	55,0	55,0
3. „	—	—	—	79,5	56,0	55,5
4. „	—	—	—	—	—	56,0
8. „	—	191,8	—	—	—	57,5
14. „	—	—	—	79,0	59,0	57,5
18. „	59,76	—	—	79,7	—	—
24. „	—	—	—	79,4	—	—

als Ameisensäure) und 0,8% Aldehyde (berechnet als Formaldehyd). Unter den gebildeten flüchtigen Säuren findet sich überwiegend Ameisensäure (7,2%), der Rest besteht aus Propionsäure, Azelainsäure und wahrscheinlich auch Kapronsäure, Kaprylsäure und Pelargonsäure. Zu den Abbauprodukten gehört auch Wasser, das in einer Menge von 12,3% entstand.

In den ersten 14 Tagen der Trocknung werden etwa 4% der (im Triglyzeridmolekül) vorhandenen Kohlenstoffatome unter gleichzeitiger Bildung der angegebenen Spaltprodukte wegoxydiert, in acht Wochen die doppelte Menge.

Temperatur und Licht beeinflussen weitgehend den Trockenvorgang. Erhöhung der Temperatur wirkt im allgemeinen beschleunigend. Belichtung wirkt ebenfalls erhöhend auf die Trocknungsgeschwindigkeit ein, im Dunkeln gehaltene Ölaufstriche weisen eine bis zu zehnmal längere Trockendauer auf als dem Licht ausgesetzte. Öle, welche lange Zeit im Dunkeln aufbewahrt wurden, trocknen entschieden langsamer als vorbelichtete, was einer „Aktivierung“ durch das Licht entspräche, über deren Wesen aber nichts Näheres bekannt ist. Übermäßige Einwirkung von direktem Sonnenlicht kann zu einem Wiedererweichen des Anstriches führen.

Die Erforschung des Öltrocknungsvorganges wurde außer durch die Vielfältigkeit der Erscheinungen noch durch den Umstand erschwert, daß man über die genaue chemische Zusammensetzung der Öle wenig wußte und wenn man auch derzeit viele Einzelbestandteile der Öle kennt, so ist man über den Aufbau der Glyzeride noch ziemlich im unklaren. Von bekannt gegebenen quantitativen Analysen des Leinöls werden einige in Tabelle S. 43 angeführt.

Wie sich aus diesen Analysen ersehen läßt, schwanken die für die einzelnen Bestandteile gefundenen Werte recht beträchtlich, wobei allerdings zu berücksichtigen ist, daß sich die Zusammensetzung jedes natürlichen Öles mit der Abstammung ändert. Es sind diese Angaben also nur größenordnungsmäßig zu werten. Sie sagen vor allem nichts darüber aus, in welcher Art die einzelnen Säuren an das Glyzerin ge-

[1] Eibner: Über fette Öle. München 1922.

	A. Eibner[1] und K. Schmiedinger	J. N. Friend[2] I.	J. N. Friend[2] II.	Schestakoff[2] und Kuptschnisky
Linolensäure	20,1%	48,3	59,1%	45,0%
Isolinolensäure	2,7%			
α-Linolsäure	17,0%	32,1	21,3%	34,0%
β-Linolsäure	41,8%			
Ölsäure	4,5%	—	—	16,0%
Gesättigte Säuren	1,0%	—	—	0,5%
Oxysäuren	0,5%	5,0	5,0%	—
Unverseifbares	1,0%	—	—	4,5%
Glyzerinrest	4,1%	4,6	4,6%	—

bunden sind, ob und wieviel gemischtsäurige Triglyzeride vorhanden sind. Die Bindung der Säuren durch Glyzerin scheint eine wichtige Rolle bei der Fähigkeit zu trocknen zu spielen, denn die freien Säuren als solche, mit Ausnahme der Linolensäure haben keine trocknenden Eigenschaften.

Die Bildung von Oxysäuren bei der Trocknung konnte allein noch keine Erklärung für das Entstehen eines trockenen Films geben. Von der Leinöl-Standölbereitung wußte man, daß dieser Prozeß, den man als Polymerisationsvorgang[3] auffaßte, Verdichtungserscheinungen herbeiführte. Schon W. Fahrion[4] nahm an, daß beim Trocknen der Öle neben der Autoxydation auch Polymerisation erfolgt. Zu dieser Annahme kam er dadurch, daß die Jodzahl[5] der getrockneten Leinölaufstriche durchwegs bedeutend niederer ist als die des ursprünglich verwendeten Leinöles. Eine Erniedrigung der Jodzahl tritt auch bei der Standölkochung ein, welche zu jener Zeit ausschließlich durch Polymerisationsvorgänge erklärt wurde. Es war daher der Rückschluß zulässig, daß als Ursache für die Verdickung[6] und die Erniedrigung der Jodzahl auch beim Trocknen des Leinöles die Polymerisation des Öles anzusehen sei. Der Fehler in dieser Schlußfolgerung lag darin, daß man Erscheinungen bei Temperaturen um 290° (Temperatur der Standölkochung) auf Vorgänge bei gewöhnlicher Temperatur (Trocknen des Leinöls im Anstrich) übertrug und daß man verallgemeinernd die Deutung des Trocknungsvorganges des Leinöles auf den anderer Öle übertrug. Die

[1] Eibner, A., u. K. Schmiedinger: Chem. Umschau a. d. Geb. d. Fette, Öle, Wachse u. Harze **30**, 293ff. (1923).

[2] Seeligmann-Zieke: Handbuch der Lack- u. Firnisindustrie, 4. Aufl. Berlin 1930.

[3] Von Polymerisation spricht man, wenn sich zwei oder mehrere Moleküle von gleichem chem. Aufbau miteinander verbinden, wobei über die Bindung herbeiführenden Kräfte zunächst nichts Näheres ausgesagt ist.

[4] l. c.

[5] Sie gibt ein Maß für den Sättigungszustand einer organischen Verbindung. Näheres siehe S. 274.

[6] Polymerisationserscheinungen geben sich bei flüssigen Stoffen stets durch zunehmende Zähflüssigkeit (Viskosität) kund. Durch die bei der Polymerisation wachsende Molekülgröße wird die innere Reibung der Substanz vergrößert. Die Bestimmung des Grades der Zähflüssigkeit, der Viskosität, gibt daher auch ein Maß für Zustandsänderungen in kolloiden Systemen, die mit Teilchengrößenänderungen verbunden sind.

Schwierigkeiten der rein chemischen Erklärung des Trocknungsvorganges wuchsen noch, als man fand, daß Holzöl lange bevor es das Maximum der Sauerstoffaufnahme erreicht, einen trockenen Film gibt, ja, daß anzunehmen sei, die Filmbildung trete ohne Mitwirkung des Sauerstoffes ein, der erst im Verlauf des weiteren Trocknens aufgenommen werde.

Das alles drängte dazu, die Lehren der Kolloidchemie auf diese Erscheinungen anzuwenden und so zeigte u. a. P. Slansky[1], daß das Trocknen des Leinöls in zwei grundverschiedene Vorgänge zu zerlegen sei, erstens in eine chemische Veränderung (Oxydation) und zweitens in die Koagulation der oxydierten Glyzeride. Hatte man schon früher beobachtet, daß das getrocknete Leinöl, das Linoxyn, die typischen Eigenschaften eines Kolloids, wie z. B. Quellbarkeit aufwies, so waren diese in dem Augenblick, da man den Leinölfilm als ein Gel auffaßte, selbstverständlich. Damit war auch die Erklärung gegeben, wieso aus dem wasserabstoßenden Leinöl ein wasserempfindlicher Film geworden war.

Wertvolle Aufschlüsse über den Trocknungsvorgang verdankt man insbesondere A. Eibner und seinen Mitarbeitern an der maltechnischen Untersuchungsanstalt der Technischen Hochschule in München[2].

Er unterteilt den Trockenvorgang in mehrere Zeitabschnitte und unterscheidet zunächst beim natürlichen Trocknen geschlagener[3] Öle drei Hauptstufen:

1. Antrocknen, 2. Durchtrocknen, 3. Harttrocknen.

Beim Antrocknen, in welchem Zeitabschnitt sich der Film ausbildet, unterscheidet er wieder drei Abschnitte: Anziehen, Klebendwerden und klebfrei Antrocknen. Diese Einteilung paßt sich nicht nur der praktischen Erfahrung, sondern auch den physikalischen Veränderungen der Feinstruktur an, wenn man annimmt, daß das Sol in ein Gel übergeht, dessen Bildung durch Teilchenvergrößerung erfolgt. Inwieweit die chemischen Reaktionen, die sich beim Trocknungsvorgang abspielen, mit den Kolloidreaktionen zeitlich zusammenfallen, läßt sich zur Zeit noch nicht sagen.

A. Eibner betont, daß der Trocknungsvorgang bei allen Ölen wahrscheinlich längere Zeit als man früher glaubte unvollständig bleibt. Daß beim Trocknen der Öle auch Polymerisation stattfindet, verneint er.

Als schließlich H. Wolff[4] und L. Auer[5] unabhängig voneinander fanden, daß Leinöl auch bei Abwesenheit von Sauerstoff trocknen könne, war es nicht zu verwundern, wenn L. Auer[5] eine reine Kolloidtheorie des Trocknungsvorganges aufstellte. Dieser Autor fand angeblich, daß

---

[1] Slansky, P.: Ztschr. f. angew. Ch. **34**, 533 (1921); **35**, 389 (1922).

[2] Eibner, A.: Über fette Öle, Leinölersatzmittel u. Ölfarben. München 1922. Nach Eibner spricht man besser von einem Festwerden fetter Öle im Aufstrich oder von ihrer Verfilmung, als wie vom Trocknen. Eibner, A.: Das Öltrocknen ein kolloider Vorgang aus chemischen Ursachen. Berlin 1930. S. 13.

[3] Durch Auspressen der zerkleinerten Samen gewonnen.

[4] Wolff, H.: Farben-Ztg. **31**, 1239 (1925/26). Dieser fand, daß in nahezu sauerstofffreier Kohlensäure- oder Schwefeldioxydatmosphäre Leinöl zu allerdings weichen Filmen trocknet.

[5] Auer, L.: Farben-Ztg. **31**, 1240 (1925/26).

Leinöl auch im luftverdünnten Raum selbst bei einem Vakuum von 1—2 mm Quecksilbersäule trocknet. Sobald die Versuchsaufstriche an die Luft gebracht wurden, nahmen sie rasch Sauerstoff auf, und zwar ebensoviel als sie beim unmittelbaren Trocknen an der Luft aufgenommen hätten. Auf Grund dieser Versuche stellte Auer die Gaskoagulaitonstheorie für das Trocknen von Ölen auf, indem er annahm, daß der Koagulationsvorgang durch Gasionen ausgelöst werde, vorausgesetzt, daß die Gaskonzentration einen bestimmten Schwellenwert erreiche (im Vakuum der Quecksilberluftpumpe, bei etwa 10^{-6} mm Druck [Quecksilbersäule], trockneten die Versuchsöle nicht!). Die Aufnahme von größeren Mengen Sauerstoff sei zur Einleitung des Trockenvorganges nicht nötig, sie sei vielmehr ein sekundärer Prozeß und der Sauerstoff werde nur adsorbiert, nicht chemisch gebunden. Bei Sauerstoffüberschuß könne diese Adsorption in eine Chemisorption übergehen und es könne dann zur Bildung von Oxydationsprodukten kommen. Diese Theorie Auers wurde insbesondere von A. Eibner[1] scharf zurückgewiesen, auch H. Wolff[2] und anderen erscheint sie unwahrscheinlich. P. Slansky[3] konnte bei einer Nachprüfung die Ergebnisse Auers nicht bestätigen; so nahm ein Leinölaufstrich, der in einem Exsikkator 16 Tage unter einem Druck von 2—3 mm Quecksilbersäule aufbewahrt wurde, nicht nur nicht zu, sondern verlor 0,64% Gewicht; auch der Flüssigkeitsgrad, wie andere physikalische und chemische Werte des verwendeten Leinöls hatten sich nicht verändert.

In ganz exakter Weise haben H. Schmalfuß und H. Werner[4] mit einer von L. Auer selbst als einwandfrei anerkannten Versuchsanordnung nachgewiesen, daß Auers Annahmen nicht zu Recht bestehen und daß die angeblich von ihm früher erhaltenen Versuchsergebnisse zumindest nicht reproduzierbar seien. Insbesondere wiesen sie nach, daß Anstriche in sauerstoffreiem Stickstoff weder im Vakuum noch bei höheren Drucken trocknen. Die Gaskoagulationstheorie dürfte damit abgetan sei.

Die Theorie Auers ging auch von der Auffassung aus, daß Leinöl selbst ein Kolloid sei; er wie auch einige andere[5] fassen es als Isokolloid auf. Scheiber[6] ist von der kolloiden Natur der Öle nicht unbedingt über-

---

[1] Eibner, A.: Farben-Ztg. **33**, 2165 (1928).

[2] Wolff, H.: Korrosion u. Metallschutz **5**, 184 (1929). — Scheifele, B.: Farben-Ztg. **33**, 739 (1927). — Vollmann, H.: Farben-Ztg. **33**, 1531, 1599 (1927).

[3] Slansky, P.: Chem. Umschau a. d. Geb. d. Fette, Öle, Wachse u. Harze **34**, 183 (1927).

[4] Schmalfuß, H., u. H. Werner: Kolloid-Ztschr. **49**, 323 (1929). — Über einen weiteren Beweis gegen die Theorie Auers siehe Heft 4 der zwanglosen Mitteilungen des Fachausschusses für Anstrichtechnik im V. D. I. Ref. in Farben-Ztg. **35**, 1101 (1930).

[5] Vgl. dazu: Vollmann, H.: Ztschr. f. angew. Ch. **38**, 337 (1925). — Slansky, P.: Ztschr. f. angew. Ch. **35**, 389 (1922). — Schlick, W.: Farben-Ztg. **27**, 1439, 1511, 1872 (1921/22).

[6] Scheiber-Sändig, J.: Lacke und ihre Rohstoffe, S. 139ff. Auch Freundlich und Albe sind auf Grund eingehender physikalischer Untersuchungen zu der Ansicht gelangt, daß in reinen, wie sikkativierten Leinölen bei geringen Trocknungsgraden noch keine kolloiden Eigenschaften erkennbar hevortreten. Freundlich, H. und H. W. Albe: Ztschr. f. angew. Ch. **44**, 56—60 (1931).

zeugt, und seinen Ausführungen ist die Berechtigung nicht abzusprechen; wohl aber nimmt auch er an, daß, wenn es infolge intramolekularer oder extramolekularer Veränderungen zur Ausbildung von gewissermaßen artfremden Komplexen komme, diese dann den kolloiden Zustand herbeiführen können. Unzweifelhaft komme es bei der Filmbildung, gleichgültig ob durch Sauerstoffeinwirkung oder durch andere Ursachen, zu Veränderungen, die dann zur Ausbildung des kolloiden Zustandes Anlaß geben können.

Am klarsten scheint neuerdings J. Scheiber[1] das gesamte über den Trocknungsvorgang bekannte Material gedeutet zu haben; auch er nimmt wie Eibner Ölgruppen an, deren Typen Holzöl, Leinöl, Mohnöl und Mandelöl sind. Das Holzöl ist durch eine äußerst reaktionsfähige Atomgruppierung gekennzeichnet, welche die Bildung größerer Molekülkomplexe begünstigen (mag man nun dafür polymerisieren sagen im Sinne einer Vereinigung durch chemische Kräfte oder aggregieren im Sinne kolloider Vorgänge). Bei Holzöl dürften die chemischen Vorprozesse der Filmbildung auf Polymerisation beruhen. Bei dem großen Molekül, welches dem Triglyzerid der Eläostearinsäure (das Holzöl besteht zu 84—89% aus diesem) zukommt, würde bereits eine Zusammenlegung von drei bis vier solcher Komplexe hinreichen, um kolloidale Dimensionen zu erreichen[2], wodurch der kolloidchemische Prozeß der Filmbildung[3] ermöglicht würde.

Beim Leinöl und erst recht beim Mohnöl müssen offenbar reaktionsfähige Gruppen, welche die Polymerisation ermöglichen, erst durch die Einwirkung des Sauerstoffes der Luft geschaffen werden und dann können sich die Vorgänge ähnlich abspielen, wie oben angegeben.

Beim Mandelöl, das hier den Olivenöltypus von Eibner repräsentiert, fehlen Gruppen, die direkt oder nach chemischer Beeinflussung durch Sauerstoff im Sinne obiger Ausführungen reagieren können, daher trocknen diese Öle unter normalen Verhältnissen an der Luft nicht.

In letzter Zeit hat Blom[4] eine Theorie des Trockenvorganges gegeben, welche sich ebenfalls mit rein kolloiden Vorgängen begnügt. Er nimmt an, daß die Vergrößerung einzelner Moleküle oder die Vereinigung einzelner Moleküle zu Komplexen zur Bildung von Keimen führt, welche die Oberflächenspannung des Öles gegenüber der Luftphase erniedrigen. Durch Zusammenlegung und spätere Koagulation bilden die Keime bzw. die aus ihnen hervorgegangenen Mizellen[5] eine Ober-

[1] Scheiber, J., u. K. Sändig: l. c. 158ff., 164ff. — Scheiber, J.: Ztschr. f. angew. Ch. **40**, 1279 (1927); Farbe u. Lack **1927**, 75; **1930**, H. 5 u. 6.

[2] Vgl. S. 26, Anm. 1 über die Größenverhältnisse von kolloidalen Teilchen.

[3] Vgl. S. 36 über die Gelbildung.

[4] Blom, A. V.: Ztschr. f. angew. Ch. **40**, 146 (1927); Farbe u. Lack **1927**, 284—285. — Dazu siehe auch: Wolff, H.: Farbe u. Lack **1927**, 134. — Scheiber, J.: Farbe u. Lack **1927**, 135.

[5] Unter „Mizellen" verstand Naegeli, der Schöpfer dieses Begriffes, kleinste Molekülgruppen der lebenden organischen Substanz. Die Mizellartheorie ist von K. H. Meyer und H. Mark (Ber. **61**, 593 [1928]; Ztschr. f. physik. Ch. **2**, 115 [1929]) besonders für die Zellulose scharf formuliert worden. Danach sind „Mizelle" die kleinsten geformten Einheiten, welche die wesentlichen äußeren und inneren Eigenschaften eines hochmolekularen organischen Stoffes repräsentieren. Vor-

flächenhaut. Infolge steigenden Konzentrationsdruckes wird die Solvathülle der Mizellen ausgepreßt, wodurch die reaktionsfähigen Komplexe einander immer näher kommen, bis sich chemische Umsetzungen abspielen können. Von da ab wird die Verfestigung des Ölfilms mehr und mehr vom Ablauf chemischer Reaktionen beherrscht. Ist die halbdurchlässige Oberflächenhaut gebildet, so schreitet die Verfestigung nach innen fort. Über die Ursache der Keimbildung äußert sich Blom nicht bestimmt, gibt aber auch die Möglichkeit[1] der Keimbildung durch Polymerisation zu.

Man sieht aus allen bisherigen Darlegungen, in welchen auch wiederholt die Äußerungen anderer Fachleute und deren Ausdrucksweise einfach wiedergegeben sind, daß die Feinstruktur der verwendeten trocknenden Öle noch keineswegs erforscht ist. Diese Öle enthalten entweder Moleküle des kolloiden Teilchengrößenbereiches oder aber sind die Öle (mit Rücksicht auf das auf S. 26, Anm. 1 Gesagte) zunächst als flüssige, ungeformte Gebilde anzusehen, welche mit Wasser nicht quellen. Der Übergang zum wasserquellenden Gel (Film) ist unbedingt im Sinne einer Molekülzusammenlegung und vielleicht auch im Sinne einer Mizellbildung zu deuten. Untersuchungen, ob röntgenoptisch erkennbare Orientierung der Molekülaggregate in den Filmen getrockneter fetter Öle erfolgt ist, liegen unseres Wissens bisher nicht vor. Es müssen demgemäß alle bisher angeführten rein physikalischen (kolloidchemischen) Erklärungen des Filmbildungsvorganges lediglich als Vermutungen gewertet werden, denen jeder exakte wissenschaftliche Beweis mangelt.

Bei der Trocknung der Öle an der Luft wirken die unter der Einwirkung des Sauerstoffes und des Lichtes sich bildenden öleigenen Be-

---

aussetzung für die Existenz eines Mizells sind große Moleküle mit einer bevorzugten Dimension; solche Moleküle, welche meist wegen ihrer Größe schon für sich in den kolloiden Teilchengrößenbereich (Molekülkolloide im Sinne Staudingers; vgl. S. 7, Anm. 1) gehören, sind in Bündeln bestimmter Orientierung durch Nebenvalenzen (Restkraftfelder, van der Waal'sche Kräfte) zu einem Mizell vereinigt und besitzen dort einen stärkeren Zusammenhalt als die Mizelle untereinander. Ähnlich wie Moleküle unterhalb des kolloiden Teilchengrößenbereiches (welche also echte Lösungen zu bilden vermögen) beim Übergang in den festen Zustand sich zu Einzelkristallen zusammenlegen, deren Kristallstruktur an der optischen Orientierung unter dem Mikroskop erkennbar ist (Kristalloide, Kristallgitterbildung), zeigen Kolloide, welche ursprünglich im festen Zustand als amorph im Gegensatz zu den Kristalloiden angesehen wurden, sofern sie Mizelle ausgebildet haben, optische Orientierung, welche allerdings manchesmal nur röntgenoptisch (Röntgeninterferenzbilder, Röntgenkristallgitter) erkennbar ist. Sohin sind solche orientierte (mizellare) Kolloide als in höherem Sinne kristallisiert anzusehen. Das „Mizell" des „Kolloids" entspricht dem Einheitskristall des „Kristalloids", das schon mikroskopisch sichtbare Feinbauelement (z. B. die Faser der Zellulose) „des Kolloids" entspricht dem sichtbaren Kristall (z. B. des Steinsalzes) „des Kristalloids". — Solche Erkenntnisse lassen die frühere Unterscheidung zwischen amorphen und kristallisierten festen Stoffen schwinden und lassen nur mehr eine Unterscheidung zwischen flüssig-amorphen und kristallisierten zu. Diese Begriffe und Erkenntnisse sind erst in jüngster Zeit einigermaßen geklärt worden, so daß sie auch in neuerer Literatur noch nicht durchwegs und einheitlich berücksichtigt und verwendet werden; deshalb findet man Begriffe wie kolloid, kristallisiert, mizellar, Molekülaggregate, Kristallkeime, Strukturkeime u. a. m. oft recht wahllos und widerspruchsvoll angewendet.

[1] Blom, A. V.: Farbe u. Lack **1927**, 284.

schleuniger (Autokatalysatoren noch unbekannter Zusammensetzung) begünstigend auf die Ausbildung eines kolloiden Gels (Film) ein, vielleicht ermöglichen sie diese erst. Man kann aber auch durch ölfremde Katalysatoren[1] den Trocknungsvorgang beschleunigen oder verzögern. Beschleunigend wirkt der Zusatz von im Öl löslichen Metallverbindungen, von Metallinoleaten, Metalltungaten und Metallresinaten. Über das Wesen dieses Vorganges weiß man wenig, man muß annehmen, daß diese Metallverbindungen, Sikkative genannt, ähnlich wie die Autokatalysatoren oxydationsbeschleunigend wirken. In der Eignung und in der Wirksamkeit der einzelnen Metalle bestehen ganz bedeutende Unterschiede. Wenn man die weniger gebräuchlichen wegläßt, so ergibt sich beiläufig folgende Reihenfolge, die mit dem wirksamsten Metall beginnt[2]: Kobalt, Mangan, Blei, Eisen, Kalzium, Zink. Kombinationen mehrerer Sikkative wirken besser als die Komponenten, z. B. Blei-Mangan wirkt besser wie Mangan allein usw. Bekannt ist auch, daß die Art des Trocknens vom verwendeten Metall abhängig ist, so bewirkt Kobalt ein Trocknen von außen her, während Mangan oder Blei ein Trocknen von innen heraus bewirken. Trocknende Öle, die zum Zwecke der Trocknungsbeschleunigung mit Sikkativen auf zweckentsprechende Art versetzt wurden, bezeichnet man als Firnisse (Näheres S. 62). Auch die Menge des Zusatzes an Metall ist nicht gleichgültig, es zeigt sich, daß für jedes Sikkativ ein günstigster Wert besteht. Die Ursache dieser Erscheinung ist nicht geklärt.

J. Scheiber[3] nimmt folgendes an: Außer einer Trocknungsbeschleunigung infolge Begünstigung des zur Gelbildung nötigen Dispersitätsgrades veranlaßt der Angriff des Sauerstoffes (der durch die Katalysatoren gefördert wird) auch unerwünschte Wirkungen durch die eintretenden Abbaureaktionen, wobei es zu einer Verminderung an filmbildendem Material kommt.

Die Sikkative wirken also in zwei Richtungen hin beschleunigend:

Sikkativwirkung: a) filmaufbauende Reaktionen,
b) abbauende Reaktionen.

Den günstigsten Effekt wird ein Sikkativ dann hervorrufen, wenn a vorwiegt. Es ist leicht einzusehen, daß ein Übermaß an Sikkativ unter Umständen einen schlecht oder nur langsam trocknenden Anstrich gibt, wenn die Reaktion b damit zu sehr gefördert wird. Da man von einem Sikkativ eine auswählende Leitung des Oxydationsprezesses verlangt, ist es auch einleuchtend, weshalb es nur so wenig gute Sikkativmetalle gibt. Die Trocknungsbeschleunigung, welche durch ein Sikkativ erzielt werden kann, ist annähernd gleich der Trocknungsbeschleunigung des Lichtes gegenüber dem Trocknen im Dunkeln. Wird durch Lichtwirkung die Trockenzeit des Leinöls von etwa 50 Tagen (im Dunkeln) auf 5—7 Tage herabgesetzt, so wird sie durch Sikkativwirkung auf einige Stunden herabgedrückt.

Hat man also die Sikkative in erster Linie als positive Katalysatoren

---

[1] Katalysatoren sind alle solche Substanzen, welche die Geschwindigkeit einer Reaktion verändern. Dabei können sie während ihrer Wirkung unverändert bleiben oder sich auch verändern. Als positive Katalysatoren bezeichnet man reaktionsbeschleunigende, als negative Katalysatoren reaktionshemmende.

[2] Eibner, A., u. F. Pallauf: Chem. Umschau a. d. Geb. d. Fette, Öle, Wachse u. Harze **32**, 81, 97 (1925). — Quincke, F., u. K. Kamphausen: Farbe u. Lack **1927**, 341. — Meister, J.: Farben-Ztg. **12**, 135, 731 (1908) gibt eine etwas andere Reihenfolge an, die aber mit den Tatsachen nicht völlig im Einklang steht.

[3] Scheiber, J.: Korrosion u. Metallschutz **4**, 84ff. (1928); Farbe u. Lack **1927**, 26.

für den Trocknungsvorgang aufzufassen, so muß man als negative Katalysatoren alle jene Stoffe bezeichnen, welche die Oxydationswirkung und damit auch meist die Trocknungsfähigkeit eines Öles verringern. Außer den von Moureu und Dufraisse[1] zuerst angegebenen Phenolen (d. s. Substanzen vom Charakter der Karbolsäure) haben sich eine ganze Reihe anderer Verbindungen, wie Alkohole, Aldehyde, Terpene, Salze, Metalle, Basen usw. nach M. Smith und R. Wood[2] als negativ wirksam erwiesen. Worauf ihre Wirksamkeit beruht, ist noch nicht klargestellt. Eine erwünschte Wirkung auf den Trocknungsvorgang im Anstrich würde in der Verhinderung des zu weitgehenden oxydativen Abbaues der Farbhaut (nach Reaktion b) von dem Augenblick der Verfestigung an bestehen. Der Einfluß der negativen Katalysatoren äußert sich in verschiedenen Richtungen, je nach dem Trocknungscharakter des Öles. Man kann z. B. negative Katalysatoren zu Holzöl (dessen Filmbildungsvermögen nahezu unabhängig von der Sauerstoffwirkung ist) zusetzen, was runzelfreies Auftrocknen selbst beim rohen Holzöl bewirkt, ohne daß die Trocknungsgeschwindigkeit merkbar herabgesetzt würde.

Bei Leinöl deutet der unregelmäßige Verlauf des ansteigenden Astes der Trockenkurve darauf hin[3], daß schon frühzeitig Stoffabgaben (Abbaureaktionen) erfolgen und im Gegensatz zum Holzöl fällt hier das klebfrei Antrocknen nahezu mit dem Maximum der Sauerstoffaufnahme zusammen, worauf nicht unbeträchtliche Gewichtsabnahme eintritt. Das zeigt zur Genüge, daß die Wirkung positiver Katalysatoren mit der Filmbildung nicht zu Ende ist, sondern sich in unerwünschter Weise fortsetzt. Vielleicht kann man hier negative Katalysatoren mit Erfolg verwenden. Ob dies durch Zusatz geeigneter „Antioxygene[4]" zur Farbe oder nachträgliche Behandlung des Anstriches mit solchen negativen Katalysatoren durchzuführen wäre, ist eine Frage, deren Klärung man erst von der Zukunft erwarten darf. Ebenso ungeklärt ist es allerdings noch, ob solche Beeinflussungen der Anstrichmittel etwa andere, heute noch nicht erkennbare Nachteile mit sich bringen und ob dies einer der gesuchten Wege ist, um dem Leinöl holzölartigen Charakter zu geben, es also zu veredeln.

Auch die Pigmente üben einen Einfluß auf das raschere oder langsamere Trocknen einer Anstrichfarbe aus. So wirken Bleipigmente beschleunigend, da sie sich zum Teil als Bleiseifen im Öl lösen, welche dann nichts anderes als Bleisikkative sind. Auch Pigmente, bei welchen eine in größerem Umfange eintretende chemische Reaktion mit dem Bindemittel nicht nachweisbar ist, beeinflussen den Trocknungsvorgang. Es fanden J. Sacher[5] und auch P. Slansky[6], daß Schwerspat, Gips

[1] Moureu u. Dufraisse: C. r. d. l'Acad. des sciences **1919**, 169ff., **1920**, 26ff., **1922**, 174ff.

[2] Smith u. Wood: Ind. and Engin. Chem. **18**, 691 (1926).

[3] Eibner, A.: Ztschr. f. angew. Ch. **39**, 38f., 44 (1926).

[4] d. s. Substanzen, welche die Oxydation des Ölfilms verzögern bzw. auf längere Zeit verhindern.

[5] Sacher, J.: Farben-Ztg. **17**, 1825 (1912).

[6] Slansky, P.: Farben-Ztg. **18**, 234 (1912).

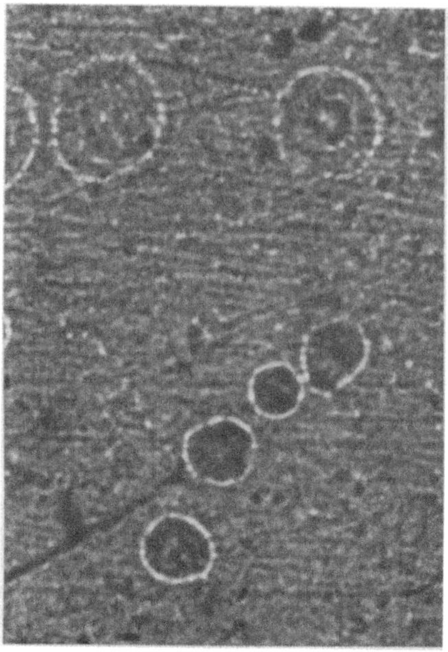

Abb. 13. Standölfilm nach 24 Std. Wasserlagerung (V = 123).

u. a. das Trocknen des Leinöls beschleunigen. Erklärt wird dieser Einfluß durch Oberflächenwirkung, welche Erklärung aber Slansky ablehnt. In der Beeinflussung des Oxydationsverlaufes zeigen die einzelnen Pigmente ebenfalls Unterschiede. Die Ruße z. B. verzögern nicht nur das Hartwerden (Trocknen) des Films, sie hemmen auch die Sauerstoffaufnahme[1], was von F. H. Rhodes durch Adorption des Sikkativs an dem Ruß erklärt wird. Andererseits fanden F. H. Rhodes, C. R. Burr und P. A. Webster[2], daß Eisenoxydpigmente je nach ihrem Gehalt an gebundenem Wasser entweder ohne Wirkung sind, oder die Sauerstoffaufnahme beschleunigen, was sie durch Eisenseifenbildung (die sie allerdings nicht nachwiesen) und damit verbundener Sikkativwirkung erklären. Diese tritt nach ihren Angaben nur bei den stärker hydrathältigen Sorten ein. Salvaterra[3], der diese Erscheinungen ebenfalls studierte, kam zu dem Schluß, daß Eisenoxydfarben die Sauerstoffaufnahme auf jeden Fall erhöhen, dabei aber die Abbaureaktionen gleichzeitig begünstigen, was an den erhöhten Säurezahlen des Farbfilms erkennbar ist.

Ebenso wie die Pigmente kann auch der Metalluntergrund,

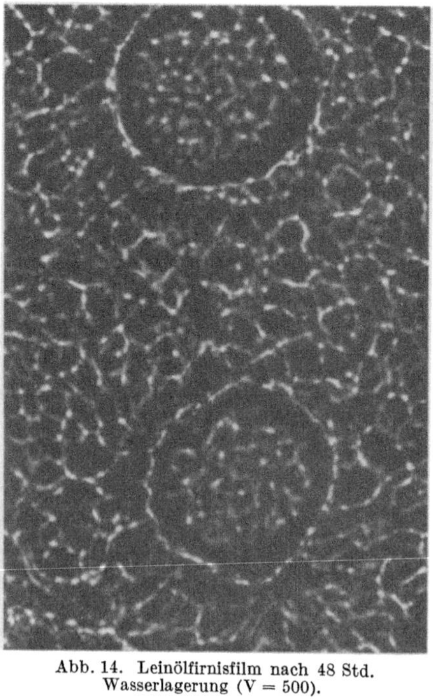

Abb. 14. Leinölfirnisfilm nach 48 Std. Wasserlagerung (V = 500).

---

[1] Rhodes u. van Wirth: Ind. and Engin. Chem. **15**, 1135—40 (1923).

[2] Rhodes, Burr u. Webster: Ind. and Engin. Chem. **16**, 960—62 (1924).

[3] Salvaterra, H.: Korrosion u. Metallschutz **5**, 271/73 (1929). — Salvaterra, H., u. F. Zeppelzauer: Farben-Ztg. **36** (1931).

unter Umständen auch der Grundanstrich, auf den der Anstrich aufgebracht wird, einen Einfluß auf den Trocknungsvorgang ausüben. Solche Fälle wurden durch Bildung von Metallseifen und der damit verbundenen Sikkativwirkung erklärt. Über Beeinflussungen des Trockenverlaufes durch den Eisenuntergrund (vorausgesetzt, daß er rein und nicht angerostet ist) ist nichts Näheres bekannt.

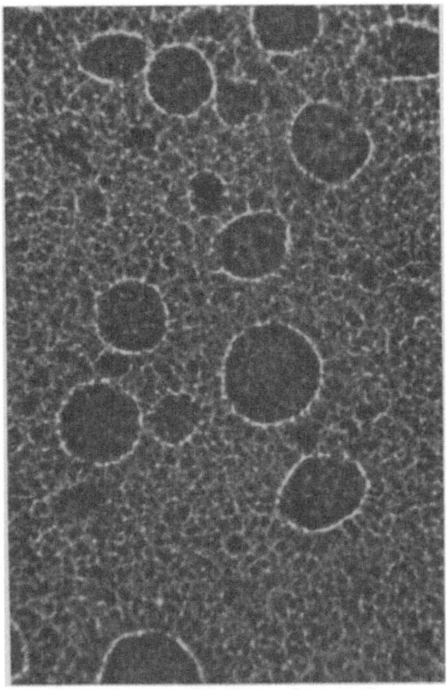

Abb. 15. Leinölfirnisfilm nach 48 Std. Wasserlagerung (V = 123).

Beim Erhitzen, selbst unter Luftabschluß, erleiden die trocknenden Öle Veränderungen, die je nach Temperatur und Öl zu einer Verfestigung (Gelatinierung) oder bloß zu einer Verdickung führen. Das Holzöl gelatiniert, wenn man es auf Temperaturen von 270—280° C erhitzt, während das Leinöl unter gleichen Bedingungen nur verdickt. Die Ursache dieser Erscheinung ist nicht geklärt. Man nimmt an, daß durch Polymerisation[1] oder Aggregation[2] große Molekülkomplexe entstehen und daß eine kolloide Phase zur Ausbildung gelangt. Die Veränderungen, welche die Öle hierbei erleiden, zeigen sich außer in der Viskositätsänderung, in einer erhöhten Säurezahl, einer erniedrigten Jodzahl und in erhöhtem Lichtbrechungsvermögen. Die Erniedrigung der Jodzahl (siehe S. 43, Anm. 5)

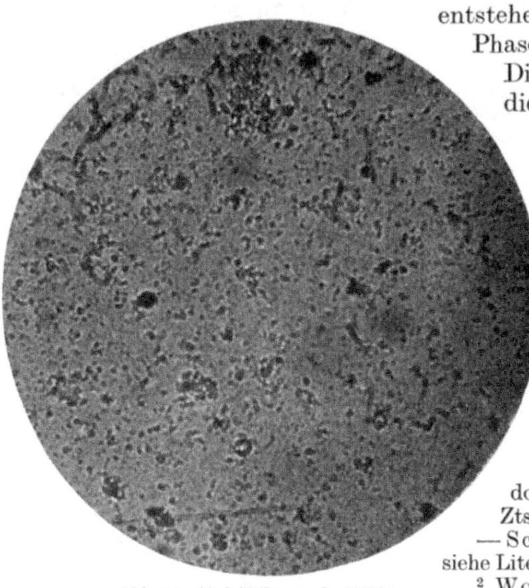

Abb. 16. Holzölfilm nach 48 Std. Wasserlagerung (V = 123).

[1] Eibner, A.: Fette Öle. S. 47. München 1922. — Morell, R. S.: Varnishes and their components. S. 21. London. 1923. — Marcusson, J.: Ztschr. f. angew. Ch. **33**, 231 (1920). — Scheiber, J.: a. a. O. — Weiteres siehe Literaturverzeichnis.

[2] Wolff, H.: Ztschr. f. angew. Ch. **37**, 730 (1924); **38**, 489 (1925).

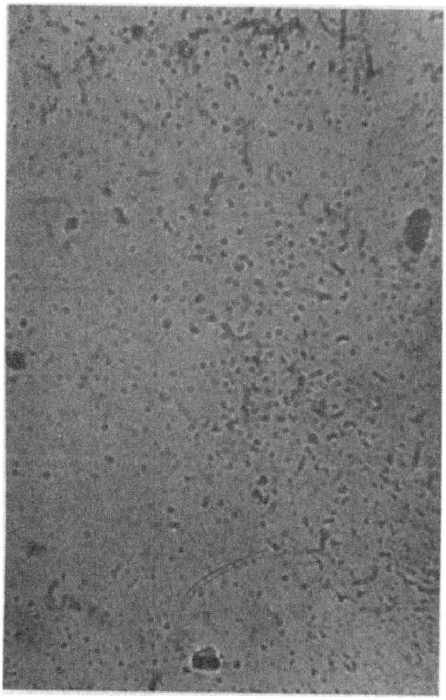

Abb. 17. Zelluloselackfilm nach 48 Std. Wasserlagerung (V = 123).

deutet nach früher Erwähntem darauf hin, daß sich der Sättigungszustand der Fettsäuren geändert hat, daß die Reaktionsfähigkeit der Öle vermindert und ihre Beständigkeit erhöht wurde. Tatsächlich zeigen die aus diesem als „Standöl" bezeichneten Produkte hergestellten Anstriche eine wesentlich bessere Witterungsbeständigkeit. Vor allem wird das Quellungsvermögen der Farbhaut vermindert, was schon weiter vorne als besonders wichtig für Rostschutzanstriche hingestellt wurde. Die nachstehenden Bilder zeigen Mikroaufnahmen von Firnis- und Standölfilmen nach Wasserlagerung. Sehr deutlich ist an ihnen zu erkennen, daß die Ölfilme eine gewisse Struktur besitzen, die sich in verschiedener Quellfähigkeit einzelner Teile zu erkennen gibt. J. Scheiber[1] hat in einer sehr bemerkenswerten Abhandlung eine Erklärung für die Quellbarkeit von Ölfilmen zu geben versucht.

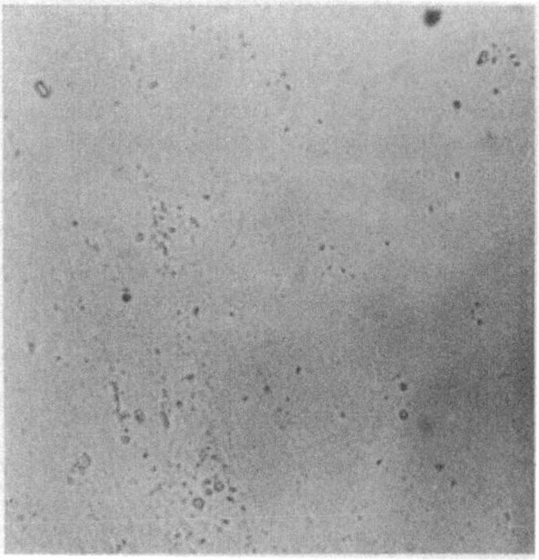

Abb. 18. Leinölfilm nach dem Trocknen (V = 383).

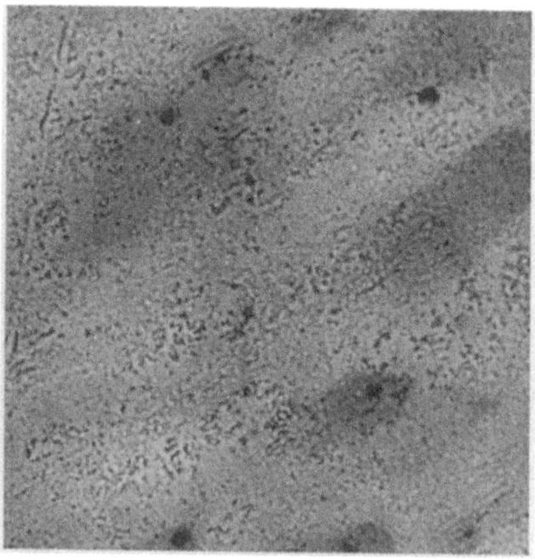

Abb. 19. Derselbe nach 40 Std. Wasserlagerung (V = 383).

[1] Scheiber, J.: Farbe u. Lack **1928**, 107.

Von der Ansicht ausgehend, daß Holzöl ohne vorhergehende Sauerstoffbeeinflussung durch bloße Polymerisationsvorgänge zur Gelbildung (Filmbildung) befähigt wird, während das Leinöl erst durch Oxydationsvorgänge diese Fähigkeit zur Polymerisation erlangt, nimmt er etwa Folgendes an: Die Gelbildung kann nicht allein die Ursache sein, daß aus dem wasserabstoßenden fetten Öl ein quellbarer Film wird, denn sonst müßte der Holzölfilm ebenso leicht in Wasser quellbar sein, wie der Leinölfilm. Bevor es aber zur Ausbildung eines Leinölfilms kommt, müssen Oxydationsprozesse vor sich gehen, bei denen wasserlösliche Abbauprodukte entstehen, die zum Teil auch im Film gelöst bleiben. Bringt man einen solchen Film in Wasser, so wird dieses durch Vermittlung der wasserlöslichen Bestandteile leicht in den Film hineindiffundieren können. Beim Holzöl entstehen solche Abbauprodukte vor der Filmbildung nicht,

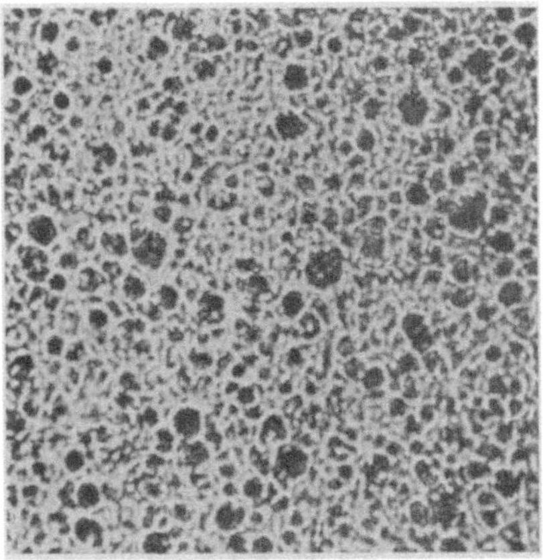

Abb. 20. Derselbe nach 90 Std. Wasserlagerung (V = 383).

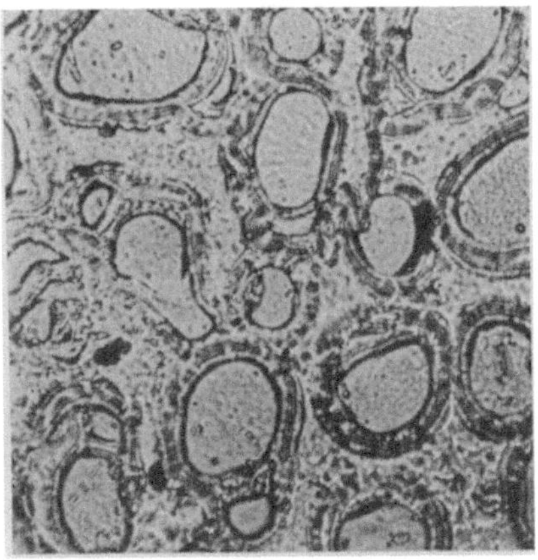

Abb. 21. Derselbe nach 123 Std. Wasserlagerung (V = 383).

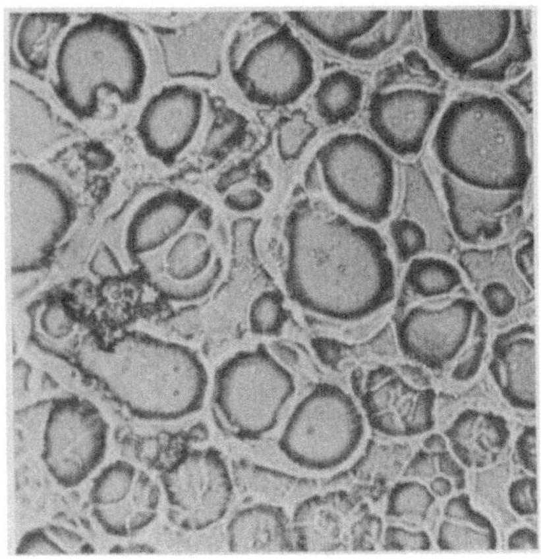

Abb. 22. Derselbe wie vorher, nur aus einem andern Abschnitt.

weil ja keine die Gelbildung ermöglichende Oxydation notwendig ist. Der Holzölfilm baut sich lediglich aus festen Polymerisaten und eingeschlossenem Öl auf, er wird daher viel schwerer quellbar sein.

J. Scheiber steht bekanntlich auf dem Standpunkt, daß die primäre zur Filmbildung führende Reaktion rein chemisch im Sinne einer Polymerisation verläuft, wie dies an früherer Stelle schon angedeutet wurde.

In Abb. 13—22 sind einige Mikroaufnahmen von in Wasser gequollenen Ölfilmen wiedergegeben, aus denen die charakteristische zellenartige Struktur zu erkennen ist, die man als mit beweisend für die Mehrphasigkeit[1] dieser Gebilde ansieht[2].

Unter der Einwirkung des Lichts neigen Anstriche zum Vergilben. Außer dem Einfluß des Lichts spielt nach A. Eibner[3] auch der Einfluß des Wassers beim Vergilben eine Rolle. In vollkommen trockener Atmosphäre zeigen Leinölfilme kaum Neigung zum Vergilben. Leinöl- und Leinölfirnisfilme vergilben leicht, während sich Standöl- und Holzölfilme auch in dieser Beziehung weitaus besser verhalten. Man nimmt an, daß beim Altern Molekularverschiebungen erfolgen, die ein Auftreten stärkerer Eigenfärbung bedingen. Die beim Altern sich bildenden zum Teil sehr reaktionsfähigen Spaltprodukte (u. a. Aldehyde) spielen bei der Verfärbung zweifellos eine Rolle.

Nicht nur die Ölfilme, sondern auch die Öle als solche verändern sich, insbesondere bei Bestrahlung mit an ultravioletten Strahlen reichen Lichtquellen[4], z. B. bei Belichtung mit Quarzlampen. Solche absichtlich hergestellte unter dem Namen „Uviolöle" bekannte Produkte stellen verdickte, hinsichtlich ihrer äußeren Erscheinung Standölen gleichende Produkte dar, die sich aber durch die gleichzeitig vorgenommene Oxydation von den Standölen unterscheiden. Aufstriche von Uviolölen neigen sehr stark zum Nachgilben.

Dunkle elektrische Entladungen verändern die fetten Öle ebenfalls, wie de Hemptine[5] zuerst angab. Die nach dem Voltolverfahren[6] dargestellten Produkte zeigen einige Ähnlichkeit mit den Standölen insoferne, als sie ebenfalls verdickt sind, wenn auch nicht so stark als diese und niedrigere Jodzahlen aufweisen.

---

[1] Die verschiedenen, in sich physikalisch wie chemisch homogenen Komplexe, welche ein inhomogenes System bilden, nennt man nach dem Vorgange von W. Gibbs die „Phasen" des Systems. Reines luftfreies Wasser ist ein einphasiges System, ein Gemenge von flüssigem Wasser und Kreide, ist demnach ein zweiphasiges (mehrphasiges) System (1. Phase — flüssiges Wasser, 2. Phase — Kreide; man spricht dann von einer flüssigen bzw. festen Phase).

[2] Siehe dazu Abb. 13—22. Vgl. auch E. Stern in Kolloidchemische Technologie von R. E. Liesegang. Leipzig: Th. Steinkopff 1927. Die Abb. 12—17 wurden uns von Herrn E. Stern, die Abb. 18—22 von Herrn Prof. J. Scheiber freundlichst überlassen.

[3] Eibner, A.: Fette Öle. S. 70, 73. München 1922.

[4] Genthe, A.: Diss. Leipzig 1906. — Eibner, A.: Fette Öle. S. 92.

[5] de Hemptine: Bull. Acad. royle. Belg. **1900**, 521; C (1900) II, 805, 834. — Siehe auch Long, J. S., u. C. N. Moore: Ind. and Engin. Chem. **19**, Nr 8 (1927). „Einwirkung von Kathodenstrahlen auf trocknende Öle".

[6] Unter Voltolverfahren versteht man die Behandlung (Voltolisierung) von Mineralschmierölen (aus Erdöl) in geschlossenen Gefäßen unter Wasserstoffatmosphäre mit elektrischen Glimmentladungen hochgespannter Wechselströme hoher Frequenz (1000—2000 Perioden); bei dieser Behandlung verdicken die Mineralöle. Diese hochwertigen, sehr beständigen Mineralschmieröle zeichnen sich vor unbehandelten hauptsächlich durch eine bei verschiedenen (höheren) Temperaturen weitgehend gleichbleibende oder nur wenig abnehmende Viskosität (Zähflüssigkeit) aus.

b) Das Leinöl.

Das Leinöl wird aus den Samen des Flachses oder Leines gewonnen. Die bedeutendsten Produktionsgebiete sind die La-Plata-Staaten, die Vereinigten Staaten von Nordamerika, Indien und Rußland. Außerdem wird Leinsaat noch in Ägypten, Kanada und auch in Europa gewonnen.

Da der Flachs in der Textilindustrie verwendet wird und für diese Zwecke vor der Samenreife geerntet werden muß, kommt meist sogenannte Schlagsaat[1] in den Handel, d. s. nicht mehr keimfähige oder auch unausgereifte Leinsamen. Von der Reinheit der Saat hängt die Qualität[2] des daraus gewonnenen Leinöles ab, da die verunreinigenden wilden Samen (wie Senf-, Raps- und andere Samen) nicht oder schlechter trocknende Öle geben.

Die Leinsaaternte der Hauptproduktionsländer wird wie folgt angegeben:

	Argentinien	Brit. Indien	USA.	Kanada
		tausend Tonnen		
1913	1130	536	446	439
1918	568	507	373	120
1923	1209	532	436	178

Der Weltdurchschnitt für 1912—1922 wird mit 1995800 Tonnen pro Jahr angegeben, wobei fast die Hälfte auf Argentinien entfällt.

Der Ölgehalt der Saat schwankt zwischen etwa 32—41%, je nach Ursprungsland.

Vor der eigentlichen Verarbeitung wird in den meisten Fabriken die Saat einige Monate ablagern gelassen (frisches Öl soll mehr Trub[3] ergeben) und dann einer Reinigung durch Sichtmaschinen unterzogen, wobei Staub und Fremdkörper entfernt werden, während eine Nachbehandlung mit Trieuren wilde Samen, insbesondere Raps, ausscheidet. Die Gewinnung des Öles erfolgt fast ausschließlich durch Pressen. Eine Gewinnung durch Extraktion ist zwar technisch ohneweiters möglich, wird aber aus dem Grunde nicht angewendet, weil die Rückstände der Samenentölung als Futtermittel verkauft werden, für die ein gewisser Ölgehalt erwünscht ist, welcher nach dem Pressen ohnedies in den Preßkuchen verbleibt. Bevor die gereinigte Saat den Pressen zugeführt wird, müssen die Ölzellen durch Zerquetschen der Samen geöffnet werden; dies geschieht durch eine Behandlung auf Walzenstühlen, selten noch auf Kollergängen. Da zum guten Ausbringen des Öles aus den Körnern ein bestimmter Feuchtigkeitsgehalt erforderlich ist — das Wasser drängt beim Pressen das Öl aus den Samenzellen —, erfolgt unter Umständen vor dem Auspressen auch ein Befeuchten. Das Pressen erfolgt in hydraulischen Pressen bei gewöhnlicher Temperatur

[1] Die aus nicht völlig ausgereiftem Flachs gewonnenen Samen bezeichnet man als Schlagsaat, mit welchem Wort auch öfters minderwertige Saat bezeichnet wird.

[2] Eastman, W. H., u. W. L. Taylor: Ind. and Engin. Chem. **19**, 896 (1927). Ref. in Farbe u. Lack **1928**, 128 und in Korrosion u. Metallschutz **4**, 162 (1928).

[3] Schleimstoffe, Satz.

(kaltgepreßtes Öl) oder mit angewärmter Saat (warm gepreßtes Öl), wozu man die Saat in Wärmepfannen auf 60—70° C anwärmt. Bei kalter Pressung, die nur selten, für besonders helle Öle, angewendet wird, erhält man um etwa 6—9% geringere Ausbeuten. Im Preßkuchen bleiben je nach Saat und Arbeitsweise 7—11% Öl zurück. Das so erhaltene Öl ist für die Lack- und Firnisherstellung noch nicht geeignet, da es Schleimstoffe in kolloider Verteilung enthält. Diese Schleimstoffe, deren Natur noch nicht einwandfrei festgestellt ist[1], scheiden sich, wenn man das Öl auf Temperaturen über 270° C erhitzt, in Flocken aus und verursachen die als das „Brechen" des Leinöles bekannte Erscheinung. Nicht entschleimtes Leinöl trocknet auch langsamer und soll die Haltbarkeit von Anstrichen herabmindern[2]. Die Entfernung der Schleimstoffe kann bis zu einem gewissen Grade durch längeres (mehrmonatiges) Lagern und nachfolgendes Filtrieren in Filterpressen oder Abtrennung des Schleims in Zentrifugen[3] erfolgen. Infolge der dadurch verursachten großen Kosten wird diese Art der Reinigung heute kaum mehr angewandt. Man kann die zur Zeit benutzten Raffinationsverfahren, welche auch zum Teil eine Aufhellung der Farbe des Öles bezwecken, in drei Gruppen einteilen.

1. Behandlung bei höherer Temperatur.
2. Behandlung mit Bleicherden.
3. Behandlung mit chemisch wirkenden Mitteln.

1. Durch Erhitzen des rohen Leinöls auf etwa 270—300° C gelingt eine flockige Abscheidung des Leinölschleimes, dessen Menge etwa 0,05—$^3/_4$% beträgt. Die Trennung vom Öl erfolgt durch Filtrieren oder Zentrifugieren oder durch beides nacheinander.

2. Die Behandlung mit Bleicherden[4], welche ursprünglich nur von Florida (USA.) aus als Fuller- oder Floridaerden in den Handel kamen, die aber heute auch in Deutschland gefunden (Frankonit und ähnliche Phantasienamen) oder künstlich hergestellt werden, erfolgt mit Mengen von 3—6% vom Öl. Arbeitsweise und Menge schwanken je nach Öl und Fabrikpraxis. Die Erfolge sind ausgezeichnet, aber die Bleicherde hält etwa das gleiche Gewicht an Öl zurück, das wohl durch Auspressen zum Teil wieder gewonnen werden kann, aber lacktechnisch minderwertig ist.

---

[1] Fritz, F.: Die Streitfragen um den Leinölschleim. Farbe u. Lack **1928**, 59ff. — Thompson: Journ. Amer. Chem. Soc. **25**, 716 (1903); er wies nach, daß im Schleim, den er bei einem amerik. Leinöl zu 0,28% fand, etwa 48% an Phosphorsäure, Kalzium und Magnesium enthalten war. — Eisenchiml u. Copthorne: Ind. and Engin. Chem. **2**, 28 (1910), wiesen daneben noch Kieselsäure nach. — Wolff, H.: Seeligmann u. Zieke, Handbuch der Lack- u. Firnisindustrie **1923**, 179, gibt an, daß er mit Sicherheit eiweißartige Bestandteile nachgewiesen habe.

[2] Walker u. Hickinson: Papers of Bureau of Standards **19**, 28—46 (1924).

[3] Siehe Ebel, C.: Über Lackfiltration mit Sharples Superzentrifugen. Chem.-Ztg. **48**, 92—93 (1924). — Würth, K.: Über die Verwendung von Zentrifugen an Stelle von Filterpressen. Ztschr. f. angew. Ch. **39**, 1375 (1926).

[4] Die Bleicherden sind Hydrosilikate, die als wirksamen Bestandteil kolloide Kieselsäure enthalten. Ihre Wirkung ist keine chemische, sondern eine rein physikalische, indem sie die Verunreinigungen adsorbieren und so aus dem Öl entfernen.

3. Durch Zusatz von kleinen Mengen Alkali oder Ätzkalk wird die Bleichung und Raffination herbeigeführt. Die dabei entstehenden Seifen wirken scheinbar infolge ihrer Kolloidnatur ähnlich wie die Bleicherden. Die sich am Boden abscheidende Alkali- oder Kalkseife geht als „Soapstock“ zur Seifenfabrikation.

Eine Raffination mit Schwefelsäure, Salzsäure und Braunstein und ähnliches ist ohneweiters möglich, doch sollen die so raffinierten Öle lacktechnisch weniger geeignet sein, wie die nach einer der vorgenannten Methoden behandelten[1].

Über Handelsprodukte und die an sie zu stellenden Anforderungen siehe S. 269.

c) Das Holzöl.

Das Holzöl (Wood-oil, Tungöl) stammt aus den wallnußartigen Früchten von baumartigen Gewächsen, die in China und Japan beheimatet sind. Dementsprechend unterscheidet man chinesisches und

a) b) c)

Abc. 23. Holznuß (Aleurites cordata Müll.) natürliche Größe.
a) von der Bauchseite. b) von der Rückenseite gesehen. c) Samenkorn.
(nach Seeligmann-Zieke).

japanisches Holzöl[2]. Auch in Kalifornien und Florida sind Anbauversuche mit günstigem Erfolg[3] gemacht worden, doch kommt von dort aus noch keine Ware auf den Markt.

Das Öl ist in den Fruchtkernen enthalten und wird zur Zeit noch auf primitivste Art durch Pressen gewonnen. Die Nüsse werden vor dem Pressen meist geröstet. Infolge dieser Gewinnungsart hat das Öl fast immer eine dunkle Farbe, die aber durch rationelle Gewinnung vermieden werden könnte, wie die bei Kulturversuchen gemachten Erfahrungen ergaben. Je nach dem Verschiffungshafen kommt das chinesische Holzöl als Hankow- oder Kanton-Holzöl in den Handel[4]. Analytisch läßt sich zwischen beiden Sorten keine Unterscheidung treffen[5].

[1] Über die Technologie der Ölgewinnung aus Samen (Pressung, Extraktion, Lagerung, Raffination usw.) siehe: Hefter, G.: Technologie der Fette und Öle. Bd I u. II. Berlin 1906 u. 1908. — Uhbelohde, L.: Handbuch der Chemie und Technologie der Öle und Fette. Leipzig 1930.

[2] Heller: Farbe u. Lack **1925**, 76.

[3] Farbe u. Lack **1928**, 415; **1925**, 374.

[4] Die Ausfuhr an Hankow-Holzöl wird für 1927 mit 46000 t angegeben.

[5] Wolff, H.: Farben-Ztg. **30**, 1383/84 (1924/25).

Das Holzöl ist dadurch charakterisiert, daß es beim Erhitzen auf 280—285° C innerhalb etwa 10 Minuten zu einer festen schneidbaren Masse erstarrt. Das japanische Öl[1] gerinnt wesentlich langsamer, auch wird die Gallerte nie so fest, so daß durch die Erhitzungsprobe (Holzöltest) keine sichere Entscheidung auf Verfälschung (mit anderen trocknenden Ölen) möglich ist. Die Gallerte, die beim Erhitzen erhalten wird, besteht keineswegs nur aus festen Teilen, sondern es läßt sich aus ihr, wie Wolff[2] und andere[3] gezeigt haben, durch Extraktion noch etwa 80% unverändertes Öl ausziehen. Das Erstarren beruht auf einem ähnlichen Vorgang, wie das Erstarren einer Gelatinelösung ist also ein kolloider Vorgang. Hat man hier Gelatine als disperse Phase und Wasser als Dispersionsmittel, so stellen im Falle des Holzöles die durch Polymerisation oder Aggregation entstandenen größeren Molekülkomplexe die disperse Phase und das unveränderte Öl das Dispersionsmittel vor. Beim Belichten wird das Öl ebenfalls mit der Zeit fest, indem sich sein Hauptbestandteil die α-Eläostearinsäure in die β-Eläostearinsäure umwandelt, deren Glyzerid sich kristallinisch ausscheidet[4].

Anstriche von unbehandeltem Holzöl trocknen nicht wie ein Leinölaufstrich glatt auf, sondern bilden eine rauhe unebene Oberfläche aus, die beim flüchtigen Betrachten von lauter Rissen durchsetzt erscheint. Bei genauerer Betrachtung zeigt sich, daß dies Runzeln sind, die unter Umständen Eisblumen ähneln, weshalb man diese Erscheinung Eisblumenbildung nennt. Die erste Erklärung, die man dafür gab, war die Annahme einer Lichtisomerisation, unter Ausscheidung von β-Eläostearinsäureglyzerid-Kristallen[5]. Zu dieser Erklärung wurde man unter anderem durch die Tatsache gedrängt, daß die Ausbildung der Eisblumen ohne Gewichtsvermehrung des Anstriches vor sich ging[6]. Da man aber fand, daß diese Erscheinung auch im Dunkeln eintritt[7] und daß unter dem Mikroskop keine Kristalle vorzufinden sind, mußte man diese Isomerisationstheorie zunächst wieder fallen lassen[8].

Von W. Fahrion wurde dann folgende Erklärung gegeben: „Infolge der hohen Viskosität des Holzöles kann der Luftsauerstoff nur schwierig hineindiffundieren. Es wird daher zunächst nur die Oberschicht oxydiert, sie geht in eine feste Haut über und vermehrt dabei ihr Volumen ganz beträchtlich. Gleichzeitig bleibt sie aber auch mit der flüssigen Unterschicht, in der sie unlöslich ist, und welche bis dahin ihr Volumen noch nicht vermehrt hat, in Verbindung. Ferner ist die Haut wenig elastisch, und die natürliche Folge dieser Prämissen ist die Faltenbildung." Er stellte dann noch fest, daß im Einklang mit dieser Theorie „so gut wie keine Eisblumenbildung" auftritt, wenn das Holzöl in ganz dünner Schicht trocknet.

---

[1] Gardner, H. A.: Journ. Soc. Chem. Ind. **14**, 904 (1922). — Bauer, K. H.: Chem. Umschau a. d. Geb. d. Fette, Öle, Wachse u. Harze **32**, 3/4 (1925).

[2] Wolff, H.: Farben-Ztg. **18**, Nr 22 (1912/13); Chem. Umschau a. d. Geb. d. Fette, Öle, Wachse u. Harze **21**, 113 (1913).

[3] Marcusson, J.: Ztschr. f. deutsche Öl- u. Fettind. **1923**, 163.

[4] Eine solche Reaktion bezeichnet man als Lichtisomerisation, weil sich unter dem Einfluß des Lichts die α-Säure in die isomere β-Säure umwandelt.

[5] Marcusson, J.: l. c. S. 162.

[6] Eibner, A.: Fette Öle. S. 274, 276. München 1922.

[7] Schmidt, W.: Farben-Ztg. **29**, 1261 (1923). — Wolff, H.: Chem. Umschau a. d. Geb. d. Fette, Öle, Wachse u. Harze **35**, 242 (1928).

[8] Eibner zieht sie in Chem. Umschau a. d. Geb. d. Fette, Öle, Wachse u. Harze **35**, 242 (1928) wieder in Diskussion.

Diese dünnen Schichten erhielt er durch Verdünnen des Holzöles vor dem Aufstrich mit Äther[1].

In letzter Zeit hat J. Scheiber[2] eine neue auf kolloid-chemischer

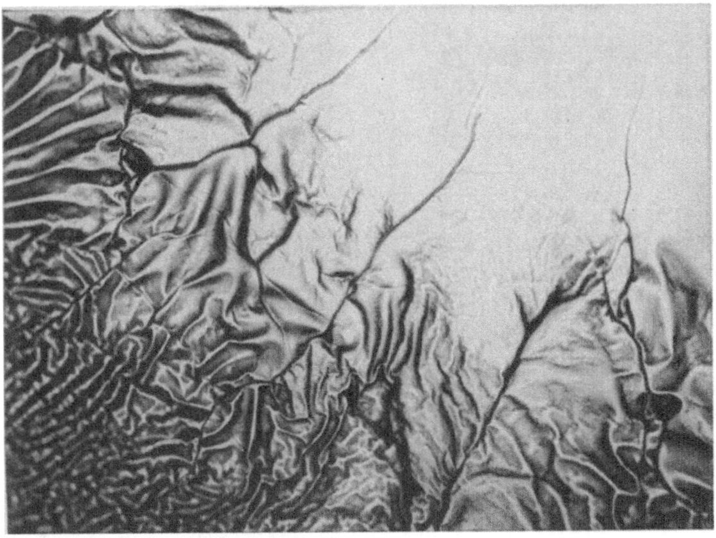

Abb. 24.[3] Faltenbildung bei einem Holzölaufstrich. Die Störungslinien sind keine Risse, sondern Einstülpungen.
(Blom, A. V.: Korrosion und Metallschutz, Sonderheft [1929] S. 48.)

Grundlage aufgebaute Erklärung der Eisblumenbildung gegeben. Er stellte auf synthetischem Wege ein Öl her, daß nach seinem chemischen Aufbau holzölartigen Charakter haben mußte, und tatsächlich zeigte dieses auch die Erscheinung der Eisblumenbildung. Nach seiner chemischen Natur war dieses neue Öl durch Licht nicht isomerisierbar, damit war die Isomerisationshypothese abgetan. Scheiber sagt dann weiter:

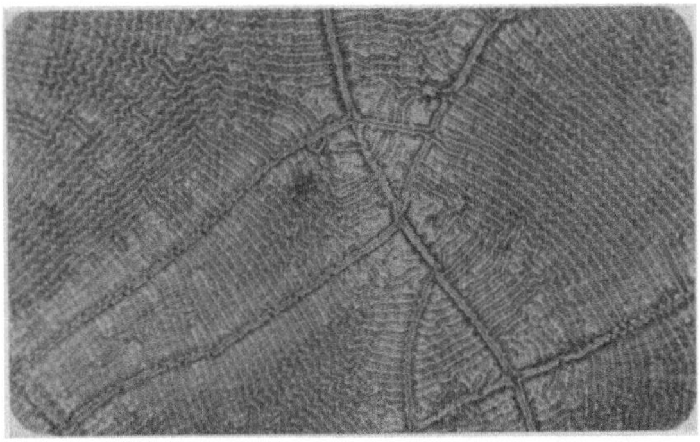

Abb. 25.[3] Holzöl (V. = 150).

[1] Fahrion, W.: Muspratts Chemie. Erg.-Bd. III/1, 487. Braunschweig 1915. Chem. Umschau a. d. Geb. d. Fette, Öle, Wachse u. Harze **17**, 2536 (1912).

[2] Scheiber, J.: Farbe u. Lack **1928**, 519/20.

[3] Die Abb. 24—26 wurden uns von Herrn Prof. J. Scheiber freundlichst überlassen.

„Was die Fältelungstheorie angeht, so ist sie zwar prinzipiell nicht unrichtig. Die Erscheinung geht aber auf ganz andere Ursachen zurück als Fahrion sich

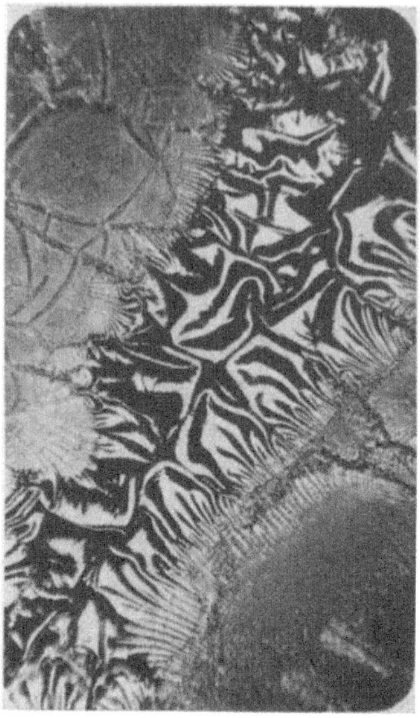

Abb. 27. Holzöl, wie vorher (V = 65).

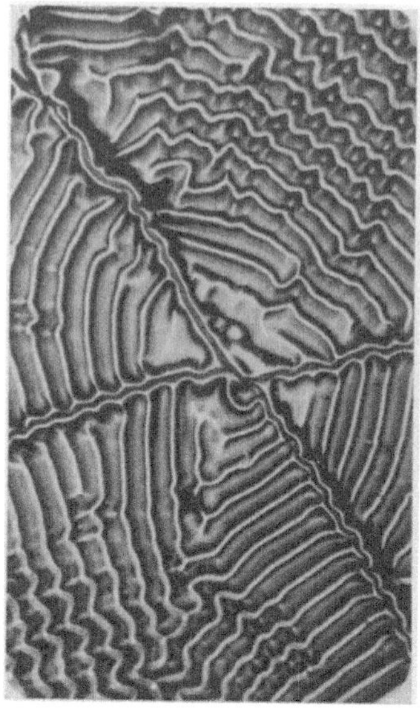

Abb. 29. Synthetisches Öl, Übergang in gröbere Falten (V = 150).

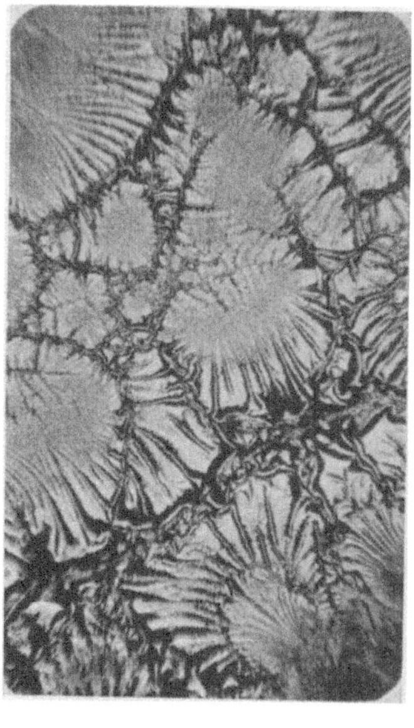

Abb. 26. Holzöl; Übergang feiner Runzeln in gröbere Falten (V = 65).

Abb. 28. Synthetisches Öl (V = 150).

vorstellen konnte. Es handelt sich nämlich um einen Vorgang, der bei Ölen vom Charakter des Holzöles unter bestimmten Voraussetzungen immer erfolgen muß. Die Filmbildung findet bei Ölen dieser Art, also auch bei dem neuen Öl, in der Weise statt, daß direkte Polymerisation der Glyzeridkomplexe unter dem Einfluß eines Autokatalysators erfolgt. Da sich ein solcher Autokatalysator an der Grenzfläche gegen Luft bevorzugt bilden wird und überdies auch dort die größte Unterstützung seiner Wirkung durch das Licht erfahren muß, so ist die oberflächliche Filmbildung ohne weiteres verständlich. Was nun weiterhin die Volumenveränderung der Haut angeht, für welche Fahrion keine Erklärung zu geben vermochte, so ist sie die einfache Folge der Ausbildung von Solvathüllen[1]. Solange für deren Schaffung das Öl der Oberfläche ausreicht, ist für irgendwelche Volumänderungen größeren Ausmaßes (außer einer geringen Kontraktion infolge der Polymerisationen) keine Veranlassung gegeben. Späterhin aber ändert sich das, weil bei zunehmender Anreicherung der dispersen Phasen das Öl für die Solvathüllen aus der Unterschicht herangezogen werden muß und überdies die solvatisierten Systeme größere Räume beanspruchen. Die notwendige Folge sind Flächenausdehnungen der Filmhaut bei Verringerung der Dicke der Gesamtschicht und im Hinblick auf die begrenzte Fläche des Aufstriches Fältelungen mehr oder weniger regelmäßiger Art, die zur Ausbildung der verschiedenartigsten Figuren führen können."

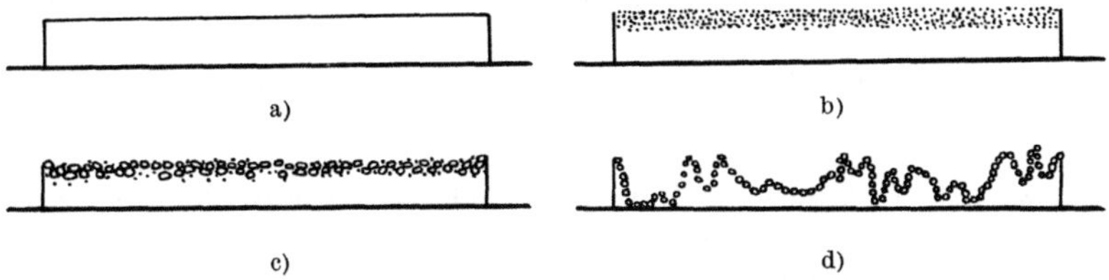

Abb. 30. Schema der Eisblumenbildung (Nach J. Scheiber).
a) Querschnitt durch den frischen Aufstrich. b) Der Anstrich nach Einsetzen der Polymerisation vor der Koagulation. c) Beginnende Koagulation und Auftreten solvatisierter Phasen. d) Gefältete Filmhaut bzw. Eisblumenfilm.

Durch Arbeiten von A. Eibner und Rossmann[2] wurde eine weitere Erkenntnis des Holzöltrocknungsvorganges vermittelt. Auch sie bekennen sich in ihrer letzten diesbezüglichen Arbeit dazu, daß die Figurenbildung beim Auftrocknen von Holzölanstrichen auf Faltenbildungen beruhe. In letzter Zeit ist dies besonders exakt von A. V. Blom[3] nachgewiesen worden.

H. Wolff[4] meint, daß man aus der Erscheinung, daß das Leinöl bei Erreichung des Gewichtsmaximums des Anstriches meist eben staubtrocken wird, während das Holzöl lange vor Erreichung des Gewichtsmaximums diesen Zustand erreicht, nicht unbedingt auf eine Verschiedenartigkeit der Trocknungsvorgänge schließen müsse.

---

[1] Man nimmt an, daß in einer Lösung die Ionen bzw. die Moleküle sich mit dem Lösungsmittel (durch physikalische Kräfte) locker vereinigen können. Diese Erscheinung bezeichnet man als Solvatation. Die Lösungsmittelhülle, mit welcher sich die Teilchen der gelösten Substanz umgeben, nennt man Solvathülle. Die gleiche Erscheinung tritt bei kolloiden Dispersionen auf.

[2] Eibner, A., u. L. Rossmann: Chem. Umschau a. d. Geb. d. Fette, Öle, Wachse u. Harze **35**, 241 (1928); **37**, 65 (1930).

[3] Blom, A. V.: Chem. Umschau a. d. Geb. d. Fette, Öle, Wachse u. Harze **36**, 229 (1929).

[4] Wolff, H.: Chem. Umschau a. d. Geb. d. Fette, Öle, Wachse u. Harze **35**, 313, 242 (1928). — Vgl. auch Eibner, A., u. H. Greth: Chem. Umschau a. d. Geb. d. Fette, Öle, Wachse u. Harze **35**, 97 (1928). Nur im Holzöl liegt schon eine ausgebildete disperse Phase vor, was vielleicht davon herrührt, daß durch das Anrösten der Nüsse (wie es in China üblich ist) das Öl bereits anoxydiert ist. Ob das ursprüngliche Öl schon ein zweiphasiges System sei, erscheint fraglich.

Das Auftreten der Eisblumen stand lange der Verwendung des Holzöles im Wege und erst seit 1912 hat man gelernt, glatt auftrocknende Holzölanstriche herzustellen. Die Runzelbildung bei rohem Holzöl läßt sich vermeiden, wenn man genügende Mengen bestimmter Sikkative oder altes (ranziges!) Terpentinöl oder negative Katalysatoren, als welche sich z. B. die Naphthole bewährt haben, zusetzt; oder man verwendet Holzöl- bzw. Holzöl-Leinölstandöl. Gewöhnlich wendet man in der Praxis kombinierte Methoden an.

Wenn man auch zur Zeit durch entsprechende Vorbehandlung des Holzöles (Standölkochung) praktisch glatt auftrocknende Anstrich- bzw. Lackfarben herstellen kann, so ist damit nicht ausgeschlossen, daß unter besonderen Bedingungen auch ein solches Produkt zu Figurenbildung (Runzeln, Holzölkrankheit) neigen kann. Welche Bedingungen bei Holzölstandölen diese Erscheinung besonders begünstigen, ist noch nicht bekannt.

Der von L. Auer[1] hervorgehobene günstige Einfluß feuchter Atmosphäre auf die Ausbildung glatter Holzölaufstriche dürfte auf die schon von F. Fritz[2] beobachtete Verzögerung der Filmbildung in feuchter Luft zurückzuführen sein. Inwieweit auch die Verminderung der Starrheit durch Quellung des Holzölfilmes eine Rolle spielt, sei dahingestellt[3].

Das Holzöl hat einen unangenehmen Geruch, den zu beseitigen man bis jetzt ohne Erfolg versucht hat. Das Öl wird als giftig angesehen und soll, wenn es in Wunden kommt, zu unangenehmen Eiterungen Anlaß geben.

Das Holzöl enthält etwa 75—80% Eläostearinsäure, fast ausschließlich in der α-Form, daneben noch schwankende Mengen von Ölsäure und gesättigten Fettsäuren. Die genaue Zusammensetzung ist noch nicht bekannt[4].

Die chemischen und physikalischen Daten sind in der auf S. 277 gegebenen Tabelle enthalten.

d) Firnisse.

Um die Trockendauer der trocknenden Öle abzukürzen, setzt man ihnen, wie schon weiter oben ausgeführt wurde, Katalysatoren zu, die man als Sikkative (Trockenstoffe) bezeichnet. Man bezeichnet als

α) Leinölfirnis

ein mit sauerstoffübertragenden Substanzen präpariertes Leinöl, welches an der Luft in dünner Schicht in längstens 24 Stunden trocknet (un-

---

[1] Auer, L.: Farben-Ztg. **31**, 1625 (1926).

[2] Fritz, F.: Chem. Umschau a. d. Geb. d. Fette, Öle, Wachse u. Harze **22**, 19, 60 (1915).

[3] Auch das Pigment übt einen Einfluß aus. So ergaben eigene Versuche, daß einer Bleiweißfarbe nicht viel mehr wie 5% des Ölgehaltes an rohem Holzöl zugesetzt werden konnten, ohne daß die „Holzölkrankheit" auftrat, während bei einer Farbe mit synthet. Eisenrot bis zu 30% zugesetzt werden konnten. Siehe auch S. 50.

[4] Eibner, A., O. Merz u. H. Munzert: Chem. Umschau a. d. Geb. d. Fette, Öle, Wachse u. Harze **31**, 69 (1924). — Bauer, K. H.: Chem. Umschau a. d. Geb. d. Fette, Öle, Wachse u. Harze **30**, 293ff. (1923).

behandeltes Leinöl trocknet in etwa 5—7 Tagen). Leinölfirnis soll nicht mehr als 2% Trockenstoff, bei Verwendung von harzsauren Verbindungen nicht mehr als 5% Trockenstoff enthalten.

Die Einverleibung des Trockenstoffes kann auf verschiedene Weise erfolgen.

1. Kalt bereitete Firnisse. Man setzt dem Leinöl gewöhnlich 2—5% leinölsaures oder harzsaures Blei, Blei-Mangan, Zink, Kobalt oder Zink und Kobalt, gelöst in Lackbenzin oder Terpentinöl (meist 1:1—1:1$^1/_2$) bei gewöhnlicher Temperatur zu. Solche Produkte, die man besser als sikkativierte Leinöle bezeichnen sollte, erhalten erst nach einigen Tagen ihre normale Trockenfähigkeit.

Vielfach bezeichnet man auch als kalt bereitete Firnisse solche, denen die oberwähnten Lösungen der Trockenstoffe bei Temperaturen von 150—200° C zugesetzt wurden, wobei sich die Temperatur nach dem verwendeten Sikkativ richtet.

Ob es vorteilhafter ist, harzsaure Verbindungen (Resinate) oder leinölsaure Verbindungen (Linoleate) anzuwenden, wäre dahingehend zu beantworten, daß es weniger auf die Komponente ankommt, mit der das Metall verbunden ist[1], als auf die ordnungsgemäße Herstellung der Sikkative. Einen Firnis deshalb verurteilen zu wollen, weil er durch das Resinatsikkativ harzhältig ist, wäre unsinnig. Wohl aber ist zu verlangen, daß der Harzgehalt nicht zu hoch wird, also die oben gegebenen Grenzen nicht überschreitet.

Was die Wahl der Sikkativmetalle betrifft, so nimmt man gewöhnlich für helle Farben Zink in Kombination mit Kobalt, oder eines der beiden allein. Kobaltsikkative wirken scheinbar bleichend auf Leinöl, denn dieses hat nach dem Zusatz eine hellere Farbe, wie vorher. Dies ist aber nicht etwa eine Bleichung wie eine Entfärbung mit Bleicherde (oder mit chemisch wirkenden Agenzien), sondern dieselbe Erscheinung wie beim Bläuen der Wäsche (Aufhellung der bräunlich gelben Eigenfarbe des Öles durch die Komplementärfarbe des [roten] Kobaltsalzes). Daß man für helle Firnisse an und für sich nur helle, also gebleichte Öle verwenden sollte, ist einleuchtend. Für dunkle Firnisse kann man Blei- oder Blei-Mangan-Sikkative verwenden. Schon an anderer Stelle wurde darauf verwiesen, daß für jedes Metalloxyd bzw. für jede Kombination ein Optimum der Zusatzmenge besteht und daß es keinen Sinn hat, mehr zu verwenden. Dazu ist selbstverständlich erforderlich, daß der Metallgehalt der Sikkative bekannt ist. Nur zu oft kann man beobachten, wie Anstreicher Sikkativlösung zur angeblichen Verbesserung der Trockenfähigkeit ihrer Farbe wahllos in den Farbtopf oder in das Leinöl gießen. Aus einer solchen Verbesserung wird nur zu leicht eine Verböserung.

Die günstigste Wirkung entfalten die Sikkative, wenn der Metallgehalt des Firnisses beträgt: Blei 0,5%, Mangan 0,25%, Kobalt 0,1%, Zink 0,15%. Es entspricht das bei ordnungsgemäß hergestellten

[1] Siehe dagegen Wolff, H.: Farben-Ztg. **32**, 1490 (1927), der Unterschiede in den Festigkeitseigenschaften zwischen mit Resinat bzw. Linoleat hergestellten Firnissen fand.

Sikkativen (Metall-Linoleate oder -Resinate) einer Menge von 2—4% Sikkativ, bezogen auf das Öl. Von Sikkativlösungen (flüssige Sikkative) ist selbstverständlich mehr zu nehmen; bei einer Lösung 1:1 also 4—10%.

2. Gekochte Firnisse[1]. Anstatt die Sikkative (Metallresinate, Metallinoleate) in einem Lösungsmittel gelöst zuzusetzen, kann man sie auch direkt im Öl lösen, muß aber dann stärker und länger erwärmen, wodurch man meist dunklere Firnisse erhält. Insbesondere gilt dies für jene Produkte, die nicht unter der Verwendung von Metall-Linoleaten oder -Resinaten, sondern unter unmittelbarer Verwendung von Metalloxyden oder anderen Metallsalzen hergestellt werden. Als solche verwendet man z. B. für Bleifirnisse Bleiglätte (PbO), die unter ständigem Rühren portionsweise bei etwa 260—280° C in das Öl eingetragen wird. Für Manganfirnisse verwendet man dann gefällten Braunstein (Manganoxydhydrat) usw. (Holländisches Verfahren. Siehe Anmkg. 1).

Die bei Firnissen öfters auftretenden Trübungen sind, wenn es sich nicht um Fehler bei der Herstellung handelt, oft auf Umsetzungen der Sikkativmetalle mit Bestandteilen des Leinöls zurückzuführen. So fand H. Wolff[2], daß die Ausscheidungen aus Bleisalzen gesättigter Säuren (Stearate) bestanden. Bei Firnissen der Industrie sind es vornehmlich Salze der Oxysäuren, die zur Ausscheidung gelangen. Die Resinate z. B. lösen sich nicht einfach im Öl, sondern es kommt zu Umsetzungen mit den Fettsäuren des Leinöls. Für das Auftreten von Trübungen ist manches Mal die Beschaffenheit des Öles, nicht die des Sikkatives maßgebend[3].

Die Farbe der Firnisse hängt einerseits vom Material des Kessels, in dem sie erhitzt (gekocht) wurden, ab (siehe diesbezüglich unter Standöl), andererseits von der Art der Herstellung (Temperatur) und vom verwendeten Öl. Die Farbe hat (abgesehen von übertriebenen Verfärbungen) keinen Einfluß auf die Haltbarkeit. Bei richtiger Herstellung ist es für den praktischen Erfolg ziemlich gleichgültig, ob der Firnis durch Lösen von Resinat oder Linoleat in der Wärme, oder aber unter Verwendung der Metalloxyde direkt bereitet wurde. Die oft geäußerte Ansicht, daß die Firnisse zu den Zeiten, wo sie noch ausschließlich mit Metalloxyden hergestellt wurden, besser gewesen seien, als die heute

[1] Vielfach werden im Handel auch sogenannte „Doppelt gekochte Firnisse" angeboten oder verlangt, wobei weder Erzeuger noch Abnehmer anzugeben wissen, was darunter gemeint werden soll. Am ehesten könnte man darunter noch nach dem alten holländischen Verfahren hergestellte Firnisse (Erhitzen von Metalloxyd mit Leinöl auf Temperaturen bis etwa 280° C) verstehen. Doch kann die Bezeichnung „doppelt gekocht" heute nicht als h. ü. Kennzeichnung einer bestimmten Herstellungsart bzw. Qualität angesehen werden.

[2] Wolff, H.: Farben-Ztg. **32**, 1490 (1927). — Siehe auch Wolff, H., u. Dorn: Farben-Ztg. **26**, 27 (1920). — Ragg, M.: Farben-Ztg. **20**, 209ff. (1914), führte Trübungen auf Bildung von basischen Blei-Mangandoppelsalzen zurück.

[3] Über den Einfluß der Feuchtigkeit auf diese Erscheinungen siehe: Wolff, H.: Farben-Ztg. **18**, Nr. 48 (1913); **31**, 29 (1925) und Wilborn, F.: Farben-Ztg. **30**, 2862 (1925). Letzterer fand auch, daß die Neigung zur Satzbildung in folgender Reihenfolge der Sikkativmetalle abnimmt: Blei, Mangan, Kobalt.

hergestellten, ist nicht ganz von der Hand zu weisen. Durch die mit den damaligen Verfahren verbundene längere Erhitzungsdauer werden Prozesse eingeleitet, wie man sie bei der Standölkochung absichtlich herbeiführt. Es ist also nicht ausgeschlossen, daß die Firnisse früherer Zeiten den Standölen (siehe diese) näher standen, woraus sich eine bessere Haltbarkeit der damit hergestellten Anstriche zwanglos erklären ließe.

β) Holzölfirnis.

Erst in neuerer Zeit ist es gelungen, Holzölfirnisse herzustellen, die runzelfrei auftrocknen. Wie schon bei der Besprechung des Holzöles angedeutet, wird dies dadurch erreicht, daß neben den Sikkativen noch negative Katalysatoren zugefügt werden, doch ist von einer ausgedehnteren Anwendung von Holzölfirnis bis heute wenig bekannt.

γ) Firnisersatzmittel.

Darüber ist hier nicht mehr zu sagen, als daß es bis heute keine zweckentsprechenden gibt, und daß man für die Rostschutzanstriche am besten die Hände davon läßt.

e) Das Standöl (Dicköl).

Nach van Hoek[1] wurde das Dicköl (Standöl) um 1830 von einem Anstreicher in Bennebroek in Holland erfunden, woher auch der ursprüngliche Name Bennebroeker Öl stammt. Der Name Standöl wurde 1856 von Hopman eingeführt. Ursprünglich stellte man es dadurch her, daß man Leinöl hoch erhitzte, dann in Brand setzte und durch Bedecken des Kessels löschte. Nach der derzeit geübten Methodik der Herstellung kann man als Standöle solche verdickte Öle kennzeichnen, die durch Erhitzen der Öle auf höhere Temperatur unter möglichstem Luftabschluß erhalten werden[2].

α) Das Leinölstandöl.

Die Erzeugung geschieht in großen Metallkesseln, die es gestatten, in einer Operation mehrere tausend Kilogramm zu verarbeiten. Da das Kesselmaterial Einfluß auf die Färbung des entstehenden Produktes hat und man meist lichte Standöle anstrebt, so werden eiserne oder kupferne Kessel nur noch für gewöhnliche Sorten verwendet (gleiches gilt für Firnis). Die modernen Kochkessel sind aus Aluminium, evtl. mit Kupferboden[3]. Sofern nicht Spezialapparaturen verwendet werden,

---

[1] van Hoek: Farben-Ztg. **17**, 1880 (1912).

[2] Standöle erhalten gewöhnlich keinen Zusatz von Sikkativen. Wird dieser gewünscht, so ist er besonders zu verlangen; solche Produkte werden dann als sikkativierte Standöle oder auch als „Leinölstandölfirnis" bzw. „Holzölstandölfirnis" bezeichnet. Wolff, H. (in Seeligmann-Zieke: Handbuch der Lack- und Firnisindustrie. 4. Aufl.. Berlin: Union Deutsche Verlagsges. 1930) unterscheidet zwischen „Standölen", die entweder aus Leinöl oder aus Holzöl hergestellt werden und „Dicköl", das aus einem Gemisch von Leinöl mit Holzöl hergestellt wird. Diese Bezeichnungsweise ist zumindest in Österreich nicht eingebürgert; man bezeichnet letztgenannte Produkte nicht nur hier, sondern meist auch anderwärts als Leinöl-Holzöl-Standöl.

[3] Fichandler, C.: Ind. and Engin. Chem. **17**, 478—80 (1925); C. (1925) II, 698, schlägt Monelmetall, weil dem Kupfer überlegen, vor.

müssen die Kessel zum mindesten mit Hauben versehen sein, da der Einfluß der Luft soweit als möglich ausgeschlossen werden soll. Durch einen Abzug sind die Dünste abzuleiten. Da immerhin die Gefahr einer Selbstentzündung der Dämpfe besteht, sofern sie mit Luft gemischt sind, ist die ganze Bedeckungsvorrichtung aus entsprechend starkem Material herzustellen. Die Kessel werden, da das Öl beim Erhitzen stark steigt, nur bis etwa $^1/_3$ gefüllt. Die Kontrollthermometer müssen daher bis knapp über den Boden reichen und sollen auch richtig anzeigen.

Die Herstellung des Standöles geschieht durch Erhitzen des Öles während mehrerer Stunden auf Temperaturen von 300—315° C. Das Anheizen muß langsam erfolgen und von 250° C an darf die Temperatur nur vorsichtig gesteigert werden, um das Einsetzen stürmischer Reaktion und damit verbundener rascher Temperatursteigerung hintanzuhalten. Wenn 300° C erreicht sind, wird gewöhnlich das Feuer gelöscht, bzw. wird, falls kleinere fahrbare Kessel verwendet werden, der Kessel vom Feuer abgefahren und nun der weitere Temperaturanstieg beobachtet. Falls die Temperatur zu rasch steigt, kann man durch Zugießen von kaltem, natürlich vollkommen wasserfreien Öl (wegen Überschäumens) abhelfen; im entgegengesetzten Falle ist mit rasch wärmegebendem Material nachzuheizen.

Zum Standölkochen darf nur gut abgelagertes oder entschleimtes Leinöl verwendet werden, da es sonst im Verlauf des Erhitzens zu Schleimabscheidungen kommt, die leicht anbrennen und das Öl dunkel färben können. Man verwendet daher vorzugsweise Lackleinöl (= raffiniertes Leinöl; siehe S. 270).

Beim Standölprozeß überzieht sich das Öl infolge Luftzutrittes zur Oberfläche allmählich mit einer dicken zähen Haut, die das darunterliegende Öl von der Luft abschließt. Diese Häute können in der Lack- oder Firnisfabrikation nicht verwendet werden und bilden eine Verlustquelle. Sie können zur Linoleum- oder zur Seifenerzeugung verbraucht werden. In modernen Apparaten setzt man daher das Öl beim Erhitzen (Kochen) unter eine Kohlensäureatmosphäre, wodurch die Hautbildung vermieden wird[1].

Je nach der Temperatur und der Zeitdauer des Erhitzens erhält man Öle von sehr verschiedenen Eigenschaften. Je höher die Zähflüssigkeit (Viskosität), desto länger ist die Trockendauer, desto widerstandsfähiger sind aber auch daraus hergestellte Anstriche.

A. Eibner[2] extrahiert nach einem geschützten Verfahren aus den Standölen „die niedrigstdisperse Standölphase", welche nach seinen Angaben bis zu 90% des Leinölstandöles ausmacht und erhält so Produkte, die er als „Standölextrakte" bezeichnet. Nach seinen Mitteilungen stellen diese Produkte Bindemittel dar, die alle bisher bekannten hinsichtlich Härte, Elastizität und Beständigkeit des An-

[1] Über Vorschläge zur Kontrolle der Standölbereitung durch Molekulargewichtsbestimmungen siehe: Scheiber, J., u. O. Nouvel: Ztschr. f. angew. Ch. **36**, 353 (1923). — Long, J. S., u. J. G. Small: Ind. and Engin. Chem. **17**, 138/41, (1925); C (1925) I.

[2] Siehe bezüglich der Standölextrakte auch: Eibner, A.: Das Öltrocknen, Berlin 1930.

striches übertreffen. Die Standölextrakte sollen von Th. Kollthoff, Köln-Raderthal, in den Handel kommen. Inwieweit die Praxis dieses Urteil bestätigen wird, ist noch abzuwarten.

β) Das Holzölstandöl.

Wie schon weiter vorne besprochen wurde, trocknen Anstriche aus rohem Holzöl gewöhnlich nicht glatt auf. Daher wird das Holzöl meist auf Standöl verkocht. Große Schwierigkeiten bereitete dabei die Eigenschaft des Holzöles, bei Temperaturen von 200—300° C zu gerinnen. Man kann das Holzöl daher nicht auf dieselbe einfache Weise wie das Leinöl durch bloßes Erhitzen zu Standöl verarbeiten. Unter Berücksichtigung der besonderen Eigenschaften des Holzöles lassen sich aber heute einwandfreie Standöle herstellen. Da die einzelnen Holzölsendungen nicht nur untereinander stark differieren, ja selbst die einzelnen Fässer einer Lieferung sind selten auch nur halbwegs gleich, so ist große Erfahrung und Sachkenntnis notwendig, um ein einwandfreies Produkt zu erzielen.

Als Mittel zur Ermöglichung der Standölbildung unter Vermeidung des Gerinnens hat man schon frühzeitig Zusatz von Harz, Leinöl u. a. erkannt. Aber auch ohne Zusätze gelingt die Standölkochung, wenn man in kleinen Mengen und evtl. in fahrbaren Kesseln arbeitet, deren Temperatur man leichter beherrschen und unterhalb der Gerinnungstemperatur halten kann.

Die Zahl der auf Vermeidung der Gerinnung bei der Holzölstandölkochung gerichteten Patente ist besonders groß, wenn sich auch die wenigsten als praktisch verwendbar erwiesen haben[1].

Die Regenerierung verdorbener Sude bereitet große, oft unüberwindliche Schwierigkeiten[2]. Die von Nägeli und Grüß[3] gezeigte Wirkung einer ätherischen Salzsäurelösung kommt selbstverständlich praktisch nicht in Betracht.

Wegen der Vorgänge, die sich bei der Standölbildung abspielen, wird auf S. 51 verwiesen.

2. Verschiedene andere Bindemittel.

Leinöl und Holzöl können bis heute noch als die souveränen Bindemittel im Rostschutzanstrich bezeichnet werden. Beide haben ihre Vor- und Nachteile. Leinölfirnis gibt Anstriche, deren verhältnismäßig große Wasserdurchlässigkeit wenig erwünscht ist. Leinölstandöl verhält sich in dieser Beziehung weit besser, wird aber wegen seines höheren Preises seltener verwendet als es angezeigt wäre. Holzöl wird wegen der Figurenbildung beim Trocknen fast ausschließlich nur als Standöl gebraucht. Wenn auch im allgemeinen seine Wetterbeständigkeit eine

1 Eine Zusammenstellung und Besprechung siehe: Seeligmann-Zieke: Handbuch der Lack- u. Firnisindustrie, S. 478, Berlin 1923; bzw. 4. Aufl., 1930, S. 381—84. — Scheiber, J.: Die Lacke und ihre Rohstoffe. S. 356. Leipzig 1926. — Krumbhaar: Farben-Ztg. **20**, 877ff. (1915). — Bürstenbinder, R.: Farben-Ztg. **23**, 243 (1917).

2 Fritz, F.: Farben-Ztg. **30**, 399 (1924).

3 Nägeli u. Grüß: Ztschr. f. angew. Ch. **39**, 13 (1926).

sehr gute ist, so kann es nur in Mischung mit Leinöl verwendet werden, was nicht nur durch seinen hohen Preis bedingt ist, sondern auch dadurch, daß Holzöl allein spröde Filme gibt; dies hat sich insbesondere im kalten Winter des Jahres 1928/29 gezeigt. Man soll deshalb im Holzölzusatz nicht zu hoch hinaufgehen. Ist mit Rücksicht auf die Figurenbildung ein Zusatz von über 33% des Ölanteiles des Bindemittels meist untunlich, so wäre mit Rücksicht auf die Geschmeidigkeit des Filmes der Zusatz nicht viel über 20% zu halten, wobei die Wetterbeständigkeit immer noch eine genügende Erhöhung erfährt.

Es war naheliegend, zu versuchen, durch Zusätze bzw. durch chemische Behandlung dem Leinöl Eigenschaften zu geben, die es hinsichtlich der Wetterbeständigkeit dem Holzöl gleichstellen, dabei sollten dessen Fehler und dessen hoher Preis vermieden werden.

Die Porosität des Firnisfilmes suchte man z. B. dadurch herabzudrücken, daß man harz- bzw. leinölsaure Tonerde in geringen Mengen (weniger Prozente) im Leinölfirnis kolloidal löste. Die Erwartungen, die man an die Verbesserung der Wetterbeständigkeit knüpfte, scheinen sich aber bei diesen Produkten („Imprexfirnis")[1], wenigstens für Eisenanstriche nicht erfüllt zu haben; doch haben sich diese Produkte als sogenannte Sparanstriche auf Holz und Mauerwerk bewährt. Durch den Zusatz von mit Leinöl quellbaren Tonerdesalzen (oder anderen ähnlich wirkenden) wird das Wegsaugen des Bindemittels aus der Farbe durch einen porösen Grund (wie Holz) verringert, da die kolloidal gelösten Tonerdeverbindungen (meist Stearate) die Poren des Grundes verstopfen. Man erhält so mit einem einmaligen Auftrag schon einen gut stehenden Anstrich, wo mit gewöhnlichem Firnis als Bindemittel zwei nötig sind; daher der Name Sparanstriche.

Durch Behandeln von Leinöl mit Chlorschwefel bei gewöhnlicher Temperatur, oder mit Schwefel in der Hitze, stellt man schon seit langem zähe elastische Massen, den weißen bzw. braunen Faktis, dar, die in der Kautschukindustrie als Füllstoffe verwendet werden. Man versuchte auch Lösungen von solchen geschwefelten Ölen in Leinöl bzw. Leinölfirnis als Sparanstriche zu verwenden, ohne damit ein brauchbares Ergebnis zu erzielen. Man ging dann einen Schritt weiter und erhielt durch Behandlung von Leinöl mit entsprechend bemessenen Zusätzen von Chlorschwefel, in geeigneten Lösungsmitteln gelöst (z. B. Benzin), dickflüssige Öle von standölartigem Charakter. Die Schwierigkeit lag nur in der Durchführung der Reaktion, da es nicht einfach war, die Einwirkung des Chlorschwefels im geeigneten Augenblick zu bremsen. Nach einem solchen besonderen Verfahren wird der „Faktorfirnis" hergestellt. War er ursprünglich nur als Sparanstrich gedacht, so erwies sich auch seine Verwendung im Rostschutzanstrich als möglich und vielleicht vorteilhaft. Die mechanischen Eigenschaften des Faktorfirnisfilms (siehe S. 31) übertreffen zum Teil die des Leinöl- und Leinöl-Holzöl-Standölfilms[2]. Einen weiteren Vorteil bringt die Verwendung

[1] Siehe Literaturzusammenstellung am Schlusse des Buches.

[2] Vgl. Salvaterra, H., u. H. Suida: Ztschr. f. angew. Ch. **43** (1930). — Bezüglich des Verhaltens gegen Wasser siehe: Stern, E.: Korrosion u. Metallschutz **5**, 53 (1929) Sonderheft.

des Faktorfirnisses mit sich: es ist nämlich möglich, schon einige Stunden nach dem ersten Anstrich mit einer Faktorfarbe den zweiten Anstrich aufzubringen, noch ehe der erste vollkommen trocken ist. Ein solches Vorgehen ist bekanntlich bei normalen Ölfarben oder Lacken streng verpönt. Inwieweit dieses „Naß-auf-Naß-Verfahren" bzw. die Verwendung der Faktorfirnisfarben, das hält, was man sich von ihnen verspricht, ist für Eisenanstriche noch unbeantwortet. Die Erfahrungen mit diesem Produkt sind kurz, die erzielten Ergebnisse noch widersprechend.

Hat bis in die jüngste Zeit die Verwendung von Kunstharzen in Rostschutzfarbenbindemitteln keine Rolle gespielt, so hört man jetzt von günstigen Versuchsergebnissen, die bei der Anwendung von „Glyptalen", in Öl (bzw. Firnis) gelöst, erzielt wurden (Mitteilung aus dem Rostschutzlaboratorium der I. G. Farbenindustrie, Werk Ürdingen). Die Glyptale sind in ihrem Aufbau den Fetten ähnlich. Diese sind Ester des Glyzerins mit Fettsäuren (siehe S. 38), jene sind gemischte Ester des Glyzerins mit Phthalsäure und Fettsäure von folgendem Typ:

Glyzerin < Fettsäure / Phthalsäure

Die Phthalsäure ist eine zweiwertige Säure, die sich vom Benzol ableitet und die aus Naphthalin (durch Oxydation) hergestellt wird. Die Glyptal-Bindemittel sollen sich durch eine ganz außerordentliche Haftfestigkeit (siehe S. 32) des Anstriches am Eisen auszeichnen und sollen sich, insbesondere mit Eisenoxyden als Pigment, ausgezeichnet bewährt haben. Die Verwendung der Glyptalfirnisse ist noch keinesfalls über das Versuchsstadium hinaus gelangt, so daß auch hier ein endgültiges Urteil aussteht.

A. Eibner[1] berichtet, daß aus Polivinylazetat-Harzen (vom Typus der Mowilithe der I. G. Farbenindustrie bzw. Vinnapase von Dr. A. Wacker) unter Verwendung von Standölextrakten (S. 66) Lacke erhalten werden, die ganz hervorragende Eigenschaften aufweisen. Auch hier steht das Urteil der Praxis noch aus. Die Herstellung dieser Kunstharze geschieht durch Polymerisation des Essigsäure- bzw. Monochloressigsäureesters des Vinylalkohols ($CH_2 = CH \cdot OH$) unter dem Einfluß des Sonnen- oder geeigneten künstlichen Lichts bei bestimmten Temperaturen (D. R. P. 281687, 290544, 291299).

C. Zelluloselacke.

Die ersten Zelluloselacke, die unter dem Namen Zaponlacke auf den Markt kamen, waren lediglich Lösungen von Zelluloid[2] in geeigneten Lösungsmitteln, vorwiegend Amylazetat (Birnäther). Ihr Anwendungsgebiet war zunächst ein beschränktes, vor allem wurden sie als transparente Metallacke (Vernierlacke) u. ä. verwendet. Innerhalb eines

[1] Eibner, A.: Das Öltrocknen, Berlin 1930.

[2] Zellulose-Salpetersäureester (Zellulosenitrate, „Nitrozellulose") durch kampferartige Stoffe gelatiniert und plastifiziert bezeichnet man als Zelluloid.

Zeitraumes von nicht ganz 40 Jahren sind auf diesem Gebiet ungeahnte Fortschritte gemacht worden, so daß die derzeitigen Zelluloselacke den Harzlacken ernstliche Konkurrenz machen. Solange man nur Lösungen von Nitrozellulose (Schießbaumwolle) oder Azetylzellulose mit entsprechenden Plastifizierungs- und Weichmachungsmitteln verwendete, war an eine ausgedehntere Anwendung nicht zu denken, da die erhältlichen Filme dünn waren und zu wenig Körper hatten. In letzter Zeit hat sich das Bild ganz geändert, die modernen Nitrolacke[1] enthalten nicht nur Nitrozellulose als filmbildenden Bestandteil, sondern auch Harze.

Obzwar Azetylzelluloselacke leichter dickere Lackschichten erzielen lassen, da man sie hochprozentiger herstellen kann, weil die Lösungen der Azetylzellulose im Vergleich mit Nitrozellulose weniger viskos sind, finden sie doch in der Anstrichtechnik wegen ihres höheren Preises wenig Verwendung. Nur dort, wo man sie wegen ihrer Flammensicherheit, die praktisch vollständig zu erreichen ist, benötigt, werden sie ausschließlich verwendet (Flugzeugbau u. ä.). Durch die Einverleibung der Harze in die Nitrolacke gelang es erst Anstriche mit entsprechender Filmdicke und genügender Haftfestigkeit herzustellen.

Ein solcher Lack enthält neben Wolle (wie man kurz für Nitrozellulose sagt) und Harz Lösungsmittel für beide Bestandteile; als solche kommen unter vielen anderen in Betracht: Ester für sich oder in Mischungen mit anderen Lösungs- und Verdünnungsmitteln, z. B. Gemische aus Azeton-Butylazetat für Wolle, Xylol, Toluol, Butylalkohol u. a. für die Harze. Würde man solche Lacke ohne weitere Zusätze aufbringen, so bekäme man fast immer Filme, die wegen mangelnder Geschmeidigkeit bald reißen würden. Man muß daher noch Weichmachungsmittel zusetzen, z. B. Trikresylphosphat, Diäthylphthalat (Palatinol), die meist unter Phantasienamen im Handel sind[2]. Die Weichmachungsmittel müssen entweder hochsiedende Flüssigkeiten oder niedrigschmelzende feste Körper sein, die möglichst langsam verdampfen, damit ihre Wirkung im Film lang erhalten bleibt, weshalb Kampfer nicht in Frage kommt. Die Lacke müssen auf den ihrer Verwendung angepaßten Flüssigkeitsgrad eingestellt werden, da zum Streichen andere Viskosität erforderlich ist, als etwa zum Spritzen oder Tauchen. Um an den teuren Lösungsmitteln zu sparen, verwendet man sogenannte Verdünner, nämlich Benzin, Benzol, Toluol u. a. Kohlenwasserstoffe. Ihr Zweck ist, das Auftragen zu ermöglichen; da sie Nichtlösungsmittel für Wolle sind, sollen sie nach dem Spritzen (Streichen usw.) baldigst verdunsten, weil sie für die einsetzende Filmbildung keineswegs von Vorteil sind.

Die Filmbildung der Wollelacke ist durchaus kein einfacher Prozeß. Wohl spielen sich keine rein chemischen Reaktionen, wie etwa bei der Leinöltrocknung ab, aber es erfolgen Zustandsänderungen kolloider Natur, auf welche Art und Zusammensetzung des Lösungsmittels und Verdünners von großem Einfluß sind. Die Hauptmenge des Lösungsmittels verdunstet bald, ein gewisser Rest braucht aber verhältnismäßig lange Zeit bis zum völligen Entweichen aus dem Film. Die Ursache ist darin zu sehen, daß die letzten Lösungsmittelanteile solvatisiert[3] bleiben.

[1] Siehe auch: Bianchi-Weihe, Celluloseesterlacke, Berlin. Julius Springer: 1931

[2] Vgl. S. 31, Anm. 3 über Weichmachungsmittel.

[3] Siehe S. 61 das über Solvathüllen Gesagte.

Jedenfalls ist bei der Auswahl der Lösungsmittel und Verdünnungsmittel darauf Rücksicht zu nehmen, daß mit fortschreitender Verdunstung die im Film zurückbleibenden Anteile ein genügendes Lösungsvermögen haben, damit es nicht zu Wolleausscheidungen und damit zu Trübungen kommt[1].

Auch hinsichtlich der Verdunstungsgeschwindigkeit der Verdünnungsmittel sind gewisse Vorsichtsmaßregeln am Platz, damit nicht Feuchtigkeitstrübungen entstehen. Die Ursache solcher Trübungen ist eine durch Wasseraufnahme hervorgerufene Fällung der Nitrozellulose. Die rasche Verdunstung niedrigsiedender Lösungsmittel verursacht Abkühlung der den Film umgebenden Luft. Die Luft enthält aber stets Wasserdampf, und zwar richtet sich der Sättigungsgrad nach der Temperatur, d. h. je kälter die Luft ist, desto weniger Wasser vermag sie in Dampfform zu erhalten. Wenn warme Luft abgekühlt wird, so kann Abscheidung von Wasser in Tröpfchenform erfolgen; das Wasser, welches sich auf dem werdenden Film niederschlägt und in diesen eindringt, wirkt in solchen Nitrozelluloselösungen koagulierend. Deshalb ist die Mitverwendung langsamer verdunstender Lösungsmittel und solcher Lösungsmittel, welche eine gewisse Menge Wasser aufzunehmen vermögen, ohne daß es zu Abscheidungen von Wolle kommt, notwendig. Insbesondere höhere Alkohole haben sich in diesem Sinne bewährt (Butanol).

Bei der Auswahl der Lösungs- und Verdünnungsmittel sind auch noch andere Umstände zu berücksichtigen. Vor allem dürfen sie sich beim Auftrocknen nicht chemisch verändern, z. B. Säure abspalten, die nicht nur die Zersetzung der Nitrozellulose beschleunigen würde, sondern auch das gestrichene Material oder das Pigment angreifen könnte. Weiter soll der Lack auch einen guten Verlauf (Verfließen) zeigen, was insbesondere durch die höher siedenden Lösungs- und Verdünnungsmittel erreicht wird. Die verwendeten Lösungs- und Verdünnungsmittel sollen weitgehend wasserfrei sein.

Alle Lacke, die auf Zellulosebasis aufgebaut sind, haben außer ihren vielen guten Eigenschaften, wie praktische Unquellbarkeit, Undurchlässigkeit, Unangreifbarkeit durch die meisten chemischen Reagenzien, den Nachteil, daß sie lichtempfindlich und auch frostempfindlich sind (nach H. Wolff und W. Toeldte, Heft 3 der Mitteilungen des Ausschusses für Anstrichtechnik, VDI-Verlag [1930] sind sie nicht frostempfindlicher als Harzlacke).

Die Lichtempfindlichkeit kann durch Zusatz von Pigmenten herabgesetzt werden. Da es insbesondere die ultravioletten Strahlen sind, die den Zerfall der Nitrozellulose beschleunigen, so bewähren sich hier solche Pigmente am besten, deren Lichtabsorptionsvermögen weit in diesen Teil des Spektrums reicht, wie die Zinkpigmente. Die Wahl der Pigmente wird auch noch von anderen Umständen beeinflußt. Nitrolacke können nicht so viel Pigment aufnehmen als Öllacke, und es sind daher Pigmente mit möglichst ausgiebigem Färbevermögen anzuwenden.

[1] Aus ähnlichen Ursachen können auch Harztrübungen entstehen, wenn das zurückbleibende Lösungsmittel das Harz nicht mehr in Lösung zu erhalten vermag.

Ferner sind chemische Inaktivität gegen Nitrozellulose und Harze, Korngröße und verschiedenes andere mehr zu berücksichtigen.

Die Zelluloselacke werden hauptsächlich durch Spritzen aufgetragen. Die Herstellung gut streichbarer Lacke gelingt zwar bei richtiger Auswahl der Komponenten und Anwendung entsprechend hochsiedender Lösungsmittel ohne weiteres, aber beim zweiten Strich wirken die Lösungsmittel und Verdünnungsmittel auf den ersten schon trockenen Anstrich wieder lösend ein, und das Resultat ist ein unegaler, rauher Anstrich. Beim Spritzen macht dies nichts aus, da die mechanische Bearbeitung durch den Pinsel wegfällt; im Gegenteil ein gewisses Erweichen des Grundanstriches ist erwünscht, damit sich die einzelnen Schichten gut verbinden. Man hat durch verschiedene Mittel versucht, den Schwierigkeiten bei den Streichlacken abzuhelfen. Als solche werden erwähnt[1]:

1. Starkes Übergewicht des Harzes gegenüber der Nitrozellulose, wobei versucht wird, die Lösungs- und Verdünnungsmittel so zu bemessen, daß sich das Harz in der Mischung nicht leicht löst, damit dann der trockene Überzug gegen die Reibwirkung des Pinsels widerstandsfähiger ist. Andererseits wird aber behauptet, daß zu hoher Harzgehalt die Haltbarkeit des Films herabsetzt[2].

2. Das gleiche sucht man auch durch möglichst hohen Pigmentgehalt zu erreichen.

3. Durch eine derartige Bemessung der Lösungs- und Verdünnungsmittel, daß der Lack auch ohne Zusatz der die Verdunstung verlangsamenden hochsiedenden Flüssigkeiten nicht trübe wird und gut fließt, so daß Pinselspuren verlaufen, ehe der Lack trocken wird.

Auch das Pigment bereitet bei Streichlacken Schwierigkeiten, weil die Wollelacke die Pigmente nicht so gut in Schwebe halten als Ölfarben oder Öllacke. Beim Spritzen macht dies weniger aus, einerseits wegen der durch die Spritztechnik bedingten Schulung des Personals, anderseits weil Spritzvorrichtungen auch mit Rührwerken ausgestattet werden können. Beim Streichen wird aber das rasche Absitzen leicht übersehen und das nötige häufige Umrühren versäumt.

Das Anwendungsgebiet der Wollelacke im Eisenschutz ist unsicher[3] und nicht genügend erprobt. Es ist zweifelhaft, ob auf dem Wege der Nitroharzlacke (noch weniger der reinen Wollelacke) unter ausschließlicher Verwendung flüchtiger Lösungsmittel hier ein Erfolg zu erzielen sein wird. J. Scheiber[4] meint, daß Verwendung der Kombinationslacke, die aus Zellulose- und Ölharzlacken aufgebaut sind, wobei die flüchtigen Komponenten nur die Rolle der Verdünnungsmittel, wie bei der Öltechnik spielen, mehr Aussicht für haltbare Außenanstriche im

[1] „Butanol in Lacquers", Broschüre der Commercial Solvents Corporation, New York. Ref. in Farbe u. Lack **1927**, 101ff.

[2] Wilson, W. C.: Paint, Oil and Chem. Rev. **83**, Nr. 22; Farben-Ztg. **32**, 2370 (1926/27).

[3] Wolff, H., u. Toeldte: Vergleichende Untersuchungen an Nitro- und Harzlacken. VDI-Verlag 1930.

[4] Scheiber, J.: Farbe u. Lack **1928**, 26.

Bauwesen hat. Insbesondere von P. Jaeger[1] wurde ein Weg beschritten, der die ölfreien Lacke und die Ölfarben bzw. Öllacke nebeneinander zu verwenden gestattet.

Nitrozellulose wird durch Behandeln einer entsprechend gereinigten Zellulose[2] mit einem Gemisch von Salpetersäure und Schwefelsäure, der sog. Mischsäure bei niederer Temperatur (etwa 40° C) hergestellt. Nach wiederholtem Waschen und Abschleudern wird das verbleibende Wasser durch Alkohol verdrängt, und die Nitrozellulose gelangt noch spritfeucht in den Handel. Die Nitrozellulose ist ein Salpetersäureester der Zellulose. Je nach den Arbeitsbedingungen wechselt der Nitrierungsgrad der Nitrozellulose, eine vollständige Veresterung aller alkoholischen Gruppen der Zellulose, entsprechend einem Trinitrat wird nicht erreicht.

Die Löslichkeit der Nitrozellulose hängt von den Reaktionsbedingungen bei der Herstellung ab, außerdem auch von der Zahl der eingetretenen Salpetersäurereste. Die Nitrozellulosen sind Molekülkolloide[3] und liefern entsprechend ihrer Kolloidnatur sehr viskose Lösungen. Man kann aber mit einer hochviskosen Zelluloselösung nur dünne Filme erzielen wegen der geringen Konzentration der Lösungen, da man nur so viel lösen darf, daß die Lacke noch verarbeitbar bleiben. Deshalb war es das Bestreben der Industrie, Nitrowollen herzustellen, welche möglichst dünnflüssige Lösungen ergeben, so daß man die Konzentration erhöhen konnte, was zu dickeren Anstrichfilmen führte. Die Wollen werden meist nach ihrem Viskositätsgrad gehandelt, der so bestimmt wird, daß man eine Lösung bestimmter Konzentration in ein Glasrohr einfüllt und bei bestimmter Temperatur eine Kugel normierter Größe durchfallen läßt. Die Zeit, in der die Kugel einen bestimmten Weg zurücklegt, gibt ein Maß für die Zähflüssigkeit. Es gelangen Zellulosen mit einer Viskosität von Bruchteilen einer Sekunde bis 300 Sekunden in den Handel. Die niederviskosen Wollen finden für moderne Lacke vom Typus Wolle—Harz—flüchtiges Lösungsmittel Verwendung. Das auch zur Verwendung gelangende Zelluloid[4] sollte für Außenanstrichlacke vermieden werden, da es sich hier immer um Abfallzelluloid handelt, dessen Zusammensetzung naturgemäß stark schwankt. Außer dem Salpetersäureester wird in weitergehendem Maße nur noch der Essigsäureester der Zellulose, die Azetylzellulose[5], lack-

---

[1] Jaeger, P.: Neue ölfreie Grundiertechnik, 5. Aufl.; Das Problem der Leinöltechnik und seine natürliche Lösung; beide Verlag d. Forschungs- und Lehrinstitut für Anstrichtechnik, Feuerbach.

[2] In der Regel gebleichte Baumwolle (Linters).

[3] Siehe S. 7, Anm. 1.

[4] Zelluloid wird aus Nitrozellulose bestimmten Nitrierungsgrades durch Zusammenkneten mit Plastifizierungsmitteln hergestellt. Als solches diente ursprünglich Kampfer; da dieser aber aus der festen Lösung, die er mit der Nitrozellulose bildet, allmählich verdunstet, wird er heute mindestens zum Teil durch andere Präparate ersetzt, wodurch auch die Feuergefährlichkeit etwas herabgesetzt wurde, allerdings mit einer gewissen Einbuße an Qualität.

[5] Azetylzellulose wird aus Zellulose (gebleichte Baumwollinters), Essigsäureanhydrid und Essigsäure in Gegenwart von wenig konzentrierter Schwefelsäure bei Temperaturen von unter 30° C hergestellt. Sie dient zur Herstellung von Azetat-

technisch verwendet. Andere Ester sind bekannt, aber industriell nicht von Bedeutung.

Die spritfeuchte Nitrozellulose löst sich verhältnismäßig leicht in den gebräuchlichen Lösungsmitteln. Meist wird dies so durchgeführt, daß die Lösungsmittel portionenweise unter ständigem Rühren evtl. Erwärmen zugegeben werden. Wegen Verfärbung dürfen die Lösegefäße, wie überhaupt alle Gefäße, in denen Wollelacke behandelt oder aufbewahrt werden, nicht aus blankem Eisen sein. Man verwendet daher Emailleapparaturen bzw. verzinnte Kannen. Nach beendigter Lösung wird durch Absitzen und Schleudern (Sharpless Superzentrifuge) geklärt; falls Harze zugesetzt werden sollen, werden deren Lösungen vorher zugemischt. Pigmentierte Lacke (Zelluloseemaillen) werden hergestellt, indem man das Pigment vorher mit hochsiedenden Lösungs- oder Weichmachungsmitteln anreibt, und das angeriebene Pigment dann mit dem Lack auf Walzenstühlen oder Kugelmühlen verreibt (siehe S. 147ff.).

Hinzuweisen ist auf die besondere Feuergefährlichkeit der Nitrolacke. Die Dämpfe der meisten verwendeten Lösungs- und Verdünnungsmittel bilden mit Luft explosible Gemenge; es ist daher beim Hantieren mit diesen Lacken größte Vorsicht am Platze. Die Entflammbarkeit der fertigen Anstriche hat man durch Zusatz geeigneter Weichmachungsmittel schon so weit herabgesetzt, daß man von einer ausgesprochenen Feuergefährlichkeit der Lackierung nicht mehr reden kann; schließlich brennt ein Ölfarbenanstrich ja auch ab. Die Azetylzelluloselacke können in gewissem Sinne sogar als Flammenschutzmittel bezeichnet werden.

D. Bituminöse Lacke.

Diese meist kurzweg als „Asphaltlacke“ bezeichneten Produkte werden entweder aus Naturasphalten, Erdölasphalten oder aus Teer- und Erdölpechen (Steinkohlenteerpech, Petrolpech, Braunkohlenteerpech)[1] oder Fettpechen (Stearinpech) hergestellt. Im einfachsten Falle sind sie Auflösungen dieser (meist durch Erhitzen auf höhere Temperaturen [300° C] von Wasser und flüchtigen Bestandteilen befreiten) Stoffe in flüchtigen Lösungsmitteln (Benzole, Azetonöle, Benzin u. ä.)[2]. Zur Unschädlichmachung etwa vorhandener saurer Bestandteile erfolgen auch Zusätze von Kalkhydrat (gelöschter Kalk) in Mengen von 2—4%. Von Pechen wird vorzugsweise Steinkohlenteerpech verwendet. Zur Erhöhung der Geschmeidigkeit werden bei diesen billigen Produkten auch geringe Mengen Leinölfirnis (einige %) zugesetzt oder man micht dem verwendeten Teerpech etwas Petrolpech

---

seide (edelste Kunstseidenart), zur Herstellung von photographischen Filmen (Zellitfilm), zu unzerbrechlichem Glas (Zellonscheiben) und für Zellonlacke. Außer den genannten Estern der Zellulose kommen in sehr beschränktem Maße auch Äther der Zellulose für Lacke in Verwendung.

[1] Vgl. Önorm c 9201 bezüglich der Nomenklatur.

[2] Die vielfach verwendeten (sehr billigen) schwarzen Eisenlacke sind meist nur Lösungen von Steinkohlenteerpech in einem flüchtigen Lösungsmittel.

entsprechenden Weichheitsgrades zu (für hochwertige Produkte wird Stearinpech mitverwendet, das außerordentlich geschmeidige Lacke ergibt, so daß sich der Zusatz anderer Mittel zur Geschmeidigkeitserhöhung größtenteils erübrigt).

Unter Mitverwendung von trocknenden fetten Ölen bzw. fetten Lacken (Kopallack) stellt man auch fette Asphaltlacke her.

Die mageren Asphaltlacke (das sind jene, bei deren Herstellung trocknende Öle nicht in nennenswerter Menge verwendet wurden) ergeben Anstriche, welche sich durch ihre Beständigkeit gegen Feuchtigkeit, Säuren und selbst verdünnte Laugen auszeichnen. Dagegen sind sie mehr oder minder lichtempfindlich. Dem direkten Sonnenlicht ausgesetzt werden sie oft in kurzer Zeit spröde und blättern dann ab bzw. es entstehen Risse und Sprünge im Anstrich. Diese Eigenschaft, sowie die schwarze Farbe verhindern eine allgemeine Verwendung. In Innenräumen bewähren sie sich oft dort recht gut, wo infolge der herrschenden Verhältnisse (starke Kondenswasserbildung, saure Gase und Dämpfe usw.) Ölanstriche nicht am Platze sind[1].

Je mehr Öl ein Asphaltlack enthält (je fetter er ist), desto mehr nähern sich seine Eigenschaften denen der Öllacke.

Zum Schutz unterirdisch verlegter eiserner Rohre und Konstruktionsbestandteile sind Asphalt- und Pechlacke vorzüglich geeignet. Hochwertige Produkte, insbesondere die unter Mitverwendung von Stearinpech hergestellten, werden vielfach als Schutzlacke für kleine Maschinenteile (Schreibmaschinenrahmen, Fahrradrahmen usw.) verwendet. Für solche Speziallacke, die meist im Ofen getrocknet werden, kommt Asphalt auch als Pigment in Betracht, indem er ofentrocknenden Öllacken (Blaulacken) zugesetzt wird.

In den letzten Jahren sind auch bunte und selbst weiße Asphaltlacke in den Handel gekommen. Daß in diesen Produkten nicht viel Asphalt enthalten sein kann (zur Deckung und Aufhellung der schwarzen Eigenfarbe ist der Zusatz verhältnismäßig großer Mengen von Pigmenten, eventuell unter Mitverwendung von Öllacken nötig), ist ziemlich naheliegend. Dementsprechend ist meist auch ihre Wasserfestigkeit, Säurebeständigkeit nicht anders als bei Öllacken.

Der manchmal empfohlene rohe Steinkohlenteer ist infolge der darin enthaltenen sauren Bestandteile (Karbolsäure) zum Anstrich von Eisen nicht geeignet.

IV. Pigmente.

A. Allgemeines.

Wie bereits dargelegt wurde, bieten Anstriche aus Leinöl oder Firnis allein keinen genügenden Rostschutz, wohl aber vermögen innige Mischungen mit Pigmenten (Anstrichfarben) bei geeigneter Auswahl der

[1] Aber auch unter diesen Verhältnissen sind sie mit Vorsicht zu verwenden. Dem einen von uns ist ein Fall bekannt, wo durch Abblättern des Lackes von den gestrichenen Wasser- und Gasleitungen einer Färberei großer Schaden entstand. Die oft unsichtbar kleinen Lacksplitterchen fielen in die Färbegefäße, wo sie erweichten und am Färbegut haften blieben, das dadurch zum Teil unverkäuflich wurde.

Pigmente einen solchen auszuüben. Schon ein kleiner Versuch vermag anschaulich zu machen, welchen Einfluß das Pigment auf das Verhalten der Anstrichfarbe z. B. gegenüber Wasser ausübt.

Wenn man in einen kleinen Glaszylinder etwas Pfeifenton mit einer Mischung von Wasser und Leinöl schüttelt und dann einige Zeit absitzen läßt, so sieht man, daß der Pfeifenton vorwiegend in der Wasserschicht verbleibt. Wiederholt man diesen Versuch mit Graphit an Stelle von Ton, so bemerkt man das Gegenteil, der Graphit hat sich im Öl angesammelt[1]. Graphit ist von Öl viel leichter benetzbar als von Wasser, Pfeifenton leichter von Wasser, was mit der verschieden großen Oberflächenspannung der beiden benetzenden Flüssigkeiten gegenüber festen Körpern zusammenhängt. Je geringer die Oberflächenspannung einer Flüssigkeit gegen einen Körper ist, desto leichter wird er von ihr benetzt. Dieses verschiedene Verhalten der beiden Substanzen, Graphit und Ton, äußert sich auch im Anstrichfilm, indem Graphit enthaltende Anstriche relativ gut wasserbeständig sind, gegenüber Ton enthaltenden. Ein Beispiel solcher auswählender Benetzbarkeit bietet auch das Bleiweiß. Selbst nasses Bleiweiß läßt sich ohne weiteres mit Öl zu einer Paste anreiben, da es so leicht von diesem benetzt wird, daß das Wasser vollkommen aus ihm durch das Öl verdrängt wird.

Eine andere Erscheinung, die den Einfluß der Pigmente zeigt, ist folgende: Reibt man Zinkweiß mit einem Standöl zu einer streichfertigen Farbe an, so findet man, daß nach dem Umrühren mit dem Rührscheit oder Pinsel die Farbe weit weniger Widerstand leistet, als das Standöl allein. Trotzdem läuft Standöl auf einer senkrechten Fläche aufgestrichen zum Teil ab, während die Anstrichfarbe stehen bleibt. Die angeriebene Farbe wird unter dem verhältnismäßig hohen Druck des Rührscheits leicht beweglich, während die Beweglichkeit (Fließvermögen, Viskosität) des Standöles ziemlich unabhängig vom Druck ist[2]. Diese Erscheinung der Abhängigkeit des Fließvermögens von dem auf eine Flüssigkeit ausgeübten Druck ist charakteristisch für „plastische Flüssigkeiten".

Eine Zinkweiß-Ölfarbe ist eine typische plastische Flüssigkeit. Man nimmt an, daß sich in einer solchen Zinkweißfarbe, welche aus einer Dispersion feiner, fester Teilchen in einer flüssigen Phase (Öl) besteht, die festen Teilchen gegenseitig beeinflussen und sich zu räumlichen Gebilden anordnen (Raumgitter) und daß diese Raumstruktur ihrer Zerstörung einen gewissen Widerstand entgegensetzt[3]. Jene Kraft, die nötig ist, um diesen Widerstand zu überwinden, bezeichnet man als „Mindestwert" oder „Yield value" (über ihre Bestimmung siehe S. 244). Mit dem plastischen Zustand hängt auch zusammen, daß Anstrichfarben, die nach längerem Lagern konsistenter geworden sind, nach Durchlaufen durch eine Farbmühle wieder dünnflüssig werden (durch das Wiedervermahlen wurden die ausgebildeten Raumgitter zerstört).

[1] de Wache, A.: J. of Soc. of Dyers and Colourists **43**, Nr 2; Farben-Ztg. **32**, 1617 (1927).

[2] Davidsohn, B.: Paint, Oil and Chem. Rev. **1925**, 10, Nr 25.

[3] van Hoek, C. P.: Farben-Ztg. **33**, 2789 (1928).

Diese beispielsweise herausgehobenen Erscheinungen zeigen, daß die Pigmente bestimmte physikalische Wirkungen in der angeriebenen Farbe hervorbringen können. Dazu kommt, daß Bindemittel und Pigment auch chemisch miteinander reagieren können. Es ist daher berechtigt und für die Erreichung des bestmöglichen Eisenschutzes notwendig, daß man sich zunächst über die wichtigsten physikalischen und chemischen Eigenschaften der Pigmente im allgemeinen und ihren Einfluß auf das Verhalten des Anstriches klar wird, bevor man sich mit den in Betracht kommenden Pigmenten selbst befaßt.

Von physikalischen Eigenschaften sind zu betrachten: Teilchengröße, Gestalt der Teilchen, Ölverbrauch, Verhalten beim Absetzen (Sedimentation), Ausgiebigkeit und Deckvermögen, Einfluß auf die Trockenzeit des Anstriches.

Körperfarben[1] bestehen aus Teilchen von sehr kleinen Dimensionen. Kühn[2] gibt in einer Arbeit ein anschauliches Bild von den hier auftretenden Größenverhältnissen: „1 g Flammruß vom spezifischen Gewicht 1,57 enthält 960 Milliarden Teilchen. Ein Durchschnittsteilchen wiegt also 0,000 000 000 001 04 g, hat ein Volumen von 0,66 μ^3, als Kugel gedacht einen Durchmesser von 1,08 μ und besteht doch noch aus 26 Milliarden Molekülen Kohlenstoff. Könnte man die Teilchen von 1 g Flammruß wie Perlen an eine Schnur reihen, so ergäbe das eine Perlenschnur von 1040 km Länge, das ist die ungefähre Entfernung von Wien nach Berlin und zurück[3]." Die Teilchengröße ist innerhalb gewisser Grenzen von großem Einfluß auf die Verarbeitbarkeit der Anstrichfarbe und das Verhalten des Anstriches. R. Job[4] war einer der ersten, die sich mit dem Problem der Teilchengröße überhaupt befaßten. R. S. Perry[5] zog einen Vergleich zwischen einer Anstrichschicht und Beton. Das Bindemittel entspräche dem Zement und das Pigment dem Sand. Wie Beton seine besten Festigkeitseigenschaften erlangt, wenn der Sand die richtigen Körnungsverhältnisse hat, wenn also nach Thompson und Taylor[6] drei verschiedene Korngrößen des Sandes vorliegen, so leitete Perry ähnliches auch für das Teilchengrößenverhältnis der Pigmente im Anstrich ab. Diese Theorie wurde von verschiedenen amerikanischen Farbtechnologen übernommen und ihr verdankten die sogenannten Kombinationsfarben (combination paints) ihre Entstehung, bei denen Pigmente in verschiedenen Teilchengrößen verwendet oder feinkörnigen Pigmenten grobkörnige zugesetzt wurden. Es ist aber durchaus nicht berechtigt, den Schluß vom Beton auf die Anstrichfarbe so ohne weiteres zu ziehen, wenn auch derzeit der Standpunkt, daß heterodisperse Pigmente vorteilhafter sind, vertreten werden kann. Nach A. V. Blom[7] ist als obere

---

[1] Siehe S. 25 (Pigment).

[2] Kühn, C.: Ztschr. f. angew. Ch. **28**, 126—128 (1915).

[3] Die angegebenen Werte sind nur der Größenordnung nach zu beurteilen.

[4] Job, R.: Proc. Amer. Soc. for Testing Mater., Philadelphia **4**, 439 (1904); J. Franklin Inst. **158**, 1 (1904).

[5] Perry, R. S.: Physical characteristics of a paint coating. Philadelphia 1907.

[6] Taylor and Thompson: Treatise on concrete, plain and reinforced. New York 1905.

[7] Blom, V. A.: Korrosion u. Metallschutz **2**, 158ff. (1926).

zulässige Größe der Teilchen jene anzusehen, bei der noch ein glatter Anstrichfilm erzielt werden kann. Enthält das Pigment gröbere Teilchen, so werden diese zu Unebenheiten in der getrockneten Farbhaut Anlaß geben, wodurch einerseits der Angriff der Atmosphärilien leichter erfolgt, andererseits, wenn ihre Dimensionen in die Größenordnung der Schichtdicke fallen, die mechanischen Eigenschaften des Anstriches ungünstig beeinflußt und Eintrittskanäle für die korrodierenden Agenzien in die tieferen Lagen der Farbhaut geschaffen werden. Die untere Grenze der Teilchengröße ist dann erreicht, wenn das Pigment dem Anstrich keine mechanische Festigkeit mehr verleiht (kritischer Dispersitätsgrad).

Da sich jedes Pigmentteilchen mit einer Ölhülle umgibt (vgl. S. 61, Anm. 1), in welcher die Oberflächenkräfte des festen Masseteilchens unmittelbar zur Auswirkung kommen, so ergibt sich ohne weiteres, daß mit zunehmender Kornfeinheit die Summe dieser Oberflächenkräfte wächst, weil die Oberflächensumme mit zunehmender Kornfeinheit wächst, daß also ein genügender Zerteilungsgrad für eine hinreichende Adsorption von Öl am Pigment erforderlich ist. P. van Hoek[1] zieht an verschiedenen Stellen einen Vergleich zwischen der Wirkung des Füllmittels in Kautschukwaren und im Anstrichfilm, was aber auch nicht ohne weiteres zulässig ist. Von verschiedenen Seiten (C. P. van Hoek[1], H. A. Gardner[2], J. A. van Deurs und Raaschou[3]) ist nachgewiesen worden, daß auch chemisch mit dem Bindemittel nicht reagierende Pigmente sich teilweise kolloidal im Öl lösen.

Die Oberflächenentwicklung ist nicht nur von der Teilchenzahl abhängig, sondern auch von dem Feinbau der Teilchen selbst. Es wird notwendig sein, daß man sich, wie A. V. Blom[4] nachdrücklichst hervorhebt, mehr mit der Struktur der Pigmente befaßt, um ein Bild von deren Einfluß auf das Verhalten des Anstriches zu bekommen. Er unterscheidet massive (glatte, wie Titanweiß oder Schwerspat und rauhe, wie Mennige und Aluminiumbronze) und poröse Pigmente (Agglomerate, wie Ocker und Fällungsbleiweiß, „feste Schäume“, wie gewisse Bleiaschen). Die Art der Herstellung ist von ausschlaggebendem Einfluß auf den Feinbau der Teilchen und damit auf die Entwicklung einer „inneren Oberfläche“.

C. Kühn[5] hat die Teilchengröße in Pigmenten durch Auszählung der Teilchen in einem Gramm Farbstoff unter dem Mikroskop bestimmt; unter Berücksichtigung des spezifischen Gewichts konnte er rechnerisch das Durchschnittsvolumen ermitteln. H. Green[6] hält diese Methode für ungenügend und hat andere Werte erhalten. Er fertigte bei 1500-

[1] van Hoek, C. P.: Farben-Ztg. **31**, 1273ff. (1925/26); daselbst ab Seite 1513 Literaturzusammenstellung. **32**, 2482—84 (1927).

[2] Gardner, H. A.: Ind. and Engin. Chem. **8**, 794 (1916). — Circ. 200 der „Paint Manufacturer's Assoc. of the U. S. National Varnish Manuf. Assoc.“; Ref. Farbe u. Lack **1925**, 75.

[3] van Deurs, J. A., u. Raaschou: Ztschr. f. angew. Ch. **38**, 382—86 (1925).

[4] Blom, A. V.: Korrosion und Metallschutz **2**, 158ff. (1926).

[5] Kühn, C.: Ztschr. f. angew. Ch. **28**, 126—128 (1904).

[6] Green, H.: J. Franklin Inst. **192**, 637—66 (1921). — Gardner-Scheifele: Untersuchungsmethoden, S. 158. Berlin 1929.

facher Vergrößerung Mikrophotographien der durch besondere Präparation in Primärteilchen[1] zerteilten Pigmente an und projizierte diese auf einen Schirm, so daß eine etwa 25000fache Vergrößerung entstand. Durch direkte Messung der Teilchenbilder auf der Projektionsfläche und Rückrechnung kam er dann zur effektiven Größe der Teilchen. Auch nach dem Verhalten bei der Sedimentation kann man rechnerisch Rückschlüsse auf die Teilchengröße ziehen.

So fanden	Green	Kühn	
für Flammruß	19000000000000	960000000000	Teilchen pro g
„ Lithopone	6850000000000	372000000000	„ „ g usw.

Hier ist zu berücksichtigen, daß nicht ein und dasselbe Produkt untersucht wurde.

Die Art der Packung des Pigments im fertigen Anstrich hängt von der Form und der Größe der Teilchen ab. Je dichter sich die Teilchen aneinander legen, je geringer die mit Öl ausgefüllten Zwischenräume sind, desto schwieriger werden die korrodierenden Stoffe zum Eisen gelangen können. Das getrocknete Öl ist der schwächste Teil des Anstriches, soweit Widerstandsfähigkeit gegen Sauerstoff (Gase) und Wasser in Betracht kommen. Der Ölgehalt des Anstriches (Gewichtsverhältnis Öl zu Pigment) hängt auch vom Ölbedarf[2] des Pigments, d. h. von jener Menge Öl ab, die nötig ist, um mit einem Pigment eine pastenförmige bzw. streichbare Anreibung zu geben. Im allgemeinen haben die Pigmente mit größerem spezifischen Gewicht (z. B. Bleiweiß, Schwerspat) einen geringeren, die spezifisch leichteren Pigmente (z. B. Eisenoxyde, Ruß) einen größeren Ölbedarf, sofern man ihn in Gewichtsprozenten ausdrückt[3]. Nach Volumsverhältnissen sind die Differenzen im Ölbedarf lang nicht so groß und bewegen sich meist innerhalb enger Grenzen[4]. Man hat versucht, diese Verhältnisse

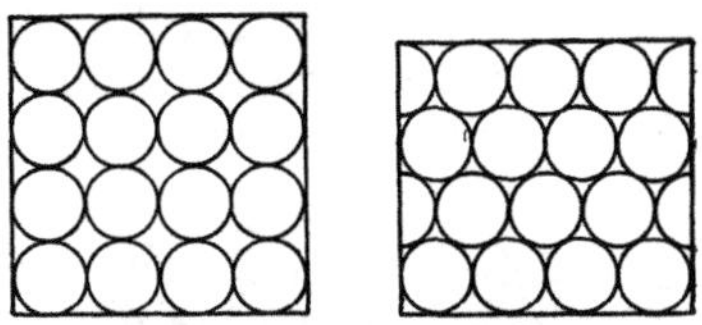

a) b)

Abb. 31. a) Kubische Packung. b) tetraedrische Packung.

[1] Als Primärteilchen bezeichnet man die bei Erzeugung des Pigments, (ob mit oder ohne nachträgliche Mahlung) erhaltenen einfachen Einzelteilchen. Diese Einzelteilchen ballen sich oft zusammen, besonders Teilchen der Größenordnung 1—5 μ neigen dazu; diese Zusammenballungen nennt man Sekundärteilchen; sie sind oft unter dem Mikroskop schwer als solche zu erkennen. Man darf aber darunter nicht etwa die in Pigmentpulvern meist vorhandenen, unter dem leichten Druck der Finger zerfallenden Krümmeln verstehen.

[2] Als primären Ölbedarf bezeichnet man jene Menge Öl oder Bindemittel, die das Pigment aufnimmt, um schmierfähig zu werden (Bildung einer Paste). Als sekundären Ölbedarf bezeichnet man jene Bindemittelmenge, mit der man das Pigment anreiben muß, um eine Paste oder Farbmasse bestimmter Konsistenz zu erhalten (also z. B. Erreichung einer genügenden Streichbarkeit).

[3] Shepherd, R. S.: Paint, Oil. and Chem. Rev. **85**, Nr 22; **86**, Nr. 6. — Gardner-Scheifele: Untersuchungsmethoden, S. 262. Berlin 1929. — van Hoek, C. P.: Farben-Ztg. **34**, 1784 (1928/29). — Ruchti: Farben-Ztg. **34**, 1951 (1928/29). — Wagner, H., u. H. Pfanner: Farben-Ztg. **34**, 2513 (1929).

[4] Scheifele, B.: Farbe u. Lacke **1927**, 484ff. — Calbeck, J. H.: Chem. Metallurg. Engeneering **31**, 377; C 1924, II, 2206. — Klumpp, E.: Farbe u. Lack **1927**, 568; — Farben-Ztg. **32**, 2306, 2890 (1927/28); **33**, 1044 (1928). — Wolff, H.: Farben-Ztg. **32**, 2653 (1927/28); Korrosion u. Metallschutz **4**, 187 (1928); **5**, 47

rechnerisch zu verfolgen. Dazu mußte man zunächst die Voraussetzung machen, daß alle Pigmentteilchen gleich groß seien und Kugelgestalt hätten (beides trifft in Wirklichkeit nicht zu). Man kann sich diese Kugeln so angeordnet denken, daß man entweder kubische oder tetraedrische Packung erhält, wobei weiter vorausgesetzt ist, daß sich die Kugeln unter allseitiger Berührung aneinander lagern.

Berechnet man nun bei beiden Packungsverhältnissen den von den Kugeln eingenommenen Raum (das Pigmentvolumen) und das Volumen der Zwischenräume (das Porenvolumen), so findet man, daß im Fall kubischer Packung das Porenvolumen gleich dem Pigmentvolumen, im Falle der tetraedrischen Packung das Porenvolumen $^1/_3$ des Pigmentvolumens ist, daß also das Porenvolumen 100 bis 33,3% des Pigmentvolumens beträgt[1]. Theoretisch müßten daher grobdisperse Pigmente (z. B. gewöhnliche Mennige) und hochdisperse Pigmente (z. B. hochdisperse Mennige) denselben Ölbedarf haben. Praktisch ist das aber nicht der Fall. Das kommt daher, daß der rechnerischen Betrachtung die Voraussetzung zugrunde lag, daß das Pigment aus lauter gleichgroßen, gleichgeformten massiven Teilchen bestehe. Tatsächlich sind die Pigmentteilchen weder gleich groß noch Kugeln, und die etwa vorhandenen inneren Oberflächen sind verschieden stark ausgebildet[2].

Eine Verminderung des Ölgehaltes im Anstrich läßt sich durch Verwendung heterodisperser Pigmente erzielen, worauf schon an früherer Stelle hingewiesen wurde; gleichzeitig ergibt dies auch eine Verringerung der Ölanteile, welche der Atmosphäre direkt ausgesetzt sind. Eine solche beansprucht B. Scheifele[3] auch für die hochdispersen Pigmente, welche Ansicht M. Ragg[4] nicht teilt. M. Ragg führt dagegen an, daß es fraglich sei, ob ein Pflaster (als Vergleich zur Anstrichoberfläche) mit wenigen Fugen und einigen großen Steinen dichter hält, als ein solches mit vielen kleinen Steinchen und einer Unzahl von Fugen und Sprüngen. Dazu kommt noch, daß bei jeder Anstrichoberfläche, wenigstens solange sie noch nicht gealtert ist, die Pigmentteilchen sicherlich nicht frei liegen, sondern samt und sonders mit einer gemeinsamen Kapillarmembran oder Oberflächenhaut bedeckt sein müssen, welche die Oberfläche überzieht, weshalb die ganze Betrachtung ziemlich illusorisch ist.

Abb. 32. Packung eines heterodispersen Pigments im Anstrich.

Die Verwendung von nur isodispersen Pigmenten birgt dagegen die Gefahr des Reißens der Anstriche in sich. Bei der Verwendung heterodisperser Pigmente können allerdings auch Übelstände auftreten, wenn die Vermahlung nicht genügend sorgfältig durchgeführt

(1929). — Schertel: Farbe u. Lack **1928**, 314. — Hülsenkamp, F.: Farbe u. Lack **1928**, 254. — Wagner, H.: Farben-Ztg. **32**, 2539 (1928). — Eibner, A., u. W. Lauffenberg: Farbe u. Lack **1927**, 376, 389. — Grohn, H.: Farben-Ztg. **33**, 1660 (1929).

[1] Wolff, H.: Farben-Ztg. **32**, 1667 (1927).

[2] Ragg, M.: Altes und Neues vom Rost und Eisenschutz, S. 95ff. Berlin 1928.

[3] Scheifele, B.: Farbe u. Lack **1927**, 485. Siehe Abb. 33.

[4] Ragg, M.: a. a. O. S. 99—100.

wurde[1]. Inwieweit die Verwendung hochdisperser Pigmente für die Haltbarkeit der Anstriche von Vorteil ist, ist noch eine offene Frage, da die praktischen Erfahrungen noch zu gering sind. Uns ist bis jetzt kein abfälliges Urteil aus der Praxis, z. B. über die Verwendung hochdisperser Mennige zu Ohren gekommen[2].

Es gibt für jedes Pigment einen günstigsten Ölgehalt der angeriebenen Farbe, bei dem der Anstrich die besten Festigkeits- und Geschmeidigkeitseigenschaften besitzt[3].

Die Ausgiebigkeit einer Farbe hängt in weitestem Maße vom verwendeten Pigment ab, und zwar spielen hier Teilchengröße und Gestalt der Pigmentteilchen die ausschlaggebende Rolle. Greift man wieder auf die Annahme zurück, daß ein Pigment kugelförmige Teilchen habe, so läßt sich der Einfluß der Teilchengröße auf die Ausgiebigkeit rechnerisch verfolgen. Mit 100 Kugeln im Gewichte von 14 g (z. B. Mergelkugeln, deren spezifisches Gewicht etwa 2,6 ist) von je 1 cm Durchmesser kann man bei kubischer Packung eine Fläche von 100 cm² bedecken. Nimmt man das gleiche Gewicht an Kugeln, deren Durchmesser aber nur

a) b)

Abb. 33. a) oberste Schicht eines Anstriches mit hochdispersen Pigment.
b) mit grobdispersen Pigment.
Der Ölanteil der Oberfläche ist durch die schwarz angefüllten Zwischenräume angedeutet.

0,2 cm beträgt, so kann man bei gleicher Packung eine Fläche von 500 cm² (also die fünffache Fläche) bedecken. Dabei ist im zweiten Falle die Höhe der bedeckenden Kugelschicht nur $^1/_5$ von der des ersten Falles. Das heißt, bei Verringerung der Korngröße auf die Hälfte, ein Drittel usf. kann man mit der gleichen Gewichtsmenge des Pigments die doppelte, dreifache usw. Fläche bedecken, wobei sich aber die Schichtdicke auf die Hälfte, ein Drittel usw. verringert. Durch Verringerung der Teilchengröße erzielt man also eine größere Ausgiebigkeit, solange die sich verringernde Schichtdicke zur Deckung ausreicht. Es besteht tatsächlich eine Beziehung zwischen Deckfähigkeit[4] und Teilchen-

[1] Ragg, M.: a. a. O. S. 101. — Blom, V. A.: Korrosion u. Metallschutz **3**, 126 (1927). Wanderung des feinkörnigeren Anteils eines Mischpigments im Anstrich bei Wasserlagerung. Erklärung durch das verschieden starke Solvatationsvermögen der verwendeten Pigmente.

[2] Siehe dagegen Junk, A.: Farben-Ztg. **34**, 671—76 (1928). Eine Sorte hochdisperse Mennige gab angeblich keinen vollständig deckenden Anstrich auf rauhem Eisengrund.

[3] Wolff, H., u. G. Zeidler: Korrosion u. Metallschutz **1**, 35 (1925).

[4] Bei einer Anstrichfarbe bezeichnet man als Ausgiebigkeit die Anzahl Quadratmeter, welche man mit 1 kg der Farbe streichen kann. Als Deckfähigkeit (oder Deckkraft) bezeichnet man die Eigenschaft einer Farbe, den andersfarbigen Untergrund unsichtbar zu machen, zu decken. Beide Begriffe werden in der Praxis oft verwechselt oder als gleichbedeutend gebraucht. Dies ist aber nicht richtig, denn um mit einer möglichst geringen Menge einer Farbe eine möglichst große Fläche zu streichen, muß sie eine große Ausgiebigkeit haben, aber um mit einer möglichst geringen Schichtdicke der aufgetragenen Farbe,

größe, welche in erster Linie vom optischen Verhalten des Pigments abhängt. Je größer der Unterschied im Lichtbrechungsvermögen zwischen Pigment und Bindemittel[1] ist, um so höher ist die Deckfähigkeit. Wenn ein und dasselbe Pigment in verschiedenen Korngrößen verwendet wird, nimmt mit der Teilchenverkleinerung die Deckfähigkeit zu. Sie erreicht bei einer gewissen geringeren Teilchengröße ein Maximum und nimmt dann wieder ab. Sinkt die Teilchengröße so weit, daß der Durchmesser der Teilchen nicht größer ist als die halbe Wellenlänge des Lichtes[2], so wird der Anstrich durchscheinend. Damit ein Farbfilm den Grund, auf den er gestrichen wurde, vollkommen verdeckt, muß er eine bestimmte Schichtdicke haben, die außer von Korngröße und Lichtbrechungsvermögen auch vom Farbunterschied zwischen Anstrich und Untergrund abhängig ist. Bekanntlich erscheint die Deckkraft ein und desselben Pigments höher, wenn ein im Farbton nur wenig abweichendes Objekt damit gestrichen wird, als wenn es auf schwarzem Grund verwendet wird. Während man früher den bestdeckenden Pigmenten amorphe Struktur zuschrieb, muß man auf Grund der neueren Forschungen annehmen, daß sie kristallin sind, wie auch die röntgenoptischen Untersuchungen erweisen. Die Durchlässigkeit der Pigmente für die kurzwelligen (ultravioletten) Lichtstrahlen ist für die Haltbarkeit des Anstriches von Bedeutung, da insbesondere diese Lichtstrahlen die Zerstörung der Anstriche fördern.

Über den Einfluß der Pigmente auf die Haftfestigkeit der Anstriche ist wenig bekannt. Jedenfalls übt das Pigment auf die Haftfestigkeit einen nicht zu unterschätzenden Einfluß aus; so ist es bekannt, daß z. B. Mennigeanstriche außerordentlich fest auf dem Eisen haften. Je größer die Haftfestigkeit eines Rostschutzanstriches, desto besser ist in der Regel seine Wirkung, da er dann den bei stellenweiser Verletzung der Anstrichschicht auftretenden Rost am seitlichen Weitergreifen hindert.

Die Bildung nicht mehr aufrührbarer Bodensätze und das Eindicken von Farben sind sehr unangenehme Erscheinungen, die ihre Ursache zum Teil in rein kolloiden, zum Teil in kolloid-chemischen Reaktionen zwischen Pigment und Bindemittel haben. Insbesonders basische Pigmente, wie Mennige, Zinkweiß u. a. neigen dazu. Man hat früher die Bildung von Seifen aus sauren Anteilen des Bindemittels (wie z. B. aus

---

das ist des Anstriches, eine möglichst große Fläche deckend zu streichen, muß sie eine große Deckfähigkeit haben. Über die Bestimmung dieser Eigenschaften, die im wesentlichen vom verwendeten Pigment abhängen (insoweit Rostschutzanstriche in Betracht kommen), siehe weiter rückwärts, Abschnitt VIII C, 4a.

[1] Erinnert sei an die Tatsache, daß bei Mischung zweier Weißpigmente die Deckkraft der Mischung höher ist als die, welche sich unter Zugrundelegung der Werte für die Einzelkomponenten aus dem Mischungsverhältnis errechnen läßt, vorausgesetzt, daß die miteinander gemischten Pigmente verschiedenes Lichtbrechungsvermögen zeigen. Die Ursache dieser Erscheinung liegt eben in dieser Differenz im Lichtbrechungsvermögen.

[2] Die Wellenlänge des sichtbaren Sonnenlichtes liegt zwischen etwa 800 $\mu\mu$ (für rote) bis etwa 400 $\mu\mu$ (für violette Strahlen); das Mittel wäre 600 $\mu\mu$ und die Hälfte davon 300 $\mu\mu$ — oder 0,3 μ. Auf S. 26, Anm. 1, wurde angegeben, daß der Bereich der kolloiden Teilchengröße von etwa 0,1 μ bis 1 $\mu\mu$ liegt. Mit etwa 0,8 μ endet die Sichtbarkeit im gewöhnlichen Mikroskop.

stark harzhältigem Firnis) oder infolge eines zu großen Gehaltes an freien Fettsäuren, als alleinige Ursachen hierfür angesehen. Doch treten diese Erscheinungen auch bei nahezu säurefreien Standölen häufig auf und es wirkt andererseits sogar ein Zusatz von Fettsäuren oder von Harz oft verflüssigend auf eingedickte Farben. Die Erscheinung hängt also nicht allein davon ab, ob eine Reaktion zwischen Bindemittel und Pigment erfolgt, sondern wie sich das gebildete Reaktionsprodukt verhält, ob es kolloidal gelöst bleibt oder ob es ausflockt.

Je langsamer ein Pigment absetzt, desto angenehmer ist die angeriebene Farbe zu verarbeiten. Die Sedimentationsgeschwindigkeit hängt nicht nur von der Teilchengröße ab, sondern auch vom spezifischen Gewicht des Pigments. Es wird ein spezifisch leichtes Pigment von gröberem Korn langsamer absetzen, als ein feinkörniges aber spezifisch schwereres. Ferner sind die Viskosität des Bindemittels und die Adhäsionskräfte zwischen Pigment und Bindemittel von Einfluß. Absetzen wird schließlich jedes Pigment, aber solange der Bodensatz leicht aufrührbar bleibt, beeinträchtigt er die Verarbeitung der Farbe nicht. Ein harter schwer aufrührbarer Bodensatz, wie ihn z. B. die gewöhnliche Kristallmennige gibt, macht die Anstrichfarbe in kurzer Zeit unverwendbar.

Die Neigung eines Pigments zum Absetzen kann man vermindern, indem man es entweder mit einem geeigneten spezifisch leichteren Pigment verschneidet (z. B. mit Kieselsäure, Asbestine, Kreide), welches das schwere Pigment in Schwebe hält, oder indem man die Korngröße des Pigments verkleinert (Anwendung sogenannter hochdisperser Pigmente[1]). Oder aber man erhöht die Viskosität des Bindemittels, was man gewöhnlich durch Zugabe weniger Prozente von Aluminiumpalmitat oder -stearat erzielt. Die Zugabe von Aluminiumstearat kann auch so erfolgen, daß man das Pigment mit einer Lösung dieser Substanz tränkt; nach Vertreiben des Lösungsmittels verbleibt dann ein mit Aluminiumstearat imprägniertes Pigment, das, wie Versuche Gardners[2] zeigen, einen geringeren Ölbedarf besitzt, als das unimprägnierte und sich nicht in unliebsamer Weise absetzt (praktisch angewendet dürfte die letzte Methode wegen ihrer kostspieligen Durchführung kaum werden).

Die Pigmente können mit dem Bindemittel chemisch reagieren oder sie können das Eisen chemisch so beeinflussen, daß es zur Ausbildung des passiven oder überaktiven Zustandes kommt. Von den ersterwähnten Reaktionen spielt die Bildung von Metallseifen eine bedeutende Rolle.

Anlaß zur Entstehung von Metallseifen ist immer gegeben, wenn basische Pigmente mit Leinöl (bzw. Firnis, Standöl usw.) angerieben werden. Als solche Pigmente kommen vor allem die Bleipigmente, Mennige, Bleiweiß und basisches Bleisulfat (Sulfobleiweiß), dann Zinkweiß in Betracht; bei allen anderen Pigmenten spielt die Seifenbildung eine untergeordnete Rolle. Diese Metallseifen sind im Gegensatz zu den Kali- oder Natronsalzen der Fettsäuren, nicht nur nicht wasserlöslich, sondern auch weit weniger quellbar als ein getrockneter Firnisanstrich. Aus der Untersuchung alter Ölfarbenanstriche wußte man schon lange, daß sich Blei- bzw. Zinkseifen im Verlaufe der

[1] Croll, P. R.: Ind. and Engin. Chem. **20**, 734 (1928).
[2] Gardner, H. A.: Sci. Section Circular Nr 321 u. 335; Farben-Ztg. **33**, 1977, 3267 (1927/28).

Alterung bilden. So gibt M. Ragg[1] an, daß ungefähr $^1/_4$ des Öles in einem $2^1/_2$ Jahre alten Bleiweißanstrich in Form von Bleiseifen vorlag. A. Eibner und W. Laufenberg[2] fanden in 16 Monate alten Anstrichen,

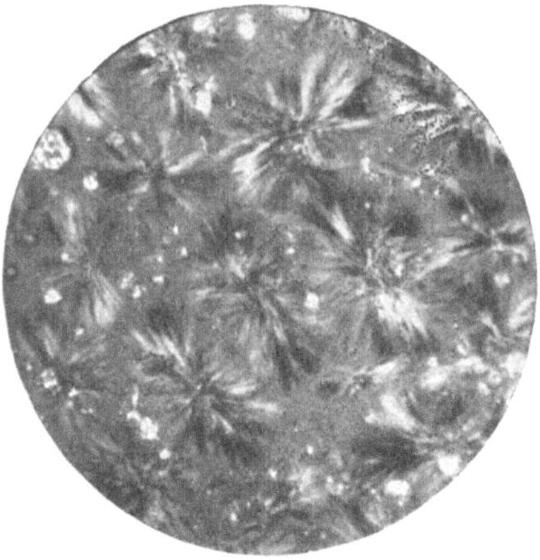

Abb. 34. Falksches Bleiweiß in Leinölsäure nach 18 Stunden. Polarisiertes Licht. 750 ×. (Bleiseifenbildung.)

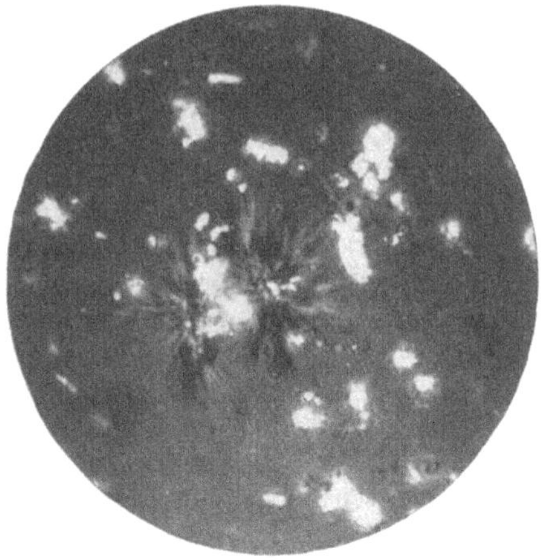

Abb. 35. Bleiweiß nach dem holländischen Verfahren in Leinölsäure nach 12 Std. Polarisiertes Licht. 750 ×. (Nur ein geringer Teil der großen Pigmentteilchen hat Seifen gebildet.)

daß bei Bleiweiß 25,43%, bei handelsüblicher Mennige 42,92%, bei hochdisperser Mennige 53,86% des ursprünglich vorhandenen Öles als

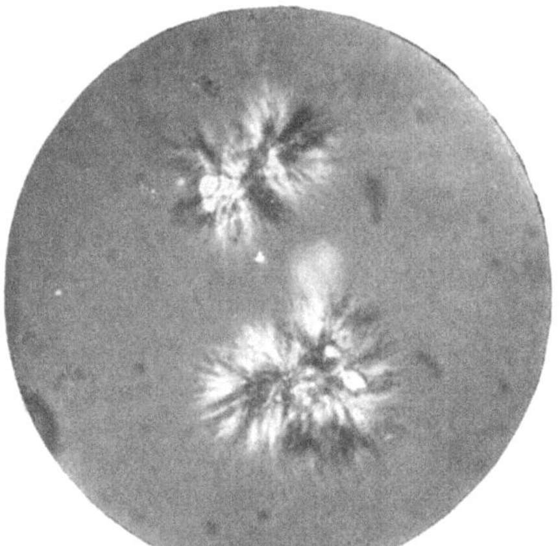

Abb. 36. Fällungsbleiweiß in Leinölsäure nach 24 Stunden. Polarisiertes Licht. 750 ×. (Seifenbildung ähnlich dem Kammerbleiweiß.)

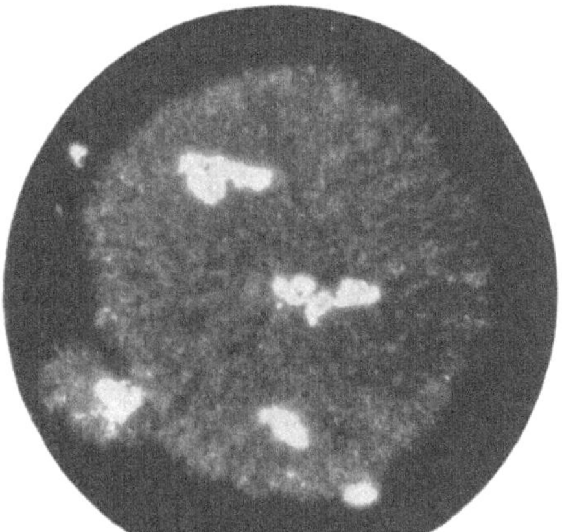

Abb. 37. Englische Mennige (32/34% PbO_2) in Leinölsäure nach 18 Stunden. Polarisiertes Licht. 750 ×. (Mehrere Teilchen sind von Bleiseifen in Form eines zarten Moospolsters eingehüllt.)

[1] Ragg, M.: Farben-Ztg. **7**, 1241 (1907/8); **15**, 2057 (1910); **18**, 578 (1912); **29**, H. 44 (1924).

[2] Eibner, A., u. W. Laufenberg: Korrosion u. Metallschutz **4**, 109 (1928).

Bleiseife vorlagen. A. V. Blom[1] hat in einer Reihe wertvoller Arbeiten die Bleiseifenbildung näher studiert und die Entstehung der Bleiseifen an Hand von Mikroaufnahmen gezeigt. Er nimmt an, daß sich je nach

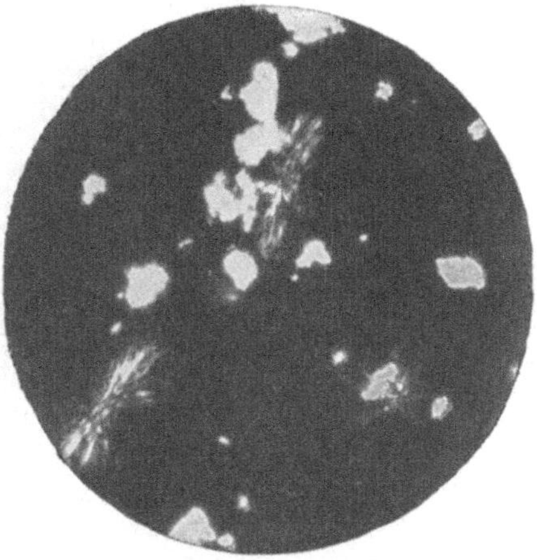

Abb. 38. Englische Mennige (22/27% PbO_2) in Leinölsäure nach 18 Std. Polarisiertes Licht. 750×. (Ein kleiner Teil der Partikel hat Seifen gebildet.)

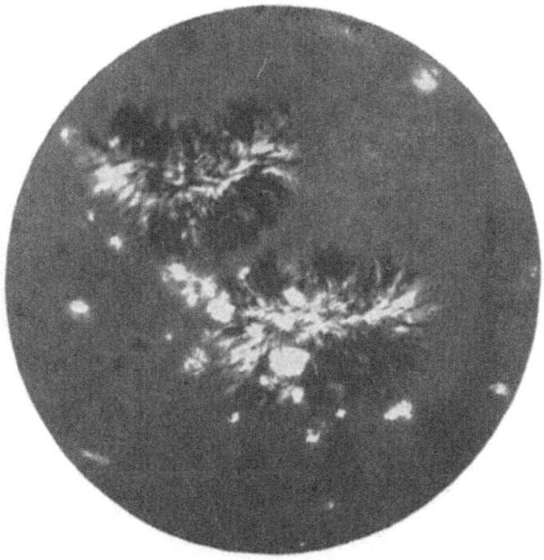

Abb. 39. Deutsche Mennige in Leinölsäure nach 18 Stunden. Polarisiertes Licht. 750×.

der Oberflächenentwicklung des Pigments die Bleiseifen in verschiedenen Formen bilden.

In den nachstehenden Mikrobildern ist eine Reihe charakteristischer

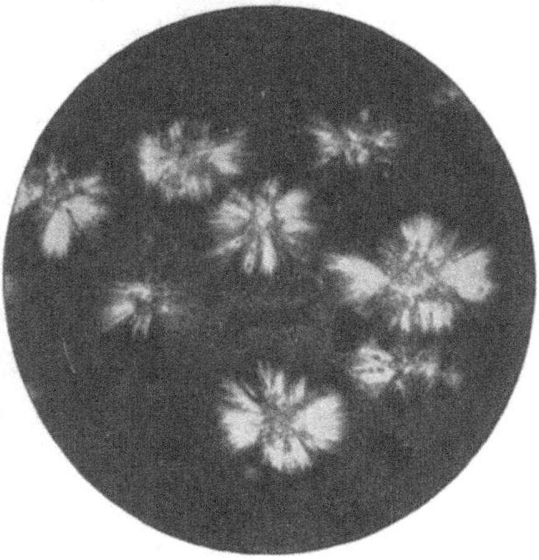

Abb. 40. Beipigment RR in Leinölsäure nach 12 Stunden. Polarisiertes Licht. 750×.

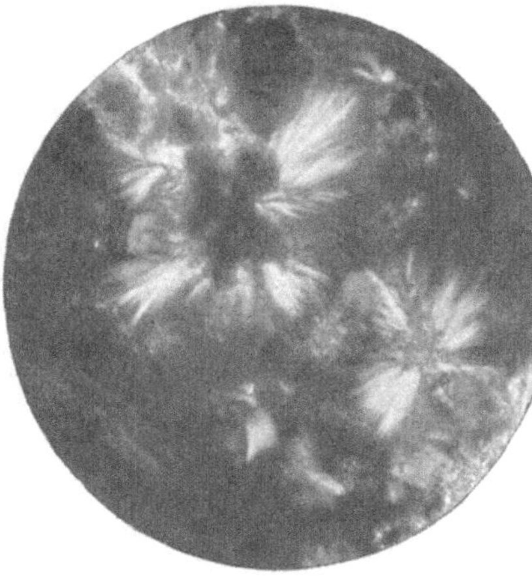

Abb. 41. Dasselbe wie Abb. 40. (Größere Pigmentteilchen.)

Formen zu sehen. Zur Beschleunigung der Reaktion bettet man das zu untersuchende Pigment meist in Leinölsäure und nicht in Leinöl oder Leinölfirnis ein (Abb. 34—47, nach M. Ragg).

[1] Blom, A. V.: Ztschr. f. angew. Ch. **39**, 555 (1926); Korrosion u. Metallschutz **2**, 238 (1926); Farbe u. Lack **1927**, 39; Farben-Ztg. **33**, 502 (1927).

Der Nachweis so gut ausgebildeter Metallseifenformen, wie sie bei der Einwirkung von Pigmenten auf Leinölsäure entstehen, gelingt im praktischen Ölfarbenanstrich selten. So gibt Ragg[1] in der Farbenzeitung

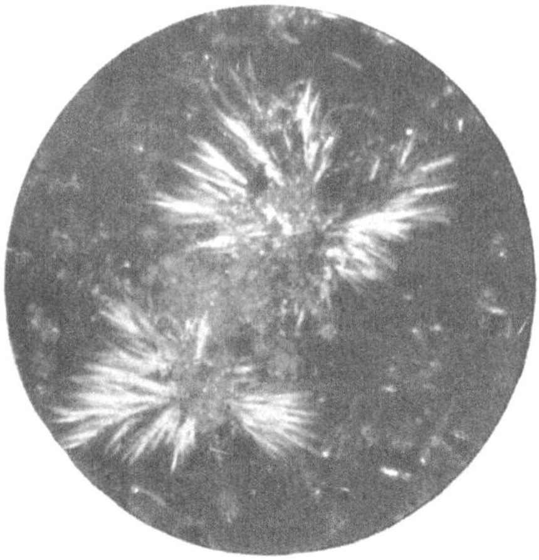

Abb. 42. Dasselbe wie Abb 40. (Teilchen von schwammiger Struktur.)

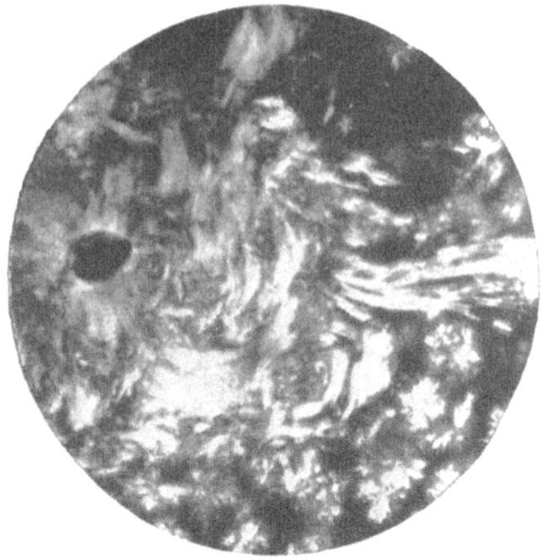

Abb. 43. Bleipigment RR in Leinölsäure nach 12 Stunden. Polarisiertes Licht. 400×. (Außerordentlich starke Bleiseifenbildung.)

ein Mikrobild eines 14 Tage alten, der Luft ausgesetzten Präparats, an welchem Seifenbildung erkenntlich ist (Abb. 48).

Gleichzeitig betont er, daß ihm der mikroskopische Nachweis ge-

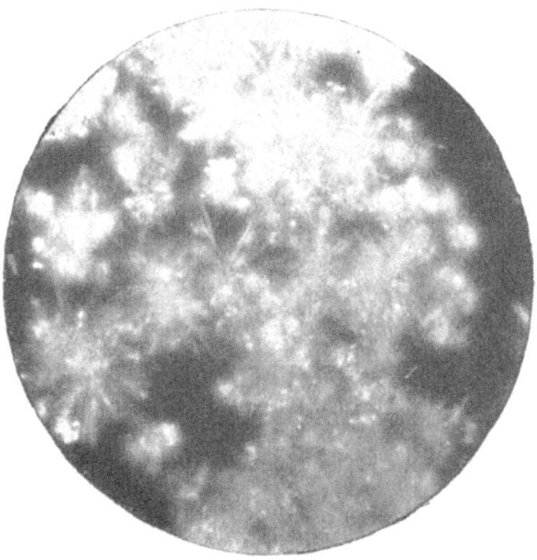

Abb. 44. Dasselbe wie Abb. 40. Nach 10 Tagen. (Die Bleiseifen hüllen alle Teilchen ein.)

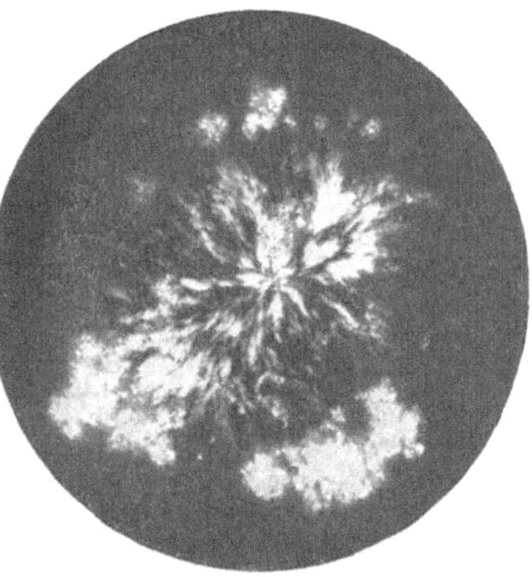

Abb. 45. Hochdisperse Mennige (Tego) in Leinölsäure nach 24 Stunden. 750×. Polarisiertes Licht.

formter Bleiseifen in Anstrichen bisher nicht gelungen ist. A. V. Blom[2] schreibt den Bleiseifen eine verfestigende Wirkung auf den Anstrich zu,

[1] Ragg, M.: Farben-Ztg. **34**, 1605, 1661 (1928/29).
[2] Blom, A. V.: a. a. O.

was aber nach M. Raggs Ansicht wenig wahrscheinlich ist. Daß diese beobachteten doppeltbrechenden Gebilde tatsächlich auch Bleiseifen

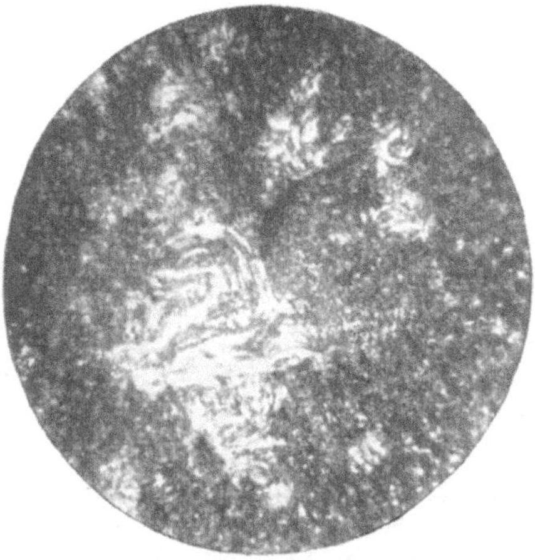

Abb. 46. Hochdisperse Mennige (Rodleben) in Leinölsäure nach 24 Stunden. Polarisiertes Licht. 750×.

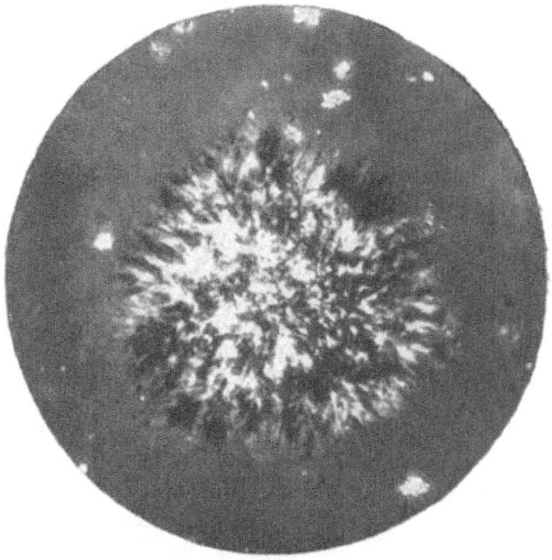

Abb. 47. Zinkweiß in Leinölsäure nach 24 Stunden. Polarisiertes Licht. 750×.

sind, wurde von W. Droste[1] einwandfrei nachgewiesen. Er behandelte die Präparate mit Schwefelwasserstoff, der bekanntlich mit Blei und

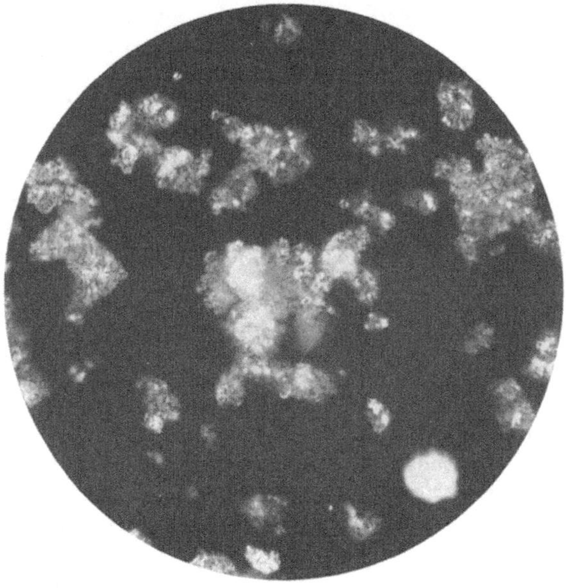

Abb. 48.

[1] Droste, W.: Seifenbildung in Anstrichen; H. 2 der Mitt. d. Fachausschusses für Anstrichtechnik beim VDI. Referat in Farben-Ztg. **34**, 1185 (1928).

seinen Verbindungen unter Bildung des schwarzen Schwefelbleies reagiert, und bekam an den Stellen der vermuteten Bleiseifenkristalle eine deutliche Braunfärbung des Bindemittels. Nach seinen Untersuchungen ist anzunehmen, daß die sich bildenden Metallseifen vorerst im Filmgel gelöst bleiben und bei zunehmender Konzentration kristallin ausflocken[1]. Daß sie die Quellbarkeit und Haltbarkeit beeinflussen, geht aus nachstehenden Angaben hervor.

W. Droste fand, daß Mennigeanstriche, die erst drei Tage alt waren (zu welchem Zeitpunkt aus dem mikroskopischen Befund noch keine Seifenbildung zu ersehen war), als sie der Bewitterung ausgesetzt wurden, schlechte Haltbarkeit zeigten, während vier Wochen im Zimmer

a) b) c) d)

Abb. 49. Anstriche mit Mennigefarbe mit einem Ölgehalt von a) 20 Gew. %, b) 29 Gew. %, c) 35 Gew. %, d) 30 Gew. % (nach W. Droste).

getrocknete Anstriche mit derselben Mennigeölfarbe sich tadellos hielten, wenn sie erst dann bewittert wurden[2].

Eine große Bedeutung scheint auch dem Ölgehalt der Farbe zuzukommen, da er die Konzentration der Seifen, die sich schließlich im Anstrichfilm bilden, bedingt. So wurden vier verschiedene Mennigesorten, welche

[1] Im Institute der Verfasser wurde gefunden, daß z. B. Zinkseifen, welche durch Fällung von Leinölkaliseife mit Zinkazetat und darauf folgender Reinigung in vollständig reinen Zustand hergestellt und zu 25% in Leinöl gelöst worden waren, sich ca. 8 Tage nach dem Trocknen des Aufstrichs der Zinkseifen-Leinöllösung krystallin abzuscheiden begannen.

[2] Droste, W.: Seifenbildung in Anstrichen, S. 5. 1929.

verschiedene Ölmengen zur Streichfertigkeit gebrauchten, der Kurzbewitterung ausgesetzt und ergaben das voranstehende Bild (Abb. 49).

Wenn die Resultate der Kurzprüfung auch noch der Nachprüfung im Naturversuch bedürfen, sowie der Bestätigung, daß nicht etwa die chemische Zusammensetzung des Pigmentes Ursache dieses Ergebnisses war, so bestätigen diese Versuche zumindest die Ansicht, daß es für jedes Pigment einen günstigsten Ölgehalt gibt, bei dem seine Witterungsbeständigkeit im Anstrich am größten ist.

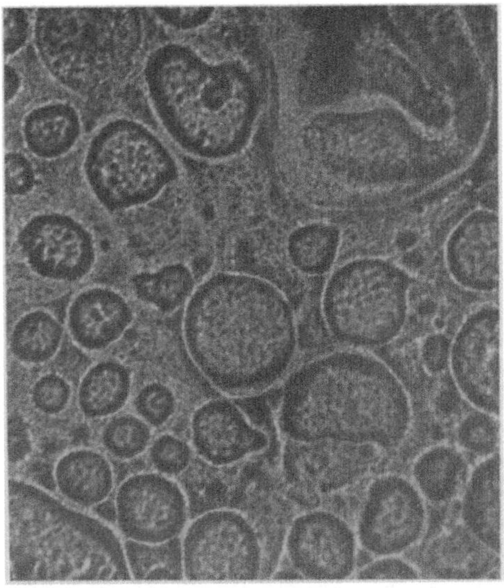

Abb. 50 H. ü. Bleimanganfirnis nach 48 Stunden Wasserlagerung. 265×.

Daß der günstige Einfluß der Seifenbildung nur in einer Verminderung der Quellfähigkeit des Anstriches besteht, ist wenig wahrscheinlich, da Wasserlagerungsversuche mit Mennigeanstrichen nicht etwa einwandfrei ein Sinken der Quellbarkeit mit zunehmendem Alter der Anstriche zeigten. Ferner zeigten bereits dreitägige Mennigeanstriche (also solche ohne nennenswerte Seifenbildung) eine Quellung, bezogen auf den Ölgehalt des Anstriches, die

1,4 mal kleiner war als bei gleichaltrigen Bleiweißanstrichen,

zweimal kleiner war als bei gleichaltrigen Blanc-fixeanstrichen,

2,2 mal kleiner war als bei gleichaltrigen Titanweißanstrichen und

2,8 mal kleiner war als bei gleichaltrigen Zinkweißanstrichen.

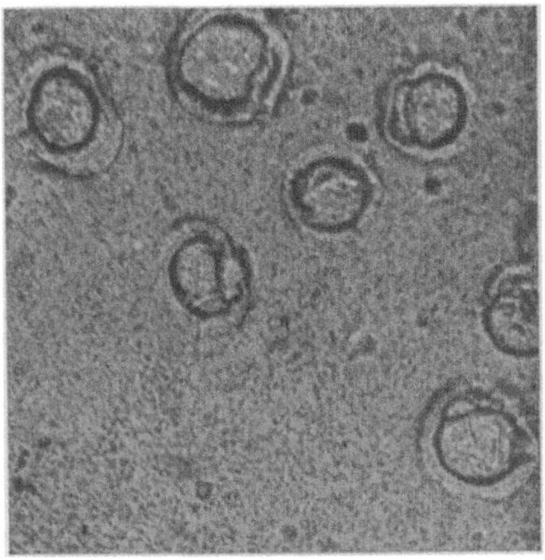

Abb. 51. Der gleiche Firnis wie vorher mit Zusatz von 25% Bleiseifen. Nach 48 Stunden Wasserlagerung. 265×.

Aus den weiteren diesbezüglich unternommenen Versuchen zieht W. Droste den Schluß, daß durch die Seifenbildung immerhin eine geringe Herabsetzung der Quellbarkeit erfolge. Ähnliches wurde auch im Institut der Verfasser gefunden. Abb. 50—52 lassen deutlich erkennen, daß die

Quellbarkeit durch Zusatz von Blei- oder Zinkseifen zum Firnis herabgesetzt wird. Dabei zeigte sich ferner, daß der Firnisfilm mit Zinkseifenzusatz, der vor Beginn der Wasserlagerung bei der Betrachtung im polarisierten Licht optisch leer erschien, schon nach 48 Stunden Wasserlagerung zahlreiche doppeltbrechende Gebilde erkennen ließ (krystalline Zinkseifen, Abb. 53). Der Firnisfilm mit Bleiseifenzusatz blieb auch noch nach 96 Stunden Wasserlagerung optisch leer.

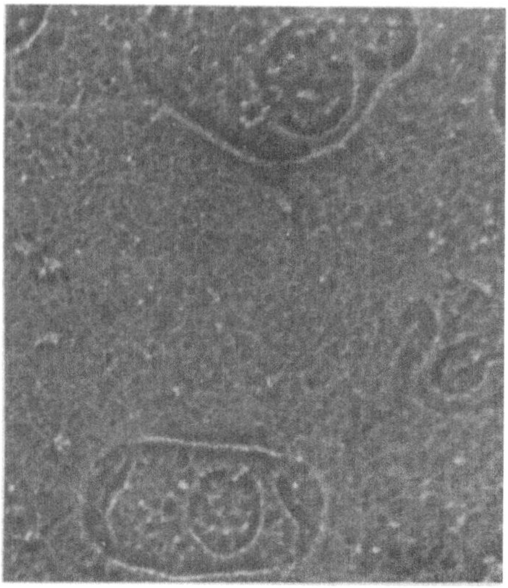

Abb. 52. Der gleiche Firniss wie Abb. 50, mit Zusatz von 25 % Zinkseifen. Nach 48 Stunden Wasserlagerung. 265×.

Während also zunächst die unmittelbare Rostschutzwirkung der Anstriche durch Seifenbildung günstig beeinflußt scheint, werden dadurch mechanische Eigenschaften des Anstrichfilms nicht nur nicht verbessert, sondern verschlechtert. Die Reißfestigkeit[1] nimmt zwar beträchtlich zu, die Dehnung dagegen erheblich ab. Jedenfalls sind diese Änderungen wesentlich größer bei ausgesprochen seifenbildenden Pigmenten, als bei nicht zur Seifenbildung neigenden. Gerade Mennigesorten mit niedrigem Ölverbrauch werden nach fünf Monaten so spröde, daß sich der Film zur Zerreißprobe nicht mehr ausstanzen läßt und zum Teil wie Glas zerspringt. Ähnliches konnte W. Droste auch bei Bleiweiß- und Zinkweißfilmen mit 27 bzw. 45% Leinölgehalt konstatieren, wenn auch die Filme nicht so spröde waren wie die Mennigefilme. Wahrscheinlich geht aber mit der Abnahmeder Geschmeidigkeit eine Zunahme der Haftfestigkeit parallel, so daß dadurch die Einbuße an Geschmeidigkeit in vielen Fällen kompensiert wird.

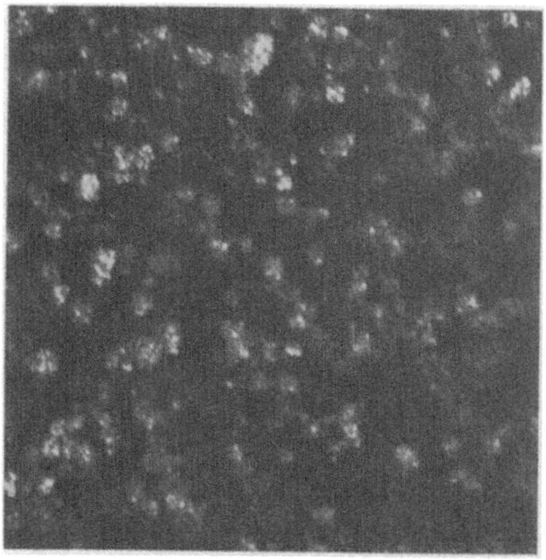

Abb. 53. Dieselbe Stelle wie in Abb. 52 im polarisierten Licht. 265×.

[1] Über Reißfestigkeit und Dehnung siehe S. 31.

H. Salvaterra und F. Zeppelzauer[1] kamen zu gleichen Ergebnissen. Insbesondere bei Zerreißversuchen von Eisenoxyd-Leinölfilmen, die mit geringen Mengen Mennige versetzt waren, war der Anstieg der Festigkeit durch den Mennigezusatz deutlich zu ersehen (so hatten Anstriche mit einem Pigment aus 95% Eisenoxydrot und 5% hochdisperser Mennige im Alter von etwa 4 Wochen die sechsfache Reißfestigkeit im Vergleich zu Anstrichfilmen aus Eisenrot-Firnisfarbe mit gleichem Ölgehalt), während die Dehnbarkeit abnahm. Von Einfluß auf die Festigkeitseigenschaften scheint auch die Beeinflussung des Trockenvorganges durch das Pigment zu sein, bzw. ob die entstehenden Abbausäuren durch das Pigment gebunden werden oder nicht.

A. V. Blom[2] konstatierte an drei Jahre gelagerten mikroskopischen Präparaten von Bleiseifen eigenartige Veränderungen der Seifenstruktur, die nach etwa zwei Jahren einsetzten, nachdem die Seifengebilde bis dahin stabil geblieben waren. Er bringt dies in Zusammenhang mit den von Droste gemachten Beobachtungen über die Veränderung der mechanischen Eigenschaften mit fortschreitendem Alter des Anstriches.

H. Wolff und G. Zeidler[3] haben Karbonat- und Sulfatbleiweiß auf Seifenbildung im Anstrichfilm und in der lagernden Farbe untersucht. Sie konstatieren im wesentlichen, daß zwischen diesen beiden Pigmenten keine großen Unterschiede bestehen. Das Auftreten von doppeltbrechenden (kristallinen) Gebilden ist sowohl nach Ausdehnung, wie nach Art der Form sehr unregelmäßig und dadurch verschieden von der Mennige. Es ließ sich keinerlei Erklärung finden, warum diese Gebilde in einem Falle auftraten und im andern nicht. Aus diesem Befund, wie aus Bewitterungsversuchen ziehen sie den Schluß, daß die Frage des Wertes der Bleiseifenbildung für die Haltbarkeit der Anstriche noch durchaus nicht beantwortet ist. Zu einer anderen Schlußfolgerung gelangt W. Laufenberg[4]. Er machte Aufstriche aus Leinölen, in welchen sich die durch Lagern von Bleipigmenten gebildeten Bleiseifen gelöst hatten und fand, daß diese Bleiseifen die Quellbarkeit des Leinölfilms und den oxydativen Abbau des Leinöles im trockenen Film bedeutend herabsetzen, daß sie also die Empfindlichkeit des Filmes gegen äußere Einwirkungen verringern und dessen Alterung durch verminderten Stoffschwund verlangsamen.

Über die chemische Zusammensetzung der Bleiseifen, wie sie sich im Anstrich bilden, ist noch wenig bekannt. Außer neutralen und basischen Bleiseifen finden sich auch Bleiverbindungen, die sämtliche Bestandteile des Leinöles und die daraus entstehenden Oxydationsprodukte enthalten, wie A. Eibner und W. Laufenberg[5] nachwiesen. Diese zeigten auch, daß die von W. Vaubel[6] und anderen noch immer gemachte Annahme (rückgreifend auf Mulders Ansicht vom Trockenvorgang), daß es bei der Bleiseifenbildung auch zur Abspaltung von

[1] Salvaterra, H., u. F. Zeppelzauer: Farben-Ztg. **36**, (1931) im Druck.
[2] Blom, A. V.: Farbe u. Lack **1929**, 113.
[3] Wolff, H., u. G. Zeidler: Farben-Ztg. **35**, 24 (1929).
[4] Laufenberg, W.: Farben-Ztg. **35**, 546 (1929).
[5] Eibner, A., u. W. Laufenberg: Korrosion u. Metallschutz **5**, 159 (1929).
[6] Vaubel, W.: Ztschr. f. angew. Ch. **41**, 181 (1928); Farben-Ztg. **34**, 563 (1928).

Glyzerin aus dem Öl und folgender Bleiglyzeratbildung käme, unrichtig ist und daß beim Öltrocknungsprozeß keine Verseifung bis zum Auftreten freien Glyzerins eintritt. Gleiches hat in letzterer Zeit auch J. d'Ans[1] wieder bewiesen.

Wenn es möglich ist, durch die in den Rostschutzanstrichen enthaltenen Pigmente die Neigung des Eisens zum Rosten unmittelbar herabzumindern oder gänzlich zu unterdrücken, so wird selbstverständlich niemand auf diese unterstützende Wirkung verzichten wollen. Es wurde diese Eigenschaft der Pigmente daher schon verhältnismäßig früh untersucht. In dem ersten Standardwerk über Rostschutz, dem im Jahre 1910 erschienenen Buche von A. S. Cushman und H. A. Gardner, „The Corrosion and Preservation of Iron and Steel", Mc Graw-Hill Book Co., New York, sind diese ersten Versuche beschrieben[2]. Die zu untersuchenden Pigmente wurden in Glasflaschen eingefüllt, die gleiche Gewichtsmenge destilliertes Wasser zugegeben und dann in jede Glasflasche ein gewogener und numerierter, gut gereinigter Streifen Stahlblech gegeben. Durch diese Gefäße wurde während drei Wochen ein gereinigter Luftstrom geleitet und nach dieser Zeit der Gewichtsverlust des Eisens durch Abrostung bestimmt. Diese Versuche wurden dann in größerem Maßstab wiederholt und nach der Stärke der Abrostung die Pigmente in drei Gruppen eingeteilt, in rostverhütende (inhibitors), in solche von unbestimmter Wirkung (indeterminates[3]) und in rostbegünstigende (stimulators). Es wurde der Reihenfolge ihres Schutzwertes nach folgende Aufstellung gegeben:

Inhibitors	Indeterminates	Stimulators
Zink- und Bleichromat gemischt	Bleiweiß (bas. Karbonat)	Lampenruß
Zinkoxyd	Sulfobleiweiß	Bariumsulfat (gefällt)
Zinkchromat	Bleisulfat (sublimiert)	Ocker
Zink- und Bariumchromat	Lithopone	Helles Eisenoxyd
Hüttenzinkoxyd (Zinc Lead White)	Mennige	Carbon Black
Chromgrün (blaustichig)	Bleiglätte	Graphit
Bleiweiß (holländisches Verfahren)	Venezianisch Rot	Schwerspat
Ultramarin	Kalziumkarbonat (Kreide)	Berlinerblau (von diesem gibt es auch rostverzögernde Sorten)
Rebenschwarz	Kalziumkarbonat (gefällt)	
	Kalziumsulfat (Gips)	
	Kaolin (China Clay)	
	Asbestine	
	Amerik. Vermillon (bas. Bleichromat)	
	Chromgelb	

Daß diese Resultate sich nur teilweise mit den praktischen Erfahrungen decken, darf nicht wundern, da die Versuchsbedingungen gar nicht den tatsächlich im Anstrich herrschenden Verhältnissen angepaßt waren; so findet man z. B. Mennige weit unter Zinkweiß angeführt. Wie auch neuere Versuche mit ähnlicher Anordnung zeigten, wobei die Pigmente in Breiform (mit Wasser angerieben) in innigen Kontakt mit

---

[1] d'Ans, J.: Ztschr. f. angew. Ch. **41**, 1194 (1928).

[2] Siehe Cushman, A. S.: Die verhindernde Wirkung gewisser Pigmente auf Korrosion von Eisen und Stahl. Proc. Amer. Soc. for Testing Mater.. Philadelphia **8**, 605 (1908).

[3] Die zuerst vorgeschlagene Bezeichnung „inert" wurde fallen gelassen. Siehe auch S. 129, 130.

Eisen gebracht wurden, fördert unter diesen Umständen Mennige, doch sicher eines unserer besten Rostschutzpigmente, geradezu das Rosten[1]. Es ist also eine solche Art der Wirkungsprüfung glattweg abzulehnen.

Von den in Europa gebräuchlichen Pigmenten, denen eine passivierende Wirkung auf das Eisen zuzuschreiben wäre, kennt man nur eines, die Mennige. Sie besteht bekanntlich aus einer Blei-Sauerstoffverbindung, die unter gewissen Bedingungen einen Teil ihres Sauerstoffgehaltes abgibt, die also oxydierend zu wirken vermag. Nun weiß man, daß Eisen durch oxydierende Mittel passiviert werden kann, sei es, daß es zur Bildung einer Schutzhaut kommt, oder daß das Potential des technischen Eisens, dessen Oberfläche, wie schon angeführt wurde, als eine Eisen-Wasserstofflegierung angesehen werden kann, durch Wegoxydation des Wasserstoffes veredelt wird. Man wird natürlich sofort die Frage aufwerfen, warum man da nicht auch andere oxydierende Mittel anwenden kann. Die Antwort ist sehr einfach die, daß alle anderen brauchbaren Oxydationsmittel das Leinöl (oder andere Bindemittel) ebenfalls oxydieren und damit zerstören würden. Ob tatsächlich eine solche Wirkung, wie eben angedeutet, im Mennigeanstrich zustande kommt, ist eine unbewiesene Tatsache, wenn sie auch von vielen Seiten behauptet wird. Von anderer Seite wird wieder die Seifenbildung als das wesentliche der Schutzwirkung der Mennigeanstriche hingestellt.

In die Augen springend ist insbesondere die außerordentliche Haftfestigkeit von alten Mennigeanstrichen. Beim Abtragen alter Eisenkonstruktionen kann man das gut beobachten. Man findet da Mennigeanstriche, die trotz eines Alters von oft 50 Jahren tadellos aussehen und untrennbar am Eisen haften, so daß ihre Entfernung nur mit dem Meißel oder Sandstrahl gelingt. Interessant sind die Versuche, die E. Maaß und E. Liebreich anstellten[2]. Sie suchten die Frage, welcher Bestandteil der Mennige, das Bleisuperoxyd oder das Bleioxyd (siehe S. 96), die chemiche Schutzwirkung ausübt, zu klären. Sie packten Plättchen aus reinem Eisen (Elektrolyteisen) in Bleisuperoxyd-, Bleioxyd und Bleipulver unter einem Druck von 1 kg/cm² ein, sowie unter den gleichen Bedingungen auch in zwei verschiedene Mennigesorten (von 34,9% und 27,03% Superoxydgehalt). Die verwendeten Pulver waren vollkommen trocken, die Eisenplättchen wurden $^1/_4$ Jahr bei einer konstanten Temperatur von 30° C in der Packung gelagert. Sämtliche Platten wurden dann 14 Tage an der Atmosphäre gelagert, ihr Aussehen zeigt nachstehende Abb. 54.

Sie beurteilen das Ergebnis wie folgt: „Die beiden mit Mennige in Berührung gewesenen Platten zeigten deutliche Nachrostung, ebenso die Platte e), welche im Bleipulver gelegen hatte, und zwar in noch erheblich stärkerem Maße als die Platten a) und b), welche in der Mennige gebettet waren. Die Platten c) und d), also die Platten, die in Bleisuperoxyd und Bleioxyd gelagert gewesen waren, zeigten keine Nachrostung. Vielleicht kann man unter dem Mikroskop bei Platte c) (Bleisuperoxyd)

---

[1] Rahder, J.: Farben-Ztg. **33**, 2307 (1928). — Wolff, H., u. Singer: Farben-Ztg. **33**, 1909 (1928). — Dagegen sagt Ragg, M.: Vom Rost und Eisenschutz, S. 91: „. . . hingegen bei der Mennige nach 21 Tagen: Eisenoberfläche und Pigmentbrei unverändert“, als Urteil über Versuche, bei denen er Eisenblech mit einem Brei von Mennige und Wasser bedeckt hielt.

[2] Maaß, E., u. E. Liebreich: Korrosion u. Metallschutz **5**, 5/6 (1929); **6**, 178 (1930).

einige kleine Rostpünktchen erkennen, welche die sichtbare gebildete Deckschicht durchbrechen, trotzdem kann man im allgemeinen sagen, daß die Deckschicht die weitere Rostbildung verhindert hat. Besonders auffallend ist es, daß die Platte d), welche im Bleioxyd gelegen hatte, nicht nachgerostet und durch die vorherige Einbettung in Bleioxyd besser geschützt war als alle übrigen Platten. (Diese Platte zeigte, wie die in Mennige gelagerten, keine Deckschicht, sondern war wie diese noch vollkommen blank vor Beginn der Bewitterung.)

Nicht unerwähnt soll dabei bleiben, daß die wässerige Aufschlemmung des Bleioxyds eine deutliche alkalische Reaktion ergeben hatte, während die anderen Pigmente so gut wie neutrale Reaktion gezeigt hatten, so daß man vielleicht nicht fehl geht, das gute Verhalten des Bleioxyds diesem Umstande zuzuschreiben.

Übersieht man diese Ergebnisse, so hat es den Anschein, als ob jedenfalls das Bleioxyd als ein Bestandteil der Mennige anzusprechen ist, dem deutlich rostschützende Eigenschaften zuzuerkennen sind."

Vom Cincinnati and Dayton Paint and Varnish Club (USA.)[1] wurden Versuche ähnlicher Art, wie die von Cushman mitgeteilten, angestellt, bei welchen Mennige — rein und mit verschiedenen Zusätzen von Blei-

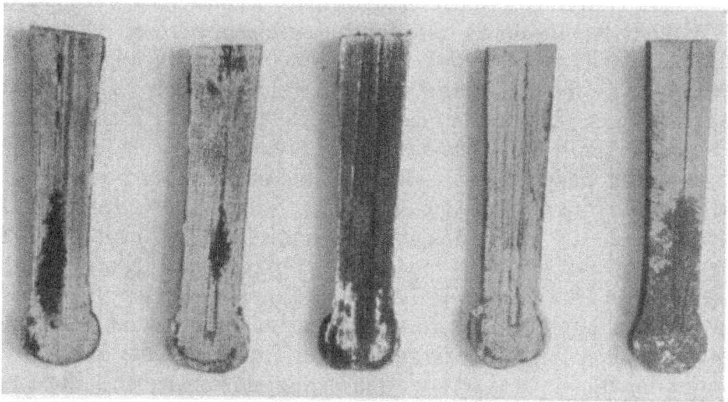

a) b) c) d) e)

Abb. 54. (Nach Maaß und Liebreich.)

glätte (= Bleioxyd) — angeteigt in Wasser mit Eisen in Berührung gebracht wurde. Mit steigendem Gehalt an Bleioxyd nahm die Korrosion ab, um bei einer Zusammensetzung von 60% Mennige (100%ig) und 40% Bleioxyd bereits den Wert 0,02 (Gewichtsverlust in % vom angewendeten Eisen), bei 10% Mennige und 90% Bleioxyd den Wert 0,00 zu erreichen, während Mennige (100%ige) allein einen Gewichtsverlust von 5,75% verursachte. Die Dauer dieser Versuche betrug 30 Tage.

Weitere Versuche werden erst ergeben können, ob die Ansicht, daß der Bleioxydgehalt der Mennige die Schutzwirkung bedingt[2], richtig ist; denn dies würde bedeuten, daß hochdisperse Mennige, die nahezu frei von Bleioxyd ist, der handelsüblichen grobdispersen Mennige nicht ebenbürtig sei. Die praktischen Erfahrungen mit den hochdispersen Sorten sind noch zu jung, um dies widerlegen zu können. Allerdings muß auch hier wieder darauf verwiesen werden, daß Kunstversuche,

[1] Ref. in Farbe u. Lack **1928**, 434.
[2] Blom, A. V.: a. a. O. und Chem.-Ztg. **1926**, 885.

wie sie oben beschrieben wurden, die tatsächlichen Verhältnisse im Anstrich nicht wiedergeben. E. Maaß und E. Liebreich[1] sagen in Fortsetzung des weiter oben Zitierten:

„Andererseits ist nicht zu verkennen, daß auch Bleisuperoxyd ein Nachrosten bei der vorliegenden Untersuchung zu verhindern vermochte. Doch bestehen trotzdem Bedenken, ob ein derartiger Rostschutz durch eine sichtbare Deckschichtbildung auch den erforderlichen Grad an Zuverlässigkeit besitzt. Solche Deckschichten pflegen immer feine Löcher und Poren zu besitzen, so daß die Gefahr der Rostbildung erfahrungsgemäß fortbesteht. Die nicht völlig gleichmäßige Ausbildung der Deckschicht, und die mit dem Mikroskop gemachte Beobachtung. daß auch in der Deckschicht selbst kleine Rostpünktchen entstehen, scheinen diese Anschauungen zu rechtfertigen."

Abschließend bemerken aber auch sie, daß es noch weiterer Untersuchungen bedürfen wird, zu beweisen, ob der Schutz durch Bleisuperoxyd zuverlässig genug ist, um die Anwendung nur geringer Mengen Bleioxyd enthaltender Mennige zu rechtfertigen. Dabei bleibt immer noch die Frage offen, ob sich im Anstrich, in dem alle Pigmentkörner von einer Bindemittelhülle umgeben sind, tatsächlich diese bei direktem Kontakt von Pigment und Eisen beobachteten Erscheinungen abspielen. Jedenfalls wäre es notwendig, auch die Wirkung der Bleiseifen auf das Eisen zu studieren, die in der Haftschicht, in der sich Pigmentanhäufungen vorfinden, in besonderem Maße zur Ausbildung kommen müssen.

Daß sich die von E. Maaß und E. Liebreich beobachtete ungünstige Wirkung des Bleipulvers nicht unbedingt auch im Anstrich ergeben muß, geht aus Bemerkungen von A. V. Blom[2] und M. Ragg[3] hervor, die günstige Erfahrungen mit Blei in geeigneter Form als Pigment gemacht haben.

Wie eben erwähnt, scheint das Pigment im Anstrich nicht gleichmäßig verteilt zu sein, wenigstens sprechen dafür Beobachtungen, welche A. V. Blom[4] und H. Wolff bei der mikroskopischen Untersuchung machten. Dies ist, wie H. Wolff[5] betont, durchaus kein einfacher Sedimentationsvorgang, denn nicht nur in der Haftschicht, auch in der äußersten Schicht des Anstriches finden sich Pigmentanhäufungen vor. In Widerspruch damit steht eine Mitteilung Raggs, in der er Mikroaufnahmen von Querschnitten durch Mennigeanstriche zeigt, aus denen seiner Ansicht nach hervorgeht, daß von einer bemerkenswerten Ungleichmäßigkeit der Pigmentverteilung kaum die Rede sein kann.[6]

Von sonstigen Pigmenten, denen man einen passivierenden Einfluß auf das Eisen zuschreibt, wäre nur noch das Zinkchromat (Zinkgelb) zu erwähnen. Es enthält je nach der Herstellungsweise noch Alkalichromat; bekanntlich wirken Alkalichromate passivierend, vorausgesetzt, daß sie in Wasser gelöst sind. Man nahm daher an, daß auch das im Zinkchromat enthaltene Alkalichromat, falls Wasser bis zum Eisen

---

[1] Maaß, E., u. E. Liebreich: Korrosion u. Metallschutz **5**, 5/6 (1929); **6**, 178 (1930).
[2] Blom, A. V.: a. a. O. und Chem.-Ztg. **1926**, 885.
[3] Ragg, M.: Farbe u. Lack **1929**, 168.
[4] Blom, A. V.: Farben-Ztg. **32**, 1195 (1926/27).
[5] Wolff, H.: Farben-Ztg. **34**, 669 (1928).
[6] Ragg, M.: Farben-Ztg. **34**, 1665 (1929).

durchdringt, passivierend und so rostschützend wirkt. Nach den weiter oben zitierten amerikanischen Versuchen reiht es unter den besten Pigmenten und A. S. Cushman und H. A. Gardner[1] bezeichnen es als bestes Schutzpigment. M. Ragg[2] berichtet, daß es ihm nicht gelungen ist, mit Zinkchromat-Ölfarbe Eisen zu passivieren. Nach Versuchen über die E. Figg[3] berichtet, schneidet es gegenüber Mennige verhältnismäßig schlecht ab, doch waren bei diesen Bewitterungsprüfungen die Anstriche abwechselnd der Luft und dem Seewasser ausgesetzt, so daß diese Versuche nur einen bedingten Rückschluß auf das Verhalten an der Atmosphäre allein zulassen. Wegen seines hohen Preises kommt es bei uns wenig in Anwendung, so daß ein Urteil über sein praktisches Verhalten kaum abzugeben ist.

In Amerika und England werden vielfach Ölfarben mit Zusatz von Zinkstaub verwendet (fast stets mit Zinkweiß zusammen). und man findet Angaben, daß der Zinkstaub einerseits das Eisen in den überaktiven Zustand versetzt, also nichtrostend macht, andererseits, daß er, da er sich sehr leicht oxydiert, den Sauerstoff abfängt, wodurch die Rostmöglichkeit beseitigt wird[4]. Es ist zumindestens zweifelhaft, ob das im Zinkstaub enthaltene Zink (neben diesem ist ja viel Zinkoxyd enthalten), ohne mit dem Eisen in direkter Berührung zu sein, im angedeuteten Sinne wirken kann, da die einzelnen Zinkstaubteilchen mit einer Ölhülle umgeben sind. Es wäre unter Voraussetzung der Möglichkeit selbstverständlich sehr erwünscht, im Anstrich solche Pigmente zu verwenden, die den Luftsauerstoff und die Feuchtigkeit chemisch binden. Wenn dies gelingen würde, so könnten die das Rosten bewirkenden Medien tatsächlich nicht zum Eisen gelangen und dieses wäre geschützt. Es dürfte dabei aber nicht vergessen werden, daß solche Reaktionen (Bindung von Sauerstoff und von Wasser in der Anstrichschicht) in der Regel zu Volumsvergrößerungen führen, welche ein Abheben oder Lockern der Anstrichhaut hervorrufen müssen, was einer günstigen Auswirkung für den Eisenschutz entgegensteht.

B. Die wichtigsten Pigmente für Eisenschutzanstriche.

1. Bleipigmente.

a) Mennige (Minium).

Mennige wird durch Oxydation von Blei oder Bleiverbindungen bei hoher Temperatur hergestellt. Die Mennige als chemisches Individuum ist eine Verbindung von Bleioxyd und Bleisuperoxyd ($2\,PbO + PbO_2$), sie wird auch als Bleisalz der Bleisäure aufgefaßt. Die technisch hergestellte

---

[1] a. a. O. S. 267/8.

[2] Ragg, M.: Vom Rost und Eisenschutz, S. 28. Berlin 1929.

[3] Figg, E.: Journ. of the Oil and Colour Chemists Assoc. **1925**, 341. Ref. in Farbe u. Lack **1926**, 64.

[4] Hendricks, W. H.: Farbe u. Lack **1926**, 52.

Mennige enthält immer noch weitere Bleioxydmengen, was durch den Herstellungsprozeß bedingt ist (siehe dagegen die sogenannten hochdispersen Sorten weiter unten). Man muß daher die chemische Verbindung Mennige, die ein chemisch einheitlicher Körper obiger Formulierung ist, von der technisch hergestellten Mennige unterscheiden. Um den Gehalt des Pigments Mennige an chemisch reiner Mennige zu kennzeichnen, gibt man ihren Gehalt an Bleisuperoxyd an. Man bezeichnet also z. B. eine h. ü. Mennige mit Superoxydgehalt 29%; d. h. da chemisch reine Mennige 34,89% Bleisuperoxyd enthält, so würde das fragliche Produkt rund 83% der Verbindung ($2\,PbO + PbO_2$) enthalten, der Rest wäre im wesentlichen Bleioxyd neben etwa 1,5% Feuchtigkeit + Verunreinigungen.

In Deutschland gelten nach den Lieferbedingungen des Reichsausschusses für Lieferbedingungen[1] folgende vier Sorten als handelsüblich:

	Mindestgehalt an Bleisuperoxyd %
a) Bleimennige (rote oder gewöhnliche Bleimennige) . . .	26,0
b) Orangemennige	27,0
c) Bleimennige, hochprozentig	31,5
d) hochdisperse Bleimennige	32,5

Die rote Bleimennige, auch Kristallmennige genannt, wird durch Oxydation von Bleiglätte in geeigneten Öfen gewonnen. Die Orangemennige wird durch Oxydation von Bleiweiß hergestellt und unterscheidet sich von der vorigen durch ihre größere Reinheit im Farbton und durch ein feineres Korn. Wegen ihres höheren Preises wird sie im Rostschutzanstrich nicht verwendet; ihre Anwendung würde auch keinerlei praktische Vorteile bringen.

Die Teilchengröße der Kristallmennige schwankt von 0,5—1 μ bis hinauf zu 30 μ. Gröbere Teilchen kommen nur in minderwertigen Sorten vor. Die rote Mennige ist also ein ausgesprochen heterodisperses Pigment, wie auch aus nachstehender Mikroaufnahme deutlich hervorgeht (Abb. 55.)

Ein großer Übelstand bei der Verwendung der Kristallmennige (auch der Orangemennige) ist es, daß die angeriebene Farbe nicht lagerfähig ist, weil sich (je nach der Sorte) in kürzerer oder längerer Zeit entweder ein harter nicht mehr aufrührbarer Bodensatz bildet oder die ganze Anstrichfarbe verdickt. Dies wird meist auf die Bildung von Bleiseifen zurückgeführt, welche die abgesetzten Pigmentteilchen verkitten. Die Mennige ist ein Pigment von hohem spezifischen Gewicht (es wird durchschnittlich mit 8,32—9,54 angegeben); da viele Teilchen relativ groß sind, wird eine starke Neigung zum Sedimentieren vorhanden sein, doch würde das Absetzen weiter nichts schaden, wenn sich der

[1] Siehe S. 283.

Bodensatz im Farbgefäß wieder leicht aufrühren ließe. Man hatte schon lange versucht, diesen Übelständen abzuhelfen, indem man entweder die Mennige mit spezifisch leichteren Substanzen vermischte (meist Kreide) oder dem Bindemittel Substanzen zusetzte, die das rasche Absitzen verhindern sollten, indem durch sie die Viskosität des Bindemittels erhöht wird (z. B. fettsaure Tonerde). Daß schon in der lagernden Mennigefarbe Bleiseifenbildung vor sich geht, ist aus den Untersuchungen von A. Eibner und W. Laufenberg[1] klar ersichtlich. Ob aber diese Seifenbildung die Ursache des Verdickens ist, wird von mancher Seite angezweifelt[2]. Durch das Erscheinen der sogenannten hochdispersen (auch non-setting) Mennige wurde es zum ersten Male möglich, lagerfähige Mennigeölfarben herzustellen. Diese neueren Mennigesorten unterscheiden sich von den älteren durch ihre Korngröße (etwa 0,5—2 μ) und ihren größeren Superoxydgehalt, also geringeren Gehalt an Bleioxyd. Der Unterschied gegenüber der Kristallmennige tritt in dem beigefügten Mikrobild klar zutage (Abb. 56). Man sieht auch deutlich, daß die hochdisperse Mennige ein weitgehend isodisperses Pigment ist. Durch die geringe Korngröße neigt sie weniger zum Absetzen, da die kleinen Teilchen, infolge des geringen Gewichtes, die Reibung im Firnis nicht überwinden können und so in Schwebe bleiben.

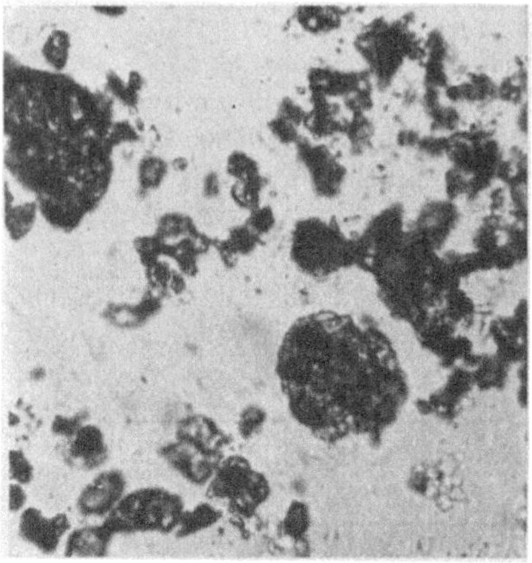

Abb. 55. Kristallmennige in Paraffinöl. 1000×. (Nach M. Ragg.)

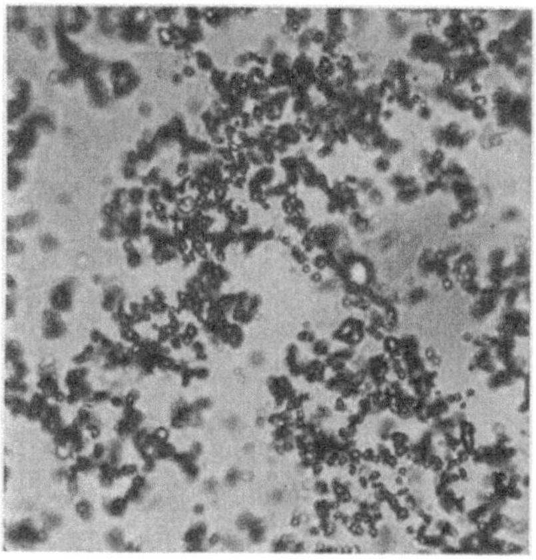

Abb. 56. Hochdisperse Mennige (Tego) in Paraffinöl. 1000×. (Nach M. Ragg.)

Die Ursache der Bildung eines harten, nicht aufrührbaren Bodensatzes beim Lagern von gewissen Mennigeölfarben ist, wie aus den Untersuchungen von H. Grohn[3] hervorgeht, in verschiedenen Umständen zu suchen. Daß auch die hochdispersen Mennigesorten Bleiseifenbildung zeigen, war aus allgemeinen chemischen Gesetz-

[1] Eibner, A., u. W. Laufenberg: Korrosion u. Metallschutz **5**, 157 (1929).
[2] Wolff, H., u. R. Singer: Farben-Ztg. **34**, 1840 (1929); **34**, 1309 (1928/29).
[3] Grohn, H.: Farben-Ztg. **35**, 1354ff. (1930).

mäßigkeiten vorauszusehen und wird durch die Untersuchungen von A. Eibner und W. Laufenberg[1] und W. Droste[2] bestätigt. Mangelndes Seifenbildungsvermögen konnte demnach nicht die Ursache sein, daß die mit hochdispersen Mennigesorten hergestellten Ölfarben ihre gute Streichbarkeit auch nach langem Lagern behalten. Insbesondere A. Eibner und W. Laufenberg haben bewiesen, daß die hochdisperse Mennige in der gleichen Zeit mehr Bleiseifen (bzw. Bleisalze der Filmabbausäuren) bildet als die Kristallmennige. Die Teilchengröße als solche ist, wie H. Grohn[3] zeigt, ohne Einfluß auf die Bildung eines harten Bodensatzes. Er stellte sich durch trockene Vermahlung aus Kristallmennige ein Produkt her, dessen Teilchengröße zwischen 0,5—6 μ lag; dieses bildete nach dem Anreiben mit Öl ebenso einen unaufrührbaren Bodensatz, wie die ursprünglich verwendete Mennige. Er zeigte aber, daß durch Herauslösen des in der Kristallmennige enthaltenen Bleioxyds, aus einer verdickenden Mennige eine nicht verdickende wurde. Dies spricht also deutlich dafür, daß das Bleioxyd beim Verdicken von Mennigeölfarben eine ausschlaggebende Rolle spielt. Aber nicht nur die Menge dieses Bleioxyds ist von Einfluß auf die Verdickung, sondern auch die Form, in der es sich in der Mennige vorfindet. Liegt es in Form freier Bleioxydteilchen vor, so gibt es bei einem gewissen Mindestgehalt zur Verdickung Anlaß; wenn aber das Bleioxyd mit einer Hülle von Pb_3O_4 (Bleiorthoplumbat = chemisches Individuum „Mennige") umgeben ist, so bleibt auch ein relativ großer Bleioxydgehalt ohne Einfluß auf die Farbverdickung, weil die Einwirkung des Öles auf das Bleioxyd durch die schützende Orthoplumbathülle verhindert wird. Der Herstellungsprozeß von Mennige besteht letzten Endes in der Regel in einer Oxydation von primär gebildetem oder vorhandenem Bleioxyd. Es ist ohne weiteres möglich und durch Mikroaufnahmen[4] auch bestätigt, daß bei einem Teil der entstandenen Mennige die Oxydation des Bleioxyds nicht zur Gänze erfolgt, sondern daß ein Teil der Bleioxydteilchen lediglich mit einer Schicht von Pb_3O_4 (Bleiorthoplumbat) überzogen wird.

M. Ragg[5] hat gezeigt, daß scheinbar zwischen den aus Bleioxyd oder den aus Bleiorthoplumbat gebildeten Bleiseifen ein Unterschied besteht, insoferne die aus dem ersteren entstandenen Bleiseifen Verdickung hervorrufen, die aus dem letzteren entstandenen aber nicht. Grohn zieht aus seinen Versuchen und aus den Beobachtungen von Eibner, Laufenberg, Droste, Ragg und anderen den Schluß, daß das Eindicken der Mennigeölfarben nicht durch die Bleiseifenbildung an sich verursacht wird, sondern daß die jeweilige Form der entstehenden Bleiseifen die Verdickungserscheinungen bewirkt oder nicht. Der Unterschied zwischen den aus Bleioxyd oder Blei-

[1] Eibner, A., u. W. Laufenberg: Korrosion u. Metallschutz **5**, 157 (1929).
[2] Eibner, A., u. W. Laufenberg: Korrosion u. Metallschutz **4**, 107 (1928).
— Droste, W.: Die Seifenbildung in Anstrichen, Berlin 1929.
[3] Grohn, H.: Farben-Ztg. **35**, 1355 ff. (1930).
[4] Ragg, M.: Vom Rost und Eisenschutz. S. 83. Berlin 1928.
[5] Ragg, M.: Farben-Ztg. **34**, 1605 (1929).

orthoplumbat sich bildenden Bleiverbindungen (Bleiseifen) besteht nach Grohn demnach darin, daß die aus Plumbat hervorgegangenen Seifen im Öl dispergiert bleiben (was zwar eine Viskositätserhöhung aber kein Festwerden mit sich bringt), während die aus Bleioxyd entstandenen Bleiverbindungen „unter Phasenumkehr aus dem beweglichen Bleiglyzerid-Leinölsystem in ein mehr oder weniger starres Leinöl-Bleiglyzeridsystem", d. h. in eine Dispersion von Leinöl in Bleiseifen übergehen. Es ergibt sich daraus, daß weder Korngröße noch Bleisuperoxydgehalt bestimmend auf den Verdickungsvorgang sind, sondern daß er wesentlich von dem Vorhandensein von unverändertem Bleioxyd und von dessen Art (Struktur der Mennigeteilchen) abhängt. Der Säuregehalt des Öles und die Art des verwendeten Öles selbst haben bei diesen Erscheinungen keine ausschlaggebende Bedeutung.

H. Wolff faßt seine Meinung über die Ursachen der Verdickungserscheinungen in folgenden Worten zusammen: „Die Farbe verdickt nicht, weil sich Bleiseifen bilden, sondern wenn die gebildeten Bleiseifen einen bestimmten aber nicht notwendigen Zustand annehmen"[1]

Die hochdisperse Mennige wird nach drei verschiedenen Verfahren hergestellt.

Entweder man geht von gewöhnlicher Mennige aus und trennt in Sichtern die feinstkörnigen Teile ab (englische non setting-Mennige soll so gewonnen werden), oder man erzeugt durch Fällung ein besonders feinkörniges Bleikarbonat und oxydiert dieses zu Mennige[2], oder man erzeugt durch Oxydation von dampfförmigem Blei eine hochdisperse Bleiglätte, aus der man dann die Mennige gewinnt[3]. Die letzte Methode gibt die feinstkörnigen Produkte.

Der Ölbedarf der hochdispersen Mennige (sie wird auch als schwimmende Mennige bezeichnet, wegen ihres Sedimentationsverhaltens) ist größer als jener der Kristallmennige, bis etwa doppelt so hoch (je nach Sorte). Durch den höheren Ölgehalt ist die hochdisperse Mennige ausgiebiger, man kann durchschnittlich die doppelte Fläche, wie mit gewöhnlicher Mennige streichen. Die Frage, ob der dadurch erzielte dünnere Anstrich die gleiche Schutzwirkung ausübt wie der dickere der gewöhnlichen Mennige, ist noch umstritten. Jedenfalls erzielt man mit den schwimmenden Sorten einen gleichmäßig deckenden Anstrich, was bei gewöhnlicher Mennige verhältnismäßig schwer zu erreichen ist; insbesondere wenn diese Ölfarbe nicht ständig gut durchgerührt wird, oder wenn sie schon etwas dicklich geworden ist, kann man Anstriche wie den in Abb. 57 wiedergegebenen erhalten. Wie diese Abbildung zeigt, sind viele Stellen nur mit einer durchsichtigen Ölschicht überzogen, die kaum rostschützend wirken kann. Dazu kommt, daß ein Mennigeanstrich oft längere Zeit ungeschützt der Witterung ausgesetzt bleibt. Denn was nützen alle Regeln, wenn infolge Eintritts schlechter Witterung ein erst im Spätherbst fertig gewordenes eisernes Objekt nicht mehr mit einem Deckanstrich versehen werden kann; dann muß eben der

[1] Wolff, H.: Farben-Ztg. **35**, 1568 (1930).
[2] DRP. 414628 und 413021. [3] DRP. 59674.

Grundanstrich den Winter über durchhalten, ohne daß im Frühjahr wieder langwierige Entrostungsarbeit notwendig werden darf. In einem solchen Falle wird sicher der zwar dünnere, aber doch gleichmäßigere Anstrich mit hochdisperser Mennige besser schützen. Wenn Junk[1] behauptet, daß die Anstriche mit hochdisperser Mennige poröser seien als die mit gewöhnlicher Mennige, so muß dies bezweifelt werden. Der hohe Ölgehalt der hochdispersen Sorten (bis etwa 40% der streichfertigen Farbe) wurde immer als Nachteil empfunden. Man muß bekanntlich den Grundanstrich immer möglichst mager (das heißt mit wenig Öl in der Farbe) halten (siehe S. 171), damit die nachfolgenden Deckanstriche die immer fetter sein sollen als der darunterliegende Anstrich, nicht allzu ölreich gemacht werden müssen, was wieder ihre Wetterbeständigkeit herabsetzen würde. Man trachtet daher zur Zeit Mennigesorten zu verwenden (sogenannte „mitteldisperse" Mennige), deren Ölbedarf bei etwa 20% liegt (also weit niedriger als jener der hochdispersen), deren Korngröße und andere Eigenschaften eine genügend lange Haltbarkeit der angeriebenen Farbe gewährleisten und die eine dickere Anstrichschicht ergeben als die hochdispersen Sorten, dabei aber deren gute Streichbarkeit aufweisen. Die Erfahrungen der österreichischen Bundesbahnen mit diesen Sorten sind günstige, soweit die Laboratoriumsprüfung und die noch nicht allzualte praktische Erfahrung zeigen.

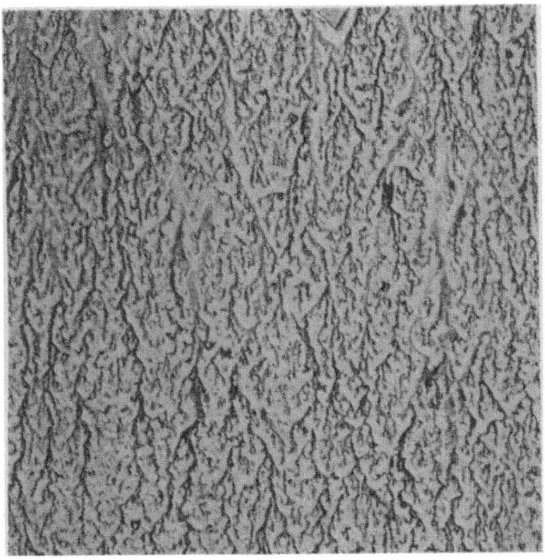

Abb. 57. Schlechter Mennigeanstrich. (Nach H. Bestehorn.)

Die von W. Droste stammenden Mikroaufnahmen auf den Seiten 103—105 lassen die mit dem Alter der Farbe fortschreitende Bleiseifenbildung deutlich erkennen. Mennige Nr. 1 war eine Kristallmennige, die als streichfertige Farbe einen Ölgehalt von 20% hatte. Mennige Nr. 9 war eine hochdisperse Sorte mit einem Ölgehalt von 40% in der streichfertig gelieferten Farbe (Abb. 58—65, Vergr. 200 mal). An den mit Schwefelwasserstoff geschwärzten Präparaten ist deutlich zu sehen, daß nach drei Tagen noch kaum eine Seifenbildung zu erkennen

[1] Junk, A.: Farben-Ztg. **34**, 671/76, 1309. — Vgl. dazu Wolff, H., G. Zeidler: Farben-Ztg. **34**, 1309, 1666 (1928/29). — Lüty, W.: Farben-Ztg. **34**, 1310, 1667 (1928/29).

war, während sie sich nach vier Wochen schon ziemlich weit fortgeschritten zeigte. Es ist auch zu sehen, daß sich sowohl die Kristallmennige als auch die hochdisperse Mennige hinsichtlich der Seifenbildung ziemlich gleich verhalten. Aus den Mikrophotos Abb. 66—73 (200fache Vergr.) ist zu erkennen, daß die Seifenbildung bei der Mennige, beim Bleioxyd (PbO) und Bleisuperoxyd (PbO_2) in sehr verwandten Formen erfolgt. Nach zwei Tagen tritt sowohl beim Bleioxyd wie beim Bleisuperoxyd starke Auflösung ein, nach einem Monat sind die Pigmentteilchen fast vollständig verschwunden. Die einen Monat alten Präparate zeigen die letzten noch nicht vollständig zerfallenen Stellen. Zum Vergleich dient die Mikroaufnahme einer in Leinöl angeriebenen Mennige im Alter von vier Wochen, bei gleicher Vergrößerung (Abb. 74, 75).

Ob verschnittene Ware zum Grundanstrich zuzulassen ist, wird nicht einheitlich beurteilt. Würth[1] vertritt den Standpunkt, daß durch Zusatz geeigneter Mischpigmente (Schwerspat oder Kreide) eine Verbesserung des Films eintritt, indem er früher hart wird. Andererseits wird durch den Verschnitt eine Verringerung des Mennigegehalts in der Farbe herbeigeführt. Wir möchten auf Grund praktischer Erfahrungen eine verschnittene Mennige als Rostschutzgrundanstrich ablehnen; wenn man schon Mennige verwendet, so hat es sicher wenig Wert, am Pigment sparen zu wollen, da es doch den geringeren Teil der Gesamtkosten ausmacht. Der Vorwand, daß die Zumischung eines anderen Pigments im Sinne der Erzielung eines heterodispersen Pigments wirke, ist bei gewöhnlicher Mennige nicht stichhaltig; denn wie man aus den Mikrophotographien ersehen kann, ist diese an und für sich schon heterodispers.

b) Subox.

Unter dieser Bezeichnung kam vor einigen Jahren ein Pigment auf den Markt, dem die chemische Zusammensetzung des hypothetischen Bleisuboxyds zugeschrieben wurde. Es wurde damals auch die Möglichkeit erörtert, daß damit eine Verbleiung des Eisens zu erzielen sei, die man als elektrolytischen Vorgang deutete[2]. Das Pigment wurde nur in Öl angerieben als streichfertige Farbe geliefert. Die Zusammensetzung des Pigments war in der ersten Zeit nicht gleichartig, auch war das Streichen mit dieser Farbe nicht ganz einfach, da sie gleichsam in das Eisen eingebürstet werden mußte. Beide Übelstände sollen in letzterer Zeit behoben worden sein. Nach röntgenoptischen Untersuchungen von A. E. Ashel[3] ist Subox überhaupt nur ein hochdisperses Gemenge von Blei und Bleioxyd. Über den praktischen Rostschutzwert der Anstriche liegen bisher keine einheitlichen Urteile vor, auch ist die Zeit hierfür noch etwas kurz. Es sind uns von Anstrichen, die auf Masten der Fahrleitung der Bundesbahnen und an

---

[1] Würth, K.: Korrosion u. Metallschutz **5**, 14ff. (1929).
[2] Blom, A. V.: Farben-Ztg. **31**, 504 (1925).
[3] Ashel, A. E.: Farbe u. Lack **1926**, 126.

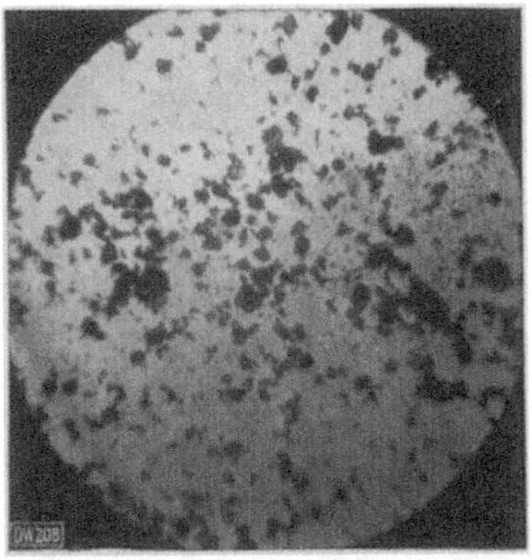

Abb. 58. Mennige Nr. 1 in Leinölfirnis, 3 Tage alt.

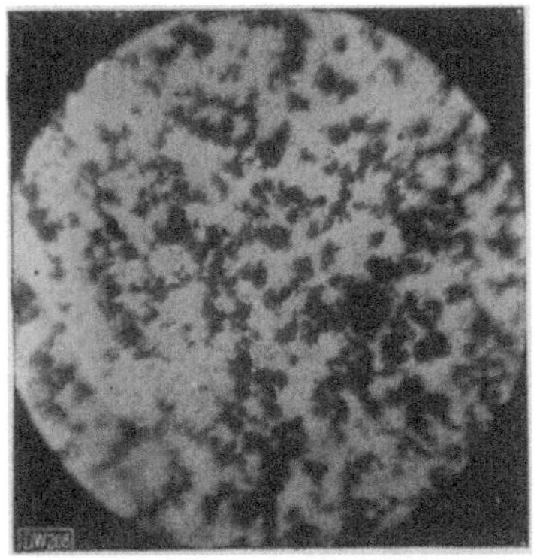

Abb. 59. Dasselbe Präparat, 3 Tage alt; mit Schwefelwasserstoff geschwärzt.

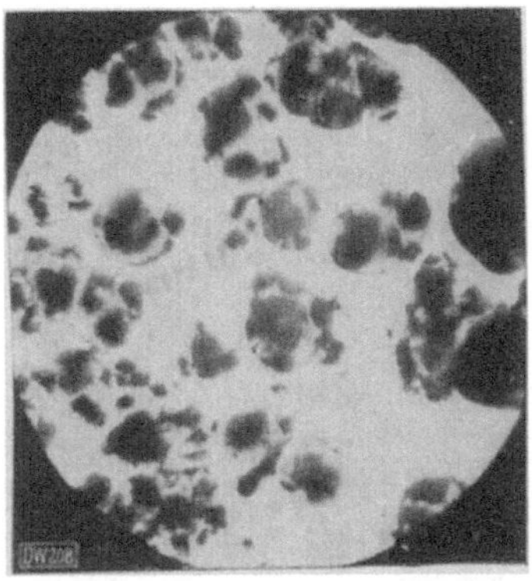

Abb. 60. Mennige Nr. 1 in Leinölfirnis, 4 Wochen alt.

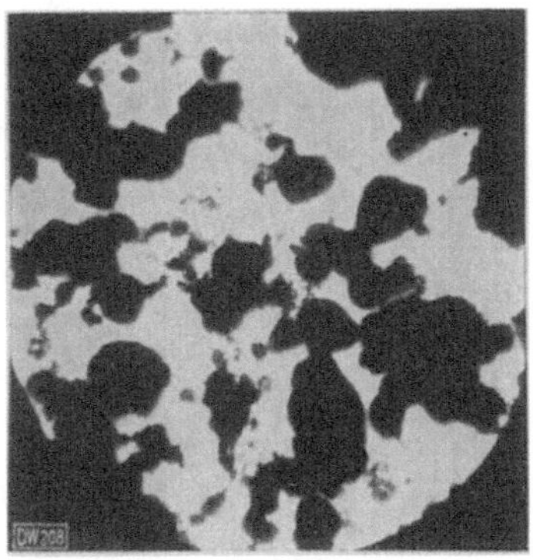

Abb. 61. Dasselbe Präparat, 4 Wochen alt; geschwärzt.

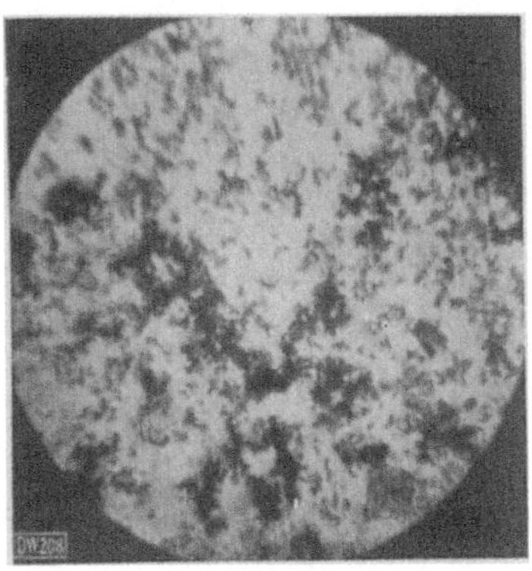

Abb. 62. Mennige Nr. 9 in Leinölfirnis, 3 Tage alt.

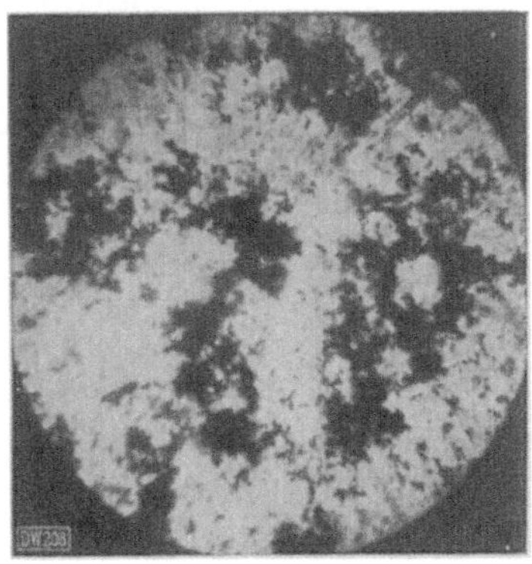

Abb. 63. Dasselbe Präparat, 3 Tage alt; geschwärzt.

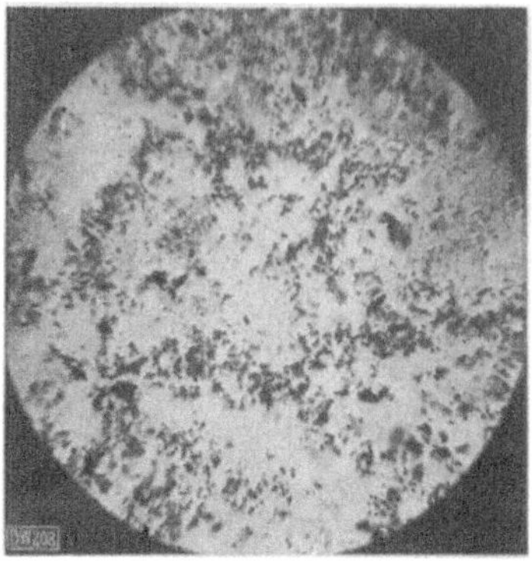

Abb. 64. Mennige Nr. 9 in Leinölfirnis, 4 Wochen alt.

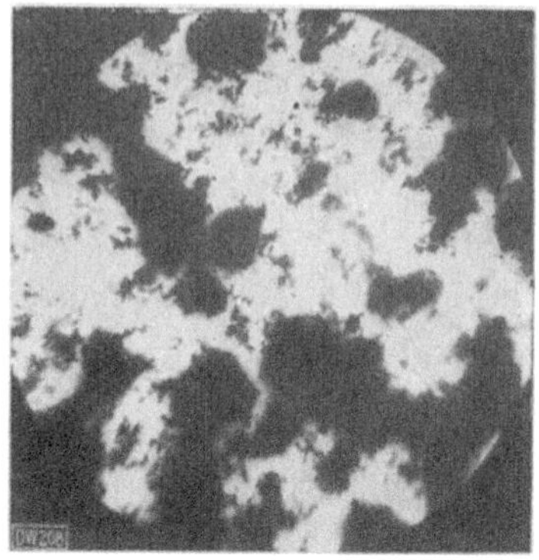

Abb. 65. Dasselbe Präparat, 4 Wochen alt; geschwärzt.

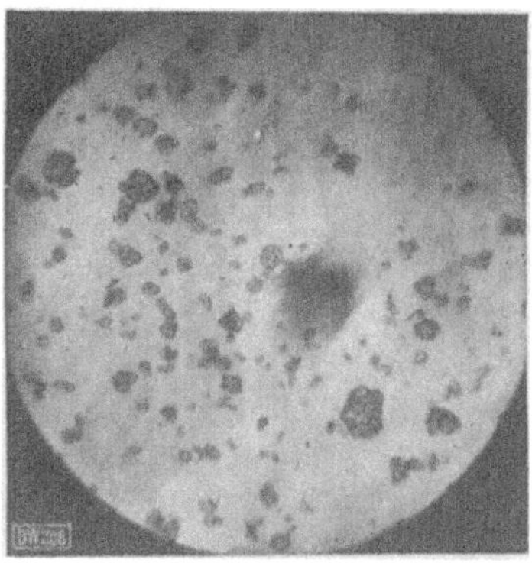

Abb. 66. Bleioxyd in Leinöl, 9 Tage alt.

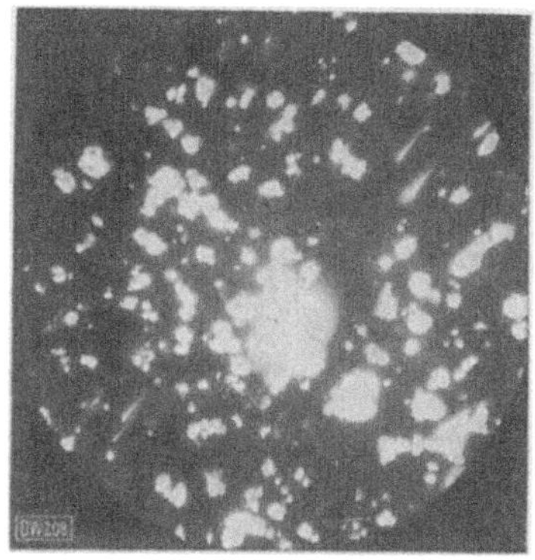

Abb. 67. Dieselbe Stelle wie Abb. 66 in polarisiertem Licht.

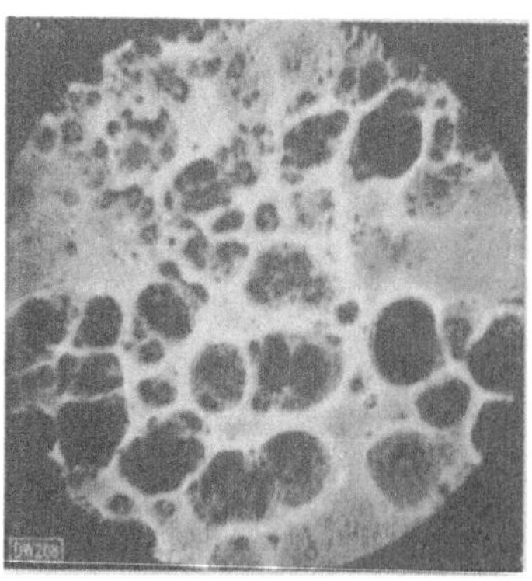

Abb. 68. Bleioxyd in Leinöl, 1 Monat alt.

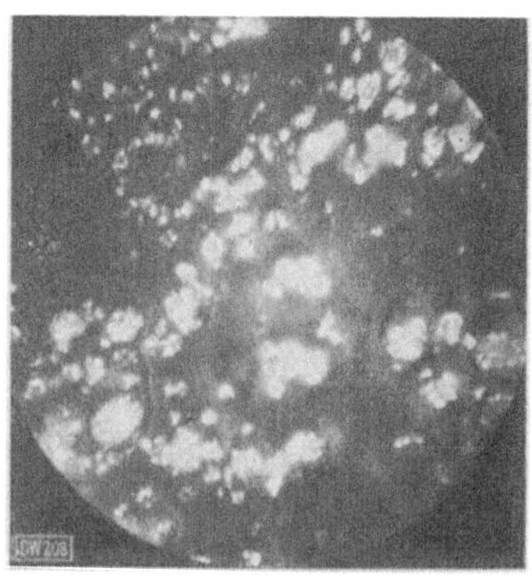

Abb. 69. Dieselbe Stelle wie in Abb. 68 in polarisiertem Licht.

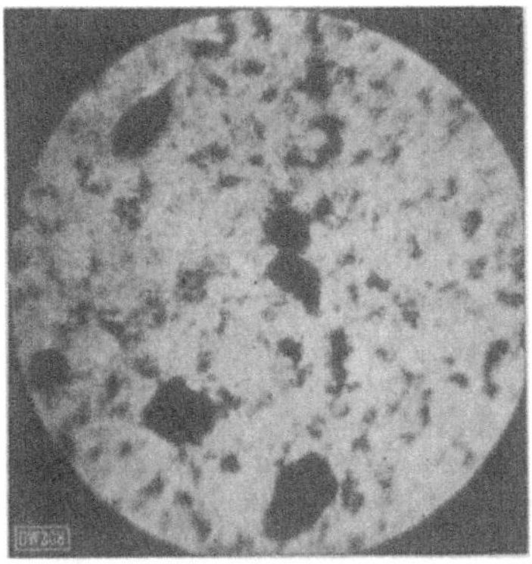

Abb. 70. Bleisuperoxyd in Leinöl, frisch angerieben.

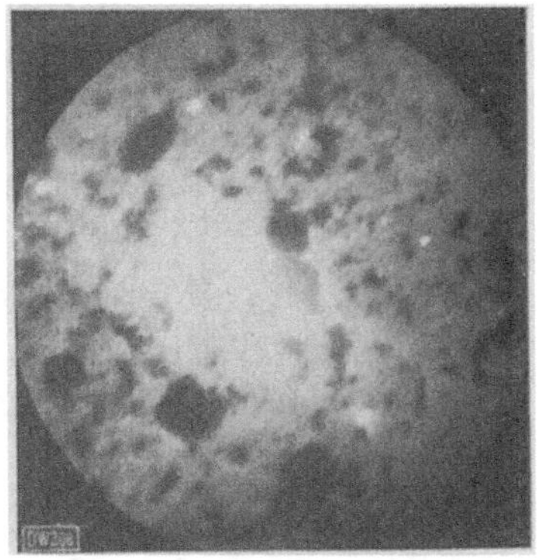

Abb. 71. Dieselbe Stelle wie in Abb. 70 in polarisiertem Licht.

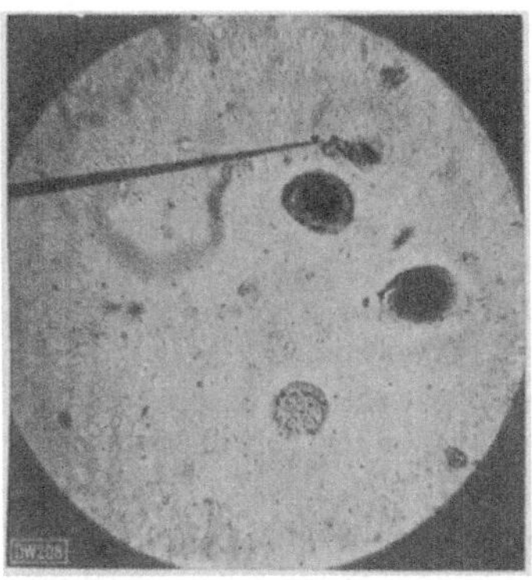

Abb. 72. Bleisuperoxyd in Leinöl. 4 Wochen alt.

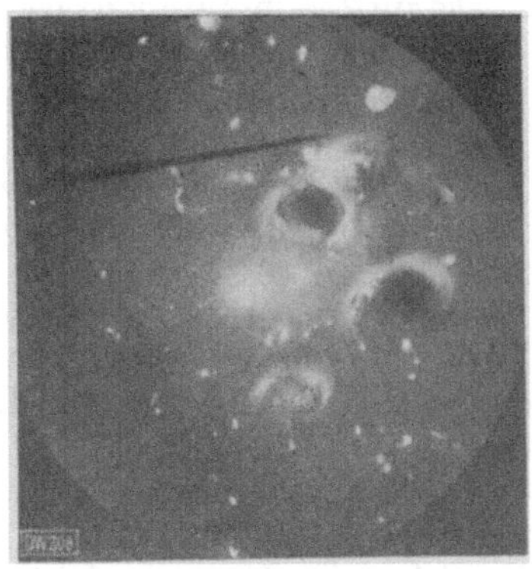

Abb. 73. Dieselbe Stelle wie in Abb. 72 in polarisiertem Licht.

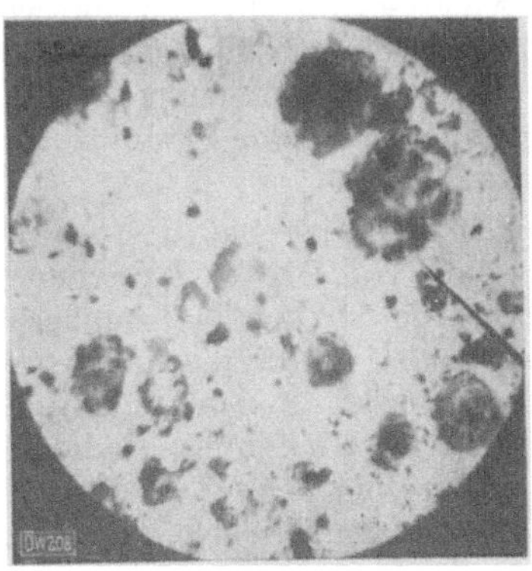

Abb. 74. Mennige in Leinöl, 4 Wochen alt, 200 fach. Nach W. Droste.

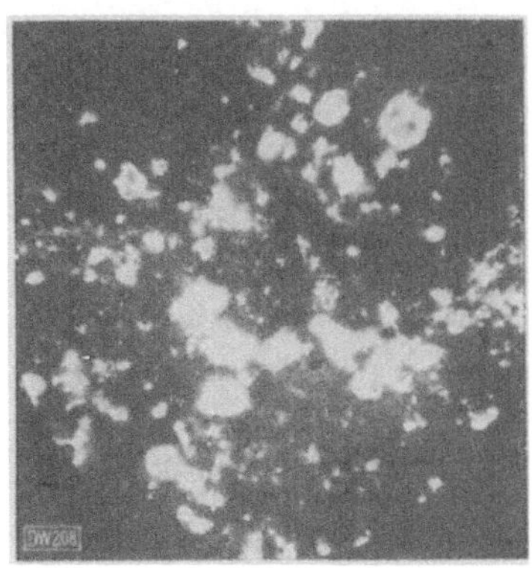

Abb. 75. Dieselbe Stelle wie in Abb. 74 in polarisiertem Licht, 200 fach. Nach W. Droste.

Masten von Hochspannungsleitungen angebracht worden sind, sowohl recht gute Haltbarkeit, wie auch Versagen des Anstriches bekannt, dessen Ursache nicht feststeht.

Wenn auch mit Subox sicher keine Verbleiung durch Anstrich möglich ist, so soll dies mit anderen geeigneten Pigmenten der Fall sein, wie A. V. Blom angibt[1].

c) Weiße Bleipigmente.

α) Bleiweiß (Karbonatbleiweiß).

Es existiert wohl eine große Zahl von Verfahren zur Gewinnung von Bleiweiß, doch haben sich nur wenige Verfahren in der Praxis behaupten können. Als Bleiweiß kurzweg bezeichnet man nur die basischen Karbonate des Bleis, die in ihrer Zusammensetzung, je nach der angewendeten Erzeugungsmethode, voneinander abweichen, d. h. verschiedenartige Gemische von basischem und neutralem Bleikarbonat darstellen[2].

Die zur Zeit in Ausübung befindlichen Verfahren gehen sämtliche vom metallischen Blei oder vom Bleioxyd aus. Nach dem

1. Holländischen Verfahren wird Essigsäure in Tontöpfen, die in Dünger, Lohe oder dergleichen eingebettet sind, durch die sich bei der Fäulnis oder Gärung dieser Substanzen entwickelnde Wärme verdampft. Auf diesen Töpfen stehen Spiralen aus Bleiblech. Das Blei wird durch die Essigsäuredämpfe in basisches Azetat verwandelt und dieses durch die, bei der Verwesung des Düngers usw. freiwerdende Kohlensäure in basisches Karbonat. Die Bleistreifen werden fast zur Gänze in Bleiweiß umgewandelt; die Dauer einer Charge beträgt etwa vier Wochen.

2. Klagenfurter Verfahren. Es wurde von Michael Ritter von Herbert in die Praxis eingeführt. Das danach hergestellte Produkt, das sich durch besondere Weiße auszeichnet, wird Kremserweiß, nach der Stadt Krems in Österreich, benannt. Nach diesem Verfahren werden Bleitafeln in Kästen gebracht, die mit Weintrestern, Most, Weinessig beschickt sind. Diese Kästen werden nun ihrerseits auf ähnliche Weise wie beim holländischen Verfahren erwärmt. Die Umsetzung dauert etwa vier Monate, liefert aber wie gesagt ein sehr weißes Produkt. Es wird vorwiegend in der Kunstmalerei verwendet.

3. Aus dem vorgenannten Verfahren bildete sich das deutsche Kammerverfahren aus, das im Jahre 1839 von Dietel in Eisenach eingeführt wurde. Das Blei wird in Form von Streifen in Kammern eingehängt. Nachdem die Beschickung beendet ist, werden die Kammern allseitig gut abgeschlossen. Durch Kanäle werden Essigsäuredämpfe und Kohlensäure eingeleitet, welche auch die Wärme zuführen. Dadurch ist eine gute Regulierung der Temperatur möglich. Der Prozeß ist in 7—9 Wochen beendet. Das am Boden der Kammern angesammelte Bleiweiß wird von Hand aus, oder in neuerer Zeit durch Abspritzen,

---

[1] Blom, A. V.: Ztschr. f. angew. Ch. **39**, 555 (1926).
[2] Sacher, J. F.: Ztschr. f. angew. Ch. **39**, 692 (1926).

entleert. In einer Waschmaschine wird das unveränderte Blei ausgeworfen, die erhaltene Bleiweißbrühe gelangt dann über Siebe in eine Naßtrommelmühle und schließlich in Absitzbottiche. Darauf folgt Abfiltrieren und Trocknen. Das trockene Pulver wird mechanisch in Fässer verpackt.

4. Das englische Verfahren, nach dem Bleiglätte mit essigsaurem Blei angefeuchtet und dann in rotierenden Trommeln mit Kohlensäure behandelt wird, hat sich als nicht konkurrenzfähig erwiesen.

5. Die Fällungsverfahren haben neuerdings, trotz anfänglich beträchtlicher Anfeindung seitens der Kammerfabriken, an Bedeutung gewonnen. Zuerst wird aus Bleioxyd oder Blei (in geeigneter Form, wie z. B. Granalien, Fäden u. ä.) und Essigsäure ein basisches Azetat hergestellt und aus diesem durch Fällen mit Kohlensäure ein basisches Karbonat, das aber in seiner Zusammensetzung nicht ganz dem Kammerbleiweiß entspricht. Die Verfahren von Kalkow[1] und Wultze[2] sind in Deutschland die wichtigsten.

Das Falksche Bleiweiß[3], das eine ähnliche Zusammensetzung hat, wird durch Verkneten von neutralem Bleikarbonat, das durch Fällung von basischem Bleiazetat mit Kohlensäure erhalten wird, mit Bleiglätte gewonnen.

6. Gegen die elektrolytischen Verfahren, die schon vor mehr als 40 Jahren in Amerika eingeführt wurden, wird einerseits eingewendet, daß sie neutrales und nicht basisches Karbonat liefern[4], andererseits, daß die Farbe durch mitausgeschiedenen Bleischlamm nicht einwandfrei sein soll[5].

Das Bleiweiß gehört zu den bestdeckenden weißen Pigmenten und wird darin nur vom Sulfobleiweiß[6] und vom Titanweiß übertroffen. Seine Struktur ist mikrokristallin. Früher nahm man an, daß das Kammerbleiweiß amorph und das Fällungsbleiweiß kristallin sei, und leitete aus diesem Unterschied die Überlegenheit des Kammerbleiweißes ab. Nach Angaben von L. Wöhler[7] und F. Gademann[8] trifft dies nicht zu, wie die röntgenoptischen Untersuchungen ergeben haben. Der Hauptwert bei der Beurteilung des Bleiweißes ist auf die Deck-

[1] DRP. 292960.

[2] DRP. 173105, 174024, 181399. [3] DPR. 241005, 265910.

[4] Das basische Karbonat (Kammerbleiweiß) hat die Zusammensetzung $2\,PbCO_3$ $Pb(OH)_2$ (=2 Bleikarbonat + Bleihydroxyd). Das neutrale Karbonat ($PbCO_3$) ist nicht so deckfähig, auch wenig oder nicht zu den Reaktionen, die sich beim Trocknen des Anstriches abspielen (z. B. Seifenbildung) befähigt. Siehe auch Kritik der elektrolytischen Verfahren bei J. F. Sacher,: Ztschr. f. angew. Ch. **37**, 732 (1924).

[5] Siehe Zimmer, E.: Bleiweiß u. a. Bleifarben, S. 33. Dresden 1926. Diese Monographie als Literatur für alle Details der Herstellung, Handelsformen usw.

[6] Siehe darüber auch Wolff, H.: Farben-Ztg. **33**, 1343 (1927/28). Auch hinsichtlich des Abkreidens verhalten sich Anstriche mit einer Sulfobleiweiß-Ölfarbe besser, wie solche mit einer Farbe, die Karbonatbleiweiß als Pigment enthält. Die Durchlässigkeit für ultraviolettes Licht ist bei Karbonatbleiweiß und Sulfatbleiweiß ziemlich gleich. Siehe diesbezüglich auch S. 125.

[7] Wöhler, L.: Ztschr. f. angew. Ch. **39**, 16 (1926).

[8] Gademann, F.: Farben-Ztg. **31**, 1850 (1926).

fähigkeit, Farbe und Freiheit von löslichen Bleisalzen zu legen. Es bildet mit dem trocknenden Öl allmählich Bleiseifen, doch in geringerem Maße als Mennige. Auf dieser Eigenschaft beruht vielleicht die vorzügliche Eignung zum Deckanstrich. Als Rostschutzgrundanstrich ist es nicht zu gebrauchen, da es zu Unterrostungen Anlaß geben kann[1]. Wegen seiner Giftigkeit darf es nur mit Öl angerieben als Paste[2] verkauft werden. Die Ölpaste wird entweder durch Anreiben von trockenem Bleiweiß mit Leinöl oder durch Auskneten des nassen Produktes mit Leinöl hergestellt, wobei, wie schon erwähnt, das Wasser aus dem Pigment verdrängt wird. Für dick geriebenes Bleiweiß (pastose Anreibung) ist der Ölverbrauch etwa 10 Gewichtsprozent, für streichfertige Farbe etwa 25 Gewichtsprozent. Das Kammerbleiweiß hat wegen seines höheren spezifischen Gewichtes einen etwas niedrigeren Ölverbrauch als das Fällungsbleiweiß. Das spezifische Gewicht wird mit 6,47—7,17, die Teilchengröße mit 1,5—5 μ angegeben. (Abb. 76, 77).

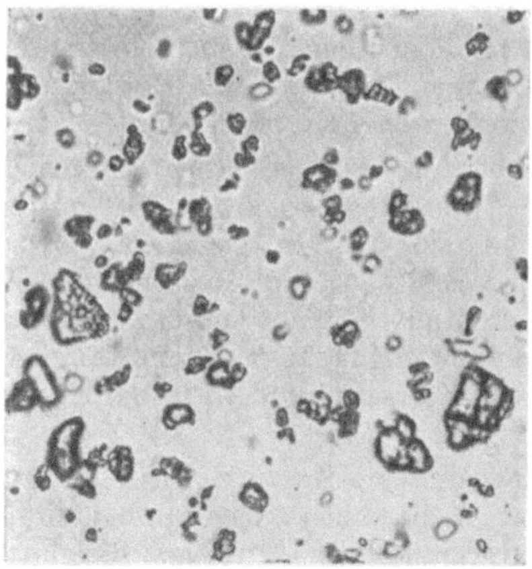

Abb. 76. Bleiweiß in Paraffinöl. 1000×. (Nach M. Ragg.)

Übnr die Deckfähigkeit kann man sagen, daß bei gleichem spezifischen Gewicht die Sorte mit den kleineren Einzelteilchen besser deckt, bei gleicher Korngröße die mit dem höheren spezifischen Gewicht. Die beobachtete bessere Deckfähigkeit des Kammerbleiweißes gegenüber dem Fällungsbleiweiß ist auf die durch die Herstellung bedingte Struktur verschiedenheit zurückzuführen.

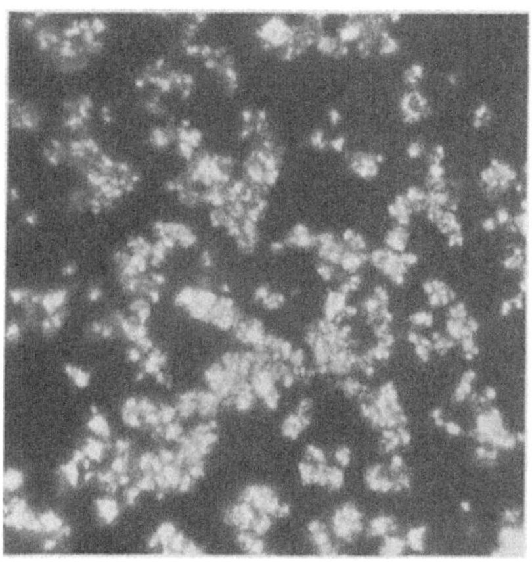

Abb. 77. Holländisches Bleiweiß in Leinölfirnis. 1000×. Polarisiertes Licht.

Das Bleiweiß ist gegen Schwefelwasserstoffgas empfindlich es wird von diesem unter Bildung von (schwarzem) Schwefelblei angegriffen. Dadurch verfärben sich Bleiweißanstriche mit der Zeit, indem sie gelblich bis bräun-

[1] Wolff, H.: Farben-Ztg. **33**, 1343 (1927/28). — Amsel, H.: Farben-Ztg. **33**, 1471 (1927/28).

[2] Als Farbpaste, Ölpaste bezeichnet man Anreibungen von Pigmenten mit Leinöl bzw. Leinölfirnis in einem solchen Mischungsverhältnis, daß plastische, teigförmige Massen entstehen. Man bezeichnet sie auch als „dick gerieben", z. B.

lich werden, eine Erscheinung, welche sich aber in abgetönten Anstrichen, wie sie meist verwendet werden, nicht so sehr bemerkbar macht. Gegen schweflige Säure enthaltende Gase ist Bleiweiß nicht besonders widerstandsfähig, es eignet sich daher weniger als Deckanstrich in Gegenden oder bei Objekten, wo mit diesem Gas zu recknen ist.

Bleiweiß kommt entweder als Bleiweiß rein, oder als Beisorte I (mit 20%), Beisorte II (mit 40%) oder Beisorte III (mit 60% Schwerspat verschnitten) in den Handel; diese drei Verschnittsorten werden auch als Berliner, Hamburger, Venetianer-Weiß usw. bezeichnet.

An der Bleiseifenbildung beteiligt sich das im Bleiweiß enthaltene Bleikarbonat wahrscheinlich nicht, sondern nur das Bleihydroxyd, wie aus den Untersuchungen W. Drostes hervorgeht. Die Gesckwindigkeit der Seifenbildung ist eine viel geringere als bei der Mennige. Auch beim

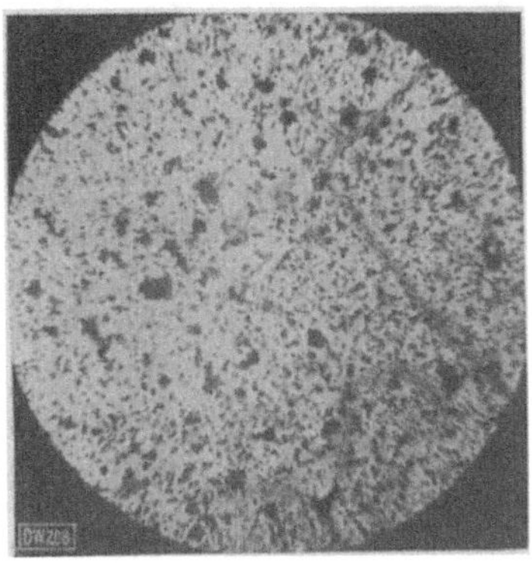

Abb. 78. Bleiweiß in Leinölfirnis, 3 Tage alt. (Nach W. Droste.)

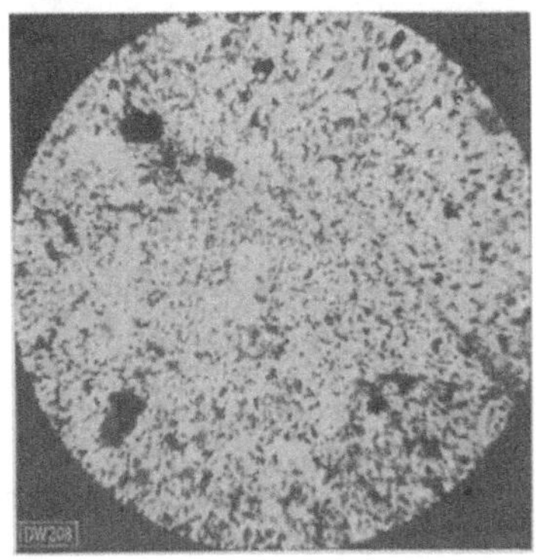

Abb. 79. Bleiweiß in Leinölfirnis, 3 Tage alt, geschwärzt. (Nach W. Droste.)

Bleiweiß kann man die sich bildenden Bleiseifen durch die Schwärzung bzw. Bräunung mit Schwefelwasserstoff sichtbar machen. Allerdings geht die Seifenbildung so langsam vor sich, daß nach vier Monaten im mikrophotographischen Bild kaum eine merkliche Schwärzung größerer Flächen zu bemerken ist, falls man der Praxis entsprechend Anreibungen in Leinölfirnis untersucht; die Abb. 78—81 zeigen dies sehr gut. Daß die Reaktion in Leinölsäure viel rascher und deutlicher vor sich geht, wurde schon an anderer Stelle erwähnt.

Dadurch, daß sich nur ein Teil des Bleiweißes, das Bleihydroxyd ($Pb[OH]_2$) an der Seifenbildung beteiligt, kann diese auch nicht den Umfang erreichen, wie bei der Mennige. Die Abb. 82 u. 83 (Vergr. 200 fach) zeigen deutlich, wie die Bleihydroxydteilchen allmählich unter Seifenbildung zerfallen. Insbesondere im polarisierten Licht erkennt man die abgesprengten Pigmentteilchen.

Bleiweiß dick gerieben. Sie dienen zur Herstellung streichfertiger Farben, die man aus ihnen durch Verdünnen mit Firnis (=Bindemittel) und Verdünnungsmittel erhält.

β) Sulfatbleiweiß[1].

Das neutrale Bleisulfat ($PbSO_4$) spielt in der Anstrichtechnik keine Rolle, es deckt wenig und vermag auch nicht mit Öl unter Bildung von Bleiseifen zu reagieren. Nur die basischen Bleisulfate sind brauchbare Pigmente für den Ölanstrich. Obwohl diese in Amerika gerne

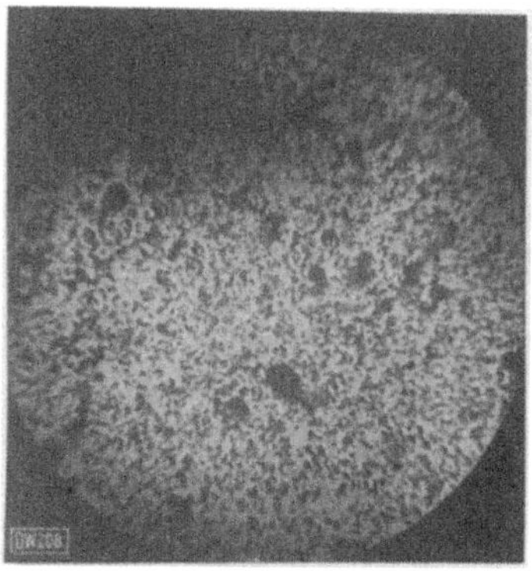

Abb. 80. Bleiweiß in Leinölfirnis, 4 Wochen alt. (Nach W. Droste.)

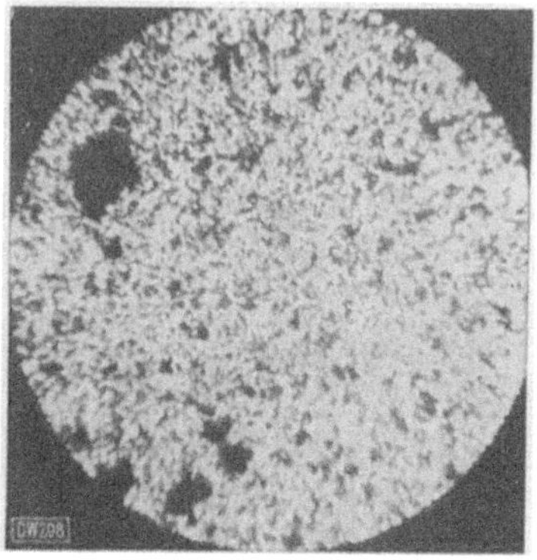

Abb. 81. Bleiweiß in Leinölfirnis, 4 Wochen alt, geschwärzt. (Nach W. Droste.)

verwendet werden, konnten sie sich in Europa noch nicht recht durchsetzen.

Die Herstellung von basischem Bleisulfat kann entweder aus Blei-

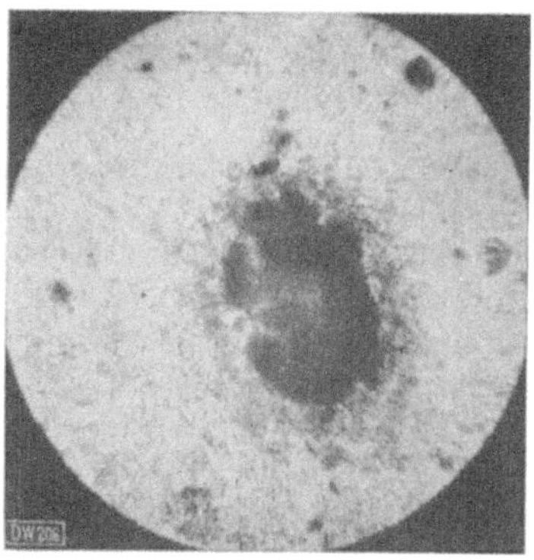

Abb. 82. Zerfallendes Bleihydroxydteilchen im 30 Tage alten Film. (Nach W. Droste.)

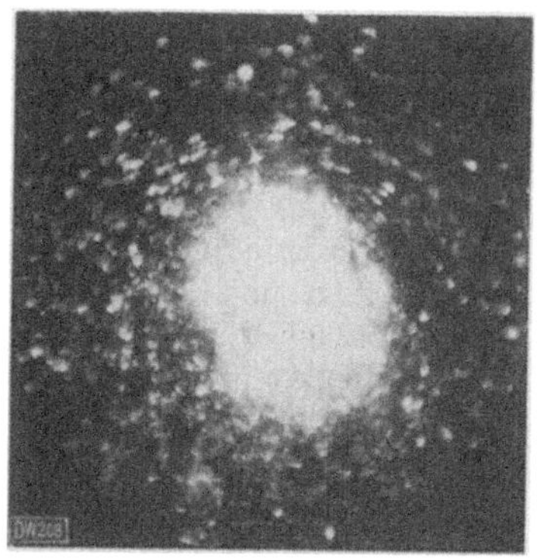

Abb. 83. Dieselbe Stelle wie in Abb. 82 in polarisiertem Licht. (Nach W. Droste.)

salzen oder aus Bleierzen erfolgen. Nach dem Verfahren von Toelle und vom Hofe (DRP. 186872) wird Bleisulfat mit Wasser zu einem

[1] Die vielfach gebräuchliche Bezeichnung „Sulfobleiweiß" ist in Deutschland als Fabrikmarke geschützt.

Brei verrieben und es werden dann durch Einrühren von Bleiglätte, je nach deren Menge, verschieden basische Sulfate erzielt. Durch Einwirkung von Schwefelsäure auf Bleiglätte erhalten dieselben Autoren nach dem DRP. 187946 ein basisches Sulfat der Zusammensetzung $2\,PbSO_4 \cdot Pb(OH)_2$.

Aus Erzen direkt kann auf hüttenmännische Weise ein basisches Bleisulfat gewonnen werden, indem Bleiglanz verbrannt wird. Die einzelnen Methoden variieren nach der Art der Verbrennung, Luftzufuhr usw. Das so gewonnene Produkt wird auch als sublimiertes Bleiweiß (Sublimed white Lead) bezeichnet, doch sind nur jene Erzeugnisse von Wert, welche, wie die nach dem Verfahren von Hannay[1] hergestellten, aus basischen Sulfaten bestehen. Das unter dem Namen „Sulfobleiweiß" in den Handel gebrachte Produkt soll der Zusammensetzung $2\,PbSO_4 \cdot PbO$ entsprechen, welche auch die günstigste sein soll.

Die basischen Sulfate vermögen, infolge des Gehaltes an $Pb(OH)_2$ (Bleihydroxyd) oder PbO (Bleioxyd), im Öl Bleiseifen zu bilden. J. F. Sacher[2] läßt die basischen Sulfate nicht als vollwertigen Ersatz des Karbonatbleiweißes (wie man das Bleiweiß der Zusammensetzung $2\,PbCO_3 \cdot Pb[OH]_2$ bzw. die diesem ähnlich zusammengesetzten, zum Unterschied vom Sulfatbleiweiß auch nennt) gelten. S. Ganelin[3] ist anderer Ansicht und hebt besonders die geringere Giftigkeit der Sulfatbleiweiße hervor. W. Vaubel[4] kommt zu dem Schluß, daß das Sulfatbleiweiß mit derselben Vorsicht zu behandeln sei, wie Karbonatbleiweiß, da es nicht weniger giftig sei als dieses. Eine sehr ausführliche Studie über den Wert von Sulfatbleiweiß im Vergleich zu Karbonatbleiweiß verdanken wir H. Wolff[5]. Auf Grund der durchgeführten Vergleiche zwischen Karbonat- und Sulfatbleiweiß kommt er zu dem Ergebnis, daß beide im wesentlichen einander gleichwertig sind, ja, daß sich eher das Sulfatbleiweiß im Außenanstrich etwas besser bewährt.

Die Korngröße schwankt je nach der Herstellungsweise und wird mit 0,8—2,2 μ angegeben. Der Ölbedarf beträgt für Paste etwa 9—11%, für streichfertige Farbe etwa 25%.

Sämtliche verwendeten Bleifarben sind giftig und es sind daher beim Arbeiten mit diesen Anstrichfarben die nötigen Vorsichtsmaßregeln einzuhalten. Das Bleimerkblatt des deutschen Reichsarbeitsministeriums von 27. Januar 1920 führt folgendes an:

„Jeder, der mit Blei oder Bleiverbindungen, ausgenommen Bleiglanz, oder bleihaltigen Stoffen zu tun hat, ist der Gefahr der Bleivergiftung ausgesetzt. Diese Gefahr ist um so größer, als sich dieses Gift dem Arbeiter weder durch den Geruch, noch durch den Geschmack (Bleizucker ausgenommen) verrät und ihn daher nicht vor der Aufnahme warnt.

Die Bleivergiftung kommt gewöhnlich dadurch zustande, daß Blei, welches an den Händen oder Kleidern oder am Barte haften blieb, in ganz kleinen Mengen beim Essen, Trinken, Rauchen, Schnupfen oder Kauen von Tabak in den Mund gelangt oder während der Arbeit als Staub eingeatmet wird.

[1] DRP. 155106, 245361, 264526.
[2] Sacher, J. F.: Ztschr. f. angew. Ch. **37**, 732 (1924).
[3] Ganelin, S.: Chem.-Ztg. **49**, 151 (1924).
[4] Vaubel, W.: Farben-Ztg. **34**, 670 (1928).
[5] Wolff, H.: Farben-Ztg. **33**, 1343 (1927/28).

Im Körper sammelt sich das Blei langsam an und ruft nach längerer oder kürzerer Zeit — je nach der Menge des aufgenommenen Giftes und der Widerstandskraft des Arbeiters — die Vergiftung hervor.

Zeigt sich am Zahnfleisch am Rande der Zähne ein blaugrauer Saum (Bleisaum), so ist dies ein Anzeichen dafür, daß Blei bereits in bedenklicher Menge dem Körper einverleibt ist, und daß eine Erkrankung an Bleivergiftung auszubrechen droht. Das Vorhandensein eines Bleisaumes sollte daher den Arbeiter veranlassen, sorgsamer als er es bisher getan hat, darauf zu achten, daß er bei der Arbeit sich kein Blei mehr zuführt; noch hat er es in der Hand, einer Erkrankung zu entgehen. Andernfalls tritt oft sehr bald, zuweilen auch erst nach Wochen oder Monaten, die eigentliche Bleivergiftung auf, die meist recht schmerzhaft, langwierig und unter Umständen auch lebensgefährlich ist.

Verhütung der Bleierkrankung. Die Bleivergiftung läßt sich durch Vorsicht und Reinlichkeit sicher vermeiden. Insbesondere ist folgendes zu beachten:

1. Hände und Arbeitskleider sind bei der Arbeit tunlichst vor Verunreinigung durch Blei, Bleiverbindungen oder bleihaltige Stoffe zu bewahren. Die Nägel sind stets kurz geschnitten zu halten. Bei der Arbeit ist das Rauchen, Schnupfen oder Kauen von Tabak zu unterlassen. Zigarren, Tabak, Pfeifen und sonstiges Rauchgerät dürfen nicht in die Arbeitsräume genommen werden.

2. Die Arbeiter dürfen erst dann Speisen und Getränke zu sich nehmen oder die Arbeitsstätte verlassen, wenn sie zuvor die Arbeitskleider abgelegt und die Hände mit Seife und Bürste gründlich gewaschen haben. Einer sorgfältigen Reinigung bedürfen auch das Gesicht und besonders der Bart, wenn sie während der Arbeit beschmutzt worden sind.

3. Bei allen Bleiarbeiten sind die vorgeschriebenen Arbeitskleider zu benutzen. Um die Einatmung bleihaltigen Staubes zu vermeiden, sind bei den mit Staubentwicklung verbundenen Arbeiten, wenn der Staub nicht sofort und vollständig abgesaugt wird, Respiratoren, feuchte Schwämme oder Mullbinden, die Mund und Nase bedecken, zu tragen.

4. Die weitverbreitete Annahme, daß der regelmäßige Gebrauch gewisser Arzneien (Jodkalium, Schwefelpillen, Glaubersalz und andere Abführmittel) oder das Milchtrinken genügend vor Bleivergiftung schützen, ist nicht zutreffend. Dagegen ist einer kräftigen und fettreichen Ernährung und insofern auch dem Milchtrinken ein gewisser Wert beizulegen. Der Genuß geistiger Getränke, insbesondere von Branntwein, fördert den Ausbruch einer Bleivergiftung und ist daher zu vermeiden.

5. Bewegung im Freien, Turnen, Baden usw. machen den Körper widerstandsfähiger und sollten daher möglichst gepflegt werden.

Erkrankt ein Arbeiter, welcher mit Blei, Bleiverbindungen oder bleihaltigen Stoffen in Berührung kommt, so soll er sogleich in seinem und seiner Familie Interesse die Hilfe eines Arztes in Anspruch nehmen und diesem gleichzeitig mitteilen, daß er bei seiner Arbeit mit Blei in Berührung kommt."

In einzelnen Ländern, die sich der Bleikonvention angeschlossen haben, ist die Verwendung von Bleifarben überhaupt verboten worden. In Österreich und Deutschland sind sie nur zum Außenanstrich, nicht aber für Innenanstriche erlaubt; Bleifarben dürfen, soweit dies angängig ist, nur in Öl angerieben verkauft werden (Kristallmennige z. B. kann erst kurz vor dem Verbrauch angerieben werden), weil gerade beim Anreiben dieser Farben durch den Anstreicher die Gefahr des Verstaubens und Einatmens groß ist, da er gewöhnlich nicht über die nötigen Schutzvorrichtungen gegen diese Übelstände verfügt. Auch beim Entfernen alter Anstriche (Entrosten) ist die Gefahr der Staubbildung groß, besonders bei Verwendung des Sandstrahles (Schutzmasken verwenden).

Der Unterschied der einzelnen Bleipigmente in der Giftigkeit ist nicht nennenswert. Keinesfalls ist die oft gehörte Ansicht, daß das Sulfatbleiweiß ungiftig sei, richtig, da zu Anstrichzwecken nur basisches

Sulfat brauchbar ist. Wie dieses in der Reaktionsfähigkeit hinsichtlich der Seifenbildung dem Karbonatbleiweiß gleicht, so ist auch die Wirkung im menschlichen Körper eine analoge.

Wenn auch die Bleikrankheit, dank der gesetzlichen Bestimmungen, heute nicht häufiger ist als andere Berufskrankheiten, so wäre ein Ersatz der Bleipigmente durch andere ungiftige Pigmente doch zu begrüßen, wenn sie jenen gleichwertig sind. Inwieweit dies der Fall ist, möge aus der nun folgenden Besprechung der anderen für Rostschutzanstriche in Betracht kommenden Pigmente entnommen werden.

2. Zinkpigmente.

a) Zinkweiß.

Dieses wurde fabriksmäßig das erstemal von Leclaire 1845 hergestellt. Man gewinnt es entweder nach dem direkten (französischen) Verfahren aus Zinkmetall oder nach dem indirekten (amerikanischen) Verfahren aus Zinkerzen. Die Erzeugung geschieht entweder auf trockenem oder nassem Wege. Im ersteren Falle wird z. B. Rohzink in Muffeln, Tiegeln oder Tonretorten erhitzt; der Zinkdampf wird durch überhitzte Luft oxydiert und in Kammern niedergeschlagen. Ein geringer Teil des Zinkdampfes bleibt dabei unoxydiert und schlägt sich, vermengt mit Bleikarbonat, Kohle usw., am Ausgang der Retorten nieder. Dieses Gemisch wird auf Zinkgrau aufgearbeitet. Je weiter entfernt von der Retortenmündung das Zinkweiß niederfällt, desto reiner und feinkörniger ist das Produkt. Durch getrenntes Auffangen in Behältern (die verschieden weit von der Retortenmündung entfernt sind) werden die verschiedenen Zinkweißmarken gewonnen. Auf diese Art hergestelltes Zinkweiß wird auch als „Metallzinkweiß" bezeichnet.

Zur Gewinnung des „Hüttenzinkweiß" werden Erze (es kommt heute nur die Zinkblende, die im wesentlichen Schwefelzink enthält, in Betracht) mit Kohle reduziert. Dadurch entsteht aus dem Zinkerz metallisches Zink in Dampfform, welches dann wie vorher beschrieben aufgearbeitet wird.

Da sowohl das zur Erzeugung des Zinkweißes verwendete Zinkmetall, als auch die Erze, außer Zink (bzw. Schwefelzink) noch andere Metalle enthalten, so ist das Zinkweiß kein chemisch reines Zinkoxyd (wenn dieses auch der Hauptbestandteil ist; minimal 99%), sondern enthält immer noch gewisse Verunreinigungen, vor allem Blei (als Sulfat).

Das in Europa erzeugte Zinkweiß wird derzeit fast ausschließlich aus Zinkmetall hergestellt, dagegen wird in Nordamerika fast nur Hüttenzinkweiß erzeugt.

Das nach dem neuen Verfahren, durch Fällung von Zinksulfat mit Sodalösung und Umwandlung des entstandenen Karbonats durch Glühen in das Oxyd, hergestellte Zinkweiß spielt im wesentlichen nur als Kautschukfüllstoff eine Rolle.

Nach der Reinheit der Farbe und nach der Kornfeinheit unterscheidet man im Handel folgende Zinkweißmarken (in abnehmender Reinheit):

Weißsiegel (Schneeweiß 00), Grünsiegel (Schneeweiß 0), Rotsiegel (Zinkweiß I), Blausiegel (Zinkweiß II) und Grausiegel (Zinkweiß fein)[1].

Von einem ersten Erzeuger wird der Gehalt der einzelnen Siegelmarken an chemisch reinem Zinkoxyd (ZnO) wie folgt angegeben:

Weißsiegel . . .	99,8% ZnO	Fehlende Zehntelperzente bestehen aus: geringer Feuchtigkeitsgehalt, einige Hundertelperzente aus der Luft aufgenommene Kohlensäure, Kadmiumoxyd, Bleioxyd, Tonerde und gebundene Schwefelsäure.
Grünsiegel . .	99,6—99,7% „	
Rotsiegel	99,5% „	
Blausiegel . .	99,4—99,5% „	
Grausiegel	99,4% „	

Nach den Lieferbedingungen des Reichsausschusses für Lieferbedingungen und der österreichischen Handelsnorm (Önorm) wird für Zinkweiß ein Mindestgehalt von 99% Zinkoxyd (ZnO) vorgeschrieben und ein Maximalgehalt von 0,4% Bleioxyd bzw. ein Maximalgehalt von 1% Feuchtigkeit + Verunreinigungen zugelassen[2]. Eine Unterscheidung der einzelnen Siegelmarken, auf Grund der chemischen Analyse ist nicht möglich. Am ehesten scheint die Ermittlung der Korngröße eine Unterscheidung zu bieten, doch wird dies dadurch erschwert, daß die verschiedenen Zinkweißfabrikate gleicher Siegelmarke in der Korngröße nicht immer gleich sind, so daß, wie Untersuchungen der Verfasser zeigten, diese Unterscheidungsmöglichkeit nur innerhalb der Marken eines Erzeugers gilt[3, 4].

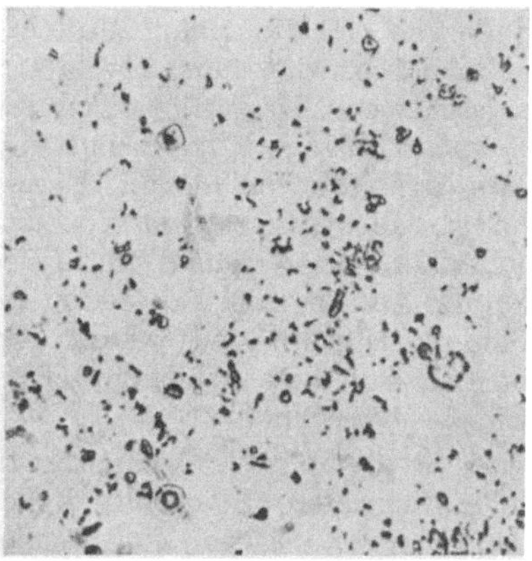

Abb. 84. Zinkweiß Grausiegel (Gebr. Dudek). 1200×.

Das Zinkweiß hat in seinen reinsten Sorten einen etwas gelblich-weißen Stich. Viele Handelssorten sind daher zur Erzielung einer reinweißen Farbe mit Spuren eines blauen Pigments (Ultramarin) versetzt. Die Korngröße wird mit 0,4—1,8 μ im Durchschnitt angegeben[5].

[1] Die Siegelmarkenbezeichnung schwankt bei verschiedenen Erzeugern. So bezeichnet ein Erzeuger sein Zinkweiß Grausiegel als Zinkgrau (siehe S. 118). Das als Goldsiegel im Handel befindliche Produkt ist für pharmazeutische Zwecke bestimmt.

[2] Siehe S. 291 (sowohl in Deutschland wie Österreich ist nur Metallzinkweiß genannt).

[3] Auch die Bestimmung des Weiß- und Schwarzgehaltes z. B. im Stufenphotometer von Zeiß zeigte keine Unterscheidungsmöglichkeit, da vielfach Zinkweiß Grausiegel einen höheren Weißgehalt aufwies als feinere Siegelmarken.

[4] Die einzelnen Siegelmarken sind unangerieben durch Vergleich mit Typmuster und durch physikalische Methoden für den Geübten zu unterscheiden. Angeriebenes Zinkweiß ist kaum mit Sicherheit auf die Siegelmarke hin zu beurteilen. Wie wir selbst gesehen haben, können dann selbst die Hersteller bei ihrem eigenen Produkt nicht entscheiden, ob z. B. Grün- oder Rotsiegel vorgelegt wurde.

[5] Wir fanden für Zinkweiß (Grünsiegel (Gebrüder Dudek) 0,44 μ und für Grausiegel (Gebrüder Dudek) 0,62 μ. (Bestimmt nach der Methode von H. Green.)

Unter der Bezeichnung „Zinkoxyd" kommt in Deutschland ein Pigment in den Handel, das keineswegs chemisch reines Zinkoxyd ist, sondern das nach dem RAL-Blatt 844 C[1] einen Mindestgehalt an ZnO (Zinkoxyd als chemisches Individuum, chemisch reines Zinkoxyd) von 90% haben muß. Für sogenanntes „bleihaltiges Zinkoxyd", das ist solches mit weniger als 90% ZnO sind derzeit in Deutschland noch keine Normen aufgestellt. Die Bezeichnung „Zinkoxyd" für ein Handelsprodukt, das auch nicht den Anspruch erheben darf, technisch reines Zinkoxyd zu sein (es enthält meist 3—5% Bleioxyd), ist reichlich unglücklich gewählt, da sie zur Verwechslung mit technischem Zinkoxyd Anlaß gibt. Daher werden diese Pigmente nach der österreichischen Handelsnorm als „Zinkgrau" bezeichnet, mit einem erlaubten minimalen ZnO-Gehalt von 75%.

Der Ölbedarf von Zinkweiß wird von H. Wagner[2] mit 14—25% angegeben. Mit den feinkörnigen Sorten geben aber selbst 25% Öl nur pastose Anreibungen, die zur Streichfertigmachung noch weiteren Ölzusatz und Verdünner brauchen. Die mit Öl angeriebenen Zinkweißfarben zeigen ein ausgesprochen plastisches Verhalten. So lassen sie sich wohl leicht streichen, aber die Pinselstriche sind nur schwer zum Verlaufen zu bringen, selbst dann, wenn man weichhaarige lange Pinsel (sogenannte französische Zinkweißpinsel) und Vertreiber benützt. Dies verleitet meist zu einem starken Zusatz von Verdünnungsmitteln oder übermäßiger Erhöhung des Ölgehaltes. Ein Zusatz von wenig (etwa 5%) Leinölstandöl zum Firnis erleichtert nicht nur das Anreiben, sondern gibt auch eine Farbe mit weniger ausgeprägten plastischen Eigenschaften. Eine solche Farbe erscheint bei gleichem Ölgehalt weitaus dünnflüssiger, als eine nur mit Firnis angeriebene Farbe. Dieser Zusatz erhöht die Haftfestigkeit der Farbe und erhöht auch die Geschmeidigkeit des Anstrichs, was durchaus erwünscht ist. Zinkweiß, nur mit Firnis angerieben, gibt Anstriche, die sehr zur Sprungbildung neigen, während sich mit Standölzusatz angeriebenes Zinkweiß viel besser verhält. So hergestellte Anstriche zeigen auch eine viel höhere Wetterbeständigkeit.

Zinkweiß bildet mit Leinöl ebenfalls Seifen, doch haben diese angeblich nicht dieselben günstigen Eigenschaften, wie die Bleiseifen. Sie sind auch morphologisch von den Bleiseifen verschieden und scheinen sich langsamer als diese zu bilden. M. Ragg[3] fand in einem $2^1/_2$ Jahre alten Anstrich 7,59% normales und 20,8% basisches Zinklinoleat. Er gibt auch, übereinstimmend mit vielen anderen an, daß die Zinkseifen härter, unelastischer und viel leichter durch Wasser spaltbar sind als die Bleiseifen. P. Kamp[4] findet dagegen, daß die Zinkseifen nicht besonders zur hydrolytischen Spaltbarkeit neigen. Zinkweiß nimmt mit der Zeit sowohl Wasser, wie Kohlensäure aus der Luft unter Volumsvermehrung auf,[5] was sich nach Kamp aber im Anstrich kaum bemerkbar macht.

[1] Siehe S. 291.
[2] Wagner, H.: Die Körperfarben, S. 114. Stuttgart 1928.
[3] Ragg, M.: Vom Rost und Eisenschutz, S. 110. Farben-Ztg. **18**, 578 (1911).
[4] Kamp, P.: Farbe u. Lack **1929**, 356.
[5] Ragg, M.: a. a. O. — Eibner, A. in Lunge-Berl: Chem.-Techn. Untersuchungsmethoden, 7. Aufl. Bd 4, S. 754. (1924).

Gegen schweflige Säure ist Zinkweiß nicht beständig, daher zeigen Zinkweißanstriche an Örtlichkeiten mit hohem Schwefeldioxydgehalt der Atmosphäre keine gute Haltbarkeit. Zinkweiß ist in hohem Grade undurchlässig für ultraviolette Strahlen. Da es keinerlei passivierende oder sonstige spezifisch schützende Wirkung auf das Eisen auszuüben vermag, kommt es für den eigentlichen Rostschutzanstrich (Grundanstrich) nicht in Betracht. Infolge seiner geringen Korngröße eignet es sich gut als Zumischung zu grobkörnigeren Pigmenten, um günstige Packungsverhältnisse in der Anstrichhaut zu schaffen. Schon verhältnismäßig geringe Zusätze zu anderen Weißpigmenten setzt deren größere Durchlässigkeit für ultraviolettes Licht stark herab (siehe S. 125). Das als „Zinkoxyd" gehandelte Produkt, das aber nur dort verwendet werden kann, wo der Bleigehalt seine Verwendung nicht verbietet (Pigmente mit einem Bleigehalt von 3% aufwärts fallen in Österreich bereits unter die „Bleiverordnung"), gibt Anstriche, deren Wetterbeständigkeit den mit Zinkweiß hergestellten überlegen ist und die sich bei richtig gewähltem Bindemittel (Standölzusatz) sehr gut für Deckanstriche eignen.

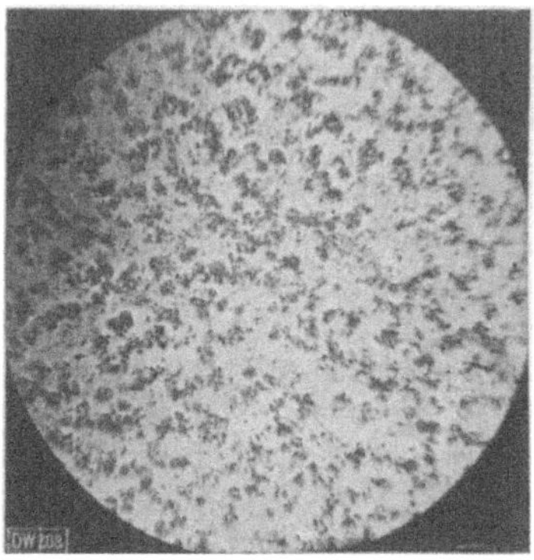

Abb. 85. Zinkweiß in Leinölfirnis, 3 Tage alt. 200×.

Der ausgesprochen basische Charakter dieser Pigmente (Zinkweiß, Zinkoxyd, Zinkgrau) bringt es mit sich, daß die mit ihnen angeriebenen Ölfarben zum Eindicken neigen, falls Bindemittel verwendet werden, die freie Fett- oder Harzsäuren enthalten. Es sind also Firnisse mit höherer Säurezahl (siehe S. 41, 82) oder mit Harzsikkativen hergestellte zu vermeiden. Andererseits bringt dieser basische Charakter den Vorteil mit sich, daß die sich beim Trocknen des Öles bildenden sauren Abbaustoffe (siehe S. 41) neutralisiert werden.

Von den mit den Pigmenten Mennige, Bleiweiß und Zinkweiß hergestellten Anstrichen (Bindemittel Leinölfirnis) zeigen Zinkweißanstriche die stärkste Quellbarkeit. Der mikroskopische Nachweis der Seifenbildung in Zinkweißanstrichen gelingt viel schwerer als bei Bleifarbenanstrichen, da die Zinkseifen durch Schwefelwasserstoff nicht sichtbar gemacht werden können, weil die Schwefelwasserstoffverbindung des Zinkes, das Schwefelzink (ZnS) ebenfalls von weißer Farbe ist. Durch Behandlung der mikroskopischen Präparate mit Kaliumbichromat gelang es W. Droste[1] Färbungen zu erzielen, welche vielleicht auf Umsetzung der Zinkseifen zurückzuführen sind. Die Mikrophotographien (Abb. 85—91. Nach W. Droste.) lassen die eingetretene Seifenbildung erkennen.

[1] Droste, W.: a. a. O.

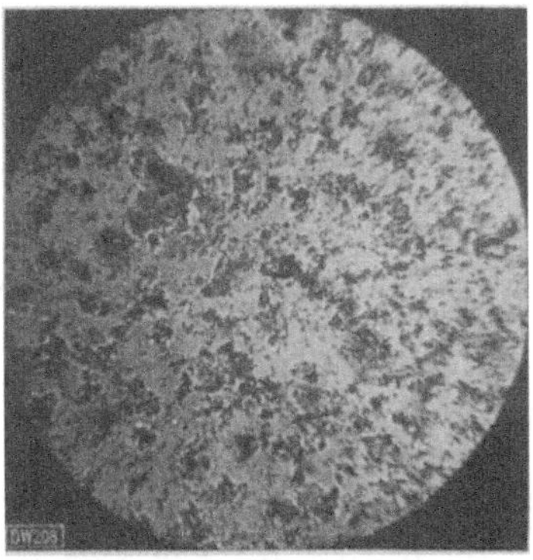

Abb. 86. Zinkweiß in Leinölfirnis, 3 Tage alt, angeätzt. 200×.

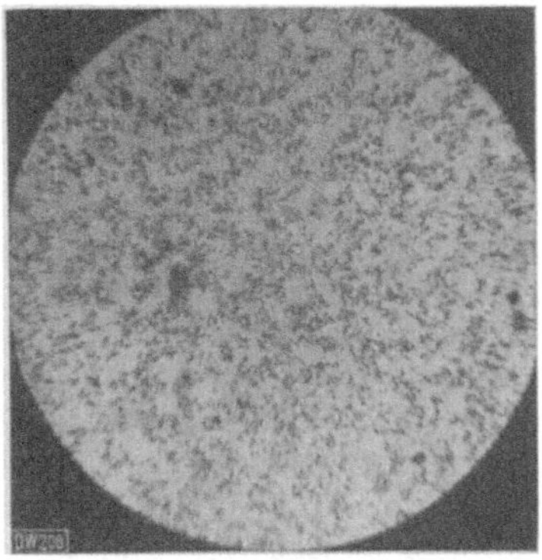

Abb. 87. Zinkweiß in Leinölfirnis. 4 Wochen alt. 200×

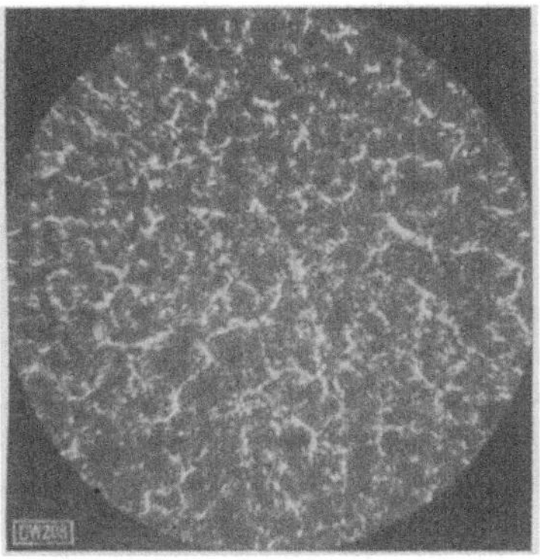

Abb. 88. Zinkweiß in Leinölfirnis, 4 Wochen alt, angeätzt. 200×.

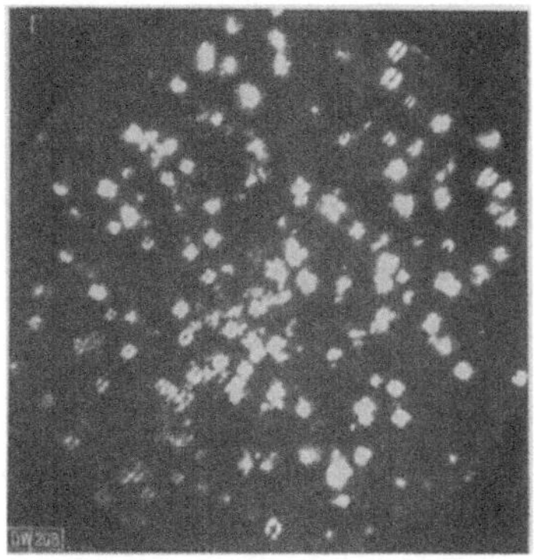

Abb. 89. Zinkweiß in Leinölsäure, 2 Stdn. alt, polarisiertes Licht. 200×.

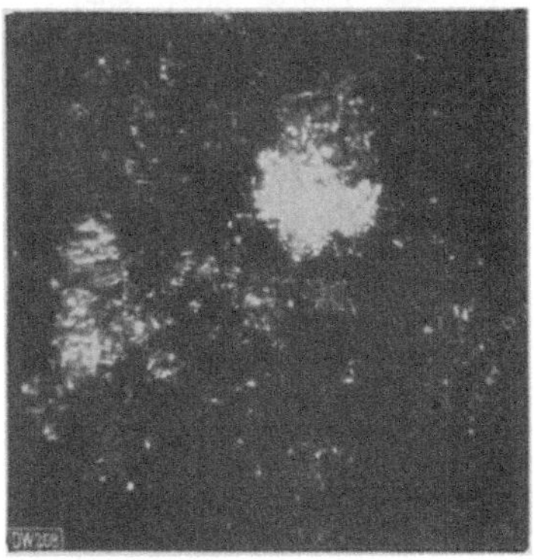

Abb. 90. Zinkweiß in Leinölsäure, 20 Stdn. alt; polarisiertes Licht. 200×.

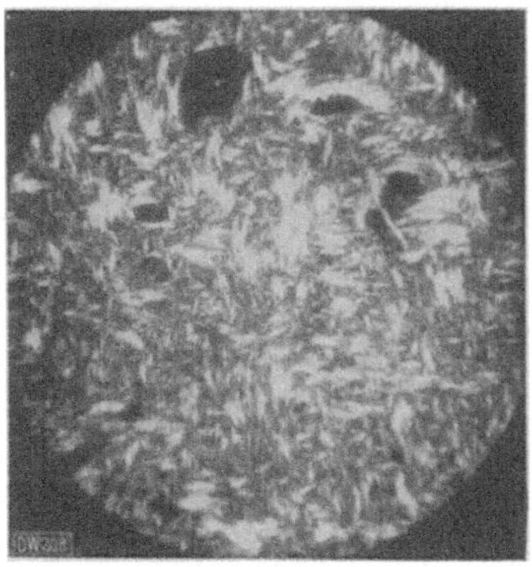

Abb. 91. Zinkweiß in Leinölsäure, 1/4 Jahr alt; polarisiertes Licht. 200×.

b) Zinkgrau (Zinkstaub).

Als Zinkgrau bezeichnet man den bei der Zinkgewinnung abfallenden Zinkstaub; daß auch manches Mal Zinkweiß Grausiegel fälschlich so bezeichnet wird, wurde schon erwähnt. Über seine Eigenschaften wurde zum Teil schon weiter oben berichtet. Nach Angaben Gardners[1] bewährt sich Zinkstaub in Mischung mit Zinkweiß gut, auch Mischungen mit Zinkweiß und Eisenoxyd werden empfohlen. Andererseits verweist M. Ragg[2] darauf, daß Eisen in Berührung mit einem unedleren Metall wenig Neigung hat, in den passiven Zustand überzugehen, daß also z. B. der Zusatz von Zinkstaub zu Mennige unter Umständen das, was man mit dieser zu erreichen strebt (die Passivierung des Eisens), unmöglich macht. M. Ragg hat sich schon vor etwa 25 Jahren mit diesem Problem beschäftigt und zu ermitteln versucht, ob tatsächlich bei Verwendung von Zinkstaub in Anstrichen bei Gegenwart eines Elektrolyten (Wasser, Meerwasser) die Ausbildung eines Elements Eisen-Zink erfolgt und ob das damit verbundene Auftreten von Wasserstoff an der Anode (am Eisen) einen Rostschutz verursacht[3]. Das interessante Ergebnis dieser Versuche ist die Feststellung, daß erstens eine Anstrichschicht dem elektrischen Strom nur solange einen bedeutenden Widerstand entgegensetzt, als sie trocken ist. Ist ihr aber durch Berührung mit Wasser Gelegenheit gegeben, dieses aufzunehmen, zu quellen, so sinkt der Widerstand auf einen geringen Wert, und es kommt zur Ausbildung des Elements Eisen-Zink. Es zeigte sich aber im weiteren Verlauf, daß zweitens damit kein absoluter Rostschutz gegeben ist, weil niemals metallisch leitende Verbindung von Zink und Eisen erfolgt, wie sie etwa bei den im Kesselbau verwendeten Zinkprotektoren[4] vorliegt. Drittens ist die Zinkstaubwirkung nur als eine rost-

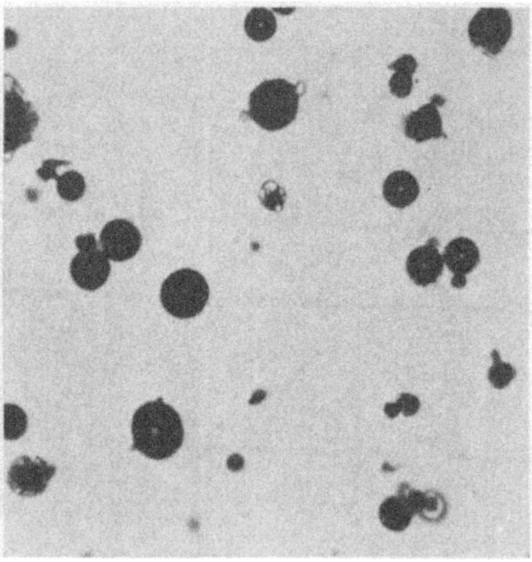

Abb. 92. Zinkstaub in Paraffinöl, 600×. Nach M. Ragg.

[1] Gardner, H. A.: Scientific Section Circular **1928**, Nr 331; Farben-Ztg. **33**, 3265 (1928).

[2] Ragg, M.: Vom Rost und Eisenschutz, S. 58. Farben-Ztg. **31**, 2507 (1926).

[3] Ragg, M.: Die Schiffsboden und Rostschutzfarben, S. 81ff. Berlin 1925.

[4] Verbindet man eine Eisen- und eine Zinkplatte leitend miteinander und taucht dieses Plattenpaar in eine Elektrolytlösung, so entsteht ein galvanisches Element, bei dem der elektrische Strom vom Zink in die Elektrolytlösung fließt. Das Zink, als der unedlere Teil des Paares Eisen-Zink, wird dabei aufgelöst, es wirkt daher schützend auf das Eisen. Man bringt in Dampfkesseln solche Zinkschutzplatten an (Elektrolytlösung ist das Kesselspeisewasser, das immer Salze gelöst enthält), um die Kesselwandung vor Korrosion zu schützen. Siehe auch Pollitt, A. A.: Die Ursachen und die Bekämpfung der Korrosion, S. 162. Braunschweig 1926 (Deutsche Übersetzung von W. H. Creutzfeldt).

verzögernde zu betrachten, die sich ausschließlich an den vom Anstrich unmittelbar bedeckten Stellen äußert, während eine Fernwirkung, wie bei den Zinkprotektoren, nicht zu erkennen ist. Im übrigen geht die Zinkstaubwirkung allmählich zurück, was mit der fortschreitenden Oxydation der Zinkstaubteilchen zu Zinkoxyd erklärt wird. Aus diesen Versuchen ist der Schluß zu ziehen, daß alle Methoden, welche die Schutzwirkung eines Anstriches durch Leitfähigkeitsmessung des feuchten Anstriches zu erfassen suchen, versagen müssen, da der Widerstand jedes Anstriches, sobald er in Wasser quillt, rasch auf einen sehr geringen Wert sinkt.

3. Eisenoxydpigmente.

Diese Pigmente bestehen, wie der Name angibt, der Hauptmenge nach aus Eisenoxyd (Fe_2O_3). Für Eisenschutzanstriche haben sich nur jene von ihnen als geeignet erwiesen, welche einen hohen Eisengehalt besitzen und frei von wasserlöslichen, die Korrosion des Eisens fördernden Salzen (schwefelsaurer Kalk, Eisensulfat) sind. Produkte der verschiedensten Herstellungsart werden oft unter gleichem Namen in den Handel gebracht, so daß eine systematische Einteilung[1] fast unmöglich ist und man aus ihrer Bezeichnung nicht ohne weiteres auf den Verwendbarkeitsbereich schließen kann.

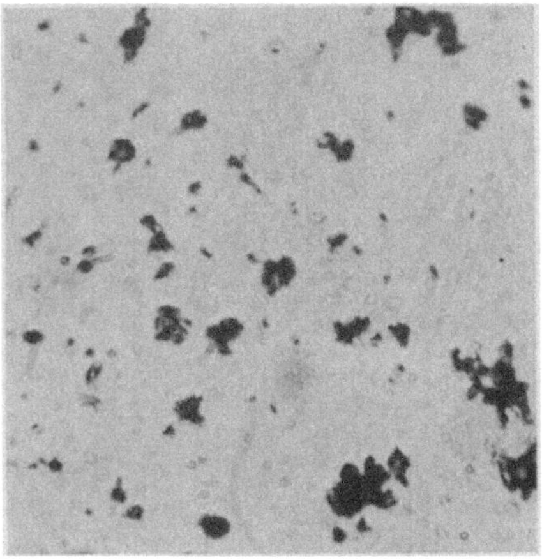

Abb. 93. Kärntner Eisenmennige in Leinöl. 1200×. (Natürliches Eisenoxydpigment.)

Von den natürlich vorkommenden Eisenerzen werden neben Roteisenstein, der bis zu 90% Eisenoxyd enthält, auch Raseneisenstein und Brauneisenstein auf Pigmente verarbeitet. Das aus solchen Erzen hergestellte Pigment wird meist als Eisenmennige, Eisenrot, Eisenoxydrot usw. bezeichnet und enthält durchschnittlich 82—88% Eisenoxyd, der Rest besteht aus Gangart, also ton- und kieselsäurehältigem Material, neben schwankenden, meist geringen Mengen von Manganoxyd, Kalziumoxyd, oft auch Titanoxyd u. a. Soweit diese Ausgangsmaterialien im wesentlichen nur Oxyde enthalten, werden sie zur Verarbeitung auf Pigmente zerkleinert oder geschlämmt und getrocknet. Hydrathaltige werden zur Entfernung des gebundenen Wassers getrocknet und geglüht (kalziniert). Durch das Glühen

[1] Über den Vorschlag einer praktischen Nomenklatur siehe: Wagner, H. und H. Pfanner: Mikrographie der Buntfarben, II. Teil. VDI-Verlag, Berlin 1930. (Heft 7 der Mitteilungen des Fachausschusses für Anstrichtechnik im VDI.)

werden nicht nur organische Bestandteile verbrannt bzw. Hydratwasser und gebundene Kohlensäure ausgetrieben, sondern es werden auch Korngröße und Farbe verändert.

Erdige feuchte Naturprodukte werden ohne mechanische Vorbehandlung in Drehtrommeln getrocknet und in anschließenden Drehöfen mit heißen Feuergasen, welche im Gegenstrom durch Drehofen und Trockentrommel streichen, gebrannt. Die Vermahlung und Trockensichtung erfolgt erst nach dem Brennen (Herstellungsart der Kärntner Eisenmennige).

Die wichtigsten Fundstätten dieser auf Eisenoxydpigmente verarbeiteten Eisenerze sind Spanien, Schweden, Österreich (Kärnten), Deutschland (Lahngegend, Bayern) und die Tschechoslowakei.

Ferner werden auch Kiesabbrände, vom Abrösten der Eisenkiese herrührend auf Oxydrot verarbeitet. Dies geschieht durch nochmaliges Rösten evtl. unter Kochsalzzusatz zur Bindung restlicher Schwefelsäure, dann Auslaugen des Röstguts zur Entfernung wasserlöslicher Sulfate, Trocknen und Mahlen. Spanisches Oxydrot oder Spanischrot wird so hergestellt.

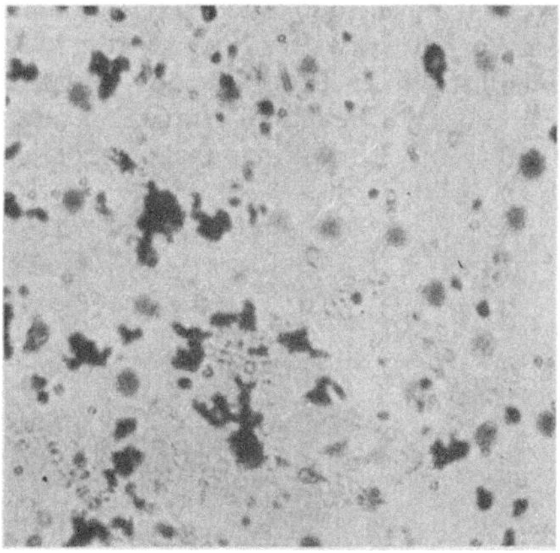

Abb. 94. I. G. Eisenrot B 20 in Leinöl. 1200×. (Synthetisches Eisenoxydpigment.)

Neben der Gewinnung aus rohen oder vorbehandelten Erzen werden Eisenoxydpigmente auch aus Abfallprodukten oder Abfallaugen der Industrie hergestellt. So wird der Vitriolschlamm der Schwefelkiesgruben und der in den Alaunwerken abfallende Alaunschlamm auf Englischrot aufgearbeitet. Bei der Herstellung des Anilins aus dem Nitrobenzol fallen große Mengen Eisenschlamm an, mit denen man ursprünglich nicht viel anzufangen wußte und die man früher bestenfalls auf ein billiges nicht sehr hochwertiges Eisenschwarz verarbeitete. Derzeit ist aus dem ehemaligen lästigen Nebenprodukt ein Hauptprodukt geworden, und man stellt Anilin nach dieser Methode nicht um seiner selbst willen, sondern zur Gewinnung dieses Eisenschlammes her, nachdem man gelernt hat, aus ihm hochwertige Eisenoxydpigmente in den verschiedensten Farbtönen von Gelb über Rot bis Blauviolett herzustellen. Das Verfahren wurde in den Farbenfabriken vorm Weiler ter Mer in Ürdingen, welche mit der I. G. Farbenindustrie verschmolzen sind, ausgebildet und wird dort in großem Umfange durchgeführt. Aus Eisenchlorid enthaltenden Abfallaugen stellt man ein in letzter Zeit immer mehr vervollkommnetes Eisenschwarz her, das im wesentlichen ebenfalls aus Eisenoxyden verschiedener Oxydationsstufen besteht.

Die Reduktionsschlämme des Anilinprozesses werden zur Aufarbeitung auf Eisenoxydpigmente einer systematischen Schlämmung und Auslaugung (der wasserlöslichen Bestandteile) unterzogen, dann unter verschiedenen Bedingungen getrocknet, gebrannt und gemahlen.

Das Eisenoxyd als solches ist außerordentlich widerstandsfähig gegen die meisten chemischen Agenzien; es wird von Säuren bei gewöhnlicher Temperatur nur wenig angegriffen, es ist beständig gegen Kohlensäure, Schwefelwasserstoff und atmosphärische Einflüsse. Von Alkalien wird es nicht angegriffen.

Von den in Eisenpigmenten vorkommenden Verunreinigungen sind die wasserlöslichen Sulfate in erster Linie zu berücksichtigen. Freie Schwefelsäure darf überhaupt nicht vorhanden sein und der Gehalt an löslichen Sulfaten sollte sich in den Grenzen von maximal 0,1—0,2% bewegen, wenn das Pigment zu Rostschutzanstrichen brauchbar sein soll. Bei manchen Produkten kann sich auch vorhandenes Kalziumoxyd unangenehm bemerkbar machen, indem es, wenn seine Menge beträchtlich ist (mehr wie 1%), zum Eindicken der Farbe Anlaß geben kann. Solche Eisenpigmente kommen für Eisenschutzzwecke kaum in Betracht[1].

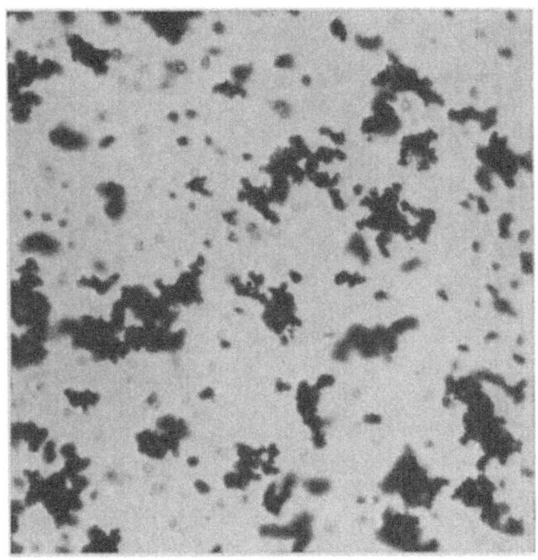

Abb. 95. Eisenrot in Paraffinöl. 600×. Nach M. Ragg.

Die Korngröße der Eisenoxydpigmente schwankt je nach der Herkunft in beträchtlichen Grenzen. Die Einzelteilchen können etwa 1—80 μ Durchmesser haben, während der durchschnittliche Durchmesser in den Grenzen von 1—8 μ schwanken mag. Von der Form der Gleichmäßigkeit und der Größe der Teilchen hängt auch zum Teil die Art des erhaltenen Films ab.

Daß Eisenoxydpigmente den Trocknungsvorgang von Leinöl beeinflussen, wurde schon an früherer Stelle erwähnt (S. 50). Chemische Schutzwirkungen übt das Eisenoxyd auf das Eisen nicht aus; für die hier und da wiedergegebene Ansicht, daß es oxydierend auf das Eisen und daher passivierend wirkt, dürfte wohl bloß der Wunsch, die Eisenmennige nicht nur im Namen, sondern auch in der Wirkung der

[1] Uns ist ein Fall bekannt, daß ein Eisenocker (mit 2% Kalziumoxyd), welcher mit einem normalen Harzfirnis angerieben wurde, mit dem andere Eisenoxydpigmente nicht verdickten, schon kurz nach dem Verlassen der Farbmühle zu einer kittähnlichen Masse erstarrte. Bei der Untersuchung zeigte sich überdies, daß im extrahierten Bindemittel Eisen in einer Menge gelöst war, die 10% neutraler Eisenseife (Ferriseife) entsprach, so daß nach dem Abdampfen des Lösungsmittels eine blutrote klare Gallerte zurückblieb. Siehe auch: Salvaterra, H.: Ztschr. f. angew. Ch. **43**, 620 (1930).

Bleimennige gleichzustellen, der Anlaß gewesen sein. Dies ist zuletzt auch wieder von H. Wagner[1] bestätigt worden. Es ist anzunehmen, daß die in vielen Fällen bewiesene gute Schutzwirkung der Eisenoxydpigmente der chemischen Widerstandsfähigkeit des Pigments und der guten Elastizität der Anstriche zuzuschreiben ist[2].

H. Wagner hat in der oberwähnten Arbeit auf Grund zahlreicher Versuche die Überzeugung gewonnen, daß Eisenoxydpigmente im Anstrichfilm keine im Polarisationsmikroskop sichtbaren Seifen bildet, selbst nicht bei Anreibung mit Fettsäuren des Leinöls,

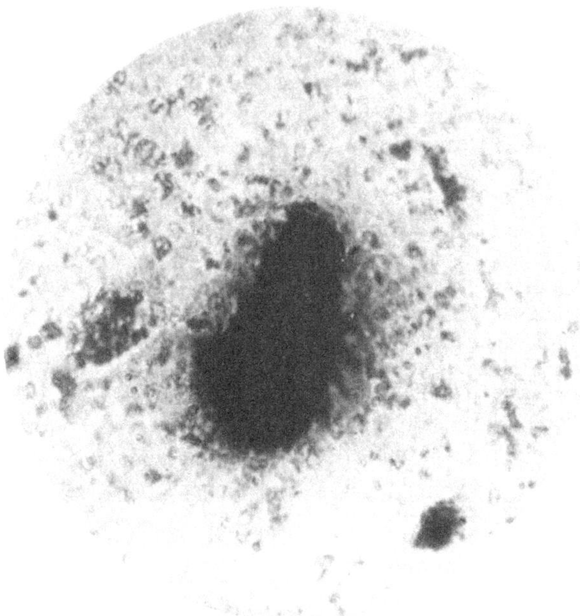

Abb. 96. Chemisch reines Eisenoxyd in Leinölsäure, 3 Monate alt, angeätzt. Der dunkle Saum, der das große Sekundärteilchen umgibt, besteht aus Eisenseifen. die durch die Anätzung grün gefärbt erscheinen. 1200×.

oder der verschiedensten anderen Öle und Fette. Auf Grund von Untersuchungen, die in unserem Laboratorium seit längerer Zeit durchgeführt werden, sind wir der Ansicht, daß die Bildung von Eisenseifen durch diesen Befund H. Wagners nicht widerlegt ist. Durch Farbreaktionen gelang es nachzuweisen, daß selbst chemisch reines Eisenoxyd, mit Leinölfettsäuren angerieben und aufgestrichen, schon im Laufe von zehn Wochen deutlich erkennbare Seifenbildung zeigt. Dies ist aus Abb. 96 und 97 an dem dunklen Hof, der das große Sekundärteilchen umgibt, noch gut zu erkennen.

---

[1] Wagner, H.: Farben-Ztg. **35**, 1151, 1204 (1930).
[2] Salvaterra, H., u. F. Zeppelzauer: Farben-Ztg. **36** (1931), im Druck.

Der Ölbedarf der Eisenoxydpigmente schwankt je nach dem Fabrikat innerhalb weiter Grenzen (etwa 30—100 Gewichtsprozent) für die streichfertige Farbe.

Die Eisenmennige bzw. das Eisenrot steht hinsichtlich seines Wertes für Eisenschutzanstriche zurzeit im Streite der Meinungen. Es ist sicher, daß sich viele Eisenmennigeanstriche gut bewährt haben, manche wieder versagten. Doch kommt es gerade bei diesem Pigment, das in so verschiedener Zusammensetzung auf dem Markt ist, sehr auf seine jeweiligen chemischen und physikalischen Eigenschaften an. Es dürfte heute ziemlich erwiesen sein, daß die Eisenrote (geeignete Produkte voraus-

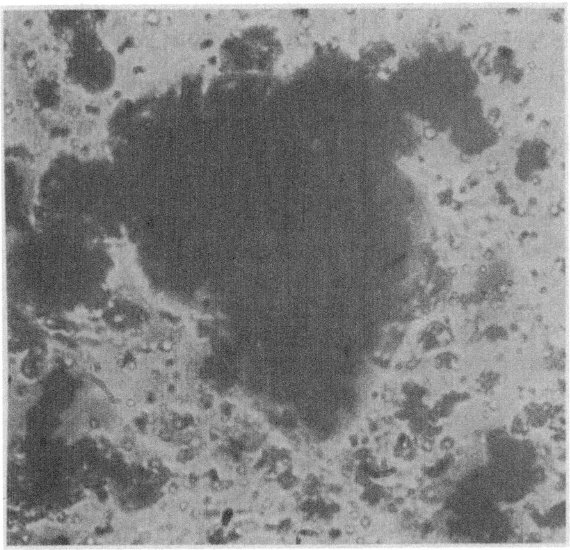

Abb. 97. Kärntner Eisenmennige in Leinöl, 11 Monate alt. Der dunkle Saum, der das Teilchenagglomerat umgibt, besteht aus Eisenseifen. Angeätzt wie in Abb. 96. 1200×.

gesetzt) bei hohem Schwefeldioxydgehalt der Atmosphäre den Bleipigmenten nicht nur im Deckanstrich, sondern auch im Grundanstrich überlegen sind[1]. Voraussetzung dafür ist ein hoher Eisenoxydgehalt des Pigments. Dieser liegt bei den synthetischen Produkten der I. G. Farbenindustrie zwischen 90—99%, bei den besten natürlichen nicht unter 84%[2]. Als weitere Voraussetzung ist die geeignete Wahl des Bindemittels zu erwähnen. Da die Eisenoxydpigmente keine besonders harten Filme ergeben, so empfiehlt sich mindestens für die Deckanstriche ein Zusatz von Standöl (in Mengen bis zu 33% des Bindemittels beim zweiten

[1] Junk, A.: Korrosion u. Metallschutz 4, 230 (1928).

[2] Die Verfasser konnten an den Probetafeln, welche in den Leunawerken der I. G. Farbenindustrie ausgelegt sind, den vorzüglichen Zustand dreijähriger Anstriche mit Eisenoxyd-Firnisgrund und gleichem Deckanstrich, besonders aber bei jenen mit Standölzusatz im Deckanstrich feststellen.

Deckanstrich); man kann fast sagen, die gute Schutzwirkung hängt von der richtigen Wahl der Bindemittel ab, von denen man bei Eisenoxydpigmenten ohne weiteres teurere, wertvollere verwenden kann, da der Preis durch die verhältnismäßige Billigkeit der Eisenpigmente zumindest kompensiert wird. Im Grundanstrich sollen sich Glyptalfirnisse (siehe S. 69), nach uns bekannt gewordenen Versuchen, ausgezeichnet bewährt haben; die so hergestellten Anstriche sollen Mennigegrundierungen zumindest ebenbürtig sein.

Ein natürliches kristallines Eisenoxyd von grauer Farbe ist der Eisenglimmer. Er stellt ein schuppiges Pulver dar und wurde von jeher für Deckanstriche (insbesondere für Kombinationspigmente) geschätzt. Durch die schuppige Beschaffenheit ergibt sich eine dichte Art der Packung, auf die zum Teil seine gute Wirkung zurückzuführen sein dürfte[1]. Infolge des verhältnismäßig hohen spezifischen Gewichtes und der Korngröße neigt Eisenglimmer sehr zum Absetzen in der angeriebenen Farbe, was bei der Auswahl des Bindemittels und der Zusatzpigmente zu berücksichtigen ist[2].

4. Titanweiß.

Das Metall Titan kommt in der Natur nicht gediegen vor, als Oxyd findet es sich im Rutil, Anatas u. a. m. Am reichlichsten findet es sich im Ilmenit, einem titanhaltigen Eisenerz, dessen Hauptvorkommen in Norwegen (Stavanger), im Ural, in Frankreich und in Ungarn liegen. Das chemisch reine Titandioxyd (TiO_2) zeichnet sich durch seine reinweiße Farbe aus. Schon im Jahre 1870 versuchte man in Nordamerika ein aus Rutil hergestelltes Titandioxyd als Malerfarbe zu verwenden. Die Sache geriet bald in Vergessenheit. Erst durch die von Jebsen und Farup ausgearbeiteten Verfahren der Herstellung von Titandioxyd aus titanhaltigen Eisenerzen war eine technische Grundlage für dieses Produkt gegeben. Hatte man schon im Jahre 1870 versucht, die auf etwa 30 Millionen Tonnen geschätzten Ilmenit-Lager bei Stavanger auf Eisen auszubeuten, was infolge des großen Gehaltes an dem unschmelzbaren Titandioxyd (bis maximal 50%) mißlang, so konnten nach etwa zehnjährigen Bemühungen, die nun auf die Gewinnung von Titan gerichtet waren, im Jahre 1919 bereits 8000 Tonnen Titanweiß erzeugt werden.

Titandioxyd als solches ist trotz seiner erheblichen Deckkraft als Pigment unbrauchbar, da es außerordentlich langsam trocknende Ölanstriche[3] ergibt, die zu weich sind, um als Schutzanstriche verwendbar zu sein. Man fand bald, daß durch gemeinsame Fällung von Titandioxyd und Bariumsulfat (Blanc fixe) ein Produkt erzielt wird, welches nach dem Kalzinieren als Pigment verwendbar ist. Man erreichte dadurch auch eine Steigerung der Deckkraft, weil das Mischen von Pig-

[1] Wolff, H.: Farben-Ztg. **27**, 3016 (1922). — Krisch, J.: Korrosion u. Metallschutz **3**, 227 (1927). — Wolff, H. und G. Zeidler: Farbe und Lack (1926), 246. Korrosion und Metallschutz **2**, 154 (1926). — Hülsencamp: Farbe und Lack (1925), 162, 173.

[2] Siehe auch: Farbe und Lack (1925), 603.

[3] Die Ursache dürfte eine ähnliche wie beim Eisenoxyd sein, siehe S. 50.

menten verschiedenen Lichtbrechungsvermögens eine größere Erhöhung der Deckkraft hervorbringt, als sich aus dem Lichtbrechungsvermögen der einzelnen verwendeten Pigmente errechnen läßt[1]. Das günstigste Verhältnis hierfür liegt bei 26,5% Titandioxyd und 73,5% Bariumsulfat. Anfangs hatte das Produkt einen leicht gelblichen Stich, der sich während des Kalzinierprozesses ausbildete. Durch Zusatz von Phosphorsäure, in nach Angabe der Hersteller geringen Mengen (nach den weiter unten angegebenen Analysen ist er nicht unbeträchtlich), wird ein reinweißes Produkt erzielt.

Das Titandioxyd reagiert infolge seiner chemischen Indifferenz mit Leinöl bzw. den Leinölsäuren nicht. Seifenbildung tritt daher im Anstrich nicht ein. Die mit Titanweiß erzielten Anstriche trocknen sehr langsam[2,3] und der verhältnismäßig weiche Anstrich kreidet[4] in kurzer Zeit stark ab.

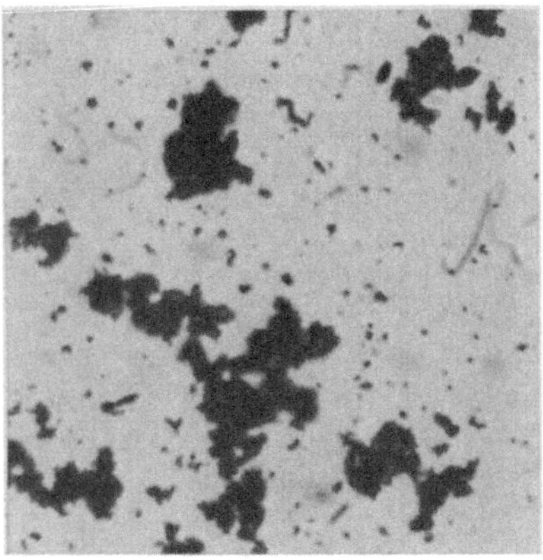

Abb. 98. Titanweiß Standard T extra. 650×.

Nach der Neigung zum Abkreiden kann man die wichtigsten Weißpigmente (mit zunehmender Stärke des Kreidens) etwa wie folgt anordnen: Zinkweiß — Bleiweiß — basisches Bleisulfat — Lithopone — Titanweiß[5]. Insbesondere amerikanische Forscher führen die Neigung zum Abkreiden auf die stärkere Durchlässigkeit des betreffenden Pigments für ultraviolettes Licht zurück, was aber nur insoferne richtig erscheint, als wohl Zinkweiß eine allen andern Weißpigmenten weit überlegene Undurchlässigkeit für ultraviolette Strahlen zeigt, während die diesbezügliche Reihenfolge der andern Pigmente nicht mit der eben gegebenen übereinstimmt. Man hat die schlechte Trockenwirkung, als auch

[1] Siehe Eibner, A., in Lunge-Berl: Chemisch-Technische Untersuchungsmethoden **4**.

[2] van Hoek, C. P.: Farben-Ztg. **34**, 1007 (1928/29).

[3] Es ist uns schon einige Male untergekommen, daß Anstreicher, denen Titanweiß-Ölfarben zu langsam trockneten (mit einem normal trocknenden Zink-Kobalt-Firnis über 24 Stunden), der fertigen Farbe noch weiter Sikkativ zusetzten, wodurch dann der Anstrich selbst nach mehreren Tagen noch klebrig war. Wie die Untersuchungen zeigten, war nur die Überladung der Farbe (bzw. des Firnisses) mit Sikkativ die Ursache dieser Erscheinung. Siehe auch S. 48, 63.

[4] Die Einwirkung von Licht und Wetter bedingt eine von der Oberfläche her einsetzende Zerstörung des Bindemittels, wodurch der Verband der Pigmentteilchen gelockert wird, dabei wird die Oberfläche des Anstriches matt und rauh. Fährt man mit der Hand über den Anstrich, so färbt er (kreidet er) ab, weil die Pigmentkörnchen infolge des Stoffschwundes zum Teil freigelegt sind und sich wegwischen lassen. Über einen Versuch, die Erscheinung des Abkreidens ihrer Stärke nach messend zu erfassen, siehe Kempf, R., in Farben-Ztg. **35**, H. 13 (1929) und Literaturverzeichnis.

[5] van Hoek, C. P.: Farben-Ztg. **34** 1007 (1928/29).

die Neigung zum Abkreiden des Titanweiß dadurch zu bekämpfen gesucht, daß man dem Pigment mechanisch Zinkweiß zumischte und hat so auch tatsächlich einige Besserung, zumindest im Trocknen, erzielt. Das

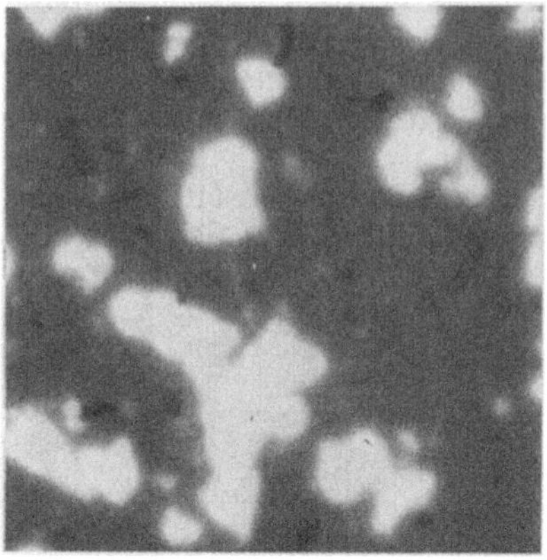

Abb. 99. Dieselbe Stelle wie in Abb. 98, aber in polarisiertem Licht. Die großen Titandioxydflocken leuchten deutlich auf. 650×.

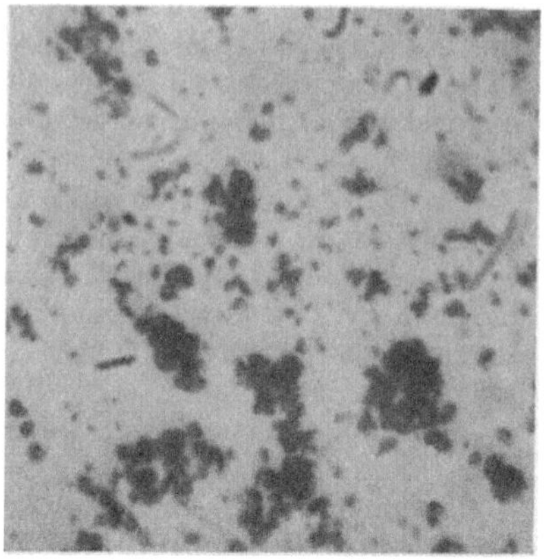

Abb. 100. Titanweiß Standard A. 650×.

zinkweißfreie Produkt kommt als Standard T und T extra (T: 25% Titandioxyd + 75% Bariumsulfat; T extra: gleiche Teile Titandioxyd und Bariumsulfat. Früher wurde die Marke T als X be-

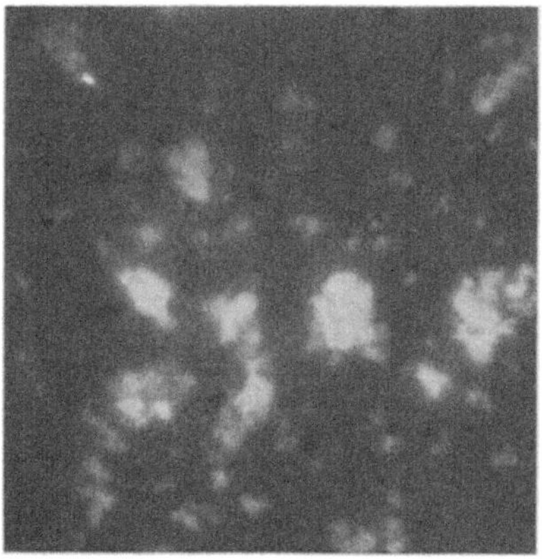

Abb. 101. Dieselbe Stelle wie Abb. 100, aber in polarisiertem Licht. 650×.

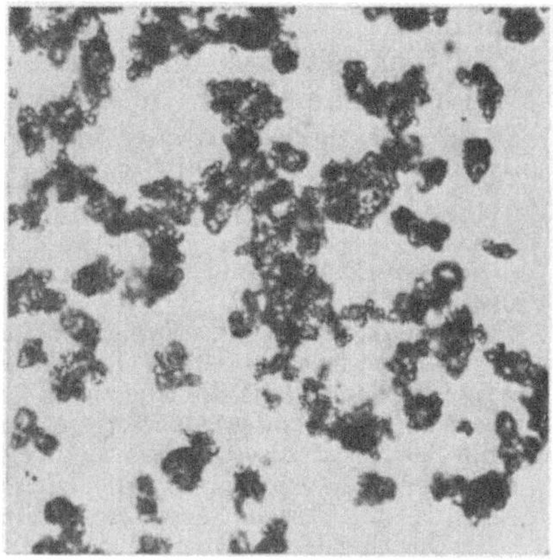

Abb. 102. Titandioxyd. 1000×. (Nach M. Ragg.)

zeichnet) in den Handel, das zinkweißhaltige als Standard A. Die Zusammensetzung einiger Produkte des Handels möge den nachstehenden Analysenangaben entnommen werden:

	%	%	%
Titandioxyd	31,0[1,2]	48,4[2]	16,4[1]
Bariumsulfat	62,5	12,3	53,2
Barium-Kalziumphosphat	4,0	12,8	8,1
Aluminiumoxyd, Eisenoxyd	2,5	1,5	—
Zinkoxyd	—	25,0	22,3

Das Kronos[3] Titanweiß und auch das amerikanische Titanox sind durch Niederschlagen von Titandioxyd auf Bariumsulfat, wie eben erläutert, hergestellt. In Mikrobildern ist zu erkennen, wie die Bariumsulfatteilchen vom Titandioxyd umhüllt werden (Abb. 98—101)[4]. Von diesen grundsätzlich verschieden in der Herstellungsmethode war das Degea[5]-Titanweiß, das durch mechanisches Vermischen von Titandioxyd mit Bariumsulfat hergestellt wurde.

Die zum Vergleich gegebenen Mikrobilder von Blanc fixe und Zinkweiß Rotsiegel lassen die Unterschiede in der Teilchengröße erkennen.

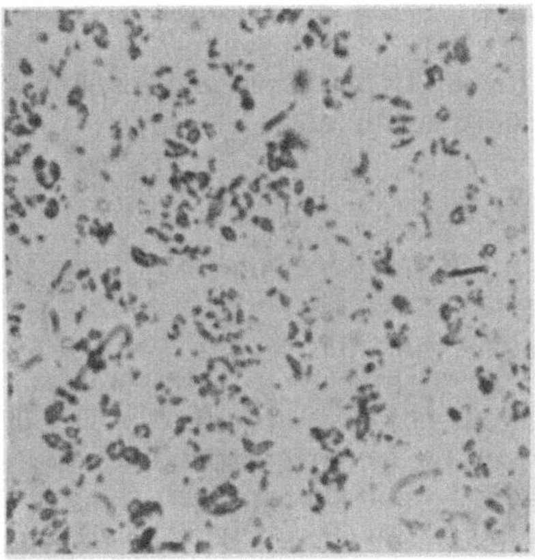

Abb. 103. Blanc fixe. 650×.

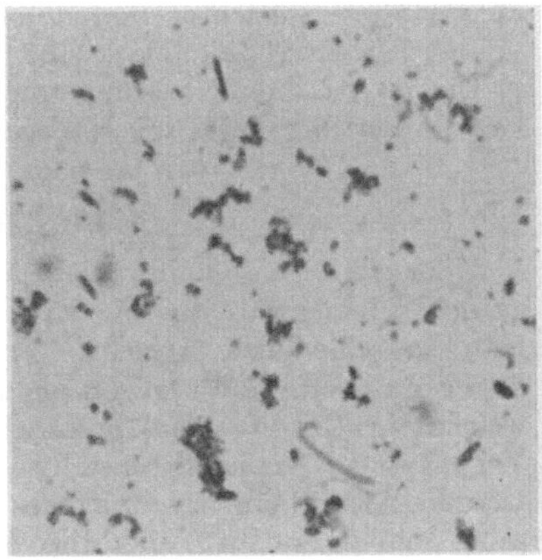

Abb. 104. Zinkweiß Rotsiegel. 650×.

Bei Titandioxyd sieht man dunkle undurchsichtige Flocken von 2—10 μ, bei Blanc fixe ziemlich gleich große Teilchen von 2—3 μ, die kristallin und durchsichtig sind und schließlich bei Zinkweiß Rotsiegel kleine Körnchen von 0,5—1 μ (Abb. 102—104).

Zu beachten ist, daß Titandioxyd, ebenso Titanweiß, von der Herstellung angeblich freie Schwefelsäure enthalten können[6], was die Verwend-

[1] van Hoek, C. P.: Farben-Ztg. **34** 2828ff. (1929).
[2] Eberth, H.: Farbe u. Lack **1927**, 425.
[3] Erzeugerin Titangesellschaft m. b. H. in Leverkusen, im Konzern der I. G. Farbenfabriken. Die Marke Standard T bzw. T extra stellt eine Fällung von Titandioxyd auf Schwerspat dar, die Marke Standard A enthält einen Zusatz von 25% Zinkweiß.
[4] Siehe auch Ragg, M.: Farbe u. Lack **1927**, 415, 426.
[5] Wurde in den Werken der Deutschen Auer-Glühlicht-Ges. erzeugt. Nach Ankauf des betreffenden Werkes durch die I. G. Farbenindustrie wurde es stillgelegt.
[6] van Hoek, C. P.: loc. cit. — Wagner, H.: Farben-Ztg. **34**, 1243—45 (1928/29). — Zerr, G.: Farben-Ztg. **34**, 1430 (1928/29).

barkeit für Rostschutzanstriche ausschließen würde, falls dies zutrifft.

Der Ölbedarf für pastose Anreibung ist etwa 20%, für Standard A oder T, für streichfertige Farbe 38—40%. Das technische Titanweiß ist nicht giftig.

Der Wert des Titanweiß für Außenanstriche wird sehr verschieden beurteilt. M. Ragg[1], der es noch verhältnismäßig am besten beurteilt, wirft dem Titanweiß mangelndes Seifenbildungsvermögen vor, das seiner Meinung nach allein maßgebend für die Haltbarkeit eines Anstriches ist. Er meint, man dürfe vom Titanweiß nicht viel mehr verlangen, wie von irgend einem anderen indifferenten Pigment. Dazu sei bemerkt, daß Ragg auch die Eisenoxydpigmente für Rostschutzanstriche ablehnt.

Wegen der Weichheit der erzielten Anstrichschichten und wegen des sehr starken Abkreidens wird das Titanweiß von C. P. van Hoek[2], W. Antony[3] und J. F. Sacher[4] als nicht gut geeignet für Außenanstriche befunden. Die Titangesellschaft m. b. H. in Leverkusen bekämpft diese Ansichten und stellt unter Beweis, daß einzelne Angaben von C. P. van Hoek falsch sind[5].

Die praktischen Erfahrungen sind für die Beurteilung der Brauchbarkeit dieses Pigmentes zu Eisenschutzanstrichen noch gering[6].

5. Füllstoffe.

Über die Zulässigkeit von Zusätzen (meist indifferenter Substanzen) zu den Pigmenten, die im Rostschutz verwendet werden sollen, ist man verschiedener Ansicht. Vor allem kommt es auf die Natur dieser Füllstoffe an und ob sie bei Anstrichfarben benutzt werden, welche für Grund- oder Deckanstrich dienen. Wenn auch von vielen Verwaltungen verschnittene Pigmente im Rostschutzanstrich abgelehnt werden, so muß ein verschnittenes Pigment nicht immer minderwertiger sein. Schon aus dem früher über Mischpigmente Gesagten geht hervor[7], daß die durch Mischung geeigneter Pigmente erzielte Heterodispersität die Packungsverhältnisse in der Farbhaut günstig beeinflussen kann. Leider liegen hierüber keine exakten Versuche vor, aus denen zuverlässig der praktische Wert oder Schaden, welcher sich aus dem Zuatz von Füllstoffen ergibt, hervorgeht.

Kreide wird hier und da als Zusatz in mäßigen Grenzen günstig beurteilt, weil sie die beim Trocknen des Anstriches sich bildenden sauren Abbauprodukte des Leinöles neutralisieren soll[8]. Andererseits

[1] Ragg, M.: Chem.-Ztg. **47**, 598.

[2] van Hoek, C. P.: loc cit. — Wagner, H.: Farben-Ztg. **34**, 1243—45 (1928/29). — Zerr, G.: Farben-Ztg. **34**, 2430 (1928/29).

[3] Antony, W.: Farben-Ztg. **34**, 2461, 2677 (1928/29).

[4] Sacher, J. F.: Farbe u. Lack **1924**, 222. Über weitere Literatur und Angaben über Herstellung und Produktion siehe Scheiber, J.: Farbe u. Lack **1925**, 515, 527.

[5] Farben-Ztg. **35**, 1264 (1930).

[6] Die Österr. Bundesbahnen haben versuchsweise schon größere Objekte mit Titanweiß gestrichen.

[7] Siehe über die Packung im Anstrich auf S. 80.

[8] Scheiber-Sändig: Lacke und ihre Rohstoffe, S. 401. Leipzig 1926. Siehe auch Farben-Ztg. **31**, 981 (1926).

neigen kreidehaltige Ölfarben zum Eindicken und geben spröde Filme[1]. Zu berücksichtigen ist, daß bei der Bindung der Abbausäuren des Leinöles durch die Kreide Kohlendioxyd (Kohlensäure) in Freiheit gesetzt wird (die Kreide ist kohlensaurer Kalk), das entweder in Gasform entweicht oder von einem anderen in der Mischung befindlichen Pigment (z. B. Zinkweiß) gebunden werden kann. Im einen wie im anderen Falle kann dies zur Lockerung der Farbschicht führen. Schließlich erhöht ein Kreidezusatz, wie ein Zusatz fast aller übrigen Füllstoffe, die Durchlässigkeit der Farbhaut für ultraviolettes Licht (worauf C. P. van Hoek[2] besonders hinweist), wodurch die raschere Zerstörung des Ölanteiles begünstigt wird.

Leichtspat (Gips), das ist schwefelsaurer Kalk, ist wegen seiner Wasserlöslichkeit gefährlich, da hierdurch Anlaß zur Rostbildung gegeben werden kann.

Schwerspat und Blanc fixe sind die unschuldigsten Streckmittel, welche (durch die Gestalt ihrer Teilchen) bei Zusatz zu einem aus kugelig geformten Teilchen bestehenden Pigment zur mechanischen Verfestigung des Anstrichfilmes beitragen können[3]. Der Zusatz von Schwerspat soll sich aber auch dann nur in geringen Grenzen halten.

Asbestine[4], ein Asbest von mikroskopischer Faserstruktur (Mikro-Asbest), wird insbesondere in amerikanischen Rezepten vielfach als Zusatz zu Pigmenten von hohem spezifischen Gewicht empfohlen, da er das Absitzen verhindert oder verlangsamt. Auch nahmen einzelne an, daß er infolge seiner Faserstruktur, ähnlich wie die Eisenstäbe im Eisenbeton, den Anstrich verfestigt[5], welche Ansicht aber den Tatsachen nicht entspricht.

Kaolin (China Clay) und Kieselsäure (Silica) findet man ebenfalls in amerikanischen Vorschriften vielfach als Füllstoffe verwendet. Nach Cushman und Gardner[4] gibt Silica, in beschränktem Maße (etwa 10%) als Zusatz zu Blei- oder Zinkweiß verwendet, Anstriche von guter Haltbarkeit.

Bei allen Füllstoffzusätzen ist zu berücksichtigen, daß sie den Ölbedarf der Pigmente, denen sie zugesetzt werden, verändern, fast immer erhöhen, was natürlich nicht ohne Rückwirkung auf das Verhalten des erzielten Anstriches sein kann.

Während man in Deutschland und Österreich der Verwendung von Füllstoffen im Anstrich meist ziemlich skeptisch gegenübersteht, ist insbesondere in Amerika deren Anwendung auch im Rostschutzanstrich weit häufiger. Man rechnet sie zu den inerten Pigmenten, ohne sich darüber Rechenschaft zu geben, daß die Wirkung der Pigmente im Anstrichfilm nicht nur eine rein chemische ist, denn von diesem

[1] Ragg, M.: Die Schiffsboden und Rostschutzfarben. Berlin 1925.
[2] van Hoek, C. P.: Farben-Ztg. **34**, 1007 (1928/29).
[3] Seeligmann-Ziecke, Handbuch der Lack- und Firnis-Industrie, 3. Aufl., S. 794. — Schumacher, C.: Farbe u. Lack **1924**, 267.
[4] Rosenberg, H.: Farben-Ztg. **31**, 2936 (1926).
[5] Siehe auch Cushman-Gardner: The Corrosion and Preservation of Iron and Steel, New York 1910.

Standpunkt aus sind sie wirklich inert, sondern daß auch die rein physikalischen Oberflächenwirkungen eine bedeutende Rolle spielen, und solche Wirkungen gehen auch von ihnen aus (siehe S. 78).

Jedenfalls ist es nicht immer zu rechtfertigen, wenn man den Gehalt einer Ölfarbe an solchen Stoffen als Verschnitt ansieht, solange er sich in mäßigen Grenzen bewegt und der Preis entspricht.

V. Hilfsmittel.

A. Trockenstoffe (Sikkative).

Zur Beschleunigung der Öltrocknung werden, wie schon an anderer Stelle erwähnt, den trocknenden Ölen Zusätze einverleibt, die man allgemein als Trockenstoffe oder Sikkative bezeichnet. Im Handel finden sich solche Produkte unter den verschiedensten Bezeichnungen, und es ist schon wiederholt versucht worden, Ordnung in ihre Benennung zu bringen. Die in den Sikkativen enthaltenen Metalle wirken nur dann trocknungsbeschleunigend, wenn sie in feinster Verteilung im Öl vorhanden sind. Die Metalloxyde oder anorganischen Metallsalze sind für sich nicht öllöslich[1], sondern nur in Form bestimmter organischer Salze. Als solche sind fast ausschließlich die harzsauren oder leinölsauren Salze in Gebrauch[2]. Da man die Salze von Fettsäuren und auch von Harzsäuren als Seifen bezeichnet, so sind die Sikkative Metallseifen, die je nachdem sie Leinölfettsäure oder Harz als sauren Bestandteil enthalten, als Linoleate oder Resinate bezeichnet werden. Die Metallverbindungen, welche man zur Erzeugung der Metallseifen verwendet, bezeichnet man daher zweckmäßig als Trockenstoffgrundlagen oder Sikkativbasen, während man nur die Metallseifen als Sikkative zu bezeichnen hätte[3].

Die Verwendung von Metallseifen hat nur den Zweck, die Metalle im Öl in möglichst feine Verteilung, Dispersion, zu bringen, es ist daher naheliegend, daß man auch dann eine Trockenwirkung bekommt, wenn man die Metalle als solche durch geeignete Maßnahmen kolloidal im Öl verteilt.

Die im Handel befindlichen Produkte schwanken oft sehr in ihrer Zusammensetzung, es ist daher sehr zu begrüßen gewesen, daß der

---

[1] Auch wenn man z. B. Leinöl mit Bleiglätte kocht, so bildet sich Bleiseife und erst diese löst sich dann im Öl.

[2] Die holzölsauren Metallsalze, die Tungate, finden wegen ihrer Schwerlöslichkeit selten Anwendung. In neuerer Zeit werden auch Salze der bei der Erdölraffination anfallenden Naphthensäuren als Sikkative in den Handel gebracht (Soligentrockner). In Patenten wurden noch vorgeschlagen: Salze der Benzoesäure, Bernsteinsäure, der Kopalharzsäuren u. v. a. m.

[3] Mühle, Farben-Ztg. 22, 855ff. (1916) schlug vor, die Metallseifen als Sikkativextrakte, deren Lösungen in Benzin usw. aber als Sikkative zu bezeichnen, welcher Vorschlag uns im Hinblick auf die Handelsbezeichnungen als verwirrend erscheint, da als Sikkativextrakte konzentrierte Lösungen der Sikkative gehandelt werden.

Verein deutscher Trockenstoff-Fabrikanten die am häufigsten verwendeten Sikkative normiert hat[1].

Über die vermutliche Wirkungsweise der Sikkative wurde schon an anderer Stelle berichtet (S. 48), es sollen hier nur noch die Ergebnisse der Versuche von F. Quinke und K. Kamphausen[2] kurz erwähnt werden. Diese beiden Forscher versuchten nach zwei voneinander unabhängigen Methoden den Einfluß der verwendeten Sikkativbase auf die Trockenzeit des Leinöles, Holzöles und eines Gemisches aus Leinöl und Holzöl zu ermitteln. Sie verwendeten zu ihren Versuchen nur Linoleate oder Resinate, um Ungenauigkeiten bei der Herstellung der Firnisse auszuschließen. Sie fanden für Leinöl, daß

1. ein Zusatz von mehr als 0,003 Mol Metall pro 100 g Öl zwecklos ist,[3]
2. Resinate und Linoleate beinahe gleichen Effekt haben, also im wesentlichen nur das Metall den Effekt bedingt (hinsichtlich Trockenzeit),
3. daß die verschiedenen Metalle im Molekularverhältnis wirken[4],
4. daß sich die Trockenzeiten des Leinöles mit den Metallen Kobalt, Mangan, Blei, gegenüber der Trockenzeit von Leinöl ohne Metall (Sikkativ) verhalten wie 7, 10, $24^1/_2$ Stunden gegenüber 125 Stunden[5].

Ähnlich war auch das Trockenzeitverhältnis bei Holzöl. Für Leinöl-Holzöl-Gemische fanden sie die merkwürdige Erscheinung, daß Blei für reines Leinöl oder Holzöl die Trockenzeit auf etwa $^1/_4$ erniedrigt, aber bei Mischungen von 10—70% Leinöl mit 90—30% Holzöl die Trockenzeit auf etwa $^1/_{10}$ erniedrigt.

Sie gruppieren die Metalle wie folgt[6]:

Gruppe	Zeitreduktion	Leinöl	Holzöl
1	auf $^1/_{30}$ bis $^1/_{15}$	Kobalt	Kobalt, Eisen, Mangan, Kupfer
2	$^1/_{10}$ bis $^1/_4$	Mangan, Blei	Chrom, Blei, Zink, Nickel
3	$^1/_2$	Eisen, Nickel, Chrom	—
4	$^3/_4$	Kupfer, Zink, Kalzium, Barium, Magnesium	Barium, Magnesium

Kobalt zeigt hiernach die stärkste Wirkung; in Leinöl kann es durch Mischungen von Blei-Mangan (aber nur zum Teil) ersetzt werden, in Holzöl kann es durch Mangan ersetzt werden. Es sei hier darauf hingewiesen, daß rasch trocknen nicht immer gut trocknen heißt.

Die Trockenstoffe kommen entweder in fester Form in den Handel,

---

[1] Siehe Farben-Ztg. **32**, 1495 (1926/27) und weiter rückwärts im analytischen Teil dieses Buches.

[2] Farbe u. Lack **1927**, 341/43.

[3] Ein Mol ist die dem Molekulargewicht einer Substanz entsprechende Anzahl Gramme; z. B. 1 Mol Wasser = 18 g, 1 Mol Kobalt = 58,97 g, 1 Mol Mangan = 54,93 g, 1 Mol Blei = 207,2 g. Man sagt statt Mol auch Gramm-Molekül.

[4] Siehe auch Meister: Farben-Ztg. **14**, 153, 731 (1908).

[5] Die Zahlen gelten selbstverständlich nur für die eingehaltenen Versuchsbedingungen. Siehe dazu auch Eibner, A., u. F. Pallauf: Chem. Umschau a. d. Geb. d. Fette, Öle, Wachse u. Harze **32**, 81,97 (1925).

[6] Auszugsweise wiedergegeben.

oder als Lösungen (sog. Extrakte). Diese Lösungen bestehen entweder aus den in Leinöl oder den in flüchtigen Lösungsmitteln (meist Benzin) gelösten Metall-Linoleaten oder -Resinaten. Als Sikkativpulver werden Präparate gehandelt, welche sich in der Kälte leicht in Leinöl lösen, wie z. B. gefälltes harzsaures Blei-Mangan, Manganborat u. a. m. Die durch Lösen solcher Produkte in Leinöl hergestellten Firnisse (richtiger „sikkativierten Leinöle") entfalten ihre richtige Trockenkraft erst nach einigen Tagen Lagerzeit.

Die Herstellung der Sikkative kann nach zwei prinzipiell verschiedenen Methoden erfolgen: Entweder durch Erhitzen von Harz (Kolophonium), Leinöl oder Leinölfettsäure mit Metalloxyden oder leicht zersetzlichen Metallsalzen (essigsaure, kohlensaure Salze u. a.), wobei man die geschmolzenen Sikkative erhält, oder durch Umsetzung der in Wasser gelösten Harz- oder Leinölseifen (Kali- oder Natronseifen) mit in Wasser gelösten Metallsalzen, wobei man die gefällten Sikkative erhält.

Über die Zusammensetzung der Sikkative wurden Untersuchungen durchgeführt, aus denen hervorgeht, daß die Sikkative keineswegs neutrale Salze vorstellen. Die geschmolzenen Resinate sind als basische Salze erkannt worden[1], die gefällten sind vielleicht saure Salze[2].

Im allgemeinen sind die gefällten Sikkative besser löslich wie die geschmolzenen (so lösen sich die gefällten Resinate meist schon in kaltem Leinöl)[3], werden aber in der Praxis seltener erzeugt, da die Herstellung der geschmolzenen Sikkative einfacher ist.

Die geschmolzenen Linoleate sind meist weich, was außer durch die Natur der Fettsäuren, noch durch das zum Teil im Sikkativ verbleibende Glyzerin bedingt ist; ein Eindicken der Ölfarben ist bei ihnen kaum zu befürchten, doch neigen ihre Lösungen leichter zu Ausscheidungen, die meist auf fehlerhafte Herstellung (z. B. Übersättigung mit Trockenstoff, der dann beim Abkühlen nicht mehr in Lösung gehalten werden kann) zurückzuführen ist oder auf Oxydationserscheinungen, hervorgerufen durch ungenügend verschlossene Behälter[4]. Die Resinate haben die unangenehme Eigenschaft, daß die mit ihnen bereiteten Firnisse zum Eindicken mit basischen Pigmenten neigen. Dies kann entweder von ungenügender Neutralisation der Harzsäuren herrühren, oder durch kolloidale Vorgänge verursacht werden.

Der Metallgehalt der geschmolzenen Sikkative ist meist niedriger als jener der entsprechenden gefällten. Die Metallgehalte der gebräuchlichsten trockenen Sikkative sollen nach den Vorschriften des Verbandes Deutscher Lackfabrikanten betragen:

---

[1] Ragg, M.: Farben-Ztg. **19**, 309ff. (1914).
[2] Ellinson, E. O.: C. 1914 I, 1275.
[3] Siehe auch Gumder, A.: Drugs, Oils and Paints XLII, Nr. 7; Farben-Ztg. **32**, 1618 (1926/27). — Ungenannt: Farben-Ztg. **32**, 2020 (1926/27).
[4] Über Herstellung und Rezepturen siehe Seeligmann-Zieke: Handbuch, Berlin 1930, S. 508f. — Scheiber-Sändig: Rohstoffe, Leipzig 1926, S. 195ff. und Literaturverzeichnis.

	Linoleate		Resinate	
	gefällt %	geschmolzen %	gefällt %	geschmolzen %
Blei	31,0—32,0	31,0—34,0	22,0—23,0	11,0—12,0
Mangan	8,0— 8,5	7,0— 7,5	6,0— 6,5	2,0— 2,5
Kobalt	9,2— 9,5	2,2— 2,5	6,2— 6,5	2,2— 2,5
Blei	14,0—15,0	14,0—15,0	12,0—12,5	4,5— 5,5
Mangan	2,7— 3,2	2,7— 3,2	2,5— 3,0	1,0— 1,5

Nach Zieke-Wolff[1] kann man in der Praxis von einem guten gelösten Sikkativ verlangen, daß

1. ein Zusatz von 4—5% Sikkativ Leinöl im Sommer in 8—10 Stunden, im Winter in 10—15 Stunden zum Trocknen bringt;

2. das Sikkativ Metallfarben nicht zum Eindicken bringen darf[2] und daß

3. das Sikkativ beim Lagern in verschlossenem Gefäß keinen Satz ausscheidet.

B. Verdünnungsmittel (Lösungsmittel).

Als Verdünnungsmittel für Ölfarben und Lacke[3] kann man solche organische Flüssigkeiten bezeichnen, welche ein Lösungsvermögen für die Bindemittel bzw. für die filmbildenden Bestandteile haben und welche sich nach dem Anstrich ohne Hinterlassung eines Rückstandes verflüchtigen. Ihr wesentlicher Zweck ist, die Anstrichmittel auf streichfähige Konsistenz zu bringen.

Das älteste bekannte Verdünnungsmittel ist das Terpentinöl, dem seinerzeit besondere Wirkungen auf die Trocknung der Ölfarben und Lacke und auf die Güte der erhaltenen Anstriche zugeschrieben wurden, so daß man es keineswegs bloß als Verdünnungsmittel ansah. Vor allem

[1] Seeligmann-Zieke a. a. O. — Weger: Chem. Rev. 4, 2885 (1897).

[2] Vorausgesetzt, daß die Farbe nicht die Ursache ist, was nach eigener Erfahrung auch der Fall sein kann.

[3] Als Anstrichstoffe bezeichnet man ganz allgemein mehr oder minder flüssige (dünnflüssige bis pastenförmige) Produkte, die auf Gegenstände aufgetragen werden und auf diesen durch chemische oder physikalische Veränderungen (siehe Trocknungsvorgang) eine möglichst lückenlose feste Schicht (Film, Anstrichhaut) hinterlassen, die dem Schutz oder der Verschönerung dient. Diese hinterbleibende Schicht kann entweder durchsichtig oder undurchsichtig, glänzend oder matt sein. Anstrichfarben bestehen aus der innigen Mischung eines Pigments mit einem Bindemittel. Dieses Bindemittel kann entweder ein Firnis (siehe S. 62) oder ein Lack sein.

Als Firnis werden Produkte bezeichnet, die aus einem trocknenden Öl mit gewissen, die Trocknung beschleunigenden Zusätzen (siehe Sikkative) bestehen. Die Bildung des Films geschieht hier durch Trocknung des Öls (siehe S. 37). Man sagt, das trocknende Öl (z. B. Leinöl) ist der Filmbildner.

Als Lacke kann man ganz allgemein Produkte bezeichnen, die neben dem Filmbildner noch ein Lösungsmittel enthalten. Der Filmbildner kann in Lacken entweder flüssig oder fest oder ein Gemisch flüssiger oder fester Bestandteile sein. Als flüssige Filmbildner kommen besonders präparierte trocknende Öle (Standöl usw.) in Betracht. Feste Filmbildner können natürliche oder künstliche Harze, Zellulosederivate (Nitrozellulose usw., siehe Zelluloselacke S. 69) oder bituminöse Bestandteile (natürlicher und künstlicher Asphalt usw.) sein.

wurde dem Terpentinöl, welches tatsächlich befähigt ist, den Luftsauerstoff in besonders reaktionsfähiger Form (Peroxydbildung) zu binden und wieder abzugeben (vgl. darüber C. Engler und Weißberg: Ber. **31**, 3046 (1898) und unter Autoxydation auf S. 31, Anm. 2) eine trocknungsbeschleunigende Wirkung zugeschrieben.

Bald nach der Einführung der Benzine als Verdünnungsmittel in der Lack- und Farbenindustrie entbrannte ein heftiger Streit, ob sie geeignet seien, das Terpentinöl vollkommen zu ersetzen[1]. Dies wurde insbesondere in Verbraucherkreisen verneint, man warf den Benzinen vor, daß sie keine oxydationsfördernde Wirkung ausüben könnten, da ihnen die Fähigkeit einer Sauerstoffaktivierung fehle u. a. m. Andererseits standen die Verfechter der Benzinverwendung auf dem Standpunkt, daß von einer sauerstoffübertragenden Wirkung des Terpentinöles keine Rede sein könne, da es viel zu rasch aus dem Anstrich verdunstet und auch sein Gehalt an aktivem Sauerstoff viel zu gering ist, als daß er eine Rolle beim Öltrocknen spielen könne. Dieser Kampf der Meinungen flaute dann im Weltkrieg ab, weil der Mangel an Terpentinöl dazu zwang, andere Lösungsmittel zu verwenden. Es kam dann eine Zeit, in der man den einzigen Zweck des Lösungsmittels darin sah, die Farbe auf streichfertige Konsistenz zu bringen, um bald nach dem Auftragen zu verdunsten und so die Farbe in einem Zustand

---

Enthält der Lack außer einem festen Filmbildner nur flüchtiges Lösungsmittel, so spricht man von flüchtigen Lacken. Die Bildung des Films erfolgt hier so, daß nach dem Aufstreichen der Lacke das Lösungsmittel an der Luft verdunstet und das Harz zurückläßt. In diese Kategorie gehören die Spiritus- oder Spritlacke (Filmbildner verschiedene Harze, Lösungsmittel im wesentlichen Spiritus) und die Zelluloselacke (siehe diese). Auch die Asphalt- und Teerlacke sind in diese Gruppe einzureihen, sofern sie kein trocknendes Öl enthalten.

Diejenigen Lacke, die neben festen Filmbildnern (Harze) noch flüssige Filmbildner (Standöle) enthalten, bezeichnet man als Öllacke oder fette Lacke. Je nach dem Verhältnis, in dem die festen Bestandteile zu den öligen stehen, spricht man von fetten, halbfetten und mageren Öllacken. Die Filmbildung erfolgt hier so, daß nach dem Verdunsten des flüchtigen Lösungsmittels eine zähflüssige Schicht, die aus einer Lösung (kolloide Lösung) der Harze usw. im Öl besteht, zurückbleibt; diese erhärtet dann infolge des einsetzenden Öltrocknungsvorganges.

Die Filmbildung der Lacke mit ausschließlich flüssigem Filmbildner erfolgt durch Verdunsten des Lösungsmittels und Trocknung des Öles.

Als Lackfarben bezeichnet man jene Anstrichfarben, deren Bindemittel ein Lack ist. Sie werden auch (bei Zelluloselacken ausschließlich) als Emaillen bezeichnet.

Die Ölfarben sind Anstrichfarben, deren Bindemittel ein Firnis ist. Aus verschiedenen Gründen (Haltbarkeit, Wetterbeständigkeit, Streichbarkeit usw.) werden dem Firnis manches Mal auch Zusätze von Lack, Standöl usw. gegeben. Vor dem Gebrauch werden, meist erst vom Verbraucher, noch Verdünnungsmittel zugesetzt, welche den Zweck haben, die Ölfarbe auf die richtige streichfertige Konsistenz zu bringen, ohne den Ölgehalt erhöhen zu müssen.

Als Lackkörper bezeichnet man die filmbildenden Bestandteile eines Lackes, also z. B. bei einem Öllack: Harze + Standöl.

[1] Die Einführung der Benzine als Verdünnungsmittel ergab sich aus fortschreitender Destillations- und Raffinationstechnik in der Erdölindustrie, welche es erlaubten, nicht nur Benzinfraktionen mit annähernd gleichen Siedegrenzen wie Terpentinöl zu gewinnen, sondern auch auf wirtschaftliche Weise diese Fraktionen mit mildem Geruch und großer Reinheit herzustellen. Letzten Endes erfolgt die Verwendung der Benzine zum Verdünnen immer aus Ersparnisrücksichten.

größerer Viskosität zurückzulassen, welcher das Ablaufen der Farbe an geneigten Flächen verhindert. Seither aber hat man erkannt, daß die Rolle des Verdünnungsmittels keine nebensächliche ist und sich nicht lediglich auf Verdünnung der Farbe beschränkt.

Wenn auch die sauerstoffübertragende Wirkung des Terpentinöles auf das trocknende Öl nicht eindeutig erwiesen ist, so ist doch die Wirkung verschiedenartiger Verdünnungsmittel eine verschiedenartige und besondere. Reste des Verdünnungsmittels verbleiben noch lange Zeit nach dem Verdunsten der Hauptmenge im Bindemittel bzw. Lackkörper gelöst und bewirken eine stärkere Verteilung desselben. Die Anstriche bleiben in einem gequollenen Zustand (hier Quellungsmittel nicht Wasser, sondern der Rest des Verdünnungsmittels), welcher mit einer größeren Reaktionsfähigkeit in chemischem und physikalischem Sinne verbunden ist. Dies ermöglicht bis zum restlosen Entweichen des Verdünnungsmittels einen gleichmäßigeren, günstigeren, unter Umständen auch rascheren Trocknungsverlauf. Diese Wirkungen sind bei verschiedenen Verdünnungsmitteln verschieden und nicht bloß abhängig von den Siedegrenzen der Lösungsmittel, sondern auch von ihrem kolloidphysikalischen Einfluß auf das Filmgel, welcher wieder durch den besonderen chemischen und physikalischen inneren Aufbau derselben bedingt ist. Es ist auch eine bekannte Tatsache, daß gleiche Mengen verschiedener Verdünnungsmittel einen verschiedenen Einfluß auf die Streichbarkeit, also auf Viskosität und Plastizität[1] einer Farbe nehmen.

Die Verdunstungsgeschwindigkeit der einzelnen Lösungsmittel steht sonderbarerweise in keinem direkten Verhältnis zum Siedepunkt. Sie ist abhängig vom Dampfdruck bei der herrschenden Temperatur, von der Verdampfungswärme, der spezifischen Wärme, der Wärmeleitfähigkeit, vom Verhältnis der Oberfläche zur Flüssigkeitsmenge und von den herrschenden äußeren Verhältnissen, wie Luftbewegung, Lage der gestrichenen Flächen u. a. m.

1. Vegetabilische Produkte.

a) Terpentinöl.

Das Terpentinöl wird durch Wasserdampfdestillation (mit oder ohne Vakuum) aus dem „Terpentin" (Balsam von Koniferenarten) gewonnen. Dieser wird aus gewissen Nadelholzbäumen gewonnen, indem man sie absichtlich verwundet und den ausfließenden Harzbalsam (Terpentin genannt) auffängt. Das echte Balsamterpentinöl stammt nur vom Balsam lebender Bäume und nur dieses Produkt soll den Namen „Terpentinöl" kurzweg führen. Das aus dem toten Baum gewonnene flüchtige Öl wird je nach der Gewinnungsweise als Holzterpentinöl, Kienöl oder Extraktionsterpentinöl bezeichnet. Aus den Laugen

[1] Wenn man eine plastische Flüssigkeit verteilen, verstreichen will, so setzt sie dieser Verschiebung einen gewissen Widerstand entgegen, der zwar sehr gering ist, aber doch bestimmt werden kann. Er findet seinen Ausdruck in dem sog. „yield value" (Mindestwert). Über seine Bestimmung siehe Abschnitt VIII C.

der Sulfatzellstoffabrikation gewinnt man das Sulfatterpentinöl. Bei der Destillation des Terpentins erhält man neben dem Terpentinöl das „Harz“ oder Kolophonium, das in der Blase zurückbleibt. Die Hauptproduktionsländer für Terpentinöl sind Amerika, Frankreich, Spanien und Portugal. Daneben ist auch griechisches, mexikanisches und österreichisches (Wiener-Neustädter) Terpentinöl am Markt. In Deutschland wird nur sehr wenig produziert. Da die zur Harznutzung herangezogenen Nadelbäume vielfach von Land zu Land verschieden sind[1], so zeigen auch die aus ihnen gewonnenen Terpentinöle gewisse charakteristische Unterschiede. Insbesondere durch den Geruch und durch das optische Verhalten sind die Hauptsorten amerikanisches, französisches, griechisches und österreichisches zu unterscheiden; das spanische und portugiesische entspricht im allgemeinen dem französischen Öl.

Spezifisches Gewicht, Farbe und Geruch, wie auch Viskosität und Siedeverhalten ändern sich mit dem Alter. So beträgt das spezifische Gewicht frischer Öle bei 20° C durchschnittlich 0,855—0,866, kann aber bei alten Ölen bis über 0,9 steigen. Die Farbe schwankt, je nach der Sorgfalt mit der es hergestellt wurde, von farblos (wasserhell) bis gelblich; beim Altern dunkeln die Öle nach. Das optische Drehungsvermögen schwankt von etwa $-40°$ bis $+46°$. Weitere Zahlenwerte sind im analytischen Teil angeführt. Das Terpentinöl ist mit den meisten Lösungsmitteln und fetten Ölen mischbar, evtl. Trübungen stammen meist von einem geringen Wassergehalt. So mischt es sich mit absolutem Alkohol, aber von 96% Sprit sind bereits 3—4 Teile zur Lösung eines Teiles Terpentinöl erforderlich. Das Terpentinöl übertrifft im Lösungsvermögen für Harze und Sikkative fast alle anderen Lösungsmittel. Terpentinöl lagert beim Stehen an der Luft, also auch in halbgefüllten Gefäßen, sehr leicht Sauerstoff unter Bildung peroxydartiger Verbindungen an. Diese zerfallen unter Hinterlassung von oxydierten Terpenen[2], wobei es auch zur Bildung saurer Produkte, wie Ameisensäure, Essigsäure, kommt. Auch Wasserstoffsuperoxyd wird abgespalten, weshalb die Stopfen von Terpentinölflaschen, soweit sie in die Flasche ragen, gebleicht werden. Alte, zum Teil autoxydierte Terpentinöle, die auch einen höheren Säuregehalt haben, bezeichnet man als ranzig. Bei Verwendung ranziger Terpentinöle ist unter Umständen mit einer Abschwächung der Trockenwirkung von Sikkativen zu rechnen, wie sich der trocknungsverzögernde Einfluß auch beim rohen Holzöl bemerkbar macht (siehe S. 62).

[1] Amerika (etwa 98000 t Terpentinöl jährlich, das sind 60—65% der Weltproduktion): Pinus palustris (Sumpfstrandkiefer, Pitch Pine, Yellow Pine), im Gebiet Karolina bis Florida. Pinus australis, Pinus Taeda in Florida und Virginia. — Frankreich (etwa 20000 t): Pinus maritima (Strandkiefer). — Spanien (4000 t) und Portugal (etwa 2500 t): Pinus maritima (Sumpfstrandkiefer). — Österreich (1000 t): Pinus Laricio (Schwarzföhre).

[2] Reines Terpentinöl besteht im wesentlichen aus (ungesättigten) Terpenkohlenwasserstoffen. Der Hauptbestandteil ist das α-Pinen ($C_{10}H_{16}$). Bei Einwirkung von Sauerstoff wird dieser gebunden, wobei neben sauerstoffhaltigen Terpenen, unter Spaltung des Terpenkohlenwasserstoffes, auch einfachere sauerstoffhaltige Verbindungen (Ameisensäure, Essigsäure) entstehen.

Beim Lagern von Terpentinöl ist zu beachten, daß es blanke Eisengefäße angreifen kann (es reagiert ja auch meist schwach sauer; Säurezahl bei frischer Ware max. 1), was durch gelöste Eisensalze zu Verfärbungen führen kann. Insbesondere bei Gegenwart von Wasser macht sich dies bemerkbar. Das Terpentinöl hat einen bei 34—37° C liegenden Flammpunkt und da seine Dämpfe mit Luft ein explosibles Gemenge geben, ist entsprechende Vorsicht beim Abfüllen und Lagern geboten. Die Terpentinöldämpfe sind schwerer als Luft, kriechen daher am Boden fort, was bei der Ventilation der Lagerräume zu berücksichtigen ist[1].

Durch seine günstigen Eigenschaften und seinen milden Geruch wäre es eigentlich das Verdünnungsmittel par excellence für Ölfarben, Öllacke und ähnliches. Jedoch sind seiner allgemeinen Verwendung durch den verhältnismäßig hohen Preis und die Beschränktheit der zur Verfügung stehenden Ware Grenzen gezogen. Es wurde daher und wird zum Teil auch heute noch verfälscht. Als Verfälschungsmittel kommen vorwiegend Benzine und in letzter Zeit Kienöle in Betracht.

b) Kienöle.

Bei der trockenen Destillation harzreicher Wurzelstöcke und Abfälle gewinnt man den Kienteer, der in seinen leichten Anteilen ein dem Terpentinöl nahestehendes ätherisches Öl enthält, das als Kienöl bezeichnet wird. Die leichten Fraktionen des Kienteeres gelangen, je nachdem ob das Holz aus Meilern oder aus modernen Destillationsanlagen gewonnen wurde, als Ofen- oder Kesselware zur Redestillation und eventuellen Behandlung mit Chemikalien. So erhält man die handelsfähigen Kienöle. Je nach der Arbeitsweise bekommt man dann farblose bis gelbe Produkte, die sich durch ihren mehr oder minder scharfen, an Holzrauch erinnernden Geruch schon äußerlich vom Balsamterpentinöl unterscheiden. Die unter der Bezeichnung russisches, polnisches, finnisches, schwedisches und deutsches Terpentinöl in den Handel kommenden Produkte sind Kienöle. Auch die bestraffinierten, wasserhellen Kienöle dunkeln beim Lagern stark nach und sind dann von schmutzig strohgelber Farbe.

Die Kienöle unterscheiden sich von den Terpentinölen (außer durch den Geruch) durch etwas abweichende Siedegrenzen, langsameres Verdunsten, ferner weichen sie im spezifischen Gewicht, im Drehungsvermögen für polarisiertes Licht (sie drehen alle rechts) und in der chemischen Zusammensetzung ab. Hinsichtlich der Lösungs- und Verwendungseigenschaften gleichen sie, falls gut raffiniert und rektifiziert, weitgehend den Balsamterpentinölen und können diese meist überall dort ersetzen, wo ihr Geruch nicht stört.

Die Hauptproduktionsländer sind schon durch die Namen, welche die

---

[1] Beim Einfüllen von Terpentinöl (Kienöl u. ä.) in Flaschen oder Glasballons ist darauf zu sehen, daß diese rein sind. Uns ist ein Fall bekannt, daß eine Fabrik in Flammen aufging, weil in einen unausgewaschenen Salpetersäureballon Terpentinöl eingefüllt wurde. Terpentinöl gibt mit konz. Salpetersäure, Schwefelsäure und insbesondere Mischsäure so starke Temperaturerhöhungen, daß es zur Entzündung und unter Umständen auch zur Explosion kommen kann.

Kienöle führen, gekennzeichnet, es sei aber darauf aufmerksam gemacht, daß aus diesen Ländern (wenn auch bisher nur unbedeutende Mengen) echte Terpentinöle in den Handel kommen[1]. Es wäre daher höchste Zeit, die verwirrende Bezeichnung der Kienöle nach Ländern fallen zu lassen, welche auch irreführend in dem Sinne ist, daß Produkte als Terpentinöle bezeichnet werden, welche eigentlich keine sind. Diese Benennungsweise ist nur dazu angetan, den weniger kundigen Käufer zu täuschen. Der Preis selbst hochraffinierter Kienöle ist stets niedriger als jener der Balsamterpentinöle (hochraffinierte Kienöle stehen um etwa 30—40% niedriger im Preis als Ia Terpentinöle).

c) Holzterpentinöl.

Die Gewinnung erfolgt durch Wasserdampfdestillation aus dem Holz toter Bäume. Das Hauptproduktionsland ist Amerika. Je nach Herstellungsweise und Raffinationsgrad gleichen sie in ihren hauptsächlichsten Eigenschaften den Terpentinölen oder den Kienölen, dementsprechend ist die Verwendungsmöglichkeit bei guter Ware im wesentlichen die gleiche, wie die der beiden letzteren.

d) Extraktionsterpentinöl.

Durch Extraktion harzreicher Wurzelstöcke oder Stämme mit organischen Lösungsmitteln (Benzol) gewinnt man einen Balsam, welcher durch Destillation auf „Extraktionsterpentinöl" und „Extraktionskolophonium" verarbeitet wird. Die Extraktionsterpentinöle sind, wenn richtig hergestellt, den Balsamterpentinölen sehr ähnlich; manches Mal bleibt ein kleiner Rest des Extraktionsmittels (etwa 2% Benzol) im Öl zurück, was zu ihrer Erkennung führen kann, aber keinesfalls als Verfälschung zu werten ist.

e) Sulfatterpentinöl.

Bei der Gewinnung des Sulfatzellstoffes (Papierindustrie) fallen als Nebenprodukt ätherische Öle ab, die als Sulfatterpentinöle, Zelluloseterpentinöle, Zelluloseöle bezeichnet werden. Auf eine Tonne Zellulose erhält man aus Fichtenholz $1—1^1/_2$ kg, aus Kiefernholz etwa 10 kg rohes Sulfatterpentinöl. Das rohe Sulfatterpentinöl ist von wasserheller bis rötlichbrauner Farbe und hat einen widerlichen Geruch, der von schwefelhaltigen (merkaptanartigen) Verbindungen herrührt. Nur durch wiederholte Raffination und Rektifikation gelingt es, ihn zu beseitigen. Diese Öle gelangen dann je nach Raffinationsgrad als einfach raffinierte oder mehrfach (zweifach, vierfach) raffinierte Ware in den Handel und sind den Terpentinölen sehr ähnlich. (Physikalische Daten siehe analytischer Teil.) Verwendungszweck, der gleiche wie Terpentinöle. Da

[1] In letzter Zeit kommen aus Rußland auch Öle in den Handel, die aus dem Balsam lebender Bäume gewonnen worden sein sollen, in welchem Falle sie als Balsamterpentinöle zu bezeichnen wären. Ein von dem einen von uns untersuchtes solches Terpentinöl wich im Siedeverhalten von den übrigen Balsamterpentinölen ab, auch lag der Gehalt an α-Pinen niedriger.

aber die Zusammensetzung und der Geruch erheblich schwanken, ist es ratsam, nur nach Muster zu kaufen.

f) Terpentinölrückstände.

Der Hauptbestandteil des Balsamterpentinöles ist das α-Pinen, ein bei 155—156° C siedendes Terpen[1], aus welchem der synthetische Kampfer hergestellt wird. Zu diesem Zweck wird eventuell aus dem Terpentinöl durch sorgfältige fraktionierte Destillation das Pinen herausgenommen. Das Pinen bzw. Terpentinöl wird dann durch Behandeln mit trockenem Salzsäuregas in das erste Zwischenprodukt der Kampfersynthese übergeführt. Bei der Abscheidung dieses kristallisierten Produkts (Pinenchlorhydrat) ergeben sich flüssige Rückstände, die nach Reinigung in den Handel gelangen. Solche Produkte kommen unter den verschiedensten Namen, wie entkampfertes, regeneriertes, oxydiertes Terpentinöl zum Verkauf. Sie unterscheiden sich vom Balsamterpentinöl durch ihr Siedeverhalten und zum Teil auch durch ihren Geruch, der manches Mal etwas an Kampfer erinnert. Sie verdunsten langsamer als Terpentinöl und stehen in ihren Eigenschaften den Kienölen näher. Da diese Produkte oft chlorhaltig sind, kann man sie nur nach Prüfung eines verbindlichen Musters kaufen.

g) Kampferöle.

Bei der Herstellung des echten Kampfers, der durch Wasserdampfdestillation des Holzes vom Kampferbaume gewonnen wird (Hauptproduktionsland Halbinsel Formosa), erhält man neben den Kampferkristallen ein ätherisches Öl, das Kampferöl. Es wird durch fraktionierte Destillation in drei Anteile geschieden: Das leichte Kampferöl (spez. Gewicht etwa 0,860—0,910, bei etwa 175—182° C siedend), das schwere Kampferöl (spez. Gewicht etwa 0,95, Siedegrenzen etwa 230—300° C) und das blaue Kampferöl (spez. Gewicht 0,95—0,96).

Höchstens das leichte Kampferöl kommt als Zusatz zu Verdünnungsmitteln in Betracht, da auch diese Kampferölfraktion schon verhältnismäßig langsam verdunstet. Meist wird es nur als Parfümierungsmittel für Terpentinölersatzmittel verwendet. Es hat einen ziemlich intensiven, nicht unangenehmen Geruch, der an Kampfer und Terpentinöl erinnert.

h) Pinolin (Harzessenz).

Bei der trockenen Destillation des Kolophoniums, die entweder zur Erzeugung von Brauerpech oder zur Herstellung von Harzölen (Wagenschmiererenerzeugung) vorgenommen wird, erhält man neben Gas, wässerigen Destillaten und vorwiegend schweren Ölen auch etwa 6% leichtes Destillat, das Pinolin. Dieses stellt im ungereinigten Zustand eine dunkelbraune leicht bewegliche Flüssigkeit von durchdringend empyreumatischem Geruch dar. Durch chemische Reinigung und Redestillation wird aus ihr das rektifizierte Pinolin (die Harzessenz)

---

[1] Die Terpene sind Kohlenwasserstoffe der allgemeinen Zusammensetzung $C_{10}H_{16}$. Sie finden sich vorzugsweise in Harzen und ätherischen Ölen.

hergestellt, das zwischen etwa 150 und 180° C siedet. Als eigentliches Verdünnungsmittel wird es wenig verwendet, es kommt wohl auch als Terpentinölersatz in den Handel; eher dient es zum Verschnitt von Terpentinöl.

2. Erdölderivate: Benzin.

Die bei der Aufarbeitung des rohen Erdöles anfallenden niedrig siedenden Fraktionen werden als Benzine bezeichnet. Der Gehalt der Erdöle an diesen schwankt nach dem Vorkommen (1—40%). Auch aus dem das Erdöl meist begleitenden Naturgas gewinnt man in Amerika und auch in Galizien größere Mengen von Benzinen.

Bei der Aufarbeitung der Braunkohlen- und Schieferteere fallen ebenfalls Leichtöle an, welche den Petroleumbenzinen ähnliche Produkte enthalten und die ebenfalls als Benzine gehandelt werden.

Einzelne der bei der Verarbeitung des Erdöles erhaltene Fraktionen oder Rückstände, die als solche keine hochwertigen Produkte darstellen, werden durch eine zersetzende Destillation (Crackdestillation) in leichter siedende Produkte umgewandelt. Diese Crackbenzine spielen derzeit eine sehr wichtige Rolle am Markt. Sie haben meist einen unangenehmen Geruch, der sich durch wirtschaftliche Raffination nicht vollständig entfernen läßt. Während die bei der normalen Destillation des Roherdöles gewonnenen Benzine vorwiegend aus gesättigten Kohlenwasserstoffen der Methanreihe bestehen, enthalten die Crackbenzine wesentliche Anteile ungesättigter Kohlenwasserstoffe (Olefine und aromatische Kohlenwasserstoffe [Benzol]). Benzine können schon von Natur aus wesentliche Mengen zyklischer, und zwar aromatischer (neben hydroaromatischen = Naphthene) Verbindungen enthalten, vorzugsweise Benzol und Toluol. So enthalten russische Benzine Naphthene, ostasiatische u. a. reichlich Benzole (z. B. das Borneobenzin = Sangajol bis 60%). Da reine aromatische Kohlenwasserstoffe (Benzol aus Steinkohlenteer) zur Zeit höher im Preise stehen als Benzin, so kann ein Verschnitt von Benzinen mit Benzol nicht immer als Verfälschung angesehen werden und erfolgt ein solcher nur zur Wertsteigerung oder zur Erreichung bestimmter (günstiger) Eigenschaften. Außer den genannten Benzinen ist noch das fälschlich „synthetisches Benzin" genannte Produkt zu nennen, welches durch hydrierendes Cracken unter hohem Druck aus schweren Erdölanteilen (zur Zeit nur von der I. G. Farbenindustrie) erzeugt und in wesentlichen Mengen auf den Markt gebracht wird[1].

Die so gewonnenen Rohbenzine werden durch weitere Destillation in Anteile mit verschiedenen Siedegrenzen[2] zerlegt. Vorher erfolgt ge-

---

[1] Dieses Verfahren, das vorläufige Überbleibsel der „Bergiusschen Kohleverflüssigung", wird gemeinsam von der I. G. Farbenindustrie und der Standard Oil Company (Amerika) weiter ausgebaut.

[2] Benzine sind Mischungen von vielen Kohlenwasserstoffen mit nahe aneinander liegenden Siedepunkten. Einen scharfen Siedepunkt zeigen nur einheitliche Stoffe. Deshalb werden die Benzine nur durch Siedegrenzen, z. B. 150—180° C oder näher durch die Siedekurven charakterisiert; die Siedekurve gibt an, wieviel Prozent von 5 zu 5° oder 10 zu 10° überdestillieren. Unstetigkeiten einer Siedekurve zeigen

wöhnlich eine chemische Reinigung mit Schwefelsäure und nachfolgendem Neutralwaschen mit Lauge und Wasser. Im Handel werden die Benzine ausschließlich durch ihre Siedegrenzen charakterisiert[1]. Namen wie Rigolen, Ligroin, Gasolin, Valvolin und verschiedene andere mehr besagen hinsichtlich der Eigenschaften gar nichts. Als Verdünnungsmittel in der Lack- und Farbenindustrie kommen nur die höher siedenden Fraktionen in Betracht (Lackbenzin), während die nieder siedenden und spezifisch leichteren für Motorbetrieb, Chemischputzerei u. a. Verwendung finden.

Die Lackbenzine[2], auch als Testbenzine bezeichnet, sollen möglichst hohes spezifisches Gewicht, etwa 0,76—0,81, haben; Siedegrenzen etwa von 140—190° C, Flammpunkt über 21° C. Die Farbe soll wasserhell, der Geruch mild und das Produkt soll säurefrei sein.

Die Verwendbarkeit hängt im wesentlichen, außer von dem Verhalten beim Verdunsten, von der chemischen Zusammensetzung ab. Für gewöhnliche mit Leinölfirnis angeriebene Farben spielt letztere keine große Rolle, aber bei Standöl enthaltenden weit mehr. Die an gesättigten Kohlenwasserstoffen reichen Benzine zeigen für Standöle und Harze ein viel schlechteres Lösungsvermögen als jene, die reich an Naphthenen und aromatischen Kohlenwasserstoffen sind (z. B. Sangajol).

Besonders hinzuweisen ist auf die Feuergefährlichkeit des Benzins. Seine Dämpfe geben mit Luft gemischt ein explosibles Gemenge, wenn der Benzindampfgehalt der Luft zwischen 2,5 und 4,8% liegt. Die Lagerräume für Benzin sollen daher feuer- und explosionssicher sein, die Ventilationen sind am Boden anzubringen (Benzindämpfe sind schwerer als Luft) und mit engmaschigen nichtrostenden Drahtnetzen zu versehen. Die Lagerbehälter sollen dicht schließen, um das Entweichen von Benzindämpfen zu vermeiden. Dagegen sind Lagerfässer, falls sie mehr als 100 kg fassen, mit Schmelzpfropfen zu versehen, damit im Falle eines Brandes die Dämpfe entweichen können. Sie müssen einen Druck von mindestens $2^1/_2$ Atmosphären aushalten. Zur Vermeidung von Explosionen beim Umfüllen empfiehlt sich die Anbringung sog. explosionssicherer Verschlüsse. Diese bestehen im wesentlichen aus einer in die Abfüllöffnung eingesetzten Drahthülse, die das Durchschlagen einer Flamme verhindert (Prinzip der Davyschen Sicherheitslampe). Für Lagerung größerer Mengen gibt es heute eine Reihe zuverlässiger Systeme, die meist so wirken, daß das Benzin im Behälter unter einem Schutzgas steht, so daß im Gefäß die Ausbildung explosibler Gemische unmöglich wird. Ferner ist beim Hantieren mit Benzin darauf Rück-

an, daß es sich um Verschnitte verschiedener Benzinfraktionen handelt. Stetiger Kurvenverlauf zeigt in der Regel das Vorliegen einer echten „Fraktion“ an.

[1] Bis vor kurzem erfolgte der Handel der Benzine nur nach dem spezifischen Gewicht, daher die Namen „Leichtbenzin“, „Mittelbenzin“ und „Schwerbenzin“. Durch die in letzter Zeit geschaffenen diesbezüglichen Handelsnormen werden als Unterscheidungsmerkmale die Siedegrenzen eingeführt. Leichtbenzine sollen bis zu 125° C völlig (mindest 90 Volumenprozent bis 100° C) überdestillieren, Schwerbenzine von 150—170° C bei der Destillation übergehen.

[2] Sie werden in Amerika und England als „Mineral-Spirits“ bezw. „White Spirit“ bezeichnet. Über deren normierte Eigenschaften siehe Literaturverzeichnis und Gardner-Scheifele, Untersuchungsmethoden, Berlin 1929.

sicht zu nehmen, daß es leicht elektrisch erregbar ist und daß sich beim Durchfließen durch enge Leitungen hohe Spannungen bis zu mehreren 1000 Volt ausbilden können. Dem ist durch Erdung der verwendeten Trichter, Röhren, Fässer vorzubeugen. Was hier für das Arbeiten mit Benzin gesagt wurde, gilt zum größten Teil auch für die anderen feuergefährlichen Lösungsmittel.

3. Steinkohlenteerprodukte.

a) Benzol und seine Abkömmlinge.

Sie werden bei der fraktionierten Destillation des Steinkohlenteers, zum Teil auch durch Waschen des Gases der Kokereien und Gasanstalten, gewonnen. Aus den erhaltenen Gemischen werden die einzelnen Individuen (Benzol, Toluol, Xylole) in mehr oder minder einheitlichen Fraktionen abgeschieden. Reinbenzol (Siedepunkt etwa 80° C) und Reintoluol (Siedepunkt 111° C) werden als Verdünnungsmittel in der Zelluloselackindustrie vielfach verwendet. Die sogenannte Solventnaphtha, die ein Gemisch höhersiedender Benzolderivate enthält (Siedegrenzen etwa 130—175° C), kann unter Umständen als Terpentinölersatz Verwendung finden und wurde früher auch zur Verfälschung von Balsamterpentinöl herangezogen. Die Verwendung der Benzolderivate als Verdünnungsmittel in der Ölfarben- und Lackindustrie wird durch den Geruch, der weit schärfer als der der Benzine ist, und durch die giftige Wirkung der Dämpfe beeinträchtigt. Im übrigen ist das Lösungsvermögen der einzelnen Produkte für Öle und Harze ein höheres, die Verdunstungsgeschwindigkeit (im Vergleich zu gleich siedenden) eine geringere als bei den Erdölderivaten.

b) Synthetische Kohlenwasserstoffe.

Als sich im Weltkriege die Knappheit an Motortreibmitteln besonders fühlbar machte, gelang es Schrauth das von G. Schroeter[1] angegebene Verfahren der Hydrierung[2] von Naphthalin praktisch brauchbar zu machen. Das Naphthalin wird mittels Wasserstoff unter Verwendung von Katalysatoren (Nickel) unter Druck hydriert, und je nach der Menge angelagerten Wasserstoffes erhält man verschieden hoch hydrierte Produkte. Da bei diesem Prozeß die größte Reinheit der Ausgangsmaterialien Bedingung für seinen Erfolg ist, so sind auch die erhaltenen Endprodukte ziemlich rein, und da der Prozeß in mehreren leicht erkennbaren Phasen abläuft, so sind sie auch ziemlich einheitlich in ihrer Zusammensetzung. Einige von ihnen sind nicht bloße Kriegsprodukte geblieben, sondern haben sich bis heute bewährt. Inwieweit sie zur Anwendung gelangen können, ist hauptsächlich eine Preisfrage.

[1] Schroeter, G.: Liebigs Ann. **426**, 1ff. (1921).

[2] Die gänzliche oder auch nur teilweise Absättigung einer ungesättigten Verbindung mit Wasserstoff bezeichnet man als Hydrierung. Z. B. ist die technisch durchgeführte Fetthärtung eine solche Hydrierung.

α) Tetralin.

Es entsteht nach dem vorher skizzierten Prozeß durch Eintritt von vier Wasserstoffatomen in das Naphthalin. Es stellt eine nicht sehr angenehm riechende, im Geruch an Petroleum und Naphthalin erinnernde Flüssigkeit dar, die bei 205—207° C siedet. Das spezifische Gewicht bei 15° C liegt bei 0,976, der Flammpunkt bei 75° C. Die Verdunstungsgeschwindigkeit auf Filtrierpapier ist weit geringer wie die des Terpentinöles, doch soll es nach A. Eibner[1] aus dünnen Lackaufstrichen nur wenig langsamer verdunsten als Terpentinöl. Es besitzt ein sehr gutes Lösevermögen für Öle und Harze, was sich unter Umständen unangenehm bemerkbar macht, indem mit Tetralin verdünnte Farben beim zweiten Strich die darunter liegende Farbschicht zu stark erweichen. Durch Mischen mit anderen Lösungsmitteln (Benzin) kann dem abgeholfen werden. Es lagert ähnlich wie Terpentinöl, aber in weit geringerem Grad Sauerstoff unter Bildung peroxydartiger Verbindungen an (wesentlich erst bei höherer Temperatur), und diese stattfindenden Oxydationsvorgänge führen beim Altern von Tetralin zur Gelb- bis Braunfärbung, welcher Vorgang insbesondere bei Gegenwart von basischen Substanzen rasch verläuft. Daher die starke Vergilbung derartiger heller Anstriche, welche basische Pigmente enthalten. Als Abhilfe gilt Vermeidung von solchen Pigmenten und Verwendung möglichst hoher Mengen trocknenden Öles, um den Sauerstoff abzufangen. Die seinerzeit viel diskutierte Rosafärbung von Weißfarben, welche mit Tetralin verdünnt waren, tritt insbesondere bei Anwesenheit von Manganverbindungen auf und ist auf ähnliche Oxydationsvorgänge zurückzuführen.

Die Verwendung des Tetralins ist seit dem Kriege beträchtlich zurückgegangen.

β) Dekalin.

Es entsteht durch vollkommene Absättigung des Naphthalins mit Wasserstoff und steht daher in seinem Charakter den Lackbenzinen näher als Tetralin. Es riecht milder als Tetralin, verdunstet rascher (Siedegrenzen etwa 185—195° C) und zeigt ein weniger starkes Lösevermögen als dieses. Verfärbungen sind nicht zu befürchten, da es infolge seines gesättigten Charakters (vorausgesetzt, daß die Hydrierung eine vollständige ist) nicht zur Oxydation neigt. Es hat keinen so schwer verdeckbaren Geruch wie Tetralin und ist schon aus diesem Grunde leichter anzuwenden. Eine Zeitlang war es ein sehr beliebtes Verfälschungsmittel (weil wohlfeiler) für Terpentinöl.

Unter der Bezeichnung

γ) Hydroterpin

wurde vor einigen Jahren von der Tetralingesellschaft, Berlin, ein Gemisch hydrierter Terpene auf den Markt gebracht, das sich nach Literaturberichten bewährt haben soll. Wir konnten bei der hiesigen Industrie

[1] Eibner, A.: Fette, Öl, S. 339. München 1922. — Siehe auch Wagner, H.: Farben-Ztg. **30**, 842 (1925).

von einer irgendwie namhafteren Verwendung nichts erfahren. Im wesentlichen dürften es hydrierte Nachläufe der Kienölrektifikation sein. Ob es, wie angegeben[1], das Terpentinöl vollständig ersetzen kann, hängt wohl nicht davon ab, daß es durch Hydrierung von Terpenen entstanden ist, denn dadurch geht, wenn die Hydrierung vollständig ist, der Terpencharakter verloren, sondern davon, wie sich sein Dispersionsvermögen (Lösungsvermögen) gegenüber dem des Terpentinöles verhält.

Seine physikalischen Daten sollen etwa folgende sein: Siedegrenzen 180—195° C (also so hoch wie Dekalin), Flammpunkt 55° C, spezifisches Gewicht 0,877—0,878. Geruch mild, nicht mehr kienölartig.

Die vielen anderen Lösungsmittel, wie die verschiedenen Alkohole, Ester, chlorierte Kohlenwasserstoffe usw. spielen bei Eisenschutzanstrichen nur dann eine Rolle, wenn man Zelluloselacke einbezieht. Da aber bei diesen letzteren der Verbraucher kaum in der Lage ist, durch geeignete Versuche die richtige Mischung selbst herzustellen und da schließlich die Zelluloselacke heute noch keine wesentliche Rolle im Rostschutzanstrich spielen, so kann inbetreff aller anderen Lösungsmittel auf die im Literaturverzeichnis angegebenen Spezialwerke und auf das Kapitel über Zelluloseesterlacke verwiesen werden.

4. Die physiologische Wirkung der Lösungsmittel.

Beim Einatmen der Dämpfe einzelner Lösungsmittel treten unter Umständen Schädigungen der Gesundheit auf, abgesehen von der Idiosynkrasie einzelner Personen gegen ein spezielles Produkt.

Obwohl Vergiftungserscheinungen mit den bei Eisenschutzfarben gebrauchten Produkten verhältnismäßig selten sind, so ist beim Hantieren mit ihnen doch stets darauf Bedacht zu nehmen, daß sie auf den menschlichen Organismus nicht wirkungslos sind und daß einige von ihnen unter Umständen die unangenehmsten Folgen, selbst den Tod[2] herbeiführen können.

Hinsichtlich ihrer Wirkung muß man auch streng unterscheiden, ob die Aufnahme durch Einatmung oder durch die Haut erfolgt, oder ob die Stoffe durch den Magen in den Körper gelangen. Selbst das harmloseste von ihnen, das frisch destillierte Terpentinöl[3], ist sicher nicht ohne Einwirkung. Ältere Öle und Kienöle sollen eher schädliche Wirkungen zeigen, letztere je nach Raffinationsgrad. Durch ständiges Hantieren mit solchen Ölen sollen Ekzeme entstehen, die bösartig werden können. In geschlossenen Räumen soll es unter Umständen durch die Sauerstoff-

---

[1] Ungenannt: Farben u. Lack **1926**, 172. — Hueter: Farben-Ztg. **30**, 348 (1924). — Wagner, H.: Farben-Ztg. **30**, 842 (1925).

[2] Wolff, H.: Die Lösungsmittel der Fette, Öle, Wachse und Harze, Stuttgart 1922, S. 90. „... Auch nach leichten akuten Erscheinungen haben sich bisweilen langanhaltende Nachkrankheiten gezeigt, sogar ein Todesfall nach fünfjähriger Leidenszeit (durch Wirkung entzündungserregender Zerfallprodukte der Gewebe). Betraf Benzol.

[3] Dieses und die folgenden Ausführungen teilweise nach Wolff, H.: a. a. O. und: Die Lösungsmittel der Fette, Öle, Wachse und Harze. Zweite Auflage. Stuttgart 1927.

aufnahme dieser Terpene zu Luftmangel kommen (Innenanstriche von Kesseln).

Die Benzine sind ausgesprochene Nervengifte, ihre verschieden starke Giftwirkung scheint mit dem Gehalt an aromatischen Verbindungen im Zusammenhang zu stehen. Wolff[1] fand beim Tierversuch die tödliche Dosis bei zwei Benzinen mit 0,05 und 0,07 g pro 1 g Körpergewicht für Mäuse. Nachdem diese Benzine durch Raffination mit konzentrierter Schwefelsäure von den zyklischen Verbindungen befreit worden waren, betrug die letale Dosis 0,3 und 0,7 g, also fast das Zehnfache der ungereinigten Produkte. Die Krankheitserscheinungen, die auftreten können, sind: Kopfschmerzen, Schwindel, Benommenheit bis zur Bewußtlosigkeit, bei stärkerer Konzentration Lähmungen, besonders an den Extremitäten. Bei schweren Fällen sind auch, selbst nach Wochen noch, Todesfälle eingetreten. Auch die Wirkung auf die Haut hängt mit dem Raffinationsgrad bzw. Gehalt an zyklischen Verbindungen zusammen. Gut raffinierte Benzine sind nach frisch destillierten Terpentinölen noch die unschädlichsten Verdünnungsmittel, wenn für gute Ventilation in den Arbeitsräumen gesorgt ist[2].

Benzol ist ebenfalls ein Nervengift, wirkt aber auch auf das Blut zersetzend (leukotoxisch). Die Erscheinungen sind ähnlich wie bei Benzin, u. a. treten Rauschzustände und Krämpfe auf, die meist durch die im Benzol enthaltenen Verunreinigungen bedingt sind. Lehmann[3] gibt dem Benzol bei kleinen Konzentrationen die doppelte, bei großen die vierfache Giftigkeit gegenüber dem Benzin, an der Narkose gemessen. Toluol und Xylol sollen noch stärker wirken[4].

Die neueren Lösungsmittel Tetralin[5], Dekalin und Hydroterpin sollen soweit bis jetzt Erfahrungen vorliegen, keine schädlichen Wirkungen gezeigt haben.

Zum Reinigen der Hände sind frisches Terpentinöl, Tetralin[6] und hochraffiniertes Petroleum[7] als geeignet befunden worden.

Von den bei Zelluloselacken gebrauchten Lösungs- und Verdünnungsmitteln äußert Methylalkohol eine ausgesprochene Giftwirkung, und nicht nur nach dem Genuß, sondern auch nach Einatmen der Dämpfe in geschlossenen Räumen können Sehstörungen eintreten. Daß nach Genuß von Methylalkohol Todesfälle nichts seltenes sind, geht aus

[1] Wolff, H.: a. a. O. S. 91 bezw. S. 184.

[2] Farben-Ztg. **16**, Nr. 55 (1909/10).

[3] Lehmann: Arch. f. Hyg. **74**, 1.

[4] Schwanke: Journ. f. Gasbeleuchtung **63**, 656, gibt an, daß Rohbenzol und Benzolvorläufe weit gefährlicher sind als reines Benzol.

[5] Farbe u. Lack **1925**, 422, 433. — Galewsky, P.: Ztschr. f. angew. Ch. **34**, 557 (1922); C 1922 II, 52.

[6] Farben-Ztg. **25**, 416 (1920); nach einer Mitteilung der österr. Staatsdruckerei.

[7] Zellner und Wolff: Z. Hyg. **1913**, 70. „Unter zahlreichen untersuchten Proben Petroleum hatten diejenigen keinerlei Reizerscheinungen ausgeübt, die folgenden Bedingungen entsprachen: Bei der Destillation gingen nicht mehr als 5 Volumenprozent unter 150° C und über 300° C über, mehr als 50% bis 250° C. Die Farbe war hell, der Geruch schwach. Wurden 5 cm^3 konz. Schwefelsäure mit 20 cm^3 Petroleum kurz und kräftig durchgeschüttelt, so war die Schwefelsäure erst nach mindestens drei Minuten ebenso dunkel wie n/10 Jodlösung."

den wiederholten Berichten in den Tagesblättern hervor. Auch Amylalkohol und seine Ester können Vergiftungserscheinungen herbeiführen, die sich je nach Empfänglichkeit der Person und ihrem Grad in Kopfschmerzen, Schwindel, Atemnot, Husten, aber auch in Sehstörungen, Taubheit und Delirien äußern. Auch alle anderen verwendeten Lösungsmittel, wie Butylalkohol und seine Ester, Äthylalkohol, Azeton usw. zeigen unter Umständen unangenehme Wirkungen.

Die chlorierten Kohlenwasserstoffe und Schwefelkohlenstoff kommen für Rostschutzanstriche kaum in Betracht, sind aber ebenfalls mit Vorsicht zu behandeln, da einige von ihnen ebenso gesundheitsschädigend wirken.

Bei eingetretenen Vergiftungen ist der Erkrankte sofort in frische Luft zu bringen, bei Bewußtlosen ist künstliche Atmung einzuleiten. Vor allem ist ein Arzt zu rufen und die Angelegenheit nie leicht zu nehmen, denn so harmlos der Fall aussehen mag, so traurige Folgen kann er bei Nichtbeachtung der nötigen Behandlung nach sich ziehen.

Die Gefährlichkeit des Benzols erhellt neuerdings aus den schweren Vergiftungsfällen, die sich im Jahre 1930 in einer Gummifabrik in Wiener-Neustadt bei der Verwendung von 90er Benzol ereigneten. Von den bei der Herstellung getauchter Artikel beschäftigten Arbeiterinnen starben vier an Vergiftung durch die eingeatmeten Benzoldämpfe, mehrere andere lagen tagelang zwischen Leben und Tod danieder.

Nachstehend geben wir auszugsweise einen Bericht, welcher im „Circular Nr 250 der Paint and Varnish Manufacterers Association“ veröffentlicht ist, wieder, ohne uns mit den Ergebnissen der Versuche, die H. A. Gardner in Gemeinschaft mit dem Physiologen O. B. Hunter unternahm, in allem identifizieren zu können (insbesondere bezüglich der geringeren Giftigkeit des Toluols gegenüber dem Benzol und der angeblichen Harmlosigkeit des Butanols). Diese Versuche erstreckten sich auf Terpentinöle, Petroleumdestillate, Benzol, Solventnaphtha und Butanol. Die physiologische Wirkung wurde an Kaninchen geprüft, die sich in Kästen befanden, in welchen das betreffende Lösungsmittel verdunstete.

Die wichtigsten Ergebnisse sind: Reines Balsamterpentinöl (Siedebeginn 158° C, 90% bis 170° C) und hochraffiniertes, dampfdestilliertes Holzterpentinöl (Siedegrenzen 155,4—174° C) übten praktisch keine schädliche Wirkung aus. Raffiniertes dampfdestilliertes Holzterpentinöl (Siedebeginn 155° C, 70% bis 170° C) erzeugte Veränderungen im Organismus des Versuchstieres, die jedoch nicht zum Tode führten. Gewöhnliches, dampfdestilliertes Holzterpentinöl (Siedebeginn 155° C, 90% bis 170° C, Gehalt an Aldehyden), rohes, dampfdestilliertes Holzterpentinöl (Siedebeginn 153,1° C, 95% bis 217,7° C) und trocken destilliertes Holzterpentinöl (Siedebeginn 153° C, 50% bis 170° C) (das ist also ein Kienöl, Anmkg. der Verf.) zeigten, besonders die letzteren, ausgesprochen toxische Wirkung.

Butanol (Butylalkohol) ruft nur Veränderungen von mildem Charakter hervor und hat keine toxische Natur.

Benzol von dem 90% bis 100° C überdestillierten (sog. 90er Benzol) ist ausgesprochen giftig. Solventnaphtha (Siedegrenzen 134 bis 172° C) zeigte außer einer Beeinflussung der Gewichtszunahme und der Blutbeschaffenheit keine ausgesprochenen Symptome. Im Anschluß an diesen Befund empfiehlt der Verfasser, wenn irgend möglich, Benzol durch Toluol zu ersetzen[1].

VI. Die Herstellung der Ölfarben.

Die Herstellung der Ölfarben erfolgt in der Regel derart, daß man zuerst einen Teil des Bindemittels mit dem gesamten Pigment zu einer teigigen Masse verknetet und aus dieser auf geeigneten Maschinen eine dicke Farbpaste herstellt, in welche dann der Rest des Bindemittels bis zur Erzielung streichfertiger Konsistenz eingemischt wird. Zur Erzeugung der Farbpaste verwendet man bei Ölfarben nur Öl (bzw. Firnis); zur Erzielung der Streichfertigkeit werden dann je nach dem Pigment weitere Mengen Öl oder Verdünnungsmittel genommen. Es ist schon zu verschiedenen Malen darauf hingewiesen worden, daß eine Ölfarbe keine einfache Mischung von Pigment und Bindemittel darstellt und daß sich die anstrichtechnischen Eigenschaften nicht als bloße Summe der Eigenschaften des trocknenden Öles und des Pigments ergeben, sondern daß in der Ölfarbe ein disperses System vorliegt, welches erst als solches gewisse maltechnische und rostschützende Eigenschaften in sich schließt. Es ist für die Streichbarkeit der erzielten Ölfarbe nicht gleichgültig, ob man sie so wie eben erwähnt, erzeugt, oder ob man das Pigment gleich mit der ganzen Menge an erforderlichem Bindemittel anreibt.

Es ist daher nicht angängig, etwa Öl und Bindemittel bloß mit dem Spachtel zu verrühren, weil dabei niemals vollkommene Benetzung jedes Pigmentteilchens, niemals Auflösung der Sekundärteilchen erfolgen kann. Vor Einführung maschineller Vorrichtungen wurde das Verreiben von Hand aus auf einer ebenen, mattierten Stein- oder Glasplatte mit dem Läufer durchgeführt. Es erfolgt dabei nicht nur eine innige Vermischung, sondern auch ein Zerteilen und Zerquetschen zusammengeballter Pigmentteilchen. Die dann später und auch derzeit noch verwendeten Trichtermühlen ahmen diese Arbeitsweise nach. Sie haben zwei meist horizontal gelagerte, mit Rillen versehene Mahlscheiben aus Hartguß oder Porzellan; die eine Scheibe steht fest, die andere rotiert. Durch geeignete Vorrichtungen kann die Entfernung der beiden Mahlscheiben beliebig eingestellt werden. Die am Rand austretende Anreibung wird durch einen Abstreifer in die Ablaufrinne geleitet. Die Farbe muß genügend flüssig sein, damit sie von selbst nachdrückt. Die Leistungsfähigkeit läßt sehr zu wünschen übrig, doch ist bei genügender Dünnflüssigkeit des Mahlgutes die Verteilungswirkung gut.

---

[1] Ref. in Farben-Ztg. **33**, 334 (1927/28).

Der Walzenstuhl zerteilt und vermischt Pigment und Bindemittel zwischen drei oder mehreren glatten Walzen aus Porphyr, Granit oder Hartguß. Die Walzen sind entweder über- oder nebeneinander gelagert. Die hinterste (oberste) Walze, bei welcher die Aufgabe des Materials erfolgt, läuft am langsamsten, die mittlere (oder mittleren) rascher und die vorderste (unterste), von welcher die Farbe abgestreift wird, am raschesten. Beim Mahlen erwärmen sich, viel mehr als bei der Trichtermühle, sowohl die Farbe, als die Walzen, je nach Art des bearbeiteten Materials und der Umdrehungsgeschwindigkeit. Die Walzen können für Kühlung oder Heizung eingerichtet sein. Wegen der trotz Kühlung eintretenden Erwärmung sind die Walzenstühle zur Anreibung von Farben, die leicht flüchtige Verdünnungs- oder Lösungsmittel enthalten, weniger geeignet; solche, wie auch sehr dünnflüssige Farben (wegen der Abtropfverluste) werden besser auf Trichtermühlen oder moderneren Maschinen angerieben. Die Walzenstühle eignen sich gut zur Anreibung von Farbpasten und übertreffen an Leistungsfähigkeit bei weitem die Trichtermühlen. Die Dimensionen schwanken zwischen 12—40 cm Walzendurchmesser und 25—100 cm Walzenlänge. Die Leistungsfähigkeit wird bei einem Kraftbedarf von $^1/_2$—6 PS mit 100 bis 300 kg Ölfarbe pro Stunde angegeben, gegenüber der Trichtermühle mit einem Kraftbedarf von $^1/_3$—3 PS und 15 bis 200 kg Stundenleistung[1].

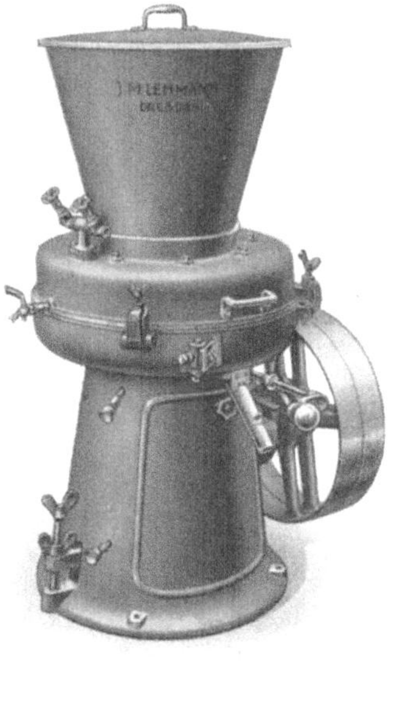

Abb. 105. Trichtermühle mit Wasserkühlung (J. M. Lehmann, Dresden).

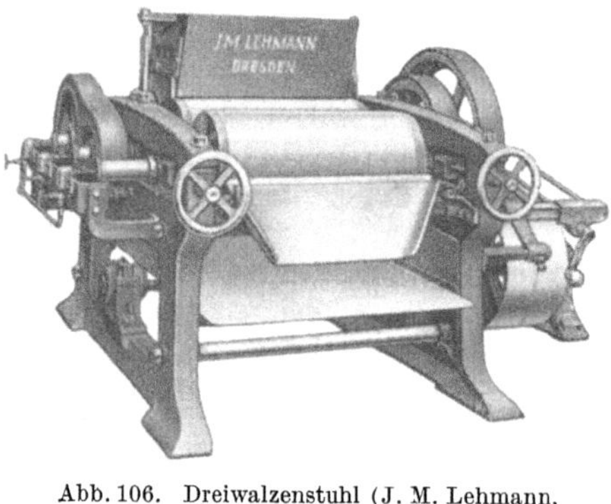

Abb. 106. Dreiwalzenstuhl (J. M. Lehmann, Dresden).

Diese Leistungen genügen der modernen Technik nicht mehr, und da der Erhöhung der Leistung der Walzenstühle mechanisch Grenzen gesetzt sind, so wurden andere Maschinen gebaut, die sich zum Teil aus

[1] Farbe u. Lack **1921**, 301. — Wagner, H.: Die Körperfarben. Stuttgart 1928.

den vorgenannten entwickelt haben[1]. So baute der Ingenieur Paul Lenart die nach ihm benannte „Lenart-Mühle“, indem er ein ähnliches Prinzip anwendete, wie es bei den Trichtermühlen verwendet wird. Lenart kapselte die beiden Mahlscheiben ein und legte deren Achse horizontal. Das Material wird durch die Zentrifugalkraft von den Mahlscheiben abgeschleudert, vom Mantel aufgefangen und fließt aus einem Ablaufstutzen ab. Durch die vollständige Einkapselung sind Material- und Verdunstungsverluste ausgeschlossen und durch die mit hoher Tourenzahl rotierenden, durch Federkraft gegeneinander gepreßten Mahlscheiben wird ein guter Nutzeffekt erzielt. Die Maschine wird sowohl für dünnflüssige, als auch für pastose Anreibungen gebaut und leistet das 4—5fache eines Walzenstuhles größter Dimension. Bei einer Umdrehungszahl von 1000 und einem Kraftbedarf von 6—10 PS leistet sie 500—2000 kg Ölfarbe pro Stunde.

Noch größere Umdrehungsgeschwindigkeiten werden bei der „Kek-Mühle“ angewendet. Ihr Prinzip ist folgendes: Auf einer horizontalen, rasch rotierenden Scheibe sind an konzentrischen Kreisen senkrechte stählerne Stiften angebracht, welche zwischen die entsprechenden Stiftreihen einer darüber angebrachten festen Scheibe greifen, ohne daß sich die Stiften oder Scheiben berühren. Das Mahlgut wird in die Mitte der rotierenden Scheibe geleitet, von dieser erfaßt und durch die Fliehkraft mit großer Wucht gegen die Stiften geschleudert, wodurch eine innige Mischung und Zerteilung erfolgt (Desintegrator, Schleudermühle). Je nach der Größe der Maschine haben die Scheiben eine Tourenzahl von 3000 und mehr pro Minute und die Leistung beträgt bei einem Kraftbedarf von 4—20 PS etwa 150—2000 kg Ölfarbe in der Stunde, wobei für normale Pigmente Streichfertigkeit in einem Durchgang erzielt wird.

Etwa ein Mittelding in der Wirkungsweise zwischen Lenart- und Kek-Mühle stellt die „Su-Ma-Mühle“ der Sudenberger Maschinenfabrik und Eisengießerei AG. dar, die einen kegelförmigen rotierenden Reibkörper verwendet.

Aber auch die Leistungsfähigkeit der Walzenstühle wurde weiter erhöht, wobei die besondere Mahlfeinheit dieser Mühlengattung erhalten blieb[2].

Die große Leistungsfähigkeit dieser modernen Maschinen stellte auch an die schnelle Zubringung des Materials erhebliche Anforderungen. So entstanden die modernen Vormischer, welche Pigment und Bindemittel zunächst soweit vermischen, daß die Walzenstühle oder Mühlen die Weiterverarbeitung glatt übernehmen können. An Stelle von Mischern mit Rührwerken findet man auch solche, welche die Wirkung der Zentrifugalkraft ausnützen, wie der Lenartmischer, bei welchem das auf eine rasch rotierende Scheibe fallende Gut an die Wandungen des Mischgefäßes geschleudert wird, um dann wieder auf die Scheibe zurückzugelangen; dadurch soll eine so feine Verteilung erzielt werden, daß bei weniger heiklen Farben eine weitere Vermahlung in Mahlwerken unnötig wird. Für die Kek-Mühle wurde eine Zubringvorrichtung ge-

[1] Kölln, H.: Farbe u. Lack **1925**, 555.
[2] Farbe u. Lack **1929**, 564, 572, 588.

schaffen, welche im wesentlichen eine Transportschnecke darstellt, durch die das Material genügend vermengt wird, obzwar bei dieser Mühle eine vorherige Anteigung von Pigment und Bindemittel nicht unbedingt notwendig ist.

Erwähnt sollen schließlich auch die Kugelmühlen werden. Im Prinzip bestehen sie aus einer Trommel, die um ihre Achse rotiert. Durch eine dicht verschließbare Öffnung im Trommelmantel kann das zu vermahlende Pigment samt Bindemittel eingefüllt werden. In der Trommel befinden sich Kugeln, deren Zahl und Größe von dem Mahlgut und der Größe der Mühle abhängt; sie bestehen aus Stein oder Metall. Die Kugelmühlen werden wegen ihrer geringen Leistungsfähigkeit, die auch dadurch gegeben ist, daß das bereits vermahlene Pigment neben den noch unvermahlenen Anteilen bis zur Beendigung der Charge in der Mühle bleiben muß, und wegen ihres relativ großen Kraftbedarfes zum Anreiben gewöhnlicher Ölfarben nicht verwendet und finden vorwiegend dort Anwendung, wo jede Verdunstung von Lösungsmitteln vermieden werden soll, wie z. B. bei den Zelluloseemaillen.

Die verschiedenen Nachteile des Mehrwalzenstuhles, wie die Notwendigkeit ständiger Überwachung, die starke Verdunstung von Lösungsmitteln usw. soll der aus England kommende Einwalzenstuhl vermeiden. Die Luft soll bei diesem weitgehend ausschließbar sein und die Leistung soll höher sein wie bei einem Dreiwalzenstuhl.

In letzter Zeit wurden Maschinen konstruiert, die das Vermischen und Vermahlen (Dispergieren) von Pigment und Bindemittel in einem einzigen Arbeitsgange ermöglichen. Die Planeten-Bandwalzen-Mühle der Macao-Walzenmühlen-Gesellschaft in Hamburg hat eine Leistungsfähigkeit von 300—400 kg fertiger Farbe pro Stunde und dürfte sich besonders für die Herstellung der Rostschutzfarben gut eignen (Abb. 107).

In dem zylindrischen Mühlengehäuse befinden sich 7 Bandwalzen. Die Mittelbandwalze (Abb. 108a), welche in der Achse des Zylindermantels gelagert ist, wird direkt angetrieben. Sie wird von den sechs übrigen Bandwalzen (Umlaufwalzen, Abb. 108b) umkreist, wobei diese sich gleichzeitig um ihre eigene Achse drehen. Durch die eigenartige Form und die Bewegung der Walzen wird eine innige Misch- und Mahlwirkung erreicht. Bindemittel und Pigment treten getrennt voneinander ein, wobei durch geeignete Reguliervorrichtungen die Beschickungsgeschwindigkeit sowohl für das Bindemittel, wie für das Pigment geregelt werden kann.

Von derselben Erzeugerin wird die Planeten-Scheiben-Mühle gebaut, die eine höhere Mahlfeinheit als die vorhergehende Bandwalzenmühle (Leistung etwa 20 kg Stunde) ergibt. Sie ist ebenfalls vollständig eingekapselt und ist mit kühlbarem Mahlwerk (Porzellanscheiben) versehen. Sie eignet sich für die feinsten Lacke. Die Verdunstung von Lösungsmitteln wird nahezu vollständig vermieden. Aus den Abb. 109—110 geht die Konstruktion deutlich hervor[1].

[1] Siehe auch Farben-Ztg. **34**, 2032 (1929).

Die Wirkung der Mühlen ist keine ausgesprochen vermahlende, insofern als die Primärteilchen des Pigments meist nicht weiter zerkleinert werden, nur bei grobkörnigen Pigmenten ist dies teilweise der Fall;

Abb. 107. Planeten-Bandwalzenmühle (Macao-Walzenmühlen-Ges., Hamburg).

es werden vielmehr nur die Sekundärteilchen in Primärteilchen aufgelöst und das Pigment wird im Bindemittel dispergiert (verteilt)[1]. Wie rasch das geht, hängt nicht nur von der Mühlenkonstruktion[2], sondern

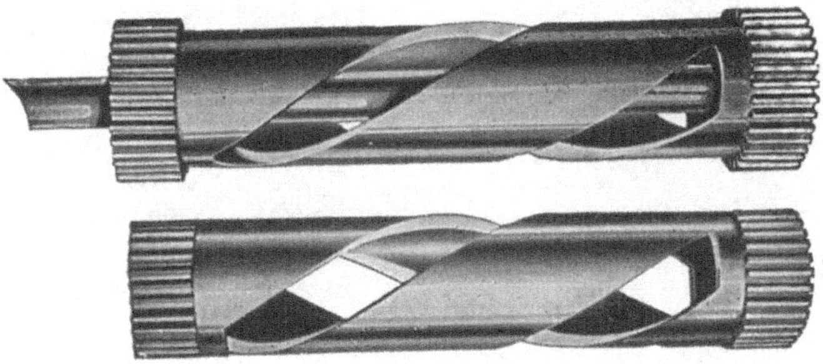

Abb. 108. a) und b) Bandwalzen.

auch von der Feinheit des Pigments, der Benetzbarkeit des Pigments durch das Bindemittel, der Gestalt der Pigmentteilchen und der Viskosität des Bindemittels ab. Bei einer gegebenen Mühlenkonstruktion

[1] Ein geringer Teil des Pigments wird dabei oft bis zur kolloiden Lösung dispergiert. Siehe Gardner, H. A.: Farbe u. Lack **1925**, 112. — Cabot, S.: Drugs, Oels and Paints **43**, 46 (1927).

[2] Farbe u. Lack **1922**, 379, 393. — Deckert, H.: Farben-Ztg. **32**, 1611 (1926/27).

üben die Betriebsbedingungen, wie z. B. die Tourenzahl der Mahlscheiben einen Einfluß aus. Über die beim Vermahlen der Pigmente mit dem Bindemittel sich abspielenden Vorgänge ist man noch wenig orientiert, so bestehen z. B. über die Wirkung der Rillen in den Mahlscheiben (Trichtermühlen) verschiedene Ansichten. Einerseits nimmt man an, daß sie nur als Zuführungskanäle zum ungeriffelten Rand, wo die Vermahlung erst erfolgen soll[1], dienen, andererseits erklärt man, daß es gerade die scherenartige Wirkung der aneinander

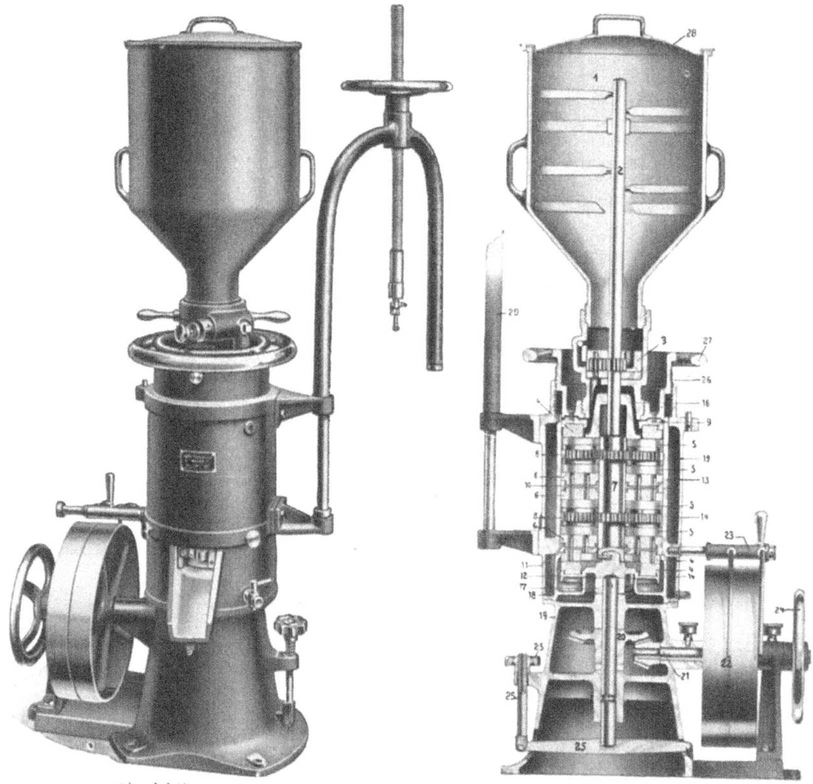

(Ansicht) (Schnitt.)

Abb. 109 und 110. Planeten-Scheiben-Mühle der Macao-Walzenmühlen-Ges., Hamburg.

vorbeigleitenden Rillen sei, von der die Leistung abhängt, da sich diese mit der Vermehrung der Rillenzahl, bei sonst gleichen Bedingungen ebenfalls annähernd proportional erhöht[2].

Die schließlich erhaltene fertige Ölfarbe behält ihren dispersen Zustand nicht gleichmäßig für beliebig lange Zeit. Bei der Lagerung

[1] Fasig, E. W.: Paint, Oil and Chem. Review **87**, Nr 24 u. 25 (1929). — Ref. Farben-Ztg. **34**, 2570 (1929).

[2] Sparrow, E.: Farbe u. Lack **1928**, 86. — Davidsohn, D.: Farben-Ztg. **33**, 2737 (1928).

der Farben beginnt früher oder später ein Absitzen des Pigments[1], das bei Mischpigmenten mit einer Entmischung verbunden sein kann. Es kann auch zu Konsistenzänderungen kommen, welche alle Stufen bis zur völligen Verdickung durchlaufen können[2]. Über die vermutliche Ursache dieser Erscheinungen wurde schon an früherer Stelle berichtet (siehe S. 35). Die Lagerung fertiger Ölfarben hat mit entsprechender Sorgfalt zu erfolgen. Die Lagerräume sollen weder zu warm sein, noch soll in der kalten Jahreszeit die Temperatur zu tief sinken, denn nicht nur bei Lacken, sondern auch bei Ölfarben können sich infolge eingetretenen Frostes unliebsame Erscheinungen zeigen, wenn Ölfarben auch lange nicht so empfindlich sind wie Lacke[3].

Abb. 111. Das richtige Durchmischen von Ölfarben.

Ein Teil der Farbe wird aus dem Liefergefäß (Farbbüchse) in einen reinen Farbtopf gegossen. Der in der Farbbüchse verbliebene Rest wird gut aufgerührt, damit sich ein event. Bodensatz wieder verteilt. Dann wird der abgegossene Teil aus dem Farbtopf unter ständigem Rühren in das Liefergefäß zurückgegossen und schließlich wird durch mehrmaliges Umgießen die Farbe vollständig gleichmäßig gemacht. Die untere Abbildung zeigt das richtige Aufrühren des Inhalts eines Fasses.

---

[1] Arsem, W. C.: Ind. and Engin. Chem. **18**, 157 (1926). — Ref. Farben-Ztg. **31**, 1911 (1926). — Blom, A. V.: Farben-Ztg. **32**, 2082 (1927). — Heinemann, B.: Farbe u. Lack **1928**, 437. — Croll, R.: Ind .and Engin. Chem. **20**, 734 (1928). — Ref. Korrosion u. Metallschutz **5**, 209 (1929). — Beakes, H. L.: Ind. and Engin. Chem. **20**, 732 (1928). — Werthan, S., u. R. Wien: Ind. and Engin. Chem. **20**, 729 (1928). — Bericht über die Herbsttagung amerikanischer Lackchemiker, Farben-Ztg. **35**, 235 (1929).

[2] Marling, P. E., u. M. W. Frischkorn: Farben-Ztg. **33**, 1615 (1928). — Frischkorn, Larsen, Marling und Shepherd: Farben-Ztg. **34**, 1011 (1928/29). — Blom, A. V.: Farben-Ztg. **33**, 1969 (1928). — Wolff, H.: Farben-Ztg. **18**, 410 (1911/12). — Scheiber, J.: Farbe u. Lack **1925**, 396.

[3] Wolff, H.: Farben-Ztg. **27**, 1048 (1921/22).

Vor dem Gebrauch und bei Entnahme aus den Liefergebinden[1] ist daher stets eine gründliche Durchmischung der Ölfarben nötig, damit die Farbe gleichmäßig zum Auftrag kommt. Wie dies am besten gemacht wird, ist klar und deutlich aus der Abb. 111 ersichtlich.

VII. Die Ausführung des Rostschutzanstrichs.

A. Die Vorbereitung des Eisens.

Aus dem über die Bildung des Rostes Gesagten geht hervor, daß die Eisenoberfläche vor Aufbringung eines Schutzanstriches rostfrei sein muß, damit die Gefahr von Unterrostungen möglichst vermieden wird; denn „Rost erzeugt wieder Rost", wie der alte wahre Spruch sagt.

Das Entrosten des Eisens kann entweder mit chemisch wirkenden Mitteln oder mechanisch erfolgen. Die mechanische Entfernung des Rostes wieder kann von Hand aus oder maschinell erfolgen. Man unterscheidet daher folgende Entrostungsmethoden:

1. Handentrostung,
2. Maschinelle Entrostung (Sandstrahl, Entrostungshammer usw.),
3. Entrostung mit chemisch wirkenden Mitteln.

Die unter 3. angeführten chemischen Methoden beruhen im wesentlichen darauf, daß man den Rost durch Säuren (Salzsäure, Schwefelsäure) vom Eisen ablöst und die am Eisen verbliebenen Säuren bzw. Eisensalze durch Abwaschen entfernt; durch Behandeln der so entrosteten Eisenflächen mit Alkalien (Kalkmilch) sucht man die letzten Säurespuren zu neutralisieren. So einfach dies scheint, so schwer ist es auszuführen, denn das Eisen hält hartnäckig Säuren zurück, auch das Abspritzen mit oder Baden in Kalkmilch hilft nicht vollständig, und diese Säurespuren, welche am Eisen verbleiben, führen früher oder später zu Unterrostungen unter dem Schutzanstrich, welche diesen sehr bald zerstören. Diese chemischen Methoden sind beim Schutz des Eisens durch Anstrich nicht ohne weiteres verwendbar, möge auch manchem dafür unter Phantasienamen in den Handel gebrachten Präparate die vollkommene Unschädlichkeit nachgerühmt werden. Dabei wurde gar nicht berücksichtigt, daß das Naßmachen des Eisens allein schon wenig erwünscht sein muß, da man doch auf möglichst trockenem Untergrund streichen soll, d. h. man muß das vollkommene Wiedertrocknen abwarten.

Die zwei anderen Entrostungsmethoden werden verschieden beurteilt. H. Wolff[2] meint nach Beobachtungen aus der Praxis, daß die Handentrostung vorzuziehen ist, da die mechanische Entrostung das Eisen, durch die Wirkung des Sandstrahles z. B., stark aufrauht. In den Rissen und Rillen dieses aufgerauhten Eisens kann sich dann Wasser

[1] Die Lieferung erfolgt bei Großbezug in Holzbarrels oder Hobboks; siehe Lieferbedingungen des RAL (S. 284, 288).

[2] Wolff, H.: Korrosion u. Metallschutz 1, 9 (1925).

kondensieren, wenn die Temperatur unter den Taupunkt sinkt. Das kondensierte in den Hohlräumen haftende Wasser verdunstet aber sehr langsam, und so kann es kommen, daß auch bei einem oberflächlich trockenen Eisen unter den Anstrich soviel Wasser gelangt, daß eine starke Unterrostung einsetzt, welche den Anstrich abhebt, durchbricht und dessen Schutzwirkung aufhebt. Es ist zweifelhaft, ob dieser Schaden durch die bessere Rostentfernung wieder wettgemacht wird. Auch M. Ragg[1] ist ähnlicher Ansicht und sagt:

„Meine längjährigen Erfahrungen sprechen dafür, daß man beim Anstrich von sorgfältig abgekratzten Eisenoberflächen, wenn sie nur trocken sind, viel bessere Resultate erzielt, als wenn das Eisen erst vorher nach allen Regeln der Kunst gemartert wurde.“

E. Maaß[2] dagegen hat gefunden, daß sich chemisch entrostetes oder mit dem Sandstrahl behandeltes Eisen besser verhält als handentrostetes. Wenn wir auch den Befund, daß chemisch entrostetes Eisen sich unter dem Anstrich gut verhalte, für Probebleche noch gelten lassen möchten, bei denen es ja möglich ist, die Entfernung der Säurespuren bis zur äußersten Grenze zu treiben, können wir von dieser Art der Entrostung bei Eisenkonstruktionen, wie überhaupt für die Praxis, nur dringendst abraten. Bei der technischen Durchführung der chemischen Entrostung ist eine auch nur einigermaßen hinreichende Sicherheit für die Unschädlichmachung der am Eisen haftenden Säurereste nicht gegeben, ganz abgesehen von den Nachteilen, welche die Benetzung des Eisens mit sich bringt. Es kann sich also nur darum handeln, über Handentrostung oder maschinelle Entrostung zu entscheiden. Die nachstehend angegebenen Versuche[3] sprechen deutlich für letztere.

Versuchsplatten wurden nach der Entrostung mit Bleimennige grundiert, worauf zwei Deckanstriche gegeben wurden. Als Deckanstrich wurde ein im Handel befindliches, bewährtes Produkt verwendet. Die Zusammensetzung des ersten Deckanstriches war: Verdünnungsmittel 11%, Bindemittel (ein dickölartiges, speziell präpariertes, Holzöl enthaltendes Produkt, Sikkativ-Blei-Mangan) 32%, Pigment (etwa 88% Eisenoxyd, Rest auf 100% = Kieselsäure, Silikate, sehr wenig Kalziumoxyd, Magnesiumoxyd, Sulfat und Kohlenstoff) 68%. Die Zusammensetzung der Bestandteile der Farbe für den zweiten Deckanstrich war fast die gleiche, nur das Mengenverhältnis war ein anderes, nämlich:

Verdünnungsmittel . .	10%
Bindemittel	56%
Pigment.	44%.

Nach vorstehendem System wurden gestrichen:

1. sauber von Hand entrostete Platten. Festsitzender Plattenrost wurde mit dem Hammer entfernt,
2. stark mit dem Hammer aufgerauhte, handentrostete Platten;
3. mit Sandstrahl entrostete Platten.

---

[1] Ragg, M.: Vom Rost und Eisenschutz, S. 63. Berlin 1928.

[2] Maaß, E.: Jahresbericht d. chem.-techn. Reichsanstalt 1926; Farben-Ztg. **32**, 2594 (1927).

[3] Nach Versuchen der I. G. Farbenindustrie, Leunawerk (1927).

Die Platten 1—3 wurden vor dem Streichen im Laboratorium gelagert (a) oder im Freien bei gewöhnlicher Witterung. Letztere wurden vor dem Aufbringen des Grundanstriches b) nicht abgetrocknet, c) die Oberfläche so gut wie möglich trocken gemacht und d) vollkommen im Trockenschrank getrocknet.

Die verwendeten Versuchsplatten wurden aus einem stark verrosteten Eisenblech herausgeschnitten. Alle Platten wurden nach Aufbringung und Trocknen des letzten Deckanstriches ausgesetzt. Die Beobachtungszeit erstreckte sich auf $1^1/_2$ Jahre, von Juni 1926 bis Dezember 1927.

Das Ergebnis ist aus den nachfolgenden Aufnahmen zu erkennen.

a) Vor dem Anstrich im Laboratorium gelagerte Platten.

1a. Sauber von Hand entrostete Platte.

Der Anstrich zeigt feine netzartige Narben (eventuell auf Holzölfiguren zurückzuführen). Auf der ganzen Fläche bricht Rost in größeren Punkten durch. Schwindrisse lassen sich nicht feststellen.

Der Grundanstrich ist leicht angelaufen (an einem Teil der Platte war wie bei den folgenden nur der Grundanstrich bzw. nur Grund- und erster Deckanstrich aufgebracht). Das durch Entfernen des Anstriches mit Lauge freigelegte Eisen ist stark verrostet. Siehe Abb. 112.

2a. Stark mit dem Hammer aufgerauhte Platte.

Es zeigen sich auf der ganzen Fläche durchtretende, größere Rostflecken, welche fast durchwegs an den deutlich erkennbaren, durch die Hammerschläge hervorgerufenen, aufgeworfenen Rändern beginnen. Die (wie vorher freigelegte) Eisenoberfläche ist an den durch Hammerschlag erzeugten Narben stark verrostet, an den übrigen Stellen zeigt sich nur geringer Angriff. Siehe Abb. 113.

3a. Mit Sandstrahl entrostete Platte.

Der Überzug ist rauh. Risse sind nicht festzustellen. Der Grundanstrich zeigt sehr geringe Veränderung. Die (vom Anstrich befreite) Eisenoberfläche ist blank. Siehe Abb. 114.

b) Vor dem Anstrich im Freien gelagerte und nicht abgetrocknete Platten.

1b. Sauber von Hand entrostete Platte.

Die Probeplatte zeigt starken Rost in größeren Flächen. Der Grundanstrich ist größtenteils noch naturfarbig erhalten, jedoch stark unterrostet. Siehe Abb. 115.

3b. Mit Sandstrahl entrostete Platte.

Der Anstrich ist rauh, äußerlich unverändert. Der Grundanstrich ist leicht oxydiert. Die Eisenoberfläche zeigt Anflug von Rost. Siehe Abb. 116.

c) Vor dem Anstrich im Freien gelagerte, so gut wie möglich abgetrocknete Platten.

1c. Sauber von Hand entrostete Platte.

Das Blech weist starken Plattenrost auf. Der Grundanstrich ist noch naturfarbig, zeigt aber geringe Oxydationsangriffe und ist stark unterrostet. Siehe Abb. 117.

3c. Mit Sandstrahl entrostete Platte.

Der Deckanstrich ist gut erhalten. Der Grundanstrich ist leicht angegriffen. Die vom Anstrich befreite Eisenoberfläche zeigt Anfänge von Rost. Siehe Abb. 118.

d) Im Freien gelagerte, vor dem Anstrich im Trockenschrank getrocknete Platten.

1d. Sauber von Hand entrostete Platte.

Plattenrost, jedoch in erheblich geringerem Maße als bei Platten 1c und 1d. Die vom Anstrich befreite Eisenoberfläche ist verrostet (weniger wie bei 1c und 1d). Siehe Abb. 119.

3d. Mit Sandstrahl entrostete Platte.

Der Deckanstrich ist gut erhalten. Der Grundanstrich zeigt leichte Oxydierung. Das vom Anstrich befreite Eisen ist blank. Siehe Abb. 120.

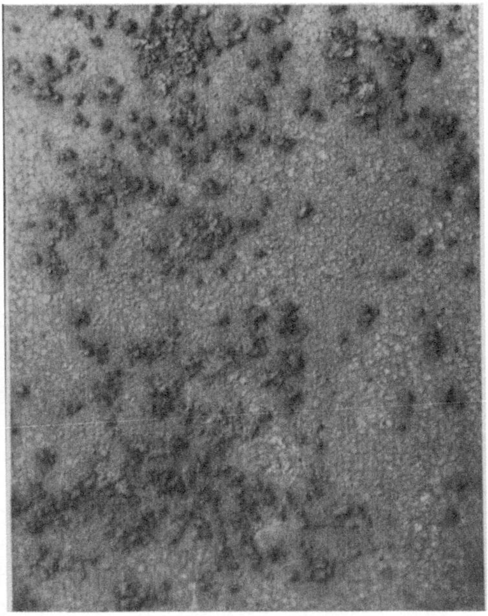

Abb. 112. Von Hand entrostete Platte. Vor dem Anstrich im Laboratorium gelagert.

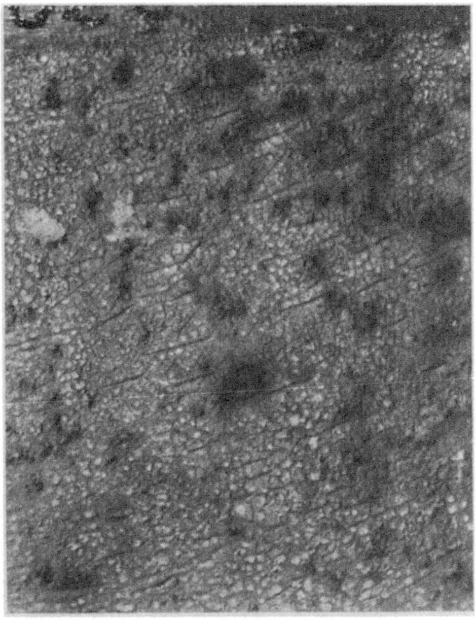

Abb. 113 Mit dem Hammer entrostete Platte. Vor dem Anstrich im Laboratorium gelagert.

Abb. 114. Mit dem Sandstrahl entrostet. Vor dem Anstrich im Laboratorium gelagert.

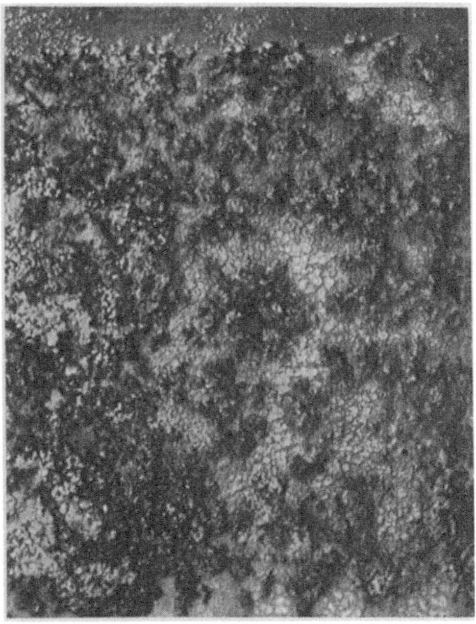

Abb. 115. Von Hand entrostete Platte. Vor dem Anstrich im Freien gelagert, nicht abgetrocknet

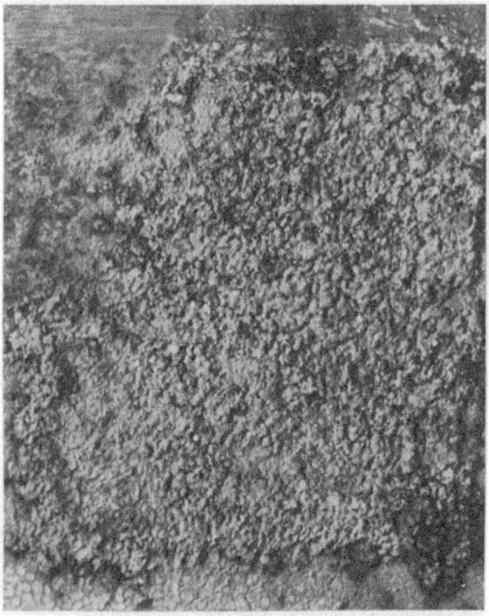

Abb. 116. Mit dem Sandstrahl entrostet. Vor dem Anstrich im Freien gelagert, nicht abgetrocknet.

Abb. 117 Von Hand entrostete Platte. Vor dem Anstri im Freien gelagert, so gut wie möglich abgetrocknet.

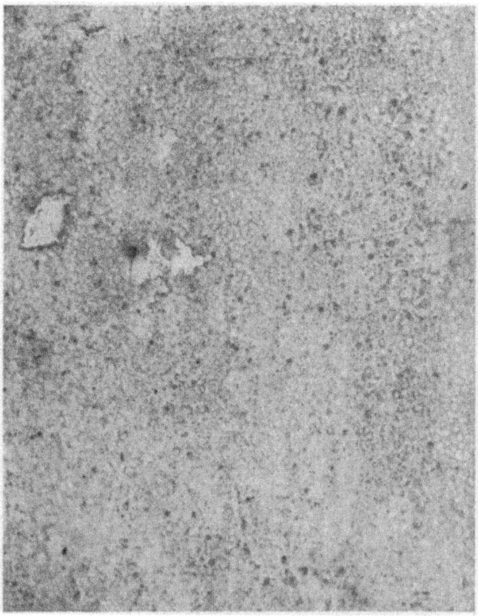

Abb. 118. Mit dem Sandstrahl entrostet. Vor dem Anstrich im Freien gelagert, so gut wie möglich abgetrocknet.

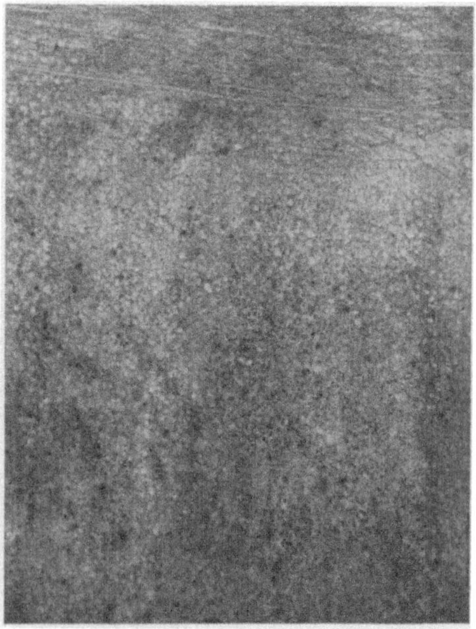

Abb. 119. Von Hand aus entrostet. Vor dem Anstrich im Freien gelagert, im Trockenschrank getrocknet.

Aus diesen Versuchen geht also hervor, daß der Anstrich ganz wesentlich länger hält, je gründlicher entrostet wird, und je trockener die Oberfläche ist[1]. Es zeigt sich auch, daß bei sehr festhaftendem Rost die Handentrostung das Eisen mehr beansprucht als die Sandstrahlentrostung.

Auch A. Pollitt[2] betont die Wichtigkeit eines trockenen Untergrundes, ja er empfiehlt sogar wenn möglich das Metall vor dem Anstrich mit Lötlampen zu erwärmen, um die Feuchtigkeit zu vertreiben[3]. Ebenso empfiehlt er als „besonders gute Reinigungsart von Metalloberflächen das Abblasen mit dem Sandstrahlgebläse". E. Liebreich[4] meint, daß das Entrosten von Hand aus meist zu nachlässig vorgenommen wird und daher wertlos ist. Im Gegensatz hierzu glaubt J. N. Friend[5], daß eine kleine Menge gut haftenden Rostes, der durch Erhitzen vollständig getrocknet wurde, sogar von Vorteil ist, da der Rost dann ein gutes Haften des Anstriches ermöglicht. Mit dieser Ansicht steht er wohl ziemlich vereinzelt da und wir glauben, es dem Bauherrn nicht dringend genug anraten zu können, auf eine möglichst vollkommene Entrostung und Reinigung der zu streichenden Eisenteile zu dringen.

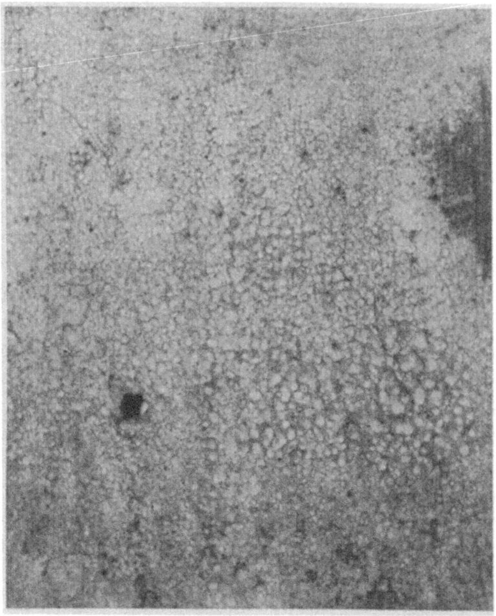

Abb. 120. Mit dem Sandstrahl entrostet. Vor dem Anstrich im Freien gelagert, im Trockenschrank getrocknet.

Zur Entrostung mittelst Sandstrahl dienen die Sandstrahlgebläse. Zur Erzeugung der nötigen Preßluft dient ein Kompressor mit vorgeschaltetem Luftfilter. Nach dem Kompressor folgt ein Windkessel, welcher nicht nur für gleichmäßigen

[1] Wolff, H.: Farben-Ztg. **27**, 2889/91 (1922), weist ebenfalls auf die Wichtigkeit einer trockenen Eisenoberfläche hin.

[2] Pollitt, A. A.: Die Ursachen und die Bekämpfung der Korrosion, S. 131. Braunschweig 1926.

[3] Das Erwärmen mit Lötlampen bewirkt zunächst Wasserdampfkondensation auf der Eisenoberfläche (hervorgerufen durch Abkühlung der Flammengase); Trocknung tritt nur bei genügend langer Erhitzung ein, was nicht immer durchführbar ist.

[4] Liebreich, E.: Rost und Rostschutz, Seite 104. Braunschweig 1914.

[5] Friend, J. A. N.: Carn. Schol. Mem. **5**, 8 (1913).

Druck sorgt, sondern auch als Wasserabscheider wirkt, damit die Preßluft soweit als möglich getrocknet, der Sand nicht feucht wird und sich im Schlauch nicht zu Klumpen ballt bzw. damit das zu entrostende und entrostete Eisen nicht wieder feucht wird. Die Preßluft wird entweder in den Sandbehälter gedrückt, von wo aus sie den Sand durch einen Schlauch zur Düse bringt, oder die Preßluft strömt durch eine nach Art der Injektoren gebaute Vorrichtung der Düse zu und saugt dadurch den Sand aus dem unter normalem Luftdruck stehenden Sandbehälter an. In letzterem Falle erfolgt die Mischung von Sand und Luft erst kurz vor der Düse, von wo aus der Sand mit Luft gemischt unter Druck auf das Arbeitsstück geschleudert wird. Die nach dem ersten System, dem Drucksystem, arbeitenden Sandstrahlgebläse werden häufiger angewendet als die nach dem zweitangeführten Saugsystem arbeitenden. Der Vorteil des Drucksystems liegt darin, daß der Sandbehälter vom Arbeitsort verhältnismäßig weit, bis 30 und mehr Meter entfernt sein kann, und daß der Arbeiter nur einen Schlauch zu dirigieren hat, in welchem Sand und Luft gemischt zuströmen, dafür erfolgt aber ein rascher Verschleiß der Schläuche durch die abreibende Wirkung des mit großer Geschwindigkeit strömenden Sandes. Dieser Nachteil ist bei den Saugsystemen vermieden, weil die Mischung von Druckluft und Sand erst in der Düse erfolgt; dafür sind aber zwei Schlauchleitungen nötig, eine für die Druckluft, die andere für den Sand. Da die Druckluftleitung keinen Sand führt, kann sie leichter gebaut werden und nur der Schlauch vom Sandkasten zur Düse, der aber maximal nur 5—6 m lang ist, steht unter gleicher Beanspruchung wie der Sandschlauch beim Drucksystem. Hat der Arbeiter beim Saugsystem zwei Schläuche zu dirigieren, was vielleicht etwas schwieriger ist als das Arbeiten mit dem einen Schlauch des Drucksystems, so ist dafür dieser prall und schwerer von Gewicht. Bei schwierigen Objekten, wo das Nachfüllen des Sandes nicht an der Arbeitsstelle vorgenommen werden kann, verbietet sich das Saugsystem von selbst, da es, wie gesagt, nur mit dem Drucksystem möglich ist, den Sandkasten weiter entfernt aufzustellen. Der Arbeitsdruck schwankt mit der Art der zu leistenden Arbeit, er muß höher sein beim Entfernen festsitzenden Rostes, als bei nur leicht angerosteten Objekten. Er beträgt gewöhnlich 1—$2^1/_2$ Atmosphären. Die lichte Weite der Düsen ist ebenfalls den Bedürfnissen anzupassen, als normal kann man 10 mm annehmen. Da sich die Düsen im Betrieb rasch abschleifen, besitzen sie auswechselbare Mundstücke. Beträgt der Arbeitsdruck z. B. zu Beginn der Arbeit $1^1/_2$ Atmosphären und vergrößert sich die Öffnung des Mundstückes in fünfstündiger Arbeitszeit von ursprünglich 10 auf 14 mm, so sinkt dadurch bei gleichbleibender Leistung des Kompressors der Druck auf 1 Atmosphäre, was zur Auswechslung der Düse gegen eine neue nötigt, da mit abnehmendem Druck auch die Scheuerleistung des Sandes sinkt. Wichtig ist die Korngröße und die Form des Sandes. Eine Korngröße von etwa $1^1/_2$ mm hat sich im allgemeinen bewährt. Der Sand soll möglichst scharfkantig sein. In neuerer Zeit verwendet man vorteilhaft Stahlkies, der aber, da er aus Amerika importiert wird, teuer ist.

Von anderen mechanischen Apparaten haben sich Druckluft-

Hämmer oder -Meißel, wie auch rotierende Drahtbürsten weniger bewährt, erstere schon deshalb nicht, weil sie das Eisen zu sehr beanspruchen. Nach Angaben von P. Nettmann[1] soll sich der Sandblomhammer gut brauchbar erweisen. Er besteht aus einem fräserartigen Kopf, der elektrisch angetrieben wird und bei dem die Zähne gelenkig angebracht sind. Der Kopf läuft um, während die Zähne oder Klauen nach außen geschleudert werden. Beim Auftreffen auf das Arbeitsstück prallen sie zurück und verhindern so eine Beschädigung des Eisens.

Wichtig bei der Wahl des Entrostungssystems ist die Frage der Staubentwicklung, die beim Sandstrahl am stärksten ist, während Stahlkies, Sandblomhammer und ähnliche Vorrichtungen weniger Staub entwickeln. Durch den, trotz aller Schutzmaßnahmen weit herumfliegenden Sand (Stahlkies) verbietet sich die Sandstrahlentrostung überall dort, wo Maschinen oder ähnliche empfindliche Objekte geschädigt werden können.

Die durch die mechanische Entrostung, insbesonders Sandstrahl,

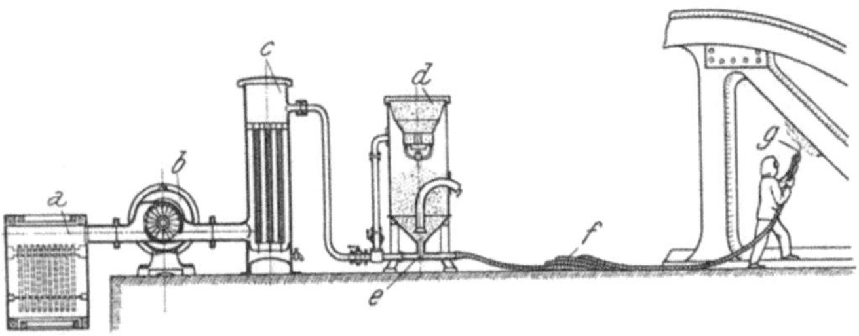

Abb. 121. Entrosten mit dem Sandstrahl nach Jacobi (Drucksystem).

hervorgerufene Aufrauhung des Eisens wird von manchen als vorteilhaft betrachtet, da sich der Anstrich auf dem rauhen Grund besser verankert, andererseits wird eingewendet, daß sich in den Vertiefungen leicht Wasser (Tau) niederschlägt[2] und die Erzielung gleichmäßig dicker Anstriche schwieriger ist.

In der Abb. 121 ist die Entrostung mit einem Sandstrahlgebläse (Drucksystem) schematisch dargestellt. Das Luftfilter ist mit *a*, der Kompressor mit *b*, der Windkessel bzw. Wasserabscheider mit *c*, der Sandkasten mit *d*, die Schlauchleitung mit *f* und die Strahldüse mit *g* bezeichnet. Der Arbeiter ist mit einer den Kopf bedeckenden Schutzmaske versehen, die selbstverständlich notwendig ist, um Augen und Atmungsorgane vor Staub und Sand zu schützen. Ebenso notwendig ist ein gut schließender Arbeitsanzug, da der Staub durch alle auch noch so kleinen Öffnungen dringt.

Ist bei einem Neuanstrich der alte Anstrich ebenfalls zu entfernen, so gelingt dies mit dem Sandstrahl nur dann rasch genug, wenn die alte Anstrichschicht hart oder spröde ist; bei noch weichen Schichten ist

[1] Nettmann, P.: Vortrag im Fachausschuß für Anstrichtechnik. Farben-Ztg. **32**, 2075 (1926/27).

[2] Evans-Honegger, U. R.: Die Korrosion der Metalle, S. 183. Zürich 1926.

deren Entfernung von Hand aus mit Lampe und Schaber oder Spachtel leichter und in kürzerer Zeit durchzuführen. Beim Entfernen alter Bleifarbenanstriche sind die Schutzmaßnahmen gegen die Möglichkeit einer Bleivergiftung durch den bleihaltigen Farbstaub strengstens durchzuführen. Bei Entrostung von Objekten, welche leicht abbröckelnden Plattenrost zeigen, ist es meist vorteilhafter, die lose sitzenden Teile durch Abklopfen zu entfernen, bevor man mit dem Sandstrahl beginnt.

Über die Arbeitszeit, die man zur Entrostung von Eisenobjekten benötigt, lassen sich schwer ziffernmäßige Angaben machen, da sie zu sehr vom Verrostungszustand des Eisens, vom Vorhandensein eventueller Farbschichten und deren Zustand und schließlich vom Bauwerk selbst abhängt[1].

Eine umstrittene Frage ist es, ob die am Eisen befindliche Walzhaut (Zunder) vor dem ersten Rostschutzanstrich entfernt werden soll oder nicht. Von manchen Korrosionsforschern wird die Walzhaut als ein natürlicher Schutz des Eisens angesehen. Das ist insofern richtig, als sie, wenn vollkommen unverletzt, etwa denselben Schutz gibt, wie oxydische Überzüge, welche man z. B. nach dem Bower-Barff-Verfahren aufbringt. Nun ist aber die Walzhaut, welche im wesentlichen aus Oxyden des Eisens besteht, nicht besonders elastisch; wenn diese Walzhaut infolge von Wärmebewegungen des Eisens reißt, dann gilt für sie dasselbe, was bei den oxydischen Überzügen gesagt wurde. Da die Oxyde edler als das Eisen sind, wird dieses bei Hinzutritt eines Elektrolyten der angegriffene Teil in dem Element Eisenoxyd-Eisenmetall sein. Es wird sogar von verschiedenen Seiten, wie z. B. von J. N. Friend[2], A. A. Pollitt[3] empfohlen, nur die lose sitzende Walzhaut zu entfernen, das Festsitzende aber am Eisen zu lassen. Daß damit die vorerwähnte Korrosionsursache erst recht bestehen bleibt, liegt auf der Hand.

Wie gering die oft behauptete Haftfestigkeit der Walzhaut auf dem Eisen sein kann, läßt sich durch einen einfachen Versuch zeigen. Wenn man eine völlig intakte Schwarzblechplatte ganz wenig biegt, so zeigt sich die Walzhaut auf der Stauchseite, ohne daß sie ihren Zusammenhang verliert, in Form von faltenähnlichen Gebilden vom Blech abgerückt. Auf der Zugseite zeigen sich feine Risse, die bei mikroskopischer Betrachtung deutlich zu erkennen sind. Es zeichnen sich aber gerade die besten Rostschutzgrundanstriche, wie z. B. Mennige, durch ihre gute Haftfestigkeit aus. Wozu nützt dann deren Anwendung, wenn der Grund, auf dem sie sitzen, unter Umständen verhältnismäßig leicht vom Eisen abblättert. Auch praktische Versuche zeigen, daß sich die vor der Bewitterung von der Walzhaut befreiten Bleche unvergleichlich besser halten, als solche, an denen die Walzhaut ganz oder zum Teil belassen wurde. Wenn auch immer wieder darauf verwiesen wird, daß nur die wirklich festhaftende Zunderschicht belassen werden könne,

[1] Reymann: Korrosion u. Metallschutz 1, 11 (1925). — Karg: Korrosion u. Metallschutz 1, 87, 134 (1925).
[2] Friend, J. A. N.: Journ. of the Oil and Colour Chemists Assoc. 5, 284 (1922).
[3] Pollitt, A. A.: Die Ursachen und die Bekämpfung der Korrosion, S. 131.

wo ist da eine sichere Grenze zu ziehen und woher hat man die Gewißheit, wie lange diese Schicht fest sitzt.

Es ist demnach notwendig, vor dem Rostschutzanstrich jede Zunderschicht ebenso sorgfältig zu entfernen, wie den Rost, mag sie nun lose oder scheinbar fest sitzen.

Eine weitere, oft diskutierte Frage ist die, ob das Eisen vor der Aufbringung des eigentlichen Grundanstrichs mit heißem Leinölfirnis vorzugrundieren, das ist mit einem in Firnis getauchten Lappen zu überwischen ist. Diese Behandlung ist bei den deutschen Reichsbahnen vorgeschrieben.

Nachstehende, von der I. G. Farbenindustrie zur Verfügung gestellte Versuchsergebnisse, Anstriche mit und ohne Leinölvorgrund betreffend, werden von Interesse sein, da über diesen Punkt wenig experimentelles Material bekannt ist. Bei den praktischen Versuchen wurde je eine Platte behandelt und folgenden Einflüssen ausgesetzt:

1. Der Atmosphäre an drei Stellen im Werk, wobei sie

a) hauptsächlich Rauchgasen,

b) hauptsächlich Ammoniakgas in beträchtlicher Menge enthaltender Atmosphäre,

c) hauptsächlich Kanalgasen (die Platten wurden im Hauptkanal aufgehängt),

ausgesetzt war.

2. Der Beanspruchung im Bewitterungsapparat (Höpke-Rad) und durch Wasserdampf. Als Anstrichsysteme wurden gewählt:

Grundanstrich: Bleimennige.

1. Deckanstrich } wie bei Versuchen über die verschiedenen
2. Deckanstrich } Entrostungsverfahren angegeben.

Der Anstrich erfolgte: 1. auf sorgfältig von Hand entrostetem, 2. auf sandstrahlentrostetem Eisen, und zwar: a) ohne heiße Leinölfirnisgrundierung, b) mit heißer Leinölfirnisgrundierung.

Der heiße Leinölfirnis wurde nur hauchdünn mit einem faserfreien Lappen aufgerieben.

Die Versuche ergaben:

1. Ohne Leinölfirnisgrundierung, handentrostet.

a) Lagerung in rauchgasreicher und ammoniakreicher Atmosphäre. Unterschiede ließen sich noch nicht feststellen.

b) Hauptkanal. Der Film ist zäh und sitzt noch fest am Grunde. Die Eisenoberfläche (nach Abbeizen des Anstriches mit verdünnter Lauge) zeigt beginnende Unterrostung in kleinen dichtsitzenden Pünktchen und Flecken.

c) Bewitterungsapparat (die Bewitterung erfolgte ohne Quarzlampenbeleuchtung). Vom Deckanstrich sind nur noch ganz geringe Reste vorhanden. Die Mennigegrundierung ist fest und spröde. Die Eisenoberfläche (abgebeizt) ist braun und zeigt beginnenden Rost.

d) Wasserdampf. Der Film ist spröde, sitzt aber noch fest auf dem Eisen. Die Eisenoberfläche (abgebeizt) ist stark verrostet.

Abb. 122 zeigt, von links nach rechts, die im Hauptkanal, im Bewitterungsapparat und im Wasserdampf behandelte Platte. (Diese Anordnung gilt auch für die folgenden zu dieser Reihe gehörigen Abbildungen.) Die untere Hälfte der Platten zeigt die freie, mit verdünnter Kalilauge abgebeizte Eisenoberfläche.

2. Mit Leinölfirnishauch, handentrostet.

a) Lagerung wie oben unter 1a. Unterschiede waren nicht zu erkennen.

b) Hauptkanal. Der Film ist zäh und sitzt noch fest am Eisen. Die Eisenoberfläche (abgebeizt) zeigt beginnende Unterrostung in kleinen dicht sitzenden Pünktchen und Flecken.

c) Bewitterungsapparat (ohne Quarzlampenbeleuchtung). Vom gesamten Anstrich sind nur noch kleine spröde Reste vorhanden. Die Eisenoberfläche (abgebeizt) ist bis auf kleine Stellen braun angelaufen und zeigt beginnenden Rost.

d) Wasserdampf. Der Film ist spröde und sitzt noch fest auf dem Grunde. Die Eisenoberfläche (abgebeizt) ist stark verrostet.

Abb. 123 zeigt die Platten aus dem Hauptkanal, Bewitterungsapparat und Wasserdampf.

Vergleicht man beide Ergebnisse miteinander, so ist ein Unterschied zwischen 1 und 2 nicht festzustellen.

Abb. 122. Handentrostete Platten, ohne Firnishauch.

3. Ohne Leinölfirnisgrundierung, sandstrahlentrostet.

a) Gelagert wie bei 1a. Unterschiede waren nicht festzustellen.

b) Hauptkanal. Der Film ist zäh und festsitzend. Die Eisenoberfläche (abgebeizt) ist rostfrei.

c) Bewitterungsapparat (ohne Quarzlampenbeleuchtung). Vom gesamten Anstrich sind nur noch kleine spröde Reste vorhanden. Die Eisenoberfläche zeigt (abgebeizt) geringe Oxydierung an kleineren Flecken. Größere zusammenhängende Roststellen.

d) Wasserdampf. Der Film ist spröde und sitzt noch fest auf dem Eisen. Die Eisenoberfläche (abgebeizt) zeigt beginnenden Rost in kleinen Pünktchen und Flecken.

Abb. 124 zeigt die Platten in derselben Reihenfolge wie vorher. Die obere Hälfte zeigt den Anstrich, soweit vorhanden, die untere Hälfte, das abgebeizte Eisen. (Das gleiche gilt für die anderen zu dieser Versuchsreihe gehörigen Abbildungen.)

4. Mit Leinölfirnishauch, Sandstrahlentrostet.

a) Gelagert wie bei 1a. Unterschiede sind nicht vorhanden.

b) Hauptkanal. Zäher, festsitzender Film. Untergrund rostfrei.

c) Bewitterungsapparat (ohne Quarzlampenbeleuchtung). Vom gesamten

Farbanstrich sind nur noch kleine Reste vorhanden. Eisenoberfläche (abgebeizt) rostfrei, aber etwas angelaufen.

d) Wasserdampf. Spröder, festsitzender Film. Untergrund rostfrei.

Abb. 125 zeigt die Platten in derselben Reihenfolge wie vorher. Der geringe Einfluß der Gase des Hauptkanals (Platte links) und des Wasserdampfes (Platte rechts) sowohl auf dem Anstrich (obere Hälfte), wie auch auf das Eisen (untere Hälfte) ist deutlich sichtbar, gegenüber der außerordentlich starken Einwirkung im Bewitterungsapparat (Platte in der Mitte).

Im Bewitterungsapparat, wie auch bei der Behandlung mit Wasserdampf ist ein kleiner Vorteil der Leinölfirnisvorgrundierung zu beobachten. Bei der Gegenüberstellung dieser Versuche ergibt sich als wesentlich der bereits bei den früheren mitgeteilten Versuchen gemachte

b c d

Abb. 123. Handentrostete Platten, mit Firnishauch.

Befund, daß die Sandstrahlentrostung einen großen Vorteil gegenüber der Handentrostung zeigt.

Zusammenfassend kann gesagt werden, daß mit einem Firnishauch versehene Eisenkonstruktionen zumindest keine Erhöhung der Widerstandsfähigkeit des Anstriches zeigen, gegenüber solchen ohne Firnishauch.

Zu ähnlichen Ergebnissen, wie die angeführten, bezüglich der Entrostung der Eisenoberfläche kam der Unterausschuß XIV der Amerikanischen Gesellschaft für Materialprüfungen (American Society for Testing Materials, abgekürzt ASTM.). Die Versuche begannen im Jahre 1917 und wurden 1926 abgeschlossen. Im Jahre 1921 wurde ein vorläufiger Bericht abgegeben, der in den Proceedings of the ASTM. 1921 niedergelegt ist.

Es heißt dort[1]:

„Trotzdem die Versuche noch nicht abgeschlossen sind und endgültige Resultate noch nicht mitgeteilt werden können, haben sich jetzt schon Anhaltspunkte

[1] Nach Gardner-Scheifele. Untersuchungsmethoden: Berlin 1929.

von solcher Wichtigkeit ergeben, daß ein vorläufiger Bericht am Platze erscheint.

1. Die Methoden einer gründlichen Reinigung der Metallflächen, wie Säurebeizung und Reinigung mittels Sandstrahles, zeigen sich im allgemeinen den

Abb. 124. Sandstrahlentrostete Platten, ohne Firnishauch.

gewöhnlichen Reinigungsverfahren, wie Abschaben, Abbürsten und Abklopfen mit Pickhammer nicht überlegen, wenn die Korrosion noch nicht eingesetzt hat oder nur schwach fortgeschritten ist. Dies trifft sowohl auf neue Stahlflächen wie

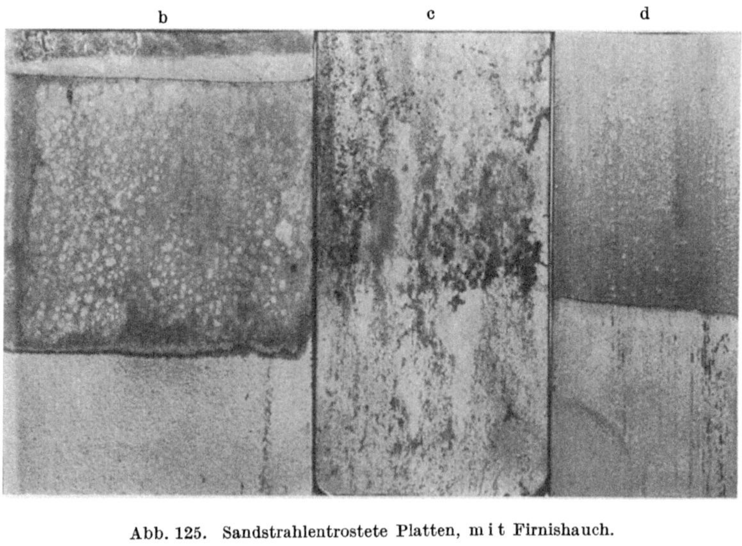

Abb. 125. Sandstrahlentrostete Platten, mit Firnishauch.

auch auf alte Stahlflächen zu, die bereits im Gebrauch waren. Aus Versuch Nr. 10 geht hervor, daß die einfachen Reinigungsverfahren nicht genügen, wenn die Korrosion schon stark fortgeschritten ist.

2. Das noch vielfach übliche Verfahren, die Gegenstände einige Zeit der Witterung auszusetzen, um dadurch die Oxydschicht aufzulockern und teilweise zu entfernen, ist für die Haltbarkeit der Anstriche nachteilig, wenn vor dem Anstrich nur eine einfache Reinigung stattfindet.

4. Die Reinigung durch Sandstrahl ergibt im allgemeinen bessere Resultate als die Säurebeizung, wie die in Brooklyn ausgeführten Versuche zeigen. Hingegen sind bei den in Altoona ausgelegten Tafeln keine wesentlichen Unterschiede in den beiden Reinigungsverfahren festzustellen.

5. Wenn das Eisen durch Sandstrahl oder Abbeizen vorgereinigt wird, dann soll der Anstrich sofort aufgebracht werden. Es ist nachteilig, wenn man an den derart vorgereinigten Flächen erst etwas Rost sich entwickeln läßt, ehe man den Anstrich aufbringt, wie die in Brooklyn ausgeführten Versuche an abgebeizten Platten zeigen.

6. Beim Ausbessern alter Anstriche auf Stahlflächen, die starken Rostansatz zeigen, erhält man bessere Resultate, wenn die Roststellen zuerst mit Benzin überstrichen, dann abgebrannt und hierauf abgeschabt und mit der Drahtbürste nachgereinigt werden, als wenn kein Benzin verwendet und abgeschabt und nachgebürstet wird. Sind ausgedehntere Flächen auszubessern, dann ist vielleicht die Reinigung mit Sandstrahlgebläse der obengenannten Methode vorzuziehen.

7. Bei Verwendung derselben Methoden ist bei altem und neuem Stahl kein Unterschied in den Resultaten festzustellen."

Im Jahre 1926 wurden dann die endgültigen Resultate bekanntgegeben. In der nachstehenden Tabelle sind die Gütezahlen für neue Stahltafeln angegeben, die in verschiedener Weise vorbehandelt waren. Die besten Tafeln bekamen 100 Punkte, während mit 0 vollständige Verrostung bezeichnet wurde.

Anstrich von neuem Stahl.

Tafel Nr.	Aussehen und Vorbehandlung der Tafeln vor Auftragen der Farbe	Gütezahl nach d. 5. Prüfung (endgültiges Resultat)
1	Saubere Oberfläche, Walzhaut intakt, in warmem, trockenem Raum gestrichen	10
2	Oxydschicht zerbröckelt, etwas Rost, handgereinigt und in warmem, trockenem Raum gestrichen	25
3	Mit Sandstrahl gereinigt, anschließend sofort gestrichen	80
4	Sanstrahl gereinigt, auf 107° C erwärmt und sofort gestrichen	35
5	Mit Sandstrahl gereinigt und 40 Minuten in kaltem, feuchtem Raum gelagert und dann gestrichen	84
6	Mit Sandstrahl gereinigt und im Freien bei —3 bis —4° C gestrichen	84
7	Mit Sandstrahl gereinigt, 7 Tage im Freien gelagert und dann über den Rostansatz in warmem, trockenem Raum gestrichen	55
8	Abgebeizt und in warmem, trockenem Raum gestrichen	84
9	Abgebeizt, 7 Tage im Freien gelagert, und dann über den Rostansatz in warmem, trockenem Raum gestrichen	50

Danach wäre also die Vorbehandlung von eisernen Objekten wie folgt durchzuführen:

Als allgemeine Richtlinie hat zu gelten, daß die Oberfläche des Eisens von sämtlichem anhaftenden Staub, Schmutz, Öl, Fett und selbstverständlich auch Rost gründlichst zu reinigen ist. Alle alten Farbschichten sind, soweit sie lose sitzen, oder verottet sind oder unter ihnen

Rost vermutet wird, restlos zu entfernen. Waren die Eisenteile früher mit einem Teeranstrich versehen, der vielleicht aus der Kriegszeit stammt, und sollen sie nun mit Ölfarben gestrichen werden, so ist dieser Teeranstrich peinlichst zu entfernen, was auch unter Verwendung entsprechender Lösungsmittel geschehen kann. Auf Teeranstrichen angebrachte Ölanstriche trocknen nicht oder nur sehr langsam, da die im Teer enthaltenen phenolartigen Körper als Antioxygene (negative Katalysatoren) wirken. Sehr alte verrottete und daher gänzlich ausgelaugte Teeranstriche zeigen dies weniger, aber dann ist meist auch das Eisen schon in einem solchen Zustand, daß sich die Entfernung des Anstriches wegen des Rostes als nötig erweist.

Alle schwer zugänglichen Konstruktionsteile wie Winkel, Ecken, Nieten u. a. sind mit besonderer Sorgfalt zu behandeln, da dort die Rostgefahr besonders groß ist.

Die Handentrostung ist nur unter Zuhilfenahme von Hammer, Schaber, Spachtel und Drahtbürsten mit nicht zu hartem Draht durchzuführen. Meißel sind schon aus früher angegebenen Gründen nicht anzuwenden. Auch dürfen die Hammerschläge nicht mit solcher Wucht geführt werden, daß Beschädigungen empfindlicher Teile erfolgen. Dabei ist aber trotzdem auf eine weitestgehende Entfernung alles festsitzenden Rostes zu achten, der oft nur schwierig vom Eisen zu unterscheiden ist.

Die Sandtrahlentrostung darf nur dort in Anwendung kommen, wo durch den umherspritzenden Sand nicht etwa Maschinen oder Apparate verdorben werden können. Auch wenn sich in nächster Nähe noch frische Anstriche befinden, ist darauf Bedacht zu nehmen, daß sie nicht durch Staubablagerungen (Rost, Sandstaub, alte Anstrichreste usw.) beschädigt werden. Es ist daher entweder ein anderes Entrostungsverfahren anzuwenden oder die Anordnung so zu treffen, daß Staubablagerungen an den unerwünschten Stellen nicht möglich sind (Beachtung der Windrichtung). Die genügende Entrostung einer Eisenfläche ist daran zu erkennen, daß beim Abwischen mit einem weißen Tuch, dieses nicht vom Roststaub braun gefärbt wird.

Kann aus dem einen oder anderen Grunde die Sandstrahlentrostung nicht durchgeführt werden, und erscheint Handentrostung untunlich, so wird eines der anderen mechanischen Entrostungsverfahren herangezogen. Dabei ist darauf zu achten, daß schwere, zur Beschädigung der Konstruktionen führende Schlagwerke oder meißelartig wirkende Werkzeuge nicht verwendet werden. Es werden also in Betracht kommen mechanische Schlaghämmer, rotierende, nicht zu harte Drahtbürsten, Drahtschläger oder Schaber.

Im Falle, daß alte, noch festsitzende Anstrichteile entfernt werden sollen, die mit dem Sandstrahl zu langer Arbeitszeit bedürften, kommt auch das Abbrennen in Frage. Hernach sind alle Rückstände von Hand aus oder mit dem Sandstrahl gründlichst zu entfernen.

Gleich nach Vornahme der Entrostung sind die behandelten Eisenflächen mit weichen Haarbesen sorgfältig abzukehren, jedoch erst dann, wenn ein weiteres Auffallen von Rost, Sand oder Farbstaub ausgeschlossen erscheint.

Ob nach der Entrostung das Eisen mit einem Leinölhauch zu versehen ist, ist Ansichtssache, kann aber mit gutem Gewissen unterlassen werden. Sollte es doch aus irgendeinem Grunde (z. B. behördliche Vorschrift) vorgenommen werden müssen, so ist darauf zu achten, daß das Leinöl wirklich nur hauchdünn aufgetragen wird, da ein dickerer Auftrag gerade das Gegenteil von dem bewirkt, was erreicht werden soll. Ein dicker Leinölfilm ist, wie schon an anderer Stelle ausgeführt wurde, ungünstig.

Nach der Entrostung ist baldmöglichst der erste Anstrich, der Grundanstrich aufzubringen.

Bevor dies geschieht, sind aber schwer zugängliche Ecken, enge Zwischenräume und nur durch Knotenblechstärke voneinander entfernte Konstruktionsteile und alle anderen Stellen, an denen Metall so nahe an Metall, oder Mauerwerk liegt, daß sie schwer zu streichen sind und daher zu ständigen Rostherden werden, besonders zu überprüfen, ob sie auch tadellos entrostet sind, und dann mit Leinöl- oder Glyzerinkitt oder anderen unter Öl brauchbaren Dichtungsmitteln auszufüllen. Im Falle, daß an solchen Objekten kein Öl-, sondern ein Teeranstrich angebracht werden soll, wird man für diese Verkittungen natürlich heißes Pech, Asphalt oder ähnliche Dichtungsmassen verwenden.

Beim Anstrich neuer Objekte sind die Walzhaut und der Zunder wie auch alle am Eisen befindlichen Verunreinigungen (Mineralöl, Schmutz) ebenfalls vollständig zu entfernen. Dies würde sich selbstverständlich am besten an der Erzeugungsstätte vornehmen lassen, worauf aber sofort auch der erste Deckanstrich aufzubringen wäre. Es wird daher vielfach vorgeschrieben und zur Bedingung gemacht, daß die Konstruktionselemente entrostet und mit Mennige grundiert zu liefern sind. Dies erscheint zunächst als ein Vorteil, da die Entrostung somit nur an kleineren Konstruktionsteilen durchzuführen ist, und der nachfolgende Anstrich unter günstigen Bedingungen bzw. in geschlossenen Räumen (Werkstätten) aufgebracht werden kann. Es hat sich aber vielfach in der Praxis gezeigt, daß diese Arbeiten nicht mit der nötigen Sorgfalt vorgenommen werden; die Eisenwerke haben schließlich mehr Interesse an Neubauten, wie an der Konservierung der aufgeführten. Auch läßt sich unter dem deckenden ersten Anstrich nicht mehr feststellen, ob die Entrostung mit der nötigen Sorgfalt vorgenommen wurde, so daß es angezeigt ist, aufgebrachte Grundanstriche, wenn Entrostung und Grundierung nicht von Beauftragten des Bestellers kontrolliert wurden, zu entfernen und sachgemäß zu entrosten bzw. die Lieferung der Teile im ungrundierten Zustande zu bedingen.

B. Der Anstrich.

Die erste Bedingung für einen haltbaren Anstrich ist ein trockener Untergrund. Es sind hier die Versuche Wolffs zu erwähnen[1], der als Ursache von Unterrostungen das auf der Eisenoberfläche niedergeschlagene Wasser ermittelte. Das Eisen muß sich nicht etwa tropf-

[1] Wolff, H.: Farben-Ztg. **27**, 2889/91 (1922).

naß anfühlen, es genügen schon die in den Poren befindlichen geringen Mengen Kondenswassers, welche selbst an trockenen Tagen von der Taubildung am Morgen herrühren, um später Unterrostungen zu veranlassen. Als eine der wichtigsten Forderungen für die Aufbringung eines seinen Zweck wirklich erfüllenden Rostschutzanstriches gilt daher, daß mit dem Streichen erst dann begonnen wird, wenn die vom Tau herrührende Feuchtigkeit weggetrocknet ist. Früher wurde diese Regel viel strenger beobachtet als heute und es wurde erst frühestens zwei Stunden nach Sonnenaufgang mit dem Streichen begonnen. Daß bei eintretendem Nebel oder Regenwetter die Anstricharbeit unterbrochen werden muß, ist ebenso selbstverständlich, wie daß nach dem Ende der Schlechtwetterperiode die Arbeit nicht früher aufgenommen wird, ehe nicht die Gewähr besteht, daß der Eisengrund vollkommen trocken ist. Trotzdem wird aus falscher Sparsamkeit nur zu oft dagegen gesündigt. Die dadurch ersparten Groschen an Arbeitslohn werden durch die geringere Haltbarkeit des Anstriches mehr als aufgewogen. Wie jedes Lebewesen in seiner Kindheit empfindlicher gegen schädigende Einflüsse ist, so ist es auch der Anstrich während der ersten Zeit seines Bestehens, denn nach dem bisher Gesagten kann man eine Anstrichschicht nicht als etwas unveränderliches betrachten; die erste Zeit nach dem Aufbringen des Anstriches ist die kritischeste für die Farbhaut. Es spielt daher die Jahreszeit, in welcher man den Rostschutzanstrich ausführt, eine wichtige Rolle. Allgemein hat sich aus der Erfahrung, wie auch aus experimentellen Prüfungen ergeben, daß Anstriche, die im Frühjahr ausgeführt wurden, schlechter hielten, als die zu Herbstbeginn, etwa Mitte August bis Ende September, aufgebrachten. In der ersten Zeit des Trocknens ist im allgemeinen die Quellbarkeit des Farbfilms eine weit größere. Wenn auch die Quellung bei Eintritt trockener Witterung wieder zurückgeht, so ist dieser Prozeß doch kein vollkommen reversibler, d. h. der gequollene Film nimmt nach dem Austrocknen nicht mehr das ursprüngliche Volumen ein. Es wird eine Jahreszeit, in der Naßwetter mit Sonnenschein in rascher Folge wechseln, wie dies eben im Frühjahr der Fall ist, dem Trocknungsverlauf bzw. Verfestigungsvorgang nicht so günstig sein wie das mehr ausgeglichene Wetter des Frühherbstes, wobei unter Trocknungsverlauf nicht nur die wenigen Stunden bis zur Staubtrockene des Anstriches verstanden sein sollen.

Neben dem Zustand der Eisenoberfläche und der beim Anstrich herrschenden Witterung spielt auch die Art der Aufbringung eine Rolle. Wurden ursprünglich Ölfarbenanstriche nur mit dem Pinsel von Hand aus aufgestrichen, so trat mit der Anwendung der Zelluloselacke die von diesen her übernommene Spritztechnik in Konkurrenz. Heute spielt die Verwendung der Spritzpistole im Rostschutzanstrich noch eine untergeordnete Rolle. Unter den vielen Gründen, welche die Anwendung des Spritzverfahrens im Rostschutz jetzt noch als weniger zweckmäßig erscheinen lassen, seien folgende erwähnt. Eine der ersten Bedingungen für einen guten Rostschutzgrundanstrich ist ein gutes Haften auf der Eisenoberfläche. Die energische Einarbeitung der Ölfarbe mit dem Pinsel von Hand aus ist viel eher dazu angetan, dies zu erreichen und alle Poren und Hohlräume mit Farbe zu füllen, wie das Aufspritzen. Die im Rostschutz verwendeten Ölfarben werden gewöhnlich nur mit so wenig Öl angerieben, als dies eben mit einer guten Streichbarkeit zu vereinen ist, da ja, wie bereits dargelegt wurde, ein zu großer Ölgehalt den Schutzwert herabsetzt; um spritzfähig zu sein, müssen die Farben dünnflüssiger verwendet werden, als dies für den Handaufstrich nötig ist. Da eine Vermehrung des Ölgehaltes untunlich erscheint, müßte man die notwendige Dünnflüssigkeit durch Zusatz von Verdünnungsmitteln erreichen. Wenn diese auch in absehbarer Zeit aus dem Film verdunsten, so bleiben die letzten Reste doch verhältnismäßig lange noch im Film zurück. Es hat sich aber bei Versuchen gezeigt, daß Ölfarben mit einem übermäßigen Zusatz von Verdünnungsmittel einen Anstrichfilm ergeben, dessen Wasserdurchlässigkeit in der ersten Zeit nach dem Staubtrockenwerden zwar geringer ist als die eines solchen, der mit einer Ölfarbe ohne oder nur mit geringen Mengen Verdünnungsmittel erzeugt wurde, aber schon wenige Wochen nach der Aufbringung schlägt dieses Verhalten ins Gegenteil um. Es ist anzunehmen, daß die Lösungsmittel im jungen Film die Poren anfangs schließen und die Quellung verzögern, so daß vom Film keine Feuchtigkeit aufgenommen werden kann. Im Laufe der ersten Zeit nach der Staubtrockne verdunsten die Lösungsmittel und machen den Film wasserdurchlässig. Schließlich ist zu erwähnen, daß die Rentabilität des Spritzverfahrens bei stark profilierten Gegenständen, wie Brücken u. ä. fraglich ist, wenn auch Aufstellungen bekannt gegeben wurden, die das Gegenteil bezeugen. Andererseits ist aber nicht zu übersehen, daß bei geeigneten Objekten und Einrichtungen (Spritzkabinen z. B.) die Leistungsfähigkeit der Pistole eine sehr große ist und daß die größere Gleichmäßigkeit des mit ihr erzeugten Farbfilmes sich in dessen mechanischen Eigenschaften günstig äußert. So zeigte sich beim Vergleich zweier Farbfilme (über Herstellung von Farbfilmen siehe S. 248), die aus Mennigegrund und zwei Zinkweißdeckanstrichen bestanden, trotzdem die verwendeten Ölfarben vollkommen gleich zusammengesetzt waren, bei 7 Tage alten Filmen eine Zunahme der Reißfestigkeit um 69%, bei 28 Tage alten Filmen um 97,5%, wenn der zweite Deckanstrich aufgespritzt, anstatt aufgestrichen wurde. Auch die Quellungseigenschaften waren bei den Filmen, deren zweiter Deckanstrich aufgespritzt worden war, günstiger, als bei denen mit aufgestrichener zweiter Decke. Dieser Befund steht nur scheinbar im Widerspruch mit dem weiter oben geäußerten Werturteil; denn im eben erwähnten Falle waren beide Ölfarben, sowohl die zum Spritzen wie die zum Streichen verwendete, von gleicher Zusammensetzung.

Es ist eine alte Erfahrungstatsache, daß man den Grund magerer halten muß als den nächsten darüber liegenden Anstrich. Es soll also der Grundanstrich mit der ölärmsten Farbe ausgeführt werden, während der erste Deckanstrich ölreicher und der zweite Deckanstrich noch fetter gehalten werden kann wie der erste[1]. Es ergibt sich dies nicht nur daraus,

---

[1] Friend, J. N., u. B. L. Griffin: Carnegie Schol. Mem. **13**, 239; Farbe u. Lack **1925**, 385. — Hallet, R. L.: The Decorator **1924**, 57/60; Farbe u. Lack **1924**, 368.

daß die durch die Wärmebewegungen des Eisens hervorgerufenen Dehnungen bzw. Stauchungen in der äußersten Anstrichschicht größer sind, als unmittelbar am Eisen selbst, sondern auch daraus, daß zur Erzielung einer guten Haftfestigkeit der zweite Anstrich auf den ersten Anstrich in der Grenzschicht quellend wirken soll, um eine gute Verankerung zu ermöglichen. Daß bei der Bemessung des Ölgehalts der einzelnen Anstriche keine starren Regeln aufgestellt werden können, ergibt sich schon aus dem überaus schwankenden Ölbedarf der Pigmente. Es ist also, wenn von fetteren oder mageren Ölfarben gesprochen wurde, dies immer nur im Hinblick auf das eben verwendete Pigment zu verstehen. Nach dem bisher gesagten kann man nicht ohne weiteres der Bemerkung Würths[1] zustimmen, „Insbesondere bestehen keine Bedenken, Rostschutzanstriche durch Spritzen herzustellen.“ Das Spritzen wird sich vor allem überall dort verbieten, wo die Gefahr besteht, daß mit der Preßluft Feuchtigkeit in die Farbe gelangt, wie dies z. B. im Schiffsanstrich im Dock nur zu leicht möglich ist. Aus diesem Grunde sind auch Spritzgeräte, die an Stelle von Preßluft, komprimierte Gase, wie z. B. Kohlensäure, verwenden, weniger zu empfehlen; durch die starke Abkühlung, die beim Entspannen des unter hohem Druck stehenden Gases eintritt, kann Kondensation von Wasser aus der umgebenden Luft erfolgen, welches dann mit den Farbtröpfchen auf die Anstrichfläche geschleudert wird.

Man kann annehmen, daß zum Spritzen einer gegebenen Fläche gegenüber Pinselanstrich beiläufig die Hälfte bis ein Drittel der Zeit benötigt wird, wobei schon berücksichtigt erscheint, daß die Vor- und Nacharbeiten (wie Aufstellen der Spritzgeräte, Reinigen der Pistolen) etwas mehr Zeit erfordern als beim Pinselanstrich. Die Beseitigung bzw. Unterdrückung der beim Spritzen sich bildenden Farbnebel, welche Verluste an Farbe ergeben und die Arbeitenden belästigen, ist eine noch nicht vollkommen gelöste Aufgabe. Im Werkstättenbetrieb werden sie durch entsprechende Absaugvorrichtungen abgefangen, aber beim Arbeiten an Ort und Stelle kann man ihr Entstehen nur durch entsprechende Wahl der Spritzgeräte bekämpfen, ein Absaugen ist natürlich ausgeschlossen. Wesentlich ist dabei auch der Druck unter dem die Luft zugeführt wird[2].

Abb. 126 zeigt eine Spritzpistole. Durch den dicken nach unten verlaufenden Schlauch erfolgt die Zuführung der Preßluft, während sich die Farbe in dem ober der Pistole sichtbaren Behälter befindet. Eine solche Pistole im Betrieb zeigt Abb. 127.

Um ein Absetzen des Pigments zu verhindern, müssen die größeren Farbbehälter mit einer Rührvorrichtung ausgestattet sein; sie werden dann, auch wegen ihrer Größe, von der Pistole getrennt aufgestellt. Die Farbe wird durch einen eigenen Schlauch der Pistole zugeführt, wo in der Düse die Mischung von Farbe und Druckluft erfolgt. Ein solcher Behälter im Schnitt und in Ansicht, wie eine zugehörige Pistole ist auf den Abbildungen 128 und 129 gezeigt. Abb. 130 zeigt eine fahrbare Spritzanlage.

[1] Würth, K.: Korrosion u. Metallschutz **5**, 14 (1929).
[2] Über „Nebelloses Farbspritzen“ siehe Literaturverzeichnis.

Vielfach wird gegen das Spritzen ins Feld geführt, daß es nur von gelernten Arbeitern ausgeführt werden kann. Dies ist ja richtig, weil sonst von einem brauchbaren Anstrich keine Rede sein kann. Aber es soll damit doch wohl nicht behauptet werden wollen, daß man zur Pinselarbeit jeden ungelernten Hilfsarbeiter hinstellen kann. Es gehört für einen fachgemäßen Anstrich mit dem Pinsel ebenso ein gelernter Handwerker, wie zur Spritzpistole.

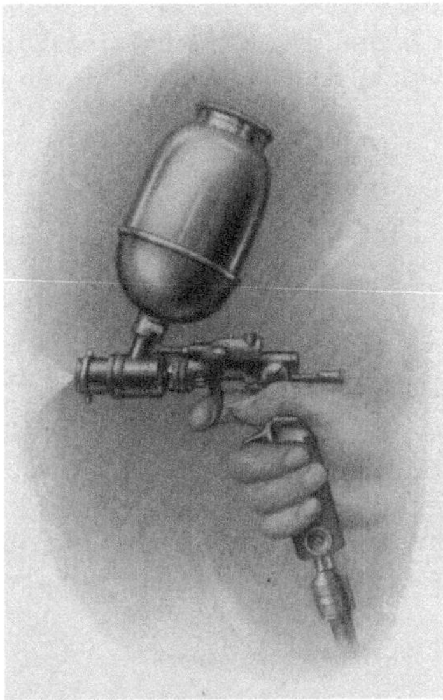

Abb. 126. Spritzpistole der Firma A. Krantzberger & Co. Holzhausen-Leipzig.

Neben der Auswahl der Entrostungsart und der Beobachtung aller Anstrichregeln sind die klimatischen Verhältnisse für die Haltbarkeit des Anstrichs von ausschlaggebender Bedeutung (bzw. die am betreffenden Ort in Betracht kommenden abnormalen schädlichen Einflüsse).

In der Atmosphäre befinden sich neben den normalen Bestandteilen der Luft, welche sich bekanntlich aus 78% Stickstoff, 21% Sauerstoff und etwa 1% Edelgasen zusammensetzt, als ständige Begleiter Kohlensäure und Feuchtigkeit. Solange das Wasser in Dampfform in der Luft verbleibt, wirkt es nicht rostfördernd, höchstens quellend auf die Anstriche, ohne daß dies aber besondere Schädigungen verursacht. Sobald es sich aber als Tau auf dem Anstrich

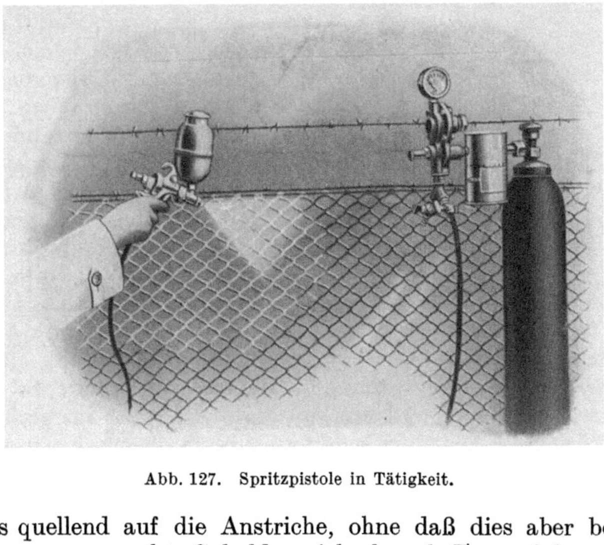

Abb. 127. Spritzpistole in Tätigkeit.

niederschlägt, beginnt die schädigende Einwirkung, die je nachdem ob es bald wegtrocknet, oder länger am und im Anstrich verbleibt, gering ist oder deutlich merkbar wird. Dazu kommt noch, daß das Wasser stets Gase gelöst enthält und diese so bis ans Eisen gebracht werden können. Der Kohlensäuregehalt der Luft beträgt gewöhnlich nur einige hundertstel Perzente. Die Kohlensäure wirkt auf den Anstrich kaum ein, auch ihre Wirkung auf basische Pigmente, wie Zinkweiß, wird meist überschätzt. Erst bei höherer Konzentration, die sich in der Nähe von Fabriken ergibt, wird sie stärker schädigend einwirken können. Daß sie im Wasser gelöst das Eisen zum Rosten bringen kann, wurde bei Besprechung der Rosttheorien schon erwähnt.

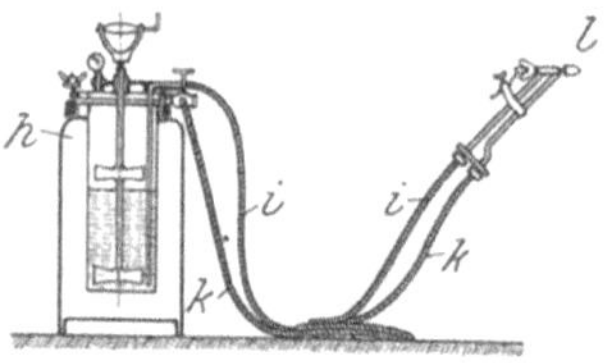

Abb. 128. Farbbehälter mit Rührwerk. *k* Luftzufuhr, *i* Farbzufuhr zur Spritzpistole (*l*). Nach Jacobi.

Die schweflige Säure, aus den Rauchgasen der Fabriken und Eisenbahnen stammend, bildet in vielen industriellen Gegenden eine Plage. Insbesonders in den Kohle liefernden und verarbeitenden Gegenden macht sie sich stark fühlbar. So wurden von Niggemeyer als Jahressäuremengen pro 1 m² Bodenfläche geschätzt in Münster i. W. 15 g, in Gerthe bei Bochum 33 g, in Gelsenkirchen 87 g und in Dortmund gar 89,6 g (berechnet als Schwefelsäure). Wenn auch nicht diese ganzen Mengen im Anstrich zur Wirkung kommen, so ergibt sich in Industriegegenden immerhin eine derartige Anreicherung, daß sie eine ernstliche Gefahr für Eisen und Anstrich bildet. Da die schweflige Säure auch viele Pigmente angreift, ist bei deren Auswahl darauf Rücksicht zu nehmen.

Abb. 129. Spritzpistole mit getrenntem Farbbehälter, Luftfilter und Windkessel (rechts) der Firma A. Krantzberger & Co.

Im übrigen können sich, je nach den Abgasen der Fabriken, in der Luft vorfinden: Salzsäure, Schwefelwasserstoff, nitrose Gase und Ammoniak. Auch Ruß und Flugasche sind Feinde des Anstrichs. Ruß wirkt nicht nur verschmutzend, er hat auch die Eigenschaft Gase in sich zu konzentrieren (durch Adsorption) und diese so zu energischerer Wirkung zu bringen. Die Flugasche kann durch chemisch wirkende Substanzen (Salze), welche aus ihr durch Wasser herausgelöst werden und dann durch den Anstrich diffundieren, zur raschen Zerstörung der Farbhaut beitragen. Dasselbe gilt für Staub, welcher, wenn er alkalisch reagiert, wie Kalk- oder Zementstaub, verseifend auf die Bindemittel wirkt (Holzöl ist dagegen ziemlich widerstandsfähig). An der Meeresküste oder in Gegenden mit Salzbergwerken (Kochsalz, Kalisalze, Magnesiumsalze) spielen die in der Luft schwebenden feinen Salzteilchen eine aktive Rolle bei der Schädigung der Anstriche, wenn sie sich auf diesen festsetzen. Nicht nur, daß sie in wäßriger Lösung als Elektrolyte den Rostprozeß fördern (sobald sie zum Eisen gelangen), sondern sie sind auch meist hygroskopisch (wasseranziehend) und halten daher den Anstrich oberflächlich feucht, was sehr zur Zerstörung beiträgt.

Daß auch die Rostgeschwindigkeit des Eisens je nach den atmosphärischen Verhältnissen schwanken wird, ist nach dem eben gesagten

Abb. 130. Fahrbare Spritzanlage mit Kompressor, Windkessel, Luftfilter (Öl- und Wasserabscheider) und Spritzpistole der Firma A. Krantzberger & Co. G. m. b. H.

ziemlich einleuchtend. Einige Angaben aus dem Versuchsmaterial, welches uns von der I. G. Farbenindustrie, Werk Oppau, überlassen wurde, geben hierfür eine gute Illustration.

An nachstehend benannten Orten wurden Schwarzblechtafeln mit einer Gesamtoberfläche von je 107 cm² während zweier Jahre ausgesetzt (Januar 1927 bis Dezember 1929). Die durch Schmirgeln vollkommen vom Rost befreiten Tafeln wurden gewogen und nach Beendigung des Versuches und nach Entfernen des Rosts mit Zinkstaub und Kalilauge wieder gewogen.

1. Limburger Hof (Rauchgase von der benachbarten Arbeitersiedlung, im Herbst und Winter auch von der benachbarten Zuckerfabrik; ferner zeitweilig Staub von Ammonsulfat und anderen Düngemitteln).

Bahnhof Garmisch (Rauchgase von zwei in der Nähe ständig unter Dampf stehenden Lokomotiven).

Die Ergebnisse an diesen beiden Orten deckten sich ziemlich, so daß sie unter einem angeführt erscheinen.

2. Salzwerk Heilbronn (Gips und Salz in der Luft).

3. Am Dache des Laboratoriumsgebäudes in Oppau (Gipsstaub, nitrose Gase, Flugasche, Abgase aus den Laboratoriumsabzügen).

4. Im Leunawerk, auf dem Dache eines Bürogebäudes (Nitrose Gase, Koksstaub, Ammonsalze, sowie Braunkohlenflugasche, die Chloride, Sulfate, Sulfide usw. enthält).

Auf 1 m² Oberfläche ergab sich in 365 Tagen ein Gewichtsverlust von:

1. Limburger Hof	327 g je 1 m²
2. Heilbronn	588 „ „ 1 „
3. Oppau	1084 „ „ 1 „
4. Leuna	1645 „ „ 1 „

Es erfolgte also ein Gewichtsverlust im angenäherten Verhältnis von 1 : 2 : 4 : 6. Nach den Messungen, die jeweils monatlich durchgeführt wurden, ergibt sich die merkwürdige Tatsache, daß die Verrostungsgeschwindigkeit, selbst in den strengen Wintermonaten des Winters 1928/29, gleich groß war, wie zu Zeiten hoher Temperaturen. Eine Schutzwirkung dicker Rostschichten, wie sie oft angenommen wird, konnte nicht festgestellt werden. So wurde in Heilbronn und in Oppau festgestellt, daß sich in den ersten sieben Monaten nur wenige pro Mille Rost ablösten. Trotzdem der Rost eine außerordentlich dichte Struktur hatte, war die Rostungsgeschwindigkeit nicht geringer, als nachdem der Rost von den Blechen in Schollen abgefallen war.

1. Der Grundanstrich.

Es wurde bereits darauf hingewiesen, daß ein sachgemäßer Rostschutzanstrich aus drei Anstrichschichten aufgebaut sein soll, aus dem Grundanstrich, dem ersten und zweiten Deckanstrich. Rostschützend, d. h. so auf das Eisen einwirkend, daß dessen Rostneigung auf ein Minimum herabgesetzt oder ganz ausgeschaltet wird, braucht nur der Grundanstrich zu sein. Dagegen ist eine unbedingte Wetterbeständigkeit von diesem nicht zu verlangen, aber immerhin erwünscht, da durch mechanische Verletzungen der Anstrichschicht oft der Grundanstrich freigelegt und damit der Atmosphäre ausgesetzt wird. Der erste und zweite Deckanstrich sollen den Grundanstrich vor äußeren Einwirkungen schützen und müssen daher mit besonderer Berücksichtigung der Wetterfestigkeit aufgebaut werden. Heckel[1] hat dieses Prinzip anscheinend als erster bestimmt ausgesprochen, wenn auch schon lange vorher darnach gearbeitet wurde. E. Liebreich fand dagegen bei Versuchen[2], daß mehrere übereinandergelegte Anstrichschichten einen

[1] Heckel: Railway Age Gazette. — Cushman u. Gardner: Corrosion and Preservation of Iron and Steel. New York 1910. — Siehe auch Liebreich, E.: Rost und Rostschutz, Braunschweig 1914. S. 101.

[2] Liebreich, E., u. F. Spitzer: Ztschr. f. Elektrochem. **18**, 94; **19**, 295 (1912).

schlechteren Rostschutz abgaben wie eine einzige, mit anderen Worten, daß, je dünner der Anstrich ist, er desto besser vor Rost schützt. Ähnliches deutet auch J. N. Friend[1] an, dessen diesbezügliche Versuche aber wenig den praktischen Verhältnissen gerecht wurden (er verwendete nur Eisenrotpigmente in rohem Leinöl angerieben). Die Erfahrungen an alten Eisenbauwerken, wie an der Kölner Eisenbahnbrücke[2] oder Ludwigshafener Rheinbrücke sprechen jedenfalls wenig für solche Ansichten, wenn sie sich auch theoretisch begründen lassen. Beide Brücken wurden nach sorgfältigem Entrosten und Entfernen der Walzhaut mit Ölmennige grundiert. Ob als erster Deckanstrich Bleiweiß-Leinölfirnis oder -Standöl verwendet wurde, ist nicht mehr festzustellen. Jedenfalls sind aber für den zweiten Deckanstrich und bei dessen späteren Erneuerungen Bleiweiß bzw. bleihaltiges Zinkweiß in Standöl verwendet worden. Sobald der zweite Deckanstrich Zeichen des Verfalls zeigte, wurde er erneuert. Es wurde so im Verlauf von 50—60 Jahren eine ganze Zahl weiterer Anstriche aufgebracht. Beim Abbruch der Kölner Brücke zeigte sich das Material tadellos erhalten. Das spricht nicht dafür, daß die Rostschutzwirkung mit der Dicke der Anstrichschicht abnimmt. Wohl wurde ein Bindemittel verwendet, das sich immer als ausgezeichnet wetterbeständig erwiesen hat, das Standöl. Es mag richtig sein, daß sich, wenn man mehrere Anstriche, die mit einem leicht quellenden Bindemittel in der Farbe ausgeführt sind, übereinanderlegt, die durch die Gegenwart von Wasser ermöglichten elektrochemischen Prozesse in verstärktem Maße abspielen, im Gegensatz zu einem einzigen dünnen Anstrich, der weniger Quellungswasser aufnehmen kann.

Nach allen vorliegenden praktischen Erfahrungen gilt jedenfalls die Verwendung von drei Anstrichen (ein Grund- und zwei Deckanstriche) als Regel. Es handelt sich darum, die Frage zu beantworten, welches Pigment soll zum Grundieren verwendet werden. Ein Großteil der Praktiker, wenigstens Mitteleuropas[3], steht auf dem Standpunkt, daß es darauf nur eine Antwort gibt: Bleimennige. Ob die hochdisperse (bzw. mitteldisperse) Bleimennige der gewöhnlichen Kristallmennige ebenbürtig ist, wird noch nicht von allen bejaht. Die Erfahrungen mit der nicht absetzenden Mennige sind auch noch zu jung und wenn auch wir selbst über keine schlechten Erfahrungen berichten können, so können wir derzeit nur sagen, wir halten diese Sorten, soweit ihr Ölbedarf nicht zu hoch ist, der Kristallmennige für ebenbürtig. Die kommenden Jahre werden erst den vollgültigen Beweis dafür zu erbringen haben. Warum und weswegen man die Mennige bevorzugt ist schon wiederholt an anderer Stelle erörtert worden. An zahlreichen Eisen-

[1] Friend, J. N., u. B. L. Griffin: Iron and Steel Inst. Carnegie Schol. Mem. **13**, 239ff.; Ref. Farbe u. Lack **1925**, 385.

[2] 1858 erbaut, 1910 aus verkehrstechnischen Gründen abgetragen. Sie, wie die heute über 60 Jahre alte Ludwigshafener Rheinbrücke stand bzw. steht infolge klimatischer Verhältnisse und infolge des großen Schiffsverkehres (Rauchgase) unter sehr starker Beanspruchung.

[3] In amerikanischen Veröffentlichungen kann man weniger darüber lesen, daß es für den Grundanstrich nur ein Universalpigment, als welches bei uns die Bleimennige gilt, gibt.

bauten, die mit anderen Pigmenten, wie Bleichromat, Zinkchromat, Eisenoxydfarben, grundiert wurden, bestätigt sich aber auch der Wert dieser Pigmente unter geeigneten Bedingungen. Die beiden ersteren wirken ja unter Umständen ebenfalls passivierend, allerdings scheinen sie in dieser Wirkung nicht so zuverlässig zu sein, wie etwa die Kristallmennige, was mit der schwankenden Zusammensetzung dieser Pigmente zu erklären sein dürfte[1]. Die Eisenoxydpigmente können im Verein mit einem richtig gewählten Bindemittel auch als Grundanstrich verwendet werden. Sie üben aber keinerlei passivierende oder sonstige direkte Wirkung auf das Eisen aus. Unter Umständen, wie z. B. bei starker Rauchgaseinwirkung (schweflige Säure), können sie der Mennige gleichwertig oder überlegen sein[2].

Gerade bei der Auswahl der Eisenoxydrotsorten kommt es sehr auf die Eigenschaften an, die sie im Anstrich zeigen. Wenn auch im allgemeinen hoher Eisengehalt und Freiheit von irgendwie bedeutenderen Mengen löslicher Sulfate Vorbedingung für die Brauchbarkeit sind, so sind das nur allgemeine Richtlinien, und es muß nicht immer das Eisenrot mit dem höheren Eisengehalt auch das bessere sein.

Nachstehend angeführte Versuche[3] sollen das erläutern. Zur Verwendung gelangten fünf Sorten im Handel befindlicher bekannter Eisenoxydrotmarken, deren Zusammensetzung wir nachstehend geben:

1. Ist ein synthetisches Produkt mit 91,6% Fe_2O_3[4], Rest tonige Bestandteile.

2. Ist wie die folgenden ein Produkt natürlicher Provenienz. 51% Fe_2O_3, sonst Ton und 1,1% Natriumsulfat.

3. Enthält 83,8% Fe_2O_3, sonst Ton und wenig Kreide. (Kreide ist nicht absichtlich zugesetzt worden, sondern stammt aus der Gangart.)

4. Enthält 81% Fe_2O_3, sonst Ton und wenig Kreide.

5. Enthält 87,5% Fe_2O_3, sonst Ton, wenig Kalziumsulfat (Gips), Kreide und etwas Manganoxyde.

Sämtliche Farben wurden mit handelsüblichem Leinölfirnis angerieben und zwar:

1, 3, 4 und 5 mit 100%, 2 mit 108% Leinölfirnis.

Die so streichfertig hergestellten Farben wurden auf sandstrahlentrostete Eisentafeln gestrichen. Sowohl Grundanstrich, wie erster und zweiter Deckanstrich bestanden aus derselben Farbe. Zur Kennzeichnung wurde der erste Deckanstrich mit Kienruß angefärbt. Die Tafeln wurden sowohl den Dämpfen des Werkshauptkanals ausgesetzt, als auch im Kurzprüfapparat (Type I. G. siehe S. 227) bewittert. Ferner wurde auch die Einwirkung von Dampf, Schwefelwasserstoff, schwefliger Säure und Ammoniakgas studiert. Die einzelnen Versuche zeigten folgendes Ergebnis:

---

[1] Ragg, M.: Vom Rost und Eisenschutz, S. 36.

[2] Junk, A.: Korrosion u. Metallschutz 4, 230 (1928).

[3] Die Versuchsergebnisse wurden uns von der I. G. Farbenindustrie überlassen und im Rostschutzlaboratorium Leunawerk durchgeführt.

[4] Fe_2O_3 ist die chemische Formel für Eisenoxyd.

Anstriche mit Eisenrot 1.

a) Einwirkung von Dampf. Der Film ist zäh, haftet aber nur lose auf dem Eisen. Die Eisenoberfläche ist grau angelaufen und fleckenweise verrostet. Der Film zeigt Blasenbildung.

b) Schwefelwasserstoff. Der Film sitzt sehr fest und ist spröde. Er hat eine dunkelgraue Färbung angenommen. Der zweite Deckanstrich zeigt geringe Blasenbildung. An solchen Stellen ist das sonst blanke Eisen schwarz angelaufen.

c) Schweflige Säure. Der Überzug ist hart und spröde. Es treten punktförmige weiße Salze durch[1]. Die Eisenoberfläche ist schwarz angelaufen.

d) Ammoniakgas. Der Überzug ist hellglänzend, zäh, etwas klebrig geworden und haftet fest auf dem Eisen. Das Eisen ist blank.

Abb. 131. Eisenrotanstrich 1 (links Kurzprüfapparat, rechts Werkskanal).

e) Kurzprüfapparat. Der Film ist sehr mürbe und blättert leicht ab. Das Eisen zeigt mittlere Unterrostung.

f) Werkskanal[2]. Der Film ist zäh und haftet fest auf dem Eisen. Er ist leicht unterrostet.

Nachstehende Abbildung (131) zeigt je eine Probeplatte aus dem Werkskanal und aus dem Kurzprüfapparat. Der Farbanstrich bei der Platte vom Werkskanal wurde zum Teil mit verdünnter Kalilauge abgebeizt, um den Zustand des Eisens zeigen zu können. (Hellere Stelle auf der einen Platte.)

Anstriche mit Eisenrot 2.

a) Einwirkung von Dampf. Der Film ist sehr spröde, hängt aber noch lose zusammen und neigt zur Blasenbildung, die in geringem Maße vorhanden ist. Die Eisenoberfläche ist gleichmäßig braun angelaufen.

[1] Die Natur dieser Korrosionsprodukte wurde nicht näher ermittelt.

[2] Siehe auch S. 163.

b) Schwefelwasserstoff. Der Überzug ist spröde und haftet sehr fest auf dem Eisen. Die Eisenoberfläche ist schwarz angelaufen. Einzelne schwarze und weiße Pünktchen[1] sind durch den Anstrich getreten.

c) Schweflige Säure. Der Film ist hart und spröde. Es treten punktförmig weiße Körnchen[1] durch. Die Eisenoberfläche ist schwarz angelaufen.

d) Ammoniakgas. Der Film ist hellglänzend und zäh und haftet fest auf dem Eisen. Die Eisenoberfläche ist blank.

e) Kurzprüfapparat. Der Film ist mürbe und blättert ab. Das Eisen zeigt mittlere Unterrostung.

f) Werkskanal. Der Film ist zäh, haftet fest auf dem Eisen und zeigt eine ins Hellrotbraune übergehende leichte Verfärbung. Es haben

Abb. 132. Eisenrotanstrich 2 (links Kurzprüfapparat, rechts Werkskanal).

sich wassergefüllte kleine Bläschen gebildet. Das Eisen zeigt starke Unterrostung. Der Rost tritt durch den Farbfilm hindurch.

Nachstehende Abbildung (132) zeigt eine Platte vom Werkskanal (größere Platte) und eine aus dem Kurzprüfapparat.

Anstriche mit Eisenrot 3.

a) Einwirkung von Dampf. Der Film ist zäh, sitzt aber nur lose auf der Eisenoberfläche. Es ist eine geringe Blasenbildung vorhanden. Das Eisen ist dunkel angelaufen und leicht verrostet.

b) Schwefelwasserstoff. Der Film ist spröde und haftet fest auf dem Eisen. Er ist dunkelgrau verfärbt. Das Eisen ist teilweise leicht angelaufen. Auf den Pinselstrichen zeigen sich vereinzelt kleine Rostpünktchen.

c) Schweflige Säure. Der Überzug ist hart und spröde und zeigt punktförmig durchtretende weiße Körnchen[1]. Das Eisen ist schwarz angelaufen.

[1] Die Natur dieser Korrosionsprodukte wurde nicht näher ermittelt.

d) Ammoniakgas. Der Überzug ist hellglänzend und etwas klebrig, dünn und haftet fest auf dem Eisen. Die Eisenoberfläche ist blank.

e) Kurzprüfungsapparat. Der Film ist mürbe und blättert stark ab. Das Eisen zeigt starke Unterrostung.

f) Werkskanal. Der Überzug ist zäh, haftet weniger fest auf dem Eisen und ist leicht ins Hellrotbraune verfärbt. Das Eisen zeigt mittlere Unterrostung.

Nachstehende Abbildung (133) zeigt eine Platte aus dem Werkskanal (eine Hälfte abgebeizt) und eine Platte aus dem Kurzprüfapparat.

Anstriche mit Eisenrot 4.

a) Einwirkung von Dampf. Der Film ist zäh, haftet aber nur

Abb. 133. Eisenrotanstrich 3 (links Kurzprüfapparat, rechts Werkskanal).

lose auf dem Eisen und zeigt Blasenbildung. Das Eisen ist stark dunkel angelaufen und leicht verrostet.

b) Schwefelwasserstoff. Der Überzug ist spröde, rauh und haftet fest auf dem Eisen. Die Eisenoberfläche ist blank.

c) Schweflige Säure. Der Film ist hart und spröde und weist punktförmig durchtretende weiße Körnchen auf. Das Eisen ist schwarz angelaufen.

d) Ammoniakgas. Der Überzug ist glänzend, dünn, klebt etwas und haftet fest auf dem Eisen. Die Eisenoberfläche ist blank.

e) Kurzprüfapparat. Der Film ist sehr mürbe und blättert stark ab. Das Eisen zeigt mittlere Unterrostung.

f) Werkskanal. Der Film ist sehr dünn und zäh und haftet weniger fest auf dem Eisen. Die Eisenoberfläche zeigt starke Unterrostung. Der Rost ist in größeren Flecken bereits durch den Film gedrungen.

Nachstehende Abbildung (134) zeigt eine Platte aus dem Werkskanal (ein Teil des Anstrichs ist abgebeizt) und eine Platte aus dem Kurzprüfapparat.

Anstriche mit Eisenrot 5.

a) Einwirkung von Dampf. Der Film ist zäh, haftet nur lose auf dem Eisen und zeigt Blasenbildung. Das Eisen ist dunkel angelaufen und ist fleckenweise verrostet.

b) Schwefelwasserstoff. Der Überzug ist sehr spröde, rauh und dunkelgrau verfärbt. Er haftet fest auf dem leicht angelaufenen Eisen.

c) Schweflige Säure. Der Film ist hart und spröde, mit punktförmig durchtretenden weißen Körnchen (Eisensalze)[1]. Die Eisenoberfläche ist schwarz angelaufen.

d) Ammoniakgas. Der Überzug ist zäh, matt, lederbraun verfärbt

Abb. 134. Eisenrotanstrich 4 (links Kurzprüfapparat, rechts Werkskanal).

und haftet fest auf dem Eisen. Die Eisenoberfläche ist blank.

e) Kurzprüfapparat. Der Film ist sehr mürbe. Das Eisen zeigt mittlere Unterrostung.

f) Werkskanal. Der Film ist zäh, sehr dünn, lederbraun verfärbt und haftet nur lose auf dem Eisen. Das Eisen zeigt starken Rost, der durch den Film in Flecken durchdringt.

Nachstehende Abbildung (135) zeigt eine Platte aus dem Werkskanal (eine Hälfte abgebeizt, so daß das Eisen freiliegt) und eine Platte aus dem Kurzprüfapparat.

Zusammenfassend hat sich also gezeigt, daß sich die Eisenoxyde 1 und 3 besser bewährten als 4 und 5, wenn hier auch die Unterschiede nicht groß waren. Am schlechtesten schnitt 2 ab.

Als Bindemittel kommt im Grundanstrich wohl allgemein Leinöl bzw. Leinölfirnis in Anwendung, abgesehen von verschiedenen

[1] Die Natur dieser Korrosionsprodukte wurde nicht näher ermittelt.

streichfertigen Rostschutzfarben einzelner Farbenfabriken, welche (für den Grundanstrich) auch Standölzusätze bzw. lackartige Produkte enthalten. Bei Mennigegrundierung ergibt sich auch kaum die Notwendigkeit etwas anderes als Leinöl zu nehmen, eher schon bei den anderen Pigmenten. Wie sehr sich die Verwendung von Bindemitteln, welche widerstandsfähigere Filme geben, auswirkt, möge durch die folgenden Abbildungen illustriert werden, welche Probebleche zeigen, die ähnlichen Beanspruchungen ausgesetzt waren wie bei den eben näher beschriebenen Versuchen. Die der Atmosphäre ausgesetzten Bleche zeigten noch keine Unterschiede im Aussehen, als die Versuche mit forcierter Beanspruchung abgebrochen wurden.

Als Pigment wurde zu allen diesen im Leunawerk der I. G. Farbenindustrie durchgeführten Versuchen ein künstliches Eisenoxyd verwendet

Abb. 135. Eisenrotanstrich 5 (links Kurzprüfapparat, rechts Werkskanal).

(Eisenoxyd 20 B mit 91,6% Fe_2O_3). Es wurde streichfertig angerieben mit 1. Leinölfirnis mit Bleimangan als Trockenstoffgrundlage, 2. Leinöl-Standölfirnis mit Bleimangan wie oben, 3. Leinöl-Holzölfirnis mit Bleimangan wie oben, 4. Leinöl-Standöl-Holzölfirnis mit Bleimangan wie oben.

Aus den Abb. 136—139 geht deutlich hervor, daß die Schutzwirkung der Anstriche von System 1 zu System 4, welch letzteres sich allen anderen überlegen zeigte, ansteigt. Die Probetafeln wurden zur Hälfte abgebeizt, so daß das Eisen freigelegt wurde (es sind dies die helleren Teile auf den Abbildungen). Bei System 4 ist das Eisen nach der Aussetzung im Wetterapparat und Hauptkanal ganz blank geblieben (die bei letzterer Tafel sichtbare netzförmige Zeichnung rührt von Farbresten her, die sich aus den kleinen Rillen im Eisen nicht vollständig bei der Behandlung mit verdünnter Lauge abgelöst hatten, gleichzeitig ein Beweis für die bessere Alkalibeständigkeit gegenüber den anderen

Systemen); nach der Wasserdampfbehandlung zeigte sich das Eisen nur leicht angerostet.

Auch die praktischen Erfahrungen haben gezeigt, daß richtige An-

Hauptkanal. Kurzprüfapparat. Wasserdampf.

Abb. 136. Eisenoxyd B 20 in Leinölfirnis.

wendung von Holzöl sehr gute Erfolge gibt. Bei so billigen Pigmenten, wie es die Eisenoxyde sind, wird sich ein etwas kostspieligeres Bindemittel wie Standöl bzw. Holzöl leichter einkalkulieren lassen, wenn auch,

Hauptkanal. Kurzprüfapparat. Wasserdampf.

Abb. 137. Eisenoxyd B 20 in Leinöl-Standölfirnis.

wie schon öfters erwähnt, der Preis der Rostschutzfarbe im Vergleich zu den anderen Anstrichkosten (Entrostung und Arbeitslohn, Eingerüstung usw.) für die Gesamtkosten von geringerer Bedeutung ist. Letzten Endes sollte der Preis der Farbe keine Rolle spielen, wenn dadurch eine wesentliche Erhöhung der Haltbarkeit des Anstrichs erreicht wird. Wenn man z. B. annimmt, daß bei vierjähriger Lebensdauer die ersten Farbkosten $^1/_5$ der gesamten anderen Anstrichkosten betragen[1],

Hauptkanal. Kurzprüfapparat. Wasserdampf.

Abb. 138. Eisenoxyd B 20 in Leinöl-Holzölfirnis.

und daß bei einer anderen teureren Farbe, die um 25% mehr kostet, der Anstrich eine Lebensdauer von 5 Jahren erreichen würde, wobei die

Hauptkanal. Kurzprüfapparat. Wasserdampf.

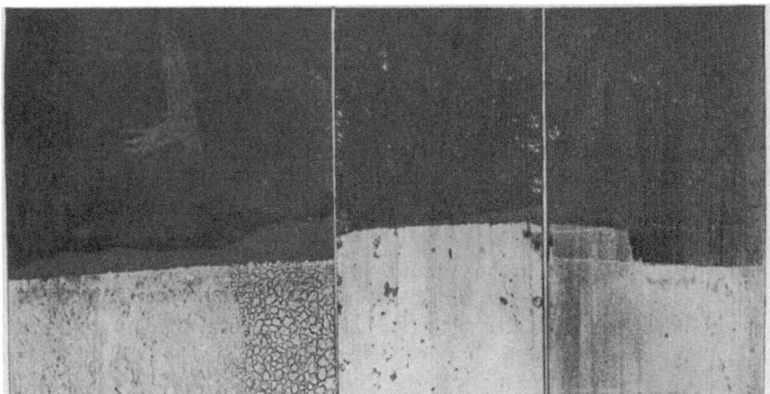

Abb. 139. Eisenoxyd B 20 in Leinöl-Standöl-Holzölfirnis.

Anstrichkosten in beiden Fällen gleich sein und 1000 RM. betragen sollen, so ergibt sich folgendes Bild:

1. Gesamtkosten (Farbkosten + Arbeit usw.) im ersten Falle:

[1] Nach Maaß, E.: Farben-Ztg. **32**, 2595 (1927).

$1000 + \frac{1000}{5} = 1200$ RM., also pro Jahr 300 RM.

2. Gesamtkosten mit der teureren Farbe:

$1000 + \frac{1000}{5}\left(1 + \frac{25}{100}\right) = 12500$ RM. also pro Jahr 250 RM.

Für den Grundanstrich können folgende Ölfarben als empfehlenswert gelten:

1. für normale Beanspruchung. (Alle Mengenangaben in Gewichtsperzenten.)

a) 74—85% reine Bleimennige, 26—15% Leinölfirnis.

Die höheren Werte für Firnis bzw. die niedrigeren für Minium beziehen sich auf nicht absetzende Mennige.

b) Hochwertiges Eisenoxyd mit der eben zur Streichfertigmachung notwendigen Menge Leinölfirnis. Nach unseren Erfahrungen empfiehlt es sich dem Eisenrot bis zu 10% disperse Mennige zuzusetzen.

2. Für starke Beanspruchung. a) Mennige wie bei 1a, aber in Leinölstandöl angerieben, zur Streichfertigmachung kann ein mäßiger Zusatz Verdünnungsmittel (Terpentinöl, rekt. Kienöl, Sangajol usw.) erfolgen.

b) Eisenoxyd wie bei 1b angegeben, angerieben mit einer zur Streichfertigmachung nicht vollkommen ausreichenden Menge Leinölstandöl und mit Verdünnungsmittel auf streichfähige Konsistenz eingestellt. Die Menge des Verdünnungsmittels soll 10% nicht wesentlich übersteigen.

Wann man die ersteren oder die letzteren Kombinationen verwenden soll, kann nur von Fall zu Fall entschieden werden, wie es unter Umständen auch genügen kann, nur einen Teil des Leinölfirnisses durch Standöl zu ersetzen.

Standölfarben sind teurer und verstreichen sich schwerer, sind auch aus letzterem Grunde bei den Ausführenden weniger beliebt, haben aber entschiedene Vorteile. Ob sich für besonders starke Beanspruchungen, wie es in chemischen Betrieben der Fall sein kann, der Ersatz eines Teils des Leinölstandöls durch Holzölstandöl empfiehlt, ist, wie überhaupt die Frage der besseren Haltbarkeit von Leinölholzölanstrichen gegenüber nur Leinölstandöl, noch nicht in allen Fällen eindeutig entschieden.

So weist Schulz[1] auf Grund praktischer Versuche darauf hin, daß Holzölzusatz nur bei Zinkweiß eine, allerdings ganz bedeutende, Verbesserung der Witterungsbeständigkeit ergibt, während sich andere Pigmente wie Bleiweiß, Eisenoxydrot, Eisenglimmer im holzölhaltigen Bindemittel schlechter verhielten als in Leinölstandöl. Auch bei den österreichischen Bundesbahnen wurden in jüngster Zeit im Betrieb Erfahrungen gemacht, die ähnliches anzudeuten scheinen, doch ist noch nicht einwandfrei aufgeklärt, ob das Holzöl dafür verantwortlich zu machen ist.

Die Erfahrungen über die Haltbarkeit von Eisenrotanstrichen sind noch reichlich jung. Während die österreichischen Bundesbahnen

[1] Schulz, M.: Farben-Ztg. **33**, 2602 (1928).

darüber zwar kein abschließendes Urteil abzugeben in der Lage sind, so sind die bisherigen Versuche doch günstig zu deuten; die deutschen Reichsbahnen haben sich bei unserem Besuch in Kirchmösern im Jahre 1927 durchaus ablehnend gegen Eisenfarben im Grundanstrich ausgesprochen und scheinen ihre Ansicht nach unseren Erkundigungen auch nicht geändert zu haben.

Die Verwendung anderer Bindemittel, als die genannten, scheint im Grundanstrich keine Vorteile zu bringen. Zu erwähnen wäre hier der Faktor Firnis, doch sind uns Versuche bekannt, aus denen hervorgeht, daß seine Anwendung mit Mennige deren Schutzwirkung eher herabsetzt. Diese Versuche datieren aus dem Jahre 1927, wir wissen nicht, ob die Eigenschaften des heute hergestellten Produktes andere sind.

Die von Jäger[1] angeregte sogenannte ölfreie Grundierung, bei der auf das Eisen zuerst ein Zelluloselack aufgespritzt wurde, um das Eisen vollkommen von allen atmosphärischen Einflüssen abzuschließen, hat in der Praxis nicht das gehalten, was man von ihr voraussagte. Der dichte Abschluß wurde tatsächlich erreicht, aber die am Eisen fast immer vorhandenen geringen Mengen Kondensationswasser genügten, um den Zellulosegrund mit den darüber liegenden Anstrichen vom Eisen abzuheben. Weil der Feuchtigkeit ein Entweichen durch den Anstrich unmöglich gemacht worden war und unter dem Einfluß der Wärme Dampfbildung eintrat, so hoben die Wasserdämpfe den Anstrich ab, um so mehr als dessen Haftfestigkeit auf dem nicht ganz trockenen Untergrund keine zureichende war. Wenn diese Art der Grundierung empfohlen wird für den Fall, daß man die Überzeugung hat, daß das Eisen vollkommen trocken ist, so liegt leider der Schwerpunkt auf dem Wort Überzeugung, und diese kann man sich unter praktischen Verhältnissen eben nicht verschaffen. Mit den zur Zeit zur Verfügung stehenden Mitteln ist diese Art der Grundierung für Rostschutzzwecke nicht zu gebrauchen.

2. Der Deckanstrich.

Hat der Grundanstrich vorwiegend den Zweck, das Rosten des Eisens zu verhindern, ohne daß er vollkommen wetterfest zu sein braucht, so hat der Deckanstrich die Aufgabe, den Grundanstrich vor den Einflüssen der Witterung und anderen äußeren Einflüssen zu schützen, wodurch er ebenfalls zur Erhaltung des guten Zustandes der Eisenteile beiträgt. Dementsprechend sind für den Deckanstrich die Pigmente und Bindemittel auszuwählen. Streng genommen stehen kaum zwei Objekte unter den genau gleichen Bedingungen, und es sind auch Erfahrungen, die an einer Stelle gewonnen wurden, nicht ohne weiteres an einem anderen Ort anzuwenden, doch haben sich aus der großen Zahl von Einzelbeobachtungen Richtlinien hinsichtlich des Wertes der Komponenten von Deckanstrichen ergeben.

Man muß von einem Deckanstrich unter anderem eine möglichst geringe Quellbarkeit und Gasdurchlässigkeit verlangen. Ferner muß

[1] Jäger, P.: Neue ölfreie Grundiertechnik. Stuttgart, Feuerbach, 5. Aufl.

er bestimmten Forderungen an Elastizität, Festigkeit, Härte und Haftvermögen genügen. Als wesentlich wird für die Beständigkeit die mit der Zeit eintretende Seifenbildung durch Reaktion zwischen Pigment und Bindemittel angesehen, was wieder nur bei Verwendung von basischen Pigmenten möglich ist, besonders bei Verwendung von Bleipigmenten[1]. Ob diese Seifenbildung Vorbedingung für gute Deckanstriche ist, möge dahingestellt bleiben. Es kann nicht abgeleugnet werden, daß Bleiweiß für Deckanstriche ein ausgezeichnetes Pigment ist, für dessen Güte jahrelange Erfahrung spricht. Es dürfen aber die Erfolge, die mit anderen Pigmenten im Deckanstrich erzielt wurden, nicht übersehen werden. Es scheint, daß man bei Deckanstrichen oft nur vom Pigment spricht und das Bindemittel vernachlässigt. Man muß aber Pigment und Bindemittel nur in ihrem Zusammenwirken gemeinsam beurteilen. Pigment und Bindemittel sind nicht zwei Substanzen, deren Eigenschaften sich einfach addieren, vielmehr hat man in der angeriebenen Ölfarbe ein neues Produkt mit besonderen Eigenschaften vor sich. Vom Zinkweiß sagt und liest man häufig, daß seine Filme im Außenanstrich Neigung zum Reißen zeigen. Dies ist ohne weiteres zuzugeben, wenn man hinzufügt „in Leinölfirnis angerieben", denn standölhaltige Zinkweißanstriche sehen oft nach einer ganzen Anzahl von Jahren, in denen sie dem Wetter ausgesetzt waren, noch vorzüglich aus[2]. Es ist auch nicht zulässig, den Eisenoxydpigmenten im Deckanstrich den Minderwertigkeitsstempel aufzudrücken. Gerade sie halten vorzüglich im Deckanstrich, wenn sie unter Verwendung geeigneter Bindemittel, also unter Zusatz von Dickölen bzw. Holzöl angerieben wurden. Daß nicht jedes Produkt, welches als Eisenoxydrot in den Handel kommt, brauchbar ist, wurde schon an anderer Stelle betont. In Amerika wird es häufiger im Außenanstrich verwendet als in Europa, wo auch die Gewohnheit, Eisenbauten im traditionellen Grau zu sehen, der Anwendung hinderlich ist. Es soll damit durchaus nicht der Wert der Bleipigmente eingeengt werden, aber es ist zu betonen, daß die im Rostschutz für Deckanstriche brauchbaren Pigmente keineswegs Bleipigmente sein müssen.

Eine Eigenschaft, welche oft für die, mit einer bestimmten Anstrichfarbe erzielbaren Vorteile ins Treffen geführt wird, ist die Ausgiebigkeit. Sie gehört aber für Deckanstriche im Eisenschutz an letzte Stelle. Je ausgiebiger eine Farbe ist, mit anderen Worten, je größer die Fläche ist, die man mit einer gegebenen Menge Farbe streichen kann, desto dünner wird gewöhnlich auch die erzielte Farbhaut sein. Solange sich die Schichtdicken in mäßigen Grenzen halten, wird der dickere Film auch länger der Verwitterung standhalten, vorausgesetzt, daß die Verwitterungsgeschwindigkeit in beiden Fällen gleich ist. Das verwendete Bindemittel spielt bei der Ausgiebigkeit eine große Rolle; sie ist bei standölhaltigen gewöhnlich geringer, was natürlich deren Verwendung noch verteuert.

---

[1] Den Zinkseifen werden meist keine besonders günstigen Eigenschaften zugeschrieben (siehe S. 115).

[2] Schulz, M. (Farben-Ztg. **33**, 2602 [1928/29]) hebt die besondere Haltbarkeit von Zinkweißanstrichen mit holzölhaltigem Bindemittel hervor.

Die Verwendung der Zelluloselacke im Deckanstrich ist noch nicht spruchreif, zumindestens, deren alleinige Verwendung. Da sich die Unbrauchbarkeit der ölfreien Grundierung im Rostschutzanstrich erwiesen hat, wird in letzter Zeit empfohlen, die Zelluloselacke als Abdichtungsschichten zwischen die Ölfarbschichten zu legen. Man geht hierbei von der an und für sich richtigen Ansicht aus, daß, wenn man den Korrosionserregern (Atmosphärilien, Industriegasen usw.) den Weg zum Eisen verlegt, wobei man aber durch eine geeignete Ölfarbengrundierung die Nachteile der ölfreien Grundierung vermeidet, dieses nicht rosten kann.

Pigmente und Bindemittel für die Pigmente, welche zum Anreiben der Farben für den Deckanstrich heranzuziehen sind, lassen sich nicht unter eine starre Formel bringen. Mit den nachstehend angeführten Zusammenstellungen sollen nur allgemeine Richtlinien gegeben werden. Auch hier soll wieder zwischen Deckanstrichen für normale, starke und besondere Beanspruchungen unterschieden werden, wobei in die letzte Gruppe alle Anstriche gehören, die besonders stark unter Industriegasen, Rauchgasen und ähnlichem zu leiden haben. Ganz allgemein liefern alle jene Pigmente, die mit dem Bindemittel unter Bildung größerer Mengen Metallseifen reagieren, einen härteren Farbfilm als die chemisch inerten; die Elastizitätseigenschaften der Farbhaut scheinen aber bei ersteren geringer zu sein als bei letzteren.

a) Ölfarben für Deckanstriche.

I. Für normale Beanspruchung.

1a. Für ersten Deckanstrich[1]: Karbonatbleiweiß 72—75%,
Leinölfirnis 28—25%.

1b. Für zweiten Deckanstrich: Karbonatbleiweiß 70—72%,
Leinölfirnis 30—28%.

2a. Zinkoxyd (mindestens 90% ZnO) etwa 65%
Leinölfirnis . . . . „ 35%

2b. Zinkoxyd (mindestens 90% ZnO) etwa 60%
Leinölfirnis . . . . „ 40%

Ein Gehalt des Bindemittels von 5—10% (der streichfertigen Farbe) an Leinölstandöl ist anzuraten (siehe auch S. 186).

3a. Eisenoxydrot (einwandfrei für Rostschutzanstriche, siehe S. 178) etwa 60%
Leinölfirnis . . . . „ 40%

3b. Eisenoxydrot (wie oben) . . . . etwa 55%
Leinölfirnis (standölhaltig) . . . . . . „ 45%

oder Eisenoxydrot + Leinölfirnis (standölhaltig) wie oben angegeben, aber mit Gasruß abgetönt (etwa 1%).

---

[1] Die ersten Deckanstriche sind mit a, die zweiten mit b bezeichnet. Die Zeit bis zur Staubtrockne soll möglichst nicht viel mehr als 12 Stunden betragen (Lufttemperatur 20° C, Luftfeuchtigkeit 65%); bei anderen Witterungsbedingungen weicht sie entsprechend von dieser Zeit ab. Die Trockenzeit ist daher gegebenenfalls laboratoriumsmäßig zu überprüfen.

Es sei hier erneut auf die alte Anstreicherregel hingewiesen, daß der Grund stets magerer gehalten werden muß, als der daraufgelegte Anstrich. Das gilt natürlich nicht nur für das Verhältnis Grundanstrich zu Deckanstrich, sondern auch für den ersten Deckanstrich im Vergleich zum zweiten Deckanstrich.

Als weitere alternativ anwendbare zweite Deckanstriche für 3a kämen in Betracht:

α)	Eisenglimmer oder Graphit	etwa	40%
	Blei- oder Zinkweiß	„	25%
	Leinölfirnis (standölhaltig)	„	35%
β)	Zinkweiß (z. B. Rotsiegel-Grausiegel)	„	60%
	Leinölfirnis (mit etwa 10—15% Leinölstandöl)	„	40%

II. Für starke Beanspruchung.

1a.	Karbonatbleiweiß	72—75%	Verdünnungsmittel nach Bedarf max. 15—18%
	Leinöl — Standölfirnis	28—25%	
1b.	Karbonatbleiweiß	70—72%	
	Leinöl-Standölfirnis	30—28%	

2a.	Eisenoxydrot (über Eignung siehe vorher)	58—53%	Verdünnungsmittel nach Bedarf max. 15—18%
	Leinöl-Standölfirnis	42—47%	
2b.	Eisenoxydrot	53—48%	
	Leinöl-Standölfirnis	47—52%	

3a.	Zinkoxyd mit (mindestens 90% ZnO)	etwa	65%	Verdünnungsmittel wie oben
	Leinöl-Standölfirnis	„	35%	
3b.	Zinkoxyd (wie oben)	„	60%	
	Leinöl-Standölfirnis	„	40%	

Die unter I/3 angegebenen Kombinationen für zweite Deckanstriche sind auch hier brauchbar, doch ist als Bindemittel ebenfalls Leinölstandölfirnis anzuwenden. Der Zusatz des Verdünnungsmittels richtet sich nicht nur nach der Viskosität des verwendeten Standöls, sondern auch nach der beim Anstrich herrschenden Außentemperatur, d. h. bei kühlerer Witterung muß mehr davon verwendet werden.

III. Für besondere Beanspruchung, wie z. B. in Fabriken mit vielen aggressiven Abgasen, bei starker Einwirkung von Rauchgasen und ähnlichen ungünstigen Verhältnissen, kommen Farben in Betracht, die in der Zusammensetzung den unter II angeführten im wesentlichen gleichen, nur soll als Bindemittel ein Leinöl-Holzölstandöl-Firnis, mit 20 bis max. 33% Holzöl[1] verwendet werden. Auch wird man besondere Rücksicht auf die zu verwendenden Pigmente nehmen müssen. Es kommen nur jene in Betracht, die gegen die korrodierend wirkenden Abgase bzw. atmosphärischen Bestandteile widerstandsfähig sind, also Eisenpigmente und Bleipigmente. Daß hier unter Umständen dem Eisenoxydrot der Vorzug vor Bleiweiß zu geben ist, wurde schon angegeben.

Im allgemeinen muß man derzeit als die für den Deckanstrich geeignetsten Pigmente neben Bleiweiß hochwertiges Eisenoxydrot bezeichnen. Wenn oben nur das Karbonatbleiweiß angeführt wird, so hat das den Grund darin, daß Sulfatbleiweiß in Europa nur in geringen Mengen erzeugt wird. Aus den schon früher angeführten Versuchen und aus den Urteilen amerikanischer Fachleute geht jedenfalls hervor, daß es dem Karbonatbleiweiß ziemlich gleichwertig ist.

Auch der Farbton des Pigments spielt, abgesehen von dem Grad

[1] Zu hoher Holzölgehalt gibt harte Anstriche, die zur Sprödigkeit neigen und die gegen sehr tiefe Temperaturen (Winter 1927/28) empfindlich sind. Man halte sich (wenn nicht Sodabeständigkeit die hervorstechendste Eigenschaft der Anstriche sein soll) mehr an die untere Grenze.

der Durchlässigkeit für kurzwelliges Licht, bei der Haltbarkeit des Anstrichs eine Rolle[1]. Außerdem beeinflußt er die Temperaturbewegungen im Innern von gestrichenen Behältern. Zur Aufklärung dieser Beziehungen wurde eine große Anzahl von Versuchen durchgeführt. An erster Stelle sind die sehr instruktiven Versuche aus dem Rostschutzlaboratorium des Leunawerkes der I. G. Farbenindustrie A. G. zu nennen. Diese wurden wie folgt durchgeführt: Als Anstrichobjekte wurden Eisenfässer verwendet. Nach sorgfältiger Sandstrahlentrostung wurde zunächst der Grundanstrich aufgebracht. Nachdem dieser getrocknet war, wurde ein Teil der Fässer mit Wasser gefüllt und verblieb so während der ganzen Versuchsdauer. Dies bezweckte einen Ausgleich schroffer Temperaturwechsel. Die Deckanstriche wurden nach der Füllung mit Wasser bzw. nach Trocknen des Grundanstrichs aufgebracht. Die Fässer wurden im Freien auf niederen Holzgestellen so aufgestellt, daß ihre Längsachse von West nach Ost gerichtet war. Als Farben wurden unter anderen verwendet:

1. Zinkweiß in Öl (52% Blei-Mangan-Firnis).
2. Ölschwarz (Das Pigment war im wesentlichen ein eisenhaltiger Ton mit 14% Kohlenstoff).
3. Ein mit Ruß zu grau abgetöntes Zinkweiß (Blei-Mangan-Firnis) (51% Bindemittel, 5% Lackbenzin).
4. Ein zu einem etwas dunkleren Grau als 3 abgetöntes Zinkweiß (Blei-Mangan-Firnis) (51% Bindemittel, 7% Lackbenzin enthaltend).
5. Ein mit einer Schwärze zu grau abgetöntes Lithopone (37% Bindemittel = Blei-Mangan-Resinatfirnis mit Lackbenzin).
6. Ein mit einer Schwärze auf ein dunkleres Grau als 5 abgetöntes Lithopone (42% Bindemittel = Blei-Mangan-Firnis mit Lackbenzin).
7. Aluminiumfarbe (Aluminiumbronze angerieben mit einem fetten, mäßig holzölhaltigen Kopallack, Benzin als Verdünnungsmittel; Blei-Mangan-Sikkativ).
8. Aluminiumfarbe Spezial 1, 2 und 3. (Alle drei sind amerikanischer Provenienz und bestehen aus Aluminiumbronze, die mit einem Harzlack angerieben war. Die drei Farben unterschieden sich nur durch die verschiedenen Mengenverhältnisse der Bestandteile.)
9. Reine Bleimennige.
10. Ein als „Banana Bronze" bezeichnetes Produkt, gleicher Provenienz wie 8 (ist ein Zaponlack mit etwa 4,6% Nitrozellulose. Lösungsmittel: E 13 und geringe Mengen Butanol- oder Adronolacetat evtl. Amylacetat).

Die Anordnung der Fässer ist aus Abb. 140 ersichtlich.

Außerdem wurden die Anstriche in den gleichen Kombinationen auf Probebleche gestrichen, von denen je ein Teil im Freien gelagert wurde, während der andere im geschlossenen Raum hinter Glas ausgesetzt wurde.

Die Bewitterung erfolgte von August 1925 bis September 1926. Von jeder Farbe wurde festgestellt: Farbaufwand und Trockendauer, Haftfähigkeit mittels der Dornbiegeprobe und das Aussehen vor, während und nach 13 monatiger Prüfdauer. Außerdem wurden die Temperaturen in den Fässern jeden Tag früh, mittags und abends gemessen. Die klimatischen Verhältnisse wurden durch Ermittlung der Sonnenscheindauer, Regenzeit, Luftfeuchtigkeit, Tau- und Reifbildung, Wind und Windrichtung, Hagel usw. genauest festgelegt.

---

[1] Siehe diesbezüglich auch Schulz, M.: Farben-Ztg. **33**, 2602 (1928).

Die durchschnittlichen Temperaturen während eines Jahres waren auf der Schattenseite um 7% der Tagesmaximaltemperatur bzw. 32% der Tagesminimaltemperatur niedriger als auf der Sonnenseite. Bezüglich der anderen Wetterverhältnisse wurde im Jahresdurchschnitt gefunden:

Regentage . .	131	Wind aus Westen .	187 Tage
Tautage . . .	42	Wind aus Osten .	69 „
Frosttage . .	68		

Abb. 140. Versuchsfeld zur Untersuchung der Einwirkung der Sonnenstrahlen auf Anstriche.

Verlauf der Temperaturen der Mittagsablesungen bei 20, 25 und 30° C Außentemperaturen.

Der Unterschied der Lufttemperatur gegenüber der Innentemperatur der Fässer betrug bei:

Farbe des Anstrichs	leer oder voll	bei 20° C August 1925	bei 20° C August 1926	bei 25° C August 1925	bei 25° C August 1926	bei 30° C August 1925	bei 30° C August 1926
Weiss	leer	+ 2,0	+ 2,0	+ 2,0	+ 4,3	+ 2,5	+ 5,0
	voll	— 1,0	— 2,0	— 7,5	— 5,2	— 2,5	— 2,0
Hellgrau . . .	leer	+ 4,5	+ 2,0	+ 6,8	+ 5,3	+ 5,0	+ 6,5
	voll	0,0	— 1,0	— 5,0	— 4,3	— 2,0	— 1,0
Mittelgrau . .	leer	+ 4,5	+ 3,0	+ 6,3	+ 5,0	+ 5,0	+ 6,5
	voll	0,0	— 0,5	— 4,0	— 3,9	— 1,0	— 1,0
Dunkelgrau . .	leer	+ 3,0	+ 4,0	+ 7,0	+ 6,1	+ 6,0	+ 7,0
	voll	0,0	— 1,0	— 4,0	— 4,1	— 1,0	— 1,0
Schwarz . . .	leer	+ 4,0	+ 3,0	+ 7,0	+ 5,3	+ 5,0	+ 8,0
	voll	+ 0,5	0,0	— 3,7	— 3,8	— 1,0	0,0
Aluminium . .	leer	+ 3,5	+ 2,0	+ 4,7	+ 4,5	+ 4,3	+ 7,0
	voll	0,0	— 2,0	— 4,7	— 4,5	— 1,7	— 2,7

Abb. 141. Leeres Faß mit schwarzem Farbanstrich. An der oberen Seite ist der Tau, der sich in Perlenform zeigt, schon weit aufgetrocknet.

Von besonders großem Einflusse auf die Farbanstriche war der Tau. Es wurde regelmäßig beobachtet, daß er sich nur auf leere Fässer nieder-

Abb. 142. Leeres Faß mit grauem Farbanstrich. Der Tau sitzt in Perlen auf der ganzen Fläche.

schlug, während die vollen völlig taufrei blieben. Bei den leeren Fässern konnte beobachtet werden, daß die hellen Farben den Tau länger fest-

Abb. 143. Faß Nr. 11.

hielten als die dunklen bzw. schwarzen Farben. Voranstehende Abb. 141 u. 142 stammen von Aufnahmen, die am frühen Morgen bei Sonnen-

Abb. 144. Faß Nr. 4.

schein aufgenommen wurden. Sie lassen gut erkennen, in welchem Maße der Farbton einwirkt.

Abb. 145. Faß Nr. 7.

Einen weiteren merkbaren Einfluß übt der Wind aus. Es wurden fast dreimal mehr West- als Ostwinde festgestellt. Die vom Westwind ge-

Abb. 146. Faß Nr. 16.

troffenen Faßböden zeigen weniger Rost als die nach Osten zu gekehrten. Der Wind bewirkt ein schnelleres Austrocknen der getroffenen Stellen.

Abb. 147. Faß Nr. 9.

Abb. 148. Faß Nr. 18.

Der Befund über das Aussehen der Anstriche nach 13 Monaten ist in Tabelle „Befund über das Aussehen gestrichener Fässer nach 13 Monaten“ zusammengestellt.

Voranstehend geben wir einige Abbildungen der Versuchsfässer nach einer Versuchsdauer von 14 Monaten (Abb. 143 bis 148).

Aus den Versuchen wurden folgende Schlüsse gezogen (s. Tab. S. 198):

1. Aus den Aufzeichnungen geht hervor, daß die Temperaturen bei weißen Anstrichen im Faßinnern durchwegs um 1,7—2,4° C niedriger lagen als bei Aluminiumanstrichen. Die schwarzen Farben zeigten um 3,1° C höhere Temperaturen.

2. Während der Versuchsdauer wurde der Temperaturunterschied zwischen der Außenluft und dem Faßinnern bei weißen, schwarzen und aluminiumglänzenden Farben im Laufe der Zeit geringer; bei den grauen Farben blieb der Unterschied gleich. Als Erklärung hierfür wurde angenommen, daß die weißen und schwarzen Farben in der ersten Zeit Glanz zeigten, der während der Versuchszeit nachließ, wodurch dann weniger Sonnenstrahlen reflektiert wurden. Die grauen Farben waren von Anfang an mattglänzend. Obgleich sich das Aussehen der Aluminiumfarben wenig änderte, fiel der Unterschied wegen der starken Rostbildung ebenfalls stark ab.

3. Von großem Einfluß ist der Tau, der sich nur auf den leeren Fässern niederschlug und sich auf den hell gestrichenen Fässern länger hielt als auf den dunklen Fässern. Für Anstriche von Objekten, bei welchen es nicht auf besonderen Wärmeschutz des Inhalts ankommt, würden sich also dunklere Anstriche mehr empfehlen.

4. Der Einfluß des Windes ist an derFaßreihe deutlich zu erkennen. Die vom Westwind getroffenen Flächen zeigen wegen der Häufigkeit dieser Winde weniger Angriffe als die nach Osten gerichteten. Der Wind bewirkt ein schnelleres Auftrocknen und vermindert dadurch den schädlichen Einfluß der Feuchtigkeit.

5. Der Einfluß von Temperaturschwankungen ist an den vollen und leeren Fässern festzustellen. Letztere zeigen infolge der höheren Temperaturunterschiede einen erheblich stärkeren Angriff.

6. Der Einfluß der Sonnenstrahlen zeigte sich bei den Fässern mit Aluminiumanstrich am deutlichsten. Durchweg sind auf diesen Fässern an der Sonnenseite (Südseite) größere Roststellen zu beobachten als auf der Schattenseite (Nordseite).

Die angeführten Resultate decken sich im wesentlichen mit den aus der Literatur bekannten Beobachtungen in Amerika. Aluminiumanstriche kommen als eigentliche Rostschutzanstriche nicht in Betracht, doch werden sie oft als besonders haltbar empfohlen und im Deckanstrich viel gebraucht (Behälter für Erdölprodukte). Daß sie ohne Grundanstrich kaum als Eisenanstriche brauchbar sind, zeigen die umstehenden Versuche. Es wird vor allem auf ihr hohes Wärme- und Lichtreflexionsvermögen hingewiesen, das aber hinter dem weißer Anstriche zurücksteht und nicht viel höher oder

Befund über das Aussehen gestrichener Fässer nach 13 Monaten.

Faß Nr.	Anstrich	Bezeichnung der Farbe	Füllung	Zustand nach 13 Monaten des Mantels Süd-seite	des Mantels Nord-seite	der Böden Süd-seite	der Böden Nord-seite
2	Grund 1. u. 2. Decke	Farbe Nr. 9 „ „ 1	leer	Anstrich matt geworden, vereinzelt kleine Rostpunkte		rostfrei	
11	mit gleichem Anstrich		voll	Anstrich leicht matt geworden. Im mittleren Teil 2 kleine Rostpunkte, sonst rostfrei		rostfrei	
4	Grund 1. Decke 2. Decke	Farbe Nr. 9 „ „ 3 „ „ 4	leer	Anstrich matt geworden, rostfrei		rostfrei	
13	mit gleichem Anstrich		voll	Anstrich matt, rostfrei		rostfrei	
5	Grund 1. Decke 2. Decke	Farbe Nr. 9 „ „ 5 „ „ 6	leer	Anstrich matt geworden, rostfrei		rostfrei	
14	mit gleichem Anstrich		voll	Anstrich matt geworden, ganz vereinzelt durchtretende Rostpünktchen		rostfrei	
6	Grund 1. u. 2. Decke	Farbe Nr. 9 „ „ 2	leer	Anstrich matt geworden. Einzelne kleine Rostpünktchen		rostfrei	
15	mit gleichem Anstrich		voll	rostfrei		rostfrei	
7	Grund 1. 2. u. 3. Decke	keiner Farbe Nr. 7	leer	Auf der ganzen Fläche stark durchtretender Rost		leicht durchtretender Rost	rostfrei
16	mit gleichem Anstrich		voll	Durchtretender Rost etwas geringer als Faß 7		starker Rost	geringer Rost
9	Grund 1. u. 2. Decke	Farbe Nr. 10 zweimal. Farbe Nr. 8	leer	Durchtretender Rost in großen Punkten auf dem oberen Drittel, alle anderen Flächen rostfrei und blank	etwas geringer	vereinzelt durchtretender Rost	rostfrei
18	Grund 1. 2. u. 3. Decke	keinen Farbe Nr. 8	voll	sehr stark durchtretender Rost in Flecken	etwas geringer	durchtretender Rost	rostfrei

nur gleich einem entsprechenden grauen Ölanstrich ist[1]. Wenn Buschlinger[2] in seinem Vortrag über Aluminiumanstriche die in einer Veröffentlichung des amerikanischen Bureau of Mines[3] geäußerte Meinung, daß der „Anstrich so haltbar ist, weil Aluminium eine große Neigung zur Autoxydation besitzt, welche vielleicht die des Ölfilms übertrifft", kritiklos übernimmt, so begeht er denselben Fehler wie die Autoren des amerikanischen Originalartikels. Aluminium hat zwar tatsächlich eine sehr große Neigung, sich mit Sauerstoff zu verbinden und überzieht sich daher an der Luft rasch mit einer dünnen Oxydschicht, die es vor weiterer Oxydation schützt. Deshalb ist aber jedes Werkaluminium (auch die Aluminiumbronze) mit einer solchen schützenden Oxydhaut bedeckt, so daß eine weitere Sauerstoffbindung nicht erfolgen kann. Was in diesem Artikel über die für Aluminiumbronze in Betracht kommenden Bindemittel gesagt wird, ist zum Teil nur durch Übersetzungsfehler zu erklären.

Es wurde wiederholt beobachtet, daß Anstriche auch durch niedere Pilze zerstört werden können. Auf diese Erscheinung haben in letzter Zeit wieder Gardner[4], d'Ans[5], Haag[6] und Vaubel[7] hingewiesen. Diese Erscheinung ist vor allem an die Gegenwart von Feuchtigkeit und Wärme gebunden. Leicht quellbare Anstriche werden daher dieser Zerstörungsursache eher zum Opfer fallen können, als harte, schwer quellende. Allzu häufig scheint diese Erscheinung nicht zu sein. Zinkoxydfarben bieten den besten Schutz gegen diese Gefahr.

Die als „säurefeste" bzw. „alkalifeste" Farben oder Lacke bezeichneten Produkte bieten nur einen beschränkten Schutz gegen die durch ihre Benennung gekennzeichneten Angriffe. In Anstrichen, die sauren Gasen ausgesetzt sind, muß die Wahl der zur Verwendung kommenden Pigmente mit Rücksicht auf die Natur dieser Gase vorgenommen werden; nur solche Bindemittel, die einen möglichst wenig durchlässigen Film ergeben, kommen in Betracht. Als Pigmente wären also Eisenoxydrot (Eisenglimmer) evtl. auch Titanweiß, als Bindemittel holzölhaltige Standölfirnisse zu verwenden. Höhere Temperatur steigert selbstverständlich den Angriff saurer Gase und es ist daher nicht verwunderlich, daß noch kein vollkommen verläßlicher Anstrich existiert, welcher der Einwirkung der Lokomotivgase bei Eisenbahnüberführungen gewachsen ist. Dazu kommen noch die aus den Schorn-

---

[1] Seth, J.: Decorator's and Painter's Mag. **27**, 522 (1928). Ref. in Korrosion u. Metallschutz **4**, 261 (1928). — Scheiber: Farbe u. Lack **1925**, 42. — Edwards, J. D.: Ref. in Farbe u. Lack **1926**, 17; **1928**, 255, 97.

[2] Buschlinger: Korrosion u. Metallschutz **5**, 49 (1929), Sonderheft.

[3] Siehe Edwards, J. D.: a. a. O.

[4] Gardner, H. A.: Scientif. Section. Circ. Nr 355 (1928); Ref. Farben-Ztg. **34**, 91 (1928).

[5] d'Ans, J.: Ztschr. f. angew. Ch. **41**, 1193 (1928).

[6] Haag, Fr. E.: Arch. f. Hyg. **100** (1928).

[7] Vaubel, W.: Farben-Ztg. **34**, 505, 536 (1928).

steinen der Lokomotiven gegen die Eisenkonstruktionen der Überführungen geschleuderten glühenden Kohle- und Ascheteilchen. Man verwendet daher in solchen Fällen Schutzplatten. Wo gleichzeitig mit sauren Abgasen auch Wasserdampf einwirkt, haben sich für Innenräume oft Teer- bzw. Asphaltanstriche besser bewährt. Da diese aber selbst nicht unmittelbar rostschützend wirken, so ist eine geeignete Grundierung (Mennige) notwendig.

Die Alkalifestigkeit aller Ölfarben (auch Lacke) ist wegen der Verseifbarkeit des Bindemittels eine sehr mäßige. Holzölhaltige Anstriche sind gegen Sodalösungen oder sehr verdünnte Lauge (wenn die Einwirkung auch bei niederer Temperatur nicht allzulange dauert) widerstandsfähiger. Das ist aber so ziemlich alles, was man hier verlangen kann. Als Pigmente kommen nur solche in Betracht, die von Alkalien nicht angegriffen oder gelöst werden (also kein Bleiweiß oder Zinkweiß, wohl aber Eisenoxyd). Auch in solchen Fällen, wo mit einer Ölfarbe oder einem Öllack kein zureichender Schutz gegen die Einwirkung alkalischer Medien erzielt werden kann, ist ein bituminöser Anstrich besser als gar keiner.

Die bituminösen Anstriche sind im Freien als Rostschutzanstriche wenig geeignet, weil sie wie schon erwähnt (S. 74) in mehr oder minder großem Maße lichtempfindlich sind. Über die bunten bituminösen Lacke neuester Erzeugung fehlt noch jedes Bewährungsurteil für Eisenschutzanstriche. Zu erwähnen ist auch, daß Ölfarbenanstriche, selbst auf ziemlich alten Teeranstrichen nicht oder schlecht trocknen. Dies rührt von den im Teer enthaltenen phenolartigen Substanzen her, die als negative Katalysatoren (Antioxygene) wirken. Asphalt- und Teeranstriche schlagen auch hartnäckig durch darüber aufgebrachte Ölfarbenanstriche durch. Falls daher ein mit teerhaltigem Anstrich bedecktes Objekt mit einem Ölanstrich versehen werden soll, ist der Teeranstrich, evtl. unter Zuhilfenahme von Lösungsmitteln, vor dem Streichen mit Ölfarbe zu entfernen.

Für Eisenteile, die unter der Erde verlegt werden, wie Rohrleitungen, haben sich die bituminösen Lacke bewährt. Vor allem fällt hier die Lichtwirkung fort, man kann die Schichten dicker aufbringen und so weich und elastisch halten, daß sie einen dichten Abschluß gegen die Einwirkungen der Bodenfeuchtigkeit gewähren. Es genügt aber in solchen Fällen nicht immer ein bloßes Streichen mit solchen Lacken, sondern es muß bituminöses Material geschmolzen heiß aufgebracht und evtl. mit imprägnierten Schutzbinden umhüllt werden. Man kann dann wohl nicht mehr von Anstrichen sprechen. Wegen ihrer Verwendbarkeit im Unterwasseranstrich wird auf das betreffende Kapitel verwiesen (S. 203).

Die Frage, wann ein Rostschutzanstrich erneuert werden soll, ist kaum allgemein zu beantworten, jedenfalls aber ist mit dem Wiederanstrich nicht bis zum vollständigen Zerfall des bereits vorhandenen Anstrichs zu warten. Es ist klar, daß man nach Methoden gesucht hat, um diese Beantwortung zu erleichtern. Von der Annahme ausgehend, daß ein Anstrich um so besser rostschützend wirkt, je wasserundurchlässiger er ist, wendete man Prüfmethoden an, welche die Wasserdurchlässigkeit erkennen lassen sollten. Im Prinzip beruhen diese Methoden auf dem verschiedenen Widerstand, welchen ein mit Wasser vollgesogener Anstrichfilm im Gegensatz zu einem trockenen Anstrichfilm dem Fließen eines elektrischen Stromes entgegensetzt. Ob man den Zeitpunkt mißt, wann ein Anstrich, dessen Oberfläche mit einer Elektrolytlösung bzw. Wasser bedeckt gehalten wird, einem sehr schwachen Strom den Durchtritt gestattet[1], oder ob man die Stromstärke mißt, die sich ergibt, wenn an das Eisen einerseits und an die Oberfläche des Anstrichs anderseits eine Stromquelle konstanter Spannung (Akkumulator) angelegt wird, ist im wesentlichen gleich. Man kann damit Fehlstellen oder Verletzungen feststellen, weil dort der elektrische Widerstand der Anstrichhaut vermindert ist, man kann aber nie auf die Erneuerungsbedürftigkeit schließen, weil doch jeder Anstrich auf Ölbasis wasserdurchlässig ist und von der etwas größeren oder geringeren Quellfähigkeit des Farbfilms nicht einzig und allein die Rostschutzwirkung abhängt, so daß man nicht durch alleinige Bestimmung der Wasserdurchlässigkeit ein Urteil über den Zustand der Farbhaut gewinnen kann. Auch die Annahme, daß dort, wo der Anstrich unterrostet ist, der Widerstand des feuchten Anstrichs gegenüber den nicht unterrosteten Stellen geringer sein soll, trifft nicht immer zu. Es besteht wohl die Möglichkeit, daß an unterrosteten Stellen Eisensalze bzw. Eisenionen in Lösung gehen, sobald der Anstrich mit Wasser durchtränkt ist; die so entstandene Elektrolytlösung wird natürlich für den elektrischen Strom besser leitend sein, als wenn sich nur reines Wasser im Anstrich befindet (dies sollte an den nicht unterrosteten Stellen der Fall sein). Diese Bedingungen müssen aber nicht gegeben sein, es zeigen unterrostete Anstriche oft einen sehr hohen elektrischen Widerstand, der von dem nicht unterrosteter Teile kaum abweicht[2]. Es konnten sich daher Apparate wie der Penetrator von P. Jäger[3] in der Praxis nicht bewähren. Wir wissen von Versuchen, die bei einer amtlichen Stelle mit diesem Gerät angestellt wurden, daß unterrostete Anstriche teils als gut und gute wieder als schlecht befunden wurden. Ein beiläufiges Urteil über die vermutete Fehlerhaftigkeit eines Anstrichs könnte man sich nach dieser Methode nur bilden, wenn man die gesamte Fläche eines gestrichenen Objekts systematisch abtasten würde, wobei man aber am Schluß nur aussagen könnte, welche Teile des Anstrichs sich im Verhältnis zu anderen Teilen in einem schlechteren Zustande befinden, aber nicht ob diese so als am schlechtesten befundenen Stellen schon erneuerungsbedürftig sind[4].

---

[1] Herrmann, P.: Korrosion u. Metallschutz **1**, 80 (1925). — Vgl. dazu Wolff, H.: Farben-Ztg. **30**, 1317 (1924/25).

[2] Wolff, H., W. Toeldte u. G. Zeidler: Farben-Ztg. **34**, 1179 (1928). — Metzger, K.: Farben-Ztg. **30**, 2404 (1924/25).

[3] Wistinghausen, K.: Korrosion u. Metallschutz **3**, 134 (1927).

[4] Siehe auch Wagner, H.: Farben-Ztg. **35**, 1151, 1204 (1930).

Man hat auch versucht, die Fehlerhaftigkeit bzw. den Verrottungszustand eines Anstrichs im trockenen Zustand nach ähnlichen Methoden zu prüfen. So verbindet z. B. A. Junk[1] zu diesem Zweck den einen Pol eines galvanischen Elementes oder Akkumulators mit dem Eisengrund, während er an den anderen Pol eine weiche Drahtbürste[2] anschließt. Zwischen Bürste und Stromquelle schaltet er ein Telephon ein. Wenn man den Anstrich mit der Drahtbürste überfährt, so ist an jenen Stellen, wo der Strom von der Bürste ungehindert zum Eisen fließen kann, ein kratzendes Geräusch im Telephon zu hören. Ähnliche Methoden sollen auch in Amerika zur Überprüfung von Eisenanstrichen verwendet worden sein, man kann ihnen aber kaum einen praktischen Wert zubilligen. Fehlstellen können sich schon in einem neuen Anstrich vorfinden, ohne daß dieser deshalb erneuerungsbedürftig wäre.

Es bleibt also zur Beurteilung des Zustandes eines Rostschutzanstrichs nur die gründliche Besichtigung des ganzen Objekts, und es sind dann alle die Erscheinungen, welche die Verrottung des Anstrichsfilms andeuten, entsprechend zu werten. Sobald sich Anzeichen bemerkbar machen, daß die oberste Deckschicht nicht mehr ihrem Zweck entspricht, ist sie zu erneuern, d. h. man soll es, wenn möglich, überhaupt nicht zu größeren Durchrostungen des Anstrichs kommen lassen.

Um eine leichtere Kontrolle des Zustands der einzelnen Anstrichschichten zu ermöglichen, ist es angezeigt Grundanstrich, ersten und zweiten Deckanstrich in verschiedenem Farbton bzw. verschiedener Farbe zu halten. Einige kleine Roststellen finden sich auch am besten Anstrich. Diese vereinzelten Rostfleckchen zeigen sich dann meist schon in verhältnismäßig kurzer Zeit und geben keinen Anlaß zur Besorgnis, wenn sie sich nicht vermehren und der Zustand des übrigen Anstrichs tadellos ist.

Die oft gestellte Frage, wie lange ein Rostschutzanstrich halten muß, läßt sich nicht allgemein beantworten. Die Haltbarkeit eines Anstrichs hängt, wie schon erörtert wurde, von den äußeren Verhältnissen, unter denen er steht, ab. Die ausschlaggebende Rolle spielen die Witterungsverhältnisse (wobei die Zeit während des Aufbringens und Durchtrocknens die kritischeste ist[3]). Dies hat der abnorm strenge Winter 1927/28 deutlich gezeigt, indem Anstriche in einem Alter versagten, in welchem sie bei durchschnittlichen klimatischen Verhältnissen noch tadellos hätten sein können. Die untere Grenze der Haltbarkeit eines Rostschutzanstrichs (der nur den normalen klimatischen Einflüssen, nicht aber besonderen Schädigungen z. B. durch Industriegase ausgesetzt ist) nimmt man gewöhnlich mit fünf Jahren an; bei günstigen Wetterverhältnissen kann der Anstrich aber auch noch nach einem Mehrfachen

[1] Junk, A.: Ztschr. f. angew. Ch. **38**, 8 (1925).

[2] Weich deshalb, damit beim Überfahren keine mechanische Verletzung der Anstrichhaut erfolgt.

[3] Siehe S. 170.

dieser Zeit in gutem Zustande, bei abnormen Schädigungen aber schon längst verrottet sein.

Aus dem eben Gesagten geht hervor, daß der Anstreicher unmöglich eine Garantie[1] für die Dauerhaftigkeit eines von ihm hergestellten Anstriches übernehmen kann, wie sie oft (auch von amtlichen Stellen) verlangt wird. Gerechterweise kann und soll nur dafür eine Garantie gefordert werden, daß die Arbeit (Entrostung, Aufstrich) mit aller Sorgfalt und Sachkenntnis durchgeführt wurde, und daß die verwendeten Anstrichmittel dem Zweck entsprechend und unverfälscht waren.

3. Unterwasseranstriche.

Prinzipiell kann man zwei Gruppen von Unterwasseranstrichen unterscheiden: Anstriche, welche der Einwirkung von Süßwasser ausgesetzt sind, und Anstriche, welche mit Seewasser in Berührung kommen. Während erstere im wesentlichen nur der Einwirkung des Wassers bzw. des darin gelösten Sauerstoffs und geringfügiger Salzmengen (meist Bikarbonate und Sulfate der Erdalkalien) standzuhalten haben, unterliegen die Anstriche im Seewasser den Angriffen der hohen Salzmengen (im wesentlichen Natrium- und Magnesiumchlorid) und der Fauna und Flora des Meeres, welche sich auf den gestrichenen Eisenteilen ansiedeln (Anwuchs von Schleusentoren, Schiffsböden) und wesentlich zur Zerstörung des Anstrichs beitragen.

Für Süßwasser kommen nur jene Anstrichmittel (auf Öl- oder bituminöser Basis) in Betracht, welche die am wenigsten quellbaren bzw. die wasserundurchlässigsten Anstriche ergeben. Je nach der Örtlichkeit, je nachdem ob fließendes oder stehendes Wasser einwirken, sind die Erfahrungen, die man mit dem einen oder anderen Anstrich gemacht hat, verschieden. Man pflegt entweder Ölmennige als Grundanstrich und darüber lackartige Farben (mit Zinkweiß oder Eisenoxyd als Pigment) als Deckanstrich zu verwenden oder hochwertige bituminöse Lacke zum Grundieren und Decken.

Schutzanstriche von Schiffsböden, die dem Seewasser ausgesetzt sind, bauen sich aus einem Grundanstrich (Rostschutzanstrich) und ein oder zwei Deckanstrichen auf, von denen der letzte mit Giftstoffen (meist Kupfer- oder Quecksilbersalze) versetzt ist, welche den Anwuchs möglichst lange Zeit verhindern sollen (Antifoulings). Als Grundanstrich benützt man Bleimennige oder Eisenmennige. Die Deckanstriche, die auch hier lackartiger Natur sind (Kunst- oder Naturkopallacke auf Holzölbasis), enthalten meist Eisenmennige als Pigment. Da die Zeit, welche für die Erneuerung der Schiffsbodenanstriche zur Verfügung steht, meist kurz bemessen ist, kommen für die Deckanstriche nur Farben in Betracht, die in kürzester Zeit hart durchtrocknen (Holzölgehalt).

---

[1] Über die Frage der Garantieleistung siehe die im Literaturverzeichnis angeführten Veröffentlichungen.

Für Schleusentore und ähnliche Objekte werden meist bituminöse Anstriche bevorzugt, die sich bei Schiffen wenig bewährt haben. Allerdings scheint es nicht möglich zu sein, bituminösen Lacken ansatzverhindernde Eigenschaften in dem Maß zu erteilen, wie sie die im Schiffsbau verwendeten Antifoulings haben sollen. Dafür sollen aber hochwertige bituminöse Lacke an Schleusentoren eine bedeutend längere Lebensdauer gezeigt haben, als Lacke auf Ölbasis, wodurch sich die infolge der notwendigen Demontage sehr hoch kommenden Anstrichkosten auf längere Zeit verteilen[1].

VIII. Die praktische Prüfung der Rostschutzfarben.

Aus dem in den vorhergehenden Abschnitten mitgeteilten ist zu erkennen, daß das Wissen über die Rostschutzwirkung von Anstrichfarben sehr unvollkommen ist, so daß man nicht in der Lage ist über ein Anstrichmittel auf Grund der bloßen Kenntnis seiner Zusammensetzung ein Werturteil dahingehend abzugeben, ob es sich im allgemeinen als Rostschutzfarbe bewähren wird. Über einzelne Kombinationen von Pigment und Bindemittel hat man aber auf Grund jahrelanger praktischer Anwendung so viele Erfahrungen gesammelt, daß man sie für Rostschutzzwecke ohne weiteres empfehlen kann. Aber selbst diese reiche Erfahrung kann versagen, wenn eine an und für sich in ihrer Schutzwirkung bekannte Ölfarbe unter ganz neuen Verhältnissen (z. B. extremes Klima, Einwirkung von Abgasen, denen die Farbe bisher nicht ausgesetzt war) angewendet werden soll. Man hat daher Mittel und Wege gesucht, sich diese Kenntnis zu verschaffen, bevor man es wagt, eine kostspielige Eisenkonstruktion durch die Verwendung einer Ölfarbe, deren Verhalten man unter den gegebenen Verhältnissen nicht kennt, zu gefährden. Inwieweit dieses Ziel erreichbar ist, soll im nachstehenden zu erklären versucht werden.

Am einfachsten erscheint es, einige Probebleche mit der fraglichen Farbe zu streichen und das Verhalten des im Freien den Atmosphärilien ausgesetzten Anstriches zu beobachten. Diese Methode birgt aber viele Fehlerquellen in sich, welche ihre Ergebnisse unsicher machen können. Da diese Dauerprüfung durch verhältnismäßig lange Zeit hindurch vorgenommen werden muß — es kommen Zeiträume von mehreren Jahren in Betracht — so hat man sich bemüht, die Versuchsdauer abzukürzen und durch die sogenannte Kurzprüfung ein brauchbares Ergebnis in kürzerer Zeit zu erzielen. Neben dieser wendet man er-

[1] Siehe Rostschutz von Eisenkonstruktionen in Seewasser. Hayser: Korrosion u. Metallschutz 4, 182 (1928). — Bärenfänger, G.: ib. 193. — Wegen näherer Einzelheiten sei auf die ausgezeichnete Monographie „Die Schiffsboden- und Rostschutzfarben, von Dr. M. Ragg, Berlin, Union Deutsche Verlagsgesellschaft 1925" verwiesen.

gänzend Laboratoriumsprüfungen an, um sich durch das Verhalten eines Anstriches bzw. Farbfilms gegen einzelne, scharf umgrenzte Beanspruchungen (wie etwa Verhalten gegen tiefe Temperaturen oder gegen Lagerung unter Wasser) ein Urteil über seine Brauchbarkeit bilden zu können.

Wie immer man die praktische Erprobung durchführen mag, man muß den Endzustand des Anstrichs nach Ablauf der Prüfzeit, den Verrottungszustand, irgendwie kennzeichnen, um das Verhalten der einzelnen Anstrichmittel miteinander vergleichen zu können. Zu diesem Zweck wurden Rostskalen aufgestellt, welche das Aussehen eines Anstrichs vom Sichtbarwerden der ersten Roststellen (Rostgrad 1) bis zur fast gänzlichen Verrottung des Anstrichs in Stufen kennzeichnen. Die Einteilung in die verschiedenen Verrottungsstufen ist natürlich eine mehr oder minder willkürliche und hängt auch von der Zahl der gewählten Rostgrade ab. Eine fünfteilige Rostskala wurde in Deutschland genormt. Das Normblatt DIN, DVM 3210 ist umstehend abgedruckt[1].

In der Regel ist bei Rostgrad 3 jener Verfallszustand des Anstriches erreicht, bei dem eine Erneuerung notwendig wird.

Aus dem äußeren Zustand des Anstrichs läßt sich aber nur ein bedingt richtiger Rückschluß auf den Zustand des Eisens ziehen. Es können im wesentlichen drei Fälle auftreten:

1. Das Eisen ist mehr oder minder verrostet, und der Rost ist durch den Anstrich durchgetreten bzw. er hat den Anstrich abgehoben.

2. Das Eisen ist mehr oder minder verrostet, der Rost sitzt aber unter dem Anstrich (Unterrostung) und ist äußerlich nicht zu erkennen.

In letzter Zeit wurde von H. Wolff[2], wie auch von F. Wilborn[3] eine Art der Rosterscheinungen an Eisenanstrichen beobachtet, die als Abart des Rostens (H. Wolff) oder anormales Rosten (F. Wilborn) bezeichnet werden kann. Es zeigt sich hierbei, daß

3. der Anstrich an seiner Oberfläche deutlich Roststellen zeigt, daß aber das Eisen unter diesen Stellen und eventuell auch sonst blank ist.

Während sich bei den normalen Rostungserscheinungen (1. und 2.) das infolge der sich abspielenden elektrolytischen Vorgänge, primär in Lösung gehende Eisen durch die Sauerstoffeinwirkung auch an der Eisenoberfläche als Rost niederschlägt, scheint bei dem anormal verlaufenden Vorgang das in Lösung gegangene Eisen bis zur Oberfläche des Anstrichs in Form gelöster Eisensalze hindurchzutreten und erst dort der Oxydation unter Rostbildung anheimzufallen.

---

[1] Wiedergabe erfolgt mit Genehmigung des deutschen Normenausschusses. Verbindlich ist die jeweils neueste Ausgabe des Normalblattes im Dinformat A 4, das durch den Beuth-Verlag GmbH, Berlin S 14, zu beziehen ist.

[2] Wolff, H.: Farben-Ztg. **35**, 182 (1930).

[3] Wilborn, F.: Farben-Ztg. **35**, 945 (1930). An dieser Stelle sind auch drei Mikroaufnahmen gegeben, welche diese Erscheinung erkennen lassen.

Anstrichfarben Bezeichnung des Rostgrades	DIN DVM 3210

Zur Kennzeichnung des Rostgrades bei Farbanstrichen an Stahlbauwerken und bei Versuchsanstrichen auf Stahlblechen dient folgende Rostskala:

R_0: Rostfreiheit
R_1: 0,5—1% mit Rost bedeckt
R_2: etwa 5% mit Rost bedeckt
R_3: etwa 15% mit Rost bedeckt
R_4: 30—40% mit Rost bedeckt
R_5: über 50% mit Rost bedeckt.

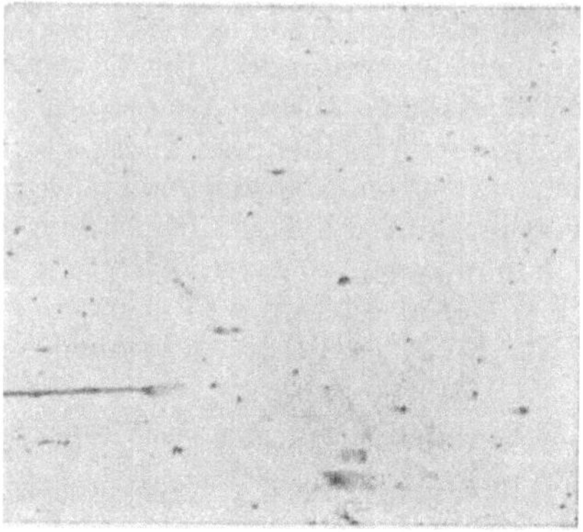

R_1

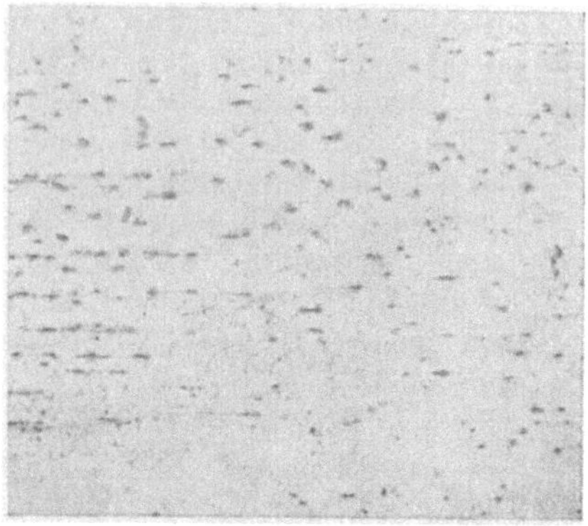

R_2

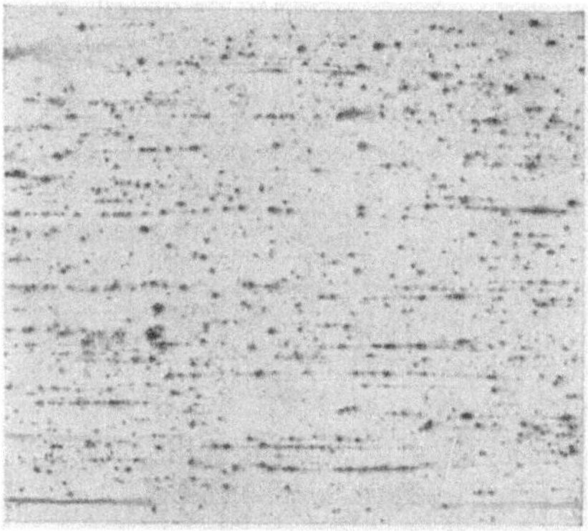

R_3

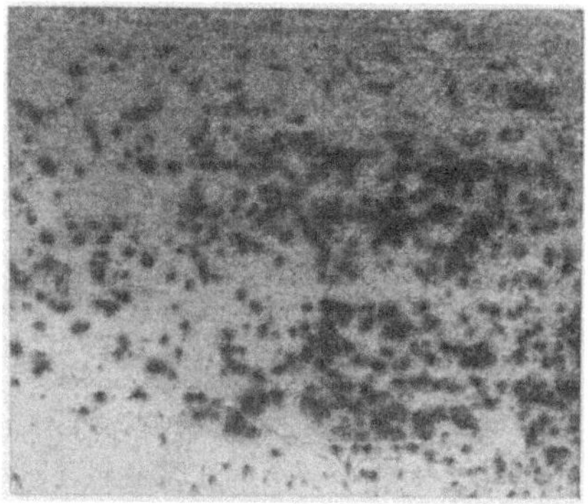

R_4

R_5

„Die Abbildungen, die mit R_1—R_5 bezeichnet sind, geben Rosterscheinungen von Anstrichen auf Eisen wieder. Zur Beurteilung eines Anstrichs wird dieser mit den Abbildungen verglichen und ihm der Rostgrad zugeteilt, dessen Abbildung er am ähnlichsten ist. Bei Verrostungen, die ihrer Stärke nach zwischen den Rostungserscheinungen zweier Abbildungen liegen, kann dies durch Bezeichnungen R_1 bis R_2 oder R_4 bis R_5 usw. ausgedrückt werden. Andere Verwitterungsfolgen wie Kreiden, Auftreten von Rissen und auch Unterrostung werden durch Angabe des Rostgrades nicht erfaßt und müssen besonders beschrieben werden."

Abb. 149. Rostgrade R_1—R_5 nach DIN, DVM 3210.

Durch bloße Betrachtung des Anstrichs läßt sich also der Zustand des Eisens im Grunde genommen nicht ganz einwandfrei feststellen. Allerdings geht der Fall 2 gewöhnlich früher oder später in Fall 1 über, so daß man aus dem Aussehen des Anstrichs immerhin die Erneuerungsbedürftigkeit des Anstrichs in den allermeisten Fällen wird erkennen können. Denn selbst, wenn Fall 3 vorläge, so ist der Anstrich nicht in einem Zustande, der als ungefährlich zu bezeichnen wäre. So konstatiert H. Wolff[1], daß an 0,5 mm starken Probetafeln, welche diese Art des Rostens am Anstrich zeigten, in einem Zeitraum von zwei Jahren ein Gewichtsverlust von 5% festgestellt werden konnte.

Bei kleinen Objekten, z. B. Probeplatten[2], soll sich nach H. Wolff[3] eine äußerlich nicht sichtbare Unterrostung mit Hilfe der Analysenquarzlampe in manchen Fällen feststellen lassen. Falls nämlich das im Anstrich verwendete Pigment unter der Analysenquarzlampe eine Fluoreszenz zeigt, so verschwindet diese an unterrosteten Stellen. Eisenoxyde aber zeigen keine Fluoreszenz, wie schon aus deren Verschwinden an unterrosteten Teilen des Anstrichs hervorgeht, so daß es also nicht möglich ist bei Anstrichen, die mit Eisenoxydrot hergestellt wurden, auf diese Weise Unterrostung festzustellen.

Aus dem eben Gesagten geht hervor, daß zur Feststellung der Erneuerungsbedürftigkeit eines Rostschutzanstrichs nicht eine bloße schematische Beurteilung nach dem Aussehen hinreicht, sondern daß es genauester sachverständiger Überprüfung bedarf, um sich über den Erhaltungszustand von Eisenobjekten Gewißheit zu verschaffen.

A. Die Dauerprüfung.

Diese besteht im Prinzip darin, daß man mit der zu prüfenden Anstrichfarbe auf rostfreiem Eisen Anstriche ausführt und deren Veränderung unter den Einflüssen des Wetters beobachtet. Die Nachteile dieser Methode sind: Das Ergebnis ist abhängig von den während der Bewitterungsperiode herrschenden Wetterverhältnissen. Es ist z. B. für einen Anstrich nicht gleichgültig, ob der Winter besonders reich an Tagen war, an welchen Tauwetter mit Frost wechselte, oder ob während längerer Zeit nur Frost herrschte. Im ersten Falle war die Beanspruchung eine viel größere als im zweiten. Denn nicht die tiefen Temperaturen allein sind es, die den Anstrich besonders beanspruchen, sondern vielmehr häufiger Temperaturwechsel und die damit verbundene Zusammenziehung und Ausdehnung des Eisens und des Anstrichs. Wesentlich sind auch die geographische Lage des Ortes, an dem man den Probeanstrich aussetzt und die dort herrschenden klimatischen Verhältnisse. Im kontinentalen Klima z. B., mit seinen Temperaturextremen, mit stark schwankendem Feuchtigkeitsgehalt der Luft sind ganz andere Angriffe auf die Anstrichhaut zu erwarten als in

---

[1] Wolff, H.: Farben-Ztg. **35**, 184 (1930).

[2] Größere Objekte lassen sich nicht unter die Analysenquarzlampe bringen.

[3] Wolff, H.: Farben-Ztg. **35**, 1314 (1930). — Siehe auch Wagner, H.: Farben-Ztg. **35**, 1151, 1204 (1930).

dem mehr ausgeglichenen ozeanischen Klima. In industriereichen Gegenden mit ihrer durch Rauchgase, Abgase und Flugasche stark verunreinigten Atmosphäre wird ein Anstrich viel stärker beansprucht als in der reinen Luft ländlicher Abgeschiedenheit. Auch die Jahreszeit, in der man mit der Prüfung beginnt, ist von entscheidendem Einfluß auf das Resultat. Der Anstrich ist, wie schon dargelegt wurde, in der ersten Zeit nach dem Aufbringen besonders empfindlich und wird daher in späterer Zeit ganz verschiedene Eigenschaften aufweisen, je nachdem er in einem gleichmäßig schönem Frühherbst ausgesetzt wurde, oder im Frühjahr, mit seinem launischen Wetter, oder ob im gewitterreichen Hochsommer mit der Bewitterung begonnen wurde. Alle diese Umstände sind durch die örtliche Lage und die Zeit bedingt, können also nicht immer frei gewählt werden. Man kann nur durch wiederholte, in verschiedenen Jahresabschnitten begonnene Versuche zu einem Durchschnittsergebnis gelangen, welches aber nur für Gegenden mit ähnlichen klimatischen und atmosphärischen Verhältnissen Geltung hat. Die Nichtbeachtung dieser Vorraussetzungen läßt manche, sonst unerklärliche, widersprechende Werturteile über Rostschutzfarben begreiflich erscheinen.

Aber auch die vom Experimentator frei wählbaren Bedingungen, wie Größe und Gestalt der Probebleche, Neigung der Anstrichflächen gegen die Horizontale oder ihre Stellung gegen die Himmelsrichtung, mehr oder minder geschützte Lage des Prüffelds und nicht zum letzten das Alter des Anstriches, in welchem er ins Freie gebracht wurde bzw. ob er im geschlossenen Raum oder im Freien aufgebracht wurde, sind von bestimmendem Einfluß auf das Endergebnis der Prüfung.

Größe und Gestalt der Anstrichfläche sind von Bedeutung. Bei kleinen Blechen macht sich der Einfluß der Kanten, an denen der Anstrich ja meist dünner ist, stärker bemerkbar als bei großen. Je weniger eine Anstrichfläche gegen die Horizontale geneigt ist, desto langsamer fließt das Regenwasser ab, desto länger bleibt der Anstrich feucht. Daß sich die Himmelsrichtung, nach der die Probefläche weist, im Verhalten des Anstrichs auswirkt, konnte schon bei den Versuchen mit gestrichenen Fässern (S. 197) gezeigt werden. Unterschiede in der Widerstandsfähigkeit der verglichenen Farben zeigen sich am ehesten[1] dann deutlich, wenn man die Anstriche entweder bald nach dem Streichen ins Freie bringt oder das Anstreichen überhaupt im Freien durchführt; da der Anstrich in der ersten Zeit des Trocknens (Periode der Filmbildung) am empfindlichsten gegen Wetterunbilden (Regen, Sonnenschein) ist, bringen diese Einwirkungen stärkere Schädigungen mit sich (und sind daher leichter erkennbar), als wenn erst der bereits verfestigte und dadurch widerstandsfähigere Anstrich (der im geschlossenen Raum gestrichen und einige Tage trocknen gelassen wurde) zur Bewitterung ausgelegt wird. Je länger man dem Anstrich Zeit gibt im geschlossenen Raum zu trocknen, desto mehr werden sich die durch die Trocken- und Erhärtungszeit bedingten Unterschiede in der Wetterempfindlichkeit verwischen, desto weniger wird man den tatsäch-

[1] Siehe dagegen den Befund F. Höpkes bei Kurzprüfungen S. 228.

lichen Verhältnissen gerecht. Der Vorschlag, Probeplatten mit ein und derselben Anstrichfarbe in verschiedenen zeitlichen Abständen im geschlossenen Raum zu streichen und sie alle einen Tag nach Fertigstellung des letzten Probeblechs gleichzeitig im Freien auszusetzen[1], ist sehr beachtenswert, wenn sich auch dadurch die Zeit, welche zur Durchführung einer Dauerprüfung benötigt wird, noch verlängert. Schließlich

Abb. 150. Altes Prüffeld in Atlantic City (U.S.A.)

sei noch darauf hingewiesen, daß die verschiedene Rostneigung des für die Probebleche verwendeten Eisens von Bedeutung ist.

Leider herrscht hinsichtlich aller dieser Bedingungen noch wenig Einheitlichkeit unter den einzelnen Versuchsstellen. Man vergleiche z. B. die Abb. 150—152 mit den Abb. 153—155.

Von der senkrechten Aufstellung der Tafeln ist man gänzlich abgekommen. In Deutschland werden von den deutschen Reichsbahnen, von der I. G. Farbenindustrie und anderen normierte Tafeln nachstehend angegebener Maße und Form verwendet (Abb. 156). Die Art der Befestigung geht aus Abb. 154 und 155 deutlich hervor. Die Probebleche werden an zwei Stellen durchbohrt und mittels Schrauben auf Holzböcken befestigt, so daß die abgeschrägte Seite nach Süden, die senkrechte Fläche nach Norden zeigt. Da an den Bohrstellen die Rostgefahr besonders groß ist, so ist dort doppelt zu grundieren oder ohne Rücksicht auf die verwendete Grundfarbe vorher mit Mennige zu streichen, so daß dieser Schutzanstrich nicht nur im Bohrloch selbst, sondern auch im Umkreis von 1—2 cm auf der Ober- und Unterseite aufgebracht wird.

Abb. 151. Schnitt durch Prüfgestell. Neue Type der amerikanischen Prüffelder.

[1] Kempf, R.: Farben-Ztg. **33**, 2359 (1928).

Um Versuchsfehler durch Verschiedenartigkeit der verwendeten Blechsorte auszuschalten, sind stets Bleche aus ein und demselben Material zu verwenden, als welches St 37,21 nach DIN 1621 vorgeschlagen

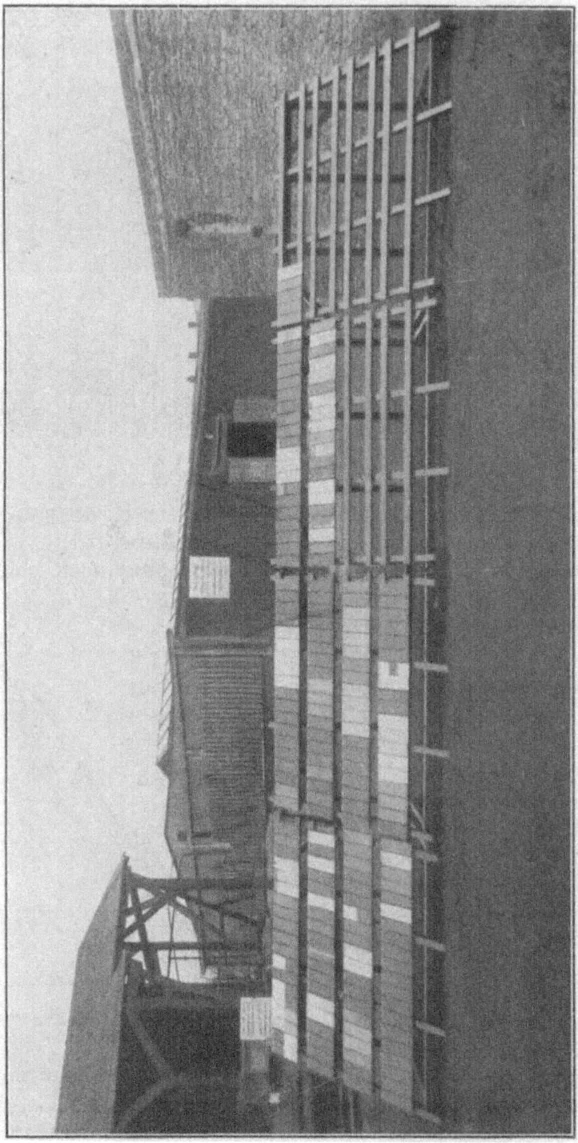

Abb. 152. Prüffeld der Zöllner-Werke A. G., Berlin.

wird. Vor dem Streichen sind die Probebleche mittels Sandstrahl zu entrosten. Der Gebläsedruck für das Sandstrahlgebläse soll stets gleich sein (2 at), wie auch stets eine Düse bestimmter Weite (10 mm) zu verwenden ist. Der zum Blasen verwendete Sand ist ebenfalls zu normalisieren und es wird als Normalsand ein Quarzsand vorgeschlagen mit einem

Abb. 153. Prüffeld der Deutschen Reichsbahn in Kirchmöser.

Abb. 154. Prüfgestell am Prüffeld der Deutschen Reichsbahn in Kirchmöser. Form und Befestigung der Probebleche.

Rückstand von 20% auf dem 120-Maschensieb, 40% auf dem 340-Maschensieb und 40% auf dem 600-Maschensieb.

Die Bleche sollen längstens innerhalb zwei Stunden nach dem

Abblasen gestrichen werden. Bis dahin sind sie gegebenenfalls in einem warmen trockenen, eventuell geheiztem Raum aufzubewahren[1], in dem sie selbstverständlich vor korrodierend wirkenden Gasen oder Dämpfen geschützt sein müssen. Die Herstellung der Probeanstriche ist ebenfalls im geschlossenen Raum vorzunehmen. Jeder folgende An-

Abb. 155. Wie Abb. 154. Aus dem von den Blechen geworfenen Schatten ist die Himmelsrichtung, in der die Bleche orientiert sind, erkenntlich.

strich ist erst nach vollständigem Trocknen[2] des vorhergehenden aufzubringen. Das Anstreichen selbst soll stets von derselben Person vorgenommen werden, zum mindesten muß eine gleichzeitig ausgelegte Versuchsserie von gleicher Hand gestrichen werden, wobei auch für alle Probetafeln, wenn möglich, die gleiche Pinselart zu verwenden ist. Daß diese Probeanstriche nur von fachkundiger Hand (erfahrener gelernter Anstreicher) aufzubringen sind, ist zwar selbstverständlich, muß aber doch besonders hervorgehoben werden, da nur so brauchbare Ergebnisse zu erzielen sind. 24 Stunden nach Aufbringen des letzten Anstriches werden die Bleche auf das Prüffeld gebracht.

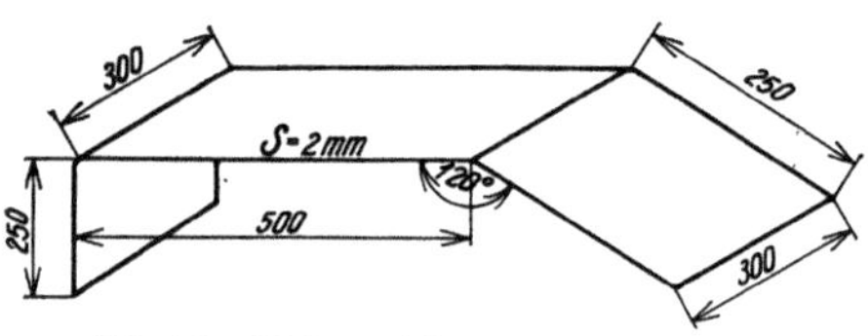

Abb. 156. Maße und Form der Probebleche für die Dauerprüfung.

Die zur Verwendung kommende Farbe soll, wenn sie streichfertig geliefert wird, vor dem Streichen durch eine kleine Trichtermühle geschickt werden, damit nicht Farbhäute oder Klümpchen zu Fehlstellen Anlaß geben. Es ist für alle Versuche dieselbe Mühle zu verwenden. Wenn die Farben aus Pigment und Bindemittel angerieben werden müssen,

[1] Es darf sich nach dem Entrosten keine Feuchtigkeit auf dem Eisen niederschlagen.

[2] Über Bestimmung der Trockenzeit siehe S. 234.

so ist zuerst aus dem Pigment und einem Teil des Bindemittels eine Paste herzustellen, in welche dann das übrige Bindemittel eingerührt wird. Diese Farbe ist dann dreimal durch die oben erwähnte Mühle zu schicken. Sollte die Farbe nach dreimaligem Durchgang noch nicht gleichmäßig sein, so ist die Zahl der hierfür erforderlichen Durchgänge zu vermerken.

Die während des Trocknens der Anstriche im betreffenden Raum herrschende Temperatur und relative Luftfeuchtigkeit sind zu notieren. Die Witterungsverhältnisse, die während der ganzen Prüfperiode herrschen, sind genau zu registrieren. Es sind zu vermerken: Morgen-, Mittags- und Abendtemperatur, ebenso Minimal- und Maximaltemperatur jedes Tages. Die Luftfeuchtigkeit ist mit Hilfe eines selbstregistrierenden Feuchtigkeitsmessers zu bestimmen. Die Lichtverhältnisse (Sonnenschein, trüb usw.) müssen vermerkt werden, besonders aber die Sonnenstunden mit hierfür geeigneten Instrumenten. Regen (eventuell Bestimmung der Regenmenge), Hagel, Schneefall müssen ebenso aufgezeichnet werden, wie die herrschenden Winde nach Richtung und Stärke. Daß alle etwa eintretenden Witterungsanomalien bzw. Wetterkatastrophen festzuhalten sind, ist selbstverständlich, da sie das Verhalten der Anstriche weitgehend beeinflussen können.

Um ein richtiges Urteil über das Verhalten des Anstrichs während der Prüfung zu erhalten, muß man die Probebleche in der ersten Zeit häufig, eventuell täglich kontrollieren; mit fortschreitender Bewitterungsdauer können die Beobachtungen in stets größeren Zeitabständen erfolgen. Über jede Besichtigung ist genau Protokoll zu führen. Zur Prüfung ist von Zeit zu Zeit auch das Mikroskop heranzuziehen, um das Auftreten von Rissen und Sprüngen feststellen zu können. Bei diesen periodischen Beobachtungen der Probeanstriche sind alle irgendwie beachtenswerten Erscheinungen zu notieren, also z. B. Glanzabnahme, Verschmutzung, Auftreten von Rissen, Roststellen usw.

Prüfungen, die sich über kurze Zeiträume, wie z. B. ein Jahr, erstrecken, sind nur insoferne auswertbar, als sie gestatten, für die herrschenden Verhältnisse vollständig ungeeignete Produkte auszuschalten. Je wetterbeständiger die bei der Dauerprüfung in Vergleich gezogenen Farben sind, desto länger wird die Dauerprüfung auch zu erstrecken sein, desto notwendiger wird es sein, mehrere Serien von Probeblechen auszulegen, wobei dann mit der Auslegung zu verschiedenen Jahreszeiten begonnen werden soll.

B. Die Kurzprüfung.

Aus dem Bestreben, sich von den Zufälligkeiten der Bewitterung an der Atmosphäre (Dauerprüfung) unabhängig zu machen und die Prüfdauer abzukürzen, entstand eine Reihe von Methoden, welche die Zerstörung des Anstrichs in kürzerer Zeit bewirken; man kann hier zwei Wege einschlagen. Entweder man unterwirft den Anstrich einer ausgewählten Reihe von Einzelbeanspruchungen, die durchaus nicht Reproduktionen der tatsächlich bei der Verwendung herrschenden sein müssen, aus denen man aber auf das Verhalten des Anstriches an der Atmosphäre Schlüsse ziehen kann, oder man imitiert, wenigstens zum Teil, die bei der praktischen Anwendung des Anstriches in Betracht kommenden, zerstörend wirkenden Einflüsse unter gleichzeitiger Erhöhung ihrer Intensität, wodurch die Verrottung beschleunigt wird. Im ersten Fall spricht man von Laboratoriumsprüfungen, im zweiten Fall von eigentlicher Kurzprüfung.

Auf welchem Weg man die raschere Zerstörung des Anstrichs zustande bringt, ist prinzipiell gleichgültig, wenn es möglich ist, zwischen der Zeit, die zur künstlich hervorgerufenen Verrottung gebraucht wurde, und der Zeit, die bei der praktischen Anwendung des Anstrichs vergeht, bis derselbe Zerstörungsgrad erreicht ist, eine Beziehung aufzustellen. Die Ermittlung dieses Zeitfaktors ist ein unbedingtes Erfordernis, wenn die bei der Kurzprüfung erzielten Ergebnisse praktischen Wert haben sollen; gleiches gilt natürlich auch für Laboratoriumsprüfungen.

Die künstliche Erhöhung der Intensität der Einflüsse, die zerstörend auf den Anstrich einwirken, muß nicht unbedingt gleichbedeutend sein mit einer proportionalen Verkürzung der Lebensdauer des Anstrichs. Wie manche Präparate in kleinen Mengen zu wiederholten Malen genommen, dem menschlichen Organismus unschädlich sind, aber bei Überschreitung einer gewissen gleichzeitig verabreichten Menge schädlich, ja selbst tödlich wirken können, so gibt es auch für die physikalischen oder chemischen Einflüsse, die auf den Anstrich einwirken, eine Intensitätsgrenze, jenseits welcher rasche Zerstörung erfolgt. Von den physikalisch wirksamen Einflüssen, welche die Lebensdauer der Farbhaut mitbestimmen, sei beispielsweise die Temperatur herausgehoben. Alle praktisch brauchbaren Anstriche werden Temperaturen von etwa 40 °C leicht langdauernd vertragen, aber wenn man, um den Einfluß zu verstärken, einen Anstrich auf 800 ° erhitzt, darf man aus dem baldigen Verkohlen der Farbhaut nicht schließen, daß er auch 40 ° nur 20mal solange, als die Zeit bis zur Zerstörung bei 800 ° betrug, aushalten wird. Ähnliches kann man auch bei der Behandlung eines Anstriches mit schwefliger Säure beobachten. Wenn man eine, mit einer der sogenannten rauchgasfesten Rostschutzfarben gestrichene Eisenplatte in ein Gefäß bringt, in dem sich feuchtes Schwefeldioxyd befindet, und das Aussehen des Anstrichs nach einer Stunde als maßgebend für die Zerstörungswirkung der schwefligen Säure annimmt, so darf man daraus auch nicht den Schluß ziehen, daß dieser Anstrich in rauchgashaltiger Atmosphäre nicht haltbar sein könne. Das heißt, es darf die Intensität der schädigend wirkenden Einflüsse nicht über einen bestimmten Wert gesteigert werden, wenn man Trugschlüsse vermeiden will.

Das Sonnenlicht wirkt nicht nur durch Wärme und somit durch Beschleunigung der Zerstörungsreaktionen schädigend, sondern auch durch die in ihm enthaltenen kurzwelligen (ultravioletten) Strahlen, welche besondere chemische Wirkungen auszuüben imstande sind.

Es liegt nahe, diese Wirkung durch Verwendung einer an kurzwelligen Strahlen reichen Lichtquelle bei der Kurzprüfung zu verstärken. Aus diesem Grunde werden in Kurzprüfapparaten vorwiegend Quarzlampen eingebaut, welche ein an kurzwelligen Strahlen reiches Licht aussenden. Allerdings senden sie auch Lichtstrahlen aus, deren Wellenlänge geringer[1] ist als die der kurzwelligsten im Sonnenlicht an der Erdoberfläche. Man kann im allgemeinen sagen, daß mit abnehmender Wellenlänge die Zerstörungswirkung der Lichtstrahlen zunimmt, so daß also die Verwendung der Quarzlampe keine bloße Verstärkung der Sonnenwirkung bedeutet, sondern teilweise Einflüsse mit sich bringt, die kein Äquivalent bei der natürlichen Beanspruchung haben. Um die nicht im Sonnenspektrum vorkommenden Strahlen, die von der Quarzlampe ausgesendet werden, auszuschließen, kann man Lichtfilter anwenden, welche aus einem Glas bestehen, das nur Lichtstrahlen von einer bestimmten Wellenlänge aufwärts durchläßt[2]. Doch haben sich diese Lichtfilter wegen ihres hohen Preises und ihrer Empfindlichkeit nicht eingebürgert. Anderseits wird bei ihrer Verwendung die zerstörende Wirkung des Quarzlichts stark vermindert, so daß man für einen Zerstörungseffekt Belichtungszeiten braucht, welche gegenüber der Dauerprüfung zu wenig zurückstehen (man erspart nur die Zeit, während welcher die Sonne nicht scheint, erreicht also beiläufig eine Verkürzung der Prüfzeit auf $^1/_3$—$^1/_4$ der Dauerprüfungszeit), um praktisch von Nutzen zu sein. Einzelne Prüfmethoden verzichten daher ganz auf die Mithilfe der Quarzlampenbelichtung und wenden gar keine oder andere, wenn auch weniger wirksame Lichtquellen an, deren Spektrum aber dem der Sonne möglichst nahe kommt, wie gewisse Bogenlampen mit imprägnierten Kohlen. So fanden F. C. Schmutz und D. L. Gamble[3], daß bei einem Kurzprüfversuch von 21 Tagen Anstriche bei reiner Quarzlichtbeleuchtung stark abkreideten, während die gleichen Anstriche bei Belichtung mit filtriertem Quarzlicht nach 21 Tagen fast nicht abkreideten, dafür aber eine merkliche Rißbildung zeigten. Sie weisen auch, wie schon andere vor ihnen, darauf hin, daß sich der gewöhnliche Quarzbrenner bei längerem Gebrauch in der spektralen Lichtverteilung ändert und gleichzeitig bei derselben Strombelastung an Gesamtintensität einbüßt. Sie bemerken, daß man bessere Resultate bei Verwendung von Quarzbrennern erzielt, welche aus weniger hoch geschmolzenem, trübem Quarzglas erzeugt sind, weil dieses im Ultraviolett nicht so weitgehend durchlässig ist.

Folgende Abbildungen einiger im Kurzprüfapparat bewitterter Anstriche zeigen, daß bei sonst gleichen Bedingungen die Belichtung mit Quecksilberlicht manchesmal die Zerstörung beschleunigt, daß aber manchesmal scheinbar keinerlei Unterschiede gegenüber den nicht be-

---

[1] Sonnenlicht bis herab zu $\lambda = 300\ \mu\mu$, Quarzlicht bis herab zu $\lambda = 180\ \mu\mu$.

[2] Becker: Farben-Ztg. **33**, 2232 (1928), empfiehlt z. B. Uviolglas U. Z. K. V. 3502 von Schott u. Gen. Jena, das Licht nur bis $\lambda = 280\ \mu\mu$ Wellenlänge durchläßt.

[3] Schmutz, F. C., u. D. L. Gamble: Ind. and Engin. Chem. Analyt. Edition **1**, 83 (1929).

lichteten Platten erkennbar sind, oder die belichteten Platten sogar besser aussehen. (Abb. 157—162).

Auch G. Zeidler und W. Toeldte[1] fanden bei Versuchen über den Einfluß des Lichtes auf Anstriche (wobei sie sich im wesentlichen für die Farbveränderung der bleihaltigen Anstriche interessierten) einen großen Unterschied zwischen Sonnen- und Quarzlicht; sie zeigten, daß, wenn man durch Glas, das nur mehr Strahlen von über etwa 300 $\mu\mu$ Wellenlänge durchläßt, den kurzwelligen Teil des Quarzlampenlichtes abblendete, die Wirkung rasch zurückging. A. V. Blom[2] verweist in einer kurzen Notiz auf die fundamentalen Unterschiede zwischen beiden Lichtarten und sagt, daß durch Quarzlicht im wesentlichen eine Alterung erzielt werde. Die einzige Intensivierung der Lichtwirkung ließe sich nach seiner Meinung durch Aussetzung von Versuchsanstrichen im Hochgebirge erzielen.

Die Schädigungen, welche wechselnde Temperaturen auf den Anstrich ausüben (hervorgerufen durch die damit verbundene Ausdehnung und Wiederzusammenziehung des Eisens und der Farbhaut) lassen sich bei der Kurzprüfung leicht verstärken, indem man den Temperaturwechsel oftmals hintereinander eintreten läßt. Ebenso einfach ist auch eine Verstärkung der Feuchtigkeitseinflüsse zu erzielen, indem man Nässung und Wiederaustrocknen des Anstrichs in öfterer, regelmäßiger Folge herbeiführt.

Im nachfolgenden wird eine Reihe von Kurzprüfapparaten beschrieben und die Arbeitsmethodik näher erläutert.

Schon A. S. Cushman und H. A. Gardner[3] erwähnen, daß Ch. Norton einen Apparat zur Kurzprüfung angegeben hat. Er besteht aus einem Kasten, in dem sich eine drehbare Welle befindet. Auf diese werden die mit der zu prüfenden Farbe gestrichenen kreisförmigen Platten aufgesteckt, so daß sich zwischen zwei benachbarten Platten ein Abstand von etwa 5 cm ergibt. Der Kasten wird zur Hälfte mit Salzwasser, alkali- oder säurehaltigem Wasser angefüllt, so daß die Platten zur Hälfte in die Flüssigkeit eintauchen. Durch langsame Umdrehung der Platten wird deren eine Hälfte stets feucht gehalten, während die andere Plattenhälfte mit der im Apparat eingeschlossenen Luft (der eventuell Kohlensäure, schweflige Säure, je nach der zu schaffenden Atmosphäre, beigemischt werden) in Berührung steht. Nach den Angaben der Autoren stellt dies eine strenge Prüfung dar, der manche Anstriche nur kurze Zeit widerstehen.

An gleicher Stelle findet sich auch der Hinweis auf eine Vorrichtung, welche es gestattet, Anstriche unter gesteigerten atmosphärischen Verhältnissen zu prüfen. Die Anstrichproben wurden dazu in einen Kasten gehängt, in dem sich die erforderlichen ständig feucht gehaltenen Gase befinden; ein Ruhmkorffscher Funkeninduktor gestattete die Erzeugung von Ozon im Apparat.

[1] Zeidler, G., u. W. Toeldte: Farben-Ztg. **34**, 1547 (1929).
[2] Blom, A. V.: Farben-Ztg. **34**, 1903 (1929).
[3] Cushman, A. S., and H. A. Gardner: The Corrosion and Preservation of Iron and Steel, S. 241ff. New York 1910.

Abb. 157. Grundanstrich Mennige, Deckanstrich Eisenoxydrot. Oben ohne, unten mit Uviollicht bewittert. Starker Unterschied. Platte ohne Uviolbestrahlung stärker verrottet.

Abb. 158. Grund- und Deckanstrich Eisenoxydrot, Oben ohne, unten mit Uviollicht bewittert. Kein besonderer Unterschied.

Abb. 159. Grundanstrich Mennige, Deckanstrich Zinkoxyd, Linoleatfirnis. Oben ohne, unten mit Uviollicht bewittert. Geringe Unterschiede. Platte ohne Uviolbestrahlung um weniges stärker verrottet.

Abb. 160. Grundanstrich Mennige, Deckanstrich Zinkoxyd. Resinatfirnis. Oben ohne unten mit Uviollicht bewittert. Geringe Unterschiede. Platte ohne Uviolbestrahlung um weniges stärker verrottet.

Abb. 161. Grundanstrich Ölmennige. 1. Deckanstrich abgetöntes Zinkoxyd in Öl. 2. Deckanstrich pigment- und harzfreier Holzöllack. Oben ohne, unten mit Uviollicht bewittert. Mit Uviollicht bestrahlter Anstrich netzrissig und viel stärker unterrostet als der nicht bestrahlte.

Abb. 162. Grundanstrich Ölmennige, 1. und 2. Deckanstrich Subox. Oben ohne Uviolbestrahlung: Anstrich zerstört, weniger stark unterrostet, Anstrich blättert stark ab. Unten mit Uviolbestrahlung: Anstrich zerstört, starke Unterrostung, wodurch die Pinselstriche sichtbar werden.

Erst mehrere Jahre später wurde von R. Kempf[1] ein Kurzprüfapparat (Abb. 163) — der von der Chemisch-Technischen Reichsanstalt, Berlin, verwendet wird — angegeben. Auf einem drehbaren haspelartigen Gestell sind die Versuchsplatten (je fünf in einer Reihe) aufgehängt. Bei der Drehung dieses Gestells um seine horizontale Achse werden die Platten auch durch einen unter dem Apparat befindlichen Trog geführt, der durch Wände in fünf Abteilungen geteilt ist. Versieht man die fünf in einer Reihe befindlichen Platten mit einem Anstrich derselben Farbe, und beschickt man jede dieser Abteilungen mit einer anderen Lösung (z. B. reines Wasser, Salzwasser, Alkali usw.), so kann man gleichzeitig den Einfluß verschiedener Beanspruchungen studieren.

Abb. 163. Kempf-Rad.

Der ursprünglich ohne Beleuchtungsvorrichtung gebaute Apparat wurde später (1924) mit einer Quarzlampe versehen, welche gestattet, den Einfluß des Lichtes mitzuprüfen.

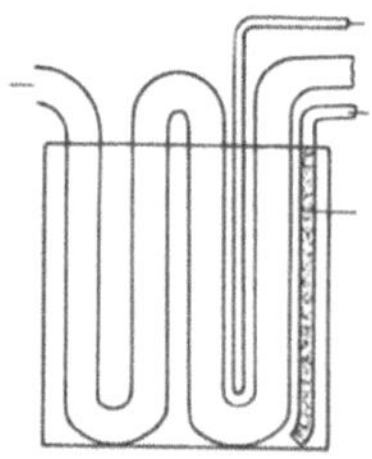

Abb. 164. Bewitterungsvorrichtung nach H. Wolff.

H. Wolff hat im Jahre 1924 eine kleine, leicht zu bauende Vorrichtung angegeben[2], mit deren Hilfe man Kurzprüfungen an einer beschränkten Zahl von Anstrichproben ausführen kann. Er verwendet einen Glaszylinder, in den die Probebleche gestellt werden. Der Innenraum kann mit Hilfe eines Röhrensystems abgekühlt

[1] Kempf, R.: Jahresbericht der Chemisch-Technischen Reichsanstalt **2**, 45/46 (1921/22); **4**, 163 (1924/25).

[2] Wolff, H.: Laboratoriumsbuch für die Lack- und Farbenindustrie, S. 103—104. Halle (Saale) 1924.

oder erwärmt werden, je nachdem, ob man darin gekühlte Sole oder Warmwasser zirkulieren läßt. Durch Glasröhren bläst man je nach Bedarf trockene oder feuchte Luft oder beliebige Gase ein. Vorstehende Abbildung gibt eine schematische Skizze dieses, wegen seiner einfachen Herstellbarkeit praktischen Apparates (Abb. 164).

In Amerika dürfte der erste Kurzprüfapparat, der brauchbare Resultate ergab, von H. A. Nelson[1] angegeben worden sein. Da er aber keine weitere Verbreitung fand, sei nur auf die Originalliteratur verwiesen. Im Jahre 1925 baute H. A. Gardner das nach ihm benannte „Gardner-Rad". Wie die Abb. 165 zeigt, besteht es aus einer

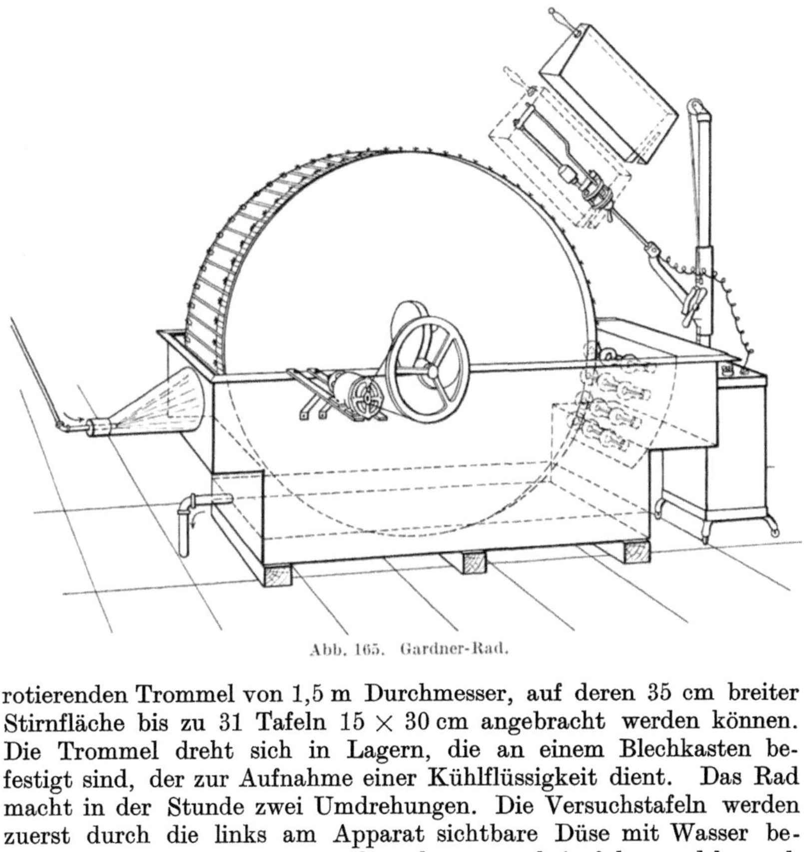

Abb. 165. Gardner-Rad.

rotierenden Trommel von 1,5 m Durchmesser, auf deren 35 cm breiter Stirnfläche bis zu 31 Tafeln 15 × 30 cm angebracht werden können. Die Trommel dreht sich in Lagern, die an einem Blechkasten befestigt sind, der zur Aufnahme einer Kühlflüssigkeit dient. Das Rad macht in der Stunde zwei Umdrehungen. Die Versuchstafeln werden zuerst durch die links am Apparat sichtbare Düse mit Wasser besprüht, werden dann an einer Quarzlampe vorbeigeführt und hernach von einer Batterie starker Glühlampen bestrahlt und erwärmt, um schließlich dann durch die Kühlvorrichtung geführt zu werden. Die Beanspruchung erfolgt also durch wechselnde Temperatur, wechselnde Bestrahlung, sowie durch abwechselndes Befeuchten und Austrocknen.

[1] Nelson, H. A.: Proc. Amer. Soc. for Testing Mater., Philadelphia **22**, II (1922); **24**, II (1924); **26**, II (1926).

Nach den Angaben von K. Schmidinger[1] hat sich das Gardner-Rad gut bewährt und es wurde damit nach seinen Erfahrungen die Bewitterungsdauer auf $^1/_7$ abgekürzt, d. h. nach einmonatiger Behandlung im Kurzprüfapparat treten beiläufig dieselben Zerfallserscheinungen im Anstrich auf, wie nach siebenmonatiger Freilagerung. Das von ihm

Abb. 166. Modifiziertes Gardner-Rad der Zoellner-Werke, Berlin (nach Merz).

beschriebene Gardner-Rad — welches in den Zoellner-Werken, Berlin, in Verwendung steht — weicht von dem oben beschriebenen etwas ab, indem einerseits der Durchmesser etwas größer (2 m) genommen, anderseits vor der Quarzlampe noch eine Heizsonne angebracht wurde, um nach der Wasserbehandlung eine genügende Trocknung zu erzielen. Abb. 166 zeigt das derzeit in den Zoellner-Werken, Berlin verwendete Rad. Es unterscheidet sich im wesentlichen vom Gardner-Rad durch

[1] Schmidinger, K.: Korrosion u. Metallschutz 2, 241 (1926).

einen oben angebauten Kühlkanal, durch welchen eine stärkere Unterkühlung der Probeplatten möglich wird[1].

Auf die Einwirkung besonderer Gase und auf eine beliebige Wahl der Atmosphäre muß bei dieser Apparatur natürlich verzichtet werden. Allerdings kommt etwas Ozon auf den Anstrichfilm zur Wirkung, das von der Quarzlampe erzeugt wird. Nach H. A. Gardners Angaben[2] wurden während einer zweijährigen ununterbrochenen Betriebszeit mit dem Originalapparat recht gute Ergebnisse bei der Kurzprüfung von Zelluloselacken erzielt, während die Befunde bei Farben auf Ölbasis nicht mit den Befunden der natürlichen Beanspruchung übereinstimmten. Als einen Nachteil dieses Apparates gibt Gardner an, daß die Filme nur während eines Bruchteiles der Zeit, die sie im Kurzprüfer sind, den Einwirkungen des Lichts unterworfen werden und daß bessere Ergebnisse zu erzielen wären, wenn die Belichtung von der Mitte des Rades her erfolgen würde.

Gardner legt großen Wert auf die Lichteinwirkung bei der Prüfung von Anstrichen, welche Ansicht von vielen deutschen Fachmännern, z. B. M. Schulz, vertreten wird. Gardner suchte die angeführten Fehler bei einer Neukonstruktion seines Apparates[3] zu vermeiden. Vor allem ordnete er die Lichtquelle zentral an, so daß die Anstrichproben beliebig lange der Lichteinwirkung ausgesetzt werden können. Als Lichtquelle dienen zwei Bogenlampen mit nicht imprägnierten Kohlen. Die Konstruktion des neuen Gardnerschen Schnellprüfapparates geht aus Abb. 167 deutlich hervor.

Die Versuchsplatten sind an der Innenseite eines zylindrischen Blechgefäßes von etwa 130 cm Durchmesser angebracht, so daß zwischen Behälterwand und Tafeln ein freier Raum von etwa 12 cm verbleibt. Dieser freie Raum gestattet auf die Rückseite der gestrichenen Bleche Kühlgefäße aufzusetzen, so daß man, falls es erwünscht ist, auch den Einfluß tiefer Temperaturen studieren kann. Von der Decke des Raumes, in dem der Apparat aufgestellt ist, hängt eine durch einen Motor angetriebene, drehbare Welle herab, an der sich vier waagrechte Arme befinden. An zwei Armen hängen die Bogenlampen, die bei der Drehung der Welle in einem Abstand von 7—8 cm an den Anstrichen vorbeigeführt werden. Die anderen zwei Arme dienen als Wasserzuführung für Streudüsen, die an ihnen angebracht sind, so daß die Probebleche bei der Drehung fortlaufend mit Wasser berieselt werden können. Der Strom wird den Bogenlampen über einen ringförmigen Schleifkontakt zugeführt. Gardner verzichtet auch bei diesem Apparat auf die Möglichkeit einer Einwirkung von schädigenden Gasen (Rauchgase, eventuell Abgase von Industrien). Er studiert das Verhalten der Anstriche gegenüber diesen Gasen in Einzelversuchen, wie solche dann an anderer

[1] Merz, O., Farben-Ztg. **36**, 316 (1930/31).

[2] Gardner-Scheifele: Untersuchungsmethoden der Lack- und Farbenindustrie, S. 309. Berlin 1929.

[3] Gardner, H. A.: Scient. Sect. Circ. Nr. 323; Ref. Farben-Ztg. **33**, 1729 (1928). — Siehe auch Gardner-Scheifele: Untersuchungsmethoden der Lack- und Farbenindustrie, S. 316. Berlin 1929.

Stelle beschrieben werden. In Deutschland und Österreich ist noch kein derartiger Bewitterungsapparat aufgestellt.

Ähnlich wie die Gardnerschen Kurzprüfer arbeitet der bei der Deutschen Reichsbahngesellschaft in Verwendung stehende Apparat. Die gestrichenen Probebleche werden, bevor sie im Apparat bewittert werden, einer sogenannten künstlichen Alterung unterworfen, indem sie einige Zeit auf 80° C erhitzt werden. Es ist dies eine rein willkürliche Maßnahme, da die Alterung eines Anstrichs in der Wirklichkeit nicht auf diesem Wege erfolgt. Allerdings muß man eingestehen, daß alle

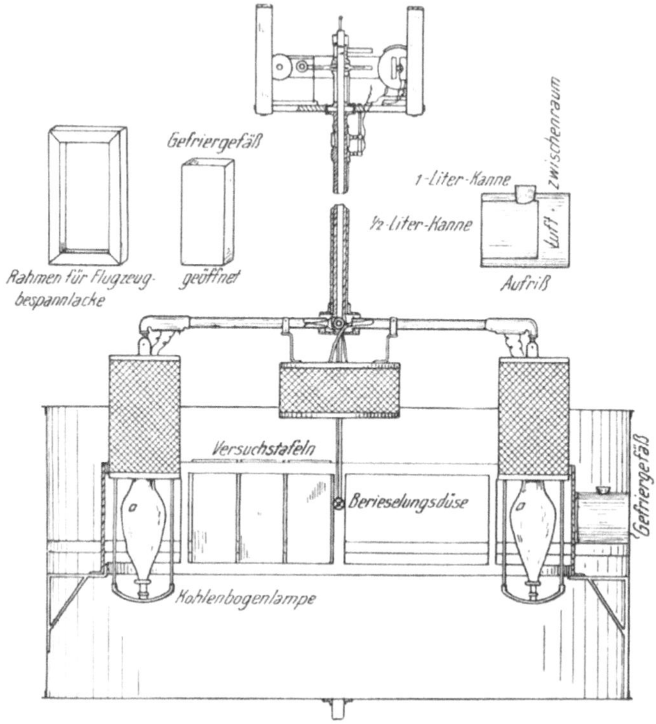

Abb. 167. Neues Gardner-Rad (nach Gardner-Scheifele).

bisher bekannt gewordenen Kurzprüfverfahren Mittel zur Verrottung des Anstrichs anwenden, die nicht ausschließlich direkte Reproduktionen der natürlichen Verhältnisse sind, daß aber jedes Mittel zu billigen ist, wenn die Endergebnisse mit den in der Praxis beobachteten Erscheinungen in Einklang stehen. Der Apparat der Deutschen Reichsbahngesellschaft, der in Abb. 168 gezeigt wird, ist verhältnismäßig einfach gebaut, was seiner Betriebssicherheit zugute kommt. Die Probebleche werden zu einer endlosen Kette vereint. Durch ein Rad wird diese bewegt, wobei eine Umlaufzeit von 3 Minuten eingehalten wird. Um die Quarzlampen, von denen je nach der Größe des Apparats zwei oder drei angewendet werden, gut auszunützen, sind diese zentral eingebaut.

Die Platten haben ein Ausmaß von 12,5 × 20 cm, sie werden in einem Abstand von etwa 30 cm an den Quarzlampen vorbeigeführt und erwärmen sich dadurch auf 30—50° C. Die Innentemperatur des Kastens, in den die ganze Vorrichtung eingebaut ist, kann durch Lüftungsklappen reguliert werden, welche je nach ihrer Stellung die von den Quecksilberdampflampen abgegebene Wärme abströmen lassen oder zurückhalten. Die erwärmten Platten passieren bei ihrem Kreislauf auch

Abb. 168. Schulz-Rad.

ein unten im Kasten angebrachtes Wassergefäß, das nach Belieben gekühlt oder erwärmt werden kann. Die unter dem Einfluß des Quarzlichtes alternden Anstriche werden auf diese Weise wechselnden Temperaturen ausgesetzt, wobei gleichzeitig ein Quellen in Wasser mit nachfolgendem Trocknen erreicht wird. Die Einwirkung tiefer Temperaturen auf den mit Wasser durchtränkten Anstrich wird in der Prüfanstalt der Deutschen Reichsbahn in einem eigenen auf —5° C gekühlten „Kühlbehälter“ studiert, welcher in Abb. 169 wiedergegeben ist. Gefrierendes Wasser übt besonders auf gealterte Anstriche eine Sprengwirkung aus. Um die Einwirkung von Rauchgasen auf den Probeanstrich kennenzulernen, werden die Platten in ein abgedecktes Glasgefäß (Abb. 170) gehängt, dessen Boden mit Wasser bedeckt ist.

Durch das Gefäß strömt ständig Luft, welche 1% Schwefeldioxyd enthält.

Im Gegensatze zu den bisher angeführten Kurzprüfmethoden verzichtet das Rostschutzlaboratorium der Leunawerke der I. G. Farbenindustrie auf die Anwendung einer künstlichen Belichtung, führt aber die Kurzprüfung in einem geschlossenen Apparat durch, in welchem die Einwirkung verschiedener Gase und auch von Wasserdampf und von Flugasche ermöglicht wird. Der Aufbau des von F. Höpke[1] konstruierten Apparates ist aus der schematischen Zeichnung und aus der Gesamtansicht zu erkennen (Abb. 171 und 172).

Abb. 169. Kühlkasten der Deutschen Reichsbahn (nach Schulz).

Der Apparat besteht aus einem eisernen Kasten, der an den senkrechten Schmalseiten Fenster besitzt, die einerseits eine Beobachtung

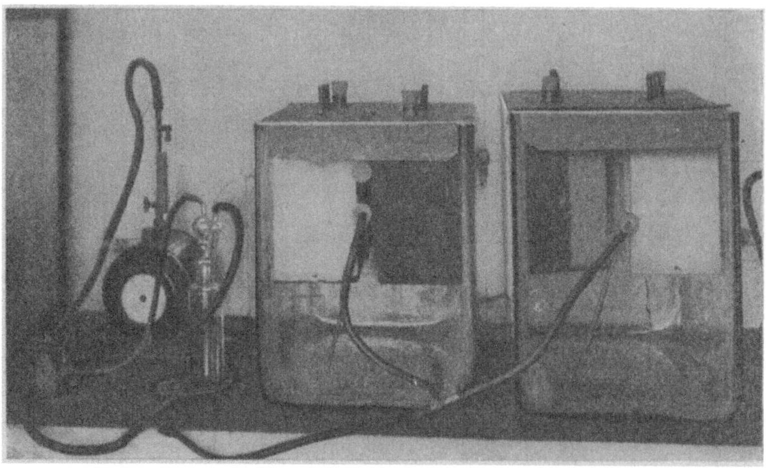

Abb. 170. Begasung mit Schwefeldioxyd (nach Schulz).

der Probeplatten ermöglichen, anderseits nach Entfernung der Glas-

[1] Höpke, F.: Beitrag zur technischen Prüfung von Rostschutzfarben, Dissertation, Berlin 1929.

scheiben eine Belichtung mit künstlichen Lichtquellen gestatten. An dem Kasten sind verschiedene Anschlüsse angebracht, welche für Zu-

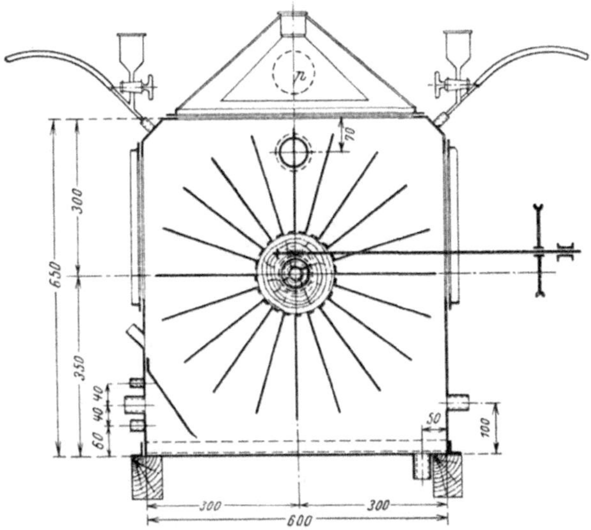

Abb. 171. Höpke-Rad (schematisch).

und Ableitung der Luft und der Zusatzgase oder zum Einblasen von Wasserdampf und Flugasche dienen. Eine Beheizung kann durch

Abb. 172. Höpke-Rad. Rechts Strömungsmesser für die Zusatz-Gase.

einen eingebauten Dampfheizkörper erfolgen. Die Abkühlung der Platten wird auf einfachste Weise durch flüssige Luft erreicht, die

15*

während der Kühlperiode in Gefäßen, welche sich im oberen Teil des Apparats befinden, verdampfen gelassen wird. Die Probebleche von nachstehender Form (Abb. 173) werden radial auf eine Holzwalze geschraubt, die mittels eines Schneckenrads in Umdrehung versetzt wird (100 Umdrehungen pro 1 Stunde).

Da es nicht gleichgültig ist, in welchem Alter die Anstriche der Beanspruchung ausgesetzt werden, hat F. Höpke orientierende Versuche gemacht[1], die zunächst die Tatsache bestätigten, daß manche Farbhäute in ihrer Jugend empfindlicher gegen Bewitterung sind als andere. Höpke bemerkt aber selbst, daß die Versuchsreihe noch zu kurz war, um bindende Schlüsse aus ihr ziehen zu können. Die gestrichenen Probebleche werden im Rostschutzlaboratorium der Leunawerke derzeit in einem Alter von 28 Tagen (gerechnet vom Tage des letzten Deckanstrichs) in den Apparat eingesetzt.

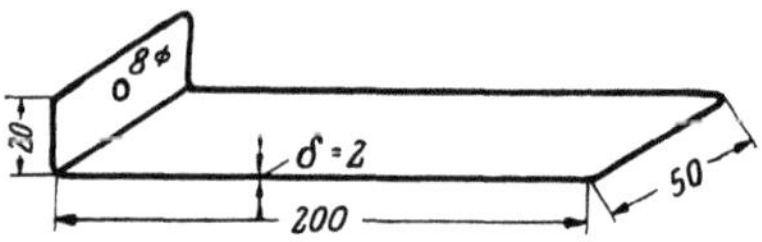

Abb. 173. Form und Maße der Probebleche für die Kurzprüfung im Höpke-Rad.

Die Kurzprüfung wird nach folgendem Arbeitsplan durchgeführt:

Die Beanspruchung im Wetterapparat dauert vier Wochen. Die Platten bleiben während dieser Zeit ununterbrochen in Bewegung. Die Begasung erfolgt während der ganzen Prüfzeit mit 600 l Luft per Stunde. Werktags in der Zeit von 8—17 Uhr werden je 1,2 l Kohlensäure und schweflige Säure per Stunde durch den Apparat geschickt. Falls am späteren Bestimmungsort des Anstriches die Einwirkung von Schwefelwasserstoff in Betracht zu ziehen ist, so wird dieser in derselben Menge wie Kohlensäure angewendet. Je nach dem Wechsel und der Art der thermischen Einwirkung ist zwischen der sogenannten Sommerwetter- und Winterwetterperiode zu unterscheiden, die in dreitägigem Turnus abwechseln.

a) Sommerwetter.

8 Uhr: Durch direkte Dampfeinleitung Temperatur langsam auf 60° C steigern, hierauf auf Raumtemperatur abfallen lassen.

10 Uhr: Durch indirekte Heizung trockene Wärme bis 16 Uhr konstant halten.

16 Uhr: Heizung abstellen, auf Raumtemperatur abfallen lassen.

17 Uhr: Durch direkte Dampfeinleitung Temperatur langsam auf 60° C steigern, hierauf auf Raumtemperatur abfallen lassen.

b) Winterwetter.

8 Uhr: Durch direkte Dampfeinleitung Temperatur langsam bis 60° C steigern, hiernach auf Raumtemperatur abfallen lassen.

10 Uhr: Mittels flüssiger Luft (in den Kühlgefäßen) Temperatur von 0° bis —5° C während zwei Stunden halten, dann auf Raumtemperatur langsam ansteigen lassen.

Die Menge der durch den Apparat streichenden Luft wird mit einer Gasuhr gemessen. Die Strömungsgeschwindigkeit der Zusatzgase wird an kleinen Strömungsmessern abgelesen und durch entsprechende Einstellung der Reduzierventile an den Gasflaschen, aus denen sie entnommen werden, konstant erhalten (nur Schwefelwasserstoff wird in einem Kippschen Apparat entwickelt).

---

[1] Höpke, F.: l. c.

Die mit diesem Apparat erhaltenen Resultate stimmen gut mit denen der Praxis überein. Die Angabe eines Zeitfaktors ist noch nicht möglich.

Ein Bewitterungsapparat etwas abgeänderter Bauart steht im Werk Ürdingen der I. G. Farbenindustrie, ein gleicher an der Technischen Hochschule in Wien am Institut für chemische Technologie organischer Stoffe in Verwendung. Beide wurden nach Plänen des Rostschutzlaboratoriums der I. G. Farbenindustrie Werk Ürdingen gebaut. Die Konstruktion ergibt sich aus den nachstehenden Abb. 174 und 175.

Der Bewitterungsraum besteht aus einem eisernen zylindrischen Behälter, in den zwei trommelartig ausgebildete Deckel an den Stirnflächen eingesetzt werden. In der Mitte dieses Gefäßes rotiert eine durch eine Welle angetriebene vertikal gestellte kreisförmige Sperrholzscheibe (Durchmesser 500 mm), auf der zu beiden Seiten, parallel zur Achse, die Probebleche längs der Peripherie angeschraubt werden können. Durch einen Elektromotor wird diese Scheibe mit einer Tourenzahl von 60 pro Stunde bewegt. Zur Einleitung von Wasserdampf, Gasen und Luft sind Rohrstutzen oben am Blechmantel angeschweißt; einer dient auch zur Einführung eines Thermometers. An der Unterseite befindet sich ebenfalls ein Stutzen, durch den die Abgase und das Kondenswasser abgeleitet werden. Zur Kühlung dient ein prismatischer Kühlkasten an der Oberseite des Apparates, der mit je einer Kühltasche an den beiden Deckeln in Verbindung steht. Durch diese Kühltaschen und den oberen Kasten zirkuliert während der Kälteperiode eine auf —15° C gekühlte Sole, die von der auf den Abbildungen links hinten sichtbaren Kältemaschine geliefert wird. Durch die besondere Konstruktion des Apparates ist der die Probebleche umgebende Luftraum klein gehalten, so daß seine Kühlung leicht gelingt. Auf nachstehender Skizze (Abb. 176), welche einen schematischen Vertikalschnitt (durch die Achse der Holzscheibe) darstellt, sind die Anordnung der Bleche und die Kühlvorrichtung gut erkenntlich. Zur Heizung des Apparats dient ein an der Unterseite angebrachtes elektrisches Heizkissen mit Regulierwiderstand. Links und rechts am Mantel des Zylinders sind rechteckige Öffnungen ausgeschnitten, deren eine mit einer dicht schließenden Glasscheibe verschlossen ist und einen Einblick in den Apparat gestattet, während in die andere ein Lampenkasten mit einer Quarzlampe eingeschoben ist. Der Apparat ist mit starken Asbestplatten, welche zur Vermeidung von Strahlungsverlusten weiß gestrichen sind, isoliert.

Die Probebleche haben die gleichen Ausmaße, wie die im Höpke-Rad verwendeten (Abb. 173). Der Apparat faßt 44 Platten (22 auf jeder Seite der Sperrholzplatte).

Die Bewitterung der Probebleche erfolgt nach dem vorher gegebenen Schema der I. G. Farbenindustrie Werk Leuna. Die Bleche werden am siebenten Tag nach dem letzten Deckanstrich zur Bewitterung gebracht. Da dieser Apparat erst ein Jahr in Betrieb steht, war die Ermittlung eines Zeitfaktors noch nicht möglich. Es laufen bei jeder Versuchsreihe vier Vergleichsplatten mit, von denen je zwei mit dem gleichen System gestrichen sind. Das eine System baut sich auf aus Mennigegrundanstrich und zwei Deckanstrichen mit Eisenoxydrot B 20 der

I. G. Farbenindustrie als Pigment, das andere hat ebenfalls Mennigegrund, aber zwei Bleiweißdeckanstriche.

Der Apparat ist innen mit einer Ölfarbe gestrichen, für die durchwegs, sowohl im Grund- als im Deckanstrich oben erwähntes Eisenrot verwendet wird. Als Bindemittel dient für den Grundanstrich Leinölfirnis, für den ersten Deckanstrich Leinölfirnis mit 10% Leinölstandöl, für den zweiten Deckanstrich ein Leinölfirnis mit 20% Standöl. Der Anstrich ist nach jeder zweiten Bewitterungsperiode zu erneuern.

Die Belichtung mit der Quarzlampe erfolgt täglich werktags von

Abb. 174. Ürdinger-Rad (geschlossen).

8—17 Uhr. Die Beurteilung des Zustandes der Probeanstriche erfolgt stets im Vergleich zu den vier Standardplatten, da nur auf diese Weise grobe Fehlschlüsse vermieden werden können.

Unter den in letzter Zeit bekannt gewordenen Kurzprüfapparaten ist der von A. V. Blom[1] angegebene, Bauart Winkler, Fallert & Co., Bern, zu erwähnen. Die Versuchsplatten werden im Kreislauf durch mehrere Kästen geführt, die teils als Heiz-, Berieselungs- und Kühltürme ausgebildet sind; auch eine Bestrahlungseinrichtung ist vorgesehen.

Das von E. Ritter[2] angegebene Kurzprüfverfahren wurde den besonderen Bedingungen der Kalisalzindustrie angepaßt. In den Kaliwerken tritt zu den gewöhnlich in der Atmosphäre enthaltenen anstrichzerstörenden Stoffen noch Salzstaub hinzu. Ritter streicht die

[1] Blom, A. V.: Farben-Ztg. **33**, 500 (1927/28).
[2] Ritter, E.: Korrosion u. Metallschutz **5**, 64 (1929).

zu prüfenden Farben auf Glasplatten, welche einseitig mit einer Silberchromat enthaltenden Gelatineschicht überzogen sind. Sobald im Verlaufe der Prüfung Kalisalze (es kommt im wesentlichen nur Kaliumchlorid in Betracht) in Form ihrer Lösung durch den Anstrich bis zur Silberchromatschicht dringen, reagiert das Chlorkali mit dem Silbersalz unter Bildung von weißlichem Chlorsilber. Diese Chlorsilberflecken sind auf der ungestrichenen Rückseite der Glasplatten leicht zu erkennen; ihre Zahl und ihre Größe wird bei der Bewertung des Anstriches in Rechnung gezogen. Die Beanspruchung der Anstriche wird in einem

Abb. 175. Ürdinger Rad (geöffnet).

Apparat durchgeführt, in dem die Glastafeln an einem Kettenband hängend bewegt werden, welches viermal in einer Stunde umläuft. Die Platten können entweder durch ein Kältebad oder durch trockene kalte Luft auf eine Temperatur von 0° gekühlt werden, und gelangen dann im weiteren Kreislauf zur Bestrahlung durch Quarzlicht, passieren dann elektrische Heizsonnen, so daß sie eine Temperatur von + 35 bis 40 °C erreichen und können auch durch eine Kalilösung geführt werden. Da je zwei Platten mit ihren ungestrichenen Seiten aneinander gelegt sind, wird durch entsprechende Anbringung der Quarzlampe immer nur eine Platte vom künstlichen Licht getroffen, während die andere Platte dem Tageslicht ausgesetzt ist.

Der Apparat mag vielleicht den besonderen Verhältnissen der Kaliwerke sehr gut angepaßt sein, es ist jedoch als Nachteil anzusehen, daß die Anstrichstoffe nicht auf der Unterlage geprüft werden, auf welcher sie zur Verwendung gelangen, und dies sollte eines der ersten Grundgesetze jeder Anstrichprüfung sein[1].

Außer den angeführten wurde noch eine große Zahl von Kurzprüfverfahren angegeben, die sich aber in Deutschland und Österreich nicht eingeführt haben. Es sei diesbezüglich auf das im Anhang gegebene Literaturregister verwiesen.

Die Methodik der Kurzprüfung ist zurzeit noch nicht so weit vorgeschritten, daß man von einer Standardmethode sprechen könnte. Alle angegebenen Methoden sind mehr oder minder erst als Versuche zu betrachten, um einen einwandfreien Aufschluß über die Brauchbarkeit einer Anstrichfarbe für einen bestimmten Verwendungszweck zu erhalten. Nur auf Grund eines großen statistischen Materials wird es möglich sein, unter den vorhandenen Kurzprüfverfahren jenes auszuwählen, das als Vergleichsnorm für Anstriche dienen kann. Das soll nicht heißen, daß die heute bestehenden Verfahren für die Ermittlung der Brauchbarkeit von Anstrichfarben ohne Wert sind, sondern es soll nur wieder darauf hingewiesen werden, daß die Ergebnisse eines Kurzprüfversuches nur dann richtig verwertet werden können, wenn die Beziehung zu den am Verwendungsort der Farbe herrschenden Verhältnissen hergestellt werden kann, was nur wieder auf Grund entsprechender Erfahrungen möglich ist. Die Kurzprüfung kann auch bestenfalls nur ergeben, wie sich der Anstrich bei durchschnittlichen Beanspruchungsverhältnissen halten wird, sie kann also falls sie für einen neuen Anstrichstoff angewendet wird, nur den Rückschluß zulassen, wie er sich unter normalen Witterungsverhältnissen bewähren wird. Wie sich ein Anstrich bei irgendwelchen Wetterexzessen verhalten wird, kann man um so weniger voraussagen, als man selbst bei gut bewährten Farben in solchen Fällen Überraschungen erlebt hat.

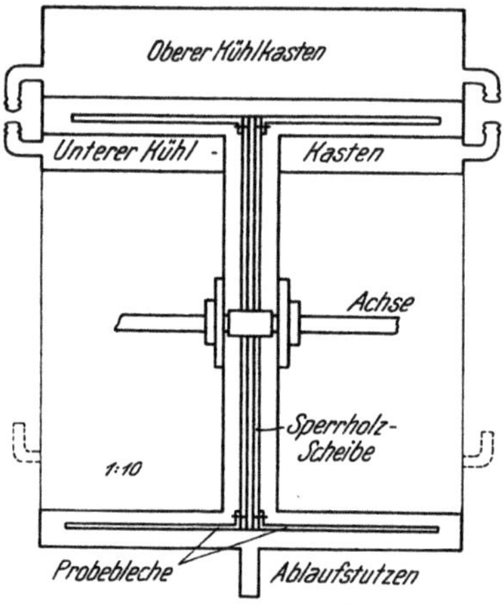

Abb. 176. Schnitt durch das Ürdinger-Rad.

Obige Ausführungen zeigen, daß ein genügend und an vielen Stellen erprobtes Kurzprüfverfahren mit verläßlicher Beziehung zu den natürlichen Verhältnissen geeignet wäre, der Anstrichtechnik wichtige Grundlagen zu bieten, da der Freilagerversuch bei den in jedem Jahr verschiedenen

[1] Siehe diesbezüglich auch Droste, F. H., u. M. Werner: Farben-Ztg. **34**, 2131 (1928/29). — Nettmann, P.: Farben-Ztg. **35**, 1046 (1930).

Wetterfolgen, abgesehen von der späten Auswertbarkeit, allzusehr von Zufälligkeiten beeinflußt wird und nie mehr ein zweites Mal annähernd genau reproduziert werden kann. Die vielen verschiedenartigen Kurzprüfverfahren fördern die Möglichkeit, zu einer einheitlichen Methode zu gelangen. Die Vielartigkeit erlaubt frühzeitig Ungeeignetes auszuscheiden und allseits Bewährtes für eine spätere normierte Kurzprüfmethode festzuhalten.

C. Laboratoriumsprüfungen.

Um sich Einblick in das Verhalten eines Anstrichs gegen bestimmte chemische oder physikalische Einwirkungen zu verschaffen, kann man eine Reihe von Versuchen mit dem fertigen Anstrich ausführen, welche unter obigem Titel zusammengefaßt sind.

Für Laboratoriumsprüfungen werden nur kleine Versuchstafeln verwendet; auf die gleichmäßige Herstellung der Probeanstriche muß daher besonders geachtet werden.

Die Aufbringung der Anstriche kann auf verschiedene Weise erfolgen. Entweder man wendet eine der praktisch gebräuchlichen Methoden wie Streichen oder Spritzen an, oder man gießt die Farbe auf der Probetafel aus und verteilt sie dann dadurch gleichmäßig, daß man die Tafel auf eine horizontale drehbare Scheibe legt und diese mit bestimmter Tourenzahl rotieren läßt[1]. Eine gleichmäßige Filmdicke kann man auch durch mechanische Auftragvorrichtungen erzielen[2], oder man versieht das zu streichende Blech mit einem erhabenen Rand, etwa durch Einlegen in einen niederen Rahmen[3], gießt die Farbe auf und streift dann den Überschuß ab, wobei die erzielte Filmdicke durch die Höhe des Rahmenrandes gegeben ist. Die Art der Erzeugung hat großen Einfluß auf die Eigenschaften des Anstrichs. Es zeigten z. B. Anstriche, die sich aus Grund- und zwei Deckanstrichen aufbauten, verschiedene Haltbarkeit, wenn der zweite Deckanstrich das eine Mal von Hand aus gestrichen wurde, das andere Mal aber gespritzt wurde, während in beiden Fällen Grund und erste Decke gestrichen worden waren. Es ist daher nicht ganz angebracht, wenn man Probeanstriche anders erzeugt als in der Praxis. Obzwar es nach einem der angedeuteten mechanischen Verfahren leichter gelingt, gleichmäßige Farbfilme zu erzielen, ist es vorzuziehen, die Versuchstafeln von Hand aus mit dem Pinsel zu streichen. Wenn man die einzelnen Tafeln nicht zu groß wählt, dagegen mehrere für jede Einzelprüfung verwendet, so kann man bei einiger Übung vollkommen brauchbare Durchschnittswerte erzielen. Anderseits wird man eine Spritzfarbe nicht streichen, sondern spritzen.

Die Haltbarkeit einer Rostschutzfarbe wird mitbeeinflußt durch die Zeit, welche sie zum Trocknen braucht.

---

[1] Gardner, H. A., u. G. G. Sward: Ind. and Engin. Chem. **19**, 972/74 (1927). — Ref. in Korrosion u. Metallschutz **4**, 117 (1928); Farbe u. Lack **1928**, 212.
[2] Brier, J. C., u. A. M. Wagner: Ind. and Engin. Chem. **20**, 759 (1928).
[3] Wolff, H., u. G. Zeidler: Farben-Ztg. **32**, 2708 (1927).

1. Die Bestimmung der Trockenzeit.

Sie kann nach prinzipiell verschiedenen Methoden erfolgen, z. B. durch rein gefühlsmäßige Beurteilung durch Betupfen mit dem Finger oder durch Überfahren mit einem Glasstab, der mit fortschreitendem Trockenprozeß immer leichter über den Anstrich gleitet, oder man kann durch Aufstreuen von Sand auf den Anstrich den Zeitpunkt erfassen, in welchem der Anstrich staubtrocken ist, da dann der Sand nicht mehr haften bleibt, oder man ermittelt diesen Zeitpunkt durch Auflegen von Papierstreifen, was periodisch von Hand aus oder kontinuierlich durch mechanische Vorrichtungen erfolgen kann. Man kann schließlich den Verlauf der Sauerstoffabsorption oder die Gewichtsveränderungen messend verfolgen; diesfalls ist aber darauf Bedacht zu nehmen, daß weder das Maximum der Sauerstoffaufnahme, noch das der Gewichtszunahme mit einem bestimmten Trocknungszustand zusammenfallen muß. H. Wolff[1] hat in letzter Zeit eine Trockenzeitbestimmungsmethode angegeben, welche auf der Beobachtung aufgebaut ist, daß ein auf den zu prüfenden Anstrich gebrachter Tropfen Firnis (welcher der besseren Sichtbarkeit halber angefärbt wird) sich um so weniger ausbreitet, je weiter der Trocknungsprozeß fortgeschritten ist.

So einfach es im Prinzip erscheint, die Trockenzeit einer Anstrichfarbe zu bestimmen, so schwierig ist dies in Wirklichkeit. Nicht daß sich etwa darüber Zweifel ergeben könnten, wann der Anstrich als trocken zu bezeichnen ist, denn das ist wohl immer mit einem beliebigen Grad von Genauigkeit, je nach der angewandten Methode zu ermitteln; aber die Trockenzeit ist für eine bestimmte Farbe kein konstanter Wert, sie ändert sich mit Temperatur, Lichtintensität und Feuchtigkeitsgehalt der Luft. Es ist sicher jedem bekannt, daß Anstriche im Winter langsamer trocknen als in heißer Sommerszeit. Es ist also, wenn man konstante und vor allen Dingen reproduzierbare Werte bekommen will, notwendig, Temperatur und relative Luftfeuchtigkeit innerhalb enger Grenzen konstant zu halten und die Anstriche bei einer möglichst gleichbleibenden Belichtung, also im zerstreuten Tageslicht trocknen zu lassen. Diese Grundsätze gelten, ob man nun z. B. das Eintreten des „Staubtrockenseins" mit dem Finger oder mit mechanischen Apparaten bestimmt.

Die eben genannte Methode der Feststellung des Trockenzustandes mit dem Finger, die

a) Berührungsmethode,

ist die einfachste aber auch die ungenaueste, da sie zu sehr vom subjektiven Empfinden abhängt. Sie genügt aber für viele Fälle der Praxis und wurde auch in das Standardblatt RAL 840 A 2[2] aufgenommen. Sie soll wie folgt vorgenommen werden[3]:

[1] Wolff, H., u. W. Toeldte: Farben-Ztg. **34**, 1060, 2069, 2293 (1928/29).
[2] Reichsausschuß für Lieferbedingungen (RAL) beim Reichskuratorium für Wirtschaftlichkeit, Berlin. Das Blatt kann vom Beuth-Verlag, Berlin SW 19, bezogen werden.
[3] Nachdruck mit Bewilligung des RAL.

„Um den Trocknungsvorgang in all seinen Stufen erfassen zu können, überfährt man den Anstrich in Zeitabständen behutsam mit dem Finger und kann dabei folgende Stufen konstatieren:

a) Anziehen (Antrocknen): Der Finger erfährt einen fühlbaren Widerstand.

b) Klebende Trocknung: Der Finger klebt beim Gleiten über die Oberfläche des Anstrichs.

c) Staubfreie Trocknung: Der Finger gleitet ohne Widerstand über den Anstrich.

Um die nun beginnende Stufe des Durchtrocknens festzustellen, streicht man von Zeit zu Zeit mit sich immer mehr steigendem Druck mit dem Finger über die Fläche. Wenn dabei der Finger einen Widerstand nicht mehr erfährt und außerdem bei stärkstem Druck ein Fingerdruck nicht mehr sichtbar ist, kann der Anstrich als durchgetrocknet gelten."

b) Methode von Wolff-Bandow[1].

Man legt in passenden Zeitabständen ein Blättchen schwach geleimtes Papier (Durchschlagpapier) vom Format 1×3 cm auf den Anstrich und auf das Papier ein gleich großes Holzklötzchen, das mit einem 20 g-Gewicht belastet wird. Nach 2 Minuten hebt man das Papier ab; wenn das Papier keine Anstrichteilchen mehr aufgenommen hat und auch der Anstrich keinen Eindruck aufweist, so ist die Staubtrockne erreicht.

Das Durchtrocknen verfolgt man so, daß man das Papier bzw. das Holzklötzchen zunächst mit 200 g belastet, und wenn nach fünf Minuten langem Aufliegen das Papier nicht mehr haftet, die Prüfung mit einer Belastung von 2 kg weiterführt.

Die aneinandergereihten Papierblättchen geben ein übersichtliches Bild über den Trocknungsverlauf. Man kann auch je nach der Menge Anstrich, die auf dem Papier haften blieb, die einzelnen Stufen graduell bewerten und den Verlauf der Trocknung in einem Diagramm darstellen[2].

Temperatur und relative Luftfeuchtigkeit lassen sich in gewöhnlichen Arbeitsräumen schwer konstant halten. Falls unter konstanten Bedingungen gearbeitet werden muß, was wegen der Vergleichbarkeit der Ergebnisse womöglich geschehen sollte, so kann die Trockenzeitbestimmung entweder in geschlossenen Apparaten oder speziell eingerichteten Räumen[3] vorgenommen werden. Wolff[4] führt deshalb Trockenzeitbestimmungen in dem von ihm für Kurzprüfungen angegebenen Glaszylinder durch; allerdings müssen dazu die Probebleche zur Feststellung des Trockengrades aus dem Gefäß genommen werden.

---

[1] Wolff, H.: Farben-Ztg. **29**, 575 (1924) bzw. Laboratoriumsbuch für die Lack- u. Farbenindustrie. Halle 1924. — Bandow, E.: Chem.-Ztg. **1905**, 239.

[2] Näheres siehe Wolff, H.: l. c.

[3] Siehe auch Gardner-Scheifele: Untersuchungsmethoden der Lack- und Farbenindustrie, S. 114ff. Berlin 1929.

[4] Wolff, H., u. W. Toeldte: Farben-Ztg. **34**, 1060 (1928/29).

c) Die Methode von F. Höpke.[1]

Der Anstrich wird auf sandstrahlentrostete Bleche der Größe 500 × 50 × 2 mm aufgetragen, worauf die Bleche in den nachstehend abgebildeten (Abb. 177) und beschriebenen Apparat gebracht werden.

Auf einem Holzbrett sind Schienen angebracht, auf denen ein beweglicher Wagen ruht. Auf diesen Wagen wird das frisch gestrichene Blech gelegt. Der Wagen wird ganz nach rechts geschoben und an seinem linken Ende bei *p* ein Morsepapierstreifen aus saugfähigem Papier eingeklemmt. Eine kleine Walze *g* und ein Gewicht *h* von 300 g drücken den Papierstreifen an den Anstrich, während der Wagen unter der Walze weggleitet; die

Abb. 177. Trocknungszeitprüfer von Höpke.

Leitrolle *i* hebt dann den Streifen wieder ab, damit er nicht am Anstrich antrocknet. Durch ein Gewicht *m* wird der Wagen unter der Walze *g* durchgezogen. Die Geschwindigkeit und die Gleichförmigkeit der Bewegung wird durch das Uhrwerk mit Seilscheibe *k* geregelt. Während sich das Uhrwerk stets mit derselben Umlaufgeschwindigkeit dreht, kann durch Auflegen der den Wagen haltenden Schnur auf die große, mittlere oder kleinste Scheibe die Wagengeschwindigkeit so geregelt werden, daß dieser zu seinem gesamten Weg entweder 24, 48 oder 72 Stunden, je nach der Trockenzeit des Anstrichs braucht. Durch eine Streuvorrichtung wird aus dem über der Walze *g* sichtbaren kegelförmigen Behälter Sand, Staub oder Flugasche auf den Anstrich gestreut. Nach Beendigung des Versuches wird das Blech abgenommen und der nicht haften gebliebene Sand (Staub oder Flugasche) abgeschüttelt. Die Stelle am Anstrich, an der keine Teilchen der Streumasse haften, wird als staubfest bezeichnet, die Zeit vom Beginn des

[1] Höpke, F.: l. c.

Versuchs bis zur Erreichung der Staubfestigkeit wird als „Staubtrockenzeit“ bezeichnet. Der auf den Anstrich gedrückte Morsestreifen trägt eine Stundeneinteilung. Die Zeit vom Versuchsbeginn bis zu dem Zeitpunkt, wo keine Farbteilchen am Papier haften bleiben, wird als die „Durchtrockenzeit“ bezeichnet. Neben der Walze *g* ist noch ein metallener Zahnkranz angebracht, dessen Zähne auf den Anstrich drücken. Als durchgehärtet wird der Anstrich dann bezeichnet, wenn am Anstrich keine Eindrücke dieser Zähne mehr zu sehen sind. Die Zeit, die von Versuchsbeginn bis dahin verstreicht, ist die „Durchhärtungszeit“.

Um mehrere Anstriche gleichzeitig prüfen zu können, kann der Apparat auch so gebaut werden, daß auf einem breiteren Wagen mehrere Bleche (bis zu 6) nebeneinander eingespannt werden, wobei für jedes Blech eine eigene Walze, mit Zahnrad und eigener Streuvorrichtung angeordnet sind. Um während der Versuchsdauer konstante äußere Bedingungen zu haben, kann man den Apparat in einen Kasten einbauen, der mit einer Vorrichtung zur Konstanthaltung von Temperatur und Luftfeuchtigkeit versehen ist.

Diese Methode zeichnet sich nicht nur durch die Bequemlichkeit ihrer Durchführung aus, sondern auch dadurch, daß die erhaltenen Resultate von subjektiver Beurteilung weitgehend unabhängig sind. Wenn es auch derzeit noch keine allseitig anerkannte Standardmethode zur Bestimmung der Trockenzeit gibt, so erscheint die eben beschriebene als die geeignetste, insbesonders für laufende Untersuchungen.

d) Ritzmethode.

Mit fortschreitender Trocknung, also mit fortschreitender Verfestigung der Farbhaut, wird der Anstrich beim Überfahren mit einem scharfen Gegenstand immer schwerer ritzbar und es ändert sich die Gestalt der Ritzfurche.

R. Kempf[1] hat einen für diese Art der Trockenzeitermittlung bestimmten Apparat angegeben[2]. Der Anstrich ist auf einem Schlitten befestigt und wird unter dem an einem ausbalancierten Hebel befestigten Rillrädchen durchgeführt. Kempf unterscheidet beim Ritzen frischer Anstriche drei Perioden. In der ersten gehen die Rillen bei geringster Belastung bis auf den Untergrund und die Ränder der Rillfurchen laufen je nach dem Trocknungszustand mehr oder weniger rasch wieder zusammen. Die zweite Periode wird dadurch bestimmt, daß die Rillen zwar noch bis zum Grund reichen, die Rillfurchen sich aber nicht mehr schließen. In der dritten Periode schneidet das Rillinstrument erst bei stärkerer Belastung bis zum Grund ein. Diese Methode kommt weniger für die praktische Beurteilung des Trocknungsverlaufes in Betracht, als zur Untersuchung des Härtegrades der Anstriche. Denn durch die Ritzmethode läßt sich die Staubtrockenzeit kaum mit genügender Sicherheit ermitteln, wohl aber der Zeitpunkt, in welchem der Anstrich soweit angetrocknet ist, daß er sich mit dem Pinsel nicht mehr ver-

---

[1] Kempf, R.: Ztschr. f. angew. Ch. **40**, 1296 (1927).

[2] Siehe auch Wolff, H., u. Clemens: Farben-Ztg. **27**, 2555 (1922).

streichen läßt, ohne daß sich die Pinselstriche markieren (Zeitpunkt, bei welchem sich die Rillfurche hinter dem Rillrädchen nicht mehr schließt).

Um den von J. Mc. E. Sanderson[1] angegebenen Apparat auch zur Bestimmung der Erscheinungen des Antrocknens brauchbar zu machen, änderte ihn H. A. Gardner entsprechend ab. Der abgeänderte Sandersonsche Apparat besteht aus einer Scheibe, welche durch ein Uhrwerk mit verschiedener einstellbarer Geschwindigkeit in Umdrehung versetzt wird. Auf diese Scheibe wird die gestrichene Probetafel gelegt. Eine Streuvorrichtung läßt auf die rotierende gestrichene Tafel Sand derartig abfallen, daß eine Spirallinie entsteht. Dadurch läßt sich die Staubtrockenzeit ermitteln. An dem Apparat ist eine Vorrichtung angebracht, die eine durch ein Uhrwerk getriebene, am Rand mit Nadeln besetzte Scheibe in kleinen Zeitintervallen auf den Anstrich drückt. Sobald sich die dadurch gebildeten Ritzfurchen nicht mehr schließen, wird die Vorrichtung, welche die nadelbesetzte Scheibe betätigt, ausgeschaltet und dafür die Streuvorrichtung in Tätigkeit gesetzt. Wenn man die Trockenzeitbestimmung nicht immer unter konstanten Verhältnissen hinsichtlich Temperatur, Luftfeuchtigkeit, Licht und Luftbewegung macht, erhält man nur dann benutzbare Vergleichswerte[2] wenn neben dem zu prüfenden Anstrich auch einer von bekanntem Verhalten mitläuft.

H. A. Gardner[3] hat auch einen automatischen Trockenzeitmesser angegeben, der sich im Prinzip nicht von anderen weiter vorne besprochenen unterscheidet.

Es ist einleuchtend, daß zwei Beobachter, die unabhängig voneinander die Trockenzeit eines und desselben Anstriches bestimmen, nur dann zu annähernd übereinstimmenden Ergebnissen kommen können, wenn sie nach derselben Methode und unter vollkommen gleichen Bedingungen arbeiten. Es wäre daher außerordentlich wünschenswert, wenn durch internationale Vereinbarung eine Methode als Standard bezeichnet würde, denn nur dann würden sich Angaben über Trockenzeit, welche aus verschiedenen Quellen stammen, wenigstens annähernd vergleichen lassen. Es müßten dabei auch die Raumtemperatur (z. B. 30° C, da sich diese auch im Sommer meist ohne besondere Kühlvorrichtung einhalten läßt), die relative Luftfeuchtigkeit (z. B. 65%, wie für Papierprüfungen genormt) und die Beleuchtung (zerstreutes Tageslicht oder eine normierte künstliche Lichtquelle) festgesetzt werden. Solange dies nicht geschehen ist, sind bei Bestimmungen der Trockendauer anzugeben: Das Material, auf dem gestrichen wurde bzw. die Art, wie der Anstrich aufgebracht wurde (also streichen, spritzen usw.), die zur Trockenzeitbestimmung angewendete Methode, Apparatur, die Temperatur, Luftfeuchtigkeit und die Lichtverhältnisse. Falls die Trocknung

---

[1] Siehe Gardner-Scheifele: Untersuchungsmethoden, S. 105—107.

[2] Siehe auch Gardner-Scheifele: Untersuchungsmethoden, S. 105—107. Berlin 1929.

[3] Gardner, H. A.: Scient. Section Circular Nr 301; Ref. Farben-Ztg. **32**, 1673 (1927).

nicht frei im Raume erfolgte, sondern in einem geschlossenen Apparat, ist auch anzugeben, ob ein Luft- oder Gasstrom durchgeleitet wurde bzw. mit welcher Strömungsgeschwindigkeit dies erfolgte.

2. Die Bestimmung der Ausgiebigkeit, Deckkraft, Viskosität und Plastizität.

Unter Ausgiebigkeit versteht man den Verbrauch an Farbe für 1 m^2 zu streichender Fläche. Die Ermittlung der Ausgiebigkeit oder des Farbaufwands erfolgt so, daß man eine bestimmte gemessene Fläche mit der Farbe streicht und die dabei verbrauchte Gewichtsmenge Farbe bestimmt. Sie wird aber durch die Zahl der Quadratmeter angegeben, welche mit 1 kg Farbe gestrichen werden können.

Man verfährt dabei zweckmäßig wie folgt[1]: Man taucht den Pinsel in den Farbnapf, streicht ihn aus und wiederholt dies einige Male, bis der Pinsel ordentlich mit Farbe gesättigt ist. Dann wiegt man Farbtopf und Pinsel und streicht nun sauber entrostete Blechplatten[2]; nach beendetem Anstrich wiegt man Farbnapf und Pinsel wieder und kann aus der Gewichtsdifferenz die verbrauchte Farbmenge berechnen. Die Ausmaße der gestrichenen Platten müssen bekannt sein. Die zu streichenden Bleche dürfen nicht zu klein sein, weil es sonst schwierig ist, einen sachgemäßen, den praktischen Verhältnissen entsprechenden Anstrich aufzubringen, denn zum Probeanstrich soll ein Pinsel gleicher Art verwendet werden, wie er später vom Anstreicher verwendet werden wird. Platten im Ausmaße von 500 × 250 mm werden gewöhnlich für diesen Zweck vorgeschlagen, doch ist gegen die Verwendung größerer Platten selbstverständlich nichts einzuwenden. Der Anstrich muß zunftgemäß durchgeführt werden, da man nur dann brauchbare Ergebnisse erhält.

Die Ausgiebigkeit ist eine Eigenschaft, der von seiten des Verbrauchers meist hoher Wert beigemessen wird bzw. die, falls sie groß ist, vom Erzeuger meist als besonderer Vorzug dieser oder jener Rostschutzfarbe angepriesen wird. Man sollte aber bedenken, daß eine ausgiebige Farbe nur dann einen praktischen Vorteil bieten kann, wenn sie auch einen genügend dicken Anstrichfilm ergibt, denn nur, wenn die Dicke des Anstrichs innerhalb günstiger Grenzen liegt (die auch nicht für jedes Pigment gleich sind), kann die erzielte Farbhaut ihre günstigsten Eigenschaften entfalten. Da die Verstreichbarkeit einer Farbe von der Temperatur und Luftfeuchtigkeit abhängig ist und von ihrer Konsistenz, so sollten diese Daten bei Angaben über die Ausgiebigkeit stets mit genannt werden, worauf insbesonders F. Höpke[3] hingewiesen hat. Bei der praktischen Durchführung von Ausgiebigkeitsbestimmungen soll man die Farben und Probebleche einige Zeit vor dem Streichen in den

---

[1] Siehe Standardblatt RAL 840 A 2.

[2] Man streicht die zu prüfende Farbe immer auf dem Material, auf dem sie zur Verwendung gelangt, bei einer Rostschutzfarbe also auf Eisen.

[3] Höpke, F.: Dissertation, Berlin 1929.

Arbeitsraum bringen, damit sie die Raumtemperatur annehmen können, welche etwa 20° C betragen soll.

Unter Deckkraft, Deckfähigkeit oder Deckvermögen versteht man die Eigenschaft einer Farbe, den mit ihr gestrichenen Untergrund zu verdecken. Es sind viele Methoden zu ihrer Bestimmung vorgeschlagen worden, von denen aber nur jene beschrieben werden sollen, die zur Durchführung keiner besonderen Mittel bedürfen, sich daher für den Praktiker eignen.

Nach dem Standardblatt RAL 840 A 2 wird die Deckfähigkeit in folgender Weise bestimmt[1]. „Man streicht eine Tafel von 20 × 15 cm mit magerer weißer Ölfarbe und überzieht sie in der Mitte mit einem 5 cm breiten schwarzen Streifen. Nachdem diese Anstriche gut getrocknet sind (mindestens 48 Stunden), überstreicht man die Tafel mit der zu prüfenden gut aufgerührten Farbe in normaler Dicke. Sobald dieser Anstrich vollkommen getrocknet ist, streicht man die oberen $^2/_3$ nochmals, und wenn auch dieser Anstrich getrocknet ist, wird das oberste Drittel mit einem dritten Anstrich versehen. Wenn schon der erste Anstrich (unterstes Drittel, siehe Abb. 178) den schwarzen Streifen nicht mehr durchscheinen läßt, ist die Deckfähigkeit gut, wenn der zweifache Anstrich den Grund nicht mehr erkennen läßt (zweites Drittel), er aber beim einfachen noch durchscheint, so ist die Deckfähigkeit genügend. Wenn erst der dritte Anstrich den Grund nicht mehr durchscheinen läßt, ist die Deckfähigkeit schlecht. Deckt auch der dritte Anstrich nicht, so ist die Deckfähigkeit ungenügend.“

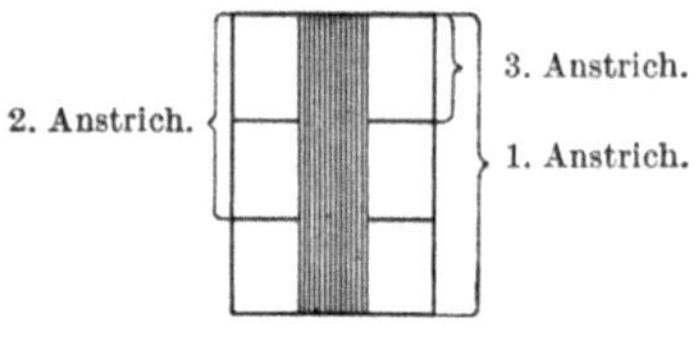

Abb. 178.

F. Schmid und K. Weise[2] verweisen darauf, daß diese Methode zu einem genaueren Vergleich der Deckfähigkeit nicht hinreicht. Es sei schon schwer auf einem weißen Grund eine weiße Farbe richtig zu verstreichen. Sie schlagen deshalb vor, auf schwarzem Grund vier weiße Streifen von $2^1/_2$ cm Breite anzubringen (Größe der Tafel 100 × 50 cm), dann diesen Grund mattzuschleifen und nun so viele Anstriche mit der zu prüfenden Farbe übereinander zu legen, bis die Streifung des Untergrundes nicht mehr sichtbar ist. Da die Größe der gestrichenen Fläche bekannt ist, läßt sich durch eine einfache Rechnung die Deckzahl der betreffenden Farbe ermitteln, die angibt, wie viele Quadratmeter mit 1 kg Farbe deckend gestrichen werden können.

W. Reglin[3] beschreibt eine sehr einfache Vorrichtung, die nach H. Wolff[4] auch zur vergleichenden Bestimmung der Deckfähigkeit herangezogen werden kann. In einen kleinen oben offenen Kasten ist

[1] Nachdruck mit Bewilligung des RAL.

[2] Schmid, F., u. K. Weise: Farben-Ztg. **35**, 229 (1930). — Schmid, F.: Ztschr. f. angew. Ch. **42**, 616 (1929).

[3] Reglin, W.: Ztschr. f. angew. Ch. **39**, 334 (1926).

[4] Wolff, H.: Farbe u. Lack **1927**, 31.

eine Glühlampe (75 Kerzen) eingebaut. Der Anstrich wird auf Glas oder auf eine Gelatinefolie aufgebracht, die man dann auf den Lichtkasten legt; bei eingeschalteter Glühlampe kann man den Anstrich in der Durchsicht beurteilen, wobei Ungleichmäßigkeiten, Pigmentanhäufungen und Anstrichfehler leicht zu erkennen sind. Zum Zwecke der Deckfähigkeitsbestimmung verwendet man eine mit einem schwarzen Streifen (oder mit aneinander anschließenden schwarzen und durchsichtigen roten Streifen) versehene Glasplatte oder eine Folie. Wenn man die von unten beleuchtete gestrichene Fläche durch einen photographischen Expositionszeitmesser, welcher die Messung der Lichtintensität durch Einschalten verschieden stark gefärbter blauer oder grauer Scheiben gestattet, betrachtet und diesen so einstellt, daß der Trennungsstrich zwischen den Streifen des Untergrunds eben verschwindet, so bildet die abgelesene Expositionszeit ein Maß für die Lichtdurchlässigkeit des Anstrichs. Allerdings stimmt diese Beurteilung mit der Praxis nicht ganz überein, weil dort der Anstrich nicht in der Durchsicht, sondern in der Aufsicht betrachtet wird.

Von verschiedenen Seiten ist auf die Ungenauigkeit aller dieser Methoden aufmerksam gemacht worden, und es wurde insbesonders von J. F. Sacher[1] die Mischmethode[2] als einfacher und zuverlässiger gegenüber allen anderen empfohlen. Uns erscheint es richtiger, eine Farbe oder ein Pigment auf Deckfähigkeit unter Bedingungen zu prüfen, welche der tatsächlichen Verwendung entsprechen, also im aufgetrockneten Anstrich.[3]

In Streitfällen oder für genaue Vergleiche reichen die angeführten Methoden nicht aus. Da eine exakte Prüfung Apparate voraussetzt, welche nur dem für diese besonderen Fälle eingerichteten Laboratorium zur Verfügung stehen, so wird hier nur auf die in der Fußnote angeführten Werke und Literaturstellen verwiesen[4].

---

[1] Sacher, J. F.: Ztschr. f. angew. Ch. **37**, 44 (1924).

[2] Man wägt von den zu vergleichenden weißen Pigmenten (denn nur solche kommen in der Regel bei Rostschutzfarben für Deckfähigkeitsbestimmungen in Betracht) genau gleiche Mengen ab und vermischt sie innigst mit einer bestimmten Menge Ruß. Streut man die erhaltenen grauen Farbpulver nebeneinander auf schwarzem Papier in Form gleichgroßer Häufchen aus, so kann man durch Verändern des Verhältnisses: Ruß zu Weißpigment Mischungen herstellen, die in Farbtiefe einander völlig gleich sind. Die Gewichtsmengen Ruß, die man zu den weißen Pigmenten zumischen konnte, geben unmittelbar ein Maß ihrer „optischen Stärke". Etwas genauer fallen die Resultate aus, wenn man den Vergleich nicht mit den trockenen, sondern mit den mit Bindemittel (gebleichtes Leinöl) angeriebenen Pigmenten ausführt. Beide Methoden sind nicht von Fehlern frei, da es nur schwer gelingt, eine wirklich homogene Mischung zu erzielen. Man kann auf Grund bestätigender Versuche annehmen, daß optische Stärke (auch als Mischvermögen oder Ausgiebigkeit bezeichnet; letztere nicht zu verwechseln mit der Ausgiebigkeit einer angeriebenen Farbe) und Deckvermögen parallel gehen.

[3] Siehe z. B. Scheiber, J.: Farbe u. Lack **1924**, 219.

[4] Wagner, H.: Die Körperfarben, S. 45ff. Stuttgart 1928. — Eibner, A.: In Lunge-Berl **4**, 731ff. — Gardner-Scheifele: Untersuchungsmethoden, S. 7f. Berlin 1929. — Seeligmann-Zieke: Handbuch der Lack- und Firnisindustrie, 3. Aufl., S. 784ff. Berlin 1923. — Wolski, P.: Ztschr. f. angew. Ch. **38**, 834 (1925); Korrosion u. Metallschutz **2**, 263 (1926). — Martens, F. F., u. F. Grünbaum: Ann. der Physik **4**, 12, 984 (1903). — Chaplet, A.: Rev. chimie ind. **33**, 231 (1924); C **1925**, I, 168.

Die *Streichfähigkeit* einer Farbe hängt von ihrer Viskosität[1] und ihrer Plastizität[2] ab. Falls ein bestimmtes Pigment mit einem angegebenen Bindemittel zur Ausführung der vorgenannten Prüfungen verwendet wurde, so genügt es zur Kennzeichnung der Streichfähigkeit, die Viskosität zu bestimmen, da das plastische Verhalten durch das verwendete Pigment und Bindemittel festgelegt ist.

Die *Viskosität von Anstrichfarben* läßt sich nach der bei Ölen meist üblichen Methode (Durchfließenlassen einer bestimmten Menge

[1] Die *Viskosität* (= Zähigkeitsgrad, innere Reibung) gibt ein Maß für den Widerstand, den eine Flüssigkeit einer Formänderung oder dem Fließen entgegensetzt. Man spürt einen ganz verschiedenen Widerstand, wenn man einmal in einem mit Wasser, ein andermal in einem mit Öl gefüllten Gefäß umrührt. Flüssigkeiten verschiedener Viskosität fließen daher auch verschieden rasch durch enge Röhren (vorausgesetzt, daß der Druck in allen Fällen gleich war). Diese Erscheinung wird meist zur Messung der Viskosität benutzt. Man läßt die Flüssigkeit aus einem Gefäß bestimmten Fassungsvermögens durch ein an der tiefsten Stelle angebrachtes enges Röhrchen bestimmter Weite bei einer bestimmten Temperatur ausfließen und mißt die Zeit, die während des Ausfließens einer bestimmten gemessenen Menge verstreicht. Vergleicht man die Ausflußzeit mit der vorher für eine gleiche Menge reinen Wassers von 20° C bestimmten, so findet man die Viskosität in *Englergraden* (wenn man zu dieser Bestimmung das *Englersche* Viskosimeter benutzt) bei der in der untersuchten Flüssigkeit herrschenden Temperatur, wenn man die Ausflußzeit der fraglichen Flüssigkeit durch die Ausflußzeit des Wassers (Wasserwert, er bezieht sich immer auf Wasser von 20° C) dividiert. Dieses Maß der Viskosität ist aber willkürlich und irreführend, insofern eine gefundene Viskosität von z. B. 2, 3 oder 4 nicht der zwei-, drei- oder vierfachen inneren Reibung entspricht.

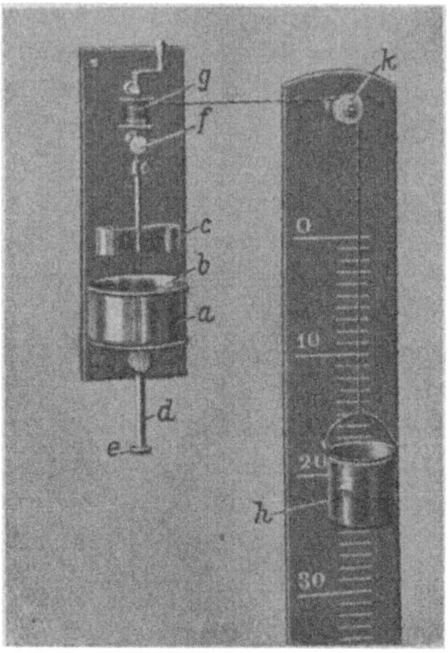

Abb. 179. Turboviskosimeter von *Wolff-Höpke*.

Um Werte zu bekommen, welche tatsächlich der inneren Reibung einfach proportional sind, ist eine Umrechnung erforderlich, welche aber nur möglich ist, wenn man die Umrechnungsgröße der betreffenden Methode ermitteln kann und wenn der betreffende Apparat von Reibungs- und Turbulenzströmungsfehlern frei ist. Es gibt aber exakte Methoden, welche diesen Vorbedingungen entsprechen, die aber für sehr zähe und vor allem für inhomogene Flüssigkeiten (Anstrichfarben) nicht anwendbar sind.

Im absoluten Maßsystem befiniert man als Einheit der absoluten Viskosität jene Kraft in *Dyn*, welche notwendig ist ,um eine Flüssigkeitsschicht von 1 cm² mit einer Geschwindigkeit von 1 cm pro Sekunde an einer ruhenden Flüssigkeitsschicht im Abstande von 1 cm parallel vorbeizuführen. Diese Einheit, die *Poise*, ist für den praktischen Gebrauch zu groß, weshalb man in *Centipoisen* (= $^1/_{100}$ Poise) rechnet. Wasser von 20,2° C hat die absolute Viskosität von 0,01000 Poisen (= 1 Centipoise).

Die Viskosität ist eine von der Temperatur stark abhängige Eigenschaft; sie nimmt mit zunehmender Temperatur in der Regel stark ab, weshalb jede Messung unter genauer Temperatureinhaltung erfolgen muß.

[2] Siehe S. 244.

Öl durch eine Kapillare) nicht ohne weiters bestimmen. Man benutzt daher andere Prinzipien zu ihrer Messung. Da eine Anstrichfarbe, die aus Pigment und Bindemittel besteht, nicht beliebig lange Zeit homogen bleibt, weil sich durch die Sedimentation des Pigmentes die Verteilung desselben ständig ändert, so werden jene Methoden den Vorzug verdienen, die entweder so rasch durchführbar sind, daß ein Absetzen praktisch nicht erfolgt oder solche, bei denen durch die Art des verwendeten Apparats ein Absetzen des Pigments verhindert wird.

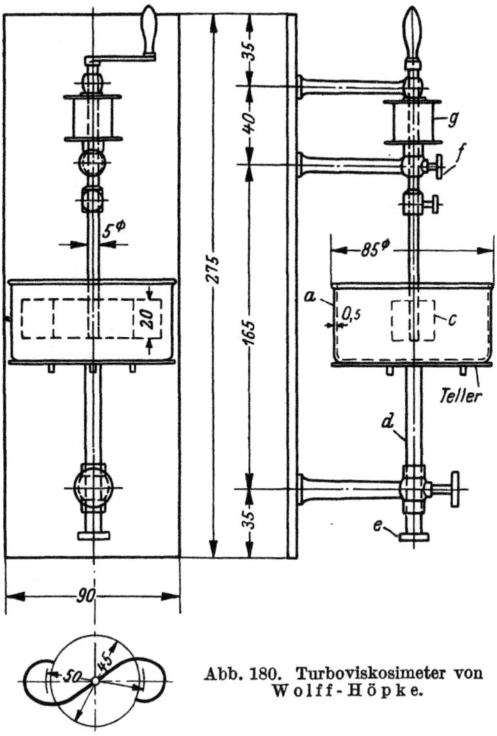

Abb. 180. Turboviskosimeter von Wolff-Höpke.

Zu letzteren gehört das von H. Wolff[1] angegebene, von F. Höpke[2] verbesserte Turboviskosimeter. Seine Konstruktion geht aus den Abb. 179 und 180 deutlich hervor. Die zu untersuchende Anstrichfarbe wird in einen Behälter *a* bis zur Kennmarke *b* aufgefüllt, nachdem sie vorher auf die vorgeschriebene Temperatur von 20° C gebracht wurde. Zur Bestimmung der Viskosität wird der Flügel *c* des Flügelrührers in die Probe eingetaucht, indem der den Behälter tragende Teller mit der Führungsstange *d* bis zum Anschlag *e* gehoben wird, so daß sich der Flügel 5 mm unter dem Flüssigkeitsspiegel und 5 mm vom Boden des Behälters entfernt befindet. Nach dem Lösen der Klemmschraube *f* wird der Flügel durch das an der Seiltrommel *g* angreifende Gewicht *h* in Drehung versetzt. In aufgewundener Stellung befindet sich das Gewicht *h* unter der Leitrolle *k*. Die abzustoppende Fallstrecke von 1 m beginnt erst 50 cm unterhalb der Leitrolle, wenn das Gewicht schon eine gewisse Geschwindigkeit hat. Der Anstieg der Geschwindigkeit auf dem Wege von 1 m und die durch die Reibungsverluste entstehenden Fehler sind gering und können vernachlässigt werden. Das Gewicht *h* wird solange verändert, bis 1 m in 10 sec durchlaufen wird.

Die Viskosität der Anstrichfarbe wird ausgedrückt durch die Anzahl Gramme, die zur Belastung notwendig sind, damit die Meßstrecke von

[1] Wolff, H.: Chem.-Ztg. **48**, 647 (1924). — Wolff, H., u. W. A. Cohn: Farben-Ztg. **30**, 1805 (1925).

[2] Höpke, F.: Dissertation, Berlin 1929.

1 m in 10 sec durchlaufen wird. Zu beachten ist, daß jede Farbprobe nur einmal verwendet werden darf.

Diese Methode ergibt nach den von uns gemachten Erfahrungen gut reproduzierbare Werte, deren Genauigkeit für praktische Zwecke vollkommen hinreicht. Die erhaltenen Werte sind keine absoluten für die innere Reibung, sondern empirische Vergleichswerte (siehe auch S. 242 Anm. 1).

Andere hier brauchbare Viskosimeter sind die Torsionsviskosimeter, wie z. B. das vom Versuchsamt der Deutschen Reichseisenbahngesellschaft in Göttingen[1] oder das von McMichael[2] bzw. Couette[3] angegebene. Das erste mißt die Viskosität an der Dämpfung, die ein Pendel erfährt, das in der zu prüfenden Flüssigkeit schwingt und gestattet auch eine automatische graphische Aufzeichnung der Versuchsergebnisse. Beim zweiten wird das Gefäß, in dem sich die zu prüfende Farbe befindet, in Rotation versetzt. In die rotierende Flüssigkeit taucht ein zylindrischer Körper, der an einem dünnen Stahldraht hängt. Der Verdrehungswinkel, der sich durch Mitnehmen des Senkkörpers durch die sich bewegende Flüssigkeit einstellt, gibt ein Maß für deren Viskosität.

Auf sehr einfache Weise kann man die Viskosität zweier Farben vergleichen, wenn man sie auf einer zur Horizontalen geneigten Glasplatte abrinnen läßt. Man gießt zu diesem Zweck auf die zunächst waagrecht gelegte Platte von jeder Farbe das gleiche Volumen nahe einer Kante aus und hebt dann an diese Kante der Platte hoch, so daß die Platte entweder senkrecht oder unter einem Winkel von z. B. 60° zur Waagrechten zu stehen kommt. Man mißt entweder die Fließzeit für eine bestimmte Weglänge oder die Strecke, welche die Farbe in einer Zeit von z. B. 5 Minuten durchflossen hat[4]. Auf ähnlichem Prinzip beruhen die Apparate von Mallison (Vergleich der Geschwindigkeit, mit der die Farben in Glasröhrchen bei bestimmter Neigung abfließen) und von Vollmann[5], (der an Stelle der Glasröhrchen metallene Rinnen verwendet).

Ein Maß für die Plastizität einer Farbe bzw. Flüssigkeit erhält man durch Ermittlung des sogenannten Mindestwertes (yield value), worauf schon an früherer Stelle (S. 76) hingewiesen wurde. Zu seiner Bestimmung ist das Plastometer von Bingham und Green[6] geeignet. Es besteht im wesentlichen aus einem 20—30 cm³ fassenden Messinggefäß mit Ausflußkapillare, das sich zur Konstanterhaltung der Temperatur in einem Wasserbad befindet. Es steht mit einer Vorrichtung (Monostat) in Verbindung, die es gestattet, einen beliebigen, konstanten Druck auf den

---

[1] Albrecht und Wolff-Göttingen: Z. V. D. I. **71**, 1299 (1927).; Farben-Ztg. **32**, 1911 (1927).

[2] Mc. Michael: Ind. and Engin. Ch. **7**, 961 (1915).

[3] Couette: Ann. de Chimie et de Physique **5**, 21, 433 (1890). — Über Versuche mit Ölfarben siehe Beck, W.: Farben-Ztg. **34**, 2515 (1929).

[4] Würth, K.: Farben-Ztg. **29**, 1262 (1924).

[5] Siehe Farben-Ztg. **32**, 138, 355 (1926).

[6] Bingham und Green: Proc. Amer. Soc. for Testing Mater., Philadelphia **19**, 641 (1919). — Rhodes, H., u. J. H. Wells: Ind. and Engin. Chem. **21**, 1273 (1929) geben eine Verbesserung des Plastometers durch Einbau eines Rührers an.

Viskosimeterinhalt auszuüben. Dadurch ist es möglich, die Ausflußzeiten bei verschiedenem Druck zu bestimmen. Trägt man die erhaltenen Werte in ein Koordinatensystem ein, auf der Abszisse den Druck in Gramm pro Quadratzentimeter und auf der Ordinate die pro Sekunde ausgelaufenen Kubikzentimeter Farbe bzw. Flüssigkeit, so liegen die den einzelnen Werten entsprechenden Punkte auf einer Geraden, deren Verlängerung bei wahren (nicht plastischen) Flüssigkeiten durch den Nullpunkt des Koordinatensystems geht. Bei plastischen Flüssigkeiten schneidet die Verlängerung auf der Abszissenachse ein Stück ab, der dem sogenannten Mindestwert (yield value) entspricht, welcher ein Maß für die Plastizität gibt (siehe Abb. 181).

Da Viskosität und Plastizität einer Ölfarbe mit ihrer Streichbarkeit in Zusammenhang stehen, so wäre es von Wert, wenn man durch Bestimmung einer oder beider Größen — unabhängig von der subjektiven Beurteilung — die Streichbarkeit einer Farbe beurteilen oder rechnerisch den zur Erzielung der richtigen Streichbarkeit nötigen Ölgehalt ermitteln könnte. Letzteres hat H. Wolff[1] versucht, und es sind die von ihm angegebenen Resultate recht vielversprechend. Er fand, daß Kurven entstehen, die für jedes Pigment charakteristisch sind, wenn man die Viskositätswerte, die sich bei Untersuchung einer mit verschiedenen Ölmengen angeriebenen Farbe ergeben und den Ölgehalt in ein Koordinatensystem einträgt. Diese Kurven zeigen an einer Stelle einen mehr oder minder ausgeprägten Knick, den er als kritischen Punkt bezeichnet und der immer um wenige Prozente unterhalb des zur besten Streichfähigkeit erforderlichen Ölbedarfs liegt. Dieser Punkt läßt sich auch mit hinreichender Übereinstimmung rechnerisch ermitteln. R. V. Williamson, G. H. Patterson und J. K. Hunt[2] geben an, daß man aus der Viskositäts- und der Fließkurve die Streichbarkeit einer Farbe beurteilen könne.

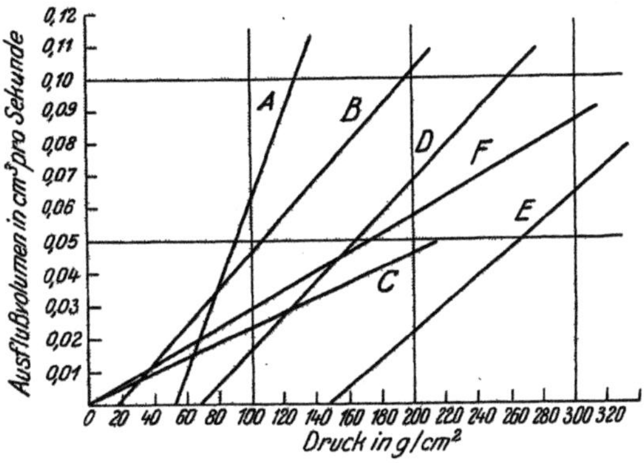

Abb. 181. Beziehung zwischen Fließvermögen und Druck (nach Morell).

Für die Beurteilung der Ausgiebigkeit und der Deckfähigkeit ist es wertvoll, die Dicke des erzielten Farbfilms zu kennen. Die einfachste Messung der Dicke einer Farbschicht erfolgt mit einem Mikrometer, wie es z. B. zum Messen der Papierdicke Anwendung findet.

[1] Wolff, H.: Farben-Ztg. **34**, 2667, 2990 (1929); **35**, 1100 (1930).

[2] Williamson, R. V., G. D. Patterson, J. K. Hunt: Ind. and Engin. Chem. **21**, 1111 (1929); Ref. Farben-Ztg. **35**, 1102 (1930).

Man mißt an mehreren Stellen sowohl die Dicke der Unterlage samt Anstrich als auch die Dicke der Unterlage allein, und kann aus der Differenz die Farbhautdicke berechnen. Die aus genügend zahlreichen Messungen erhaltenen Mittelwerte geben ein angenähertes Maß der wirklichen Anstrichdicke. Angenähert deshalb, weil weder Unterlage noch Farbhaut vollkommen eben sind und man also nur Mittelwerte der dicksten Stellen bekommt, da die Meßfläche eines solchen Mikrometers viel zu groß ist, als daß sie auch in die Täler des unebenen Anstrichs dringen könnte. Diese Methode ist natürlich dann nicht anwendbar, wenn entweder die zu prüfende Stelle nicht unter das Mikrometer gebracht werden kann, oder wenn man nicht an genügend zahlreichen Stellen des gestrichenen Objekts die Farbhaut abtragen darf. In solchen Fällen kann man so verfahren, daß man bis auf den Grund reichende kleine Einschnitte in den Anstrich macht und sie unter einem Mikroskop betrachtet[1]. Stellt man einmal auf den Grund, das andere Mal auf die Oberseite des Anstrichs bzw. auf die Schnittkante ein, so kann man an der Mikrometerschraube des Mikroskops die Filmdicke ablesen. Eine andere einfache Methode wurde von H. Wolff angegeben[2]. Man schabt von dem Anstrich eine gemessene Fläche möglichst vollkommen ab, sammelt die Farbfilmteilchen in einem Schälchen und wägt sie genau ab. Dann bestimmt man das spezifische Gewicht der Farbfilmschnitzel[3]. Wenn F die abgeschabte Fläche in Quadratzentimeter und d das spezifische Gewicht der Filmschnitzel ist, die zusammen a Gramm wogen, so ergibt sich die Anstrichdicke s in Millimeter nach folgender Gleichung:

$$s = \frac{10\,a}{F \cdot d}\,\text{mm}\,.$$

3. Prüfung des Verhaltens gegen Wasser und Gase.

Wasser und Gase, besonders Sauerstoff bewirken bekanntlich das Verrosten des Eisens. Das Verhalten eines Anstrichs gegen diese Agenzien zu studieren, ist daher sicherlich von größtem Interesse; man glaubte früher sogar, einzig und allein aus diesem Verhalten die gute oder schlechte Rostschutzwirkung eines Anstrichs erkennen zu können. Wenn das

---

[1] Scheiber, J.: Farbe u. Lack **1924**, 396. — Siehe dazu Wolff, H.: Farbe u. Lack **1924**, 418.

[2] Wolff, H.: Farbe u. Lack **1927**, 31.

[3] Die Bestimmung des spezifischen Gewichts trockener Farbfilme erfolgt mit Hilfe eines Pyknometers, in dessen Ermangelung man auch ein enghalsiges Meßgefäß von 25—50 cm³ verwenden kann. Man füllt das Meßgefäß mit destilliertem, luftfreien Wasser von 20—25° C (bei Verwendung eines Pyknometers füllt man mit Wasser von 10—15° C) und bringt durch Einstellen in einen Raum von genau 20° C (Thermostat) die Temperatur des Meßgefäßes (Pyknometers) samt Inhalt auf genau 20° C. Man füllt nun, falls erforderlich, mit Wasser von 20° bis zur Marke nach (bzw. man entfernt die beim Pyknometer übergelaufene Flüssigkeit vorsichtig) und wiegt. Man bestimmt das Gewicht des leeren Meßgefäßes, dann wieder zuzüglich einiger hineingeworfener Filmschnitzel, füllt mit luftfreiem destillierten Wasser, bringt wieder, wie beschrieben, auf genau 20° C, stellt wie oben auf die Marke ein und wiegt wieder. Man hat nun durch Wägung bestimmt:

auch nicht vollkommen zutrifft, so lassen sich doch aus der Einwirkung von Wasser, Wasserdampf, schwefliger Säure usw. wertvolle Rückschlüsse auf die Brauchbarkeit eines Anstrichs zu Rostschutzzwecken ziehen.

Die Prüfung auf Wasserbeständigkeit wird nach dem RAL-Blatt Nr. 840 A 2 (Einheitsverfahren für die einfache Prüfung von Farben und Lacken) wie folgt durchgeführt[1]:

„Zur Prüfung auf Wasserbeständigkeit von Farben und Lacken ist auf einer gut gereinigten Glasplatte und einem mit Sandstrahl entrostetem glatten Eisenblech ein Anstrich mit dem zu prüfenden Material auszuführen. Bei nicht gut verlaufenden Anstrichstoffen ist nach 24 Stunden langem Trocknen bei etwa 20° C ein zweiter Anstrich auszuführen. Bei gut verlaufenden Emaillen und Lacken genügt im allgemeinen ein einmaliger Anstrich. 48 Stunden nach dem letzten Auftrag sind die Anstriche in ein mit Wasser gefülltes Gefäß zu stellen, so daß etwa die Hälfte des Anstriches vom Wasser bedeckt ist. Das Wasser kann Leitungswasser sein, muß aber durch vorheriges Auskochen von Kalziumbikarbonat befreit werden. Die Anstriche sind täglich daraufhin zu beobachten, ob sie sich weiß färben oder sich sonstwie verändern.

Zweckmäßig wird ein zweiter Versuch in der Weise ausgeführt, daß jeden zweiten Tag die Anstriche aus dem Wasser genommen und an der Luft getrocknet werden. Bei dieser Prüfung wird dann der eventuell eintretende Rückgang der Weißfärbung, das Wiedererhärten usw. beobachtet."

Nach den Beobachtungen von H. Wolff[2] ist der Gehalt des zur Prüfung verwendeten Wassers an Härtebildnern nicht ohne Einfluß auf das Verhalten des Anstrichs, besonders bei Lacken, die aber für Rostschutzzwecke selten in Gebrauch kommen. Immerhin ist aber eine Reaktion der Kalksalze mit dem Ölbindemittel möglich oder wahrscheinlich. Man verwendet daher, um stets vergleichbare Werte zu haben, gewöhnlich destilliertes Wasser und nur in solchen Fällen, in welchen die Anstriche mit aggressiven Wässern in Berührung kommen, wenn möglich diese selbst.

Das Maß des Quellens und des Schwindens eines Anstrichs, wenn er nach Durchfeuchtung und Wiedertrocknen untersucht wird, gibt einen Anhaltspunkt über das Verhalten des Anstrichs unter ähnlichen Einflüssen der Witterung. Die Quellbarkeit der Anstriche ist an und

---

Das Gewicht des leeren Pyknometers	a	Gramm
Das Gewicht des Pyknometers mit Wasser	b	„
Das Gewicht des Pyknometers + Filmstückchen	c	„
Das Gewicht des Pyknometers + Filmstückchen + Wasser	f	„

Das spezifische Gewicht berechnet sich nach der Formel:

$$d = \frac{\text{Gewicht der Farbfilmteile im Pyknometer}}{\text{Gewicht des von den Farbfilmteilen verdrängten Wassers}} = \frac{c - a}{b - a - (f - c)}.$$

An Stelle von Wasser ist es angezeigt verdünnten Alkohol zu verwenden, da er die im Pyknometer befindlichen Filmteilchen besser benetzt und man so leichter die Bildung von Luftblasen an diesen beim Auffüllen verhindert. Falls sich Luftblasen an den Filmstückchen ansetzen, so findet man das spezifische Gewicht zu niedrig. Eventuell kann man durch kurzes Evakuieren vorhandene Luftblasen entfernen; wenn man rasch genug arbeitet, ist die Verdunstung von Alkohol vernachlässigbar. Führt man die Bestimmung mit Alkohol durch, so ist bei obiger Berechnung sein spezifisches Gewicht (0,808 bei 20° C für Alkohol von 96 Volumenprozent) zu berücksichtigen. Wolff, H.: loc. cit.

[1] Abdruck mit Genehmigung des RAL.

[2] Wolff, H.: Farben-Ztg. **33**, 921 (1927/28).

für sich keine sehr erwünschte Eigenschaft; sie erweist sich besonders ungünstig, wenn der Anstrich nach dem Wiederaustrocknen nicht auf sein ursprüngliches Volumen zurückgeht. Gänzlich tritt dies wohl überhaupt nicht mehr ein, aber jedenfalls sind Abweichungen vom Verhalten guter Anstriche ungünstig zu beurteilen.

Nach einem Vorschlag von Höpke[1] kann man die vergleichende Prüfung so durchführen, daß man die auf Glasplatten aufgetragenen Anstriche (nach einer Trockenzeit von 48 Stunden bei 20° C) einerseits 1—6 Tage in destilliertem Wasser, anderseits in feuchtigkeitsgesättigter Luft lagert. Die Gewichtszunahme (eventuell auch Abnahme) nach 1, 2, 3 und 6 Tagen wird in Prozenten des ursprünglichen Gewichtes zum Ausdruck gebracht. Darnach trocknet man die Anstriche bei Zimmertemperatur und wiederholt (eventuell mehrmals) die Befeuchtung und Wiedertrocknung, sobald annähernd Gewichtskonstanz eingetreten ist. Daneben wird eine Lagerung der Anstriche während desselben Zeitraumes im Trockenschrank bei 50° vorgenommen und nach 1, 2, 3 und 6 Tagen die Gewichtsveränderung festgestellt.

Die Wasserdurchlässigkeit von fertigen Anstrichen zu bestimmen, wurde nach verschiedenen Vorschlägen[2] wiederholt versucht, doch haben diese Versuche bis jetzt keine praktisch verwertbaren Ergebnisse gezeitigt. Empfehlenswerter ist es, die Wasserdurchlässigkeit am Farbfilm zu prüfen, wobei unter Farbfilm die Farbhaut als solche zu verstehen ist, also losgelöst vom Material, auf dem sie ursprünglich erzeugt wurde (als „Anstrich" ist nur die am Grund [Eisen] haftende Farbhaut zu bezeichnen).

Die Herstellung von Farbfilmen kann nach verschiedenen Methoden erfolgen, und zwar durch Gießen, Streichen oder Spritzen.

Zum Gießen verwendet man flache Schalen (Entwicklerschalen), in die man soviel Quecksilber gibt, daß der Boden damit vollkommen bedeckt ist. Sodann gießt man die Farbe auf und läßt trocknen. Diese Methode hat sich für Ölfarben nicht bewährt, da man die Farbe, um sie gießen zu können, verdünnter herstellen muß als der Streichfertigkeit entspricht, wodurch der Film nicht unter denselben Bedingungen entsteht wie der Anstrich.

Streichen kann man die Farbe entweder auf amalgamiertes oder nicht amalgamiertes Zinkblech, auf amalgamierte oder blanke Zinnfolie, auf Gelatinefolien, auf gummiertes oder mit einer Gelatineschicht überzogenes Papier. Amalgamiertes Blech hat den Nachteil, daß meist geringe Quecksilberreste am Film haften bleiben, die nur schwer zu entfernen sind. Die Filme lassen sich aber nach dem Trocknen gut und ohne Befeuchtung von der Unterlage abziehen. Falls man auf blankes Blech oder blanke Zinnfolie gestrichen hat, löst man nach dem Trocknen den Untergrund mit Quecksilber auf. Diese Methoden empfehlen sich nur dann, wenn der Film mit Wasser nicht in Berührung kommen soll.

Gelatinefolien eignen sich sehr gut zur Herstellung der Farbfilme, weil sie so gut wie keine Saugfähigkeit besitzen, also diesbezüglich

[1] Höpke, F.: Dissertation, Berlin 1929.

[2] Siehe S. 201 (Methoden von O. Herrmann, P. Jäger, K. Metzger).

dem Eisen entsprechen. Zum Streichen sind sie auf eine ebene Unterlage (Reißbrett) aufzuspannen, wobei es zur leichteren Handhabung praktisch ist, an die Ränder der Gelatineblätter Papierstreifen (als Handgriffe) anzukleben. Nach dem Trocknen des Anstrichs werden die Farbfilme abgelöst, indem man die gestrichene Folie mit der Farbseite auf eine Glasplatte legt und die Gelatine durch Übergießen mit warmem Wasser (50° C) ablöst. Zur leichteren Kontrolle, ob alle Gelatine entfernt wurde, ist es angezeigt, gefärbte Folien zu verwenden[1]. Bei der Verwendung von gelatiniertem Papier ist ein längeres Durchfeuchten mit warmem Wasser zum Abziehen des Papiers erforderlich.

Die Herstellung der Farbfilme durch Streichen bzw. Spritzen auf gummiertem Papier geschieht folgendermaßen[2]: Der Anstrich wird auf gummiertes Papier aufgebracht. Man benutzt ein satiniertes 24 kg Papier, mit echtem Gummiarabikum gummiert. Um ein leichteres Streichen zu ermöglichen und das Papier nicht zu zerknittern, wird es in Blättern von beiläufig 24 × 30 cm auf Sperrholzbrettchen aufgespannt. Nach völligem Trocknen des Anstrichs schneidet man vorsichtig Stücke im Ausmaß von 12 × 18 cm aus obigen Blättern aus. Diese werden dann mit einer Fließpapierzwischenlage (Farbseite nach unten) auf Hirnholzklötze gelegt. Die Ränder werden mit heißem Wachs übergossen, so daß ein Wulst entsteht, der einerseits eine Abdichtung an den Rändern bewirkt, anderseits das Blatt am Holz befestigt. Dann wird die oben liegende Papierseite des gestrichenen Blattes mit einem tropfnassen Schwamm wiederholt durchfeuchtet; schon nach einigen Minuten kann man das durchweichte Papier vorsichtig an der einen oder anderen Stelle mit dem Finger abreiben und dann leicht vollkommen abziehen. Die noch auf dem Farbfilm verbleibenden Gummireste werden mit einem weichen nassen Schwamm vorsichtig abgewischt und das Wasser mit Löschpapier abgesaugt. Man läßt den Farbfilm auf dem Holzklotz noch einige Zeit abtrocknen (1—2 Stunden), schneidet dann die Ränder mit einer scharfen Klinge (Rasierklinge) vorsichtig ein und kann nun den Farbfilm abheben. Die Farbfilme werden an hölzernen Klammern, wie man sie zum Trocknen photographischer Papiere verwendet, hängend bis zur Verwendung aufbewahrt oder es werden gleich die für die Versuchszwecke geeigneten Formen ausgestanzt. Auf der Abb. 182 sind sowohl Stanzmesser für runde Filme (für Wasser- und Gasdurchlässigkeitsprüfung usw.) als auch für die biskotenförmigen Filme (für Reißfestigkeitsprüfung sowie die zum Ausstanzen verwendete Spindelpresse (Kopierpresse) zu sehen.

Durchführung der Wasserdurchlässigkeitsprüfung. Zu dieser Prüfung verwenden wir die Apparatur, welche von F. Höpke beschrieben wurde[3] (Abb. 183). Der Apparat besteht aus zwei, durch Flügelschrauben (*b*) zusammengehaltenen Kapseln (*a*), zwischen die ein Ring (*c*) mit Hilfe zweier ringförmiger $^1/_2$ mm Gummidichtungen

[1] Wolff, H., u. G. Zeidler: Farben-Ztg. **32**, 2708 (1927).
[2] Siehe auch Höpke, F.: Dissertation, Berlin 1929.
[3] Höpke, F.: l. c.

wasserdicht eingespannt wird. Der Ring trägt den Film, der in eine Nut mit Wachs eingedichtet wird. Um Ausbuchtungen bzw. Reißen des Films zu verhindern, wird er in der Durchgangsöffnung durch ein 900-Maschensieb abgestützt. Die beiden Kapseln tragen Glasfenster, durch die der Film beobachtet werden kann. Die eine Kapsel (vordere der Abb. 183) ist mit einem Standrohr verbunden, das zur Konstanthaltung des Wasserdrucks einen Überlauf besitzt. Während des Versuches tropft in das Standrohr ständig Wasser, der Überschuß fließt durch den Überlauf ab. Die andere Kapsel ist durch das Überlaufrohr in Verbindung mit einem U-Rohr, das eine Einteilung in Kubikzentimeter trägt. Die Inbetriebsetzung des Apparates erfolgt so, daß man nach Einsetzen des Films in das Standrohr Wasser eintropfen läßt und im weiteren Verlauf dann periodisch die durchgetretene Wassermenge an der Ein-

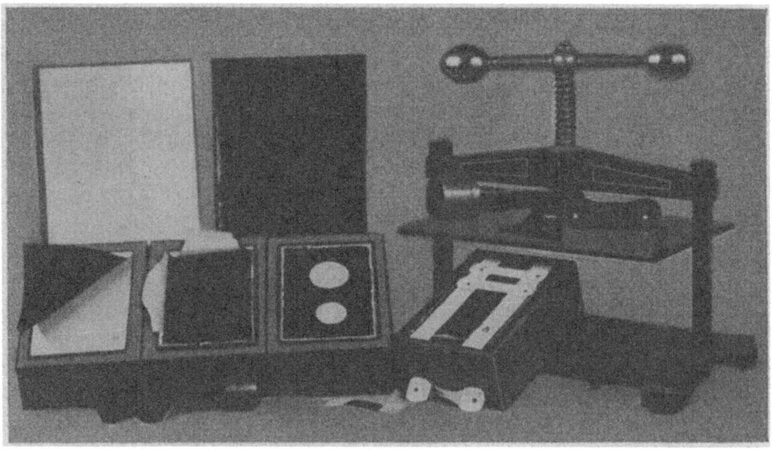

Abb. 182. Herstellung von Farbfilmen.

teilung des U-Rohrs abliest. Die zu prüfenden Filme sind kreisrund ausgestanzt und haben einen Durchmesser von 52 mm. Das Standrohr ist an der Stativsäule in vertikaler Richtung verschiebbar, so daß man innerhalb gewisser Grenzen den Wasserdruck beliebig einstellen kann. Gewöhnlich arbeitet man mit 10 cm Überdruck. Die vom Versuchsbeginn bis zum erstmaligen Wasserdurchtritt verflossene Zeit wird notiert; die nach einer gewissen Zeit (z. B. nach dem 1., 2., 3. und 4. Tag) durchgeflossene Wassermenge wird in Kubikzentimeter pro Stunde, bezogen auf eine Fläche von ein Quadratzentimeter angegeben.

Die Bestimmung der Gasdurchlässigkeit erfolgt in einem ebenfalls von Höpke[1] angegebenen ähnlich gebauten Apparat (Abb. 184), der zur Konstanthaltung der Temperatur in ein Gefäß mit Wasser bzw. in einen Thermostaten eingestellt wird. In den beiden U-Rohren, die mit der vorderen bzw. hinteren Kapsel kommunizieren, befindet sich gefärbtes Wasser als Sperrflüssigkeit. Beide U-Rohre

[1] Höpke, F.: l. c.

tragen eine Einteilung in Kubikzentimeter und Zentimeter. Das Wasser wird bei Versuchsbeginn in beiden Rohren bis zum Nullpunkt eingefüllt. In das eine Rohr bläst man durch den in der Abbildung sichtbaren Hahn Luft ein, bis der Überdruck, gemessen an der Wassersäule, 10 cm beträgt. Im anderen Rohr kann ein eventueller Luftdurchgang am Ansteigen der Wassersäule in Kubikzentimeter abgelesen werden. Man gibt den Luftdurchgang und die Wasserdurchlässigkeit nach einer bestimmten Zeit in Kubikzentimeter pro Stunde und Quadratzentimeter an.

Ähnlich im Prinzip, aber nicht so praktisch im Betrieb ist die von Kröhnke und Friedmann[1] angegebene Versuchsanordnung zur Bestimmung der Gas- und Wasserdurchlässigkeit. Sie kann mit einfachen Mitteln aufgebaut werden und besteht im wesentlichen aus zwei kleinen aufeinander geschliffenen Glasglocken, zwischen denen der Farbfilm mit Gummiringen eingedichtet wird. Aus einer Bürette läßt man Wasser zur Erzeugung des nötigen Überdrucks bei dem Tubus der einen Glasglocke eintreten. Die Eindichtung des Films macht hier manchmal Schwierigkeiten, auch bleibt der Wasserdruck nicht konstant. In letzter Zeit hat W. Toeldte[2] einen Apparat zur Prüfung der Gasdurchlässigkeit angegeben, dessen Konstruktion und Gebrauch aus Abb. 185 bis 187 hervorgeht.

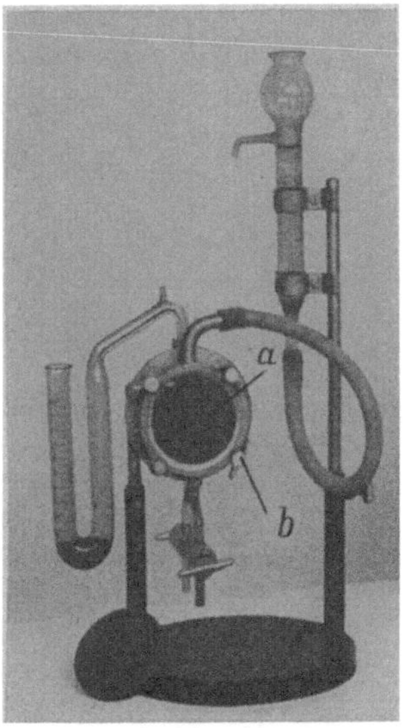

Abb. 183. Apparat zur Prüfung der Wasserdurchlässigkeit.

Abb. 184. Apparat zur Prüfung der Gasdurchlässigkeit.

Die Bestimmung der Gas- und Wasserdurchlässigkeit kann mit zur Beurteilung des Zustandes des Farbfilms in verschiedenen Altersstufen beitragen. Inwieweit überhaupt die Wasserdurchlässigkeit bei Anstrichen auf Ölbasis eine Rolle spielt, wurde schon besprochen.

Die Bestimmung des Quellens und Schwindens kann mit Vorteil auch

---

[1] Siehe Seeligmann-Zieke: Handbuch, 3. Aufl., S. 790.

[2] Toeldte, W.: Farben-Ztg. **36**, 318 ff. (1930/31).

an den nach einer der eben genannten Methoden hergestellten Farbfilmen durchgeführt werden, wozu man kreisrunde Scheibchen von etwa 40 mm Durchmesser verwendet. Es hat dies den Vorteil, daß die Einwirkung von beiden Seiten her erfolgt, allerdings entspricht dies weniger den tatsächlichen Verhältnissen.

Die Prüfung des Verhaltens gegen Wasserdampf wird auf

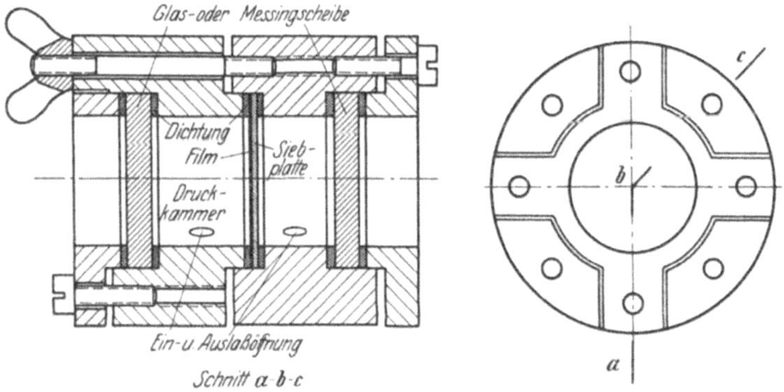

Abb. 185. Apparat von Toeldte im Schnitt.

verschiedene Art durchgeführt. Große Bedeutung maß man mancherseits der sogenannten Lössnerprobe bei; zu ihrer Durchführung legt man gestrichene Eisenbleche (Anstrich nach unten) auf ein kochendes Wasserbad und läßt den Dampf bestimmte Zeit auf eine kreisförmige Fläche von 5 cm Durchmesser einwirken. Jedenfalls kommt ihr kein entscheidender Wert zu, denn man kann nach ihr nicht, wie dies geschah, ohne weiteres die Brauchbarkeit eines Anstrichs für Rostschutzzwecke beurteilen.

Gas-Ein- und -Austritt. Stativbefestigung.

Abb. 186. Apparat von Toeldte.

Wir untersuchen das Verhalten gegen Wasserdampf, indem wir die gestrichenen Bleche (im Ausmaß 50 × 300 mm) 7 Tage nach dem Trocknen des letzten Anstrichs in einen Kasten stellen, in dessen Boden ein von außen heizbares Wasserbad eingebaut ist. Durch Regulierung der Wasserbadheizung läßt sich die Temperatur des die Platten umspülenden Wasserdampfes einstellen. Die Dauer der Behandlung beträgt 8 Stunden.

Eine Behandlung der Anstriche mit kochendem Wasser wird öfters als ein besonders gutes Mittel angesehen, um die Haltbarkeit eines Anstrichs zu ermitteln. Es gibt diese Probe darüber selbstverständlich ebensowenig Aufschluß wie die Lössnersche. Man kann diese Prüfung mit zur Charakterisierung der mehr oder minder großen Widerstandsfähigkeit heranziehen, indem man die Versuchsplatten bestimmte Zeit in Wasser von 100° C eintauchen läßt. Um geringere graduelle Unterschiede zu erkennen, ist es angezeigt, die

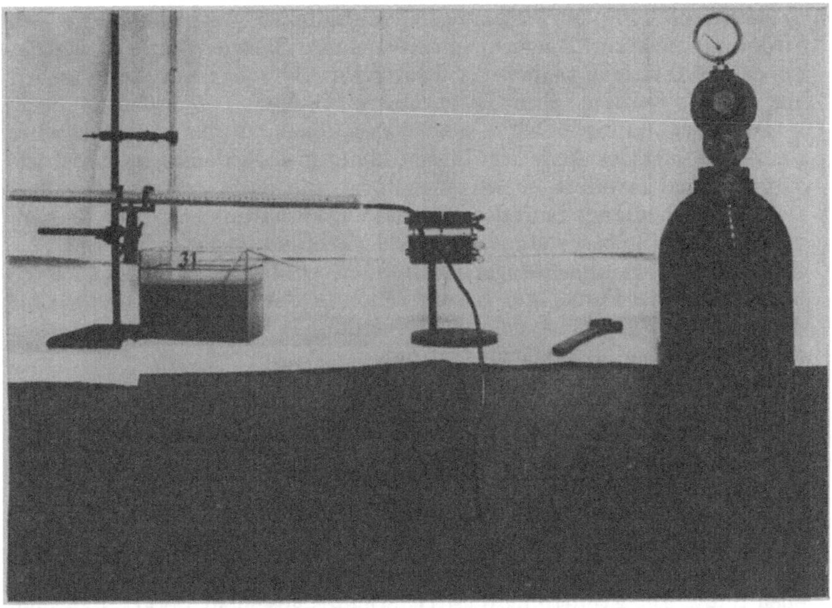

Abb. 187. Gasdurchlässigkeitsprüfung mit dem Apparat von Toeldte.

Die durch den Anstrich gedrungene Luft wird bei stark gasdurchlässigen Filmen in einem kalibrierten Barometerrohr (31) über Quecksilber aufgefangen und gemessen. Für wenig durchlässige Filme wendet man zum Auffangen eine waagrecht eingespannte Kapillare an, in der sich ein Tropfen gefärbten Wassers befindet. Aus der Größe der Verschiebung dieses Tropfens läßt sich die durchgetretene Luftmenge erkennen.

Platten von Zeit zu Zeit herauszuziehen und das Aussehen zu vermerken.

Zur Prüfung des Verhaltens gegen Gase werden kleine Probebleche (50 × 300 mm) gestrichen und dann einer Atmosphäre ausgesetzt, die einen bestimmten Prozentsatz von korrodierend wirkenden Gasen enthält. Man verwendet hierzu vorteilhaft Glasgefäße, etwa solche wie sie Abb. 170 zeigt, oder Glasglocken, die oben einen Tubus für Zu- und Ableitung des Luftgasgemisches tragen und deren Rand auf eine Glasplatte aufgeschliffen ist (Rezipienten). Da vollkommen trockene Gase keine oder nur eine geringe Wirkung ausüben, ist es notwendig, den Gasstrom zu befeuchten, was man am einfachsten dadurch erreicht, daß man in das Begasungsgefäß eine flache Schale mit Wasser stellt bzw.

den Boden des Gefäßes mit Wasser bedeckt hält. Die Platten werden am besten hängend befestigt, da sie so leicht ein und auszuheben sind.

Als Richtlinie für die zu verwendende Gaskonzentration mögen nachstehende Angaben dienen. Man läßt durch den Begasungsbehälter während der Einwirkungszeit ständig 100 l Luft pro Stunde strömen, der man zumischt: Gasförmiges Ammoniak $1^1/_2$ l pro Stunde, oder gasförmige schweflige Säure (Schwefeldioxyd) $1^1/_2$ l pro Stunde, oder Kohlensäure (Kohlendioxyd) $1^1/_2$ l pro Stunde, oder Schwefelwasserstoff $1^1/_2$ l pro Stunde.

Die Einstellung der Strömungsgeschwindigkeit geschieht mit kleinen Strömungsmessern. Einwirkungszeit mehrere Stunden (etwa 3) täglich, wobei die Anstriche täglich vor Beginn der Begasung auf ihr Aussehen hin geprüft werden. Prüfzeit normal 4 Wochen.

Die Verwendung hoher Gaskonzentrationen, die allerdings rascher zur Zerstörung des Anstrichs führen können, ist bedenklich, da es, wie schon einmal erwähnt, nicht möglich ist, die dann auftretenden Zerstörungserscheinungen mit den praktischen Verhältnissen zu vergleichen.

Man kann selbstverständlich auch Farbfilme begasen, um die Veränderung der Festigkeitseigenschaften zu studieren. In diesem Falle hängt man die Filme, am besten schon in der Form, in der sie für die späteren Prüfungen gebraucht werden, in die Begasungsbehälter oder legt sie auf Gestellen darin aus.

4. Die Prüfung der Reißfestigkeit, Dehnbarkeit, Haftfestigkeit, Härte und Abreibbarkeit.

a) Reißfestigkeit, Dehnung, Haftfestigkeit.

Die Reißfestigkeit wird durch jenes Gewicht gekennzeichnet, mit dem man einen Film von 1 mm² Querschnitt auf Zug belasten muß, damit er eben reißt. Die Ermittlung dieses Gewichtes geschieht derart, daß man den Farbfilm in Form eines Streifens an dem oberen Ende fest einspannt und das untere Ende steigend belastet, bis der Film reißt. Gestalt (Länge, Breite) des Farbfilms, aber auch die Geschwindigkeit, mit der die Belastung ansteigt, beeinflussen das Ergebnis. Da die Verteilung der Zugspannungen erst in einiger (allerdings geringen) Entfernung von den Einspannstellen gleichmäßig ist, darf man nur die Ergebnisse solcher Versuche auswerten, bei welchen der Film nicht in unmittelbarer Nähe der Einspannklammern gerissen ist.

Unter der steigenden Belastung dehnt sich der Film in der Zugrichtung immer mehr und mehr. Die Verlängerung des Farbfilmstreifens in Prozenten, bezogen auf das Längenmaß vor Beginn des Versuches, bezeichnet man als Dehnung. Im besonderen bezeichnet man als Bruchdehnung jene Dehnung, die der Film im Augenblicke des Zerreißens aufweist. Belastet man den Film mit einem beliebigen Gewicht, das aber geringer als die Bruchlast ist, und entlastet man ihn dann wieder, so würde die Dehnung, die der Film unter dem Einfluß der Belastung zeigte, wieder zurückgehen, wenn die Elastizitätsgrenze nicht überschritten wäre. Denn ein vollkommen elastischer Körper müßte sich dann auf sein ursprüngliches Maß zusammenziehen; im Falle eines nicht vollkommen elastischen Körpers mit sehr niedrig gelegener Elastizitätsgrenze, wie es ein Farbfilm ist, tritt zwar auch Verkürzung nach der Entlastung ein, aber nicht bis auf die ursprüngliche Länge; z. B. würde ein bestimmter Farbfilm, der mit 200 g belastet wurde, der vor der Belastung 100 mm lang war und der während der Belastung 110 mm maß, nach der Entlastung 102 mm messen. Die Dehnung, welche der Farbfilm noch nach der Entlastung aufweist, bezeichnet man als bleibende Dehnung, die Differenz zwischen der Dehnung unter Belastung und bleibender Dehnung als federnde Dehnung durch ein bestimmtes Gewicht. Bei obigem Beispiel wäre eine bleibende Dehnung von 2%, eine federnde Dehnung von 8% und eine gesamte Dehnung von 10% festgestellt worden. Die bleibende bzw. die federnde Dehnung geben ein Maß für die Elastizität des Films.

Die Ermittlung der Reißfestigkeit und der Dehnung nehmen in der Beurteilung von Prüfungsergebnissen von Anstrichfilmen einen wichtigen Platz ein. Sie gewähren einen wertvollen Einblick in die Festigkeitseigenschaften bei verschiedenen Beanspruchungen. Die Zugfestigkeit und die Dehnung sind neben der Haftfestigkeit maßgebend für die mechanische Haltbarkeit und damit auch für die Schutzwirkung, insbesonders der Deckanstriche. Nur solange die Farbhaut elastisch und geschmeidig genug ist, um der durch die Temperaturdifferenzen hervorgerufenen Ausdehnung oder Zusammenziehung des Eisens zu folgen, ohne zu reißen und ohne Falten zu bilden, kann sie einen Schutz für das Metall abgeben. Jede Verminderung dieser Fähigkeit durch Einflüsse von korrodierenden Gasen, Feuchtigkeit usw. bedeutet auch eine Verminderung der Schutzwirkung.

Die zur Bestimmung der Reißfestigkeit verwendeten Farbfilmstreifen können aus den nach Angabe auf S. 249 hergestellten Filmblättern ausgeschnitten oder ausgestanzt werden. Beim Ausschneiden ist auf tadellose Schnittränder zu sehen, da jeder Einriß, sei er auch noch so unscheinbar, die Reißfestigkeit herabsetzt und man dann zu niedere Resultate erhält. Das Ausstanzen ist deshalb vorteilhafter; auch werden dann mit Leichtigkeit Streifen erhalten, deren Längskanten vollkommen parallel sind, was notwendig ist, wenn man brauchbare Werte bekommen will. Es ist von Vorteil, den Film an den Einspannstellen durch Papierstreifen zu verstärken, ähnlich wie dies bei dem von Fr. Höpke angegebenen Prüfverfahren (siehe weiter unten) beschrieben ist. Vor Beginn der Versuche ist die Dicke der Farbfilme zu ermitteln, was am einfachsten mit einem Mikrometer bzw. einem der zur Bestimmung der Papierdicke verwendeten Apparate geschieht. In Ermangelung eines solchen schneidet man nach beendetem Reißversuch die beiden Teile des Probestreifens unmittelbar an den Einspannklemmen ab und wiegt sie zusammen. Aus der bekannten Fläche, dem ermittelten Gewicht und dem zu bestimmenden spezifischen Gewicht (siehe S. 246) kann man die Filmdicke berechnen.

Von jeder zu prüfenden Farbe bzw. jedem System, sind mindestens 5, besser 10 Farbfilmstreifen zu prüfen; aus den erhaltenen Werten ist der Mittelwert anzugeben in g/mm².

Die Dimensionen der Farbfilmstreifen richten sich in gewissen Grenzen nach dem verwendeten Apparat. Die Breite bewegt sich in den Grenzen von 15—25 mm, die Einspannlänge meist um 50 mm. Die Längsrichtung des Probestreifens soll bei gestrichenen Farbfilmen der Streichrichtung entsprechen. Selbstverständlich müssen die Dimensionen aller zu einem Versuch gehörigen Streifen gleich sein, auch wenn man Vergleiche zwischen Farbfilmen aus verschiedenen Farben ziehen will. Bei Angabe von Versuchsresultaten sind daher mitzuteilen: Filmbreite, Einspannlänge und der verwendete Apparat. Von den für Festigkeitsprüfungen an Farbfilmen geeigneten Apparaten seien die nachstehenden näher beschrieben:

α) Der Festigkeitsprüfer von Schopper.

Die Firma Louis Schopper in Leipzig, welche auf dem Gebiete von Maschinen für Festigkeitsprüfung führend ist, baut eine Reihe von Festigkeitsprüfern, von denen der in Abb. 188 gezeigte für Farbfilme am geeignetsten ist.

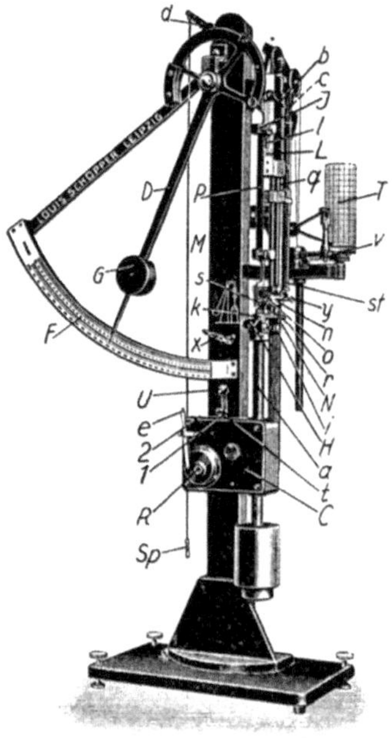

Abb. 188. Festigkeitsprüfer von L. Schopper, Leipzig.

Der Antrieb des Festigkeitsprüfers erfolgt durch eine mittelst Schwerkraftmotors C bewegte Zahnstange a. Der Motor wird durch den Schalthebel e ein- und ausgeschaltet. Auf der oberen Platte des Motorgehäuses sind Schildchen mit den Bezeichnungen „Ein" und „Aus" angebracht. Damit ist kenntlich gemacht, in welcher Richtung der Schalthebel beim Ein- und Ausschalten des Motors jeweils zu bewegen ist. Die Antriebsgeschwindigkeit, das ist die Abwärtsbewegung der Zahnstange a bzw. der ziehenden Klemme M in der Zeiteinheit (z. B. 1 Minute), läßt sich durch Regulieren des Schwerkraftmotors variieren. Es sind mittelst des Umschalthebels U zwei Geschwindigkeitsbereiche einstellbar. Bei Stellung 1 des Umschalthebels U erstrecken sich die Geschwindigkeiten zwischen den Grenzen 100 und 500 mm Zahnstangentiefgang je Minute. Bei Stellung 2 des Umschalthebels U werden Geschwindigkeiten zwischen den Grenzen 200 und 1000 mm Zahnstangentiefgang je Minute erreicht. Die einzelnen Geschwindigkeitsstufen innerhalb der beiden Bereiche werden mittelst der Regulierschraube R einreguliert. Der Umschalthebel U wird in den Stellungen 1 und 2 mit einem Schraubstift t gesichert.

Die Kraft wird gemessen durch eine Neigungswaage (Gewichtshebel D) mit abnehmbarem Gewicht G.

Die Kraftanzeige erfolgt mittelst eines Zeigers, welcher sich über eine Bogenteilung F bewegt, deren Bezifferung die Zerreißkraft direkt in Kilogramm angibt.

Die Dehnungsmessung erfolgt durch die Feststellung der Veränderung des Abstandes der beiden Einspannklemmen *J* und *M*. Diese Veränderung wird durch einen Nonius *l* auf einem Maßstab *L* angezeigt, dessen Teilungswert der Verlängerung eines Probekörpers *P* um einen Millimeter entspricht. Der Maßstab *L* gibt auch auf einer zweiten Teilung die Verlängerung eines 200 mm langen Probekörpers in Prozenten an. Ist der Probekörper kürzer als 200 mm, so kann die Dehnung nur in Millimetern abgelesen werden. Die entsprechende Prozentzahl muß ausgerechnet werden, ausgenommen bei 100 mm Einspannlänge, bei welcher 1 mm gleich 1% ist.

Die Auslösung für den Dehnungsmesser. Der Maßstab *L* wird durch den Mitnehmer *o* von der Zahnstange *a* mitgenommen. Der Mitnehmer *o* ist mit der Zahnstange *a* verbunden und ergreift die Nase des Schlittens *n*, sobald die Klemme *M* um den zulässigen Weg gehoben und der Drücker *r* eingeklinkt ist. Beim Reißen des Probekörpers wird der Mitnehmer *o* durch die Klemme *M*, welche sich infolge ihres Eigengewichtes senkt, sofort ausgelöst und der Maßstab *L* freigegeben und stillgelegt.

Die Einspannlängen. Die größte Einspannlänge beträgt 200 mm. Das ist der Abstand der Einspannklemmen *J* und *M* bei hochgehobener Klemme *M*, Nullstellung des Gewichtshebels *D* und Höchstlage der Zahnstange *a*. Es lassen sich jedoch auch kürzere Einspannlängen einstellen. Die Einstellung derselben erfolgt nach Entfernung des Stiftes *i* und Lösen der Schraube *y*, durch Herausziehen der Verlängerungsstange *k*. Die Schraube *y* ist deshalb zu lösen, damit der Schlitten *n* mitbewegt werden kann. Nach erfolgter Einstellung der Einspannlänge und Festlegen der Verlängerungsstange *k* durch den Stift *i*, ist die Schraube *y* wieder anzuziehen, wobei zu beachten ist, daß der Nonius *l* auf Null des Maßstabes *L* steht.

Die Einspannvorrichtung. Dieselbe besteht aus zwei Schraubenklemmen *J* und *M*. Der Probekörper wird zunächst so in die Klemme *J* eingespannt, daß er mit seinem unteren Ende frei in der unteren Klemme hängt. Es werden Streifen von 30 mm Breite verwendet.

Versuchsausführung. Bevor man Reihenversuche ausführt, hat man die zur Anwendung kommen sollende Antriebsgeschwindigkeit einzustellen und einzuregulieren (vgl. Abschnitt „Der Antrieb").

1. Gewichtshebel *D* mit der linken Hand erfassen, durch Ziehen mit der rechten Hand an der Sperrklinkenkette *Sp* die Sperrklinken *d* hochheben, Gewichtshebel *D* in die Nullstellung bringen und mittelst des Greifers *x* festlegen.

2. Hebel *e* auf „Aus" schalten.

3. Zahnstange *a* am Handgriff *x* in die Höchstlage ziehen. Die Arretierung in dieser Stellung erfolgt selbsttätig. Gleichzeitig werden der Schlitten *n* und somit der Dehnungsmaßstab *L* von dem Mitnehmer *N* mitgeführt und selbsttätig in ihre Nullage gebracht.

4. Die Klemme *M* um den zulässigen Weg heben und mit der Schraube *s* festlegen. Damit ist die richtige Entfernung zwischen den Einspannklemmen erzielt. Gleichzeitig wird

5. der Drücker *ö* gegen den Mitnehmer *o* eingeklinkt, so daß der Mitnehmer *o* die Nase des Schlittens *n* berührt.

6. Hebel *b* nach oben legen und dadurch die Klemme *J* festlegen.

7. Der Dehnungsmaßstab *L* und Nonius *l* sollen auf Null stehen.

8. Den Probekörper in die Klemmen *J* und *M* spannen und dabei gemäß Abschnitt „Die Einspannvorrichtung" verfahren.

9. Hebel *b* nach unten legen.

10. Greifer *x* hochklappen.

11. Hebel *e* auf „Ein" schalten. Die Zahnstange bewegt sich abwärts.

12. Ist der Probekörper genügend straff gespannt, Schraube *s* lösen, ohne den Gang der Prüfung zu unterbrechen. Nach dem Reißen des Probekörpers stehen auch bei Fortgang der Zahnstange *a* der Gewichtshebel und der Dehnungsmaßstab still und gestatten so eine ruhige und sichere Ablesung der Bruchlast und Dehnung.

13. Werte notieren.

14. Mit der linken Hand Gewichtshebel *D* erfassen, mit der rechten durch Ziehen

an der Sperrklinkenkette *Sp* die Sperrklinken *d* hochheben, den Gewichtshebel *D* behutsam in die Nullage zurückbringen und mit dem Greifer *x* festlegen.

15. Zerrissenen Probekörper entfernen.

β) Der Festigkeitsprüfer nach F. Höpke[1].

Dieser gestattet die Messung der Reißfestigkeit, der Bruchdehnung und der federnden bzw. bleibenden Dehnung (Abb. 189). An einem festen Metallstativ ist die obere fest bleibende Klemmbacke (*a*) angebracht, während die bewegliche Klemmbacke (*b*) an einem Hebel (*c*) sitzt. Die zentrische Einspannung des Films ist durch die Form der Probestreifen und durch die Klemmenkonstruktion gesichert. Die bewegliche Klemmbacke läuft in einer Geradeführung (*d*) und besitzt einen Nonius, der längs einer Millimeterskala spielt und die Ablesung der Dehnung ermöglicht. Die Belastung geschieht durch Einrieselnlassen von feinem Sand in den Sandbehälter (*e*). Der Hebelarm hat eine Übersetzung von 1 : 2. Der Hebelarm und der leere Sandbehälter (*e*) sind durch das links sichtbare Laufgewicht und die Klemmbacke *b* durch das kleine Gegengewicht *h* ausbalanciert, so daß beim Einspannen des Probestreifens auf diesen keine Vorbelastung ausgeübt wird. Der zur Belastung verwendete Sand läuft mittels einer Rinne aus dem Sandvorratsbehälter *f* dem Apparat zu. Im Augenblick, in dem der Film reißt, senkt sich der Hebel mit dem Sandbehälter *e* und betätigt dadurch den Verschlußhebel *g*, wodurch die weitere Sandzufuhr automatisch abgestellt wird. Die Sandzufuhr wird so eingestellt, daß in der Minute 25 g zurieseln. Das Bruchgewicht, das ist die Belastung im Augenblicke des Zerreißens, läßt sich entweder durch Wägung des in *e* eingeflossenen Sandes genau bestimmen oder aus der vom Versuchsbeginn verflossenen Zeit angenähert errechnen.

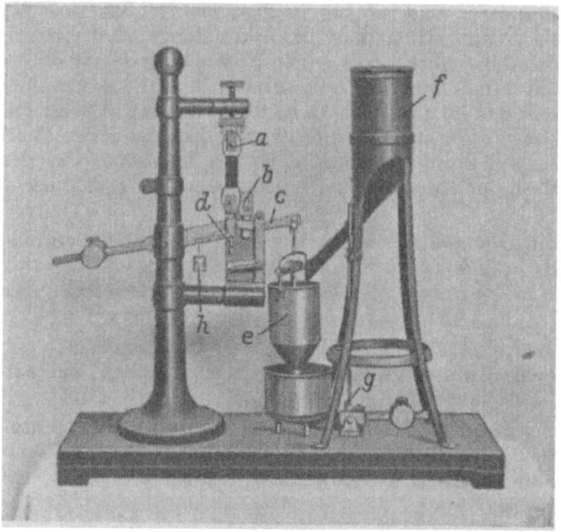

Abb. 189. Festigkeitsprüfer von Höpke.

Die bleibende und die federnde Dehnung des Farbfilms werden durch stufenweise Belastung des Probestreifens und darauf folgende Entlastung gemessen. Man mißt also nach einer Belastung von 100, 200, 300 g usw. bis zum Reißen.

Die Probestreifen werden aus den nach Angabe auf S. 249 hergestellten Farbfilmen gewonnen, indem man zunächst in 50 mm Entfernung

[1] Höpke, F.: Dissertation, Berlin 1929.

und parallel zueinander zwei Verstärkungsstreifen aus Kartonpapier senkrecht zur Streichrichtung mit Gummiarabikum aufklebt und die Filme dann mit einer Stanze in nachstehender Form ausstanzt (Abb. 190).

γ) Das Rumpometer von H. Wolff[1].

Dieser Apparat stellt die Weiterbildung eines ursprünglich von H. Wolff und G. Zeidler[2] mit einfachsten Mitteln selbst gebauten Festigkeitsprüfers dar. Er wird in seiner jetzigen Form von den Berliner physikalischen Werkstätten G. m. b. H., Berlin SW 29, gebaut.

Der Farbfilm wird wie üblich in zwei Klemmen eingespannt, die so ausgebildet sind, daß eine Verzerrung des Films vermieden wird. Die obere Klemme ist fix. Die untere bewegliche Klemme trägt einen Behälter, dessen konstant anwachsende Belastung durch Zufließen von Wasser erreicht wird. Es strömt aus einem oberhalb der fixen Klemme angebrachten Reservoir zu; die Zuflußgeschwindigkeit läßt sich durch ein Ventil regeln. Dadurch, daß die Zuflußrohre bis nahe zum Boden des unteren Behälters reichen, wird eine ruckweise Belastung vermieden. Im Augenblicke des Reißens fällt der untere Wasserbehälter und schließt durch eine Feder einen Stromkreis, welcher Elektromagneten betätigt, die eine Schließung des Zuflußventiles besorgen. Die Größe der Bruchlast kann entweder durch Abwiegen des in dem unteren Behälter befindlichen Wassers ermittelt werden, oder durch Messung der aus dem oberen Behälter abgeflossenen Wassermenge, zu welchem Zweck an diesem ein Wasserstandsglas angebracht ist. Am unteren Behälter ist ein Seidenfaden eingehakt, der einen Zeiger betätigt, welcher über einer Skala spielt, wodurch eine Ablesung der Dehnung ermöglicht wird. An Stelle des Zeigers und der Skala kann auch eine Schreibvorrichtung (Kymograph) angebracht werden, welche eine automatische Registrierung der bei der jeweiligen Belastung erreichten Dehnung erlaubt.

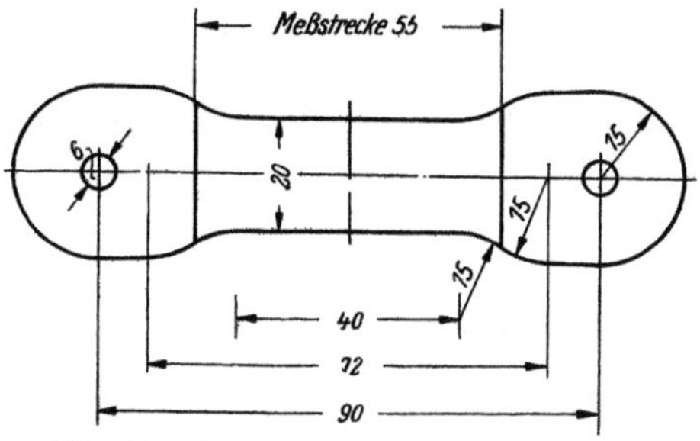

Abb. 190. Form und Maße eines Probestreifens für den Höpke-Prüfer.

Die Einspannlänge ist normal 45 mm, kann aber auch, wenn nötig, vergrößert werden. Die Filmbreite ist, wenn sie sich für diesen Apparat mit den ursprünglichen Angaben von H. Wolff und G. Zeidler deckt, 12 mm. Die Bedienung des Apparats ist wohl etwas umständlicher als die der vorher beschriebenen, doch ist die Anordnung zweckmäßig. Da die Versuchsdauer unter Umständen sehr lang ist, kann ein Summer in den beim Eintritt des Zerreißens sich schließenden Stromkreis geschaltet werden, wodurch das Versuchsende erkennbar wird.

[1] Wolff, H., u. G. Zeidler: Farben-Ztg. **32**, 1497, 2135, 2596 (1927). — Siehe dazu auch Hoek, C. P. van: Farben-Ztg. **32**, 1434, 2596 (1927).

[2] Wolff, H., u. G. Zeidler: Korrosion u. Metallschutz **1**, 35 (1925).

Bezüglich anderer Apparaturen zur Prüfung der Festigkeit von Farbfilmen sei auf das am Schluß beigegebene Literaturverzeichnis verwiesen[1].

δ) Haftfestigkeitsbestimmung.

Die Untersuchung der Festigkeits- bzw. Elastizitätseigenschaften am Farbfilm ist wie vorerwähnt an und für sich sehr instruktiv und kann auch z. B. über das Verhalten beim Altern wertvolle Aufschlüsse geben. Es bleibt dabei aber eine Eigenschaft der Farbhaut, die von großem Einfluß auf das Schutzvermögen der Anstriche ist, unberücksichtigt, das ist die Haftfestigkeit. Eine Farbe, die einen Farbfilm von hoher Reißfestigkeit und Dehnbarkeit gibt, kann trotzdem einen wenig haltbaren Anstrich liefern, wenn dieser schlecht am Eisen haftet und sich bei der geringsten Ursache vom Untergrund abhebt. Es würde daher eine Methode wertvoll sein, welche es gestattet, die erwähnten mechanischen Festigkeitseigenschaften direkt am Anstrich (das ist die am Untergrund haftende Farbhaut) zu messen. Allerdings stellen sich diesem Problem große Schwierigkeiten entgegen und es ist bis jetzt keine voll entsprechende Prüfungsmethode hierfür gefunden worden. Es bleibt also vorderhand nur die Möglichkeit, nach dem Aussehen des Anstrichs, nach der Rißbildung, und nach eventuellem Abblättern die Festigkeitseigenschaften und die Haftfestigkeit des Anstrichs abzuschätzen.

So versucht man durch die Dornbiegeprobe, wie sie bei der Materialprüfung anderer Produkte (z. B. Bleche) ausgeführt wird, unter anderem auch ein Maß für die eben erwähnten Eigenschaften zu gewinnen. Bei ihrer Durchführung biegt man gestrichene Bleche von 0,5 mm Stärke (bei einseitig gestrichenen: Anstrich auf der Zugseite) nacheinander um Dorne von 20, 15, 10, 5 und 2 mm Durchmesser um 180° und notiert die Zahl der notwendigen Biegungen und den Durchmesser des Dornes, bei dem sich unter der Lupe oder unter dem Mikroskop erstmalig Risse bzw. ein Abblättern zeigen. Diese Prüfung kann nicht nur mit Anstrichen verschiedenen Alters, sondern auch an bewitterten Anstrichen mit verschieden langer Expositionszeit vorgenommen werden.

H. Wolff[2] empfiehlt einen kleinen leicht herstellbaren Apparat. Bei diesem wird der Probestreifen auf zwei um ein Scharnier klappbare Brettchen befestigt. Als Wertmaß gilt der Winkel, bis zu welchem man die Brettchen zusammenklappen kann, damit erstmalig Sprünge am Anstrich auftreten. Tritt dies bei einmaligem Biegen nicht ein, so ist dies bis zur eintretenden Beschädigung des Anstrichs zu wiederholen.

A. V. Blom[3] streicht Streifen aus Bandeisen (170 × 25 mm, Dicke 1 mm) einseitig und spannt sie in einen geeigneten Festigkeitsprüfer (Einspannlänge 70 mm). Auf der ungestrichenen Rückseite der Stäbe

---

[1] Siehe insbesondere auch Gardner-Scheifele: Untersuchungsmethoden, S. 86ff.

[2] Wolff, H.: Farben-Ztg. **26**, 2587 (1921).

[3] Blom, A. V.: Farben-Ztg. **34**, 892 (1929).

ritzt er eine Einteilung in Zentimeter ein. Die Beanspruchung auf Zug erfolgt bis zum Auftreten der ersten unter einer Lupe sichtbar werdenden Risse im Anstrich. Aus der Form der Risse versucht Blom einen Rückschluß auf die Haftfestigkeit zu ziehen; aus dem automatisch aufgezeichneten Dehnungsdiagramm schließt er auf die Festigkeitseigenschaften. Die Dehnung wird an der eingeritzten Einteilung an der Stabrückseite an jener Stelle abgemessen, an welcher die Farbhaut platzte. Auf Grund der verschiedenen Formen der Sprungbildung des Anstrichs hat Blom eine sechsteilige „Rißbildleiter" aufgestellt, die er zur Klassifikation verwendet.

H. A. Gardner[1] mißt die Haftfestigkeit, indem er in den noch feuchten Anstrich Seidenstreifen bis auf das Blech eindrückt und nach erfolgtem Trocknen die zum Abziehen der Streifen notwendige Kraft feststellt. Er verwendet hierzu den von ihm gebauten Festigkeitsprüfer, der mit einer kalibrierten Feder arbeitet.

Irgendwelche Schlußfolgerungen konnten bis jetzt aus der Bestimmung der Haftfestigkeit nicht gezogen werden, da die dazu angewendeten Methoden noch recht unzuverlässig sind, auch ist das bisher beobachtete Material zu gering und nicht systematisch durchgearbeitet worden.

Praktisch überzeugt man sich vom guten oder schlechten Haften eines Anstrichs durch Abschaben mit dem Messer. Wenn sich dabei das verschiedene Verhalten auch nicht zahlenmäßig festlegen läßt, so genügt dieser Befund bei einiger Übung für die Praxis.

b) Bestimmung der Härte und Abreibbarkeit.

Die Härte und insbesonders die Abreibbarkeit sind Eigenschaften, welche für die Widerstandsfähigkeit eines Anstrichs gegen mechanische Einwirkungen wichtig sind. Es fehlen auch hier systematische Versuche, die einen Zusammenhang zwischen der Zusammensetzung des Anstrichs, den Verhältnissen bei der Trocknung und diesen Eigenschaften erkennen lassen. Die Methodik ist noch nicht verläßlich ausgebildet.

Methoden zur Bestimmung der Härte eines Anstrichs wurden schon gelegentlich der Bestimmung der Trockenzeit besprochen. Zu erwähnen wären noch der Lackprüfungsapparat von Clemen[2] (Erzeuger Hugo Keyl, Dresden), der Härteprüfer von Wolff und Clemens,[3] der Ritzhärteprüfer von Dupont[4], die Bleistiftmethode von Wilkinson[5] und die Methode von H. A. Gardner[6].

Die drei erstgenannten Apparate arbeiten nach dem gleichen Prinzip. Eine Schneide bzw. Nadel (Dupont) ist an einem Wagebalken befestigt.

[1] Gardner, H. A.: Scientif. Sect. Circ. Nr 323; Ref. Farben-Ztg. **33**, 1727 (1928). — Auch in Gardner-Scheifele: Untersuchungsmethoden, S. 177.

[2] Siehe Wolff, H.: Laboratoriumsbuch, S. 99, Halle 1924.

[3] Wolff, H., u. Clemens: Farben-Ztg. **27**, 2555 (1922).

[4] Gardner-Scheifele: Untersuchungsmethoden, S. 60.

[5] Wilkinson: Scientif. Sect. Proceedings Nr **302** (1923). — Würth, K.: Chem.-Ztg. Nr **112** (1926); Farben-Ztg. **33**, 2787 (1928). — Wolff, H., u. F. Wilborn: Farben-Ztg. **34**, 2721 (1929). — Barensfeld: Farbe u. Lack **1926**, 344.

[6] Gardner, H. A.: S. 53.

Sie wird mit dem Anstrich in Berührung gebracht und dann wird das gestrichene Probeblech unter ihr durchgezogen. Durch Auflegen von Gewichten kann der Druck solange verstärkt werden, bis eine erkennbare Ritzfurche entsteht. Aus dem dazu erforderlichen Gewicht bzw. aus der Form der Furche kann die Härte des Anstrichs beurteilt werden.

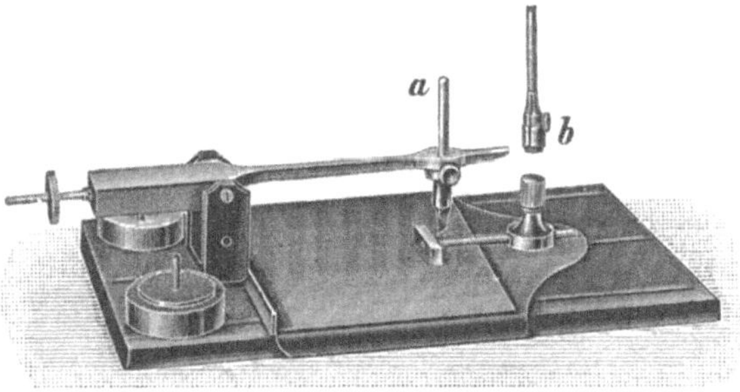

Abb. 191. Härteprüfer nach Clemen.

Beim Dupontschen Ritzhärteprüfer sind außerdem die Ritznadel und das Probeblech mit je einem Pol einer Stromquelle verbunden. In dem Augenblick, in welchem die Nadel den Anstrich gänzlich durchdrungen hat, wird der Stromkreis durch das Probeblech geschlossen und dadurch ein Lämpchen zum Aufleuchten gebracht.

Abb. 192. Rillhärteprüfer nach Kempf, von Louis Schopper, Leipzig.

Der schon früher erwähnte Rillhärteprüfer von Kempf (siehe S. 237) ist der technisch am besten durchgearbeitete Apparat. Er wird von Louis Schopper in Leipzig gebaut und ist vorstehend abgebildet (Abb. 192).

Zur Bestimmung der Härte wurden auch Bleistifte zu benutzen versucht. Dieses Verfahren wurde von W. H. Wilkinson[1] angegeben. Stifte verschiedener Härte werden über den Anstrich hingeführt. Der Härtegrad desjenigen Bleistifts, der dabei keine schwarze Linie mehr hinterläßt, sondern den Anstrich ritzt, gilt als Maß für die Härte des Anstrichs. Dieses Verfahren wurde insbesonders von K. Würth[2] als einfach und praktisch empfohlen. Auch H. Wolff und F. Wilborn[3] fanden es bei einer kritischen Nachprüfung für brauchbar. Allerdings ist es notwendig, unter gleichen Bedingungen zu arbeiten, d. h. vor allem muß der Druck, mit dem der Bleistift über die Fläche geführt wird, gleich sein. Wolff und Wilborn erreichten dies, indem sie das gestrichene Blech auf die Waage legten und durch Auflegen von Gewichten auf die andere Waagschale zunächst austarierten. Dann wurden zur Tara noch 300 g gelegt und nun der möglichst schräg gehaltene Bleistift in Wellenlinien so über den Anstrich geführt, daß der dabei ausgeübte Druck die Waage zum Einspielen brachte.

Um die Unsicherheit der Bleistiftmethode, die durch die Haltung des Bleistiftes und den ausgeübten Druck verursacht werden kann, auszuschalten[4], hat H. A. Gardner[5] die Bleistifte in einen, dem Clemenschen Ritzhärteprüfer ähnlichen Apparat eingespannt.

Nicht nur bei dieser, sondern bei allen Härtebestimmungen ist zu berücksichtigen, daß die Härte eines Anstrichs keine Konstante ist, sondern daß sie sich mit Temperatur und Luftfeuchtigkeit innerhalb verhältnismäßig weiter Grenzen ändert. Es ist daher nicht verwunderlich, wenn selbst an ein und demselben Muster von verschiedenen Beobachtern verschiedene Härtegrade festgestellt werden, wenn die Prüfung nicht unter denselben äußeren Bedingungen erfolgt. Da der Anstrich auch nicht an allen Stellen gleich hart ist, so sind möglichst viele Stellen zu prüfen und der Durchschnitt aller Bestimmungen ist als Härte anzunehmen. Temperatur und Luftfeuchtigkeit, bei denen die Prüfung erfolgte, sind anzugeben.

Zur Bestimmung der Abreibbarkeit läßt H. A. Gardner[6] aus einem 180 cm langen, senkrecht stehenden Glasrohr von 22 mm lichter Weite Schleifpulver (Schmirgelpulver Nr 50) auf die unter einem Winkel von 45° geneigte, gestrichene Versuchsplatte rieseln. Das Pulver wird solange nachgeschüttet, bis der Anstrich an der vom Schleifpulver getroffenen Stelle abgerieben ist und das blanke Metall durchsieht. Als Maß gilt das Gewicht des Schleifpulvers, das zum Verschwinden des Anstrichs angewendet werden mußte. Zur leichteren Erkennung der

---

[1] Wilkinson, K. H.: siehe auch Gardner-Scheifele: Untersuchunsgsmethoden, S. 53.

[2] Würth, K.:

[3] Wolff, H., u. F. Wilborn:

[4] Da diese Methode an und für sich nicht als Präzisionsmethode (wenn man von einer solchen bei Härtebestimmungen überhaupt sprechen darf) gedacht war, so kann die Schwankung der Härte der Bleistifte (innerhalb desselben Härtegrades bzw. Nummer) hingenommen werden. Allerdings müssen Qualitätsmarken, nicht billige Schulstifte, verwendet werden.

[5] Gardner, H. A., Gardner-Scheifele: Untersuchungsmethoden, S. 53/57.

[6] Gardner-Scheifele: Untersuchungsmethoden, S. 74ff.

Abnutzung des geprüften Anstrichs grundiert Gardner die Versuchstafeln mit einer kontrastierenden Farbe, deren Sichtbarwerden das Ende der Prüfung angibt.

H. Wolff, W. Toeldte und G. Zeidler[1] fanden, daß die Korngröße des verwendeten Pulvers eine große Rolle spielt und geben als am besten geeignet Quarzsand mit einer Korngröße von 0,5—1 mm an. Sie lassen den Sand aus einem Trichter mit einem Rohr von 6,5 mm lichter Weite aus einer Höhe von 1,3 m auf die unter 45° geneigte Probeplatte rieseln. Sie verwenden für jeden Versuch 16 l Sand. Je nach der Art der Abnutzung klassifizieren sie den Lack (ihre Versuche beziehen sich nur auf Lacke) nach einer von ihnen im Original angegebenen Skala.

Anstatt durch Berieselung mit Sand kann man auch durch Reiben mit einem Reibkörper von entsprechend rauher Oberfläche die Abreibbarkeit feststellen. Das Schürfmesser von Dupont[2] verwendet einen stabförmigen Reibkörper, dessen eine Stirnseite mit Kautschuk oder einem sonstigen geeigneten Reibmaterial überzogen ist. Durch einen von einem Motor getriebenen Exzenter wird der Reibkörper in eine hin- und hergehende Bewegung gebracht. Die Schleifwirkung kann durch Belastung des Reibkörpers erhöht werden. Durch eine automatische Zählvorrichtung wird die Zahl der Bewegungen registriert, und diese dient neben der Belastung als Maß für die Abreibbarkeit.

H. Wolff[3] hat einen sehr einfachen, mit Laboratoriumsmitteln leicht improvisierbaren Apparat angegeben, der durch Abschleifen mit einem im Kreis bewegten Schleifkörper die Abnutzbarkeit zu beurteilen gestattet. In ähnlicher Weise arbeitet A. D. Camp[4], welcher eine Gummischeibe, die mit einer Geschwindigkeit von 30 Touren/Minute rotiert, unter einem Winkel von 45° auf den Anstrich einwirken läßt. Die Zahl der Umdrehungen wird als Maß für die Abreibbarkeit angegeben. Die Scheibe ist nach je 5000 Umdrehungen zu erneuern.

In letzter Zeit hat G. G. Sward[5] die vorgenannten und andere Verfahren vergleichend geprüft und kommt zu dem Ergebnis, daß die Sandmethode die brauchbarsten Resultate gibt und daß, wie schon Wolff nachwies, die Korngröße des Sandes von großem Einfluß auf die abnutzende Wirkung ist. Die von ihm angegebene Apparatur ähnelt der Gardners[6].

Aus diesen kurzen Angaben ist zu ersehen, daß es noch viel experimentelle Arbeit erfordern wird, bis gut verwertbare Methoden zur Bestimmung der Abnutzbarkeit vorliegen.

Von größtem Einfluß auf den Ausfall dieser Versuche ist die Gleichmäßigkeit des zu prüfenden Anstriches, weshalb hier insbesondere von

---

[1] Wolff, H., W. Toeldte u. G. Zeidler: Farben-Ztg. **34**, 1179 (1929).
[2] Gardner-Scheifele: l. c.
[3] Wolff, H.: Laboratoriumsbuch, Halle 1924, S. 98.
[4] Camp, A. D.: Ind. and Engin. Chem. **20**, 851 (1928); Farben-Ztg. **34**, 91 (1928).
[5] Sward, G. G.: Scient. Sect. Circular Nr. 535 (Juli 1929); Farben-Ztg. **34**, 2991 (1929).
[6] Gardner-Scheifele, Untersuchungsmethoden, S. 74ff.

den amerikanischen Autoren durch Schleudern bzw. Gießen hergestellte Anstriche oder Farbfilme bevorzugt werden.

D. Verschiedene Untersuchungsmethoden.

1. Glanzmessung.

Die Abnahme des Glanzes eines der Witterung ausgesetzten Anstriches wird vielfach insoferne als Wertmaß seiner Güte angesehen, als man annimmt, daß der Anstrich, der früher matt geworden ist, auch der weniger wiederstandsfähige sei. Abgesehen davon, daß dies von äußeren Umständen, wie z. B. durch starke Verschmutzung herbeigeführt worden sein kann, ist ein Mattwerden bzw. ein Glanzverlust durchaus nicht als zuverlässiges Zeichen geringeren Schutzvermögens anzusehen. Es ist nur ein Beweis dafür, daß zwischen den korrodierenden Agentien (Atmosphäre u. a) und der obersten Schicht des Anstrichs eine Reaktion stattgefunden hat, die aber unter Umständen günstig zu werten ist, weil sie anzeigt, daß die Schädlinge vom Anstrich abgefangen wurden.

Es spielt derzeit die zahlenmäßige Festlegung des Glanzes bei Rostschutzanstrichen kaum eine Rolle, vor allem auch deshalb nicht, weil der eventuelle Zusammenhang zwischen Glanzabnahme und Schutzvermögen noch nicht aufgeklärt ist. Es liegen auch keine diesbezüglichen Untersuchungen vor. Aus Angaben Höpkes[1] und aus den an anderer Stelle mitgeteilten Versuchen (siehe S. 197) ist ersichtlich, daß die Abnahme des Glanzes bei Aluminiumfarben[2] sehr gering ist, während die Messungen bei Zinkfarben und Eisenoxyd eine sehr beträchtliche Verringerung erkennen lassen.

Zur Bestimmung des Glanzes wurden verschiedene Methoden und Apparate vorgeschlagen, denen meist das gleiche Prinzip zugrunde liegt. Das auf einen Anstrich einfallende Licht wird zum Teil verschluckt, zum Teil in den Raum zurückgeworfen und zum Teil durchgelassen. Ein Teil des zurückgeworfenen Lichtes wird allseitig zerstreut, der andere Teil wird nach dem Reflexionsgesetz in bestimmter Richtung reflektiert. Durch Vergleich der Lichtintensität des reflektierten Lichtes mit der des zerstreuten Lichtes (Präzisionsglanzmesser von Goerz[3]), durch Messung des im reflektierten Licht enthaltenen polarisierten Anteils (Polarisationsglanzmesser von Schmid und Hänsch, Glanzmesser von Ingersoll) oder durch Messung der Lichtintensität des reflektierten Anteils, welcher sich aus der Differenz „Reflektiertes Licht minus zerstreutes Licht“ ergibt, im Vergleich zu dem von einem Barytweißplättchen unter gleichen Beleuchtungsbedingungen ausgehenden Licht (Methode von P. Wolski[4]) kann der Glanzgrad zahlenmäßig festgelegt werden. Aber auch ohne kostspielige Apparate ist dies mit einer für viele Zwecke hinreichenden Genauigkeit durchzuführen, wie

[1] Höpke, F.: loc. cit. S. 19.

[2] Abgesehen von eventueller Glanzverminderung durch Überrostung.

[3] Siehe auch Jahresberichte der Chemisch-Technischen Reichsanstalt **4**, 170 (1924/25).

[4] Wolski, P.: Korrosion u. Metallschutz **2**, 262 (1926).

H. Wolff[1] gezeigt hat. Da der Glanz eines Anstriches sowohl von seiner Ebenheit (Glätte) abhängt, als auch vom Reflexionsvermögen, so bestimmt er einerseits eine „Ebenheitszahl", andererseits eine „Reflexionszahl". Zur Bestimmung der Ebenheitszahl verwendet er einen feinen Raster; die Entfernung der Linien dieses Rasters nimmt von der einen Seite zur anderen gleichmäßig zu. Die Entfernung derjenigen Linien, die im Spiegelbild des Rasters im Anstrich bei seitlicher Betrachtung noch eben sichtbar sind, wird als „Ebenheitszahl" angesprochen. Zur Bestimmung des Reflexionsvermögens verwendet er einen mit Asbest ausgeschlagenen Kasten, an dessen beiden Seiten die zu prüfende und die Vergleichsplatte durch einen schmalen Lichtstreif beleuchtet werden. Aus der Tiefe des Schattens, den zwei im reflektierten Licht stehende schwarze Stäbe werfen, wird auf die Intensität des reflektierten Lichtes geschlossen. Durch Nähern oder Entfernen des einen Stabes erreicht man gleiche Intensität der Schatten und das Quadrat dieser Entfernungen wird als Maß für das Reflexionsvermögen benutzt. Durch die Ebenheitszahl und die Reflexionszahl lassen sich Vergleiche zwischen dem Glanz verschiedener Anstriche ziehen.

Diese Methoden sind nur dort brauchbar, wo es möglich ist, eine Anstrichprobe oder einen Farbfilm unter den Apparat zu bringen. Für gestrichene Wände z. B. sind sie nicht anwendbar. In einem solchen Falle wäre eine Bestimmung des Glanzes nur durch Vergleich mit Mustern möglich. K. Würth[2] versuchte eine solche Glanzskala herzustellen, indem er Flächen verschiedener Rauhheit, wie z. B. Glas- bzw. Schmirgelpapier verschiedener Kornfeinheit, anstrich und durch Vergleich feststellte, welches von den gestrichenen Papieren im Glanz dem zu prüfenden Objekt entsprach.

2. Mikroskopische Untersuchungen.

Schon aus den zahlreichen in diesem Buche wiedergegebenen Mikrophotographien ist zu ersehen, welche Bedeutung der mikroskopischen Durchforschung der Anstriche zukommt. Ob es sich um die ersten Anzeichen der Verrottung handelt, ob das Quellen der Farbfilme in Wasser zu prüfen ist und bei vielen anderen Gelegenheiten leistet das Mikroskop wertvolle Dienste, ja oft wird nur durch seine Verwendung die Möglichkeit gegeben, Veränderungen festzustellen.

Über die Arbeitstechnik selbst kann an dieser Stelle kaum etwas mitgeteilt werden, da zu diesen Untersuchungen außer der notwendigen, unter Umständen recht kostspieligen Einrichtung, vor allen Dingen Übung gehört, die sich durch keine Beschreibung ersetzen läßt. Es sei daher nur auf die im Literaturverzeichnis angegebenen Veröffentlichungen und Werke hingewiesen.

3. Bestimmung der Klebrigkeit von Anstrichen[3].

Nicht alle Anstriche werden nach dem Trocknen an der Luft so trocken und hart, daß man beim Andrücken und Wiederabheben des Fingers nicht ein gewisses Kleben, Festhaften verspürte.

---

[1] Wolff, H.: Farben-Ztg. **29**, 277 (1923/24).
[2] Würth, K.: Farben-Ztg. **33**, 2787 (1928).
[3] Salvaterra, H., u. F. Zeppelzauer: Farben-Ztg. **36** (1930) im Druck.

Dieser Begriff Klebrigkeit soll nicht den Zustand halbtrockener Anstriche bezeichnen, bei dem man bei Berühren des noch weichen Anstriches Farbsubstanz auf den Finger bekommt, sondern er bezieht sich nur auf den Zustand von schon getrockneten, verfestigten Anstrichen. Die Klebrigkeit ist von der Temperatur abhängig; an kalten Tagen fühlen sich sonst klebrige Anstriche ganz hart und trocken an. Steigt die Temperatur wieder, so tritt auch die Klebrigkeit wieder mehr und mehr in Erscheinung. Auch wenn man an einem kalten Tag, an welchem der Finger bei kurzer Berührung nur ein geringes Festhaften am Anstrich verspürt, den Finger längere Zeit auf einen solchen Anstrich drückt, zeigt sich diese Klebrigkeit, weil sich der Anstrich eben unter dem angepreßten Finger erwärmte.

Man trägt den Tatsachen am besten Rechnung, wenn man diese Klebrigkeit definiert als „die Adhäsion bei einer Temperatur, die nicht allzuweit unter der menschlichen Körpertemperatur liegt". Für praktische Untersuchungen ist eine Temperatur von 25° C am geeignetsten.

Zur Bestimmung dieser Klebrigkeit dient ein einfacher Apparat, den H. Salvaterra und F. Zeppelzauer als Klebrigkeitswaage bezeichnet und beschrieben haben. (Abb. 193).

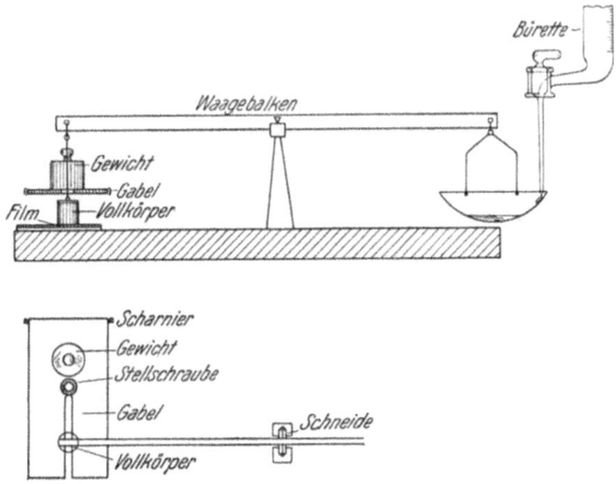

Abb. 193.
Klebrigkeitswaage nach Salvaterra-Zeppelzauer.

Sie besteht aus einem Waagebalken, der auf der einen Seite einen zylindrischen Vollkörper aus Messing trägt. Die untere kreisförmige Fläche des Vollkörpers ist plan geschliffen und mißt 0,50 cm². Diese Fläche wird auf den zu prüfenden Anstrich aufgesetzt. Auf der anderen Seite trägt der Waagebalken eine Schale, die mit dem Vollkörper im Gleichgewicht steht. In diese Schale kann man aus einer Bürette Wasser mit stets gleicher Geschwindigkeit eintropfen lassen.

Der Vollkörper wird mit Hilfe einer durch ein aufgelegtes 50 g-Gewicht belasteten Gabel eine Minute lang an den Anstrich gepreßt. Dann wird die Gabel durch die Stellschraube vom Vollkörper abgehoben, so daß er jetzt unbelastet ist, aber vom Anstrich festgehalten wird. Nun läßt man aus der Bürette Wasser mit einer Geschwindigkeit von 60 Tropfen per Minute in die Schale eintropfen. Die Mündung der Bürette muß sich ganz nahe an der Schalenwand befinden, damit die Tropfen nicht Stöße verursachen. Um die Zuflußgeschwindigkeit konstant zu halten, kann man die Bürette mit einer ähnlichen Füllvorrichtung versehen, wie sie bei dem zur Wasserdurchlässigkeitsbestimmung dienenden Apparat beschrieben wurde. Man übt auf diese Art eine gleichmäßig anwachsende Zugkraft auf den Vollkörper aus. Ist die Kraft groß genug geworden, um die Adhäsion zu überwinden, so reißt der Vollkörper vom Anstrich los. Nun wird sofort die Menge des zugetropften Wassers an der Bürette auf 0,1 cm^3 genau abgelesen.

Als Maß für die Klebrigkeit gilt die Belastung, ausgedrückt in Kubikzentimeter Wasser, die man der Schale erteilen mußte, damit der Vollkörper vom Anstrich abgehoben wird.

Die bei verschiedenen Anstrichen erhaltenen Werte sind untereinander vergleichbar, wenn alle Versuchsbedingungen, wie Dauer und Größe der Belastung beim Andrücken des Vollkörpers, Zuflußgeschwindigkeit des Wassers, Versuchstemperatur und relative Feuchtigkeit der Luft, in welcher der Anstrich vor Versuchsbeginn lagerte, konstant gehalten werden. Die Übereinstimmung der Werte ist mindestens ebenso gut wie bei den Werten, die bei Bestimmung der mechanischen Eigenschaften der Farbfilme erhalten werden. Die Differenzen ergeben sich hier wie dort aus der Ungleichmäßigkeit im Aufbau und Trockengrad der Farbhaut, von denen kein Anstrich frei ist. Vollkommen ebene Anstriche, gleichmäßig verstrichen, ohne sichtbare Pigmentanhäufungen (Körner) sind Vorbedingung für ein richtiges Aufsetzen des Vollkörpers. Fälle, in denen der Vollkörper nicht vollkommen horizontal aufsaß (die Klebrigkeitswaage wird mit einer Wasserwaage vor Versuchsbeginn nivelliert), liefern Fehlwerte, die aber leicht als solche erkenntlich sind. Sie werden bei der Berechnung des Durchschnittswertes nicht berücksichtigt. So ergaben sich z. B. bei einem Anstrich die Werte: 2,4; 2,8; 2,9; 2,6; 2,6; 2,8; 2,6; 2,5; 2,5; 3,2; 2,4 (Belastung in Kubikzentimeter Wasser). Diesen gegenüber zeigten sich zwei Werte, in denen der Vollkörper schlecht aufsaß mit 0,2 und 0,4 als auffallend niedrig. Die Dicke der Farbhäute ist bei Vergleichsversuchen stets gleichzuhalten. Die Anstriche werden am besten auf Glasplatten oder kleine polierte Eisenblättchen aufgetragen. Die Glasplatten kann man zur leichteren Versuchsdurchführung nach dem vollkommenen Trocknen des Anstrichs auf beiläufig Objektträgergröße zerschneiden.

Es zeigte z. B. ein 8 Wochen alter Anstrich aus Bleimanganfirnis (Filmdicke 0,1 mm) und I. G. Eisenoxydrot B 20 (50 : 50%) eine Klebrigkeit von 3,5 als Durchschnitt aus 10 Versuchen. Ein 8 Wochen alter Anstrich aus gleichen Gewichtsteilen Bleimanganfirnis und einem Gemenge aus 10% hochdisperser Mennige und 90% Eisenrot B 20 (Filmdicke 0,1 mm) eine durchschnittliche Klebrigkeit von 2,3. Bei Bestimmung der Klebrigkeit eines 8 Wochen alten Anstrichs aus Bleimanganfirnis und hochdisperser Mennige (30 : 70%) ergaben sich bei einer Filmdicke von 0,1 mm folgende Werte: 0,4, 0,5, 0,4, 0,0, 0,0, 0,1, 0,0, 0,1, 0,1, 0,0 ,0,0, d. h. der Vollkörper haftete in vielen Fällen überhaupt nicht am Mennigeanstrich. Dies steht mit unseren Beobachtungen vollkommen im Einklang, nach denen der Mennigefilm die weitaus geringste Klebrigkeit von allen Farbfilmen zeigt.

E. Chemische Untersuchungsmethoden.

Der Wert einer Rostschutzfarbe, über deren praktische Bewährung keinerlei Anhaltspunkte vorliegen, läßt sich durch chemische Untersuchungen allein nicht ermitteln. D. h. also, wenn die vorliegende Farbe z. B. ein Pigment enthält, dessen anstrichtechnischer Wert durch seine Zusammensetzung nicht charakterisiert ist (wie die verschiedenen Eisenoxyde), so können durch die Analyse zwar die einzelnen Bestandteile des Pigments erkannt werden, aber man kann daraus keine zuverlässigen Schlüsse auf sein praktisches Verhalten ziehen. Anders liegt die Sache natürlich, wenn man findet, daß als Pigment z. B. reines Karbonatbleiweiß verwendet wurde. Dann wird man sagen können, daß die Farbe wahrscheinlich in bestimmter Weise entsprechen wird. Ähnlich liegt der Fall bei den Bindemitteln.

Von Wert und am Platze ist die chemische Untersuchung immer dann, wenn überprüft werden soll, ob ein Produkt, sei es Pigment, Bindemittel, Sikkativ oder angeriebene Farbe, auftragsgemäß bzw. mustergetreu geliefert wurde. Überall dort, wo man sich von der Unverfälschtheit überzeugen muß, sollen die zu verwendenden Materialien durch einen Fachmann untersucht werden. Gerade auf dem Gebiete der Anstrichmittel herrschten und herrschen noch recht uneinheitliche Bezeichnungen und Qualitätsangaben für Produkte, die oft gleich sind. Man erinnere sich nur des sogenannten „doppelt gekochten Leinölfirnisses", von dem weder Verkäufer noch Verbraucher wissen, was sie sich darunter vorzustellen haben. Es kann daher nur begrüßt werden, wenn Vereinigungen, wie der Österreichische Normenausschuß, der Deutsche Verband für Materialprüfungen der Technik und der Reichsausschuß für Lieferbedingungen gemeinsam mit Erzeuger- und Verbraucherkreisen Richtlinien für die Anforderungen aufgestellt haben, denen die in Betracht kommenden Produkte zu entsprechen haben, bzw. Richtlinien dafür, wie man sich sachgemäß von der Qualität der Waren zu überzeugen habe. Diese Richtlinien sind, soweit sie fertiggestellt sind, in den Lieferbedingungen des Reichsausschusses für Lieferbedingungen (RAL) und in den OENORM- und DIN-Blättern niedergelegt.

Wo solche Vorschriften bestehen, sind sie im nachstehenden an Stelle jeder anderen Prüfmethode allein angeführt. Bezüglich der genauen Durchführung der einzelnen Methoden sei auf die ausführliche Spezialliteratur verwiesen (siehe Literaturverzeichnis)[1].

1. Bindemittel.

a) Leinöl.

(Nach Lieferbedingungen und Prüfverfahren RAL Nr. 848 A; Abdruck mit Genehmigung des RAL).

Lieferbedingungen für rohes, gebleichtes, raffiniertes und Lackleinöl.

A. Sorten. 1. Rohes Leinöl, 2. gebleichtes Leinöl, 3. raffiniertes Leinöl, 4. Lackleinöl. Die Sorte ist bei Bestellung anzugeben.

[1] Insbesonders sind hier als zusammenfassende Werke zu nennen: Gardner, H. A., B. Scheifele: Untersuchungsmethoden der Lack- und Farbenindustrie, Berlin 1929; und Wolff, H.: Laboratoriumsbuch für die Lack- und Farbenindustrie, Halle 1924.

B. Eigenschaften. 1. Rohes Leinöl: Rohes Leinöl muß klar und darf nur schwach getrübt sein. Stärkere durch Kälte erzeugte Trübungen müssen beim Erwärmen auf etwa 40° C verschwinden, so daß das Öl auch nach längerem Stehen bei Zimmertemperatur klar oder nur schwach getrübt ist. Der Geruch soll blumig sein, die Farbe gelb oder gelbgrün und nicht dunkler als eine 1/100 Normaljodlösung. Beim Farbenvergleich sind zwei Röhrchen genau gleichen Durchmessers zu nehmen, das eine ist mit dem filtrierten Leinöl, das andere mit der Vergleichslösung bis zu gleicher Höhe aufzufüllen. An Stelle der Vergleichslösung kann auch die Farbenskala von Knauth-Weidinger verwendet werden. Die Farbe darf nicht tiefer als Rohr 8 dieser Skala sein.

Die physikalischen und chemischen Kennzahlen müssen zwischen den nachstehend angegebenen Grenzwerten liegen. Der Besteller ist nicht berechtigt, Leinöl zurückzuweisen, das bei einer einzelnen Kennzahl, besonders bei der Säurezahl, eine Abweichung von den Grenzen bis zu zwei Einheiten der letzten angegebenen Stelle aufweist, es sei denn, daß eine ausführliche Untersuchung einen Verschnitt zweifellos erweist.

Spez. Gewicht (20°/4°, 760 mm)	0,927—0,932
Brechungsindex (n_D^{20})	1,4785—1,4830
Säurezahl	nicht über 6
Verseifungszahl	188—196
Jodzahl nach Hübl-Waller oder Hanus . . .	mindestens 170
Unverseifbare Stoffe nach Spitz-Hönig	höchstens 2,0%
Hexabromidzahl	mindestens 48
bei baltischen Ölen	mindestens 53

(Die Hexabromide müssen sich in der 50fachen Menge Benzol beim Erhitzen völlig lösen und sollen bei 176—178° C ohne Schwärzung schmelzen.)

2. Gebleichtes Leinöl. Das Öl muß klar sein. Trübungen, die etwa durch Kälte entstanden sind, müssen beim Erwärmen auf 40° C verschwinden und dürfen auch bei längerem Stehen bei Zimmertemperatur nicht wiederkehren.

Die Farbe darf nicht tiefer sein als eine 1/600 Normaljodlösung (Rohr 4 der Knauth-Weidinger-Skala). Im übrigen gelten die gleichen Bedingungen wie für rohes Leinöl. Der Geruch kann blumig oder gurkenartig sein. Beim Erhitzen darf das gebleichte Leinöl nicht dunkler werden.

3. Raffiniertes Leinöl. Das Öl muß klar sein. Trübungen, die etwa durch Kälte entstanden sind, müssen beim Erwärmen auf 40° C verschwinden und dürfen auch bei längerem Stehen bei Zimmertemperatur nicht wiederkehren.

Die Farbe darf nicht tiefer sein als eine 1/600 Normaljodlösung (Rohr 4 der Knauth-Weidinger-Skala). Die Säurezahl kann bis zu 8 betragen. Im übrigen gelten die gleichen Bedingungen wie für rohes Leinöl. Der Geruch kann blumig oder gurkenartig sein. Beim Erhitzen darf das Öl keine Schleimstoffe abscheiden, während ein Dunklerwerden dabei nicht zu beanstanden ist.

4. Lackleinöl. Lackleinöl muß klar sein. Trübungen, die etwa durch Kälte entstanden sind, müssen beim Erwärmen auf 40° C verschwinden und dürfen auch bei längerem Stehen bei Zimmertemperatur nicht wiederkehren. Die Kennzahlen sind die gleichen wie bei rohem Leinöl. Bei der Erhitzungsprüfung darf eine Schleimausscheidung nicht stattfinden, das Öl soll beim Erhitzen auf 280 bis 300° C hellgelblich oder grünlich oder wasserhell werden (Farbtiefe nach Erhitzen wie bei 2).

C. Handelsübliche Verpackung, insbesondere Holzbarrels oder Eisenfässer. Bei Faßbezug darf der Faßinhalt ± 10% von der Bestellung abweichen, doch darf der Unterschied bei dem Gesamtgewicht der Lieferung nicht den Inhalt eines Fasses erreichen. Insoweit bei Lieferung in Holzfässern die Tara nicht nach Hundertsteln des Bruttogewichtes, sondern nach ihrem wirklichen Gewicht berechnet wird, ist der Empfänger nicht berechtigt, Gewichtsabweichungen der Tara bis zu einem Hundertstel des Bruttogewichtes zu beanstanden.

Ausgewogene Mengen werden in Glasballons, Blechkannen, Flaschen oder Steinkruken geliefert.

D. Bemusterung. Wird nach Muster angeboten oder gekauft, so gilt das Muster nur zur Information über ungefähres Aussehen und Beschaffenheit der Ware, wenn nicht ausdrücklich vereinbart ist, daß die zu liefernde Ware dem Muster genau entsprechen soll.

Unter Lieferungsprobe ist eine aus der Lieferung entnommene, verbindliche Durchschnittsprobe zu verstehen. Falls bei Bestellung eine Lieferungsprobe vereinbart wird, so sind dem Käufer zwei Lieferungsproben von mindestens je 200 cm^3 (möglichst 500 cm^3) zu übergeben, die mit beweiskräftigen Siegeln versehen werden; die eine bleibt für eventuelle Streitfälle aufbewahrt, die andere dient als Vergleichsmuster bei der Lieferung.

E. Probenahme aus der Lieferung. Mittels Hebers ist aus der Mitte des Gebindes eine Probe von etwa 1,5 Liter zu entnehmen, bei mehreren Gebinden eine entsprechend kleinere Probe, so daß die gesamte Menge 1,5 Liter entspricht.

Bis zu 3 Gebinden wird aus jedem Gebinde eine Probe entnommen, bis zu 5 Gebinden mindestens aus 3, bei größeren Posten mindestens aus jedem 5. Gebinde, jedoch nicht weniger als 3 Proben.

Die Proben sind, falls nicht ein Gebinde eine schon äußerlich erkennbare starke Verschiedenheit von den übrigen aufweist, zu vereinigen, gut durch Schütteln zu vermischen und in drei Flaschen von je etwa 500 cm^3 zu füllen. Die Flaschen sind gut zu verkorken und zu versiegeln.

Eine schon äußerlich stark abweichende Probe ist für sich in eine besondere Flasche zu füllen, auf der die Bezeichnung des Gebindes zu vermerken ist.

Bei sehr kleinen Lieferungen darf die zu entnehmende Menge bis auf 200 cm^3 herabgesetzt werden.

Bei der Probenahme aus Kesselwagen, Tankschiffen usw. ist sinngemäß zu verfahren. (Es empfiehlt sich, dabei nach den Methoden der „Deutschen Kommission zur Schaffung einheitlicher Untersuchungsmethoden für die Fettindustrie“ unmittelbar hinter der Pumpe eine Abzweigleitung mit untergehängtem Gefäß anzuschließen.)

Wird die Probenahme von einem sachverständigen Chemiker oder einem vereidigten Probenehmer ausgeführt, so darf er erforderlichenfalls unter Begründung von obigen Bestimmungen abweichen. Erfolgt die Probenahme nicht durch einen sachverständigen Chemiker oder vereidigten Probenehmer, so ist ein Zeuge über die Herkunft der Probe hinzuzuziehen.

F. Prüfverfahren. 1. Erhitzungsprüfung. In einem bis zu etwa $^2/_3$ gefüllten Reagenzglase wird das Öl mit großer Flamme schnell auf 300° C erhitzt. Die Thermometerkugel soll dabei in der Mitte des Öles sein. Das Erhitzen erfolgt ohne Umrühren. Der bei dieser Probe sich abscheidende „Schleim“ soll hell oder mäßig bräunlich, jedenfalls nicht dunkelbraun gefärbt sein. Auch soll die Ausscheidung gallertig und nicht pulverig oder körnig sein. Das Öl soll nach dem Erhitzen und Filtrieren klar und etwas heller sein als das nicht erhitzte oder eine grünliche Farbe annehmen.

2. Trocknungsprüfung. Drei Tropfen werden auf einer Glasplatte 9 × 12 cm aufgebracht, und zwar so, daß sie in etwa gleichen Abständen auf der kleineren Halbierungslinie sich befinden. Durch abwechselndes Verstreichen mit der Fingerkuppe in der Längs- und Querrichtung werden die Tropfen gleichmäßig verteilt; die Platte wird dann waagerecht der Luft ausgesetzt.

Das Trocknen soll bei einer Temperatur von 20° C, jedenfalls nicht unter 18° und nicht über 23°, und zwar in zerstreutem Tageslicht erfolgen. Die Trockenzeit darf im Sommer nicht länger als vier Tage, im Winter nicht länger als sechs Tage betragen. Bei dauernd feuchtem Wetter kann sich die Trockenzeit um etwa zwei Tage verlängern. Die Prüfung auf Trocknung geschieht nach Blatt Nr. 840 A des Reichsausschusses für Lieferbedingungen.

3. Spezifisches Gewicht:
4. Berechnungskoeffizient:
5. Säurezahl:
6. Verseifungszahl:
7. Unverseifbares:
8. Jodzahl:
9. Hexabromidzahl:

Die Bestimmung erfolgt nach den Methoden der „Deutschen Kommission zur Schaffung einheitlicher Untersuchungsmethoden für die Fettindustrie“[1].

[1] Einheitliche Untersuchungsmethoden für die Fettindustrie. Stuttgart: Wissenschaftliche Verlagsgesellschaft 1927.

b) Leinölfirnis.

Lieferbedingungen für Leinölfirnis.

(RAL Nr 848 B; Abdruck mit Genehmigung des RAL).

A. Eigenschaften. Leinölfirnis ist Leinöl, dessen natürliche Trocknungsfähigkeit durch Einverleiben von Trockenstoffen (Sikkativen) erhöht ist; Leinölfirnis darf außer Leinöl und Trockenstoffen keine anderen Bestandteile enthalten.

Die Menge der Trockenstoffe soll bei Verwendung von Metalloxyd 2%, bei Verwendung von Resinaten oder Oleaten 5% nicht übersteigen.

Leinölfirnisse, die unter Verwendung von Sikkativlösungen hergestellt sind und dadurch flüchtige Lösungsmittel enthalten, müssen als kalt bereitete Leinölfirnisse besonders gekennzeichnet werden. Wird ein Firnis bestimmter Herstellungsweise verlangt, so ist dies bei Bestellung ausdrücklich anzugeben.

Anmerkung: Leinölfirnis muß ausdrücklich als solcher gefordert werden, die Bezeichnung „Firnis" genügt nicht, da sie zu allgemein ist. Firnis braucht nicht Leinölfirnis zu sein[1].

Leinölfirnis muß klar oder darf nur mäßig getrübt sein. Stärkere durch Kälte erzeugte Trübungen müssen beim Erwärmen auf etwa 40° C verschwinden, so daß das Öl auch nach längerem Stehen bei Zimmertemperatur klar oder nur mäßig getrübt ist.

Die Farbe kann hell oder dunkel sein, soll jedoch im allgemeinen nicht tiefer sein als eine 1/50 Normaljodlösung.

Kennzahlen: Spez. Gewicht (20°/4°, 760 mm) . . .	0,928—0,960
Brechungsindex (n_D^{20}	1,4790—1,4860
Säurezahl	nicht über 12
Verseifungszahl	186—195

Anmerkung: Ein höherer Brechungsindex beweist zwar noch nicht die Unreinheit des Leinölfirnis, ist jedoch verdächtig, da er durch einen zu hohen Gehalt an Resinaten verursacht sein kann (nicht muß). In diesem Falle ist der Firnis zu verseifen, die erhaltenen Fett- und Harzsäuren nach der Methode von Wolff-Scholze (doppelte Veresterung gravimetrisch) zu trennen. Die Menge der Harzsäuren und der gleichfalls zu bestimmenden Metalle darf zusammen nicht über 5% betragen. Man darf die Fehlergrenze hierbei zu $\pm$ 0,5% ansetzen.

B. Handelsübliche Verpackung. Wie bei Leinöl sub C angegeben.

C. Bemusterung. Wie bei Leinöl sub D angegeben.

D. Probenahme. Wie bei Leinöl sub E angegeben.

E. Prüfverfahren. 1. Trocknungsprüfung. Wie bei Leinöl sub F 2 angegeben.

2. Eibnersche Prüfung. Mennige und Leinölfirnis werden zu einer gut streichbaren Farbe angerieben (man nimmt am besten 75 g reine Bleimennige und 25 g Firnis). Diese Farbe streicht man auf eine Glasplatte auf. Nach dreitägigem Stehen schabt man von dem getrockneten Anstrich Späne ab und schüttelt diese mit Äther. Die Späne sollen sich dabei nicht auflösen und der Äther darf nur geringe Rotfärbung durch aufgeschwemmte Mennige zeigen.

3. Spezifisches Gewicht:
4. Brechungskoeffizient:
5. Säurezahl:
6. Verseifungszahl:
7. Unverseifbares:
8. Harzsäuren:

} Die Bestimmung erfolgt nach den Methoden der „Deutschen Kommission zur Schaffung einheitlicher Untersuchungsmethoden für die Fettindustrie"[2].

---

[1] Die Ausdrücke „gekochtes Leinöl", „doppelt gekochtes Leinöl" bedingen nicht eine besondere Herstellung des Leinölfirnis, wenn dies nicht besonders zugesichert wurde, sondern sind Ausdrücke, die sich von früher her erhalten haben und auf die heutigen Leinölfirnisse, also auch auf die Resinatfirnisse übergegangen sind. Diese Ausdrücke sollten am besten gar nicht mehr angewendet werden.

[2] Einheitliche Untersuchungsmethoden für die Fettindustrie. Stuttgart: Wissenschaftliche Verlagsgesellschaft 1927.

c) Standöl.

Standöl als solches wird der Verbraucher wohl selten in die Hand bekommen, es sei denn, daß er sich seine Farben selbst anreibt. Die Bewertung der Standöle ist mit einfachen Mitteln nicht durchzuführen. Ihre Untersuchung soll daher nur vom erfahrenen Fachmann ausgeführt werden. Geprüft wird gewöhnlich auf Farbe, Viskosität[1], Säurezahl, Verseifungszahl, Verdünnungsfähigkeit, Verträglichkeit mit den in Betracht kommenden Pigmenten (Standöle zeigen oft Verdickungserscheinungen, die man als kolloide Vorgänge deutet) und Trockenfähigkeit.

Falls die Verwendung von holzölhaltigen Standölen vorgeschrieben war, muß auch der Holzölgehalt bestimmt werden. Der Nachweis von Holzöl ist nicht immer leicht zu führen. Die Methoden, die eine quantitative Bestimmung des Holzöls ermöglichen sollen, sind nur mit der Einschränkung anwendbar, daß es auch Holzöle gibt, bei denen sie versagen, und daß es ausnahmsweise auch Leinölstandöle gibt, die sich dabei wie Holzöle verhalten. Die brauchbarsten Methoden, wie die von Marcusson[2] und J. Scheiber[3], beruhen auf der Tatsache, daß durch polymerisierend wirkende Mittel das Holzöl in Form einer festen und in gewissen Fettlösungsmitteln unlöslichen Gallerte ausgeschieden wird. Bei einer von uns vor nicht allzulanger Zeit vorgenommenen Überprüfung aller bekannten Holzölbestimmungsmethoden zeigte es sich, daß sie an Unzuverlässigkeit nichts zu wünschen übrig lassen. Es gibt gutartige Holzöle, die sich bei einem Gehalt des Leinöl-Holzöl-Standöles von mehr als 15% mit hinreichender Genauigkeit der Menge nach ermitteln lassen, es gibt aber auch bösartige Holzöle, bei denen man mit den bekannten analytischen Methoden wenig ausrichtet. Das Holzöl zeichnet sich durch einen ganz charakteristischen Geruch aus, der als eines der zuverlässigsten Mittel zum Nachweis (allerdings nur qualitativ) anzusprechen ist.

---

[1] Hierfür eignen sich die Luftblasen- und die Kugelfallmethode. Zur Durchführung der ersten füllt man soviel von dem Öl in ein Röhrchen ein, daß nach dem Zustöpseln noch eine Luftblase im Rohr verbleibt. Die Geschwindigkeit mit der diese beim Umdrehen des Rohres im Öl aufsteigt, gibt ein Maß für die Viskosität. Durch Vergleich mit gleich großen Röhrchen, die in gleicher Weise mit Ölen bekannter Viskosität gefüllt wurden, läßt sich die Viskosität angenähert bestimmen. Bei der Kugelfallmethode läßt man durch das in einem kalibrierten Rohr befindliche Öl eine Kugel fallen. Aus der Zeit, in welcher die Kugel eine bestimmte Strecke durchfällt, läßt sich die Viskosität ermitteln. Über beide Methoden siehe: Seeligmann-Zieke, Handbuch der Lack- und Firnisindustrie, 4. Aufl., Berlin 1930. Gardner H. A.

Die Methoden von Mallison und Vollmann (siehe S. 244) sind für betriebsmäßige Bestimmungen ebenfalls verwendbar.

[2] Marcusson, J.: Ztschr. f. angew. Ch. **39**, 478 (1926). — Ilhiney, P. Mc.: Ind. and Engin. Chem. **4**, 4 (1912). — Siehe dazu Wolff, H., G. Zeidler u. J. Rakinowicz: Farben-Ztg. **35**, 896 (1930). — Marcusson, J.: Farben-Ztg. **35**, 1203 (1930). — Eine Verbesserung der Methode siehe Reibnitz: Farben-Ztg. **34**, 266 (1928).

[3] Scheiber, J.: Farbe u. Lack **1928**, 274, 286.

d) Einige wichtige allgemeine Untersuchungsmethoden.

Oft hört man von Verbrauchern, Behörden und anderen, die als Nichtchemiker Analysenbefunde über Leinöl, Firnis usw. eingefordert hatten, folgendes: „In ihrem Attest steht Säurezahl 7, Verseifungszahl 192, Jodzahl 178 usw. Was fange ich mit diesen Zahlen an? Was besagen sie mir?"

Es soll daher hier zur Aufklärung die Bedeutung der wichtigsten, allgemein bei der Öluntersuchung angewendeten Methoden kurz erklärt werden.

1. Säurezahl (abgekürzt SZ). Sie gibt an, wieviel Gramm Ätzkali (KOH) zur Neutralisation der in einem Kilogramm Öl vorhandenen freien Fettsäuren (eventuell auch Harzsäuren, falls harzhaltige Produkte vorliegen) notwendig sind. Sie ist also ein Maß für den Säuregehalt des Öles. Oft wird auch verlangt, den Gehalt an freien Fettsäuren in Prozenten anzugeben. Da in jedem Öl die vorhandenen freien Fettsäuren immer Gemische verschiedener chemischer Individuen sind, deren Ermittlung im Rahmen einer technischen Untersuchung nicht durchführbar ist, so berechnet man auf Grund der ermittelten Säurezahl die dieser entsprechende Menge Ölsäure und gibt die freien Fettsäuren dann an als: Prozente freie Fettsäure (berechnet als Ölsäure). Diese Berechnung ist recht einfach, die halbe Säurezahl angegeben als Prozente gibt mit guter Genauigkeit die Prozente Ölsäure. Es würden sich z. B. bei einer gefundenen Säurezahl von 6 (= 6 g KOH sind zur Neutralisation von 1 kg Öl notwendig) 3% freie Fettsäure (berechnet als Ölsäure) ergeben.

Inwieweit ein zu hoher Fettsäuregehalt eines Farbenbindemittels (Firnis, Standöl usw.) schädlich sein kann, wurde schon an anderer Stelle erörtert (S. 82; über die Höhe der SZ siehe Tabelle I, S. 277).

2. Verseifungszahl (abgekürzt VZ). Sie gibt an, wieviel Gramm Ätzkali (KOH) nötig sind, um 1 kg Öl eben gänzlich zu verseifen. Die VZ der einzelnen reinen Öle schwankt innerhalb verhältnismäßig enger Grenzen, ihre Bestimmung dient daher mit zum Nachweis der Reinheit. Eine zu niedrige VZ deutet meist auf Zusatz ölfremder unverseifbarer Stoffe, wie Mineralöl, Benzin usw. (Über Höhe der VZ siehe Tabelle I S. 277.)

3. Jodzahl (abgekürzt JZ). Sie gibt an, wieviel Gramm Jod von 100 g Öl unter bestimmten Bedingungen gebunden werden. Das Jodadditionsvermögen der Fettsäuren hängt von ihrem chemischen Aufbau ab. Die ungesättigten Fettsäuren (wie Ölsäure, Linolsäure, Linolensäure) addieren beträchtliche Mengen Jod, die gesättigten Fettsäuren (wie Stearinsäure, Palmitinsäure) addieren kein Jod. Da sich die trocknenden Öle durch ihren Gehalt an ungesättigten (an Glyzerin gebundenen) Fettsäuren charakterisieren, so bietet die Jodzahl ein wichtiges Kriterium für ihre Unverfälschtheit. Sie schwankt bei reinen Ölen innerhalb verhältnismäßig enger Grenzen. (Über Höhe der JZ siehe Tabelle I S. 277.)

Durch die bei der Bestimmung gewählten Versuchsbedingungen

bindet sich das Jod an jenen Stellen, wo beim Trocknen der Angriff des Sauerstoffs erfolgt. Wenn daher ein trocknendes Öl Behandlungen unterworfen wurde, die jene Stellen (der Chemiker bezeichnet sie als Doppelbindungen) verändert oder mit Sauerstoff belädt (Firnis, Standöle; geblasene Öle), so sinkt auch die Jodzahl. Ihre Höhe ist daher nur für die reinen unveränderten Öle besonders charakteristisch. Bei Firnis oder Standöl gibt die Höhe der Jodzahl eventuell einen Hinweis auf die Art der Herstellung, aber als Kennzeichen der Reinheit ist sie weniger zu gebrauchen.

Die verschiedenen Methoden der Jodzahlbestimmung werden nach dem jeweiligen Autor benannt, so die Jodzahl nach Hübl, nach Hanus, nach Wijs, nach Margosches. Die an ein und demselben Öl nach verschiedenen Methoden bestimmten Jodzahlen decken sich untereinander nicht vollständig, weshalb bei Angabe der Jodzahl auch die Methode anzugeben ist. In den „Einheitlichen Untersuchungsmethoden für die Fettindustrie", die von der „Wissenschaftlichen Zentralstelle für Öl- und Fettforschung" (Wizöff) vorgeschlagen wurden, ist die Methode von Hanus als Standardmethode angenommen worden, obwohl die Wijssche Methode (die in Amerika als Standard vorgeschrieben ist) zuverlässiger ist.

4. Hexabromidzahl. Sie gibt an, wieviel Gramm an gefälltem Linolensäurehexabromid aus 100 g Öl nach einer bestimmten Arbeitsweise erhalten werden.

Wie schon aus der Definition hervorgeht, ist die Hexabromidzahl besonders charakteristisch für Leinöl und nur bei diesem als Kennzeichen der Reinheit brauchbar. Bei einem irgendwie behandelten Leinöl (Firnis, Standöl u. dgl.) erniedrigt sie sich. Da man keine Relation zwischen der Art der vorgenommenen Behandlung und dem Maß des Absinkens der Hexabromidzahl aufstellen kann, so ist ihre Bestimmung für solche Produkte belanglos. (Über die Höhe der Hexabromidzahl siehe Tabelle I S. 277.)

5. Unverseifbares. Als Unverseifbares bezeichnet man alle jene Substanzen, die bei der Behandlung mit Ätzalkalien keine Seifen zu bilden vermögen, entgegen dem Verhalten der reinen pflanzlichen und tierischen Fette und Öle. Reine Öle enthalten gewöhnlich bis zu 2% unverseifbare Stoffe, meist nur etwa 1%. (Trane, die aber in der Farben- und Lackindustrie kaum eine Rolle spielen, oft bis zu 7%.) Die Bestimmung des Unverseifbaren gibt daher Aufschluß, ob ein Verschnitt mit Mineralölprodukten vorliegen kann. Die Menge des gefundenen Unverseifbaren wird stets in Gewichtsprozenten des untersuchten Musters angegeben.

6. Storch-Morawskische Reaktion. Sie wird zum Nachweis von Kolophonium verwendet. Bei ihrer Durchführung werden von dem zu prüfenden Öl 3 Tropfen in Essigsäureanhydrid warm gelöst und nach dem Abkühlen mit einem Tropfen konzentrierter Schwefelsäure versetzt. Bei Anwesenheit von Kolophonium (Harz) entsteht eine charakteristische rotviolette Färbung, die bald verschwindet und einer bräunlichen Färbung weicht. Viele harzfreie Öle zeigen diese Färbungen nicht, aber bei

manchen harzfreien Leinölen bzw. Leinölfirnissen tritt sie auch ein. Bei ihrem Ausbleiben sind irgendwie nennenswerte Mengen Harz nicht zugegen, bei ihrem Eintreten kann aber die Gegenwart von Harz (Kolophonium) nicht als zuverlässig erwiesen gelten.

Die deutschen Reichsbahnen haben in einer mit Recht viel bekämpften diesbezüglichen Bestimmung verlangt, daß die gelieferten Ölbindemittel keine positive Storch-Morawskische Reaktion geben dürfen. Wie sich im Verlauf der in den Fachblättern abgeführten Diskussion ergeben hat, nicht deshalb, weil sie einen Resinatfirnis als minderwertiger ansehen gegenüber einem Linoleatfirnis, sondern weil es zu umständlich erschien, den Harzgehalt quantitativ festzustellen (bekanntlich sind bis 5% Resinat [das ist harzsaures Metalloxyd als Sikkativ] im Firnis von der Berliner Handelskammer als zulässig erklärt worden).

Es sei daher auch hier nachdrücklich darauf hingewiesen, daß ein Firnis mit positiver Storch-Morawskischer Reaktion, wenn sich sein Harzgehalt innerhalb zulässiger Grenzen bewegt, und wenn er sonst allen Anforderungen entspricht als einwandfrei zu bezeichnen ist, und daß seine Anwendung in Rostschutzfarben keinerlei Nachteile mit sich bringen wird.

Die Art der Durchführung der einzelnen Untersuchungsmethoden findet sich in den Werken über Fettanalyse ausführlich beschrieben[1].

Dem Verbraucher, der sich rasch über die Brauchbarkeit eines Leinölfirnisses orientieren will, sei vor allem die Vornahme der Trocknungsprüfung, wie im RAL, Blatt 848, B (siehe S. 272) angegeben, anempfohlen. Dabei ist zu beachten, daß diese Prüfung auch unter richtigen Bedingungen erfolgt. Wenn der auf der Glasplatte aufgestrichene Firnis in einem kalten, finstern Keller innerhalb 24 Stunden nicht trocknen will (die meisten Firnisse werden es zwar tun), so darf man nicht sofort von schlechter Ware sprechen. Es ist schon zur Genüge erörtert worden, daß Licht, Temperatur und Luftfeuchtigkeit von entscheidendem Einfluß auf den Trocknungsvorgang sind.

Wenn der Firnis unter richtigen Bedingungen in 24 Stunden trocknet, der durchgetrocknete Film klebfrei ist und sich mit dem Finger nicht vom Glas abschieben läßt (vorausgesetzt, daß die verwendete Unterlage fettfrei war. Glasplatten vor dem Auftragen mit Leichtbenzin putzen und mit reinem Tuch trockenreiben), so ist das ein Kennzeichen für ordnungsgemäße Ware.

Ein zu hoher Harzgehalt des Firnisses kann oft durch Anreiben mit einem basischen Pigment (Zinkweiß) erkannt werden, weil eine so angeriebene Farbe meist innerhalb eines Tages verdickt. Die Gegenprobe mit einem als einwandfrei bekannten Firnis ist unbedingt erforderlich. Verdickt bzw. stockt die Zinkweißfarbe aus dem zu prüfenden Firnis innerhalb eines Tages, dann ist der Firnis zu beanstanden, stockt sie nicht, dann kann der Firnis einwandfrei sein, muß es aber

[1] Grün, A.: Analyse der Fette und Wachse, Berlin 1925; ferner Scheiber-Sändig: Die Lacke und ihre Rohstoffe, S. 519ff. Leipzig 1926, und Seeligmann-Zieke: Handbuch der Lack- und Farbenindustrie, 4. Aufl., S. 739ff. Berlin 1930, und Uhbelohde: Handbuch der Fett- und Ölindustrie, 2. Aufl. 1930.

nicht sein. Bei Verdacht ist Untersuchung durch den Chemiker notwendig.

Die wichtigsten Kennzahlen der in Betracht kommenden Öle sind aus der nebenstehenden Tabelle I, zu entnehmen.

2. Verdünnungsmittel.

a) Terpentinöle und Kienöle.

(Oenorm C 2301, 2. geänd. Ausgabe, Ausgabetag 15. März 1930)[1].

Begriff. Terpentinöle und Kienöle sind Terpene, welche aus dem Harzbalsam bzw. aus dem Holz harzhaltiger Nadelbäume gewonnen werden.

Einteilung. 1. Balsamterpentinöle werden aus dem Harzbalsam des lebenden Baumes durch einfache (nicht destruktive) Destillation gewonnen. Extraktionsterpentinöle werden aus dem extrahierten Harzbalsam des toten Baumes durch nichtdestruktive Destillation gewonnen.

2. Holzterpentinöle werden aus Holz (Holzabfällen) durch reine Dampfdestillation gewonnen.

3. Kienöle sind alle Terpene, welche sich aus der trockenen (destruktiven) Destillation des Holzes ergeben.

a) Rohkienöle sind Gemische von Holzteer und Kienöl, welche unmittelbar bei der trockenen Destillation des Nadelholzes ohne Nachbehandlung anfallen.

b) Unraffinierte (handelsübliche) Kienöle ergeben sich aus der einfachen Destillation von Rohkienöl ohne chemische Vor- oder Nachbehandlung.

c) Raffinierte Kienöle ergeben sich aus der Destillation von Rohkienölen mit chemischer Vor- und Nachbehandlung.

4. Sulfat- (Zellulose-) Terpentinöle sind jene, welche als Nebenprodukt der Zellulosefabrikation gewonnen werden.

[1] Abdruck mit Genehmigung des Österr. Normenausschusses (Oenig).

Tabelle I. Kennzahlen von Holzöl und Leinöl.

Öl	Erstarrungspunkt	Spezifisches Gewicht bei 15° C[1]	Brechungsindex bei 15° C[2]	Verseifungszahl	Unverseifbares %	Jodzahl	Hexabromidzahl	Säurezahl
Leinöl	—15 bis —20° C: dickflüssig bei —10° C	0,929—0,937 meist 0,930—0,935	1,481—1,489 meist 1,482—1,485	189—197	0,5—1,5	170—205[4]	48—59	2—5 bei guten Ölen
Holzöl	—17 bis —18° C	0,936—0,944 eventuell auch höher (z. B. altes Öl)	chines. 1,510—1,525 japan. 1,503—1,509[3]	188—197	ca. 0,5	154—176[5]	0	max 8 (nach amerik. Standard)

[1] Die Änderung beträgt bei Differenz um ± 1° C durchschnittlich ∓ 0,00067. [2] Für Differenz ± 1° C beträgt die Änderung ∓ 0,00036. [3] Werte unter 1,5000 sind als verdächtig anzusprechen. [4] n. Hanus. [5] n. Wijs.

a) Rohsulfatterpentinöle sind die bei der Zellulosefabrikation anfallenden Rohterpene.

b) Raffinierte Sulfatterpentinöle ergeben sich aus Rohsulfatterpentinölen durch Destillation und Raffination.

Handelsbezeichnungen. 1. Die Bezeichnung „Terpentinöl"[1] allein ist nur für reine, ausschließlich aus Balsam erzeugte Terpentinöle zu verwenden. Die Bezeichnung „Balsam-Terpentinöl" gilt auch in abgekürzter Form nur für Balsamterpentinöle.

Die Herkunftsbezeichnungen[2] „österreichisches" oder „Wr. Neustädter", „französisches", „amerikanisches", „portugiesisches", „spanisches", „griechisches" und „mexikanisches" Terpentinöl gelten ebenfalls nur für reine Balsamterpentinöle.

2. Dagegen versteht man unter den Herkunftsbezeichnungen „russisches", „schwedisches", „polnisches", „finnländisches" und „deutsches" Terpentinöl nur Holzterpentinöl, Kienöl oder Sulfatterpentinöl.

3. Mischungen von Terpentinölen mit weniger als 50% Ersatzstoffen (z. B. Lackbenzin, Solventnaphtha, Dekalin, Tetralin) werden als „Terpentinölgemische" bezeichnet. Mischungen, welche mehr als 50% Ersatzstoffe enthalten, sind als „Terpentinölersatz" zu bezeichnen. Mischungen von Balsamterpentinöl mit Holzterpentinöl, Kienöl oder Sulfatterpentinöl gelten als „Holzterpentinöl", „Kienöl" oder „Sulfatterpentinöl". Für Mischungen und Ersatzstoffe ist die Verwendung von Bezeichnungen, welche die Worte „Terpentin" oder „Terpentinöl" in irgendeiner im Normalblatt hierfür nicht ausdrücklich vorgesehenen Form enthalten, unzulässig.

4. Entkampfertes Terpentinöl ist in allen Fällen ausdrücklich als „entkampfertes Terpentinöl" zu bezeichnen, da es durch chemische Prozesse bereits viele wertvolle Bestandteile verloren hat. Mischungen von entkampfertem Terpentinöl mit Balsamterpentinöl sind als „entkampfertes Terpentinöl", Mischungen von entkampfertem Terpentinöl mit Holzterpentinöl, Kienöl oder Sulfatterpentinöl sind als „Terpentinölgemische", solche mit Ersatzstoffen als „Terpentinölersatz" zu bezeichnen.

Das wichtigste Unterscheidungsmerkmal der einzelnen Terpentin- und Kienöle bildet der Geruch (mit Ausnahme ihrer Verwendung in der Kampfer- und Riechstoffabrikation).

Prüfung. 1. Probenahme nach ÖNorm. Mindestprobemenge: für Betriebsuntersuchungen $^1/_4$ kg; für Schiedsuntersuchungen 1 kg.

2. Farbe. Die zu untersuchenden Öle werden mit Jodlösungen verschiedener Konzentrationen in auffallendem und durchfallendem Licht verglichen.

Konzentrierte Jodlösung: 1,5 g Jod und 3 g Jodkalium werden in einem 1000-cm³-Meßkolben zuerst in wenig Wasser gelöst und dann auf 1 Liter aufgefüllt. Lösung im Dunklen länger Zeite haltbar.

$^1/_{50}$-Lösung: 10 cm³ der konzentrierten Lösung werden mit einer Pipette in einen 500-cm³-Meßkolben einfließen gelassen und auf 500 cm³ mit Wasser aufgefüllt.

$^1/_{100}$-Lösung: 10 cm³ der konzentrierten Lösung werden mit einer Pipette in einem 1000-cm³-Meßkolben auf 1 Liter aufgefüllt.

Die Lösungen müssen frisch zubereitet werden.

Geräte: 4 Meßröhren aus dünnem, farblosem Eprouvettenglas mit flachem Boden, 220 mm lang, 15 mm Durchmesser. Teilstriche von 50 zu 50 mm.

Ausführung der Prüfung: Eine Meßröhre wird bis 200 mm Höhe (Teilstrich) mit dem zu untersuchenden Öl gefüllt. Eine zweite Meßröhre dient im Bedarfsfall für Vergleichsterpentinöle. Die dritte Meßröhre wird in gleicher Weise mit der $^1/_{50}$-Jodlösung, die vierte Meßröhre mit der $^1/_{100}$-Jodlösung gefüllt.

Falls die hierzu nötigen Mengen des zu untersuchenden Öles (30—35 cm³) nicht zur Verfügung stehen, kann die Bestimmung im Notfall auch mit geringerer Schichthöhe (150 oder 100 mm) erfolgen, wobei auch die Schichthöhen der Jodlösungen auf das gleiche Maß zu vermindern sind. Jede Meßröhre soll stets für

[1] Das Wort „Terpentin" sollte niemals für Terpentinöl oder terpentinölartige Stoffe verwendet werden, da es einen Balsam bedeutet.

[2] Bei Kauf von Terpentinöl bestimmter Herkunft soll stets eine Ware mit dem kennzeichnenden Geruch dieses Terpentinöles geliefert werden.

Tabelle II. Terpentinöle und Kienöle.

Art	Farbe	Aussehen	Geruch	Spez. Gewicht bei 20°[1]	Siedeverhalten[1]
Balsam-terpentinöle	wasserhell bis schwach gelbstichig	klar, ohne Trübung	mild, spez. Balsamgeruch	0,856 bis 0,866	Siedebeginn 152 bis 160°, 90 Volumprozente bis 170°
Holzterpentinöle	wasserhell bis schwach gelbstichig	klar, ohne Trübung	Balsamgeruch mit Kienöleinschlag	0,856 bis 0,866	Siedebeginn 155 bis 165°, 90 Volumprozente bis 175°
Rohkienöle	zitronengelb bis dunkelbraun	durchsichtig bis undurchsichtig	Holzteergeruch	0,876 bis 0,926[2]	Siedebeginn 80 bis 160° bei Destillation bis 200° mindestens 12% Rückstand
Unraffinierte Kienöle	zitronengelb bis wasserhell	klar, ohne Trübung	scharfer Geruch	0,856 bis 0,876	Siedebeginn 80 bis 160°, bei Destillation bis 200° weniger als 12% Rückstand
Raffinierte Kienöle	wasserhell, leicht gelbl. oder grünl. Stich noch zugelassen	klar, ohne Trübung	milder Geruch	0,856 bis 0,876	Siedebeginn 156 bis 165°, 90 Volumprozente bis 180°
Rohsulfat-terpentinöle	rot bis wasserhell	undurchsichtig bis klar	starker Merkaptan-geruch	0,856 bis 0,896	Siedebeginn 80 bis 160°, Destillation in der Hauptmenge 160 bis 180°
Raffinierte Sulfat-terpentinöle	gelblich bis wasserhell	klar, ohne Trübung	ohne oder mit schwachem Merkaptangeruch	0,856 bis 0,876	Siedebeginn 156 bis 165°, 90 Volumprozente bis 180°

[1] Spezifisches Gewicht und Siedeverhalten lassen die Art des Öles allein nicht mit Sicherheit erkennen.
[2] Über 0,926 = Holzteer, Kienteer oder Teeröl.

die gleiche Flüssigkeit verwendet werden. Die Röhren werden mit Hilfe eines Ringes auf einer Milchglasplatte derart aufgestellt, daß die Platte von allen Röhrenböden gleich weit (etwa 10 mm) entfernt ist.

Der Vergleich erfolgt:

a) in der Draufsicht (200-mm-Schicht) gegen die Milchglasplatte;

b) in der Durchsicht (15-mm-Schicht) gegen das Tageslicht;

c) in der Draufsicht gegen einen auf die Milchglasplatte gelegten, nichtverwitterten Kupfersulfatkristall mit möglichst ebenen Flächen, welcher so groß ist, daß er beide Röhrenböden verdeckt.

Bei betriebsmäßiger Prüfung wird der Versuch nach a und b durchgeführt. Dabei erscheint

Ölsorte „wasserhell“: a) heller oder gleichgefärbt wie $^1/_{100}$-Lösung, b) wasserhell.

Ölsorte „gelbstichig“: a) dunkler als $^1/_{100}$-Lösung, jedoch lichter oder gleichgefärbt wie $^1/_{50}$-Lösung; b) wasserhell.

Ölsorte „gelb“: a) dunkler als $^1/_{50}$-Lösung; b) deutlich gelb.

Bei Prüfung für Schiedszwecke wird der Vergleich nach a, b und c durchgeführt. Dieser Vergleich ist namentlich bei Ölen mit grünlicher Farbtönung ausschlaggebend. Dabei erscheint

Ölsorte „wasserhell“: b) wasserhell; c) gleichgefärbt oder dunkler (blauer) als $^1/_{100}$-Lösung.

Ölsorte „gelbstichig“: b) wasserhell; c) heller (gelber) als $^1/_{100}$-Lösung, jedoch dunkler (blauer) oder gleichgefärbt wie $^1/_{50}$-Lösung.

Ölsorte „gelb“: b) deutlich gelb; c) heller (gelber) als $^1/_{50}$-Lösung.

Der Vergleich a soll im allgemeinen wie oben verlaufen; bei etwaigen Abweichungen (z. B. bei grünlichen Ölen) ist Vergleich c für die Beurteilung des Öles ausschlaggebend.

3. Geruch: Einige Tropfen des Öles sind zwischen den Handflächen zu verreiben oder auf Papier verdunsten zu lassen, worauf der kennzeichnende Geruch des Öles deutlicher hervortritt.

4. Verdunstung: Terpentinöle, Holzterpentinöle, raffinierte Kien- und Sulfatterpentinöle sollen vollkommen rückstandsfrei verdunsten. Einige Tropfen des Öles sollen nach Verdunstung auf weißem Filtrierpapier weder Fettflecke noch Ränder hinterlassen.

5. Spezifisches Gewicht nach ÖNorm.

6. Siedeverhalten: Prüfung im Destillierkolben ohne Aufsatz nach Engler-Ubbelohde nach ÖNorm.

7. Abdampfrückstand: Soll nicht größer als 1% sein. Die Bestimmung erfolgt (nach Herzfeld) in der Weise, daß man eine Metallschale von 5—6 cm Durchmesser in ein auf 150—155° erhitztes Sandbad bis nahe zum Rande einbettet und, nachdem die Schale diese Temperatur angenommen hat, 50 cm³ der Probe aus einer Pipette einfließen läßt. Nach erfolgter Verdampfung läßt man die Schale noch etwa fünf Minuten im Sandbad und wägt sie nach dem Erkalten. Ihre Gewichtszunahme entspricht dem erhaltenen Verdampfungsrückstand.

8. Brechungskoeffizient: Bestimmung nach ÖNorm. Der Brechungskoeffizient bei 20° C liegt bei Balsamterpentinöl im allgemeinen zwischen 1,476 und 1,470, bei Holzterpentinölen, Kienölen und Sulfatterpentinölen zwischen 1,465 und 1,480.

9. Optisches Drehungsvermögen: Bestimmung nach ÖNorm. Bei österreichischen Balsamterpentinölen liegt die Drehung (bestimmt im 100-mm-Rohr bei einer Temperatur von 15 bis höchstens 20° C, Natriumlicht) im allgemeinen innerhalb der Grenzen —37 und —41°[1].

10. Bromzahl: Die Bromzahl gibt an, wieviel Gramm Brom von 1 cm³ des zu untersuchenden Öles aufgenommen werden. Bestimmung: 0,5 cm³ des Öles werden in 50 cm³ 96%igem Alkohol gelöst und 5 cm³ 25%ige Salzsäure zugefügt.

[1] Bei sogenannten Bauernterpentinölen, kenntlich am Geruch, liegt die untere Grenze im allgemeinen bei —36 Grad.

Es wird solange Bromlösung. welche 13,926 g Kaliumbromat und 50 g Bromkali im Liter enthält, zufließen gelassen, bis eine auftretende Gelbfärbung mindestens eine Minute bestehen bleibt. Die abgelesenen Kubikzentimeter, mit 8/100 multipliziert, ergeben die Bromzahl. Balsamterpentinöle sollen eine Bromzahl von mindestens 1,9, Holzterpentinöle, Kienöle und Sulfatterpentinöle eine Bromzahl von mindestens 1,6 haben.

11. Säurezahl: Bestimmung nach ÖNorm. Die Säurezahl (Milligramm KOH pro 1 g Öl) soll kleiner als 1 sein. Eine größere Säurezahl deutet entweder auf primitive Erzeugungsart oder auf Verharzung durch längere Lagerung.

12. Nachweis von Kohlenwasserstoffen (Verfälschungen durch Ersatzstoffe). Prüfung nach Allina-Salvaterra: In einen Claisenkolben von 200 bis 300 cm^3 Inhalt werden 20 cm^3 des zu untersuchenden Öles pipettiert und 20 g Kaliumbromat sowie 10 cm^3 Wasser zugefügt. (Wenn nur geringe Probemengen verfügbar, auch mit der halben Menge ausführbar.)

Aus einer Bürette läßt man je 1 cm^3 Bromwasserstoffsäure (Dichte = 1,49) oder die gleichwertige Menge von Bromwasserstoffsäure geringerer Dichte einfließen und schwenkt den Kolben solange, bis die durch freies Brom herrührende Rotfärbung verschwunden ist. Zu Beginn der Bromierung kühlt man den Kolben zeitweise durch Eintauchen in Wasser. Man setzt die Zugabe von Bromwasserstoffsäure solange fort, bis sich die Flüssigkeit innerhalb einer Minute nicht mehr entfärbt. Gegen Ende des Vorganges kühlt man den Kolben nicht mehr, sondern hält die Temperatur auf ungefähr 50° C. Zum Nachweis geringer Mengen von Verschneidungen ist es notwendig, die Bromierung in der Kälte durchzuführen, wobei der Zusatz von Bromwasserstoffsäure unter ständiger Kühlung zu erfolgen hat. Auf diese Weise sind Beimengungen von Kohlenwasserstoffen von 0,5% angefangen noch nachweisbar. Reines Terpentinöl benötigt ungefähr 45 cm^3 Bromwasserstoffsäure von der Dichte 1,49. Sobald die Rotfärbung nicht mehr verschwindet, gibt man einen Überschuß von 5 cm^3 Bromwasserstoffsäure zu und überläßt den Kolben, mit Watte isoliert, mindestens eine Stunde, bei kalter Bromierung mindestens 4 Stunden, der Ruhe. Nach Ablauf dieser Zeit neutralisiert man mit Soda und Arsenik, verbindet den Claisenkolben mit dem Dampfentwickler und läßt solange Dampf durch den Kolben mit angeschlossenem Kühler streichen, bis schwerere Anteile als Wasser übergehen. Als Auffanggefäß bedient man sich zweckmäßig einer Bürette. In den seitlichen Ansatz des Claisenkolbens gibt man einen kleinen Bausch von Glaswolle, um das Überreißen von bromierten Anteilen zu vermeiden.

Falls in der Bürette nur schwerere Anteile als Wasser aufgefangen werden, ist das Öl unverfälscht. Sollte sich auf dem Wasser eine Schicht unbromierter Produkte absondern, so werden diese getrennt und nach dem Trocknen mit der etwa 10fachen Menge Schwefelsäure von 66° Bé unter Vermeidung von Erwärmung 1 Minute durchgeschüttelt. Die nunmehr verbleibende Abscheidung stellt die Beimengung dar, welche nach dem Ablesen des Volumens auf ihre Beschaffenheit hin weiter untersucht werden kann.

Dieses Verfahren ergibt bei allen in Betracht kommenden Verfälschungen mit Ausnahme von Tetralin genaue Resultate. Tetralin ist infolge seines hohen Siedepunktes (über 200°) und seines hohen spezifischen Gewichtes durch die fraktionierte Destillation leicht nachweisbar. Zum quantitativen Nachweis von Tetralin destilliert man das Öl bis 180° ab, behandelt den Rückstand nach dem obgenannten Verfahren und schüttelt die allenfalls sodann entstehende Abscheidung mit konzentrierter Schwefelsäure von 66° Bé unter Vermeidung von Erwärmung durch.

Verwendung. Terpentinöle, Holzterpentinöle, Kienöle und Sulfatterpentinöle werden in der Lackindustrie, für Anstrichzwecke, in der Schuhcremeindustrie, bei der Kampfer- und Riechstofferzeugung sowie für medizinische und pharmazeutische Zwecke verwendet.

Handelsgebräuche. Die Lieferung erfolgt, wenn nicht ausdrücklich anders vereinbart, in verzinkten Eisenfässern zu je etwa 200 Liter, bei kleineren Mengen in Blechkannen zu je etwa 5—50 Liter. Unter Faß ist mangels einer besonderen Vereinbarung stets ein Eisenfaß zu etwa 200 Liter zu verstehen. Für die Berechnung ist in allen Fällen das Nettogewicht maßgebend. Der Preis versteht sich ausschließlich Hülle.

Auf einen Abdruck der Lieferbedingungen RAL 848 C wird hier deshalb verzichtet, weil die ÖNorm umfassender ist und weil sie die charakteristischen Unterschiede der einzelnen Öle besser hervorhebt.

Es wird gewarnt, aus Refraktometerzahl und Bromzahl allein irgendwelche Schlüsse zu ziehen. Beide Bestimmungen versagen oft genug bei Balsamterpentinölen; bei Kienölen sind sie überhaupt unzuverlässig. In das deutsche RAL-Blatt 848 C wurde auch eine Reinheitsprüfung aus der amerikanischen Norm übernommen, die im wesentlichen in einer Behandlung des Musters mit Schwefelsäure und Messung des darin Unlöslichen besteht. Über die Unverläßlichkeit solcher Methoden hat der eine von uns[1] seinerzeit berichtet; dieses Urteil hat sich bis heute nicht geändert.

Der Nachweis von Kienöl durch Farbenreaktionen ist ebenfalls sehr problematisch. Man sollte es nicht wagen, von Kienölverschnitt eines Balsamterpentinöls zu sprechen, wenn nicht auch der Geruch darauf hinweist, welcher das einzige verläßliche Merkmal bildet, um geringen Verschnitt mit gut raffinierten Kienölen nachzuweisen. Hoch raffinierte Kienöle zeigen oft auch für sich die sonst in den Händen des sehr Geübten noch wertvollste Berlinerblau Reaktion von H. Wolff nicht mehr. Wenn diese schon bei den Kienölen selbst versagt, um wieviel eher ist dies bei Gemischen von wenig Kienöl mit viel Balsamterpentinöl der Fall, für welche man zum Verschnitt, um den Geruch möglichst wenig zu beeinflussen, gut raffinierte Kienöle nimmt.

b) Benzin.

Die zu Verdünnungszwecken verwendeten Benzine sind in erster Linie auf ihr Siedeverhalten, ihre Farbe, ihren Geruch und auf restloses Verdunsten zu prüfen.

In je engeren Temperaturgrenzen ein Benzin überdestilliert, desto wertvoller ist es. Nach den Anforderungen des Verbands Deutscher Lackfabrikanten soll es zwischen 140—190° C überdestillieren.

Beim Verdunsten auf Filtrierpapier soll es keinen Rückstand (Fettfleck) hinterlassen.

Der Flammpunkt, geprüft im Abelschen Petroleumprüfer, soll über 21° C liegen.

Ferner prüft man noch auf Raffinationsgrad, Schwefelgehalt und, falls das Benzin zum Verdünnen standölhaltiger Bindemittel verwendet wird, auch auf Lösefähigkeit für diese[2].

c) Andere Verdünnungsmittel,

als die vorgenannten finden zur Verdünnung von Ölfarben selten Anwendung.

---

[1] Allina, A., u. H. Salvaterra: Chem.-Ztg. **1920**, Nr. 110. — Salvaterra, H.: Chem.-Ztg. **1921**, Nr. 17ff.

[2] Über die Durchführung dieser Bestimmungen wird auf die genannten Werke (S. 276), und auf „D. Holde, Kohlenwasserstoffe und Fette, 6. Auflage, Berlin: Julius Springer. 1924“ verwiesen.

Die Kennzahlen der wichtigsten Lösungsmittel sind in Tabelle III zusammengestellt.

Tabelle III. Kennzahlen der wichtigsten Verdünnungsmittel.

	Spez. Gewicht bei 20° C	Siedepunkt	Berechnungsindex bei 20° C	Flammpunkt
Lackbenzin .	0,76—0,82	140 bis 200° C	1,42 bis 1,44	über + 21° C
Dekalin . . .	0,90—0,915	185 bis 195° C	um 1,50	ca. + 60° C
Tetralin . .	0,975—0,977	205 bis 219° C	um 1,54	ca. + 78° C
Terpentinöl .	0,855—0,872 [1]	152 bis 170° C [1]	1,467 bis 1,478 [2]	ca. + 32 — +34° C
Kienöl . . .	0,860—0,880 [1]	152 bis 180° C [1]	1,465 bis 1,478 [2]	um + 40° C

[1] Siehe auch Oenorm (S. 277).
[2] Nach Lieferbedingungen RAL Nr 848 C.

3. Sikkative.

Die Untersuchung erstreckt sich auf Feststellung des Metallgehalts, auf den Nachweis, ob Resinat, Linoleat, Tungat, Naphtenat vorliegt, auf die Ermittlung der Löslichkeit und die Prüfung der Wirksamkeit. Die ersten zwei Untersuchungen werden nur vom Chemiker durchzuführen sein, die Ermittlung der Löslichkeit, die nur feste Sikkative betreffen kann, kommt für den Verbraucher kaum in Betracht, so daß hier also nur über die Bestimmung der Wirksamkeit einiges zu sagen ist.

Man vermischt je 10 cm³ oder 10 g Sikkativlösung mit 10, 15, 20 usw. cm³ Leinöl und bestimmt nach der (S. 272, RAL 848 B) für Firnis angegebenen Methode das Verhalten beim Trocknen. Zwischen dem Vermischen der Sikkativlösung mit Leinöl und der Vornahme der Trockenprüfung soll ein Zeitraum von mindestens 24 Stunden (besser von 8 Tagen) liegen. Zum Vergleich zieht man eine Sikkativlösung, welche das gleiche Metall enthält wie die zu prüfende und deren Verhalten bekannt ist, heran.

4. Untersuchung der wichtigsten Pigmente.

a) Bleimennige.

(Nach Lieferbedingungen und Prüfverfahren RAL Nr. 844 B; Abdruck mit Genehmigung des RAL.)

A. Sorten.

1. Trockenfarbe. a) Bleimennige (rote oder gewöhnliche Bleimennige), b) Orangemennige, c) Bleimennige hochprozentig, d) hochdisperse Bleimennige. Bei Bestellung ist die Sorte ausdrücklich anzugeben.

2. Ölpaste. a) Ölpaste von Bleimennige, hochprozentig (A 1c), b) Ölpaste von hochdisperser Bleimennige (A 1d).

B. Eigenschaften.

1. Trockenfarbe. Bleimennige muß im wesentlichen aus Bleisuperoxyd und Bleioxyd bestehen. Je nach der Art der Mennige ist der Farbton rein rot oder gelblichrot bis rotorange. Außer dem durch die Herstellungsweise der verschiedenen Sorten bedingten technischen Gehalt an Nebenbestandteilen dürfen keine anderen Stoffe enthalten sein. Verschnittmennige ist ausdrücklich als Verschnittware zu kennzeichnen[1]. Unter der einfachen Bezeichnung „Bleimennige" ist technisch reine unverschnittene und ungeschönte Ware zu verstehen.

Für die verschiedenen Sorten gelten folgende Bedingungen:

Sorten	A 1a %	A 1b %	A 1c %	A 1d %
Mindestgehalt an Bleisuperoxyd	26	27	31,5	32,5
Höchstgehalt an Feuchtigkeit einschl. Verunreinigungen	1,5	1,5	1,5	1,5

Hochdisperse Bleimennige muß in Alkohol ein Absitzvolumen nicht unter 25 cm^3 haben. (Vgl. Bestimmung des Absitzvolumens F 1e).

2. Ölpaste. Die Ölpaste muß mit reinem Leinöl[2] hergestellt sein und muß sich bei Verwendung von Mennige Sorte A 2a innerhalb 14 Tagen, bei Verwendung von Mennige Sorte A 2b innerhalb von 2 Monaten nach dem Bezuge durch einfaches Umrühren mit einem Holzspatel zu einer streichfertigen Farbe aufrühren lassen, vorausgesetzt, daß das Gefäß gut verschlossen war oder ihm nicht schon größere Mengen Anstrichmittel entnommen sind.

Die Ölpaste muß bei Verwendung von Mennige Sorte A 2a mindestens 7% Leinöl enthalten, höchstens aber 10%. Bei Verwendung von hochdisperser Mennige kann sie bis zu 17% Leinöl enthalten. Eine geringe Hautbildung ist nicht zu beanstanden, jedoch darf die frisch bezogene Farbe nach sorgfältigstem Durchsieben durch ein Prüfsiebgewebe Nr. 80 DIN 1171 (6400 Maschen je cm^2) nicht mehr als 3% Siebrückstand hinterlassen.

C. Bemusterung.

Bleimennige wird im allgemeinen nicht nach Muster gekauft. Für den Fall, daß Angebot oder Kauf nach Typenmuster erfolgen, so unterrichtet dieses über allgemeines Aussehen und Beschaffenheit (z. B. Feuchtigkeit, Deckfähigkeit und Ölbedarf) der Ware, ohne daß verlangt wird, daß das betreffende Muster der zu liefernden Ware entnommen ist.

D. Handelsübliche Verpackung[3].

	Im Großhandel	Im Einzelhandel
Für Trockenfarbe	Fässer	Papierbeutel
Für Ölpaste	Hobbocks	Büchsen

E. Probenahme aus der Lieferung.

Die Probe ist mit einem Probestecher derart zu entnehmen, daß der Probestecher mindestens dreimal nach verschiedenen Richtungen durchgesteckt wird. Der Probestecher kann in das geöffnete Faß eingeführt werden oder durch ein zu diesem Zweck gebohrtes Loch, wobei aber vorsichtig vor der Probenahme die durch das Bohren entstehenden Holzspäne zu entfernen sind. Beim Eintreten eines Streitfalles ist zu entnehmen:

bis zu drei Gebinden aus jedem Gebinde eine Probe,

bis zu fünf Gebinden aus mindestens drei Gebinden je eine Probe,

---

[1] Hierfür ist die Bezeichnung „Beisorte" üblich.

[2] Nach „Lieferbedingungen für rohes, gebleichtes, raffiniertes und Lack-Leinöl" RAL 848 A.

[3] Bestellbeispiel für 6 Fässer hochdisperser Bleimennige Trockenfarbe = 6 Fässer Bleimennige zu je .. kg Trockenfarbe Sorte A 1d/RAL 844 B.

über fünf Gebinde aus je fünf Gebinden eine Probe, insgesamt mindestens aber drei Proben.

F. Prüfverfahren.

1. Untersuchung der Trockenfarbe. a) Prüfung auf Schönungsmittel. Etwa 2—3 g Mennige sind mit etwa 10 cm^3 Wasser oder besser Äthylalkohol unter schwacher Erwärmung zu schütteln und zu filtrieren. Das Filtrat muß farblos sein.

b) Bestimmung des Trocknungsverlustes. 10 g Bleimennige, auf Milligramm genau gewogen, werden im Trockenschrank bei etwa 105° C bis zur Gewichtskonstanz getrocknet und dann gewogen. Die Differenz von Anfangsgewicht und Trockengewicht ergibt den Trocknungsverlust.

c) Bestimmung der Gesamtverunreinigungen. Die Gesamtverunreinigungen bilden die Summe des „Unlöslichen" und der „löslichen Verunreinigungen".

I. Bestimmung des Unlöslichen. 1 g Bleimennige, auf Milligramm genau gewogen, ist mit 10 cm^3 Salpetersäure (spezifisches Gewicht 1,2) vorsichtig zu erwärmen und so lange tropfenweise Wasserstoffsuperoxyd zuzusetzen, bis eine vollständige Lösung des ausgeschiedenen Superoxyds erfolgt ist. Nach Zusatz von 100 cm^3 heißem Wasser ist die Lösung heiß zu filtrieren, wobei möglichst von etwa ungelöst gebliebenen Anteilen dekantiert wird. Der Rückstand ist nochmals mit Wasser aufzukochen und durch dasselbe Filter zu filtrieren. Der Niederschlag ist dann vollständig auf das Filter zu bringen und mit heißem Wasser auszuwaschen, bis das Waschwasser nicht mehr sauer reagiert. Filter und ungelöster Rückstand sind sodann zu trocknen und zu veraschen. Der Aschegehalt, berechnet als Prozent der Bleimennige, ist als Unlösliches anzugeben.

II. Bestimmung der löslichen Verunreinigung. Das Filtrat von der Bestimmung des Unlöslichen (F 1 c I) ist mit konzentrierter 98prozentiger Schwefelsäure zu versetzen ($^1/_{10}$ des Volumens des Filtrats). Dann fügt man 96prozentigen Alkohol hinzu und zwar 25 cm^3 auf 100 cm^3 Filtrat. Die Lösung ist ohne Rücksicht auf den Niederschlag in einen Meßkolben von 200 cm^3 Inhalt überzuführen und mit 25prozentigem Alkohol aufzufüllen. Nach Absitzen des Niederschlages sind von der klaren Lösung 100 cm^3 abzupipettieren, mit Ammoniak zu übersättigen, einige cm^3 Ammonkarbonat und Ammonsulfidlösung zuzugeben, kurz aufzukochen und zu filtrieren. Das Filter ist mit Wasser auszuwaschen, im gewogenen Tiegel zu trocknen, zu veraschen und zu glühen. Der Rückstand in Gramm ausgedrückt ist mit 200 zu multiplizieren. Die so aufgefundene Zahl ist der Prozentsatz an löslichen Verunreinigungen.

d) Bestimmung des Bleisuperoxyds Permanganatmethode nach Lux. Bis auf weiteres, d. h. bis zur Ausarbeitung einer Einheitsmethode durch den Deutschen Verband für die Materialprüfungen der Technik ist die Permanganatmethode nach Lux maßgebend.

2 g Mennige auf Milligramm genau gewogen, werden in einem Erlenmeyerkolben[1] mit 50 cm^3 $^1/_5$ n Oxalsäure versetzt, etwa 50 cm^3 Wasser und 15 cm^3 Salpetersäure von dem spezifischen Gewicht 1,2 hinzuzugeben und auf dem Wasserbad erwärmt. Nach vollständigem Lösen sind etwa 15 cm^3 Schwefelsäure ($1\,H_2SO_4 : 4\,H_2O$) zuzugeben. Bei etwa 60—50° C mit $^1/_5$ n Kaliumpermanganatlösung ist zurückzutitrieren. Sind zum Titrieren a cm^3 Kaliumpermanganatlösung verbraucht worden, so beträgt der Prozentgehalt an Bleisuperoxyd: $58{,}80 - 1{,}196 \cdot a$.

e) Bestimmung des Absitzvolumens. In einem mit Glasstöpsel versehenen Schüttelzylinder von 50 cm^3 Inhalt, an welchem die Teilstriche 0 und 50 eine Entfernung von 15 cm haben, sind 50 g Mennige einzuwiegen. 35 cm^3 95 volumenprozentiger Alkohol ($D_{15} = 0{,}8157$) sind zuzugeben. 15 Minuten lang ist umzuschütteln und dann mit dem oben bezeichneten Alkohol bis zur Marke 50 aufzufüllen. Das Absitzvolumen ist nach 24 Stunden bei Zimmertemperatur abzulesen.

---

[1] Genormt: DIN DENOG 11 und 12.

2. Untersuchung der Ölpaste. Zum Sieben sind 100 g Ölpaste mit etwa 200 cm³ Benzin oder Benzol in einem Becherglas zu verdünnen und durch ein Prüfsiebgewebe Nr. 80 DIN 1171 (6400 Maschen je cm²)[1] in ein anderes Becherglas zu gießen. Darauf sind zum Nachspülen 50 cm³ Terpentinöl oder Benzin in das erste Becherglas zu gießen, gut umzurühren und durch das Sieb zu gießen, indem man möglichst den Rest der Farbe dabei ausspült. Mittels einer mit Terpentinöl oder Benzin gefüllten Spritzflasche ist der Rest aus dem Becherglas auszuwaschen und das Sieb mit Benzin solange auszuspritzen, bis keine verfärbten Teilchen mehr hindurchlaufen. Um sich davon zu überzeugen, daß keine Mennige mehr durch das Sieb hindurchgeht, ist zum Schluß durch das Sieb in eine reine Schale zu spritzen. Das Sieb ist vorher und nachher lufttrocken zu wiegen. Die Gewichtsdifferenz gibt den Rückstand an. Am zweckmäßigsten ist Leichtbenzin anzuwenden, da dann der Rückstand bereits nach etwa einer Stunde als lufttrocken angesehen werden kann. Bei Verwendung eines anderen Lösungsmittels ist zweckmäßig das letzte Mal mit Äthyläther zu spritzen, wobei auch nach einer Stunde der Benzinrückstand als lufttrocken betrachtet werden kann.

Die Bestimmung des Ölgehaltes der Paste hat nach den Prüfvorschriften des Deutschen Verbandes für die Materialprüfungen der Technik zu erfolgen.

b) Karbonatbleiweiß.

Als Bleiweiß kurzweg wird immer nur Karbonatbleiweiß (Kammer- oder Fällungsbleiweiß) verstanden. Im nachstehenden ist der Entwurf des Önig wiedergegeben, der sich im wesentlichen mit den RAL-Vorschlägen deckt. (Das betreffende RAL-Blatt ist noch nicht erschienen.)

Begriff: Bleiweiß ist basisches Bleikarbonat. Es wird entweder in Kammern oder auch durch Umsetzen von Bleiglätte bzw. Ausfällung aus Bleisalzlösungen hergestellt. Die Zusammensetzung schwankt je nach dem Herstellungsverfahren und entspricht im allgemeinen der Formel

$$2\,PbCO_3 + Pb(OH)_2.$$

Eigenschaften: Bleiweiß ist ein weißes spezifisch schweres Pulver von einer Korngröße, die einer Siebfeinheit von 6400 Maschen/cm² entsprechen muß (zulässiger Rückstand 1%). Es muß sich in verdünnter Salpetersäure unter Aufbrausen ohne Rückstand lösen. Ein ungelöst bleibender Rückstand ist Verschnitt (meist Schwerspat). Ein Bleizuckergehalt bis zu 0,25%[2] ist zulässig. Der Gehalt an Gesamtverunreinigungen einschließlich Feuchtigkeit darf höchstens 1,5% betragen.

Bemusterung: Eine Lieferungsprobe ist eine verbindliche Durchschnittsprobe der Ware. Falls bei Bestellung eine Lieferungsprobe vereinbart wird, so sind dem Käufer 2 Lieferungsproben von mindestens je 100 g zu übergeben, die mit beweiskräftigen Siegeln versehen werden. Die eine bleibt für eventuelle Streitfälle aufbewahrt, die andere dient als Vergleichsmuster bei der Lieferung.

Probenahme aus der Lieferung: Die Probe ist mit einem Probestecher derart zu entnehmen, daß der Probestecher mindestens einmal bis auf den Boden der Packung durchgesteckt wird. Der Probestecher kann in das geöffnete Faß oder in die Kiste eingeführt oder durch ein zu diesem Zweck in den Deckel gebohrtes Loch gesteckt werden. Bis zu 3 Gebinden (Kisten) wird aus jedem Gebinde eine Probe entnommen, bis zu 5 Gebinden mindestens aus 3 Gebinden; bei größeren Mengen soll mindestens aus jedem 5. Gebinde eine Probe gezogen werden, doch

---

[1] Zweckmäßig sind Siebe mit einem Gesamtdurchmesser von 15 oder 20 cm zu verwenden.

[2] Für Rostschutzanstriche ist ein niedrigerer Gehalt an Bleiazetat erwünscht. So gestattet die Deutsche Reichsbahn maximal 0,1% lösliches Blei. Wolff, H. (Taschenbuch für die Farben- und Lackindustrie 1930, S. 16) verlangt, daß beim Auskochen einer Probe mit Wasser und Filtrieren, das Filtrat durch Schwefelsäure höchstens schwach getrübt werden darf; ein ausgesprochener Niederschlag darf bei ordnungsgemäßem Bleiweiß nicht entstehen.

dürfen nicht weniger als 3 Proben gezogen werden. Die Proben sind, falls nicht ein Gebinde eine schon äußerlich erkennbare starke Verschiedenheit von den übrigen aufweist, zu vereinigen, gut zu vermischen und in Gläser von je etwa 100 g Inhalt zu füllen. Die Gläser sind mit neuen Korken zu verschließen, mit Papier zu verbinden und der Bindfaden ist zu siegeln. Eine schon äußerlich stark abweichende Probe ist in ein besonderes Glas zu füllen und darauf die Bezeichnung des Gebindes zu vermerken. Die Nummern der Gebinde, aus denen Proben entnommen wurden, sind zu vermerken.

Prüfung.

a) Handprobe. Etwa 1 g Bleiweiß wird unter schwachem Erwärmen[1] in etwa 10 cm³ 10%iger Salpetersäure gelöst. Bleibt ein Rückstand, so wird die Lösung abgegossen und der Rückstand nochmals mit Wasser unter Zusatz einiger Tropfen Salpetseräure übergossen (um festzustellen, ob es sich nicht etwa um Bleinitrat handelt, das dabei in Lösung gehen müßte). Bleibt nach dieser Behandlung ein Rückstand, so ist Schwerspat vorhanden. Trotz klarer Lösung kann aber ein Verschnitt mit Kreide vorliegen. Man erwärmt daher eine zweite Probe mit 10%iger Natronlauge. Bleibt in diesem Falle ein unlöslicher Rückstand, so liegt Verschnitt mit Kreide vor.

b) Schiedsprobe. 1. Bestimmung des Unlöslichen: Die Bestimmung wird durch genaues Abwägen von 2 g Bleiweiß und Behandlung wie bei der Handprobe vorgenommen, wozu die doppelte Menge der Lösungsmittel anzuwenden ist. Die Lösungsrückstände werden filtriert und mit heißem Wasser unter Zusatz von etwa 1% Salpetersäure übergossen und bis zur neutralen Reaktion des Waschwassers gewaschen. Das Filter wird getrocknet und im gewogenen Tiegel verascht, der Rückstand geglüht (dunkle Rotglut) und gewogen.

2. Gesamtverunreinigungen: Das Filtrat von der Bestimmung des Unlöslichen (1.) wird mit konzentrierter Schwefelsäure versetzt ($^1/_{10}$ des Filtrates). Dann fügt man auf je 100 cm³ Filtrat 25 cm³ Alkohol 96%ig hinzu, bringt das Filtrat samt dem entstandenen Niederschlag in einen Meßkolben von 200 cm³ und füllt mit 25%igem Alkohol auf. Nach Absitzen des Niederschlages pipettiert man von der klaren Lösung 100 cm³ ab, übersättigt mit Ammoniak, gibt einige Kubikzentimeter Ammonkarbonatlösung und Ammonsulfidlösung zu, kocht kurz auf und filtriert. Das Filter wird mit Wasser ausgewaschen und schließlich im gewogenen Tiegel getrocknet, verascht und geglüht. Das Gewicht des Rückstandes in Grammen wird mit 100 multipliziert und zu der gefundenen Prozentzahl an unlöslichen Verunreinigungen addiert. Die Summe gibt die Gesamtverunreinigungen (mit Ausnahme der Feuchtigkeit).

3. Feuchtigkeit: 5 Bleiweiß werden bei 100—110° C bis zur Gewichtskonstanz getrocknet. Der Gewichtsverlust beim Trocknen gilt als Feuchtigkeit.

4. Wasserlösliches Blei (Bleiacetat): 10 g Bleiweiß werden in einem Meßkolben von 200 cm³ Inhalt 15 Minuten lang mit 100 cm³ Wasser geschüttelt. Es wird zur Marke mit Wasser aufgefüllt, gemischt und durch ein trockenes Filter filtriert. Vom Filtrat werden 100 cm³ abpipettiert, mit 1 cm³ Eisessig und mit 1 cm³ Kaliumbichromatlösung (10%ig) versetzt und zu gelindem Sieden erhitzt, bis sich der Niederschlag absetzt und die darüber stehende Flüssigkeit klar ist. Dann läßt man abkühlen und filtriert durch einen gewogenen Goochtiegel. Nach Auswaschen mit 1%iger Essigsäure trocknet man bis zur Gewichtskonstanz. 1 Teil Bleichromat entspricht 0,641 Teilen Blei.

5. Bestimmung grober Teilchen: Von einem Muster, das vorher mit einem Spachtelmesser zerdrückt wurde, werden 20 g auf ein Sieb von ungefähr 5—10 cm Durchmesser mit einer Maschenweite von 6400 Maschen/cm² gebracht und mit Wasser (ungefähr 1 l)[2] unter fortwährendem Bürsten mit einem weichen Kamelhaar-

[1] Auftreten eines Geruches nach Schwefelwasserstoff (Geruch nach faulen Eiern) und Hinterbleiben eines unlöslichen Rückstandes aus Schwerspat deutet auf Verschnitt mit Lithopone und macht eine genauere Untersuchung nötig, wenn die Menge des Lithopones bestimmt werden soll.

[2] Für die Bestimmung grober Teilchen, welche, wie eben beschrieben, durchgeführt wird, empfiehlt es sich zum Durchwaschen am Sieb an Stelle von Wasser eine besser benetzende Flüssigkeit zu benützen, z. B. Terpentinöl oder Benzin.

pinsel durchgewaschen. Dann trocknet man das Sieb mit dem Rückstand bei 110° C ($^1/_2$ Stunde), pinselt den Rückstand auf ein gewogenes Uhrglas und wägt.

Handelsgebräuche.

Bleiweiß wird in Fässern von 50, 100 und 250 kg geliefert. Unter der Marke Kremserweiß kommt Bleiweiß von besonderen Eigenschaften in den Handel, das auch in Hütchen- und Würfelform geliefert wird. Verschnitte von Bleiweiß mit Schwerspat, wie z. B. Hamburgerweiß, sind als solche zu kennzeichnen.

c) Sulfatbleiweiß.

(Nach Lieferbedingungen und Prüfverfahren RAL 844 F; Abdruck mit Genehmigung des RAL.)

Lieferbedingungen und Prüfverfahren für Sulfat-Bleiweiß (zu Anstrichzwecken). (Trockenfarbe und Ölpaste) Nr. 844 F.

A. Begriffsbestimmung.

Unter „Sulfat-Bleiweiß“ ist reines basisches Bleisulfat zu verstehen.

B. Sorten.

1. Trockenfarbe. 2. Ölpaste.

C. Eigenschaften.

1. Trockenfarbe. Sulfat-Bleiweiß ist eine spezifisch schwere, weiße Körperfarbe von sehr feinem, gleichmäßigem Korn und geringem Ölbedarf, die sich in konzentrierter Ammoniumazetatlösung klar oder mit nur geringer Trübung lösen muß.

	Minimum	Maximum
Gehalt an neutralem Bleisulfat	65%	76%
Gehalt an wasserlöslichem Blei	—	0,05%
Gehalt an Gesamtverunreinigungen einschl. Feuchtigkeit	—	1,5%

2. Ölpaste. Die Ölpaste muß aus reinem Leinöl[1] und Sulfat-Bleiweiß bestehen. Sulfat-Bleiweiß-Paste in Öl darf nicht weniger als 8% und nicht mehr als 10% reines Leinöl enthalten.

Der Feuchtigkeitsgehalt der Paste darf nicht größer als 0,2% sein.

Grobe Teilchen und Häute dürfen nicht mehr als 0,5% auf dem DIN-Sieb Nr. 80 mit 6400 Maschen je Quadratzentimeter zurückbleiben, es sei denn, daß die Ware längere Zeit lagert.

D. Bemusterung.

Erfolgen Angebot oder Kauf nach Muster, so gelten:

1. Muster (Typenmuster) zur Unterrichtung über Aussehen und Beschaffenheit der zu liefernden Ware, ohne daß das Muster der zu liefernden Ware zu entnehmen ist. (Als wesentliche Eigenschaften dieses Musters sind anzusehen: Feuchtigkeit, Deckfähigkeit, Farbton und Ölbedarf).

2. Ausfallmuster als eine aus der Lieferung entnommene, verbindliche Durchschnittsprobe.

E. Handelsübliche Verpackung.

Sulfat-Bleiweiß wird in Hartholzfässern[2] von etwa 50, 100, 150 usw. bis 300 kg Inhalt oder in Hobbocks[2] von etwa 25 und 50 kg Inhalt geliefert.

Manche Pigmente zeigen infolge ihres Feuchtigkeitsgehaltes Zusammenballungen von Teilchen, welche sich mit Wasser nicht zerteilen lassen, auch das Reiben mit dem Pinsel nützt meist nichts, da er zu weich ist.

[1] Nach „Lieferbedingungen für rohes, gebleichtes, raffiniertes und Lack-Leinöl“ RAL 848A.

[2] Für die Verpackung gilt sinngemäß die Eisenbahn-Verkehrsordnung vom Oktober 1928, die vorschreibt, daß dichte Fässer aus festem, trockenem Holz mit Einlagereifen oder eiserne Gefäße (sogenannte Hobbocks) zu verwenden sind.

F. Probenahme aus der Lieferung.

Die Probe ist mit einem Probestecher so zu entnehmen, daß der Probestecher mindestens dreimal nach verschiedenen Richtungen durchgesteckt wird. Der Probestecher kann in das geöffnete Faß eingeführt werden oder durch ein zu diesem Zweck gebohrtes Loch. Vor der Probenahme sind die durch das Bohren entstehenden Holzspäne vorsichtig zu entfernen. Beim Eintreten eines Streitfalles ist zu entnehmen:

bis zu drei Gebinden aus jedem Gebinde eine Probe,

bis zu fünf Gebinden aus mindestens drei Gebinden je eine Probe,

über fünf Gebinde aus je fünf Gebinden eine Probe, insgesamt mindestens aber drei Proben.

G. Prüfverfahren.

1. Untersuchung der Trockenfarbe. a) Löslichkeitsprobe: Etwa 1 g Sulfat-Bleiweiß ist mit etwa 10 cm³ konzentrierter Ammoniumazetatlösung unter Zusatz von 6—8 Tropfen Eisessig zu erhitzen. Tritt keine vollständige Lösung ein, so ist die Lösung abzugießen und der Rückstand zunächst mit etwa 2 cm³ Eisessig und dann mit Ammoniak bis zu einem geringen Überschuß zu versetzen. Erst wenn sich jetzt nicht alles löst, kann auf Vorhandensein von unlöslichen Stoffen geschlossen werden.

b) Prüfung auf Kalkverbindungen. Die bei der Löslichkeitsprobe (G. 1. a.) erhaltene evtl. filtrierte Lösung ist mit Kaliumchromat- oder Bichromatlösung zu versetzen, bis die Lösung deutlich gelb gefärbt ist. Nach etwa 15 Minuten langem Stehen ist die Lösung von dem ausgefallenen Bleichromat zu filtrieren. Das Filtrat ist durch Zusatz von Ammonoxalatlösung auf Gegenwart von Kalk zu prüfen.

c) Bestimmung von neutralem Bleisulfat. 1 g des Pigmentes ist mit 30 cm³ 10prozentiger Essigsäure 10 Minuten lang zum schwachen Sieden zu erhitzen. Nach Erkalten, das durch Einstellung in kaltes Wasser beschleunigt werden kann, ist 15 cm³ reiner Alkohol (96prozentig) hinzuzufügen und 2 Stunden stehen zu lassen. Dann ist durch einen gewogenen dicht gestopften Goochtiegel zu filtrieren, mit 25prozentigem Alkohol (der 1% Essigsäure enthält) solange auszuwaschen, bis das Filtrat mit Schwefelwasserstoffwasser kein Blei mehr erkennen läßt; darauf ist noch zweimal mit 96prozentigem Alkohol nachzuwaschen und der Tiegel bei 100—110° C bis zur Gewichtskonstanz zu trocknen.

Das Gewicht des so gefundenen Rohsulfates ist in Prozente umzurechnen und die Menge des nach G. 1. d. I. bestimmten Unlöslichen (in Prozent) abzuziehen. Die Differenz ist als Bleisulfat anzugeben.

d) Bestimmung der Gesamtverunreinigungen. Die Gesamtverunreinigungen sind die Summe des „Unlöslichen" und der „löslichen Verunreinigungen".

I. Bestimmung des Unlöslichen. Die Bestimmung ist durch genaues Abwägen von 2 g Sulfat-Bleiweiß und Behandlung nach G. 1. a. vorzunehmen, wobei die doppelten Mengen der Lösungsmittel anzuwenden sind. Die Lösungsrückstände sind zu filtrieren und mit heißem Wasser unter Zusatz von etwa 1% Essigsäure bis zum Verschwinden der Bleireaktion des Waschwassers zu waschen. Das Filter ist zu trocknen und im gewogenen Tiegel zu veraschen, der Rückstand zu glühen (dunkle Rotglut) und zu wägen. Der Rückstand in Gramm ausgedrückt ist mit 50 zu multiplizieren und gibt die Prozentzahl an unlöslichen Verunreinigungen.

II. Bestimmung der löslichen Verunreinigungen. Das Filtrat von der Bestimmung des Unlöslichen (G. 1. d. I.) ist mit konzentrierter Schwefelsäure zu versetzen ($^1/_{10}$ des Volumens des Filtrates), danach Alkohol hinzuzufügen (96prozentig) und zwar 25 cm³ auf 100 cm³ Filtrat. Die Lösung ist nun ohne Rücksicht auf den

---

Die Behälter müssen haltbar und dicht sein und so verschlossen werden, daß kein Zerstreuen, Verstauben oder Auslaufen des Inhaltes möglich ist. Auf den Versandstücken muß der Inhalt deutlich und dauerhaft angegeben sein. Sammelbezeichnungen, wie Bleipräparate, Giftfarben sind zulässig. Für den Seetransport gelten gemäß Seefrachtordnung gleichfalls die Bestimmungen der Eisenbahn-Verkehrsordnung.

Niederschlag in einen Meßkolben von 200 cm³ Inhalt überzuführen und mit 25prozentigem Alkohol aufzufüllen. Nach Absitzen des Niederschlages sind von der klaren Lösung 100 cm³ abzupipettieren, mit Ammoniak zu übersättigen, einige cm³ Ammonkarbonat- und Ammonsulfidlösung zuzugeben, kurz aufzukochen und zu filtrieren. Das Filter ist mit Wasser auszuwaschen, im gewogenen Tiegel zu trocknen, zu veraschen und zu glühen. Der Rückstand in Gramm ausgedrückt ist mit 100 zu multiplizieren und gibt dann die Prozentzahl an löslichen Verunreinigungen.

III. Quantitative Prüfung auf Kalk. Ergab die Prüfung unter G. 1. b. die Gegenwart von Kalk, so ist auch die Kalkmenge quantitativ zu ermitteln.

2 g Substanz sind wie bei G. 1. a. zu lösen. Das Filtrat vom etwa verbleibenden Unlöslichen oder die Lösung ist in einen Meßkolben von 200 cm³ zu geben und mit Kaliumbichromatlösung zu versetzen, bis die Lösung deutlich gelb gefärbt ist. Der Kolben ist auf dem Wasserbade etwa 10 Minuten lang zu erwärmen, auf Zimmertemperatur abzukühlen und aufzufüllen. Nach gutem Durchschütteln ist durch ein trockenes Filter zu filtrieren und von dem Filtrat 100 cm³ (= 1 g Substanz) abzupipettieren. Diese Menge ist mit Ammonoxalatlösung zu versetzen und auf dem Wasserbade oder auf einer kleinen Flamme solange zu erwärmen, bis sich der Niederschlag gut abgesetzt hat. Nach Erkalten ist zu filtrieren und der Niederschlag mit kaltem 1% Essigsäure enthaltendem Wasser gut auszuwaschen. Der Niederschlag ist in üblicher Weise mit n/10 Kaliumpermanganatlösung zu titrieren. Der Gehalt an Kalk ist als $CaSO_4$ zu berechnen. (1 cm³ n/10 Kaliumpermanganatlösung ist gleich 0,681% $CaSO_4$.) Die gefundene Prozentzahl ist zu der nach G. 1. c. gefundenen zu addieren.

e) Feuchtigkeit. 5 g Pigment sind bei 100—110° C bis zur Gewichtskonstanz zu trocknen. Der Gewichtsverlust beim Trocknen gilt als Feuchtigkeit.

f) Wasserlösliches Blei. 10 g Pigment sind in einem Meßkolben von 200 cm³ Inhalt 15 Minuten lang mit 100 cm³ Wasser zu schütteln. Es ist aufzufüllen und durch ein trockenes Filter zu filtrieren. Vom Filtrat sind 100 cm³ abzupipettieren, mit 1 cm³ Eisessig und 1 cm³ Kaliumbichromatlösung (10prozentig) zu versetzen und solange zu gelindem Sieden zu erhitzen, bis der Niederschlag sich absetzt und die darüber stehende Flüssigkeit klar ist. Nach Abkühlung ist durch einen gewogenen Goochtiegel zu filtrieren. Nach Auswaschen mit einprozentiger Essigsäure ist bis zur Gewichtskonstanz zu trocknen. 1 Teil Bleichromat entspricht 0,641 Teilen Blei.

2. Untersuchung der Ölpaste. 100 g Paste sind mit etwa 200 cm³ Benzin oder Benzol in einem Becherglas zu verdünnen und durch ein Prüfsiebgewebe Nr. 80 DIN 1171 (6400 Maschen je cm²) zu gießen[1]. Darauf sind 50 cm³ Terpentinöl oder Benzin in das Becherglas zu gießen, gut umzurühren und wieder auf das Sieb zu gießen, indem man möglichst den Rest der Farbe dabei ausspült. Mittels einer mit Terpentinöl oder Benzin gefüllten Spritzflasche ist der Rest aus dem Becherglas auszuwaschen und das Sieb mit Benzin solange auszuspritzen, bis keine verfärbten Teilchen mehr hindurchlaufen. Um sich zu überzeugen, daß nichts mehr durch das Sieb hindurchgeht, ist schließlich durch das Sieb in eine reine Schale zu spritzen. Das Sieb ist vorher und nachher lufttrocken zu wägen; die Gewichtsdifferenz gibt den Rückstand an.

Anmerkung: Am zweckmäßigsten ist Leichtbenzin anzuwenden, da dann der Rückstand bereits nach etwa einer Stunde als lufttrocken angesehen werden kann. Bei Verwendung eines anderen Lösungsmittels ist zweckmäßig das letzte Mal mit Äthyläther zu spritzen, wobei der Siebrückstand gleichfalls nach einer Stunde als lufttrocken betrachtet werden kann.

Für die Bestimmung des Ölgehaltes der Paste sind besondere Prüfvorschriften des Deutschen Verbandes für die Materialprüfungen der Technik (DVM) in Bearbeitung.

Anmerkung: Die Prüfverfahren gelten vorläufig, d. h. bis zur Ausarbeitung von Einheitsmethoden durch den Deutschen Verband für die Materialprüfungen der Technik (DVM).

---

[1] Zweckmäßig sind Siebe mit einem Gesamtdurchmesser von 15 oder 20 cm zu verwenden.

d) Zinkweiß.

(Nach Lieferbedingungen und Prüfverfahren RAL Nr. 844 C; Abdruck mit Genehmigung des RAL).

Lieferbedingungen und Prüfverfahren für Zinkweiß und Zinkoxyd (zu Anstrichzwecken). (Trockenfarbe und Ölpaste) Nr. 844 C.

A. Sorten.

1. Trockenfarbe. a) Metall-Zinkweiß (Zinkoxyd rein). Unter „Metallzinkweiß" versteht man ein nahezu reines, schön weißes oder nur ganz schwach gelb- oder blaustichiges Zinkoxyd metallischer Herkunft. Mit absteigendem Feinheitsgrad unterscheidet man[1] Zinkweiß Weißsiegel, Zinkweiß Grünsiegel, Zinkweiß Rotsiegel.

b) Zinkoxyd. Unter „Zinkoxyd" ist ein unverschnittenes technisches, verschiedene Beistoffe enthaltendes Zinkoxyd von schwacher oder stärkerer Gelb- oder Graustichigkeit zu verstehen.

Unter „bleihaltigem Zinkoxyd" ist unverschnittenes Zinkoxyd zu verstehen, das eine größere Menge Bleiverbindungen enthält.

2. Ölpaste. Zinkweiß. Zinkoxyd und bleihaltiges Zinkoxyd werden im allgemeinen nicht in Pastenform geliefert.

B. Eigenschaften.

1. Trockenfarbe.

	Zinkweiß		Zinkoxyd[2]	
	Mindestens	Höchstens	Mindestens	Höchstens
Gehalt an ZnO (Zinkoxyd)	99%	—	90%	—
Gehalt an Bleioxyd	—	0,4%	—	
Gehalt an Gesamtverunreinigungen einschließlich Feuchtigkeit . . .	—	1,0%	—	10%

Bei Zinkoxyd mit einem Gehalt von weniger als 90% ZnO ist der ZnO-Gehalt anzugeben, wobei eine Abweichung von bis $\pm$ 2% zulässig ist.

Für bleihaltiges Zinkoxyd, also solches mit weniger als 90% ZnO, können bestimmte Gehaltsgrenzen für ZnO, PbO usw. zur Zeit nicht angegeben werden.

2. Ölpaste. Zinkweiß. Die Paste darf nur aus reinem, rohem oder gebleichtem Leinöl[3] und Zinkweiß bestehen. Der Ölgehalt muß mindestens 15% und darf höchstens 25% betragen. Die Paste darf sich im Behälter — vorausgesetzt, daß dieser ordnungsgemäß verschlossen war und nicht bedeutendere Mengen entnommen sind — auch nach drei Monaten nicht so verdickt haben, daß durch Zufügen von Leinöl (und zwar höchstens von 40 Gewichtsteilen Leinöl auf 100 Gewichtsteile Paste), keine streichbare Farbe durch einfaches Verrühren mit dem Holzspatel hergestellt werden kann. Unter den gleichen Verhältnissen sollen grobe Teilchen und Hautstückchen beim Sieben durch ein Prüfsiebgewebe Nr. 80 DIN 1171 (6400 Maschen je cm^2) höchstens 1% betragen.

C. Handelsübliche Verpackung.

Für Zinkweiß und Zinkoxyd allgemein Fässer, für Ölpaste Fässer, auch Hobbocks.

D. Probenahme aus der Lieferung.

Die Probe ist mit einem Probestecher derart zu entnehmen, daß der Probestecher mindestens dreimal nach verschiedenen Richtungen durchgestreckt wird. Der Probestecher kann in das geöffnete Faß oder durch ein zu diesem Zweck ge-

[1] Die Ausarbeitung bestimmter Methoden zur Kennzeichnung der Qualitäten wird angestrebt.

[2] Nicht gültig für bleihaltiges ZnO.

[3] Vgl. Lieferbedingungen für rohes, gebleichtes, raffiniertes und Lack-Leinöl, RAL 848 A.

bohrtes Loch eingeführt werden, wobei aber vor der Probenahme die durch das Bohren entstehenden Holzspäne vorsichtig zu entfernen sind. Im Streitfall sind zu entnehmen:

bis zu drei Gebinden aus jedem Gebinde eine Probe,
bis zu fünf Gebinden aus mindestens drei Gebinden je eine Probe,
über fünf Gebinde aus je fünf Gebinden eine Probe, insgesamt mindestens aber drei Proben.

E. Prüfverfahren[1].

1. Untersuchung der Trockenfarbe. a) Qualitative Prüfung auf Blei. Etwa 1 g der Probe ist in verdünnter Essigsäure zu lösen und auf etwa 20 cm³ aufzufüllen. Bleibt die Lösung nach Zugabe von Kaliumbichromatlösung klar, so ist das Zinkoxyd als praktisch bleifrei zu bezeichnen.

b) Bestimmung des Zinkoxydgehaltes (ZnO) bei bleifreiem Zinkweiß. 0,5 g der Probe sind in 20 cm³ Salzsäure (spezifisches Gewicht 1,126) zu lösen. Zu der Lösung sind etwa 200 cm³ destilliertes Wasser zuzugeben und dann zum Sieden zu erhitzen. Die heiße Lösung ist mit einer Ferrozyankaliumlösung (s. unten) zu titrieren, bis ein Tropfen beim Tüpfeln in Ammoniummolybdatlösung eine eben erkennbare Braunfärbung ergibt. (Genaue Ausführung der Bestimmung siehe „E. e. Reagentien", Einstellung der Ferrozyankaliumlösung.)

c) Bestimmung des Zinkoxydgehaltes bei bleihaltigem Zinkweiß und Zinkoxyd. 2,5 g Zinkoxyd sind in möglichst wenig Salzsäure zu lösen. Dann ist vorsichtig bis fast zur Trockenheit abzudampfen, etwa 5 cm³ 50prozentige Schwefelsäure zuzugeben (ohne Rücksichtnahme auf etwa vorhandene unlösliche Stoffe) und bis zum Auftreten von Schwefelsäuredämpfen zu erhitzen. Nach Abkühlen sind 100 cm³ Wasser zuzugeben, worauf, ohne abzufiltrieren, Schwefelwasserstoff (etwa $^1/_4$ Stunde lang) einzuleiten ist. Sodann ist zu filtrieren und das Filter mit kaltem Wasser auszuwaschen, das mit einigen Blasen Schwefelwasserstoff versetzt worden ist. Das Filtrat ist zunächst zum Sieden zu erhitzen und nach geringer Abkühlung mit einigen Kubikzentimetern Wasserstoffsuperoxyd zu versetzen. Hierauf ist Ammoniak bis zur alkalischen Reaktion zuzufügen und mindestens $^1/_4$ Stunde lang zum starken Sieden zu erhitzen. Die Lösung ist, ohne abzufiltrieren, nach dem Abkühlen zur Lösung von etwa ausgeschiedenem Zinkoxyd mit etwas Ammoniak zu versetzen, dann auf 250 cm³ aufzufüllen und durch ein trockenes Filter in ein trockenes Gefäß zu filtrieren. 50 cm³ des Filtrats sind abzupipettieren. Durch tropfenweise Zugabe von Salzsäure ist zunächst zu neutralisieren, dann ein Überschuß von 15 cm³ Salzsäure (spezifisches Gewicht 1,126) zuzugeben, das Volumen auf etwa 200 cm³ zu bringen, zum Sieden zu erhitzen und wie bei Zinkweiß mit Ferrozyankalium zu titrieren. Wurden beim Titrieren der Lösung von Zink (s. Reagentien) von der Ferrozyankaliumlösung a cm³ und beim Titrieren der Lösung von Zinkweiß b cm³ verbraucht, dann ist der Gehalt an $\text{ZnO} = \frac{124{,}5\,b}{a}\,\%$.

d) Bleibestimmung. 2 g Zinkweiß oder Zinkoxyd (bei bleihaltigem Zinkoxyd je nach Bleigehalt 0,5—1 g) sind in der gerade ausreichenden Menge Salzsäure zur klaren Lösung zu bringen und diese mit Ammoniak zu versetzen, bis sich der entstehende Niederschlag von Zinkhydroxyd auflöst. Die Lösung ist mit etwa 10prozentiger Essigsäure anzusäuern und auf ein Volumen von etwa 100 cm³ zu bringen. Nunmehr gibt man Kaliumbichromatlösung hinzu und erwärmt, bis der Niederschlag sich gesetzt hat und die obenstehende Flüssigkeit klar geworden ist. Falls sie nicht deutlich gelb gefärbt ist, gibt man weiter Kaliumbichromatlösung hinzu, bis die gelbe Färbung nach Absetzen des Niederschlages deutlich eintritt. Nach Abkühlen auf Zimmertemperatur, was gegebenenfalls durch Einstellen in kaltes Wasser beschleunigt werden kann, ist der Niederschlag durch einen zur Gewichtskonstanz gebrachten Goochtiegel zu filtrieren, mit einprozen-

[1] Die folgenden Prüfverfahren gelten vorläufig, d. h. bis zur Ausarbeitung von Einheitsmethoden durch den Deutschen Verband für die Materialprüfungen der Technik (DVM). In Zweifelsfällen sind die Analysenmethoden der Vereinigung Deutscher Zinkweißfabriken anzuwenden.

tiger Essigsäure nachzuwaschen und der Tiegel bis zur Gewichtskonstanz zu trocknen. Ein Teil Bleichromat entspricht 0,641 Teilen Blei (Pb).

e) Feuchtigkeit. Die Bestimmung der Feuchtigkeit ist durch Trocknen von 10 g Zinkoxyd bei 110° C bis zur Gewichtskonstanz auszuführen. Die Gewichtsabnahme, in Prozent umgerechnet, gibt den Feuchtigkeitsgehalt an.

Reagentien.

Ferrozyankaliumlösung: Etwa 40 g reines Ferrozyankalium sind in Wasser zu lösen und auf 1 Liter aufzufüllen.

Titerstellung der Ferrozyankaliumlösung: 5 g chemisch reines Zink sind in verdünnter Salzsäure zu lösen und auf 500 cm³ aufzufüllen. 50 cm³ dieser Lösung sind abzupipettieren und solange mit verdünntem Ammoniak zu versetzen, bis sich die entstehende Fällung von Zinkhydroxyd wieder auflöst. Hierauf sind 15 cm³ Salzsäure (spezifisches Gewicht 1,126) hinzuzufügen; dann ist die Lösung auf etwa 200 cm³ aufzufüllen. Die gut durchmischte Lösung ist bis zum Sieden zu erhitzen und mit Ferrozyankalium zu titrieren, bis beim Tüpfeln in eine einprozentige Ammoniummolybdatlösung eine eben erkennbare braune Färbung eintritt.

Die Titration wird erleichtert, wenn der Lösung bei der ersten Titration vor dem Titrieren ein Tropfen einer einprozentigen Lösung Eisenchlorid zugesetzt wird. Die Lösung wird dann während des Titrierens blau gefäbt, und man kann zunächst solange weiter titrieren, bis die blaue Färbung in gelb umschlägt. Erst hierauf braucht man mit dem Tüpfeln zu beginnen. Bei der maßgeblichen Titration wird aber dann kein Eisen zugefügt, sondern in die siedendheiße Lösung sofort etwa 1 cm³ weniger Ferrozyankalium gegeben, als bei der ersten Titration gebraucht wurde, und dann nach kräftigem Durchschütteln unter Tüpfeln nach jedem Tropfen weiter titriert, bis die Braunfärbung eintritt. Die Ferrozyankaliumlösung hat eine solche Konzentration, daß 1 cm³ etwa 0,01 g entspricht.

2. Untersuchung der Ölpaste. 100 g Paste sind mit etwa 200 cm³ Benzin oder Benzol in einem Becherglas zu verdünnen und durch ein Prüfsiebgewebe Nr. 80 DIN 1171 (6400 Maschen je cm²) zu gießen[1]. Darauf sind 50 cm³ Terpentinöl oder Benzin in das Becherglas zu gießen, gut umzurühren und wieder auf das Sieb zu gießen, indem man möglichst den Rest der Farbe dabei ausspült. Mittels einer mit Terpentinöl oder Benzin gefüllten Spritzflasche ist der Rest aus dem Becherglas auszuwaschen und das Sieb mit Benzin solange auszuspritzen, bis keine verfärbten Teilchen mehr hindurchlaufen. Um sich davon zu überzeugen, daß nichts mehr durch das Sieb hindurchgeht, ist zum Schluß durch das Sieb in eine reine Schale zu spritzen. Das Sieb ist vorher und nachher lufttrocken zu wiegen; die Gewichtsdifferenz gibt den Rückstand an.

Am zweckmäßigsten ist Leichtbenzin anzuwenden, da dann der Rückstand bereits nach etwa einer Stunde als lufttrocken angesehen werden kann. Bei Verwendung eines anderen Lösungsmittels ist zweckmäßig das letztemal mit Äthyläther zu spritzen, wobei der Benzinrückstand auch nach einer Stunde als lufttrocken betrachtet werden kann.

Für die Bestimmung des Ölgehaltes der Paste sind besondere Prüfvorschriften des Deutschen Verbandes für die Materialprüfungen der Technik (DVM) in Bearbeitung.

Anmerkung: Die Aufnahme der Bemusterungsvorschriften erfolgt nach der Festlegung einer allgemein befriedigenden Fassung.

Die angegebenen Lieferbedingungen beziehen sich nur auf Zinkweiß, das aus Zinkmetall hergestellt wurde (französisches Verfahren). Für das nach dem amerikanischen Verfahren aus den Erzen direkt hergestellte Zinkweiß (Hüttenzinkoxyd), dessen Produktion die des Metallzinkweiß bedeutend übertrifft, sei im nachstehenden ein Auszug aus den amerikanischen Lieferbedingungen (A.S.T.M. Specification) wiedergegeben.

---

[1] Zweckmäßig sind Siebe mit einem Gesamtdurchmesser von 15 oder 20 cm zu verwenden.

Das nach dem amerikanischen Verfahren hergestellte Pigment muß folgenden Anforderungen genügen:

	Maximum %	Minimum %
Grobe Teilchen, die auf einem Standardsieb Nr. 325[1] zurückbleiben	1,0	—
Zinkoxyd (ZnO)	—	98,0
Gesamtschwefel	0,2	—
Gesamte Verunreinigungen einschl. Feuchtigkeit	2,0	—

Farbe und Farbstärke müssen, wenn diese besonders angegeben sind, den Proben entsprechen, auf welche sich Käufer und Verkäufer geeinigt haben.

Aus einer Partie von nicht mehr mehr als 1000 Packungen soll eine Packung aufs Geratewohl als Stichprobe entnommen werden. Sind die Packungen so groß, daß 1000 Packungen mehr als eine Waggonladung ausmachen, dann soll aus jeder Waggonladung eine Probe aufs Geratewohl entnommen werden.

Die Untersuchungsmethoden entsprechen im wesentlichen den, in dem RAL-Blatt 844 C angeführten.

e) Eisenoxydrot.

Sowohl die Bezeichnung als auch die Zusammensetzung dieser Pigmente schwankt außerordentlich, so daß sich für sie kaum einheitliche Vorschriften aufstellen lassen. Wie schon früher bemerkt wurde, läßt sich der Gebrauchswert auch nicht allein aus der Analyse beurteilen. Die Untersuchung hat sich bei neuen Marken auf Zusammensetzung, auf Gehalt an wasserlöslichen Stoffen, auf schädliche Mengen von Schwefelsäure oder Sulfaten, auf übermäßige Mengen Kalk oder Magnesia und auf Kornfeinheit zu erstrecken.

Von Eisenoxydrotsorten kann man verlangen, daß sie nicht mehr als 0,5% grobe Teilchen enthalten, die auf einem Sieb von 10000 Maschen/cm² beim Durchwaschen mit Benzin zurückbleiben; gleiches kann für Eisenoxydschwarz gelten. Bei Eisenglimmer ist etwa 1% Rückstand auf einem Sieb von 3600 Maschen/cm² zulässig.

Die amerikanischen Standard Specifications gestatten für Eisenoxydrot 3% grobe Teilchen auf einem Standardsieb Nr. 325 (Maschenweite = 44 Mikron; 22500 Maschen/cm²).

5. Untersuchung von Ölfarben.

Für die Analyse von Anstrichfarben wurden vom deutschen Verband für die Materialprüfungen der Technik Richtlinien herausgegeben, die nachstehend wiedergegeben sind.

a) Prüfverfahren für Anstrichfarben[2].

Vom Deutschen Verband für die Materialprüfungen der Technik.

[1] Siehe auch unter Eisenoxydrot.

[2] Abgedruckt mit Bewilligung des „Deutschen Verbandes für die Materialprüfungen der Technik“.

α) Bestimmung des Gehalts an flüchtigem Verdünnungsmittel in Öl- und Lackfarben.

Etwa 50 g der Farbe werden nach gutem Durchmischen auf 0,1 g genau abgewogen und in einem Rundkolben in bekannter Weise mit Wasserdampf destilliert. Der Kühler soll eine Kühllänge von mindestens 60 cm haben.

Das Destillat wird mittels Vorstoßes in die Vorlage geleitet. Diese kann beliebig gestaltet sein, muß jedoch die Trennung des übergegangenen Lösungsmittels vom Wasser gestatten. Man setzt die Destillation solange fort, bis das Volumen des übergegangenen Lösungsmittels sich innerhalb 10 Minuten nicht mehr ändert.

Empfehlenswert ist als Vorlage eine Bürette mit Doppelweghahn[1], an die man mittels eines Gummischlauches ein gebogenes Glasrohr setzt. Man destilliert bei einer Hahnstellung, die das angesetzte Rohr mit der Bürette kommunizieren läßt. Nach Beendigung der Destillation dreht man den Hahn am besten zunächst ab, nimmt der bequemeren Handhabung wegen das angesetzte Rohr ab und kann nun durch entsprechende Hahnstellung das Wasser ablassen und das Lösungsmittel in das gewogene Gefäß überführen. Es ist zu beachten, daß man vor der Destillation einige Kubikzentimeter Wasser in die Bürette geben muß, um Abfließen von Lösungsmittel zu vermeiden. Bei hinreichendem Fassungsraum der Bürette kann man die Destillation ohne Aufsicht lassen, ohne Überlaufen befürchten zu müssen.

Das Lösungsmittel wird vom Wasser getrennt und in ein gewogenes Kölbchen übergeführt, worauf das Gewicht wieder bestimmt und so die Gewichtsmenge des übergegangenen Lösungsmittels gefunden wird.

In den Ausnahmefällen, in denen wasserlösliche Lösungsmittel (Alkohol, Azeton) vorhanden sein können, werden diese durch vorsichtige Destillation aus einer besonderen Portion der Farbe abdestilliert und aus dem Destillat mit wenig Wasser ausgeschüttelt. Die Summe der wasserlöslichen Lösungsmittel kann aus dem spezifischen Gewicht der sorgfältig getrennten wässerigen Schicht mittels der amtlichen Alkoholtabellen angenähert berechnet werden.

Anmerkung: Die Hauptmenge des Lösungsmittels geht gewöhnlich sehr schnell schon bei Beginn der Destillation über. Es kommen aber, wenn auch selten, Fälle vor, in denen das Lösungsmittel hartnäckig zurückgehalten wird. In solchen Fällen, in denen die Destillation auffallend langsam verläuft und in denen die Zunahme des Lösungsmittels im Destillat nur ganz allmählich erfolgt, gibt man zu der Farbe vor dem Destillieren einige Kubikzentimeter Salzsäure ($D = 1{,}125$) hinzu.

β) Bestimmung der Menge des Pigments.

Unter Pigment wird hier die Menge des Ätherunlöslichen verstanden, ohne Rücksicht auf etwa ätherlöslich gewordene geringe Anteile des Pigments und ohne Rücksicht auf etwa unlöslich gewordene Anteile des Bindemittels (Linnoxyn). In besonderen Fällen, in denen dies ausdrücklich gewünscht wird oder die Menge solcher unlöslicher Anteile schon äußerlich als besonders hoch zu erkennen ist, wird nach 2. verfahren.

1. In ein bei 50—60° C getrocknetes und nach dem Erkalten gewogenes Erlenmeyerkölbchen werden mindestens 5 g der gut durchgemischten Farbe eingewogen. Sodann werden zunächst nur einige Kubikzentimeter

[1] Über ein für diesen Zweck sehr geeignetes Auffanggefäß siehe: Allina, A., u. H. Salvaterra: Chem.-Ztg. **1920**, Nr 110.

Äther zugegeben und mit der Farbe sorgfältig verrührt. Nun wird die etwa 10fache Äthermenge der Einwaage zugegeben und wiederum gut durchgerührt. Nachdem sich das Pigment größtenteils abgesetzt hat, filtriert man durch ein bei 50—60° C getrocknetes und dann gewogenes Filter, ohne die Hauptmenge des Pigments aufs Filter zu bringen.

Macht die Filtration Schwierigkeiten, so versucht man zunächst, ob man mit Petroläther bessere Resultate erhält. Ist dies der Fall, so wird mit Petroläther in der oben geschilderten Weise ausgezogen und dann mit Äthyläther weiter gearbeitet. Bringt auch Petroläther keine Besserung, so wird ein Lösungsmittel, bestehend aus 10 Vol. Äther, 6 Vol. Benzol, 4 Vol. Methylalkohol und 1 Vol. Azeton an Stelle des Äthers verwendet, zum Schluß aber mindestens noch zweimal mit Äther extrahiert.

Das zurückbleibende Pigment wird mit frischem Äther in gleicher Weise behandelt und dies mehrmals (mindestens viermal) durchgeführt.

Wenn das Pigment nicht dazu neigt, durch das Filter zu laufen, kann man auch 1—2mal ausziehen und dann das Filter in einem der gebräuchlichen Extraktionsapparate weiter extrahieren. Wer im Besitze der Zentrifuge ist, wird am besten tun, diese anzuwenden. Zum Umrühren wird zweckmäßig ein steifer, glatter Draht (Platin oder Kupfer) benutzt. Man wägt die Farbe dann direkt in die zum Zentrifugieren benutzten Gefäße ein. Sonst wird wie oben verfahren (Äther bzw. Petroläther oder kombiniertes Lösungsmittel, zuletzt immer Äther).

Das Filter mit dem Pigment wird nun in das Erlenmeyerkölbchen gegeben und mit diesem zusammen bei 50—60° C getrocknet und nach Erkalten gewogen.

War das Gewicht des Kölbchens K Gramm, das des Filters F Gramm, das der Einwaage E Gramm und endlich das Gewicht der Endwägung S Gramm, so ist die Menge des Pigments:

$$P = \frac{100 \cdot [S - (K + F)]}{E} \%.$$

2. Bei genauer Bestimmung des Pigments, die jedoch nur auf besonderen Wunsch erfolgen soll, oder wenn schon ersichtlich größere Mengen von Linnoxyn oder ähnlichen ätherunlöslichen Stoffen im Pigment verbleiben, wird zunächst wie nach a verfahren.

Nachdem das Pigment gewogen ist, wird ein Teil desselben abgewogen und mit salzsäurehaltigem Äther behandelt. Sodann wird nach Entfernung der Hauptmenge des Äthers mit alkoholischer Kalilauge erwärmt und filtriert. Aus dem Filtrat werden die gelösten Fettsäuren mit Salzsäure in Freiheit gesetzt und (nach Zugabe von Wasser) ausgeäthert. Die ätherische Lösung wird abgetrennt und nach Trocknen mit wasserfreiem Natriumsulfat eingedampft und der Rückstand gewogen.

Die Menge der hierbei erhaltenen organischen Stoffe wird auf das gesamte Pigment umgerechnet und von diesem abgezogen.

Berechnung: War die nach a bestimmte Pigmentmenge gleich $P\%$, die Einwaage zur Abtrennung der organischen Stoffe $= a$ und die Menge der letzteren $= b$, so ist der wirkliche Pigmentgehalt unter Berücksichtigung der unlöslichen organischen Stoffe:

$$P\,(1 - b/a)\ \%\mathrm{t}.$$

γ) Bestimmung des nichtflüchtigen Bindemittels.

Wenn Bindemittel und Pigment gleichzeitig bestimmt werden sollen, wird der nach β 1 erhaltene ätherische bzw. petrolätherische usw. Extrakt der Farbe hierzu verwendet. Sonst muß dieser Extrakt in gleicher Weise besonders hergestellt werden.

Die gesamten Extrakte werden vereinigt und in einen gewogenen Kolben gegeben. Das Lösungsmittel wird nun abgedampft und dann der Rückstand längere Zeit im Wasserbade unter Durchleiten von Kohlensäure erhitzt. Nachdem der Rückstand gewogen ist, wird nochmals eine Viertelstunde unter Durchleiten von Kohlensäure im Wasserbade erhitzt und dies wiederholt, bis Gewichtskonstanz eintritt bzw. die Abnahme nicht mehr als 2 mg beträgt.

Anstatt unter Durchleiten von Kohlensäure zu erhitzen, kann man den Kolben (dann Rundkolben) unter Evakuieren im Ölbad langsam auf 180° C erhitzen und dann langsam erkalten lassen. Auch hier ist es nötig, das Erhitzen bis zur Gewichtskonstanz zu wiederholen.

Anhang: In vereinzelten Fällen kann es vorkommen, besonders wenn das Pigment größere Mengen Pariserblau enthält, daß keine dieser Methoden zu einer einwandfreien Trennung von Pigment und Bindemittel führt. Dann wird folgendermaßen vorgegangen:

Etwa 5 g der Farbe (genau gewogen) werden in einem Kolben (Inhalt etwa 250 cm^3) mit 40—50 cm^3 etwa halbnormaler alkoholischer Kalilauge unter häufigem Umschütteln $^1/_2$ Stunde am Rückflußkühler zum Sieden erhitzt. Dann gibt man etwa 50 cm^3 Wasser hinzu, filtriert und wäscht einigemal mit 50%igem Alkohol nach.

Aus dem Filtrat verdampft man den größten Teil des Alkohols, säuert dann mit Salzsäure an und extrahiert mit Äther.

Inzwischen behandelt man den Rückstand mit ätherischer Salzsäure, filtriert und wiederholt die Behandlung noch mindestens dreimal. Die ätherischen Lösungen werden vereinigt, dreimal mit etwa 15%iger Kochsalzlösung gewaschen und mit wasserfreiem Natriumsulfat getrocknet. Dann wird der Äther verdampft und der Rückstand, wie beschrieben, unter Durchleiten von Kohlensäure oder im Vakuum vom Rest des Lösungsmittels befreit.

Da sämtliche Fettsäuren sich jetzt im freien Zustande befinden, ist es nötig, den Rückstand zur Umrechnung auf Öl mit dem Durchschnittsfaktor 1,05 zu multiplizieren.

Die Pigmentmenge wird in diesen Ausnahmsfällen indirekt durch Abziehen der Summe der Prozentzahlen von flüchtigem Lösungsmittel und nichtflüchtigem Bindemittel von 100 ermittelt.

Anhang.

RAL 840 A 2.

Einfache Prüfung von Farben und Lacken.

(Abdruck mit Genehmigung des RAL.)

Das Blatt ist für Verbraucher bestimmt, denen wissenschaftliche Fachkenntnisse sowie chemische und physikalische Prüfapparate nicht zur Verfügung stehen. Es soll eine Anleitung darstellen zu Prüfungsmethoden, die, vergleichend angewandt, vor groben Irrtümern und Selbsttäuschungen schützen. Prüfverfahren, die strittig sind, sind nicht berücksichtigt.

Selbst bei dieser einfachen Werkstoffprüfung muß der Prüfende aber über Erfahrung verfügen und namentlich das Handwerksmäßige der Anstrichtechnik beherrschen.

A. Firnisse, Lacke, Ölfarben, Lackfarben.

I. Begriffserklärung. a) Firnisse und Lacke sind Flüssigkeiten, die in dünner Schicht auf den zu bearbeitenden Gegenstand aufgetragen, auftrocknen und einen festen, mehr oder weniger elastischen Überzug bilden. Wird Leinölfirnis gewünscht, muß ausdrücklich „Leinölfirnis" und nicht nur „Firnis" verlangt werden[1].

b) Ölfarben sind Trockenfarben in Verbindung mit einem trocknenden Öl, gegebenenfalls auch unter Zusatz von flüchtigen Verdünnungsmitteln (Terpentinöl, Terpentinölersatz), sowie Sikkativ hergestellt.

c) Lackfarben sind Mischungen aus Trockenfarben mit Lacken, die entweder glänzen oder je nach Wunsch mehr oder weniger matt gehalten sind (Mattlackfarben).

II. Prüfverfahren. Vor der Prüfung angeriebener Farben hat sich der Prüfende von der Einheitlichkeit der gesamten Probe zu überzeugen.

a) Prüfung auf Streichfähigkeit. 1. Jeder gebrauchsfertige Anstrichstoff ist auf dem Untergrund zu prüfen, für den er bestimmt ist. Beispielsweise ist die Streichfähigkeit einer Rostschutzfarbe auf Eisenblech zu prüfen, die eines für Holz bestimmten Anstrichstoffes auf Holz, und zwar auf der Holzart, für die er verwendet werden soll. Überzugslacke, Schleiflacke und Lackfarben sind auf dem in jedem einzelnen Falle in Frage kommenden Grundanstrich zu prüfen.

Der Grundanstrich muß frisch hergestellt, aber gut durchgetrocknet sein. Gehört zu den Überzugsanstrichen eine bestimmte Grundfarbe, so ist diese als Grundierung anzuwenden.

3. Die zur Feststellung der Streichfähigkeit gestrichene Fläche darf nicht zu klein sein. Die Größe der Tafeln ist dem Verwendungszweck anzupassen. Bei Anstrichstoffen für größere Flächen ist eine Tafel von 50 × 25 cm angemessen.

4. Sollen zwei Anstrichstoffe miteinander verglichen werden, so müssen die Probeanstriche gleichzeitig vorgenommen werden. Niemals darf man sich auf seine Erinnerung verlassen, wenn man nicht Täuschungen unterworfen werden will.

5. Der Pinsel muß gut vorbereitet sein und allen Fachanforderungen entsprechen. Er darf weder alte Farbenreste, noch Öl, Lösungsmittel oder dergleichen vom Reinigen her enthalten. Bei Vergleichen muß derselbe Pinsel nach gründlicher Reinigung und Austrocknung verwendet werden. Bei abgebundenem Pinsel muß ein ungefärbter Bindfaden verwendet werden. Der Pinsel ist vor dem Probeanstrich mehrmals mit dem betreffenden Anstrichstoff zu sättigen und auszustreichen.

6. Der Anstrichstoff soll sich leicht ausstreichen lassen, gleichmäßig aus dem Pinsel fließen und sich gut verschlichten (vertreiben, gleichmäßig verteilen) lassen. Bei Überzugslacken, Schleiflacken und Lackfarben sollen Pinselstriche nach dem Anstrich nicht mehr sichtbar sein, der Anstrichstoff muß also gut verlaufen.

Bei Lackfarben, besonders bei solchen mit hohem Glanz, darf allgemein nicht so leichte Streichfähigkeit erwartet werden wie bei Ölfarben. Sogenannte „Gardinenbildung" und sogenanntes „Laufen" rühren oft nicht von schlechter Beschaffenheit des Lackes, sondern von unsachgemäßer Verarbeitung her, z. B. davon, daß mit zu vollem oder zu weichem Pinsel gestrichen wurde.

Vor Abgabe eines Urteils über fehlerhafte Beschaffenheit eines Anstrichstoffes ist die Prüfung zu wiederholen.

7. Die Anstriche dürfen weder in einem zu kalten noch in einem zu warmen Raum ausgeführt werden. Am besten wird bei Zimmertemperatur von etwa 20° C gestrichen und getrocknet, falls nicht eine andere Temperatur vorgeschrieben ist. Zu niedrige Temperatur macht jede Farbe schwer streichbar. Deshalb müssen die Anstrichstoffe und die Probetafeln vor der Prüfung mehrere Stunden in dem

---

[1] Vergl. Lieferbedingungen für Leinölfirnis Nr. 848 B.

Arbeitsraum gestanden haben. Bei zu hoher Temperatur können z. B. Lacke und Lackfarben zu rasch antrocknen (anziehen) und daher zu schwer streichbar werden, während z. B. Ölfarben zu dünn erscheinen könnten, ohne daß ein Fehler des Anstrichstoffes vorliegt.

b) Prüfung auf Spritzfähigkeit. Bei Prüfung auf Spritzfähigkeit ist das zu prüfende Material entweder unverändert oder, falls nicht unmittelbar spritzbar (z. B. infolge Eindickens), mit der vom Fabrikanten des betreffenden Materials hergestellten Verdünnung eingestellt, zu spritzen. Der Spritzdruck muß der verwendeten Spritzapparatur angepaßt sein. Die Prüfung muß in verschiedenen Abständen der Spritzpistole von der zu überziehenden Fläche wiederholt werden; der Abstand der Spritzpistole von der Fläche ist für das Zustandekommen eines einwandfreien Auftrages außerordentlich wichtig, er kann aber nicht allgemein angegeben werden, da er von der Art des Materials und der Art der Spritzvorrichtung abhängt.

Eine zum Spritzen bestimmte Farbe oder ein zum Spritzen bestimmter Lack muß für sich oder mit dem dafür bestimmten Verdünnungsmittel eingestellt, mit einer der üblichen Spritzvorrichtungen nach den vorstehenden Richtlinien einen gleichmäßigen, nicht narbigen und nicht laufenden Auftrag ergeben.

Die Raumtemperatur muß, soweit nicht besondere Anforderungen (z. B. Spritzfähigkeit im Freien) gestellt werden, etwa 20° C, jedoch nicht unter 18° C betragen. Alle verwendeten Apparaturen, das zu prüfende Material und die Gegenstände, die gespritzt werden sollen, müssen längere Zeit in dem Raum gestanden haben. Die sonstigen Eigenschaften der Spritzfarben und Spritzlacke können nach den bisherigen Verfahren geprüft werden.

c) Bestimmung der Ausgiebigkeit. 1. Die Bestimmung der Ausgiebigkeit wird am besten mit der Bestimmung der Streichfähigkeit (a) und der Deckfähigkeit (e) verbunden. Nachdem man den Pinsel durch wiederholtes Sättigen mit dem Anstrichstoff und durch Ausstreichen gut vorbereitet hat, läßt man ihn in der Büchse mit Farbe und wiegt beides zusammen ab. Dann nimmt man den Probeanstrich vor und wiegt danach wieder Büchse mit Farbe und Pinsel zusammen.

2. Die Berechnung erfolgt, indem man die Größe der gestrichenen Fläche in Quadratzentimeter (cm^2) durch die zehnfache Zahl der Gramm (g) des verbrauchten Anstrichstoffes dividiert. Das Ergebnis ist die Zahl der Quadratmeter (m^2), die mit einem Kilogramm des Anstrichstoffes gestrichen werden kann.

Beispiel: Größe der Fläche 5000 cm^2, Menge des gebrauchten Anstrichstoffes 50 g. Demnach $\frac{5000}{50 \cdot 10} = 10\ m^2$ je kg.

3. Bei der Bewertung eines Anstrichstoffes nach der Ausgiebigkeit sind aber neben dieser Eigenschaft noch andere für den jeweiligen Zweck wichtige zu beachten, deren Gesamtheit erst das Urteil über den Wert des Anstrichstoffes bestimmt. So sind z. B. Anstrichfarben, die einen schwer aufrührbaren Bodensatz gebildet haben, entsprechend geringer zu bewerten.

d) Prüfung auf Trockenfähigkeit. Zur Prüfung der Trockenfähigkeit können von Anbeginn die gleichen Anstriche verwendet werden, die zur Prüfung auf Streichfähigkeit und Ausgiebigkeit gemacht werden.

1. Die Trocknung selbst muß unter möglichst gleichbleibenden Bedingungen, die dem Verwendungszweck des Anstrichstoffes angepaßt sind, vorgenommen werden, wobei Temperatur, Luftfeuchtigkeit, Luftbewegung und Belichtung eine große Rolle spielen.

2. Für die Vergleichsprobe gilt das unter II a 1 Gesagte.

3. Für die Praxis ist nachstehend beschriebene Prüfung der Trocknung durch die einfache Betastung mit dem Finger ausreichend. Der Trocknungsprozeß muß in allen seinen Stufen verfolgt werden. Man fährt zunächst ganz behutsam über den Anstrich und kann dabei folgende Stufen der Trocknung unterscheiden:

a) Anziehen (Antrocknen): Der Finger erfährt einen fühlbaren Widerstand;

b) klebende Trocknung: Der Finger klebt beim Gleiten über die Oberfläche des Anstriches;

c) staubfreie Trocknung: Der Finger gleitet ohne Widerstand über den Anstrich.

Um die nun beginnende Stufe des Durchtrocknens festzustellen, streicht man von Zeit zu Zeit mit sich immer mehr steigerndem Druck mit dem Finger über die Fläche. Der Anstrich gilt als durchgetrocknet, wenn der Finger keinen Widerstand mehr erfährt, und außerdem bei stärkstem Druck ein Fingerdruck nicht mehr sichtbar ist.

Die Anforderung an die Trocknung eines Anstrichstoffes hängt durchaus ab von der Art desselben und von dem Verwendungszweck. Reine Ölfarben trocknen in manchen Farbtönen (z. B. rot und schwarz) langsamer als in anderen (z. B. grau). Die Trockenfähigkeit dieser langsam trocknenden Ölfarben läßt sich nicht willkürlich erhöhen, ohne daß die Güte der Farbe darunter leidet. Ein übermäßiger Zusatz von Sikkativ würde zwar die Farbe zu rascherem Trocknen bringen, aber dafür auch ihre Beständigkeit verringern.

Die Anforderungen, die man billigerweise an Ölfarben stellen kann, sind, daß sie bei Lufttrocknung nach 24 Stunden — rote und schwarze auch erst nach 48 Stunden — durchgetrocknet sind. Eine ähnliche Trockenzeit wird man bei Lacken und Lackfarben verlangen können. Bei Fußbodenlacken und Fußbodenlackfarben wird die Durchtrocknung in der Regel innerhalb 24 Stunden beendet sein. Bei feinsten Überzugslacken für außen kann dagegen die Durchtrocknung auch bis zu etwa dreimal 24 Stunden dauern, wenn nicht ausdrücklich schnelltrocknende Lacke verlangt worden sind. Bei blanken Lacken ist auch die Helligkeit, und zwar in Substanz und im Anstrich, frisch gestrichen und auch nach einigen Tagen, zu berücksichtigen.

e) Bestimmung der Deckfähigkeit. 1. Für die Praxis genügt es, die Deckfähigkeit in gute, genügende, schlechte und ungenügende zu unterscheiden. Für diese Feststellung ist ein geeigneter Untergrund erforderlich.

2. Der Untergrund wird folgendermaßen hergestellt: Eine Tafel von 20 × 15 cm (siehe Abb. 178) wird mit magerer weißer Ölfarbe gestrichen und in der Mitte mit einem 5 cm breiten schwarzen Streifen überzogen. Nachdem der Grund gut getrocknet ist (mindestens 48 Stunden), trägt man nach gründlichem Durchrühren die zu prüfende Farbe in normaler Dicke über die ganze Fläche auf. Beim Durchrühren ist zwecks Beurteilung der Güte der Farbe auch festzustellen, ob sich etwa ein schwer aufrührbarer Bodensatz gebildet hat. Nach vollständigem Trocknen streiche man die oberen zwei Drittel noch einmal, und nachdem auch dieser Anstrich gut getrocknet ist, streicht man das obere Drittel der Platte zum drittenmal.

3. Beurteilung. Läßt schon der erste Anstrich (unteres Drittel) den Grund nicht mehr durchscheinen, so ist die Deckfähigkeit gut. Läßt der zweifache Anstrich (mittleres Drittel) den Grund nicht mehr erkennen, wohl aber der erste (unteres Drittel), so ist die Deckfähigkeit genügend. Läßt erst der dreifache Anstrich (oberes Drittel) den Grund nicht mehr durchschimmern, so ist die Deckfähigkeit schlecht. Deckt aber auch der dreifache Anstrich nicht, so ist die Deckfähigkeit ungenügend.

f) Prüfung auf Farbenbeständigkeit. 1. Bunte Farben. Ein Anstrich auf dem Material, das für das betreffende Anstrichmittel in Frage kommt, ist in der Mitte mit einem Streifen schwarzem Papier zu umwickeln, und entweder hinter dem Fenster, wenn es sich um Anstrichmittel für „innen" handelt, oder im Freien an einem vor Regen geschützten Ort, aber mit ungehindertem Lichtzutritt, aufzuhängen. Die Anstrichfläche soll nach Süden gerichtet sein. Bei Sonnenschein ist im Sommer nach 14 Tagen, im Winter nach 4 Wochen, bei trübem Wetter nach einer entsprechend längeren Zeit (bis zu etwa 3 bzw. 8 Wochen) nachzusehen, ob die unbedeckten Streifen eine merkliche Verblassung oder Verfärbung aufweisen.

Es muß besonders betont werden, daß es sich hierbei nur um eine ganz ungefähr zutreffende Prüfung handelt. Genaue Beobachtung erfordert eine genaue Berücksichtigung der Lichtstärke, die bei einer einfachen Prüfung nicht in Frage kommt.

2. Weiße Farben. Je nachdem, ob es sich um Anstrichstoffe für außen oder innen handelt, sind die Anstriche auf dem in Frage kommenden Material dem Licht auszusetzen und nach 3—4 Wochen zu vergleichen mit einem Anstrich, der etwa drei Tage vor dem Vergleich in gleicher Weise ausgeführt wurde. Auf Eintreten eines rötlichen oder grauen Farbtons ist besonders zu achten.

Bemerkung: Im Zweifelsfalle sind die Anstriche auch auf Glas auszuführen. Außerdem sollte man stets eine Farbe, deren Verhalten man kennt, daneben streichen, um eine Vergleichsmöglichkeit zu haben.

g) Prüfung auf Wasserbeständigkeit. Zur Prüfung auf Wasserbeständigkeit von Farben und Lacken ist auf einer gut gereinigten Glasplatte und einem mit Sandstrahl oder mit Stahlbürste und dann mit Schmirgelpapier entrosteten glatten Eisenblech ein Anstrich mit dem zu prüfenden Material auszuführen[1]. Bei nicht gut verlaufenden Anstrichstoffen ist nach 24 Stunden Trocknen bei etwa 20° C ein zweiter Anstrich auszuführen. Bei gut verlaufenden Emaillen und Lacken genügt im allgemeinen ein einmaliger Anstrich. 48 Stunden nach dem letzten Auftrage bzw. dem einzigen Auftrage sind die Anstriche in ein mit Wasser gefülltes Gefäß so zu stellen, daß etwa die Hälfte des Anstriches vom Wasser bedeckt ist. Das Wasser kann Leitungswasser sein, muß aber durch vorheriges Auskochen von Kaliziumbikarbonat befreit werden. Die Anstriche sind täglich daraufhin zu beobachten, ob sie sich weiß färben, weich werden oder sich sonstwie verändern.

Zweckmäßig wird ein zweiter Versuch in der Weise ausgeführt, daß jeden zweiten Tag die Anstriche aus dem Wasser genommen und an der Luft getrocknet werden. Bei dieser Prüfung wird dann der evtl. eintretende Rückgang der Weißfärbung, das Wiedererhärten usw. beobachtet.

h) Prüfung auf Sodabeständigkeit. Auf möglichst glattem, mit Sandstrahl oder mit Stahlbürste und darauf mit Schmirgelpapier entrostetem Eisenblech ist ein Anstrich mit dem sodafesten Material auszuführen[2]. Nach 48stündigem Trocknen bei einer Zimmertemperatur von etwa 20° C ist das Blech ungefähr zur Hälfte in eine bereits auf 50° C erwärmte Sodalösung (50 g kalz. Soda [98—100%] in 1 kg Wasser gelöst) einzutauchen. Das Blech muß eine Stunde lang unter Einhaltung der Temperatur von 50° C in der Sodalösung bleiben, wobei eine zeitweilige Abweichung der Temperatur um 2° nach oben oder unten statthaft ist. Sodann ist eine Minute lang mit einem kräftigen Wasserstrahl abzuspritzen. Der Anstrich darf sich dabei nicht ablösen[3]. Nach dem Trocknen darf der Glanz der eingetauchten Hälfte nicht wesentlich verschieden von dem der nicht eingetauchten Hälfte sein, keinesfalls darf aber ein stärkeres Mattwerden eintreten; auch dürfen keine wesentlichen Verfärbungen eingetreten sein.

i) Prüfung auf Säurebeständigkeit[4]. Auf einer entweder mit Sandstrahl oder mit Stahlbürste und darauf mit Schmirgelpapier gut entrosteten Eisenblechtafel ist ein Anstrich mit dem zu prüfenden Anstrichstoff auf beiden Seiten des Bleches auszuführen. Nach 48stündigem Trocknen bei Zimmertemperatur von etwa 20° C sind die Ränder des Bleches durch Eintauchen in geschmolzenes Paraffin zu paraffinieren. Sodann sind die Bleche so in Schwefelsäure (spezifisches Gewicht 1,21 Akkumulatorensäure) zu tauchen, daß sie zur Hälfte von der Säure bedeckt sind. Nach 24stündigem Verbleiben in der Säure sind die Anstriche eine Minute lang mit einem kräftigen Wasserstrahl abzuspritzen und an der Luft trocknen zu lassen. Nach erfolgter Trocknung darf sich das Aussehen der eingetauchten Hälfte weder im Glanz noch im Farbton wesentlich von der nicht eingetauchten Hälfte unterscheiden.

k) Prüfung auf Durchschlagen. Bei Farben, die als erster Anstrich dienen, kann zur Ermittlung des „Durchschlagens“ ein Aufstrich gemacht werden, den man 3 Tage trocknen läßt. Hiernach wird ein zweiter Anstrich mit einer

---

[1] Für Farben, die ausdrücklich für Holzanstriche bestimmt sind, ist statt dessen auf glattgehobeltes, trocknes Holz der in Frage kommenden Sorte aufzustreichen. Hierbei ist darauf zu achten, daß auch die Rückseite und die Kanten sorgfältig gestrichen werden.

[2] Für Farben, die ausdrücklich für Holzanstriche bestimmt sind, ist statt dessen auf glattgehobeltes, trockenes Kiefernholz aufzustreichen. Hierbei ist darauf zu achten, daß auch die Rückseite und die Kanten sorgfältig gestrichen werden.

[3] Geringes Ablösen bei Holzanstrichen unmittelbar am Rande ist ohne Bedeutung.

[4] Aus dieser Prüfung können keinesfalls Schlüsse auf das Verhalten der Anstriche in einer mit Säuredämpfen beladenen Atmosphäre gezogen werden.

reinen Zinkweißölfarbe ausgeführt. Dieser muß einen einheitlichen Farbton behalten und darf nicht stellenweise Verfärbung oder Flecken aufweisen. Auch darf das Trocknen des Anstriches nicht wesentlich länger dauern als auf einem Grundanstrich mit einer Farbe, die aus Zinkweiß, etwas Kohleschwarz und Leinölfirnis besteht.

l) Farbenvergleiche. Farbenvergleiche sind im allgemeinen bei zerstreutem Tageslicht zu machen. Sind die Farben für künstliches Licht bestimmt, so ist dies besonders anzugeben. Gebrauchsfertige Anstrichfarben streicht man am besten auf glatte Eisenplättchen und nimmt nach vollständigem Trocknen mit der gleichen Farbe einen zweiten Anstrich vor. Der Farbton wird erst nach Durchtrocknen auch des zweiten Anstriches verglichen. Beim Vergleich mehrerer Farben verändert man zweckmäßig die Reihenfolge der Plättchen. Tut man dies nicht, so können leicht Irrtümer durch verschiedene Beleuchtung entstehen.

B. Trockenfarben.

a) Farbenvergleich im trockenen Zustand. Für Farbenvergleiche schüttet man von den trockenen Farben Häufchen von etwa 1—2 cm Durchmesser auf weißes Papier und streicht sie am besten mit einem Hornspatel glatt. Je näher die Häufchen beieinander liegen, desto genauer ist die Vergleichsmöglichkeit. Es ist zu beachten, daß der Farbton oder die Farbtiefe durch das Bindemittel wesentliche Veränderungen erleiden kann. Es erscheint deshalb notwendig, außer der geschilderten Probe noch folgende Versuche vorzunehmen:

b) Farbenvergleich nach Anreiben mit Bindemittel. Man schüttet wieder zwei gleichgroße Häufchen nebeneinander, aber nicht auf Papier, sondern am besten auf eine Glasplatte, unter die man je nach der Farbe weißes oder schwarzes Papier legt. Dann fügt man zu jedem die gleiche Anzahl Tropfen des Bindemittels, also z. B. bei der Ölfarbe Leinöl oder Firnis, verreibt mit dem Finger und macht einen 2 cm breiten und 10 cm langen Streifen. Auch diese Streifen sind möglichst dicht nebeneinander zu legen. Wenn die bei der letzten Probe mit Bindemittel angeriebenen Farben (zweite Prüfung) nach der Trocknung im Farbton übereinstimmen, so sind etwa vorhandene geringe Abweichungen in der Trockenfarbe (erste Prüfung) als nicht maßgebend zu betrachten.

c) Annähernde Bestimmung der Farbkraft. Zum Vergleich der Farbkraft stoffgleicher Farbkörper ist auch eine Mischung mit einer in der Helligkeit sehr verschiedenen Farbe vorzunehmen, und zwar bei bunten und schwarzen Farbstoffen mit einer weißen, bei weißen oder sehr hellen bunten Farbstoffen mit einer schwarzen.

Beispiel: Auf einer empfindlichen Hornwaage wiegt man genau je 3 g der vergleichsweise zu prüfenden Farben. Nun mischt man je 15 g der weißen (z. B. Lithopone) bzw. schwarzen Farbe (z. B. Flammruß), hinzu, diese Mischungen vergleicht man wie unter B a beschrieben. Durch allmähliches Hinzufügen des weißen bzw. schwarzen Farbstoffes gleicht man die Farbunterschiede der Mischungen aus und stellt den Verbrauch an diesen Farbstoffen durch Wägung fest. Die verbrauchten Mengen geben unmittelbar die Verhältniszahlen der Farbkraft der verglichenen Trockenfarben an.

Es wird ausdrücklich darauf hingewiesen, daß diese Methode eine besondere Geschicklichkeit und gewisse Übung in dem Gebrauch der Waage und in der Beurteilung der Farbunterschiede voraussetzt. Der Vollständigkeit halber ist sie mit aufgenommen worden.

Literaturverzeichnis.

A. Bücher.

Bauer, K. H.: Die trocknenden Öle. Stuttgart: Wissenschaftliche Verlagsgesellschaft m. b. H. 1928.

Cushman, A. S., and H. A. Gardner: Corrosion and Preservation of Iron and Steel. New York: Mc Graw-Hill Book Comp. 1910.

Eibner, A.: Über fette Öle, Leinölersatzmittel und Ölfarben. München 1922.

Evans, U. R.: Die Korrosion der Metalle. Deutsche Bearbeitung von E. Honegger. Zürich: Orell Füßli 1926.

Gardner, H. A.: Untersuchungsmethoden der Lack- und Farbenindustrie, übersetzt und ergänzt von B. Scheifele. Berlin: Union Deutsche Verlagsgesellschaft 1929. — Physical and Chemical Examination of Paints, Varnishes, Lacquers and Colors. Fifth Edition. Washington, October 1930.

Graf, O., u. H. Goebel: Schutz der Bauwerke gegen chem. u. physik. Angriffe. Berlin: W. Ernst & Sohn 1931.

Kröhnke, O., E. Maaß u. W. Beck: Die Korrosion. I. Bd.: Allgemeiner und theoretischer Teil. Leipzig: S. Hirzel 1929.

Liebreich, E.: Rost und Rostschutz. Braunschweig: Vieweg & Sohn 1914.

Pollitt, A. A.: Die Ursachen und die Bekämpfung der Korrosion. Übersetzt und bearbeitet von W. H. Creutzfeldt. Braunschweig: Vieweg & Sohn 1926.

Rabald, E.: Werkstoffe, physikalische Eigenschaften und Korrosion. Leipzig: O. Spamer 1931.

Ragg, M.: Die Schiffsboden- und Rostschutzfarben. Berlin: Union Deutsche Verlagsgesellschaft 1925. — Vom Rost und Eisenschutz. Altes und Neues. Berlin: Union Deutsche Verlagsgesellschaft 1928.

Scheiber, J., u. K. Sändig: Lacke und ihre Rohstoffe. Leipzig: J. A. Barth 1926.

Seeligmann-Zieke: Handbuch der Lack- und Firnisindustrie. IV., von E. Zieke und H. Wolff herausgegebene Auflage. Berlin: Union Deutsche Verlagsgesellschaft 1930.

Speller, F. N.: Corrosion, Causes and Prevention. New York: Mc Graw Hill Book Co. 1926.

Sproxton, F.: Celluloseester Lacke, übersetzt von G. F. Meier. Berlin: Union Deutsche Verlagsgesellschaft 1926.

Wagner, H.: Die Körperfarben. Stuttgart: Wissenschaftliche Verlagsgesellschaft m. b. H. 1928.

Wilson, S. P.: Pyroxilin Emaillen und Lacke, übersetzt von G. F. Meier und F. Bitterich. Berlin: Union Deutsche Verlagsgesellschaft 1927.

Wolff, H.: Laboratoriumsbuch für die Lack- und Farbenindustrie. Halle: Wilhelm Knapp 1924. — Die Lösungsmittel der Fette, Öle, Wachse und Harze. Stuttgart: Wissenschaftliche Verlagsgesellschaft m. b. H. 1924.

Wolff, H., W. Schlick u. H. Wagner: Taschenbuch für die Lack- und Farbenindustrie. 6. Aufl. Stuttgart: Wissenschaftliche Verlagsgesellschaft m. b. H. 1930.

Zerr, G., u. R. Rübencamp: Handbuch der Farbenfabrikation, 4. Aufl. Berlin: Union Deutsche Verlagsgesellschaft 1930.

B. Veröffentlichungen in Zeitschriften.

(Die im Buchtext zitierten Arbeiten erscheinen hier nicht mehr aufgenommen. Jahreszahlen stehen in Klammern, Bandnummern sind fett gedruckt.) Die Literatur erscheint bis Februar 1931 berücksichtigt.

I. Theorie der Rostbildung.

Die Literatur ist in Kröhnke, Maaß und Beck: Die Korrosion (siehe oben) vollständig angeführt. — Siehe auch: A. Bibliography of Metallic Corrosion by W. H. J. Vernon. London: Edward Arnold & Co. 1928.

II. Möglichkeiten des Rostschutzes.

American Society for Testing Materials: Bericht des Unterausschusses VIII zur Prüfung metallischer Überzüge. Proc. Amer. Soc. Test. Mat. **29**, 146 bis 158 (1929).

Andreae, M. P.: Korrosionserscheinungen im Schiffbau (Vortrag). Farben-Ztg. **36**, 19 (1930).

Anon: Das „Calorisieren" von Röhren als Korrosionsschutz. The Iron Age **24**, 1510 (1929); Chem. Fabrik **3**, 197 (1930).

Arndt, K.: Das Rosten verschiedener Eisensorten an der Luft. Chem.-Ztg. **34**, 425—26, 1078—79 (1909). — Das Rosten des Gußeisens. Chem.-Ztg. **36**, 682—83, 1909—11 (1911).

Aupperle, J. A.: Korrosionsbeständiges Eisen und Stahl. Chem. Metallurg. Engineering **28**, 681. Chem. Zentralblatt **1923** IV, 200.

Bablik, H.: Beitrag zur Theorie und Praxis des Metallspritzverfahrens. Korrosion u. Metallschutz **1**, 126 (1925); siehe auch **2**, 146 (1926). — Über Oberflächenschutz durch metallische Überzüge, insbesondere durch Feuerverzinkung (Vortrag). Ztschr. f. angew. Chem. **40**, 35 (1927).

Baudrexel, A.: Rostschutz. Dtsch. Essingind. **29**, 221, 234 (1925). — Die Rostbildung und ihre Bekämpfung mittels Rostschutzfarben. Farbenmarkt **1925**, 280.

Bauer, O.: Rostversuche mit kupferhaltigen Eisenblechen. Mitt. K. Materialprüfungs-Anst. Groß-Lichterfelde West **38**, 85—125 (1920).

Beck, W.: Zur Theorie der Rostschutzwirkung der Schadebinde. Korrosion u. Metallschutz **6**, 229 (1930).

Belani, E.: Das Schoopsche Rostschutzverfahren in Zellstoff und Papierfabriken. Papierfabr. **22**, 689. Chem. Zentralblatt **1925 II**, 182.

Blum, W., u. C. T. Thomas: Der Schutzwert der Vernickelung. Trans. Amer. Electr. Soc. **1927**, 515—27; Korrosion u. Metallschutz **4**, 210 (1928).

Borodulin, M. V.: Die Verwendung von Schmierfetten zum Schutz von Metallen. Abh. Staatl. Inst. f. angew. Ch. (Moskau) **5**, 53—58 (1927).

Bowles, P. E.: Mittel gegen Rost und Fäulnis des Eisens. Journ. Soc. Chem. Ind. **41**, R. 492—525 (1922). Chem. Zentralblatt **1923** II, 738.

Braun, H.: Rostschützende Überzüge. Metallbörse **19**, 1239 (1929).

Buck, D. M.: Einige Beobachtungen am Mechanismus des vergrößerten Korrosionswiderstandes von Stahl und Eisen, der durch kleine Kupfermengen verursacht wird. Trans. Amer. Electr. Soc. **39**, 109—22 (1921). Chem. Zentralblatt **1923** IV, 104.

Burgess: Bestimmungen über Rostverhütungsmittel in den Vereinigten Staaten. Circular 200 des Bureau of Standards.

Burgess, C. F., u. J. Aston: Der Einfluß verschiedener Elemente auf die Korrodierbarkeit von Eisen. Ind. and Engin. Chem. **5**, 458/62 (1913).

Carius u. Schulz: Über den Einfluß des Kupfers auf den Rostvorgang gekupferten Stahles an der Atmosphäre und in verschiedenen Wässern. Mitt. Forsch.-Inst. Ver. Stahlwerke AG. Dortmund **1929**, 177—99.

Coslett: Sofortiger Rostschutz. Chim. et Ind. **1929**, Juni-Heft.

Cushman, A. S.: Schutz von Eisen und Stahl. Journ. Iron Steel Inst. **79**, 33—68, 93—100 (1909).

Daeves, K.: Die Witterungsbeständigkeit gekupferten Stahles. Stahl u. Eisen **47**, 1875—1963 (1926).

Deckert, H.: Probleme und Ausblicke in Technik und Wissenschaft der Anstrichmittelindustrie. Farben-Ztg. **35**, 2326, 2374, 2423 (1930).

Eckelmann, L. E.: Phosphatüberzüge als Rostschutz für Eisen und Stahl; Parkerisieren. Chem. Metallurg. Engineering **21**, 787—89 (1919).

Evans, U. R.: Die praktischen Korrosionsprobleme. Journ. Soc. Chem. Ind. **46**, 347—55, 363—67 (1927); **47**, 55—69, 73—77 (1928). Korrosion u. Metallschutz **4**, 234 (1928).

Gardner, H. A.: Über kolloidale Erscheinungen bei Ölfarben und Lacken. Ref. Farbe u. Lack **1925**, 112. Chem. Zentralblatt **1925 I.** 578; **1925 II,** 2260.

Gutersohn, L.: Worauf beruht der Schutz der Anstrichfarben. Chem.-Ztg. **48**, 317—19 (1924).

Hanson, A. C.: Korrosion und Schutzfilme. Ind. and Engin. Chem. **22**, 554 (1930).

Hebberding, H.: Aktiver Sauerstoff als Rostschutzmittel. Farben-Ztg. **35**, 1256 (1930).

Heller, H.: Neuerungen im Rostschutz. Metallbörse **13**, 316 (1923).

Hölscher, O., u. A. Splittgerber: Schutz von Holz- und Eisenkonstruktionen. Chem. Ind. **2**, 13ff. (1920); Chem. Zentralblatt **1920 IV**, 409.

Hopfelt, R.: Untersuchungen an Kadmiumüberzügen. Korrosion u. Metallschutz **5**, 167 (1929).

Hoyer, Fr.: Rostschützende Papiere. Tschechoslovak. Pap.-Ztg. **19**, 1 (1929). Chem. Zentralblatt **1929 I,** 3050.

Jakemann, C.: Prüfung einiger rostwidriger Stoffe, die für den Schutz von unbenutzt auf Lager gehaltenen Maschinen in Betracht kommen. Engg., London **120**, 123 (1925); Korrosion u. Metallschutz **2**, 137 (1926).

Kalmus, H. T., u. K. B. Blake: Über den Einfluß eines Kobalt-, Nickel- und Kupfergehaltes auf den Rostangriff von Flußeisen. Ind. and Engin. Chem. **9**, 123—36 (1917). Chem. Zentralblatt **1918 I,** 1207.

Karg, H. R.: Die Wahrheit über das Metallspritzverfahren. Ztschr. ges. Gießereipraxis, Das Metall **48**, 1 (1927). — Probleme des Metallspritzverfahrens. Korrosion u. Metallschutz **3**, 10 (1927).

Klausch: Das Parkerisieren. Apparatebau **41**, 293 (1929).

Kötzschke, P., u. E. Piwowarsky: Über die Korrosion und das Rosten von unlegiertem und legiertem Gußeisen. Korrosion u. Metallschutz **5**, 174 (1929).

Krause: Der Widerstand der Metalle gegen Korrosion. Apparatebau **40**, 61 (1928).

Kröhnke, O.: Über die verschiedenen Arten der Rostung von Guß- und Schmiedeeisen. Gesundheitsingenieur **33**, 393—404 (1910).

Kutscher, G.: Anstreichen oder Metall-Spritzen. Korrosion u. Metallschutz **3**, 45 (1927).

Liebreich, E.: Das Parker-Verfahren. Oberflächentech. **14**, 132 (1929). — Neuere galvanische Überzüge. Chem. Fabrik **1928**, 420—421. — Neuere Wege des Rostschutzes. Mitt. des oberschles. Bezirksvereins Dtsch. Ing. u. des oberschles. Elektrotechn. Vereins **1913**, H. 24.

Ollard, E. A.: Der gegenwärtige Stand der Chromplattierung. Metal Ind., London **28**, 153, 173 (1926); Korrosion u. Metallschutz **2**, 81 (1926).

Palmer, F. R.: Das ABC der korrosionsfesten Stähle. Chem. Metallurg. Engineering **35**, 149ff. (1928); Korrosion u. Metallschutz **5**, 19 (1929).

Parker Rust Proof Corp. Detroit (Mich.): Amer. Pat. 1753842, vom 11. 8. 1928.

Parkes, R. A.: Beitrag zur Theorie und Praxis des Metallspritzverfahrens. Korrosion u. Metallschutz **2**, 267 (1926).

Perkins, H. F.: Korrosion und Anstrich von Stahl. Amer. Paint Journ. **14**, 76 (1930).

Pessel, L.: Korrosionsschutz von Benzintanks durch Kadmiumüberzüge. Ind. and Engin. Chem. **22**, 119 (1930).

Rackwitz, E.: Rostschutz durch Phosphatbehandlung. Korrosion u. Metallschutz **5**, 29 (1929), Sonderheft Oktober.

Rawdon, H. S.: Beiträge zur Frage des Korrosionschutzes durch Kadmium. Metal Ind., London **29**, 414 (1926); Korrosion u. Metallschutz **2**, 170 (1926).

Reiner, St.: Vergleichende Korrosionsversuche mit metallgespritzten und galvanisierten Eisenblechen. Mitt. Dortmunder Union **1**, 166 (1924).

Remy, E.: Beitrag zur Kenntnis rostschützender Anstrichmittel. Gesundheitsingenieur **52**, 234—36 (1929).

Richardson, E. A., u. L. T.: Beobachtungen über die Korrosion von Eisenblechen des Handels durch atmosphärische Einflüsse unter besonderer Berücksichtigung des Kupfergehaltes. Trans. Amer. Electr. Soc. **30**, 243—53 (1916). Chem. Zentralblatt **1917 I**, 1163. — Der Einfluß von Kupfer, Mangan und Chrom, sowie ihre kombinierte Wirkung auf die Korrosion des Eisens. Trans. Amer. Electr. Soc. **38**, 221—44 (1921). Chem. Zentralblatt **1922 II**, 798. — Die Korrosion an altem Eisen. Trans. Amer. Electr. Soc. **39**, 167 (1922). Chem. Zentralblatt **1923 IV**, 105.

Richardson, W. D.: Die Kluft zwischen Theorie und Praxis bei der Herstellung von korrosionsbeständigem Eisen und Stahl. Trans. Amer. Electr. Soc. **39**, 61—80 (1922). Chem. Zentralblatt **1923 IV**, 101.

Rick, A.: Bitumenanstriche als Gasrohrschutz. Chem.-Ztg. **53**, 633 (1929). — Bitumen als Korrosionsschutz in der chemischen Industrie. Chem. Fabrik **2**, 100 (1929).

Rocca, A.: Ein neues Verfahren für den äußeren Schutz von Metallrohren gegen Korrosion (Zementanstriche). Ref. Korrosion u. Metallschutz **6**, 207 (1930).

Rohland, P.: Eine Bemerkung über Eisenbeton. Stahl u. Eisen **28**, 156 (1908). — Die Entrostung des Eisens in Eisenbeton. Stahl u. Eisen **29**, 408, 1783 (1909). — Über die Ursachen der Entrostung des Eisens im Eisenbeton. Ztschr. f. angew. Ch. **24**, 2011 (1911).

Royen, H. J. u. H. Kornfeld: Vorläufige Ergebnisse vergleichender Rostungsversuche mit gestrichenen, gekupferten und ungekupfteren Blechen. Stahl u. Eisen **49**, 1588 (1929).

Rudeloff, M.: Bericht über vergleichende Untersuchungen von Schweiß- und Flußeisen auf Widerstand gegen Rosten. Mitt. K. Techn. Ver.-Anst. Berlin **20**, 83—205 (1902).

Scheiber, J.: Über Rosten und Rostschutz. Farbe u. Lack **1924**, 261, 277, 284.

Scheifele, B.: Rostschutz durch organische Farbüberzüge. Bauing. **10**, 411 (1929).

Schleicher, A., u. G. Schultz: Untersuchungen über das Rosten von Eisen. Stahl u. Eisen **28**, 50 (1908).

Schleicher, A.: Unterschiede in der Rostneigung einiger Eisenmaterialien. Metallurgie **6**, 182—90 (1909).

Schlötter, M.: Metallische Überzüge. Korrosion u. Metallschutz **4**, 74 (1928).

Schob, A.: Oberflächenschutz durch Anstriche. Maschinenbau **8**, 533—39 (1929).

Schoop, M. U.: Die Herstellung von Metallüberzügen nach dem Schoopschen Spritzverfahren. Chem.-Ztg. **35**, 477, 1434 (1911). — Über die industrielle Verwendung von Knallgas und andere Neuerungen im Metallspritzverfahren. Ztschr. f. angew. Ch. **39**, 146 (1926).

Schott, R.: Rostschutz von Lagereisen. Glückauf **65**, 307 (1929).

Seufert, R.: Über Rostschutzanstriche. Farbe u. Lack **1929**, 131.

Singer, L.: Lagerung und Transport von Petroleum. Petroleum **24**, 373 (1928).

Smith, J. Kent: Nichtrostende Metalle. Metal Ind., London **22**, 371 (1924).

Speller, F. N.: Schutz des Eisens durch Zement und Beton. In: „Corrosion, Causes and Prevention". S. 332—37, 537—41. New York: Mc. Graw Hill Book Comp. 1926.

Styri, H.: Rostverhinderung durch Einfetten. Trans. Amer. Electr. Soc. **40**, 81—89 (1923). Chem. Zentralblatt **1923 II**, 680.

Toch, M.: Rostschutz von Eisen und Stahl. Journ. Amer. Chem. Soc. **25**, 761—66 (1903). Chem. Zentralblatt **1903 II**, 691.

Ungenannt: Einige Bemerkungen über den Schutz von Eisen durch Anstrich. Nach Oil and Colour Trades Journ. **77**, 911 (1930); in Farben-Ztg. **35**, 2330 (1930). — Seewasserschutz blanker Maschinenteile. Ref. nach Heft 6 der zwanglosen Mitt. des Fachausschusses f. Anstrichtechnik im Ver. Dtsch. Ing. in Farben-Ztg. **35**, 2429 (1930).

Walker, W. H.: Über das Rosten der Stahl- und Eisenrohre beim Gebrauch. Ind. and Engin. Chem. **4**, 486—88 (1912). Chem. Zentralblatt **1912 II**, 1949.
Werner, M.: Korrosionsbeispiele aus der Praxis. Korrosion u. Metallschutz **2**, 63 (1926).
Wernick, S.: Die Schutzwirkung von Metallüberzügen auf Eisen. Metal Ind., London **30**, 507, 523, 528, 555 (1927).
Wiederholt, W.: Rostschäden und die Aufwandkosten ihrer Bekämpfung. Korrosion u. Metallschutz **3**, 10 (1927). — Rostschutz durch Farbanstrich. Werksleiter **3**, 58 (1929).
Wölbling, H.: Zum Rostprozeß der Guß- und Mannesmannröhren. Ferrum **10**, 161—67 (1913). — Zur Rostung der Guß- und Mannesmannrohre. Metallurgie **8**, 613 (1911).
Wood, W. P.: Korrosion von mit Rostschutzüberzügen versehenem Eisen und Stahl. Chem. Metallurg. Engineering **28**, 772, 796 (1923).
Wright, L.: Chrom als Korrosionsschutz. Metal Ind., New York **26**, 74 (1928); Korrosion u. Metallschutz **5**, 237 (1929). Journ. Soc. Chem. Ind. **49**, 473 (1930).
Würth, K.: Aus dem Gebiete des Rostschutzes und des Rostens. Korrosion u. Metallschutz **6**, 132 (1930).
Zerr, G.: Über die Schutzmittel gegen Rostbildung. Farben-Ztg. **22**, 965, 990, 1012, 1034 (1916/17).

III. Ölige Bindemittel, Zelluloselacke und bituminöse Lacke.

Amerikanische Lieferbedingungen für Asphaltlacke, Trockenstofflösungen und Verdünner für Pastenfarben. Farben-Ztg. **34**, 1843 (1929).
Andreas, H. H.: Über die Verwendung des Kautschuks in Anstrichmitteln. Farbe u. Lack **1925**, 363—65.
d'Ans, J.: Anstrichtechnische Untersuchungen. Chem. Umschau a. d. Geb. d. Fette, Öle, Wachse u. Harze **34**, H. 21/22 (1927). — Oxydation und Verwitterung von Leinölanstrichen. Ztschr. f. angew. Ch. **42**, 997 (1929). — Einiges über die Verwitterung und Oxydation von Leinölanstrichen. Chem. Ztg. **52**, 471 (1928).
Archangelski, B.: Firnis und Lacke aus Perillaöl. Shurnal prikladnoi Chmimii **2**, 445 (1929). Chem. Zentralblatt **1929 II**, 3072.
Asser: Imprex-Grundierung. Farbe u. Lack **1924**, 138, 163.
Auer, L.: Die Oxydation bei dem Trockenvorgang und bei der Eindickung fetter Öle. Farben-Ztg. **32**, 1729, 1790 (1927). — Bemerkungen zur Gaskoagulations-Theorie und zu den Kontrollversuchen von Schmalfuß und Werner. Kolloid-Ztschr. **49**, 328—32 (1929).
Bartsch: Freimachung technischer Öle von Unreinigkeiten und Wasser bzw. mancher Firnisse usw. von Grobteilchen. Farbe u. Lack **1923**, 225.
Bauer, K. H., u. K. Herberts: Untersuchung über chinesisches Holzöl. Chem. Umschau a. d. Geb. d. Fette, Öle, Wachse u. Harze **29**, 229 (1922).
Bidens, K. A.: Die Gefahren der Zelluloseläckierung. Farbe u. Lack **1927**, 358.
Black, C. K., W. G. France u. W. L. Evans: Physikalisch-chemische Studien an Leinöl-Trocknern. Ref. Farben-Ztg. **34**, 2135 (1929).
Blom, A. V.: Über den Mechanismus der Faltenbildung beim Holzöl. Chem. Umschau a. d. Geb. d. Fette, Öle, Wachse u. Harze **36**, 229 (1929). — Theorie und Praxis der Filmbildung (Vortrag). Farben-Ztg. **35**, 1935 (1930).
Bolton, E. R., u. K. A. Williams: Zusammensetzung und Polymerisation von Holzöl. The Analyst **55**, 360 (1930).
Böseken, J., u. H. J. Ravenswaay: Über den Brechungsindex des chinesischen Holzöles und die Zersetzung der α- und β-Eläostearinsäure. Rec. trav. chim. Pays-Bas **44**, 241. Chem. Zentralblatt **1925 II**, 106.
Bowran, W. N.: Bitumen und Bitumenfarben. Oil and Colour Trades Journ. **77**, 1563 (1930).
Burke, D. J.: Richtlinien für die Zusammenstellung von Nitrozelluloselacken. The Oil and Colour Trades Journ., London **74**, 1658/62. Ref. Farbe u. Lack **1929**, 155, 164.
Chaplet, A.: Zelluloseesterstreichlacke. Moniteur de la Peinture **1928**, Nr. 198; Ref. Korrosion u. Metallschutz **5**, 186 (1929).

Chase, W. S.: Studie über Farbe und Firnistrocknen. Paint, Oil, Chem. Rev. 89, 16 (1930).
Clark, G. L., u. H. L. Tscheutke: Physikalisch-chemische Studien über den Mechanismus des Leinöltrocknens. I. Veränderungen der Dichte während der Alterung. Ind. and Engin. Chem. 21, 621 (1929); Ref. Farben-Ztg. 35, 26 (1929); Ref. Farbe u. Lack 1929, 549.
Clark, G. L.: Die Struktur von Leinölfilmen und Leinölfettsäuren. Paint, Oil, Chem. Rev. 88, 9 (1929).
Coffey, S.: Der Mechanismus der Oxydation trocknender Öle, wie ihn eine Untersuchung der wahren Sauerstoffoxydation ergibt. Journ. Chem. Soc. London 119, 1152—61, 1408—12. Chem. Zentralblatt 1921 III, 1472/73. — Einwirkung der Wärme auf Leinöl unter Druck bei konstanter Temperatur. Journ. Soc. Chem. Ind. 40, 19. Chem. Zentralblatt 1921 IV, 58. — Das Trocknen der Öle, insbes. des Leinöls. Farben-Ztg. 29, 1458—60 (1923/24).
Condamine, H. de la: Das Leinöl und seine Anwendung. Industrie Chimique 10, 488; 11, 10, 156, 351, Chem. Zentralblatt 1924 II, 2212 .
Conde, G. E.: Nitrozellulosehaltige Firnislacke. Rev. des produits chimiques 27, 794—95. Chem. Zentralblatt 1925 I, 907.
Conture: Oxydation von Ölen in Gegenwart arteigener Katalysatoren. Comptes rendues 190, 532 (1930). — Farben-Ztg. 36, 23 (1930).
Cutter, J. O.: Die Polymerisation trocknender Öle. Journ. of the Oil and Colour Chemists Assoc. 13, 66—83 (1930).
Dabisch, H.: Über die Viskosität von Nitrozellulosen. Farben-Ztg. 33, 1105 (1928).
Daniels, G.: Über Nitrostreichlacke. Farbe u. Lack 1929, 198.
Davidon, J. G., u. E. W. Reid: Der Verdünnungsgrad von Nitrozelluloselösungsmitteln. Ind. and Engin. Chem. 19, 977 (1927). Korrosion u. Metallschutz 4, 189 (1928).
Demolder, L.: Die Auswahl der Farbenbindemittel. Oil and Colour Trades Journ. 75, 1523 (1929).
Eastman, W. H., u. W. L. Taylor: Einfluß fremder ölhaltiger Samen auf Leinsaat und auf die Eigenschaften beim Trocknen und Kochen des daraus hergestellten Leinöles. Ind. and Engin. Chem. 19, 869 (1927). Farbe u. Lack 1928, 120. Korrosion u. Metallschutz 4, 162 (1928).
Eibner, A.: Kolloidlehre und ihre Bedeutung in der Lack- und Farbenindustrie. Farbe u. Lack 1922, 307. — Zur Ölfarbenfrage. Bayer. Ind. u. Gewerbebl. 54, 105ff. (1923). — Forschungs- und Lehraufgaben auf dem Gebiete der Anstrichfarben. Farben-Ztg. 32, 2191 (1927). — Zur Ölfarbenfrage. Farben-Ztg. 32, 1906, 1962 (1927). — Nichttrocknendes Leinöl. Farben-Ztg. 26, 2397—2402 (1921). — Zur Frage der negativen Katalyse als Mittel zur Verbesserung des Öltrocknens. Farben-Ztg. 33, 1222 (1927/28). — Zum Stand der Ölforschung. Farbe u. Lack 1929, 113. — Das Öltrocknen. Farben-Ztg. 34, 2239, 2295 (1929). — Zum Begriff Standöl. Farbe u. Lack 1930, 76.
Eibner, A., O. Merz u. H. Munzert: Zur Kenntnis der chinesischen Holzöle. Chem. Umschau a. d. Geb. d. Fette, Öle, Wachse u. Harze 31, 69—82 (1924).
Eibner, A., u. F. Brosel: Quantitative Analyse eines Kalkuttaleinöles und Verwendungsunterschiede der Leinöle der Weltproduktion. Chem. Umschau a. d. Geb. d. Fette, Öle, Wachse u. Harze 35, 157 (1928).
Eibner, A., u. A. Greth: Zur Frage des Vorhandenseins disperser Phasen in fetten trocknenden Ölen. Chem. Umschau a. d. Geb. d. Fette, Öle, Wachse u. Harze 35, 97 (1928).
Eibner, A., u. R. Held: Über begrenzte Spaltvorgänge beim natürlichen Öltrocknen und die sogenannten nichttrocknenden Lacke. Chem. Umschau a. d. Geb. d. Fette, Öle, Wachse u. Harze 35, 65 (1928).
Eibner, A., u. E. Roßmann: Zur Kenntnis der chinesischen Holzöle. Chem. Umschau a. d. Geb. d. Fette, Öle, Wachse u. Harze 37, 65 (1930).
Eichengrün, A.: Quellungsvorgänge bei Zelluloseestern. Ztschr. f. angew. Ch. 43, 236 (1930).
Eisenbahn-Zentralamt: Bedingungen für Nitrozelluloselacke und -farben. Farben-Ztg. 32, 294 (1926).

Eisenschiml, O.: Einige Bemerkungen über das Leinöl. Paint, Oil, Chem. Rev. **89**, Nr. 12, S. 14; Nr 24, S. 10 (1930). Farben-Ztg. **35**, 1666 (1930).

Fachausschuß, Von der Forschungsarbeit des —es für Anstrichtechnik. Neuer Beweis gegen Auers Theorie. Farben-Ztg. **35**, 1101 (1930).

Fahrion, W.: Über den Trockenprozeß des Leinöles und über die Wirkungsweise der Sikkative. Chem.-Ztg. **28**, 1196—1200 (1904). — Über den Trockenprozeß des Leinöles. Ztschr. f. angew. Ch. **23**, 722—26 (1910). — Über das Holzöl und seine Polymerisation. Farben-Ztg. **18** 2418 (1913).

Fritz, F.: Hexabromidzahlbestimmung beim Leinöl. Chem.-Ztg. **54**, 383(1930). — Unverdorben als Entdecker der Fettsäureabspaltung beim Trocknen von Leinöl. Farbe u. Lack **1928**, 533. — Entschleimen von Leinöl. Farben-Ztg. **35**, 1408(1930). — Bemerkungen zum Leinöltrockenprozeß. Chem. Umschau a. d. Geb. d. Fette, Öle, Wachse u. Harze **22**, 60 (1915).

Frydlaender, J. H.: Lösungs- und Weichmachungsmittel für Nitrozelluloselacke. Rev. des produits chimiques **1927**, 361, 401, 481, 521. — Nitrozelluloselacke und Anstrichmittel. Rev. des produits chimiques **1928**, 481, 518.

Gardner, H. A.: Veränderungen vegetabilischer Öle beim Lagern. Ind. and Engin. Chem. **8**, 997—98 (1916). Chem. Zentralblatt **1918 I**, 670. — Filmbildung durch Gase. Scientif. Sect. Circ. Nr 306. Farben-Ztg. **32**, 1910 (1927). — Der gegenwärtige Stand der chinesischen Holzölproduktion. Scientif. Sect. Circ. Nr 328. Farben-Ztg. **34**, 150 (1928). — Kultur des Holzölbaumes. Ind. and Engin. Chem. **19**, 266 (1927). — Bituminöse Anstrichstoffe. Scientif. Sect. Circ. Nr 331. Farben-Ztg. **34**, 207 (1928). — Die Oxydation und Polymerisation fetter Öle im Ultraviolettlicht. Ind. and Engin. Chem. **22**, 378 (1930). Farben-Ztg. **35**, 2379 (1930).

Gardner, H. A., u. A. W. v. Henckroth: Untersuchung über den Einfluß von Harzen und Weichmachungsmitteln auf die Haltbarkeit von Nitrozelluloselackfilmen. Farbe u. Lack **1929**, 199.

Gardner, H. A., u. G. G. Sward: Konstitution und Trockenfähigkeit von Holzöl. Paint, Oil, Chem. Rev. **88**, Nr 22, S. 10; Farben-Ztg. **35**, 1313 (1930).

Genthe, A.: Beiträge zur Kenntnis des Leinöltrockenprozesses. Ztschr. f. angew. Ch. **19**, 2087—99 (1906).

Gray, H.: Thermoprenfarben aus Kautschuk (Ein Prüfungsergebnis von 1200 Untersuchungen). Ind. and Engin. Chem. **20**, 156 (1928); Farbe u. Lack **1928**, 186.

Halle, C. R.: Über Rezepte für Asphaltlacke. Farbe u. Lack **1928**, 198, 214, 224.

Hammond, F. C.: Standölbereitung durch Erhitzen mit dem Tauchbrenner. The Colour Trades Journ. **77**, 503 (1930). Siehe dazu auch Farben-Ztg. **35**, 1776 (1930).

Harrison, A. W. C.: Präparierung des Holzöls. Einfluß der Säurezahl. Oil and Colour Trades Journ. **77**, 1568 (1930). — Ref. Farben-Ztg. **36**, 226 (1930).

Hebing, C.: Vom Leinöl und seiner früheren Verwendung. Farbe u. Lack **1928**, 144, 156, 166.

Hebler, F.: Lösungsmittel und Gelbildung. Ein Beitrag zur Erkenntnis technischer Organosole. Farben-Ztg. **34**, 1841 (1924).

Heß, K.: Einwirkung organischer Flüssigkeiten auf Zellulosederivate (Zum Problem der Filmbildung). Ztschr. f. angew. Ch. **43**, 476 (1930). — Problem der Filmbildung. Ztschr. f. angew. Ch. **43**, 476 (1930).

Hildebrandt, O.: Über Standöl und seine Herstellung. Farbe u. Lack **1925**, 198—99.

Hofmann, E., u. E. W. Reid: Beiträge zur Formulierung von Nitrozelluloselacken. Ind. and Engin. Chem. **20**, 687 (1928). Ref. Farbe u. Lack **1929**, 14, 29.

Holde, D., W. Bleyberg u. M. Aziz: Zur Kenntnis des chinesischen Holzöles. Farben-Ztg. **33**, 2480 (1928); Farben-Ztg. **34**, 1725 (1929).

Holden, G. E., u. L. G. Radcliffe: Eine Studie über die Oxydation von Leinöl. Journ. of the Society of Dyers and Colourists **34**, 138—45. Chem. Zentralblatt **1919 II**, 366.

Holden, G. E.: Einiges über die Oxydation des Leinöls. Journ. of the Society of Dyers and Colourists **43**, Nr. 5; Farben-Ztg. **32**, 2136 (1927).

Hollander, A.: Über geschwefeltes und geblasenes Leinöl. Farben-Ztg. **35**, 998 (1929). — Über geblasenes Leinöl, Sulfoleinöl und Sulfoholzöl. Farben-Ztg. **36**, 118 (1930).

Honk, R. L.: Beobachtungen über das Erhitzen von chinesischem Holzöl. Paint, Oil, Chem. Rev. **86**, Nr 21, S. 10 (1928). Chem. Umschau a. d. Geb. d. Fette, Öle, Wachse u. Harze **37**, 75 (1930).

Ingalls, F. P.: Die mustergültige Beschaffenheitsangabe für den Handel von Farbe und Firnis. Chem. Metallurg. Engineering **25**, 595—98 (1922). Chem. Zentralblatt **1923 IV**, 924.

Ivanow, S.: Die Abhängigkeit der chemischen Zusammensetzung der Öle vom Klima. Fortschritte d. naturwiss. Forschg. Neue Folge **1929**, H. 5. Ref. Farben-Ztg. **34**, 1729 (1929).

Jennings, A. S.: Über moderne Lacke und ihre Anwendung (Nitrolacke für Stahlhäuser). The Decorator London **1925**, 722ff. Ref. Farbe u. Lack **1925**, 208, 223.

Jordan, L. A.: Holzöl. Journ. of the Oil and Colour Chemists Association **12**, Nr 107 (1929).

Jürgen, R.: Das Lackleinöl und seine Herstellung. Farben-Ztg. **32**, 2368 (1927). — Leinölsorten. Farben-Ztg. **34**, 1787 (1929).

Kaufmann, H. P.: Konstitution der Eläostearinsäure. Ber. Dtsch. Chem. Ges. **1926**, 1390.

Keyes: Lösungsmittel und Automobillacke. Ind. and Engin. Chem. **17**, 558 (1925).

Kisselew, W., u. N. Ssuchanow: Über die Ursachen des Trübwerdens von Firnis. Chem. Umschau a. d. Geb. d. Fette, Öle, Wachse u. Harze **37**, 110 (1930).

Klatte, H.: Neue Forschungen über das Trocknen von Leinöl. Farbe u. Lack **1925**, 62—63.

Klauenfeld, H.: Aus der Praxis der Holzölverwendung. Farbe u. Lack **1924**, 97, 107.

Kolke, F.: Einiges über Nitroöl- und Kombinationslacke. Farben-Ztg. **33**, 861, 2710 (1928). — Eisblumen-Reißlacke. Farben-Ztg. **33**, 1281 (1928).

Kronstein, A.: Fette Öle im Lichte der mesomorphen Polymerisation. Ber. Dtsch. Chem. Ges. **49**, 722—32 (1916). (Vergl. Erwiderung von W. Fahrion: Ber. Dtsch. Chem. Ges. **49**, 1194—96.)

Krumbhaar: Leinöl und Holzölpolymerisation. Chem.-Ztg. **40**, 937 (1915).

Laurie, A. P.: Veränderung des Brechungsexponenten des Leinöls beim Trocknen. Journ. of the Oil and Colour Chemists Association **1926**, 168. Ref. Korrosion u. Metallschutz **3**, 69 (1927).

Lenz: Erfahrungen mit Nitrozellulose-Metallacken, Metallschutz usw. Farbe u. Lack **1929**, 17.

Lippert, W.: Über den Einfluß der Luftfeuchtigkeit auf die Sauerstoffabsorption der Öle. Ztschr. f. angew. Ch. **18**, 94 (1904).

Long, J. S., u. H. G. Chataway: Studien an trocknenden Ölen XIV; Oxydation von Leinöl bei 160°. Ind. and. Engin. Chem. **23**, 53 (1931).

Long, J. S., W. S. Egge u. P. C. Wetterau: Die Einwirkung von Wärme und des Blasens auf Leinöl und Perillaöl und Glyceride, die sich von ihnen ableiten. Ind. and Engin. Chem. **19**, 903 (1927).

Long, S. W., W. W. Kittelberger, L. K. Scott u. W. S. Egge: Studien über trocknende Öle. Untersuchungen über das Verhalten von Ölfilmen auf Wasseroberflächen. Ind. and Engin. Chem. **21**, 950 (1929). Farben-Ztg. **35**, 801 (1929/30).

Long, J. S., E. K. Zimmermann u. S. C. Nevins: Die Adsorption von Flüssigkeiten durch Ölgele. Ind. and Engin. Chem. **20**, 806 (1928). Farben-Ztg. **34**, 90 (1928).

Long, J. S., u. C. N. Moore: Wirkung der Kathodenstrahlen auf trocknende Öle. Ind. and Engin. Chem. **19**, 901 (1927).

Long, J. S.: Über den Mechanismus des Öltrocknens. Paint, Oil, Chem. Rev. **89**, 8 (1930). Farben-Ztg. **35**, 1001 (1930).

Loon, J. van: Die Zusammensetzung des chinesischen Holzöls. Farben-Ztg. **35**, 1767—69 (1930). — Die scheinbare Jodzahl des Holzöls als Reinheitskriterium. Chem. Umschau a. d. Geb. d. Fette, Öle, Wachse u. Harze **37**, 229 (1930).

Lösner: Bitumenanstriche als Gasrohrschutz. Chem.-Ztg. **53**, 633 (1929).

Luschin, M.: Kombinationslacke. Farbe u. Lack **1929**, 27.

Maaß, E., u. A. Junk: Teerfirnisse als Unterwasseranstriche. Korrosion u. Metallschutz **1**, 10 (1925).

Mabery, O. F.: Die Hitzebehandlung von Chinaholzöl und Leinöl. Ind. and Engin. Chem. **15**, 356—67 (1923). Chem. Zentralblatt **1923 IV**, 122.

Marcus, H.: Versuche mit Asphaltlacken. Farbe u. Lack **1926**, 43.

Marcusson, J.: Die Polymerisation fetter Öle. Ztschr. f. angew. Chem. **33**, 231—32, 1234—35 (1920); **39**, 476 (1926). — Die Vorgänge beim Erhitzen und Eintrocknen fetter Öle. Mitt. K. Materialprüfungs-Anst. Groß-Lichterfelde West **1929**, 71.

Mark, H.: Über die hochpolymeren Substanzen im dispergierten Zustand. Ztschr. f. angew. Ch. **43**, 756 (1930).

Marling, P. E., u. St. E. Lower: Der chemische Mechanismus der Öltrocknung. Ind. and Engin. Chem. **19**, 640—41 (1927); Korrosion u. Metallschutz **3**, 284 (1927).

Marling, P. E.: Beschleuniger und Verzögerer des Leinöltrocknens. Drugs, Oils and Paints **42**, Nr 11; Ref. Farben-Ztg. **32**, 2371 (1927). — Ein Beitrag zum Trockenvorgang fetter Öle. Gewichtsveränderung von Ölfilmen während der Alterung. Ind. and Engin. Chem. **21**, 347 (1929). Farben-Ztg. **34**, 2245 (1929).

Meister: Zur Kenntnis des Holzöls. Chem. Revue **17**, 150—54 (1910); **18**, 1—2 (1911). — Lackleinöl. Farben-Ztg. **25**, 19 (1919).

Merz, O.: Über die Viskosität von Nitrozellulosen. Farben-Ztg. **32**, 2769, 2886 (1927).

Mischke, K.: Chinesisches Holzöl aus Amerika. Allg. Öl- u. Fett-Ztg. **26**, 567 (1929).

Morell, R. S., u. S. Marks: Über das Vergilben der Filme trocknender Öle. Journ. of the Oil and Colour Chemists Association **1927**, 181. — Zum Trocknungsvorgang fetter Öle. The Oil and Colour Trades Journ. **75**, 944 (1929); Farben-Ztg. **34**, 2520 (1929). — Über die Polymerisation trocknender Öle. Journ. of the Oil and Colour Chemists Association **13**, 84 (1930). Farben-Ztg. **35**, 2283 (1930).

Morell, R. S.: Die Chemie der Farben und Anstriche. Chemical Age **4**, 497—99. Chem. Zentralblatt **1921 IV**, 268. — Die Polymerisation trocknender Öle. Journ. Soc. Chem. Ind. **43**, 362 (1924). Chem. Zentralblatt **1925 II**, 1110. — Die Wirkung von Alpha-Naphthol auf trocknende Öle. Farbe u. Lack **1928**, 178.

Mowen, P.: Harze für Nitrolacke. Ref. Farbe u. Lack **1928**, 326.

Munzert, H.: Die Vergilbungserscheinungen bei weißen Lackfarben. Farben-Ztg. **33**, 2849 (1928). — Über den Verlauf der Standölbildung. Farben-Ztg. **34**, 2298 (1929).

Nelson, H. A., u. W. C. Norris: Die Pigmentierung von Zelluloselacken. The Oil and Colour Trades Journ. **72**, 1750 (1927). Farbe u. Lack **1928**, 5.

Normann, W.: Zur Kenntnis des chinesischen Holzöls. Chem.-Ztg. **31**, 188 (1906).

Olson, J. O.: Läßt sich das Leinöl verbessern. Drugs, Oils and Paints **46**, 86 (1930).

Orlow, E.: Über die Zusammensetzung des Leinöls und die Verteilung des Sauerstoffes in ausgetrockneten Schichten des Leinöls. J. russ. phys.-chem. Ges. **42**, 658—67; **43**, 1509—24. Chem. Zentralblatt **1910 II**, 1529; **1912 I**, 861.

Partridge, E. P.: Fortschritte in der Herstellung von Nitrozellulose. Ind. and Engin. Chem. **21**, 1014 (1929). Farben-Ztg. **35**, 1003 (1929/30).

Powney, W. E. F.: Der Einfluß der Lösungsmittel auf das Trocknen von Leinöl. The Analyst **35**, 192—98. Chem. Zentralblatt **1910 II**, 118.

Ragg, M.: Teerlacke als Unterwasserfarben. Farben-Ztg. **30**, 186 (1924). — Trocknen von Leinöl. Farbe u. Lack **1925**, 100.

Rasquin, H.: Ein Streifzug durch das Gebiet der Zelluloselacke. Farben-Ztg. **32**, 1961 (1927).

Rasser, E. O.: Holzöl. Die Kunststoffe **15**, 111 (1925).

Remington, J. S.: Gekochtes Leinöl. The Ind. Chemist and chemical Manufacturer **5**, 403—5 (1929).

Rick, A. W.: Prüfung und Normung bituminöser Anstrichstoffe. Asphalt und Teer **29**, 304—7 (1929).

Ritter, K.: Die Frederking Apparate und Verwendung in Firnis-, Lack- und Farben-Fabrikation. Farben-Ztg. **30**, 1133—35 (1924/25).

Rhodes, F. H., u. T. T. Ling: Chinesisches Holzöl. Ind. and Engin. Chem. **16**, 1051—55 (1924). Chem. Zentralblatt **1924 II**, 2712. — Die Oxydation von chinesischem Holzöl. Ind. and Engin. Chem. **17**, 508—12 (1925). Chem. Zentralblatt **1925 II**, 699.

Rhodes, F. H., u. C. J. Weltz: Zur Chemie des Holzöls. Ind. and Engin. Chem. **19**, 68 (1927). Farben-Ztg. **32**, 2713 (1927).

Rogers jr., W., Taylor u. Bäckström: Über die Geschwindigkeit der Oxydation des Leinöls. Journ. Phys. Chem. **30**, 1334—47. Chem. Zentralblatt **1927 I**, 683.

Sacher, S. F.: Zum Thema „Trocknen von Leinöl". Farbe u. Lack **1925**, 168.

Sabin, A. H.: Leinöl. Ind. and Engin. Chem. **3**, 84—86 (1911). Chem. Zentralblatt **1912 I**, 55.

Salway, A. H.: Untersuchung über die Oxydation ungesättigter fetter Öle und ungesättigter Fettsäuren. Journ. Chem. Soc. London **109**, 138—45. Chem. Zentralblatt **1916 II**, 123.

Samtleben, A.: Beitrag zur Trockendauer von Standöl. Farben-Ztg. **30**, 300 (1924). — Linoleat oder Resinat. Farben-Ztg. **30**, 956—57 (1924/25).

Scheiber, J.: Über Lacktrübungen. Farbe u. Lack **1924**, 272. — Neue Ergebnisse der Zelluloseforschung und deren Bedeutung für die Lackindustrie. Farbe u. Lack **1927**, 190. — Über die Konstitution der Eläostearinsäure. Farbe u. Lack **1927**, 646; **1928**, 146. — Über Nitro- und Kombinationslacke. Farbe u. Lack **1928**, 17, 24. — Über die Ursachen der Wasserempfindlichkeit von Leinölfilmen. Farbe u. Lack **1928**, 109. — Holzöl und Holzölersatz. Farbe u. Lack **1929**, 153. — Beitrag zur katalytischen Sauerstoffbeeinflussung des Holzöls. Farbe u. Lack **1929**, 284. — Zur Kenntnis der Vorgänge bei der Standölbildung. Farbe u. Lack **1929**, 585. — Zur Theorie der Trocknung fetter Öle. Farbe u. Lack **1930**, 477.

Scheifele, B.: Eine einheitliche Theorie des Trockenvorganges und der Wärmepolymerisation fetter Öle. Ztschr. f. angew. Ch. **42**, 787 (1929).

Schlick, W.: Vom Kochen und Trocknen des Holzöls. Farben-Ztg. **25**, 2025 bis 2027 (1920).

Schmalfuß, H., u. H. Werner: Beitrag zur Kenntnis des Trockenvorganges trocknender Öle. — Zur Gaskoagulationstheorie von L. Auer. Kolloid-Ztschr. **49**, 323 (1929).

Schumann, C. L.: Polymerisation von Holzöl. Ind. and Engin. Chem. **8**, 5—15 (1916). Chem. Zentralblatt **1916 I**, 642.

Schwarz, R.: Über Holzöl, Holzöllacke und Auslandsrezepte. Farbe u. Lack **1928**, 510f.

Scott, K. L.: Über die Verwendung von Kunstharzen (Glyptalharze) in Außenanstrichfarben. Farben-Ztg. **36**, 508 (1930).

Sedlazek: Über die Herstellung von Firnissen. Sikkativen und dergleichen. Farben-Ztg. **32**, 26 (1926).

Sheppard, E. J.: Einfluß der Luftaussetzung auf rohes Leinöl. Ind. and Engin. Chem. **11**, 637—39 (1919). Chem. Zentralblatt **1920 II**, 765.

Slansky, P.: Über die Katalyse der Leinöloxydation. Chem. Umschau a. d. Geb. d. Fette, Öle, Wachse u. Harze **31**, 277, 281 (1924).

Staudinger, H.: Der Bau der hochmolekularen Stoffe im Sinne der Kekuléschen Strukturlehre. Ztschr. f. angew. Ch. **42**, 37—40, 67—73 (1929). Ber. Dtsch. Chem. Ges. **61**, 2427—31 (1928). — Zur Klärung des Kolloidbegriffs. Kolloid-Ztschr. **53**, 19—32 (1930).

Steele, L. L.: Zur Frage der Lichtwirkung bei farblosen Nitrozelluloselackfilmen. Einfluß organischer Basen. Ind. and Engin. Chem. **19**, 807 (1927). Farben-Ztg. **32**, 2947 (1927).

Stern, E.: Die Mikrographie der Farbfilme. Korrosion u. Metallschutz **3**, 153 (1927). — Beiträge zur Mikrographie der Öl- und Lackfilme. Die Chem.-Techn. Ind. **1926**, 177ff.

Stock, E.: Über chinesisches Leinöl. Farben-Ztg. **34**, 1847 (1929).

S: Leinölbleiche. Farben-Ztg **26**, 3046 (1921).

Tanaka, Y., u. M. Nakamura: Antioxydationsmittel für Fette und Öle. Journ. Soc. Chem. Ind. Japan (Suppl.) **33**, 107B (1930).

Theis, E. R., J. S. Long u. C. E. Brown: Studien über trocknende Öle. Veränderungen in der Zusammensetzung in der Leinsaat während der Reifeperiode. Ind. and Engin. Chem. **21**, 1244 (1929). Farben-Ztg. **35**, 1154 (1930). Siehe auch Ind. and Engin. Chem. **22**, 760 (1930).

Theis, E. R., J. S. Long u. B. F. Beal: Studien über trocknende Öle XIII; Veränderungen in der Zusammensetzung der Leinsaat während des Reifeprozesses. Ind. and Eng. Chem. **22**, 768 (1930). Farben-Ztg. **36**, 877 (1931).

Thomas, R. E.: Einige Beobachtungen über die Glyptalharze. Amer. Paint Journ. **13**, 22—24, 26. Chem. Zentralblatt **1929 I**, 2245.

Tütümikow, W.: Theorie der Trocknung fetter Öle. Öl- u. Fettind. **1929**, 26—32 (russ.).

Ungenannt: „Latex"-Rostverhinderung. Chem. Trade Journ. **67**, 349. Chem. Zentralblatt **1920 IV**, 716. – Die Fabrikation des Leinöls. Farbe u. Lack **1922**, 106–7. — Einige Lehren aus der Praxis des Trocknens der Ölfarben und Lacke. Farbe u. Lack **1924**, 454, 468. — Harzhaltige und -freie Leinölfirnisse. Farbe u. Lack **1925**, 235. — Teerfeste Farben. Farbe u. Lack **1925**, 292. — Hat „doppelt gekochter Leinölfirnis" Vorzüge. Farbe u. Lack **1925**, 306. — Über die Raffination von Ölen. Farbe u. Lack **1927**, 43. — Neuere Arbeiten über das chinesische Holzöl. Farbe u. Lack **1927**, 193. — Zur Fabrikation von Zelluloseesterlacken. Farbe u. Lack **1927**, 261. — Neue kautschukhaltige Anstriche (der Goodrich Co., Akron, USA.). Farbe u. Lack **1928**, 62. — Die chemischen Methoden der Verdickung von Ölen und die Verwendung letzterer in der Lackindustrie. Farbe u. Lack **1929**, 157. — Die Entsäuerung des Leinöls. Farben-Ztg. **35**, 235 (1929). — Tauchbrenner und Standölbereitung. Farben-Ztg. **35**, 2233 (1930). — Submerged Combustion Ltd., London in The Oil and Colour Trades Journ. **77**, 1595 (1930).

Waele, A. de: Betrachtung einiger Umstände, welche die Sauerstoffabsorption von Leinöl beeinflussen. Journ. Soc. Chem. Ind. **39**, 48—50. Chem. Zentralblatt **1920 IV**, 192.

Wagner, H.: Fortschritte in der Farben- und Lackindustrie. Farben-Ztg. **32**, 2017, 2193 (1927). — Der Stand der Beurteilung der Chromolfarben. Farben-Ztg. **30**, 1942 (1925).

Ware, E. E., u. L. C. Schumann: Die Zusammensetzung von Firnis aus chinesischem Holzöl. Ind. and Engin. Chem. **7**, 571 (1915). Chem. Zentralblatt **1915 II**, 636.

Weber, H. C. P.: Veränderungen in der elektrischen Leitfähigkeit der Firnisse während des Trocknens. Trans. Amer. Electr. Soc. **42**, 293—300. Chem. Zentralblatt **1923 IV**, 938.

Werthan, S., A. C. Elm u. R. H. Wien: Vergilben von Innen-Anstrichen und Lacken. Ind. and Engin. Chem. **22**, 772 (1930).

West, A. P., u. A. I. de Leon: Oxydation von Lumbang- und Leinöl. Philippine Journ. of Science **24**, 123—40. Chem. Zentralblatt **1924 I**, 2316.

Wiggam, D. R.: Über die Fließfähigkeit von Nitrozelluloselösungen. Journ. of Rheology **1**, 48 (1929). Ref. Farben-Ztg. **36**, 225 (1930).

Wilborn, F.: Zum Altern der Firnisse. Farben-Ztg. **33**, 864 (1927). — Ein Beitrag zum Trocknen der Holzölfirnisse. Farben-Ztg. **34**, 2775 (1929).

Wilborn, F., u. F. Kittler: Zur Frage der Polymerisation bei der Standölbildung des Leinöls. Farben-Ztg. **34**, 2942 (1929).

Williamson, B. F.: Der Holzölbaum. Journ. chem. Education **7**, 9—24 (1930). Chem. Zentralblatt **1930 I**, 2330.

Wise, L. E., u. R. A. Duncan: Trocknende Eigenschaften von Leinöl nach Behandlung mit Kobalt-, Blei- und Manganeläostearaten. Ind. and Engin. Chem. **7**, 202—5 (1915). Chem. Zentralblatt **1915 I**, 1234.

Wolff, H.: Über Firnistrübungen. Farben-Ztg. **18**, 2587—89 (1913). — Lackleinöl. Farben-Ztg. **25**, 19—20 (1919). — Bemerkungen über Leinöltrocknung. Farben-Ztg. **26**, 2851 (1921). — Die Rolle des Bindemittels in Rostschutzfarben. Metallbörse **14**, 684 (1924). — Über die Trocknung des Holzöls und die sogenannte Eisblumenbildung. Farben-Ztg. **29**, 1105—07 (1923/24). — Was ist Firnis? Farben-Ztg. **29**, 894—95 (1923/24). — Was ist Hankow Holzöl. Farben-Ztg. **30**, 21

(1924). — Doppelt gekochtes Leinöl. Farben-Ztg. **30**, 31 (1924). — Zur Frage der Polymerisation fetter Öle. Farben-Ztg. **30**, 1263 (1924). — Über den Trocknungsvorgang des Holzöls. Chem. Umschau a. d. Geb. d. Fette, Öle, Wachse u. Harze **31**, 96 (1924). — Über die Polymerisation der trocknenden Öle. Ztschr. Dtsch. Öl- u. Fettindustrie **44**, 631 (1924). — Zur Polymerisation des Holzöls. Ztschr. f. angew. Ch. **39**, 767 (1926). — Lösungsmittel und Lackbeschaffenheit. Farbe u. Lack **1927**, 401. — Theoretisches und Praktisches von Nitrozelluloselacken. Korrosion u. Metallschutz **4**, 5 (1928). — Die Entwicklung der Theorien über den Trockenprozeß (Vortrag). Farben-Ztg. **33**, 2365 (1928). — Ein Beitrag zur Frage der Holzöltrocknung. Farben-Ztg. **34**, 2941 (1929). — Holzöle. Farbe u. Lack **1929**, 457.

Wolff, H., u. Chr. Dorn: Über die kolloidale Natur des Leinöls. Farben-Ztg. **27**, 736 (1921).

Wolff, H., u. W. Toeldte: Über die Trocknung von Leinöl und Leinölfirnis. Farben-Ztg. **34**, 2059 (1929).

Wongas, S.: Russisches Holzöl. Farben-Ztg. **35**, 2284 (1930).

Würth, K.: Das Zentrifugieren der Lacke. Farben-Ztg. **30**, 289—91 (1924). — Beitrag zur Frage der Ölbleichung. Farben-Ztg. **33**, 1852 (1928).

Zimmer, F.: Zapon- und Cellonlacke und ihre Lösungsmittel. Farben-Ztg. **23**, 331 (1917).

IV. Die Pigmente (siehe auch VI und VII).

Augustin, C.: Zur Frage der Verdrängung der Bleifarben durch Eisenoxyde bei Rostschutzfarben. Farbe u. Lack **1925**, 138.

Amerikanischer Standard für Zinkoxyd. Farben-Ztg. **32**, 1797 (1927).

Amerikanische Vorschriften für Bleifarben. A. Bleiweiß. Farben-Ztg. **32**, 2771 (1927).

Baldwin, J. T.: Über den Ölbedarf als additive Eigenschaft. Ind. and Engin. Chem. **21**, 326—29 (1929).

Bart, K.: Über Kreide und Kreidequalitäten. Farbe u. Lack **1924**, 19, 28.

Bartell, F. E., u. H. J. Osterhof: Einfluß der Grenzflächenspannung auf die Stabilität von Lacken. Ind. and Engin. Chem. **19**, 1277 (1927). Ref. Farben-Ztg. **33**, 1349 (1928).

Bartell, F. E., u. O. H. Greager: Adhäsion und Flüssigkeitsbedarf. Ind. and Engin. Chem. **21**, 1248 (1929). Farben-Ztg. **35**, 1300 (1930).

Beakes, H. L.: Absitzen der Pigmente in Außenanstrichfarben. Ind. and Engin. Chem. **20**, 732 (1928); **21**, 1118 (1929). Ref. Farben-Ztg. **34**, 2137 (1929).

Bestehorn, H.: Über alte und neue Mennige. Farbe u. Lack **1927**, 542ff.

Birk, L.: Fällungsbleiweiß. Farbe u. Lack **1925**, 20.

Blom, V. A.: Ein Gutachten zur Bleiweißfrage. Farben-Ztg. **32**, 2649—53 (1927). — Über Rostschutzanstrich. Korrosion u. Metallschutz **4**, 10 (1928). — Ölaufnahme von Pigmenten. Farben-Ztg. **32**, 1676 (1927). — Über die Rolle der Pigmentpackung. Farben-Ztg. **32**, 1731 (1927). — Disperse Mennige. Farbe u. Lack **1927**, 329. — Die Sedimentrie als Mittel zur Charakterisierung der Pigmente. Kolloid-Ztschr. **51**, 186 (1930). Farben-Ztg. **35**, 1773 (1930). — Zur Mennigefrage. Farben-Ztg. **36**, 1045 (1931).

Bolte: Mennigefragen. Farbe u. Lack **1929**, 133.

Brendel, H.: Über das Eindicken von Harzlacken mit basischen Körperfarben. Farbe u. Lack **1925**, 200.

Britischer Standard für nicht absetzende Mennige. Farbe u. Lack **1928**, 105. — Brit. Standard für Eisenrot. Farbe u. Lack **1929**, 567; Farben-Ztg. **32**, 2022 (1927).

Britische Normen-Lieferbedingungen für streichfertig gemischte Leinölfarbe mit reinem Bleiweiß. Farben-Ztg. **32**, 1908 (1927). — Brit. Normen-Lieferbedingungen für Asbestine. Farben-Ztg. **32**, 1182 (1927).

British National Physical Laboratories: Röntgenographische Bestimmung der Korngröße von Pigmenten. Jahresbericht 1929 der Brit. Nat. Physical. Labor. Oil and Colour Trades Journ. **77**, 1748 (1930).

Bruce, H. D.: Neuere Untersuchungen über das Färbevermögen von Pigmenten. Bureau of Standards Journ. of Research **1**, 125 (1928). Farben-Ztg. **34** 1727 (1929).

Bunce, E. H.: Zinkweiß in Ölfarben für außen. Paint, Oil, Chem. Rev. **84**, No·22, S. 12 (1927). Farben-Ztg. **33**, 1475 (1928).

Bureau of Standards: Aluminiumpulver als Pigment. Technological Papers of the Bureau of Standards Nr 254 (1925). — Korrosion u. Metallschutz **1**, 251 (1925).

Cabot, S.: Über die kolloide Verteilung der Pigmente. Drugs, Oils and Paints **43**, 46 (1927).

Charrin, V.: Die Pigmente des Rostschutzanstriches. La Technique moderne **21**, 719—20 (1929).

Charitius, Kindscher u. Schob: Die Reaktionen anorganischer basischer Pigmente mit Leinöl. Zwanglose Mitteilungen des Fachausschusses für Anstrichtechnik beim Verein Deutscher Ingenieure, H. 2 (1929). Farben-Ztg. **34**, 1492 (1929).

Charitius, K., u. E. Kindscher: Die Reaktionen anorganischer basischer Pigmente mit Leinöl. Farben-Ztg. **36**, 780 (1931).

Davidson, D.: Benetzbarkeit und Ausflockung von Pigmenten. Paint, Oil, Chem. Rev. **89**, No 8, S. 12 (1930). Farben-Ztg. **35**, 2177 (1930).

Dunn, E. J.: Mikroskopische Bestimmung der Teilchengröße von Pigmenten. Ind. and Engin. Chem. Analytical Edition **2**, 59 (1930). Farben-Ztg. **35**, 1510 (1930).

Edwards, J. D.: Über Aluminiumfarben. Paint, Oil, Chem. Rev. **82**, 10 (1925). Farbe u. Lack **1926**, 17.

Eberth, H.: Über Titanweiß. Farbe u. Lack **1927**, 412ff.

Eibner, A.: Zur Ölfarbenfrage in Anwendung auf Außenanstrich. Eisenschutz und Kunstmalerei. Farben-Ztg. **33**, 1848ff. (1927). — Zum Ölverbrauch beim Farbenreiben. Farben-Ztg. **34**, 725 (1927).

Erdmann, G.: Über Mahlfeinheit und deren Prüfung. Farbe u. Lack **1930**, 112.

Evans, Marling u. Lower: Zusammenhang von Säurezahl des Leinöls und Konzentration des enthaltenen Kobaltazetats. Ind. and Engin. Chem. **18**, 1229 (1926).

Everman: Über die Ursache des Schwimmens von Pigmenten. Drugs, Oils and Paints **45**, 237, 263 (1929).

Forbes, D. H. S.: Zum Problem Pigment Bindemittel. Flockung, Adsorption, Benetzung und die Theorie der molekularen Attraktion. Journ. of the Oil and Colour Chemists Association **13**, 140 (1930).

Frydlender, J. H.: Superdispergierte Mennige. Moniteur Prod. Chim., **12**, Nr 120 (1929).

Ganelin, S.: Über Sulfobleiweiß. Farbe u. Lack **1925**, 175.

Gardner, H. A.: Die Wirkung des Grundpigments im Leinöl. Ind. and Engin. Chem. **3**, 628 (1911). Chem. Zentralblatt **1912 I**, 98. — Die Wirkung von ultraviolettem Licht auf Pigmentölmischungen. Sci. Sect. Circ. No 318. Farben-Ztg. **33**, 683 (1927). — Einfluß der Füllstoffe auf die Lagerfähigkeit von Ölfarben. Sci. Sect. Circ. No. 358. Farben-Ztg. **35**, 1512 (1930). — Ursache und Verhüten des Kalkigwerdens von Bleiweißanstrichen. J. Franklin Inst. **173**, 73—78. Chem. Zentralblatt **1912 I**, 1405.

Gardner, H. A., G. G. Sward u. S. A. Levy: Über die Deckfähigkeit und Färbevermögen von Pigmenten und Anstrichfarben. Sci. Sect. Circ. No 362 (1930). Farben-Ztg. **35**, 1558 (1930).

Green, H., u. G. S. Haslam: Die Relation zwischen innerer Reibung und Teilchengröße. Ind. and Engin. Chem. **19**, 53—57 (1927). Farben-Ztg. **32**, 1500 (1927).

Große: Theoretisches zur Frage des Ölbedarfs von Pigmenten. Farbe u. Lack **1930**, 418, 442.

Hagar, J. D.: Etwas über Titanfarben. Paint, Oil, Chem. Rev. **84**, 84 (1927). Farben-Ztg. **32**, 2774 (1927).

Hallet, R. L.: Deckfähigkeit von Pigmenten. Farben-Ztg. **32**, 1317, 1965 (1927). — Titanweiß und seine Merkmale. Drugs, Oils and Paints **43**, 301 (1928). Farben-Ztg. **33**, 2235 (1928).

Harkins, W. D., u. R. Dahlstrom: Benetzung von Pigmenten und andern Pulvern. Ind. and Engin. Chem. **22**, 897 (1930).

Haslam, G. S.: Helligkeit und Deckvermögen weißer Pigmente. Paint, Oil, Chem. Rev. **88**, 9 (1929).

Heaton, N.: Über den Einfluß und die Beseitigung grober Teilchen. Farbe u. Lack **1926**, 445. — Titanoxydpigmente. Journ. Soc. Chem. Ind. **49**, 149 (1930).

Hebing, C.: Aus der Geschichte des Bleiweiß. Farbe u. Lack **1931**, 114ff.

Hebler, F.: Teilchenzahl, Teilchengröße und Lichtabsorption. Ein Beitrag zum Deckkraftproblem. Farben-Ztg. **31**, 1739, 1907 (1926).

Hecht, L.: Eisenglimmer und Eiffelturm. Farben-Ztg. **34**, 2899 (1929); **35**, 93 (1929).

Hettenbusch: Titanweiß. Farbe u. Lack **1921**, 350.

Hoeck, C. P. van: Vorsicht mit Versuchsergebnissen. Farben-Ztg. **34**, 1365 (1929). — Baryumsulfat (Schwerspat und Blanc fix). Farben-Ztg. **31**, 1136 (1926). — Erfahrungen mit Zinkweißfarben. Farben-Ztg. **33**, 2789 (1928). — Bleimennige Probleme. Farben-Ztg. **33**, 981, 1046 (1927/28) (daselbst zahlreiche Literaturangaben). — Das rostschützende Vermögen der Bleimennige. Ref. Korrosion u. Metallschutz **1**, 116 (1925).

Holkesvig, C. A.: Über die Ursachen des Schwimmens der Pigmente in Anstrichfarben. Sci. Sect. Circ. Nr. 370 (1930). Farben-Ztg. **36**, 647 (1931).

Holtmann: Über die Bedeutung der hüttentechnischen Herstellung weißer Zink- und Bleifarben. Metall u. Erz **22**, 566 (1925).

Iljin, B.: Sedimentation und Benetzung. Physikal. Ztschr. **30**, 880 (1929).

Jordan, L. A.: Forschungsarbeit auf dem Farb- und Lackgebiet in England. Journ. Soc. Chem. Ind. Transactions **1929**, 13. Farben-Ztg. **34**, 1667 (1929).

Jolly, V. G.: Pigment und Bindemittel. The Oil and Colour Trades Journ. **74**, 1181 (1928). Farben-Ztg. **34**, 1065 (1928/29).

Junck, A.: Über disperse Mennige. Korrosion u. Metallschutz **3**, 83 (1927).

Kamp, P.: Zinkweiß. Farbe u. Lack **1930**, 291.

Kindscher, E.: Wechselwirkung zwischen basischen Pigmenten und Leinöl. (Vortrag.) Farben-Ztg. **35**, 1935 (1930).

King, L. E.: Über das Absetzen von Füllstoffen. Oil and Colour Trades Journ. **75**, 1689 (1929).

Klatte, H.: Ersatzmittel für Bleiweiß. Farbe u. Lack **1924**, 407.

Klein, C. A.: Bedeutung physikalischer Eigenschaften von Körperfarben. Journ. of the Oil and Colour Chemists Association **1926**, 162. Farbe u. Lack **1926**, 569. — Die Bedeutung der Teilchengröße für die Farbpigmente. Farbe u. Lack **1926**, 426.

Klumpp, E.: Pigment und Öl. Farben-Ztg. **34**, 2130, 2306 (1929). — Gestalt der Pigmente. Farben-Ztg. **34**, 2612 (1929). — Über Adhäsion, Adsorption, Kohäsion. Farben-Ztg. **33**, 1346 (1928).

Klumpp, E., u. H. Meier: Pigment und Öl. Farben-Ztg. **35**, 127 (1929).

Kogan, A. J.: Die Herstellung von gefälltem Bleiweiß mit hohem Deckvermögen. Farben-Ztg. **36**, 826 (1931).

Koelsch, F. R., u. E. Lederer: Vergleich der Giftigkeit von basischem Bleisulfat und basischem Bleikarbonat. Arch. Hyg. **101**, 234 (1929).

Kortum, J. E.: Beobachtungen über das Eindicken von Farben. Paint, Oil, Chem. Rev. **82**, Nr 17 (1925). Farben-Ztg. **32**, 572 (1926).

Kühn, C.: Die Korngröße von Strichfarben. Ztschr. f. angew. Ch. **30**, 145 (1917).

Lowry, F. M.: Über die Beziehungen zwischen Lichtzerstreuung (Deckkraft) und Teilchengröße. Journ. of the Oil and Colour Chemists Association **1928**, Nr 91. Farben-Ztg. **33**, 1915 (1928).

Maaß, E., u. R. Kempf: Vergleichende Untersuchung von Zinkweiß-, Bleiweiß- und Lithoponeanstrichen auf Eisen und Holz. Korrosion u. Metallschutz **3**, 103ff. (1927).

Masseille, H.: Verwendung von Graphit in der Farbenindustrie. Peintures, Pigments, Vernis. **6**, 994 (1929).

Mosby, S.: Sublimiertes Sulfatbleiweiß (Sublimed blue lead) als Rostschutzmittel. Paint, Oil, Chem. Rev. **85**, Nr 1 (1928). Farbe u. Lack **1928**, 402.

Nagel, K. A.: Bewitterungsversuche mit Weißpigmenten. Amer. Paint. Journ. **15**, 24 (1930).

Paint and Producton Club of Dayton, Federation of: Neue Untersuchungen über Rostschutzpigmente. Farbe u. Lack **1928**, 434.

Purdy, J. M., u. W. Fasig: Die Untersuchung von Pigmenten auf ihre Rostschutzwirkung. Paint, Oil, Chem. Rev. **84**, Nr 20, S. 10 (1927). Farben-Ztg. **33**, 1227 (1928).

Ragg, M.: Alte und neue Ansichten über Bleifarben. Farben-Ztg. **29**, 1646—48 (1924). — Mikroskopische Prüfung von Titanweiß. Farbe u. Lack **1927**, 415, 426.

Rasser, E. O.: Titanfarben. Bayer. Ind. u. Gewerbebl. **54**, 73—75 (1922). Farbe u. Lack **1923**, 124. Chem.-Ztg. **47**, 460 (1923).

Rhodes, H., u. A. Mathes: Wirkung von Zinkoxydfarben auf den Oxydationsgrad von Leinöl. Ind. and Engin. Chem. **18**, 30 (1926). Korrosion u. Metallschutz **2**, 177 (1926).

Sacher, J. F.: Zur chemisch-analytischen Bewertung der Bleimennige. Farbe u. Lack **1928**, 547. — Über Bleifarben. Farbe u. Lack **1922**, 108, 123.

Safonow, F.: Prüfung des norwegischen Titanweißes. Chem. Umschau a. d. Geb. d. Fette, Öle, Wachse u. Harze **37**, 78 (1930).

Scheiber, J.: Neues zur Kenntnis der Ruße. Ruß und seine Verwendung. Farbe u. Lack **1925**, 386—89, 89—90.

Scheifele, B.: Zur Umbenennung des Begriffes Farblack. Farben-Ztg. **32**, 2431 (1927).

Schertel, L.: Zur Mennige-Frage. Farben-Ztg. **33**, 2101 (1928).

Schneiderhöhn, H.: Bericht über neuere Verfahren zur Messung von Korngrößen. Metall u. Erz **1929**, Nr 8.

Schröder: Flüssiges Aluminium. Farbe u. Lack **1926**, 7.

Schwarz, R.: Über Titanpigmente und amerikanische und deutsche Rezepte. Farbe u. Lack **1929**, 516. — Praktische Beobachtungen bei roten Eisenfarben. Farbe u. Lack **1930**, 77, 87.

Seufert: Verbleiung durch Anstrich. Farben-Ztg. **31**, 1026 (1926).

Subox: Verbleiung durch Anstrich. Farben-Ztg. **31**, 1355 (1926).

Stutz, G. F. A.: Beobachtungen über spektrophotographische Messungen an Farbstoffbindemitteln und Pigmentfarben im Ultraviolett. J. Franklin Inst. **200**, 87—102; Chem. Zentralblatt **1925** II, 1896.

Taute: Der neue Feldzug für Aluminiumanstrich. Farbe u. Lack **1928**, 582, 597.

Toy, F. C.: Die optischen Eigenschaften von Pigmenten und Anstrichfarben. Journ. of the Oil and Colour Chemists Association **12**, 225—42 (1929).

Trott, L. H.: Die Verwendung von Zinkoxyd zu Farben. Farbe u. Lack **1929**, 458.

Ungenannt: Die Haltbarkeit von Weißpigmenten in Außenanstrichen. Nach Untersuchungen der dänischen Malerversuchsstation. Farben-Ztg. **34**, 785 (1928). — Über die Trockenkraft. Farben-Ztg. **18**, 2702 (1912/13). — Glimmer und Rostschutzfarben. Farbe u. Lack **1919**, 11. — Kalzinieren von Eisenoxyd. Farbe u. Lack **1924**, 41. — Zur Geschichte der Bleiweißfarben. Farbe u. Lack **1925**, 272. — Metallisches Zinkpulver als Farbkörper. Korrosion u. Metallschutz **4**, 20 (1928). — Einiges über Trockenstoffe und Pigmente. Farben-Ztg. **33**, 564 (1927). — Über die physiologischen Wirkungen des Titanweiß. Chem.-Ztg. **1927** 793. — Zur Oxydationswirkung des ultravioletten Lichts. Farben-Ztg. **32**, 2774 (1927). — Die Farbpigmente für Zelluloselacke. Farben-Ztg. **32**, 1851 (1927). — Über moderne Erdfarbenbetriebe. Farbe u. Lack **1928**, 3ff. — Titanoxyd in Amerika. Farbe u. Lack **1928**, 410. — Einiges über inerte Pigmente. Farbe u. Lack **1929**, 36—38. — Pigment und Bindemittel. Farbe u. Lack **1929**, 41, 64. — Selbstentzündung eines Gemenges Leinöl-Zinkoxyd. Farben-Ztg. **32**, 310, 529, 575 (1926/27). — Die neue deutsche Bleifarbenverordnung. Farben-Ztg. **35**, 1929—32 (1930).

Vila, A.: Titanoxydfarben. Peintures, Pigments, Vernis **6**, 1033, 1054 (1929).

Vollmann, H.: Fortschritte der Anstrichstoffe. Farbe u. Lack **1928**, 222ff.

Wagner, H.: Die moderne Farblackindustrie. Chem.-Ztg. **46**, 174—76 (1922). — Über die Wirkung der Substrate auf Buntfarben. Farben-Ztg. **34**, 2011 (1929). — Einwirkung von Pigmenten auf Holzöl. Farben-Ztg. **35**, 179 (1929).

Wagner, H., u. H. Pfanner: Ölbedarf und Korngröße (Vorläufige Mitteilung). Farben-Ztg. **34**, 2513 (1929). — Mikrographie der Buntfarben. II. Rote Eisenoxydfarben. Heft 7 der zwanglosen Veröffentlichungen des Fachausschusses für Anstrichtechnik im VDI. Auch in Farben-Ztg. **36**, 597 (1930).

Waele, A. de: Flockung und Entflockung. (Kritik zu Wagner: Über die Wirkung der Buntfarben.) Farben-Ztg. **34**, 2616 (1929). — Benetzbarkeit und Ausflockung von Pigmenten. Farben-Ztg. **35**, 2472 (1930).

Wenzel, G.: Über bleihaltiges Zinkoxyd. Metall u. Erz **27**, 32 (1930).

Williamson, R. V.: Über die Beziehung zwischen Ölbedarf und Konsistenz von Pigment-Ölpasten. Ind. and Engin. Chem. **21**, 1196 (1929).

Williamson, R. V., G. D. Patterson u. W. W. Heckers: Über das plastische Fließen und den sogenannten „falschen Körper" von Anstrichfarben. Farben-Ztg. **34**, 2138 (1929).

Winter, K.: Zinkweiß und Zinkoxyd. Farbe u. Lack **1930**, 246.

Wolff, H.: Zur Beurteilung von Farbfilmen. Ztschr. f. angew. Ch. **37**, 333 (1924). — Pigment und Öl. Farben-Ztg. **32**, 2653 (1927). — Beobachtungen über das Kreiden von Anstrichen. Farbe u. Lack **1928**, 472. — Über basisches Bleisulfat. Farben-Ztg. **35**, 1307 (1930). — Über Viskosität und Ölbedarf von Anstrichfarben. Korrosion u. Metallschutz **6**, 55 (1930).

Wüllen-Scholten, W. van: Über das Verdicken der Bleimennige. Farben-Ztg. **36**, 644 (1930).

Würth, K.: Mennige, Standard Specifications. Korrosion u. Metallschutz **2**, 100 (1926). — Eisenoxyd- und Eisenhydroxyd-Anstrichfarben, Standard Specification Nr. 13. Korrosion u. Metallschutz **3**, 35 (1927). — Metallisches Blei in der Mennige. Korrosion u. Metallschutz **4**, 183 (1928). — Normen für nicht absetzende Mennige. Farben-Ztg. **33**, 1787 (1928). — Zinkoxyd als Malerfarbe. Farben-Ztg. **34**, 2884 (1929). — Weiße Bleifarben. Farbe u. Lack **1926**, 134. — Zinkweiß und Zinkoxyd. Farbe u. Lack **1930**, 331.

Zeidler, G., u. W. Toeldte: Über den Einfluß des Lichts auf bleihaltige Farben. Farben-Ztg. **33**, 2607 (1928); **34**, 1547 (1929).

V. Verdünnungsmittel und Trockner.

Arbusow, B. A.: Zusammensetzung von Terpentin, Kolophonium und Terpentinöl, der Wachtanwerke. Journ. f. angew. Ch. (Moskau) **2**, 585 (1929).

Baldwin, J. T.: Untersuchung von Metallseifen. II. Die Wirkung der Seifen in Anstrichen. Sci. Sect. Circ. Nr 370 (1930).

Banik: Die Gesundheitsgefahren und Gesundheitsschutz bei der gewerblichen Verwendung von Nitrozelluloselacken. Gesundheitsing. **52**, 561 (1929).

Beythien, A.: Gesundheitsschädliche Lösungs- und Verdünnungsmittel für Farben und Klebstoffe. Farben-Ztg. **32**, 567, 739 (1926).

Black, C. K., W. G. France u. W. L. Evans: Studien über die Trockenstoffwirkung. Amer. Paint Journ. **13**, Nr. 29 (1929).

Blom, A. V.: Der Verdunstungsvorgang. Farben-Ztg. **36**, 873 (1931).

Burnett, W. H., u. K. H. Salzberg: Einfluß der Lagerdauer auf die Eigenschaften von Terpentinöl. Paint and Varnish Production Manager **34**, 11 (1929); Farben-Ztg. **34**, 2836 (1929).

Braun, H. J.: Metallseifen und ihre Anwendung. Metallbörse **19**, 1461 (1929).

Carrier, F. C.: Zur Normung der Trockenstoffe. Eine Normaleinheit der Trockenstoffwirkung (Aridyne). Sci. Sect. Circ. Nr 370 (1930). Ref. Farben-Ztg. **36**, 600 (1930).

Chase, W. S.: Untersuchungen über Trockenstoffe. Paint, Oil, Chem. Rev. **89**, Nr 10, S. 16—18 (1930). Farbe u. Lack **1930**, 195.

Cord, Mc., C. P.: Der augenblickliche Stand des Benzolvergiftungsproblems. Journ. Amer. medical Assoc. **93**, 280 (1929).

Diggs, S. H., u. F. S. Campbell: Die Chemie der Bleiseifen. Ind. and Engin. Chem. **20**, 828—29 (1928).

Deckert, H.: Einiges von Öllack-Lösungs- und Verdünnungsmitteln. Farben-Ztg. **33**, 623 (1927).

Fauser, E.: Über die Mischbarkeit von Lösungsmitteln. Sci. Sect. Circ. No. 291. Farben-Ztg. **32**, 1183 (1927).

Gebauer-Fuelnegg, E., u. G. Konopatsch: Kobalt-Trockner. Ind. and Engin. Chem. **23**, 163 (1931).

Harrison, A. W. C.: Die Herstellung gefällter und geschmolzener Sikkative. Farbe u. Lack **1931**, 16.

Hebler, F.: Über Manganverbindungen als Sikkativbasen. Farbe u. Lack **1927**, 258. — Vanadinverbindungen als Trockenstoffe. Farben-Ztg. **32**, 2077 (1927). — Trockenstoffe als Katalysatoren. Farben-Ztg. **32**, 1192 (1927).

Herbig: Terpentinöl und Terpentinölersatz. Farben-Ztg. **16**, 1643, 2739 (1911).

Hoeck, P. C. van: Physikalische Konstanten und einzelne Eigenschaften der Lösungs-, Verdünnungs- und Weichhaltungsmittel für Zelluloselacke. Farben-Ztg. **32**, 624 (1926).

Hofmann, E. H., u. E. W. Reid: Über das „Hochziehen" von Öllackfilmen durch Nitrozellulose-Lösungsmittel. Ind. and Engin. Chem. **21**, 247 (1929).

Ingalls, F. P.: Beobachtungen über Katalysatoren in der Herstellung von Farben und Firnissen. Chem. Metallurg. Engineering **22**, 590; Chem. Zentralblatt **1921** II, 74.

Ingle, H.: Theorie der Wirksamkeit der Katalysatoren. Journ. Soc. Chem. Ind. **32**, 639; **36**, 319; Chem. Zentralblatt **1913** II, 548; **1917** II, 142.

Ingle, H., u. Mackey: Theorie der Wirksamkeit der Katalysatoren. Journ. Soc. Chem. Ind. **35**, 454; Chem. Zentralblatt **1916** II, 357.

Kisselew, S. W., u. J. J. Golowistikow: Einfluß der Art und Menge der Sikkative auf die Trocknungsgeschwindigkeit von Leinöl. Shurnal chimitscheskoi Promyschlenosti **7**, 1348—55 (1930). Chem. Zentralblatt **1931** I, 1182.

Krauss, P. V.: Kobalttrockner. Ind. and Engin. Chem. **4**, 731 (1912); Chem. Zentralblatt **1913** II, 340.

Krauze, S.: Untersuchungen über polnisches Terpentinöl. Chem. Zentralblatt **1930** II, 475.

Krestinsky, W., u. F. Ssolodki: Terpentin- und Holz-Terpentinöle. Journ. f. prakt. Ch. (2) **126**, 1—23 (1930).

Krestinski, W., A. Liwerrowski u. W. Malmberg: Terpentin- und Holzterpentinöle. Zur Frage über die Zusammensetzung der Holzterpentinöle aus Pinus sivestris. Journ. prakt. Chem. (2) **129**, 97—103 (1931).

Krestinski, W., u. L. Baschenowa-Koslowskaja: Über das linksdrehende Terpentinöl aus Pinus silvestris. Journ. prakt. Chem. (2) **129**, 104—114 (1931).

Krestinski, W., F. Ssolodki u. G. Tolski: Zur Frage der Zusammensetzung der Alkoholfraktion der Holzterpentinöle. Journ. prakt. Chem. (2), **129**, 115—120 (1931).

Kubelka, V., u. A. Schneider: Beitrag zur Kenntnis und Beurteilung der Terpentinöle. Chem. Umschau a. d. Geb. d. Fette, Öle, Wachse u. Harze **38**, 29 (1931).

Levy, St.: Versuche mit naphthensauren Trocknern. Sci. Sect. Circ. No. 358, S. 41.

Long, J. S., u. W. S. Egge: Studien über trocknende Öle. Ind. and Engin. Chem. **20**, 809 (1928). Korrosion u. Metallschutz **5**, 210 (1929).

Long, J. S.: Über die Lösefähigkeit von Lackbenzinen (Mineral Spirits) gegenüber Metallseifen. Paint, Oil, Chem. Rev. **86**, 125. Ref. Farben-Ztg. **34**, 839 (1928/29). Farbe u. Lack **1929**, 452.

Lutz, G.: Gesundheitsschädigungen durch Lösungsmittel. Farben-Ztg. **35**, 2035 (1930).

Meidert: Soligen-Trockenstoffe. Chem-Ztg. **52**, 859 (1928). Siehe dazu Farben-Ztg. **34**, 618 (1928).

Meister: Über Kalziumsulfat als Öltrockner. Farben-Ztg. **17**, 2273 (1912).

Mühle: Terpentinöl und Terpentinölersatz. Farben-Ztg. **16**, 1098, 1812 (1910/11). Farben-Ztg. **17**, 400 (1911).

Munzert, H.: Über Soligentrockner. Chem.-Ztg. **53**, 622 (1929).

Nikolajev, P. N.: Eigenschaften russischer Terpentinöle. Chem. Zentralblatt **1930**, 3489.

Philadelphia Produktion Men's Club: Über das Verhalten von Metallseifen in Anstrichfarben. Paint, Oil, Chem. Rev. **90**, 87—90 (1930). Farben-Ztg. **36**, 556 (1930).

Purdy, J. M., W. G. France u. W. L. Evans: Ultramikroskopische Untersuchung eines Metalltrockenstoffe enthaltenden Leinöls. Ind. and Engin. Chem. **22**, 508 (1930).

Radcliffe, L. G., u. C. W. Palmer: Der Metallgehalt einiger Linoleate und Resinate. Journ. Soc. Chem. Ind. **34**, 644; Chem. Zentralblatt **1915** II, 503.

Rasquin, H.: Terpentinöl oder Lackbenzin. Farben-Ztg. **32**, 736 (1926).

Rhodes, F. H., u. K. S. Chen: Vanadiumverbindungen als Trockenmittel für Leinöl. Ind. and Engin. Chem. **14**, 222 (1922); Chem. Zentralblatt **1922** II, 998.

Richardson, E. G., u. C. R. Sutton: Die explosiven Eigenschaften der Zelluloselösungsmittel. Ind. and Engin. Chem. **20**, 187 (1928). Farben-Ztg. **33**, 2299 (1928).

Riemersma, M. J.: Wurzelharz und Terpentinöl. Farben-Ztg. **32**, 1080 (1926/27).

Scheiber, J.: Über den Austausch von Lösungsmitteln. Farbe u. Lack **1924**, 383. — Über die Bedeutung der negativen Katalyse für die Lackindustrie. Farbe u. Lack **1927**, 26.

Scheifele, B.: Etwas über die Lösungs- und Verdünnungsmittel in Lacken. Farben-Ztg. **32**, 207 (1926).

Schrauth, W., u. R. Hueter: Über die Verwendung des Tetralins bei der Herstellung von Lack- und Firnisprodukten. Farben-Ztg. **25**, 535 (1919).

Siebert, G.: Gesundheitsschädigungen durch Lack-Lösungsmittel. Ztschr. f. angew. Ch. **42**, 17 (1929).

Smirnoff, B. A.: Russische Terpentinöle und Kienöle, ihre Entstehung, Eigenschaften und rationelle Nomenklatur. Farbe u. Lack **1924**, 5ff.

Steele, L. L.: Einfluß gewisser Metallseifen auf die Trocknung von rohem Leinöl. Ind. and Engin. Chem. **16**, 975—95 (1924); Chem. Zentralblatt **1924** II, 2709.

Stock, E.: Oleat- oder Resinatfirnisse. Farben-Ztg. **34**, 2075 (1929).

Thompson, N. J.: Selbstentzündungstemperaturen von Lösungs- und Verdünnungsmitteln. Ind. and Engin. Chem. **21**, 134 (1929); Farben-Ztg. **34**, 1789 (1929).

Ungenannt: Vergleichende Übersicht über Lösungs- und Verdünnungsmittel für Nitrozelluloselacke. Die Chem.-Techn. Ind. **1926**, 838; **1927**, 4, 19. — White Sprit. Farbe u. Lack **1927**, 289. — Die Metallresinate (ihre Darstellung, Eigenschaften, Verwendung). Nach Chem. Trade Journ. **82**, 107, 135 (1928) in Farbe u. Lack **1928**, 140, 152. — Terpentinöl-Ersatzmittel. Farbe u. Lack **1930**, 198. — Über die Verwendung einiger Eisenverbindungen als Trockenmittel für Leinöl. Farbe u. Lack **1929**, 57. — Über die Ursachen der Giftigkeit von Lösungsmitteln. Schweiz. Ztschr. f. Unfallmedizin u. Berufskrankheiten, Zürich **1929**, August. Ref. Farbe u. Lack **1929**, 575. — Über Soligen-Trockenstoffe. Aus einem Gutachten des Instituts für Lackforschung. Farben-Ztg. **35**, 2179 (1930). — Zusammensetzung von Terpentin, Terpentinöl und Harzölen. Chem. Umschau a. d. Geb. d. Fette, Öle, Wachse u. Harze **37**, 169 (1930).

Vaudin, Gérard A.: Terpentinöl in Lacken und Farben. Bull. de l'Inst. du Pin (Paris) **1931**, 4.

Vollmann, H.: Über die Katalyse der Leinöltrocknung. Farben-Ztg. **30**, 1742—44 (1925).

Wagner, H., u. G. Hoffmann: Manganseifen. Farben-Ztg. **36**, 689 (1931).

Wechsler, H.: Metallseifen und Trockenstoffe. Drugs, Oils and Paints **42**, No 9. Farben-Ztg. **32**, 1735 (1927).

Whitemore, W. F., u. M. Lauro: Einiges über Metallseifen (Verwendung, Herstellung und Eigenschaften). Ind. and Engin. Chem. **22**, 646 (1930). Farben-Ztg. **36**, 74 (1930).

Wilborn, F.: Kleine Firnis- und Trockenstoffstudien. Farben-Ztg. **32**, 2542, 2654 (1927). — Zur Sikkativwirkung der Metallverbindungen auf den Trockenprozeß des Leinöls. (Vortrag.) Farben-Ztg. **33**, 2365 (1928).

Willet, F., Whitmore u. Michael Lauro: Metallseifen. Ihre Verwendung, Herstellung und Eigenschaften. Ind. and Engin. Chem. **22**, 646 (1930).

Wolff, H.: Über die Giftigkeit oder Gesundheitsschädlichkeit der neueren Lösungsmittel. Farben-Ztg. **23**, 1023 (1917/18). — Unfälle und Gesundheitsschädigungen in der Lackfabrikation. Farben-Ztg. **26**, 943 (1920/21). — Über die Verdunstung von Lösungsmitteln. Farben-Ztg. **28**, 31—33 (1922). — Über

Terpentinöle. Farbe u. Lack **1924**, 74, 87. — Über die Untersuchung der sogenannten Terpentinöle. Farbe u. Lack **1924**, 241, 252. — Lösungsmittel in der Lackindustrie. Farbe u. Lack **1924**, 227. — Lösungsmittel und Lackbeschaffenheit. Farbe u. Lack **1927**, 401. — Studien über Trockenstoffe. Farben-Ztg. **32**, 1490 (1927). — Über Lackbenzine. Farbe u. Lack **1928**, 177.

Wolff, H., G. Zeidler u. W. Toeldte: Über Lösungsmittel für Zelluloseester. Farben-Ztg. **33**, 2228, 2301 (1928).

Wolff, H., u. Chr. Dorn: Beiträge zur Chemie der Lacke und Firnisse. Chem.-Ztg. **45**, 735, 1086—89 (1921). — Über die Ursachen der Trübungen von Resinatfirnissen. Farben-Ztg. **27**, 26—29 (1921).

Woodmansey, A.: Die Wirkung verschiedener Verdünner auf das Trocknen von Leinöl und die Einwirkung von Trocknern auf Terpentinöl. Journ. Soc. Chem. Ind. **36**, 1253—56. Farbe u. Lack **1927**, 69.

VI. Die fertige Farbe. VII. Der Anstrich.

(Siehe auch unter IV.)

Andés, L. E.: Über den Einfluß des gebildeten Rostes auf Eisenanstriche. Chem. Revue **9**, 254—56 (1912). — Ölige Grundanstriche und ihr Ersatz durch besser geeignete flüchtige Flüssigkeiten. Die Seife **6**, 587, 681; **7**, 68 (1921).

Anon: Eine neue Mühlentype. Paint, Oil, Chem. Rev. **89**, Nr 14, S. 15 (1930). Farben-Ztg. **35**, 1882 (1930). — Untersuchungen und Erfahrungen über Unterwasseranstriche. Peintures, Pigments, Vernis **7**, 1291 (1930). — Schutzkonstruktionen gegen Lokomotivgase über Eisenbahnstrecken. Railway Age **81**, 725 (1926). Korrosion u. Metallschutz **3**, 262 (1927).

Arndt, K.: Das Rosten von Eisen unter Schutzanstrichen. Ztschr. f. Elektrochem. **18**, 233—34 (1921).

Arsem, W. C.: Das Verhalten von Farbmischungen beim Lagern. Ind. and Engin. Chem. **18**, 157 (1926). Farben-Ztg. **31**, 1911 (1926).

Asser: Zum Oberflächenschutz durch Farbe und Lack. Farbe u. Lack **1931**, 78.

Assmann, R.: Kautschuk-Lösungsmittel, -Lacke und -Überzüge. Farbe u. Lack **1928**, 396, 411, 426.

Bahls, A.: Mechanische Hilfsmittel für Farb- und Lackanstriche. Farben-Ztg. **32**, 1143 (1927).

Bakes, H. L.: Über das Absitzen von Ölfarben für Außenanstriche. Ind. and Engin. Chem. **21**, 1118 (1929). Farben-Ztg. **35**, 754 (1929).

Baldwin, J. T.: Die Beziehungen zwischen Konsistenz und Konzentration in Pigment-Ölmischungen. Ind. and Engin. Chem. **21**, 1121 (1929). Farben-Ztg. **34**, 2136 (1929); **35**, 851 (1929).

Bassett, H. N.: Schutzüberzüge für Eisen u. Stahl II. Öl- und Lackfarben. Ind. Chemist **6**, 293 (1930).

Bauer, W. W.: Die Verwendung von Metallstearaten in Anstrichfarben. Farben-Ztg. **34**, 2135 (1929).

Beck, W., u. K. Jacobsohn: Übergangswiderstand und Rostschutzwirkung. Korrosion u. Metallschutz **5**, 202 (1929).

Beißel: Zur Normung der Rostschutzfarben. Farbe u. Lack **1926**, 26.

Berliner, R.: Über die neuen Superzentrifugen nach Sharples. Ztschr. f. angew. Ch. **43**, 68 (1930).

Bing, H.: Über die Zerstörung von Ölfarbenanstrichen. Farbe u. Lack **1925**, 211.

Bingham, E. C., u. A. G. Jaques: Über Faktoren, welche die Plastizität von Farben beeinflussen. Ind. and Engin. Chem. **15**, 1033—36 (1923). Chem. Zentralblatt **1924** I, 249.

Bittner: Garantie. Farben-Ztg. **34**, 845, 962 (1928).

Blom, A. V.: Die Bedeutung der Haftfläche in Rostschutzanstrichen. Farben-Ztg. **32**, 351 (1926). — Über Rostschutz. Farbe u. Lack **1925**, 153, 197, 221, 281. — Richtlinien für die Herstellung von Rostschutzanstrichen. Schweiz. Bauztg. **89**, 183 (1927); Farben-Ztg. **32**, 1195 (1927).

Bolte: Eisenschutz durch Anstrich. Ztschr. f. angew. Ch. **41**, 1332 (1928).

Bürger, M.: Wege der Grundierung. Farbe u. Lack **1924**, 205, 220.

Burgeß, G. K.: Bestimmungen der Vereinigten Staaten über Rostverhütungsmittel. Circular of the Bureau of Standards **1925**, Nr 200.

Coblentz, W. W., u. C. W. Hughes: Versuche über das Strahlungsvermögen von Farben zur Erhöhung oder Herabsetzung der Hitzeausstrahlung von Flächen. Technological Papers of the Bureau of Standards, Washington. Chem. Zentralblatt **1924** II, 1518.

Culbertson, C. C.: Über Anstriche auf Zink und galvanisiertem Eisen. The Decorator **1925**, 127. Farbe u. Lack **1925**, 469.

Davidson, J. H.: Studie über Schutzanstriche für das Innere von Stahltanks und unterirdische Röhrenleitungen für Petroleum. Amer. Railway Engin. Assoc. Proc. **30**, 143 (1929). — Ref. in Korrosion u. Metallschutz **6**, 283 (1930).

Deutsch: Anstrichtechnik in USA. Ztschr. f. angew. Ch. **42**, 363 (1929). Über einige Eigenschaften angeriebener Ölfarben. Farben-Ztg. **36**, 916 (1931).

Droll, R. P.: Einige Theorien über die Sedimentation von Pigmenten. Ind. and Engin. Chem. **20**, 734 (1928). Korrosion u. Metallschutz **5**, 209 (1929).

Droste, W.: Über Farbpasten (Vortrag). Farben-Ztg. **35**, 1985 (1930). — Über einige Eigenschaften angeriebener Ölfarben. Farben-Ztg. **36**, 916 (1931).

Droste, W. H., u. M. Werner: Zur Frage der Normung von Lacken und Anstrichstoffen. Farbe u. Lack **1925**, 86.

Dubois, N. A.: Der Schutz von Eisen und Stahl durch Farbüberzüge. Ind. and Engin. Chem. **5**, 968 (1913). Chem. Zentralblatt **1914** II, 433.

Edwards, J. D.: Aluminium Außenanstrich. Chem. Metallurg. Engineering **29**, 927 (1923). Chem. Zentralblatt **1924** II, 547.

Egen, H.: Der Einfluß der Farbschicht auf die Festigkeit von Nieten. Farbe u. Lack **1929**, 471.

Eibner, A.: Über Forschungsergebnisse auf dem Gebiete der Spezialanstriche für Eisenbahnzwecke. Nach einem Vortrag in Farben-Ztg. **30**, 27 (1924).

Evans, U. R.: Rost und seine Verhinderung durch Anstrich. The Oil and Colour Trades Journ. **76**, 1513 (1929).

Evans, U. R., u. S. C. Britton: Praktische Probleme der Korrosion. Freilagerversuche mit Rostschutzfarben. Journ. Soc. Chem. Ind. **49**, 173 (1930). Farben-Ztg. **35**, 1608—10 (1930).

Forbes, D. H. S.: Die Theorie der Molekularanziehung und ihre Anwendung auf die Farben. Journ. of the Oil and Colour Chemists Association **13**, 140—53 (1930).

Frieden, J. N.: Schutz von Eisen durch Anstrich. Stahl u. Eisen **33**, 1211 (1913).

Friend, J. N.: Über den Bericht der Korrosionskommission der British Association 1911. Chem. News **104**, 164. Chem. Zentralblatt **1911** II, 1615. — Neue Untersuchungen über den Schutz von Stahl durch Farben und über eine Standardfarbe. Journ. of the Oil and Colour Chemists Association **10**, 147—169 (1927). Farben-Ztg. **32**, 2946 (1927). — Über den Schutzanstrich von Eisen gegen die Einwirkung von Meerwasser. The Oil and Colour Trades Journ. **72**, 2057 (1927). Farben-Ztg. **33**, 1729 (1928). — Über die Korrosion von Eisen durch Seewasser. Ref. Farbe u. Lack **1928**, 39. — Anstriche über Teer. Oil and Colour Trades Journ. **76**, 569 (1929). — Schutzanstriche in Seewasser. Oil and Colour Trades Journ. **77**, 1962 (1930). Ref. Farben-Ztg. **36**, 175 (1930).

Fritz, F.: Pilzwucherungen als Zerstörer der Lackschicht. Farbe u. Lack **1929**, 136.

Frydlender, J. H.: Nitrozelluloselacke und -farben (Rostschutzlacke). Rev. des Produits Chimiques **32**, 521 (1929).

Gardner, H. A.: Der Wert gewisser Öle für die Herstellung von Ölfarben. J. Franklin Inst. **171**, 55—72. Chem. Zentralblatt **1911** I, 850. — Die Durchlässigkeit von Anstrichschichten. Journ. Soc. Chem. Ind. **29**, 990. Chem. Zentralblatt **1910** II, 1141. J. Franklin Inst. **170**, 345—47. Chem. Zentralblatt **1911** I, 599. — Eine Untersuchung merkwürdiger Farbenerscheinungen. J. Franklin Inst. **179**, 681—95. Chem. Zentralblatt **1916** I, 82. — Metallschutzfarben. Metal Ind. London **19**, 197. Chem. Zentralblgtt **1921** IV, 215. — Metallschützende Anstriche. Trans. Amer. Electr. Soc. **39**,223—26. Chem. Zentralblatt **1923** IV, 106. — Über die Ersparnisse beim Spritzverfahren. Moniteur de la Peinture **115**, 284; Farbe u. Lack **1926**, 6. — Über Haltbarkeit von Zelluloseester-Farblacken mit verschiedenen Harzen. Sci. Sect. Circ. No 277. Korrosion u. Metallschutz **3**, 139 (1927).

— Kolloidchemische Erscheinungen bei Farben und Lacken. Sci. Sect. Circ. 295. Farben-Ztg. **32**, 1313 (1927). — Einige Daten über die Ausgiebigkeit, Deckkraft und Viskosität von Ölfarben. Sci. Sect. Circ. 315. Farben-Ztg. **33**, 1227 (1928). — Anstrichstoffe für Eisen, Stahl, Kupfer, Weiß-, Zinkblech u. a. Metalle. Sci. Sect. Circ. 331. Farben-Ztg. **33**, 3265 (1928). — Verhinderung der Pilzbildung auf Anstrichen. Sci. Sect. Circ. 335. Farben-Ztg. **34**, 91 (1928). — Mittel zur Beschleunigung des Trocknens von Anstrichstoffen. Sci. Sect. Circ. 335. Farben-Ztg. **33**, 3203 (1928). — Über das Verschmutzen von Anstrichen. Paint, Oil, Chem. Rev. **89**, 14 (1930). — Über den Einfluß des Bindemittels auf die Haltbarkeit und Trockenfähigkeit von Außenanstrichen. Sci. Sect. Circ. 358; Farben-Ztg. **35**, 1207 (1930). — Die Wetterbeständigkeit sogenannter billiger Ölfarben. Sci. Sect. Circ. 358, 45 (1930). — Einiges über die Verwendung von Holzkolophonium (Extraktionskolophonium) in Schiffsbodenfarben. Sci. Sect. Circ. 358. Farben-Ztg. **35**, 1612 (1930).

Gray, H.: Rostschutzfarben mit Kautschukzusatz. Ind- and Engin. Chem. **20**, 156—58 (1928). Chem. Zentralblatt **1928 I**, 213.

Gelling, C. E.: Einiges über die Herstellung nicht erhärtender (non setting) Mennige. Chem. Trade Journ. **85**, 78 (1929). Farben-Ztg. **34**, 2837 (1929).

Gerstenberger, R.: Schutzanstriche für Dächer. Farbe u. Lack **1925**, 331, 327.

Green, H.: Die die Konsistenz einer Farbe beeinflussenden Umstände. Ind. and Engin. Chem. **15**, 122—26 (1923). Chem. Zentralblatt **1923 IV**, 290.

Grohn, H.: Mahlmaschinen und Mahlgüter. Farben-Ztg. **35**, 2238, 2376, 2424 (1930).

Hacker, W.: Rostschutz und Rostentfernung. Metall **1921**, 281—83.

Halle, R.: Steinkohlenteerpech in Eisenlacken. Farbe u. Lack **1927**, 594.

Haller, R.: Schwierigkeiten des Rostschutzes. Farbe u. Lack **1925**, 139.

Hansen, J.: Praktisches und Theoretisches über Rostschutz durch Ölfarbenanstriche. Papierfabr. **27**, 103 (1929).

Harrison, A. W. C.: Über das Anreiben von Pastenfarben. Paint and Varnish Production Manager **35**, Nr. 4, S. 16 (1930). Farben-Ztg. **35**, 2475—76 (1930).

Hebler, F.: Deckkraft und Dispersität. Kolloid-Ztschr. **41**, 365—71 (1927).

Hebberding, H.: Neue Studien zur Dispersion der Anstrichstoffe. Farbe u. Lack **1930**, 219. – Lebensdauer von Anstrichen. Anz. Berg- u. Hütten-Maschinenwesen **1929**, Nov. 6.

Heckel: Wir garantieren. Amer. Paint Journ. **1925**, 26. (Nov.)

Hecht, L.: Zur Frage der Normung von Lacken und Anstrichstoffen. Farben-Ztg. **30**, 507 (1924). — Über Rosten und Rostschutzmittel. Journ. f. Gasbeleuchtung **57**, 113—115 (1914).

Heinemann, A.: An der Luft trocknende schwarze Asphaltlacke. Farbe u. Lack **1930**, 549, 574.

Hoeck, C. P. van: Die Erhärtung des Grundanstriches. Farben-Ztg. **34**, 2126 (1929). — Vereinfachung des Anstrichs. Korrosion u. Metallschutz **1**, 116 (1925). — Das Abkreiden von Anstrichen. Farben-Ztg. **36**, 737 (1931). — Die selektive Adsorption durch Pigmente. Ein Versuch zur Erklärung des Abkreidens. Farben-Ztg. **36**, 267 (1930). siehe dazu **36**, 562 (1930), M. Ragg.

Hörmann, P.: Rostschutzfarben. Farben-Ztg. **17**, 2375 (1912).

Hornemann: Grauwerden von Aluminiumanstrichen. Farbe u. Lack **1927**, 534.

Hülsenkamp: Anstrich eiserner Brücken. Der Eisenbahnfachmann. Sonderheft Brückenbau (1926). Korrosion u. Metallschutz **3**, 41 (1927).

Jacobi: Maschinelles Entrosten, Anstreichen und Metallisieren von eisernen Apparaten und Eisenkonstruktionen. Korrosion u. Metallschutz **2**, 193 (1926).

Jaeger, P.: Korrosionsschutz durch Anstriche. Korrosion u. Metallschutz **3**, 177 (1927. — Die gebräuchlichsten Anstrichfarben im Bauwesen in Frankreich. Korrosion u. Metallschutz **6**, 183, 240 (1930).

Jähn, F. K.: Über Entfernung alter Lack-, Firnis- und Ölfarbenanstriche. Farbe u. Lack **1925**, 341.

Jordan, L. A.: Aufbau und Zerstörung von Farbfilmen. The Oil and Colour Trades Journ. **75**, 1427 (1929). Farben-Ztg. **34**, 2723 (1929). — Forschung in der Farben- und Firnisindustrie. Chemical Age **23**, 435 (1930).

Kamp, P.: Zinkweißprobleme (Ölbedarf, Benetzbarkeit, Eindicken). Farben-Ztg. **35**, 1984 (1930).

Kelly, C. J.: Die Bedeutung der Anstrichstoffe für die Petroleumindustrie. The Oil and Colour Trades Journ. **76**, 2010. Farben-Ztg. **35**, 1155 (1930).

Kempf, R.: Über das Abkreiden. Farben-Ztg. **36**, 20, 171, 553ff. (1930/31).

Kennedy: Englische und amerikanische Eisenbahnerfahrungen beim Anstrich. Canadian Paint and Varnish Magazine **3**, 32 (1929).

Klatte, H.: Neuerungen im Rostschutz. Farbe u. Lack **1924**, 431—32.

Klerk, W.: Mahlmaschinen und Mahlgüter. Farben-Ztg. **36**, 558 (1930).

Klett: Die neuen Vorschriften der Deutschen Reichsbahn. Farbe u. Lack **1928**, 342, 357, 384.

Kolke, F.: Kann man Garantie für Anstriche leisten. Farben-Ztg. **34**, 610 (1928). — Einiges über neuzeitliche Lacke. Farben-Ztg. **35**, 2569 (1930).

König: Beobachtungen über die Bedeutung von Schutzanstrichen an Fahrzeugen (Vortrag). Farben-Ztg. **33**, 2418 (1928).

Kölln, H.: Neuzeitliche Farbenanreibmaschine. Farben-Ztg. **32**, 573 (1926).

Kreybig, C. von: Die Verhütung des Rostens von Eisenkonstruktionen. Farben-Ztg. **17**, 1766—68 (1912).

Kutscher, G.: Anstreichtechnik oder Spritzverfahren. Ref. Korrosion u. Metallschutz **3**, 45 (1927).

Lane, H. Fr.: Der Streit um die Schiffsdeck-Anstrichfarben. Farbe u. Lack **1931**, 55.

Luther: Technische Vorbereitung für Anstriche (Vortrag). Farben-Ztg. **33**, 2417 (1928).

Maaß, E., u. A. Junk: Untersuchungen verschiedener Firnisse und Anstrichfarben unter Berücksichtigung ihrer rostschützenden Eigenschaften. Ztschr. f. angew. Ch. **35**, 353, 360 (1922). Siehe dazu Farben-Ztg. **27**, 2951—52 (1922) (H. Wolff).

Marling, P. E.: Einfluß der Trockenstoffe auf die Alterungsvorgänge in Ölfilmen. Ind. and Engin. Chem. **21**, 592 (1929).

Maseille, M.: Über den Rostschutz von Schiffböden. Peintures, Pigments, Vernis **7**, 1294 (1930).

Merz, O.: Die Bedeutung der chemischen Sulfosäuren für die Entrostung. Arch. f. Wärmewirtschaft u. Dampfkesselwes. **1928**, 394ff. — Aluminiumfarben als hitzebeständige Anstriche. Arch. f. Wärmewirtschaft u. Dampfkesselwes. **10**, 156 (1929).

Mezger, R.: Anstrich und Anstrichfarben im Gaswerk. Gas- u. Wasserfach **68**, 509ff. (1925).

Mc Millen, E. L.: Einiges über die Beziehungen zwischen Benetzbarkeit der Pigmente und Konsistenz der Anstrichfarben. Ind. and Engin. Chem. **21**, 1237 (1929). Farben-Ztg. **35**, 1611 (1930).

Möller, H. A.: Die Substanzverluste von Anstrichstoffen im Wetter. Farben-Ztg. **33**, 2484 (1928).

Mühlen, v. d.: Über die Erwärmung farbiger Gegenstände durch Bestrahlung. Farbe u. Lack **1925**, 42.

Nair, Mc, L. D., u. C. W. Price: Das trockene Abschaben und Abkratzen von Bleianstrichen und die Vergiftungsgefahr. Ref. in Korrosion u. Metallschutz **6**, 283 (1930).

Naphtali, M.: Schutz von Mineralölbehältern und Krakanlagen gegen Anfressung. Ztschr. Ver. Dtsch. Ing. **72**, 353 (1928).

Nelson, H. A.: Die Wirkung eines Zinkoxydzusatzes zu Eisenoxydfarben. New Jersey Zinc Co., Research Bull. (Juni 1929), 36 Seiten.

Nettmann, P.: Neuzeitliche Einrichtungen zum Farbenspritzen und Farbnebelabsaugen in der Fließfertigung. Farben-Ztg. **33**, 2486 (1928). — Die Grundlagen der mechanischen Anstrich-(Farbspritz-)verfahren. Farben-Ztg. **32**, 904 (1926). — Studium von Verfestigungsvorgängen. Farben-Ztg. **34**, 2720 (1929). — Kritik der Entrostungsverfahren. Korrosion u. Metallschutz **6**, 106 (1930). — Fließarbeit im Anstrichverfahren. Dtsch. Mot. Ztschr. **6**, 34 (1929). — Abkürzung der Trockenzeit von Anstrichen (Faktorfirnis u. a.). VDI-Nachr. **9**, 2 (1929).

Nübling, R.: Über Rosten und Rostschutzmittel. Journ. f. Gasbeleuchtung **55**, 430—32, 1007—8 (1912).

Orton, J. H.: Über die anwuchsverhindernde Wirkung und das Schutzvermögen von giftigen Farben und anderen Stoffen. Res. Assoc. Brit. Paint Col. Varnish Manufact. Rev. **16**, 158 (1930). Journ. Marine Biolog. Assoc. United Kingdom **16**, 373 (1930).

Perkins, H. E.: Korrosionsschutz durch Anstrich. Drugs, Oils and Paints **46**, 51—90 (1930). Ref. Farben-Ztg. **36**, 651 (1931).

Pfleiderer, G.: Über die Entstehung des Rostes unter Schutzanstrichen. Ztschr. f. Elektrochem. **19**, 507—10 (1913).

Rabasé: Unterwasseranstriche. Rev. chim. ind. **32**, 106, 131, 159. Chem. Zentralblatt **1923 IV**, 291, 597.

Ragg, M.: Betrachtungen über Schiffsbodenanstriche (Vortrag). Ref. Farben-Ztg. **36**, 18 (1930).

Rhodes, F. H., u. J. V. Stair: Untersuchung über das Reflexionsvermögen weißer Anstriche. Ind. and Engin. Chem. **21**, 596 (1929). Farben-Ztg. **34**, 2571 (1929).

Röder, S.: Fehlerquellen bei Öl- und Lackfarben. Farbe u. Lack **1923**, 291.

Rohland, P.: Die Oxydation des Eisens und die Schutzanstriche. Farben-Ztg. **19**, 1312 (1913/14).

Rudolf, L.: Spritztechnik und aufgestäubte Anstriche. Farbe u. Lack **1925**, 141.

Sacher, J. F.: Oberflächenschutz durch Anstrich. Ztschr. f. angew. Ch. **35**, 481—83 (1922). — Über neue Rostschutzfarben als Ersatz für Bleimennige. Farbe u. Lack **1930**, 312; Chem. Ztg **54**, 718 (1930).

Sauer, E., u. E. Wörner: Versuche mit rostschützenden Überzügen. Farben-Ztg. **32**, 902, 962, 1022 (1926/27).

Savile, L. H.: Über vergleichende Bewitterungsversuche. 11th Report of the Committee of the Institute of Civil Engineers **1930**, 10—12.

Schaechterle: Der Grundanstrich bei Eisenbauten. Farbe u. Lack **1924**, 155.

Scheiber, J.: Über die Lebensdauer von Anstrichen. Farbe u. Lack **1925**, 244, 255. — Zur Wahl der Pigmente für Rostschutzfarben. Farbe u. Lack **1930**, 477 ff.

Schmutz, F. C., u. F. C. Palmer: Trocknen von Außenanstrichen unter verschiedenen Wetterbedingungen. Ind. and Engin. Chem. **22**, 84 (1930).

Schob, A.: Einflüsse der Pigmente auf die technologischen Eigenschaften der Farbfilme. Farbe u. Lack **1929**, 113.

Schulz, W.: Schutzüberzüge für Schiffe. Schiffbau u. Schiffahrt **30**, 215, 241 (1930).

Schulz, M.: Rostschutz. Korrosion u. Metallschutz **4**, 11 (1928). — Probleme des Schiffsbodenanstriches. Farbe u. Lack **1928**, 267, 277. — Oberflächenbehandlung und Reinigung durch Sandstrahl, Stahlsand oder rotierende Hämmer und Bürsten. Ztschr. f. angew. Ch. **41**, 146 (1928).

Schulze, E.: Über Rostschäden und Rostschutz bei Reichseisenbahnfahrzeugen. Glasers Annalen **1927**, 292/301.

Schwarz, R.: Säurefeste Anstriche. Farbe u. Lack **1928**, 315, 325.

Sheeler, R. C.: Planmäßige Anstriche. Ind. and Engin. Chem. **21**, 129—31 (1929). — Schutzanstriche. Ind. and Engin. Chem. **21**, 351 (1929). — Bessere Anstrichmethoden. Ind. and Engin. Chem. **21**, 182 (1929).

Speicher, J. K.: Einfluß des Trockenverlaufs auf die Haltbarkeit von Nitrozellulos elackfilmen. Paint, Oil, Chem. Rev. **88**, Nr.18, S.15 (1929); **35**, 948 (1929).

Stadlinger, H.: Neuere Verfahren zur Reinigung fetter Metallteile in industriellen und gewerblichen Betrieben. Chem.-Ztg. **54**, 354 (1930).

Stock, E.: Garantieleistung. Farben-Ztg. **34**, 2008, 2068, 2124 (1929).

Sward, G. G.: Zur Frage des Absetzens von Anstrichfarben. Einfluß der Alkalität oder Azidität des Pigments. Sci. Sect. Circ. 358. Farben-Ztg. **35**, 1612 (1930).

Swoboda, J.: Über Rostschutzmittel. Chem.-Ztg. **49**, 139 (1925).

Tervet, J. N.: Schutzfarbenanstriche. Journ. Soc. Chem. Ind. **44**, 28. Chem. Zentralblatt **1925 I**, 1452.

Thompson, G. W.: Gründe und Verhinderung von Anstrichfehlern. Ind. and Engin. Chem. **7**, 136—45 (1915). Chem. Zentralblatt **1915 I**, 1028.

Thomson, F. B.: Wasserlinienfarben. Chem. Trade Journ. **77**, 594. Chem. Zentralblatt **1926 I**, 1720.

Toch, M.: Farbträger als Rostschutzmittel. Journ. Soc. Chem. Ind. **34**, 592 bis 595. Ind. and Engin. Chem. **7**, 510—14 (1915). Chem. Zentralblatt **1915 II**, 445. Zusammensetzung von Anstrichfarben und Farbstoffen. Journ. Soc. Chem. Ind. **21**, 102. (1902). Chem. Zentralblatt **1902 I**, 606.

Trott, H. L.: Zinkoxyd in Anstrichfarben. Paint, Oil, Chem. Rev. **87**, 18 (1929). Chem. Zentralblatt **1929 II**, 933.

Twiss, D. F.: Verfärbung von weißen Farben. Journ. Soc. Chem. Ind. **37**, 179. Chem. Zentralblatt **1919 II**, 671.

Ungenannt: Die Apparatur in der Farben- und Lackindustrie. Farben-Ztg. **25**, 904ff. (1919/20). — Neuere Rostschutzmittel. Chem.-Techn. Ind. **1921**, 289, 314, 353. — Wetterbeständige und rostschützende Anstrichfarben. Zbl. d. Hütten- u. Walzwerke **25**, 343 (1921). — Leistungen von Trichter- und Walzenmühlen. Farbe u. Lack **1921**, 301. — Farbenverbrauch und Eisenkonstruktionen. Farbe u. Lack **1924**, 273. — Anstriche auf Metallgrund. Farbe u. Lack **1924**, 132, 153. — Säure- und wetterbeständige Anstriche und Lackierungen. Farbe u. Lack **1925**, 234. — Neue Versuche über Dauerhaftigkeit von Anstrichen. Sitzgsber. der „Oil and Colour Chemists Association“ und des „Institute of British Decorators“. Ref. Korrosion u. Metallschutz **2**, 47 (1926). — Rostschutzanstriche für Eisenbauwerke. V. D. I., Z. V. d. I. **70**, 122 (1926). — Amerikanische Versuche beim Abbeizen alter Anstriche. Nach The Oil and Colour Trades Journ. (1927) in Farbe u. Lack **1927**, 289. — Entrosten, Anstreichen und Metallisieren von eisernen Apparaten und Eisenkonstruktionen. Gewerbefleiß **1**, 202 (1927). — Verwitterung und Verfärbung von Ölfarbanstrichen. Deutsche und amerikanische praktische Erfahrungen. Farbe u. Lack **1927**, 498. — Abschluß der englischen Prüfungen über Anstrichstoffe im Meerwasser. Farbe u. Lack **1927**, 591. — Über Rostungsvorgänge und Rostschutzanstriche. Farbe u. Lack **1927**, 63. — Hand- oder Spritzanstrich. Farben-Ztg. **33**, 1790 (1928). — Über die Verfärbung von Anstrichen und die Abwehr. Farbe u. Lack **1928**, 578, 596. — Der Einfluß der Witterung auf die hitzereflektierenden Eigenschaften von Anstrichfarben auf Metallbehältern. Nach Petroleum News (1925) in Farbe u. Lack **1928**, 559. — Erfahrungen mit Anstrichfarben für die Tropen. Chem. Trade Journ. **82**, 342 (1928). — Farbe und Temperatur. Farbe u. Lack **1928**, 255. — Über die Reflexwirkung weißer bzw. aluminiumfarbener Anstriche. Farbe u. Lack **1928**, 97. — Englische und amerikanische Eisenbahnfahrzeuge beim Anstrich und die ultraviolette Strahlung. Farbe u. Lack **1929**, 624. — Der Anstrich englischer Eisenbahnwaggons. Farbe u. Lack **1929**, 362. — Ergebnisse von Freilagerversuchen. Report of Comittee No 1. Circular Nr E. P. S. 97, Am. Railway Assoc. (1929). — Einfluß plastifizierender Mittel auf reine und pigmentierte Holzölfirnisse. Sci. Sect. Circ. 365. — Haltbarkeit von Weißpigmenten im Außenanstrich. Farben-Ztg. **35**, 2285 (1930). — Neue Entrostungsmittel. Metall **1929**, 14.

Vaubel, W.: Die Zersetzung der Ölanstriche durch Bakterien und Pilze. Farben-Ztg. **34**, 505 (1928).

Visscher, J. P.: Anwuchsverhindernde Schiffsbodenfarben. Paint and Varnish Production Manager **36**, 5 (1930).

Vogler, F.: Über rostverhütende Anstriche, insbesondere für Gaswerksbetriebe. Journ. f. Gasbeleuchtung **55**, 18—19. Chem. Zentralblatt **1912 I**, 759.

Vollmann, H.: Zur Frage der Normung von Lacken und Anstrichstoffen. Farben-Ztg. **30**, 2336 (1925). — Anstrichstoffe und ihre verschiedene Eignung für Industriezwecke. Farben-Ztg. **33**, 2096 (1928).

Wagner, H.: Einfluß der Füllstoffe auf die Außenbeständigkeit der Anstrichfarben. Paint and Varnish Production Manager **35**, 20 (1930). — Abkreiden und Konsistenz. Farben-Ztg. **36**, 370 (1930).

Wagner, H., u. I. Kesselring: Einwirkungen eines Kreidezusatzes auf Buntfarben. Heft 4 der Veröffentlichungen des Fachausschusses für Anstrichtechnik im Verein Deutscher Ingenieure. V. D. I.-Verlag 1930.

Walker, P. H., u. E. F. Hickson: Widerstandsfähigkeit gegen Sulfiddämpfe. Ind. and Engin. Chem. **16**, 1142 (1924). Chem. Zentralblatt **1925 I**, 1250. — Einige Beobachtungen über Aluminium-Farben. Chem. Metallurg. Engineering **31**, 693. Chem. Zentralblatt **1925 I**,577.

Walker, P. H., u. S. S. Voorhees: Einige Prüfungen von Farben für Eisen die abwechselnd dem Einfluß der Luft und frischem Wasser ausgesetzt waren. Ind. and Engin. Chem. **5**, 899—905 (1913). Chem. Zentralblatt **1914 I**, 85.

Wandel: Maschinelles Entrosten. Chem.-Ztg. **49**, 723 (1925).

Weigelin: Über den Rostschutz von Rohrleitungen. Korrosion u. Metallschutz **5**, 183 (1929).

Weithörner, R.: Eine Leinölgrundiertechnik (Imprex). Kunststoffe **12**, 169—71 (1923).

Werdt, F. van der: Rostschutzfarben auf elektrolytischer Grundlage. Farbe u. Lack **1925**, 328. Siehe dagegen ebenda S. 374 (V. A. Blom).

Williamson, R. V.: Über die Fließfähigkeit pseudoplastischer Stoffe. Ind. and Engin. Chem. **21**, 1108 (1929). Farben-Ztg. **35**, 1045 (1930).

Wilson, S. P.: Metallgrundiermittel für Nitrozelluloselacke. The Oil and Colour Trades Journ. **75**, 1021 (1929). Farben-Ztg. **34**, 2017 (1929).

Witt: Unfall und Gesundheitsgefahren bei Ausführung des Farb- und Lack-Spritzverfahrens. Farben-Ztg. **34**, 1125 (1929).

Wolff, H.: Über die Bildung von Zinksulfat in Lithoponeanstrichen. Farbe u. Lack **1924**, 494. — Untersuchungen verschiedener Firnisse und Anstrichfarben. Ztschr. f. angew. Ch. **35**, 567 (1922). — Einige Fragen über das Rostschutzproblem. Farbe u. Lack **1928**, 299. — Imprextechnik. Farben-Ztg. **29**, 1318, 1553 (1923/24). — Kann man Garantie für Anstriche leisten. Farben-Ztg. **34**, 262 (1928); Farbe u. Lack **1930**, 336, 348, 361. — Zur Frage der Garantieleistung und Wetterbeständigkeit. Farben-Ztg. **34**, 2827 (1929). — Neuere Fortschritte zum Schutz der Ingenieurerzeugnisse. Farbe u. Lack **1929**, 38, 51. — Über den Einfluß der Trocknungsbedingungen auf die Wetterbeständigkeit von Anstrichen. Farben-Ztg. **35**, 1933 (1930). — Zur Frage der Garantieleistung (Vortrag). Farben-Ztg. **35**, 2180, 2326 (1930). — Über das Kreiden von Anstrichen. Farben-Ztg. **36**, 221 (1930).

Wolff, H., u. G. Zeidler: Über die Änderung der Farbhäute beim Ersitzen. Korrosion u. Metallschutz **2**, 95 (1926). — Untersuchungen der Nitrozelluloselacke. Farben-Ztg. **35**, 750 (1929).

Wolff, H., u. R. Singer: Die Mennige-Frage. Farben-Ztg. **34**, 1309 (1929).

Wolff, H., u. W. Toeldte: Über das Problem des Trocknens von Ölfarben und Öllacken. Farben-Ztg. **34**, 2293 (1929).

Wüllen-Scholten, W. van: Über Erfahrungen mit Rauchgasfarben. Farben-Ztg. **34**, 1016 (1928/29).

Würth, K.: Die Bedeutung der Anstrichstoffe für Technik und Wirtschaft. Ztschr. f. angew. Ch. **40**, 695 (1927). — Firnisgehalt der Farben. Farbe u. Lack **1924**, 150. — Gesundheitsgefahren und ihre Verhütung bei Herstellung und Verarbeitung von Anstrichstoffen. Farben-Ztg. **33**, 2366 (1928).

Zimmer, F.: Über Nitrozelluloselacke. Chem.-Techn. Ind. **1926**, 193, 209.

Zimmermann, E. B.: Farbe und Lack als korrosionshindernde Materialien. Nach Can. Chem. Met. **10**, 205 (1926), in Korrosion u. Metallschutz **4**, 213 (1928).

VIII. Die Prüfung der Rostschutzfarben.

A—C. Dauerprüfung, Kurzprüfung, Laboratoriumsprüfungen und verschiedene andere Prüfungen.

Allard, M. V.: Mikroskopische Prüfung von Lithopone und Zinkweiß. Peintures, Pigments, Vernis **6**, 914 (1929).

Andés, L. E.: Über Rostschutzfarben. Ztschr. f. angew. Ch. **15**, 32—52 (1902).

Atwood, F. C.: Bewertung von Anstrichfarben. Sci. Sect. Circ. Nr 356 (1929).

Beck, W.: Ein einfaches Verfahren zur quantitativen Verfolgung der atmosphärischen Korrosion geschützter Metallrohre. Korrosion u. Metallschutz **6**, 201 (1930).

Bérnard: Neuere Ergebnisse in der Prüfung von Rostschutzfarben (Vortrag). Farben-Ztg. **35**, 2034 (1930).

Blom, A. V.: Die Mikrostruktur von Anstrichfilmen und der Nachweis innerer Spannungen. Farben-Ztg. **34**, 2127 (1929). — Ein Schnellprüfapparat für Anstriche. Ztschr. f. angew. Ch. (Teil B) **41**, 102 (1928). — Zur Methodik der Prüfung von Anstrichen. Ztschr. f. angew. Ch. **41**, 1178 (1928).

Brier, J. C., u. A. M. Wagner: Laboratoriumsapparat zur Herstellung stets gleichmäßiger Farbfilme. Ind. and Engin. Chem. **20**, 759 (1928).

Bruhns, G.: Zur Untersuchung von Mennige. Chem.-Ztg. **55**, 50 (1931).

Came, C. L.: Vergleichende Untersuchungen über Kurz- und Langzeitprüfungen an Luftlacken. Bureau of Standards Journ. of Research **4**, 247 (1930). Farben-Ztg. **35**, 1714 (1930).

Camp, A. D.: Prüfung der Abreibbarkeit und des Absplitterns von Metallanstrichen. Ind. and Engin. Chem. **20**, 851 (1928).

Chicago Paint and Varnish Production Club: Zur Bestimmung der Konsistenz von Anstrichfarben. Ein neuartiges Elektroviskosimeter. Paint, Oil, Chem. Rev. **90**, 90 (1930). Farben-Ztg. **36**, 510 (1930).

Cohen, H. C.: Eine neue Farbenreaktion auf Kolophonium. Farben-Ztg. **36**, 121 (1930).

Diener, E. W., u. S. Werthan: Bestimmung der wahren Säurezahl von Ölen, Lacken, Sikkativen und Seifen. Farben-Ztg. **36**, 367 (1930).

Eibner, A.: Zur Ölfarbenfrage. Bayer. Ind. u. Gewerbebl. **54**, 105, 121ff. (1923). — Gedanken zur Prüfung von Ölfarbanstrichen. Metallbörse **14**, 735, 783 (1924).

Evans, U. R.: Reproduzierbarkeit bei Korrosionsarbeiten (Vortrag). Ref. Korrosion u. Metallschutz **6**, 231 (1930).

Evans, U. R., u. S. C. Britton: Freilagerversuche mit Rostschutzfarben. Journ. Soc. Chem. Ind. **49**, 173 (1930). Farbe u. Lack **1930**, 415.

Fox, J. J.: Anstrichprüfung und richtige Anwendung der Prüfergebnisse. The Oil and Colour Trades Journ. **76**, 1187 (1929).

Gardner, H. A.: Dauerprüfung von Anstrichstoffen auf Stahl und Eisen. Sci. Sect. Circ. 331; Farben-Ztg. **33**, 2907 (1928).

Gardner, H. A., u. W. v. Henckeroth: Ein Fließmesser (Mobilometer). Ind. and Engin. Chem. **19**, 724 (1927). Farben-Ztg. **32**, 2716 (1927).

Gardner, H. A., G. G. Sward u. S. Levy: Einige Bemerkungen zu Bewitterungsversuchen. Sci. Sect. Circ. Nr 372 (1931).

Green, H., u. G. S. Haslam: Mikroplastometer. Ind. and Engin. Chem. **17**, 726 (1925). Chem. Zentralblatt **1925 II**, 1897.

Gregory, E. D.: Übereinstimmung zwischen Schnellprüfung und Erprobung unter praktischen Verhältnissen bei Schutzanstrichen. Ind. and Engin. Chem. **19**, 1225—29 (1927). Korrosion u. Metallschutz **4**, 165 (1928).

Gregory, D. V., G. M. Raßweiler u. K. C. Lampert: Ein neues Plastometer zur Konsistenzmessung von Farben. Farben-Ztg. **35**, 1881 (1930).

Hansen, H. v.: Ein einfaches Kurzprüfverfahren für Öl- und Nitrolacke. Ind. and Engin. Chem. **20**, 1384 (1928). Korrosion u. Metallschutz **5**, 183 (1929).

Harrison, A. W. C.: Bewertung und Prüfung von Leinöl und Holzöl. Farben-Ztg. **36**, 511 (1930).

Haslam, G. S.: Bestimmung der Deckfähigkeit an aufgeschleuderten Anstrichfilmen. Ind. and Engin. Chem. Analytical Edition **2**, 319 (1930). Farben-Ztg. **36**, 783 (1931).

Haslam, G. S., u. L. Dr. Gready jr.: Messung der Verlaufsfähigkeit von Öl- und Lackfarben. Ind. and Engin. Chem. Anal. Edition **2**, 66 (1930). Farben-Ztg. **35**, (1929/30). — Zur Glanzmessung von Anstrichen. Der Glanzmesser von Pfund. Ind. and Engin. Chem. Analytical Edition **2**, 346 (1930). Ref. Farben-Ztg. **36**, 22 (1930). Siehe dazu Kempf, R.: Farben-Ztg. **36**, 229 (1930).

Heck, A.: Über eine Methode zur Durchforschung von Anstrichen. Farbe u. Lack **1930**, 8.

Hoeck, C. P. van: Die Festigkeit und Dehnbarkeit von Farb- und Lackschichten. Allgemeine theoretische Betrachtungen. Farben-Ztg. **32**, 2482—84 (1927). — Dauer- und Kurzprüfung von Anstrichen. Farben-Ztg. **33**, 1533 (1928).

Höpke, F.: Beitrag zur technischen Prüfung von Rostschutzfarben. Dtsch. Verb. Mat. Prüf. Tech. **79**, 1—40 (1929).

Jaeger, P.: Untersuchung des Dichtigkeitsgrades von durch Anstrich aufgebrachten Schutzschichten. Farben-Ztg. **29**, 507 (1923). Siehe dazu Ragg, M.: Farben-Ztg. **29**, 647.

Jenkins u. Croll: Prüfung von Lackfilmen. Ind. and Engin. Chem. **19** (1927). Farbe u. Lack **1928**, 108.

Job, R.: Über die Diagnose von Anstrichschäden. Paint, Oil, Chem. Rev. **90**, 8 (1930). Farben-Ztg. **36**, 876 (1931).

Junk, A.: Verfahren und Apparat zur Prüfung der Dichtigkeit von Anstrichen. Ztschr. f. angew. Ch. **38**, 8—9 (1925).

Kempf, R.: Zur „Karussellprüfung". Farben-Ztg. **33**, 1051 (1927/28). — Über die Bezeichnung „Abkreiden" und die zahlenmäßige Erfassung des Abkreidens. Farben-Ztg. **35**, 2474 (1930); **36**, 20ff. (1930/31).

Kerschke: Härtebestimmung von Anstrichen. Nach einem Vortrag. Farben-Ztg. **33**, 1733 (1928).

Keßler, E. H.: Mikroskopische Prüfung von Anstrichen. — Einfluß verschiedener Beleuchtungsarten. Drugs, Oils and Paints **45**, 334 (1930). Farben-Ztg. **35**, 2231 (1930). — Verwendung des Mikroskops zur Prüfung von Schutzanstrichen. Drugs, Oils and Paints **46**, 87 (1930).

Klapper, E.: Prüfung von Zelluloselacken auf Wetterfestigkeit. Allg. Öl- u. Fett-Ztg. **26**, 301 (1929).

König, F.: Festigkeitsprüfer für Lackfilme. Chem. Fabrik **1930**, 370.

Kopp, H.: Über eine Methode zur Bestimmung des Einflusses von Wasser auf Lackfilme. Farben-Ztg. **34**, 2892 (1929).

Krisch, J.: Über einen Wasserdurchlässigkeitsversuch am Eisenglimmerrostschutzfilm. Korrosion u. Metallschutz **3**, 227 (1927).

Kröhnke, O.: Über eine Methode zur vergleichenden Bestimmung der Festigkeit, Dehnbarkeit und Elastizität von Farbhäuten. Metallbörse **14**, 687 (1924).

Maaß, E., u. R. Kempf: Richtlinien für die Prüfung und Erforschung von Anstrichmitteln. Farbe u. Lack **1923**, 78, 89.

Mallison: Viskositätsprüfer nach Dr. Mallison-Dr. Vollmann. Farben-Ztg. **32**, 138, 355 (1926).

Mauermann, O.: Prüfung und Anwendung von Rostschutzmitteln in der Großindustrie. Farbe u. Lack **1930**, 390, 405.

Maxwell, H. L.: Das Färben von Anstrichhäuten (zur mikroskopischen Untersuchung). Chem. Metallurg. Engineering **29**, 964. Chem. Zentralblatt **1924 I**, 2545.

Merz, O.: Alterung von Nitrozelluloselackfilmen und die Stabilität von Nitrozellulose. Farben-Ztg. **32**, 209 (1927).

Miller, H., u. J. F. Hartley: Bewitterungsversuche weißer Pigmente in verschiedenen Bindemitteln. Amer. Paint Journ. **14**, 26, 56 (1929).

Miskella, W. J.: Prüfung von Anstrichstoffen bei der Eisenbahn. Circular No E. P. S. 99 American Railway Association (1929).

Moran, jr., M. F.: Bewertung von Schnellprüfmethoden. Sci. Sect. Circ. Nr 370 (1930). Ref. Farben-Ztg. **36**, 648 (1931).

Morris, H. H.: Zur Ermittlung der Konsistenz und der Mahlfeinheit der Farben. Paint, Oil, Chem. Rev. **89**, No 16, S.14 (1930). Farben-Ztg. **35**, 2082 (1930).

Mouths, F. E.: Prüfung der Härte eines Anstriches. Farben-Ztg. **30**, 1565 (1925).

Mückenfuß, A. M.: Vorläufiger Bericht über eine neue Schnellmethode zur Wertbestimmung von Farben und Firnissen. Ind. and Engin. Chem. **5**, 535—49 (1913), Chem. Zentralblatt **1913 II**, 1084.

Mühlendahl, E. v., u. H. Schulz: Prüfung von Nitrozelluloselacken. Ztschr. f. angew. Ch. **40**, 1185 (1927).

Nelson, H. A.: Zerreißfestigkeitsmessungen von Filmen trocknender Öle, Farben und Lacke. Proc. Amer. Soc. Test. Mat. **21**, 1111—38 (1921). — Beschleunigtes Verwittern von Farben auf Holz- und Metalloberflächen. Chem. Metallurg. Engineering **27**, 108. Chem. Zentralblatt **1922 IV**, 840.

Nelson, H. A., u. F. G. Schmutz: Beschleunigte Bewitterung. Eine Betrachtung einiger Grundsätze bei ihrer Anwendung. Ind. and Engin. Chem. **18**, 1222—27 (1926). Korrosion u. Metallschutz **4**, 117 (1928).

Nelson, H. A., u. W. A. Mc Kim: Abgekürzte Beständigkeitsproben von Nitrozelluloselacken. Drugs, Oils and Paints **1926**, 265. Korrosion u. Metallschutz **2**, 172 (1926).

Nettmann, P.: Zur Eignungsprüfung von Farbanstrichen. Farben-Ztg. **34**, 2181 (1929). — Kritik der Schnellprüfverfahren (Vortrag). Farben-Ztg. **35**, 1984 (1930).

Pearce, W. T.: Prüfung von Anstrichfarben und Lacken. Canadian Chem. Metallurgy **13**, 320 (1929).

Reiner, M.: Die Theorie des plastischen Fließens im Rotationsviskosimeter. Journ. of Rheology **1**, 5 (1930).

Rhodes, F. H., u. J. H. Wells: Plastizitätsbestimmung von Farben. Ind. and Engin. Chem. **21**, 1273 (1929).

Rick, A. W.: Prüfung und Normung bituminöser Anstrichstoffe. Farben-Ztg. **34**, 2509 (1929). — Automatischer Schnellprüfer für Farbanstriche. Teer und Bitumen **28**, 24 (1930).

Ritter, E.: Zur Prüfung von Farbanstrichen. Kali **23**, 10ff. (1929).

Rudeloff: Anstrichprüfung. Mitt. K. Materialprüfungs-Anst. Groß-Lichterfelde West **39**, 232—40 (1923).

Scheiber, J.: Zur Frage der Deckfähigkeitsbestimmung. Farbe u. Lack **1924**, 219. — Über Dickenmessung von Farbfilmen. Farbe u. Lack **1924**, 396.

Schob, A.: Grundsätzliches über Kurz- und Schnellprüfung. Farben-Ztg. **31**, 2608 (1926).

Schulz, M.: Kurzprüfung von Anstrichfarben. Farben-Ztg. **31**, 2879 (1926). — Eisenrost und Eisenschutz. Farben-Ztg. **33**, 329 (1927). — Zur sogenannten Kurzprüfung von Anstrichstoffen. Farben-Ztg. **33**, 1283 (1927/28).

Simon: Untersuchungen über die Entstehung des Rostes unter Anstrichen. Chem. Revue **5**, 54 (1898).

Slade, W. C.: Eine neue Methode zur Bestimmung des Wertes von Farben und Schutzanstrichen. Chem. Zentralblatt **1912 I**, 1945.

Stern, E.: Einige Bemerkungen zur Normenprüfung von Anstrichfarben. Farben-Ztg. **32**, 2540 (1927). — Zur Mikrographie der Farbfilme. Farbe u. Lack **1927**, 2. — Mikrographie von Filmen. Farbe u. Lack **1927**, 223. — Neue Studien zur Mikrographie der Farbfilme. Farbe u. Lack **1929**, 560ff.

Stock, E.: Zwei neue Apparate zur Prüfung von Anstrichstoffen (Filmanstrichprüfer und Viskosimeter). Farben-Ztg. **36**, 24 (1930).

Stutz, A. G.: Die Absorption von ultraviolettem Licht durch Bindemittel. Ind. and Engin. Chem. **19**, 897 (1927). Korrosion u. Metallschutz **4**, 162 (1928).

Sutherland, G.: Richtlinien für die Kontrollprüfung von Anstrichstoffen. Paint, Oil, Chem. Rev. **87**, Nr 8, S. 10 (1929). Übersetzung in Farben-Ztg. **34**, 2352, 2408, (1928/29).

Sward, G. G.: Über die Bestimmung der Abreibbarkeit von Anstrichfilmen. Sci. Sect. Circ. No 353 (1929). Farben-Ztg. **34**, 2991 (1929). — Zur Frage der Luftkonditionierung bei Lackuntersuchungen. Ein einfacher Versuchsraum mit konstanter Temperatur und Luftfeuchtigkeit. Sci. Sect. Circ. No 345 (1929).

Treumann: Über das Verhalten von Firnishäuten gegen Wasser. Chem. Revue **5**, 136 (1898).

Ungenannt: Apparate des Gardner Instituts zur Prüfung von Anstrichstoffen. Farben-Ztg. **32**, 1027 (1926/27). — Die Methoden zur Bestimmung des Trockenvorganges von Lacken und trocknenden Ölen. Ref. Farben-Ztg. **33**, 562 (1927). — Farbschichtprüfungen mit dem (Duffekschen) Rostapparat. Dr. H. in Farben-Ztg. **34**, 614 (1928). — Ein Mikrometer zur Messung der Dicke von feinen Lackschichten. Farbe u. Lack **1929**, 614. — Forschungsarbeit auf dem Gebiete der Anstrichtechnik. (Aus dem Jahresbericht VII. der Chemisch-Technischen Reichsanstalt.) Farben-Ztg. **35**, 898 (1929).

Vollmann, H.: Zur Plastizität und Verlaufsbestimmung von gebundenen Farben. Farben-Ztg. **32**, 1904 (1927).

Walker, P. H.: Auswertung von Versuchsdaten bei der Bewitterung von Anstrichen. Paint, Oil, Chem. Rev. **88**, No 13, S. 12 (1929).

Walker, P. H., u. E. F. Hickson: Kurzprüfung organischer Schutzüberzüge. Ind. and Engin. Chem. **20**, 591 (1928). — Unzuverlässigkeit der Beurteilung von

Bewitterungsversuchen bei rein äußerlicher Beobachtung. Ind. and Engin. Chem. **20**, 997 (1928).

Walker, A. C., u. E. J. Ernst: Erzeugung von Luft mit bestimmtem Feuchtigkeitsgehalt. Ind. and Engin. Chem. **2**, 134 (1930).

Werthan, S., u. R. H. Wien: Schnellprüfung des Absetzens des Farbkörpers in Ölfarben. New Jersey Zinc Co., Research Bull. (April 1929), 20 Seiten.

Williamson, R. V.: Beziehung des Ölbedarfes zur Konsistenz von Pigment-Öl-Pasten. Ind. and Engin. Chem. **21**, 1196 (1929).

Williamson, R. V., G. D. Patterson u. J. K. Hunt: Bewertung der Streichbarkeit und des Verlaufes nach Plastizitätsbestimmungen. Ind. and Eng. Chem. **21**, 1111 (1929).

Wiggam, D. R.: Zur Eignungsprüfung von Nitrozelluloselacken. Paint, Oil, Chem. Rev. **89**, 9 (1930). Farben-Ztg. **35**, 2574—75 (1930).

Wolff, H.: Die Prüfung der Trocknung von Lacken und Firnissen. Kunststoffe **12**, 145—47 (1923). — Über die Prüfung von Lacken und Anstrichfarben, insbesondere über Prüfung der Wetterbeständigkeit. Farben-Ztg. **28**, 704 (1922). — Viskositätsbestimmung heterogener Systeme, namentlich von Anstrichfarben. Chem.-Ztg. **48**, 647 (1924). — Über ein Verfahren zur Prüfung von Anstrichfarben auf Rostschutz. Farben-Ztg. **30**, 1317 (1925). — Versuche zur Kurzprüfung von Rostschutzfarben. Korrosion u. Metallschutz **1**, 85 (1925). — Über Schnellprüfungsmethoden für Anstrichfarben (Vortrag). Korrosion u. Metallschutz **2**, 118 (1926). — Über Kurzprüfung. Korrosion u. Metallschutz **2**, 18, 76 (1926). — Etwas über Anstrichstoffprüfung. Farben-Ztg. **34**, 723 (1928/29). — Mikroskopie der Pigmente, Farben, Lack- und Farbfilme. Farben-Ztg. **34**, 2781 (1929). — Lichtwirkung auf Anstriche. Farben-Ztg. **34**, 1719 (1929). — Durchlässigkeit von Anstrichen. Farbe u. Lack **1930**, 201. — Über die Viskosität von Anstrichfarben. Farben-Ztg. **35**, 2175, 2228 (1930). — Über die Viskosität und die Streichbarkeit von Anstrichstoffen. Farben-Ztg. **36**, 1088 (1931).

Wolff, H., u. W. Toeldte: Eine neue Methode zur Beobachtung des Trocknungsvorganges. Farben-Ztg. **34**, 1060, 2069 (1928/29).

Wolff, H., u. G. Zeidler: Über die Wirkung schwefliger Säure auf Farbhäute. Korrosion u. Metallschutz **2**, 154 (1926). — Die Prüfung der mechanischen Eigenschaften von Farb- und Lackfilmen. Farben-Ztg. **32**, 2135 (1927). — Prüfung und Beurteilung der Wasserfestigkeit (Vortrag). Ref. Farben-Ztg. **36**, 19 (1930).

Wüllen-Scholten, W. van: Die Prüfung von Farbschichten auf Wetterbeständigkeit und Rostschutzvermögen. Farbe u. Lack **1928**, 446.

Würth, K.: Fortschritte in der Normung von Anstrichstoffen. Korrosion u. Metallschutz **3**, 201 (1927). — Zur sogenannten Kurzprüfung von Anstrichen. Farben-Ztg. **33**, 1470 (1928). — Verfahren zur Bestimmung des Grades der Rauhigkeit von Flächen. Farben-Ztg. **36**, 875 (1931).

Zeidler, G., u. W. Toeldte: Über den Einfluß des Lichtes auf bleihaltige Anstriche. Farben-Ztg **33**, 2607 (1928); **34**, 1547 (1929).

Verzeichnis der für die Literaturzitate gebrauchten Abkürzungen.

Abh. Staatl. Inst. f. angew. Ch. (Moskau)	Abhandlungen des staatlichen Instituts für angewandte Chemie in Moskau.
Allg. Öl- u. Fett-Ztg.	Allgemeine Öl- und Fett-Zeitung.
Amer. Paint Journ.	Americain Paint Journal, St. Louis.
Analyst	The Analyst, London.
Ann.	Liebigs Annalen der Chemie.
Ann. de Chimie et de Physique	Annales de Chimie et de Physique.
Apparatebau	Apparatebau.
Arch. f. Wärmewirtschaft	Archiv für Wärmewirtschaft.
Arch. Hyg.	Archiv für Hygiene.
Asphalt u. Teer	Asphalt und Teer.
Bauing.	Der Bauingenieur.

Bayer. Ind. Gewerbebl.	Bayerisches Industrie- und Gewerbeblatt.
Ber.	Berichte der Deutschen Chemischen Gesellschaft.
Bureau of Standards Journal of Research	Bureau of Standards Journal of Research, Washington.
Canadian Chem. Metallurg.	Canadian Chemistry and Metallurgy, Toronto.
Chem. Fabrik	Die Chemische Fabrik.
Chem. Metallurg. Engineering	Chemical and Metallurgical Engineering, New York, City.
Chem. News	Chemical News, London.
Chem. Rev.	Chemical Reviews, Baltimore.
Chem. Revue	Chemische Revue auf dem Gebiete der Fette, Öle, Wachse und Harze.
Chem. Trade Journ.	Chemical Trade Journal and Chemical Engineer, London.
Chem. Umschau a. d. Geb. d. Fette, Öle, Wachse u. Harze	Chemische Umschau auf dem Gebiete der Öle, Fette, Wachse und Harze.
Chem. Zentralblatt	Chemisches Zentralblatt.
Chem.-Ztg.	Chemiker-Zeitung, Cöthen.
Chemical Age	Chemical Age, London.
Chim. et Ind.	Chimie et Industrie, Paris.
Comptes rendues	Comptes rendues de l'Academie des sciences, Paris.
Decorator	The Decorator, London.
Drugs, Olis and Paints	Drugs, Oils and Paints, Philadelphia.
Dtsch. Mot.-Ztschr.	Deutsche Motor-Zeitschrift.
Dtsch. Essigind.	Deutsche Essigindustrie.
Eisenbahnfachmann	Der Eisenbahnfachmann.
Engg. London	Engineering, London.
Farbe u. Lack	Farbe und Lack.
Farbenmarkt	Deutscher Lack- und Farbenmarkt.
Farben-Ztg.	Farben-Zeitung.
Ferrum	Ferrum, Neue Folge der Metallurgie.
Gas- u. Wasserfach	Gas- und Wasserfach.
Gesundheitsing.	Gesundheitsingenieur.
Glasers Annalen	Glasers Annalen.
Ind. and Engin. Chem.	Industrial and Engineering Chemistry, Washington.
Ind. and Engin. Chem. Analytical Edition	Industrial and Engineering Chemistry Analytical Edition, Washington.
Ind. Chemist	The Industrial Chemist and chemical Manufacturer, London.
Iron Age	The Iron Age, New York.
J. Franklin Inst.	Journal of the Franklin Institute, Philadelphia.
Journ. Amer. Chem. Soc.	Journal of the American Chemical Society, Washington.
Journ. Chem. Education	Journal of Chemical Education, Rochester.
Journ. Chem. Soc. London	Journal of the Chemical Society, London.
Journ. f. angew. Ch. (Moskau)	Journal für angewandte Chemie (Shurnal prikladnoi Chimii), Moskau.
Journ. f. Gasbeleuchtung	Journal für Gasbeleuchtung.
Journ. Iron Steel Inst.	Journal of the Iron and Steel Institute, London.
Journ. of the Oil and Colour Chemists Association	Journal of the Oil and Colour Chemists Association, London.
Journ. Phys. Chem.	Journal of Physical Chemistry, Ithaka (New York).
Journ. prakt. Chem.	Journal für praktische Chemie.
Journ. Soc. Chem. Ind.	Journal of the Society of Chemical Industry, London.
Kali	Kali.
Kolloid-Ztschr.	Kolloid-Zeitschrift.
Korrosion u. Metallschutz	Korrosion und Metallschutz.
Kunststoffe	Die Kunststoffe.
Maschinenbau	Maschinenbau.

Metal Ind. London	Metal Industry, London.
Metal Ind. New York	Metal Industry, New York.
Metall	Das Metall.
Metall u. Erz	Metall und Erz.
Metallbörse	Die Metallbörse.
Metallurgie	Metallurgie.
Mitt. K. Materialprüfungs-Anst. Groß-Lichterfelde West	Mitteilungen des (königlichen) Materialprüfungsamtes Groß-Lichterfelde.
Mitt. K. Techn. Ver.-Anst. Berlin	Mitteilungen der (königlich) Technischen Versuchsanstalt Berlin.
Moniteur de la Peinture	Moniteur de la Peinture, Paris.
Moniteur Prod. Chim.	Moniteur des Produits Chimiques, Paris.
Oil and Colour Trades Journ.	The Oil and Colour Trades Journal, London.
Paint and Varnish Production Manager	Paint and Varnish Production Manager.
Paint, Oil, Chem. Rev.	Paint, Oil and Chemical Review, Chicago.
Papierfabr.	Der Papierfabrikant.
Peintures, Pigments, Vernis	Peintures, Pigments et Vernis, Paris.
Petroleum	Petroleum.
Phil. Trans. Royal. Soc. London	Philosophical Transactions of the Royal Society of London.
Poggendorffs Annalen	Annalen der Chemie und Physik (herausgegeben von J. G. Poggendorff).
Proc. Amer. Soc. Test. Mat.	Proceedings of the American Society for Testing Materials, Philadelphia.
Rec. Trav. Chim. Pays-Bas.	Recueil des Travaux Chimiques des Pays-Bas.
Rev. des Produits Chimiques	Revue des Produits Chimiques, Paris.
Rev. Chim. Ind.	Revue de Chimie Industrielle, Paris.
Schiffbau u. Schiffahrt	Schiffbau und Schiffahrt.
Schweiz. Bauztg.	Schweizer Bauzeitung.
Sci. Sect. Circ.	Circular of the Scientific Section of the American Paint and Varnish Manufacturers Association, Washington.
Seife	Die Seife.
Stahl u. Eisen	Stahl und Eisen.
Technological Papers of the Bureau of Standards	Technological Papers of the Bureau of Standards, Washington.
Teer u. Bitumen	Teer und Bitumen.
Trans. Amer. Electr. Soc.	Transactions of the American Electrochemical Society, New York City.
Trans. chem. Soc.	Transactions of the Chemical Society, London.
Werksleiter	Der Werksleiter.
Ztschr. dtsch. Öl- u. Fettind.	Zeitschrift der Deutschen Öl- und Fettindustrie.
Ztschr. f. angew. Ch.	Zeitschrift für angewandte Chemie.
Ztschr. f. Elektrochem.	Zeitschrift für Elektrochemie.
Ztschr. f. physik. Ch.	Zeitschrift für physikalische Chemie.
Ztschr. Ver. Dtsch. Ing.	Zeitschrift des Vereins Deutscher Ingenieure.

Namenverzeichnis.

(Die im Literaturverzeichnis zitierten Autoren sind hier nicht angeführt.)

Sachverzeichnis.

GPSR Compliance

The European Union's (EU) General Product Safety Regulation (GPSR) is a set of rules that requires consumer products to be safe and our obligations to ensure this.

If you have any concerns about our products, you can contact us on ProductSafety@springernature.com

In case Publisher is established outside the EU, the EU authorized representative is:

Springer Nature Customer Service Center GmbH
Europaplatz 3
69115 Heidelberg, Germany

Batch number: 10577878

Printed by Printforce, the Netherlands